E. Schmitt / T. Landsberg

# Dächer, Dachformen und Dachstuhlkonstruktionen

REPRINT – VERLAG
LEIPZIG

Die zum Teil geminderte Druckqualität ist auf den Erhaltungszustand der Originalvorlage zurückzuführen.

Die Deutsche Bibliothek – CIP-Einheitsaufnahme

Ein Titeldatensatz für diese Publikation ist bei Der Deutschen Bibliothek erhältlich.


Volker Hennig, Goseberg 22-24, 37603 Holzminden
www.reprint-verlag-leipzig.de
ISBN 3-8262-1211-8

Reprintauflage der Originalausgabe von 1897
nach dem Exemplar des Verlagsarchives

Lektorat: Andreas Bäslack, Leipzig
Einbandgestaltung: Jens Röblitz, Leipzig
Gesamtfertigung: Westermann Druck Zwickau GmbH

# Dächer im Allgemeinen.

# Dachformen.

Von Dr. **Eduard Schmitt,**

Grofsh. Heff. Geh. Baurath und Profeffor an der technifchen Hochfchule zu Darmftadt.

# Dachftuhl-Conftructionen.

Von **Theodor Landsberg,**

Grofsh. Heff. Geh. Baurath und Profeffor an der technifchen Hochfchule zu Darmftadt.

DIE

## HOCHBAU-CONSTRUCTIONEN.

DES

HANDBUCHES DER ARCHITEKTUR

DRITTER THEIL.

STUTTGART 1897.

VERLAG VON ARNOLD BERGSTRÄSSER.

# INHALTS-VERZEICHNISS.

## Nach oben begrenzende Conftructionen.

## Verzeichnifs

der in den Text eingehefteten Tafeln.

# D. Dächer.

Von Dr. EDUARD SCHMITT.

## Dächer im Allgemeinen.

Es wurde bereits in Theil III, Band 2, Heft 1 (S. 3) diefes »Handbuches« gefagt, dafs der oberfte Abfchlufs eines Gebäudes meift durch das Dach gebildet wird. In manchen Fällen begrenzt das Dach gleichzeitig die unmittelbar darunter gelegenen Räume, fo dafs es zugleich raumbegrenzende Decke ift; fehr häufig werden jedoch beide Elemente von einander getrennt, und das Dach erfcheint alsdann als fchützende Conftruction der eigentlich raumbegrenzenden Decke. 1. Wefen und Zweck.

Das Dach hat in allen diefen Fällen zu verhüten, dafs Regen, Schnee und andere atmofphärifche Niederfchläge in das Gebäude gelangen, und diefelben fo abzuführen, dafs das letztere nicht in fchädlicher Weife beeinflufst wird. Das Dach hat aber das Gebäude auch gegen die Sonnenftrahlen zu fchützen, daffelbe vor Feuersgefahr, vor Blitzfchlägen und vor anderen elementaren Ereigniffen zu bewahren.

Von diefem Gefichtspunkte ausgehend, werden im Nachftehenden die fog. Vordächer von der Befprechung auszufchliefsen fein; diefelben laffen fich kaum als Conftructionen auffaffen, welche Räume nach oben begrenzen; fie find Anlagen, die unter beftimmten Verhältniffen Schutz gegen die atmofphärifchen Niederfchläge gewähren follen. Von Vordächern wird defshalb fpäter getrennt — in Theil III, Band 6 (Abth. V, Abfchn. 3, Kap. 2) diefes »Handbuches« — die Rede fein.

Das Dach hat aber — aufser den angeführten Anforderungen feines Zweckes und der Zweckmäfsigkeit — auch noch die Aufgabe, äfthetifche Anfprüche zu erfüllen. Das Dach bildet die Krönung des Gebäudes, und in diefem Sinne ift feine Form für die äufsere Erfcheinung des Gebäudes und fein charakteriftifches Gepräge von grofser Bedeutung. 2. Aefthetifche Bedeutung.

»Die äfthetifche Stellung des Daches ift lange, namentlich im erften und zweiten Drittheil unferes Jahrhundertes, total verkannt worden. Man betrachtete es lediglich als nothwendiges Uebel, berückfichtigte es gar nicht und gab der Façade alfo ganz felbftändig ihre Formen, fo dafs das Dach unorganifch und in Folge deffen unfchön darauf fafs, während doch das Dach als integrirender Theil des Gebäudes zu betrachten, auch von allen ftiltragenden Völkern äfthetifch durchgebildet worden ift. Ein tüchtiger Architekt mufs fähig fein, das Dach nicht als Hindernifs, fondern als Factor bei der fchönen Geftaltung der Gebäudeformen zu behandeln« [1]).

Diefe wenigen Bemerkungen mögen hier genügen; von dem gleichen Gegenftande wird noch eingehender in Theil IV, Halbband 1 (Abth. I, Abfchn. 3, Kap. 3, b: Dachbildung) gefprochen werden.

Jedes Dach wird durch eine oder mehrere, bald flachere, bald fteilere, jedenfalls aber mit Gefälle verfehene Dachflächen oder Dachfeiten gebildet. Die 3. Dachflächen.

---

1) Nach: MOTHES, O. Illuftrirtes Bau-Lexikon. 3. Aufl. Leipzig u. Berlin 1874. Bd. 2, S. 83.

Dachflächen ſind entweder eben oder gekrümmt. Eine ebene Dachfläche iſt im Allgemeinen vortheilhafter, als eine gekrümmte, weil ſie durchweg gleiches Gefälle hat, was für den Waſſerabfluſs günſtig iſt; auch bedingen ebene Dachflächen meiſt, insbeſondere die Ausführungen in Holz, eine einfachere Conſtruction, als gekrümmte. Bei gewiſſen Dachdeckungsarten ſind gekrümmte Dachflächen ganz ausgeſchloſſen oder bereiten zum mindeſten beträchtliche Schwierigkeiten.

Die ebenen Dachflächen werden unter gewöhnlichen Verhältniſſen von ihrer Unterkante bis zu ihrer Oberkante mit gleich bleibender Neigung durchgeführt; bisweilen werden ſie aber auch gebrochen, alſo jede Dachfläche aus zwei Ebenen zuſammengeſetzt. Eine beſondere Art von gebrochenen Dachflächen ergiebt ſich, wenn man dem unterſten, meiſt nur ſchmalen Randtheil derſelben eine flachere Neigung giebt, als der Dachfläche ſelbſt (Fig. 1 bis 3 [2 u. 3]); dadurch entſteht ein ſog. Leiſtbruch. Häufig iſt das günſtigere Ausſehen des ſo entſtehenden Daches Veranlaſſung, daſs man eine ſolche Anordnung wählt; meiſt ſind aber conſtructive Gründe dafür maſsgebend, namentlich der Umſtand, daſs man das Tagwaſſer über das Hauptgeſims hinwegführen will, oder aber die Befürchtung, daſs das Hauptgeſims durch die unmittelbar auf ſeinen Auſsenrand aufgeſetzte Dachfläche herabgedrückt werden würde.

Fig. 1.

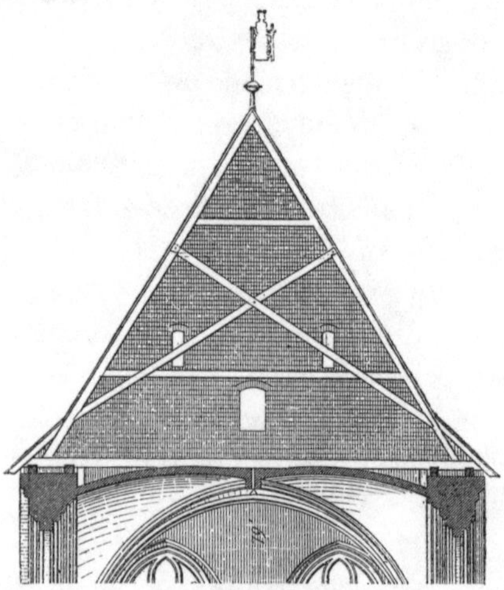

Von der St. Katharinen-Kirche zu Lübeck [2]).

Fig. 2.

Fig. 3.

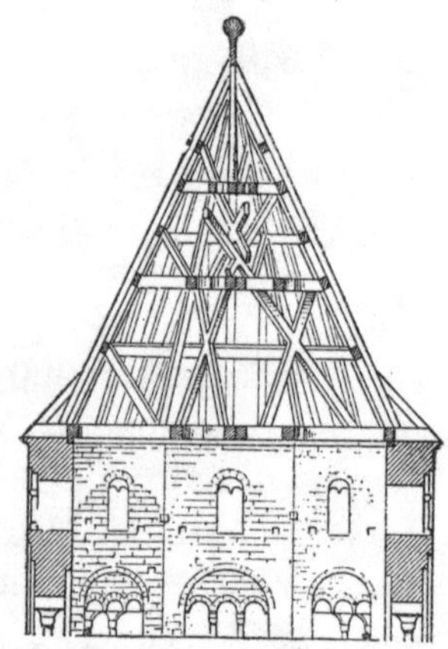

Von der Abteikirche zu Knechtſteden [3]).

$^1/_{250}$ n. Gr.

Die gekrümmten Dachflächen ſind bald cylindriſch, bald ſphäriſch oder ſphäroidiſch, bald windſchief oder von allen dieſen Formen abweichend (insbeſondere bei Thurmdächern) äuſserſt mannigfaltig geſtaltet.

Zwei einander gegenüber liegende Dachflächen ſchneiden ſich in einer wagrechten oder doch nur wenig geneigten Linie (*ab*, *cd* und *ef* in Fig. 4), die man Firſtlinie oder ſchlechtweg Firſt, wohl auch Firſte, Forſt oder Förſte heiſst; bei Zelt- und Thurmdächern ſchrumpft die Firſtlinie in der Regel in einen einzigen Punkt zuſammen: die Dach- oder Thurmſpitze. Neben einander gelegene Dachflächen ſchneiden ſich in Gratlinien oder Graten (*ag*, *ah*, *di* und *dk*

2) Facſ.-Repr. nach: Zeitſchr. f. Bauw. 1871, Bl. 55.

3) Facſ.-Repr. nach ebendaſ. 1874, Bl. 20.

Fig. 4.

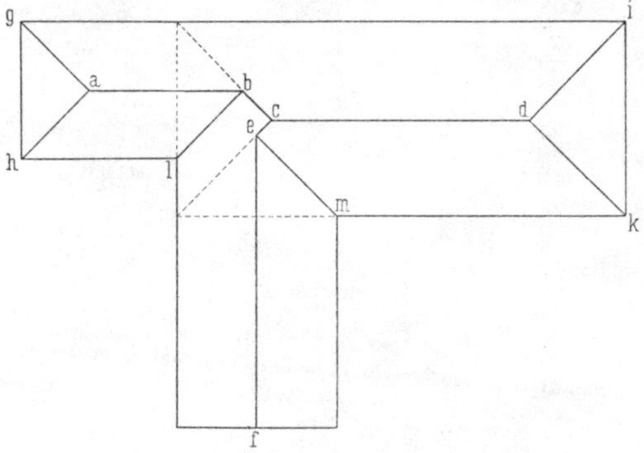


in Fig. 4), wenn ausſpringende Kanten entſtehen, hingegen in Kehlen (*bl* und *em* in Fig. 4), wenn die Durchſchnittskanten einen einſpringenden Winkel bilden. Ein Grat entſteht hiernach, wenn die beiden zu überdachenden Flächen von Linien begrenzt ſind, die einen Winkel mit einander einſchlieſsen, welcher kleiner als 180 Grad iſt; iſt dieſer Winkel gröſser als 180 Grad, ſo entſteht eine Kehle. Die Kehlen werden auch Ixen oder Ichſel genannt; für kleinere Kehlen hinter Schornſteinen etc. wird wohl auch die Bezeichnung Schottrinnen verwendet. Kommen andere, als gegenüber und neben einander gelegene Dachflächen zur Verſchneidung, ſo entſteht ein Dachverfall, auch Dachverfallung oder Verfallungsgrat genannt (*bc* und *ce* in Fig. 4); die Punkte *b* und *e* heiſsen Verfallungspunkte.

Der Punkt, in welchem zwei Gratlinien oder eine Kehle und ein Grat einander treffen, heiſst Anfallspunkt (*a*, *c* und *d* in Fig. 4).

Ein Dach beſteht aus folgenden Beſtandtheilen: 4. Beſtandtheile.

1) Aus der Dachdeckung; dieſe bildet die Dachfläche; ſie iſt der eigentlich nach oben abſchlieſsende Conſtructionstheil.

2) Aus dem Dachgerüſt, welches die Dachdeckung trägt und das man Dachſtuhl nennt; dies iſt der die Dächer beſonders kennzeichnende Beſtandtheil derſelben.

3) Aus den Nebenanlagen, zu denen die Dachfenſter, die Ausſteigeöffnungen und Laufſtege, die Schneefänge, die Anlagen zur Entwäſſerung der Dachflächen, die Giebelſpitzen, die Dach- oder Firſtkämme, die Wetter- oder Windfahnen, die Thurmkreuze, die Fahnen- und Flaggenſtangen, die Blitzableiter etc. gehören.

Die Dachſtühle werden im vorliegenden Hefte (unter E), die unter 2 u. 3 genannten Conſtructionstheile im nächſtfolgenden Hefte dieſes »Handbuches« behandelt werden; ausgeſchloſſen werden nur die Blitzableiter ſein, deren Beſprechung dem Theil III, Band 6 (Abth. V, Abſchn. 1, Kap. 2) zugewieſen iſt.

Die Dach-Conſtruction kann in verſchiedener Weiſe unterſtützt werden, und zwar: 5. Unterſtützung.

1) durch Umfaſſungswände des betreffenden Gebäudes allein;

2) ſowohl durch Umfaſſungswände, als auch durch Innenwände des Gebäudes;

3) ſowohl durch Umfaſſungswände, als auch durch innerhalb letzterer vorhandene Säulenſtellungen oder andere Freiſtützen;

4) durch Säulenſtellungen, bezw. ſonſtige Freiſtützen allein;

5) durch Conſolen oder andere Krag-Conſtructionen.

Bisweilen beſteht das Dach im Weſentlichen bloſs aus der Dachdeckung, zu der nur einige wenige, verhältniſsmäſsig untergeordnete Conſtructionstheile hinzukommen, ſo daſs das eigentliche Dachgerüſt fehlt; dies trifft z. B. bei den freitragenden Wellblechdächern zu. In anderen Fällen, meiſtens bei Thurmabſchlüſſen, wird das Dach ganz aus Stein hergeſtellt; Dachgerüſt und Dachdeckung bilden alsdann einen zuſammenhängenden — maſſiven oder durchbrochenen — Mauerkörper. Solche Dächer ſollen maſſive Steindächer geheiſsen werden, und es wird im nächſtfolgenden Hefte (Abth. III, Abſchn. 2, F, Kap. 40) dieſes »Handbuches« von denſelben eingehender die Rede ſein.

Fig. 5.

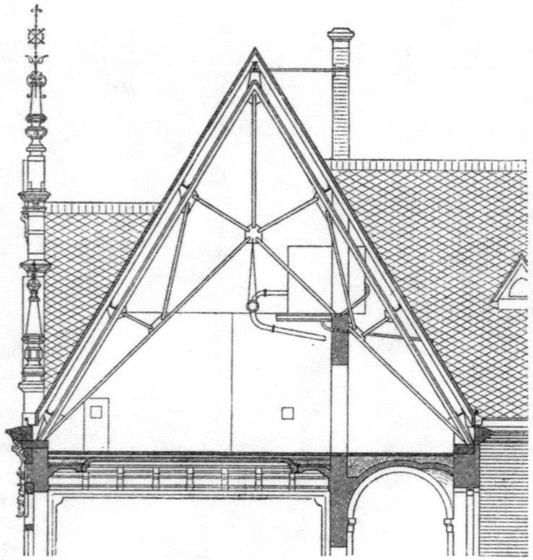

Vom Königl. Regierungsgebäude zu Münfter [4]).

Fig. 6.

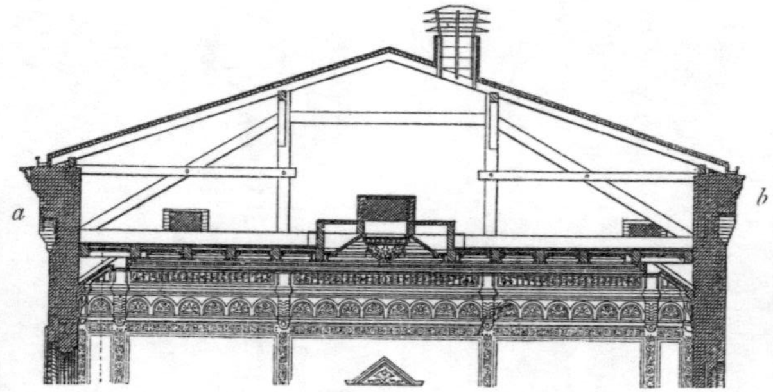


Von der Augufta-Schule zu Berlin [6]).

Fig. 7.

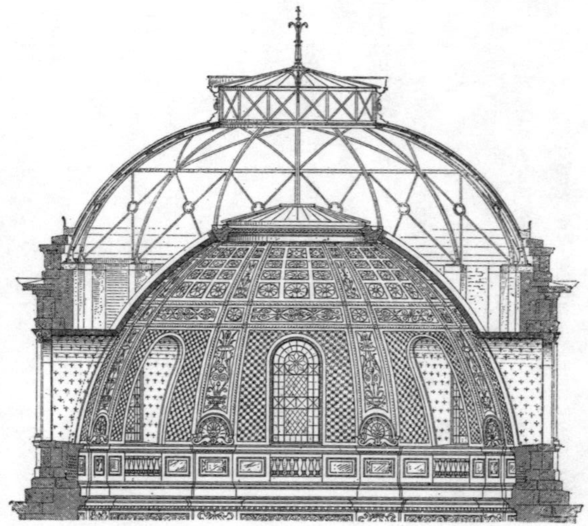

Vom ftädtifchen Vierordtbad zu Karlsruhe [10]).

Fig. 8.

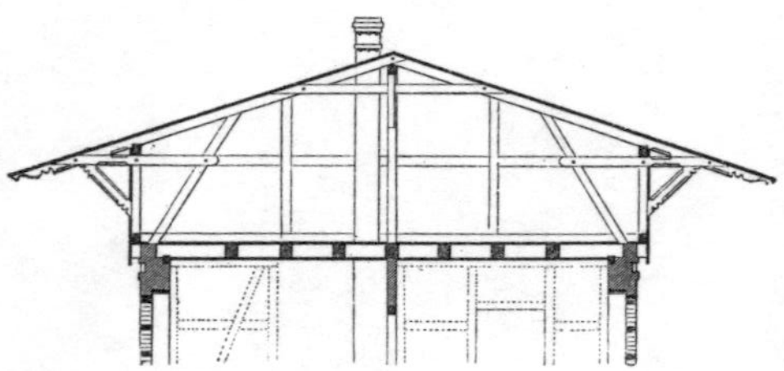

Vom Bahnhof zu Görlitz [8]).

Fig. 9.

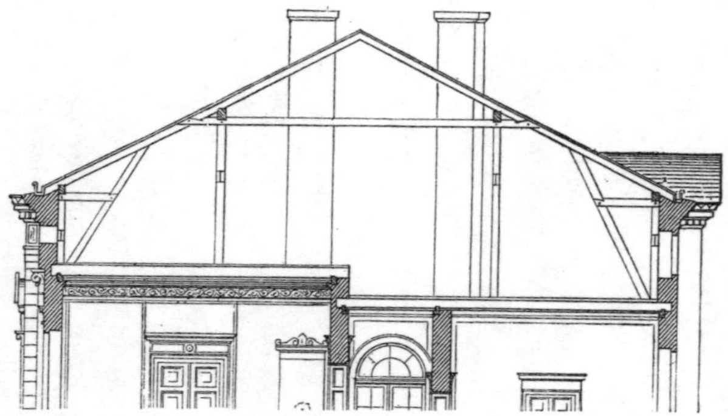

Vom Provinzial-Steuer-Directions-Gebäude zu Stettin [7]).

$^1/_{200}$ n. Gr.

Fig. 10.

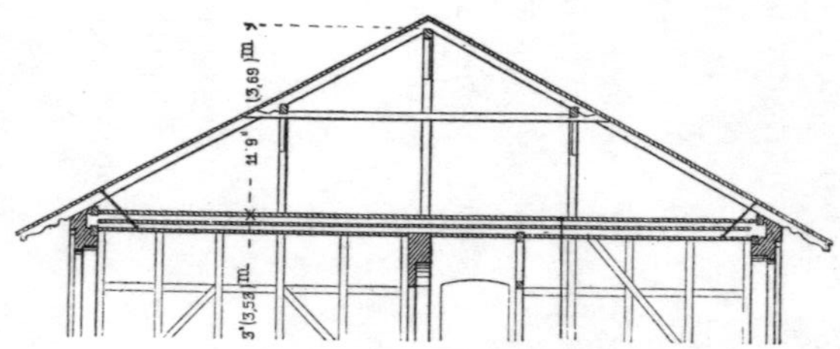


Von der Kälberhalle des Viehmarktes zu Berlin [5]).

6. Dachfuſs.

Die Unterkanten eines Daches bilden den *Dachfuſs*, der auch *Dachſaum* genannt wird. Da an dieſer Stelle die auf die Dachflächen fallenden atmoſphäriſchen Niederſchläge abtropfen, ſo iſt daſelbſt auch die *Dachtraufe* zu finden; *Dachfuſs* und *Trauflinie* werden deſshalb von vielen Seiten als gleich bedeutende Begriffe erachtet.

Fig. 11.

Vom neuen Friedhof zu Karlsruhe[9]).

Fig. 12.

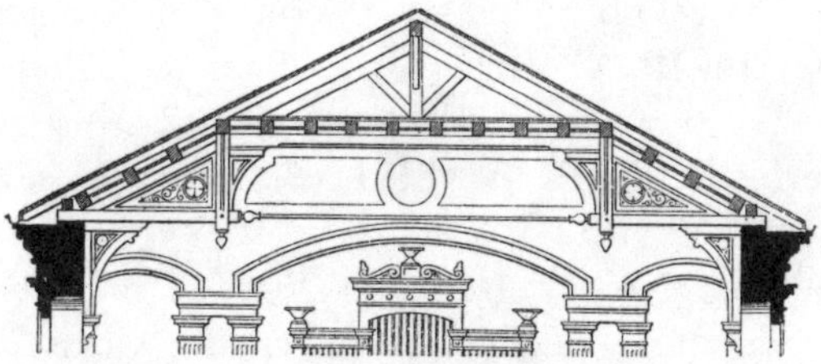

Vom evangeliſchen Schullehrer-Seminar zu Karlsruhe[11]). — $^1/_{200}$ n. Gr.

Fig. 13.

Vom Jagdſchloſs Mroſſowa-Gora[12]). $^1/_{200}$ n. Gr.

Der Dachfuſs kann in verſchiedener Weiſe angeordnet werden:

1) Der Dachfuſs iſt in der Höhe der Decken des oberſten Geſchoſſes gelegen (Fig. 5[4]).

2) Das Dach ſpringt mit ſeiner Unterkante über die Umfaſſungswände des betreffenden Gebäudes vor; der Dachfuſs liegt alſo tiefer als die Decken der Räume im oberſten Geſchoſs (Fig. 10[5]); dadurch entſtehen ſog. *überhängende Dächer*.

3) Der Dachfuſs liegt höher, als die Decken über den Räumen des oberſten Vollgeſchoſſes (Fig. 6[6]); es ſind alsdann Ueberhöhungen *a*, *a* (meiſt Aufmauerungen) der den Dachſtuhl tragenden Umfaſſungswände nothwendig, welche man *Drempelwände* oder kurzweg *Drempel*, bisweilen auch *Kniewand* oder *Knieſtock*, nennt. Die Dächer heiſsen dann *Drempeldächer*. Dieſe Anordnung erweiſt ſich namentlich dann vortheilhaft, wenn man im Dachgeſchoſs bewohnbare Räume oder Gelaſſe, die von Menſchen für andere Zwecke zu dauerndem Aufenthalt benutzt werden ſollen, einrichten will.

Die Drempelwände ſind nicht immer gleich hoch (Fig. 9[7]); ihre Höhe kann ſogar an einer Seite gleich Null ſein.

4) Facſ.-Repr. nach: Zeitſchr. f. Bauw. 1892, Bl. 3.
5) Facſ.-Repr. nach ebendaſ. 1872, Bl. 14.
6) Facſ.-Repr. nach ebendaſ. 1887, Bl. 26.
7) Facſ.-Repr. nach ebendaſ. 1863, Bl. 19.
8) Facſ.-Repr. nach ebendaſ. 1870, Bl. 57.
9) Facſ.-Repr. nach ebendaſ. 1860, Bl. 5.
10) Facſ.-Repr. nach ebendaſ. 1874, Bl. 26.
11) Facſ.-Repr. nach ebendaſ. 1872, Bl. 46.
12) Facſ.-Repr. nach ebendaſ. 1876, Bl. 7.

4) Das Dach ift bei Vorhandenfein von Drempelwänden überhängend angeordnet (Fig. 8 [8]).

5) In den vorhergehenden Fällen wurde vorausgefetzt, dafs die Räume des oberften Vollgefchoffes durch wagrechte Balkendecken abgefchloffen find, was meiftens zutrifft. Wenn hingegen in diefem Stockwerk überwölbte Räume vorhanden find, fo wird, namentlich bei gröfserer Stichhöhe der Gewölbe, nicht felten der Dachfufs tiefer als die Wölbfcheitel angeordnet (Fig. 7 u. 11 [9 u. 10]), fo dafs die Gewölbe zu einem nicht geringen Theile in das Dachwerk hineinragen. Das Gleiche kann eintreten, wenn eine Holzdecke nicht wagrecht verläuft, fondern fich nach oben zu erhebt (Fig. 12 u. 13 [11 u. 12]).

7. Dachneigung.

Die Dachflächen haben meiftens, namentlich in unferen Klimaten, eine beträchtliche Neigung, die man wohl auch Dachröfche nennt. Je nach dem Mafse derfelben unterfcheidet man flache und fteile Dächer. In füdlicheren Gegenden werden ziemlich häufig, in kälteren nur felten ganze Gebäude oder einzelne Theile derfelben durch eine nahezu wagrechte Fläche abgefchloffen; dadurch entftehen fog. Altandächer oder Altane, bisweilen Terraffen geheifsen. Von den Altanen war bereits in Theil III, Band 2, Heft 2 (Abth. III, C, Kap. 18, a: Balcons, Altane und Erker [13]) diefes »Handbuches« die Rede; von der Abdeckung derfelben wird gelegentlich im nächftfolgenden Hefte (Abth. III, F, Kap. 38: Dachdeckungen aus Metall) gefprochen werden.

Das Gefälle der Dachflächen ift meiftens nach aufsen, d. i. gegen die Umfaffungswände des betreffenden Gebäudes gerichtet; doch kommen auch, wie z. B. bei den Parallel- und Sägedächern, Dachflächen vor, die nach dem Inneren des Gebäudes geneigt find; ja es haben bisweilen fämmtliche Dachflächen Gefälle nach einem Punkte im Inneren des Gebäudes. In letzterem Falle entftehen die Trichterdächer.

Fig. 14.

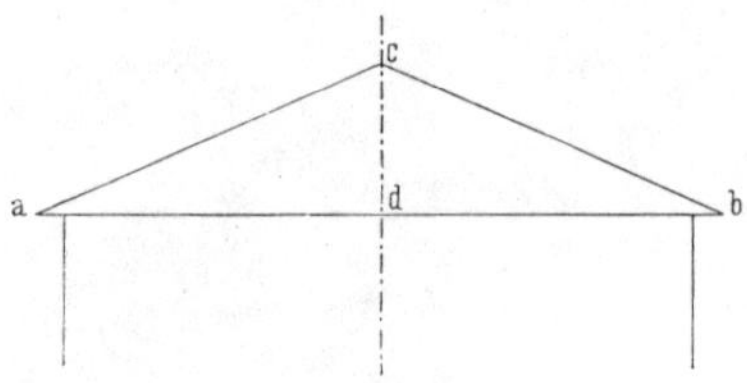


Fig. 15.

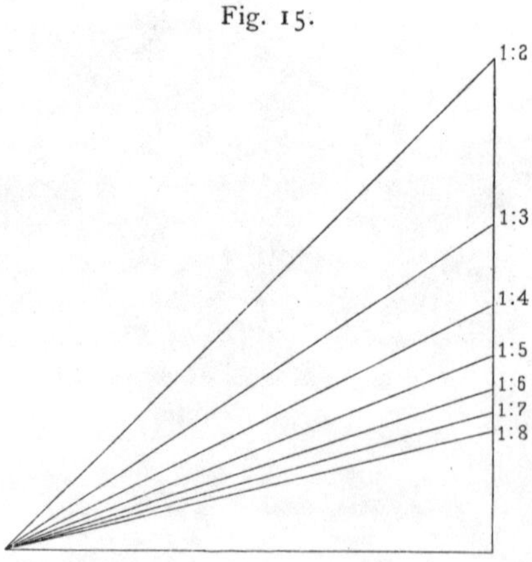


Die Neigung der Dachflächen wird ftets durch das Verhältnifs der Dachhöhe zur Gebäudetiefe ausgedrückt, wobei immer ein Satteldach (Fig. 14) zu Grunde gelegt wird. Hiernach ergeben fich Neigungsverhältniffe von 1 : 3, 1 : 4, 1 : 5, 1 : 6, 1 : 7, 1 : 8 u. f. f. (Fig. 15), oder man fpricht von Drittel-, Viertel-, Fünftel-, Sechstel-, Siebentel-, Achtel- u. f. f. Dächern, je nachdem die Dachhöhe *cd* (Fig. 14) bezw. gleich $^1/_3$ *ab*, $^1/_4$ *ab*, $^1/_5$ *ab*, $^1/_6$ *ab*, $^1/_7$ *ab*, $^1/_8$ *ab* u. f. f. ift.

Die für die Dachflächen zu wählende Neigung ift abhängig:

1) Von der Art des zu verwendenden Deckungsmaterials.

---

[13]) In einer Fufsnote an der hierdurch angezogenen Stelle diefes »Handbuches« ift bereits ausgefprochen, dafs mit dem Begriff »Altan« der des Hochliegens unmittelbar verbunden ift. Es wurde dort auch fchon gefagt, dafs man wohl auch die auf ganz flachen Dächern entftehenden Plattformen »Terraffen« heifst; doch follte man diefe Bezeichnung auf tiefer liegende Plattformen befchränken. (Siehe auch Theil III, Band 6 diefes »Handbuches«, Abth. V, Abfchn. 2, Kap. 2, a: Terraffen.)

2) Von der Art der Dachausbildung: ob das Dach aus wenigen grofsen und einheitlichen Flächen oder aus einer beträchtlicheren Zahl kleinerer Flächen zufammengefetzt ift; im erfteren Falle kann man, unter fonft gleichen Umftänden, ein geringeres Gefälle anwenden, als im letzteren.

3) Von der Lage des betreffenden Gebäudes: ob es in völlig gefchützter Lage fich befindet oder abgefondert völlig frei fteht. Es ift nicht gleichgiltig, ob z. B. ein Gebäude in der gefchloffenen Häuferreihe einer ftädtifchen Strafse oder gänzlich abgefondert in freiem Felde fteht; in letzterem Falle können Wind, Regen und Schnee mit viel gröfserer Gewalt in die Fugen der Dachdeckung getrieben werden, als im erfteren. Man wird demnach, fonft gleiche Verhältniffe vorausgefetzt, Gebäude in gefchützter Lage mit flacheren Dächern verfehen können, als im entgegengefetzten Falle.

4) Von der Art und Weife, wie der Dachbodenraum benutzt werden foll.

5) Von den äfthetifchen Anforderungen, welche man an die äufsere Geftaltung des Gebäudes ftellt. Hierher gehört auch der Einflufs des gewählten Bauftils, durch welchen unter Umftänden gewiffe Dachformen bedingt find.

In fo weit die Dachdeckung für die Wahl der Dachflächenneigung mafsgebend ift, können folgende Zahlenangaben als Anhaltspunkt dienen, wobei eine gefchützte Lage des betreffenden Gebäudes vorausgefetzt ift [14]).

| Art der Dachdeckung | Verhältnifs der Dachhöhe zur Gebäudetiefe | Neigungswinkel zur Wagrechten | Art der Dachdeckung | Verhältnifs der Dachhöhe zur Gebäudetiefe | Neigungswinkel zur Wagrechten |
|---|---|---|---|---|---|
| Bretterdach . . . . . . | 1 : 3 | $33\frac{2}{3}$ | Cementplattendach . . | 1 : 5 bis 1 : 2 | $21\frac{3}{4}$ bis 45 |
| Schindeldach . . . . . . | mindeftens 1 : 3 | $33\frac{2}{3}$ | Spliefsdach . . . . . | 1 : 3 bis 1 : 2 | $33\frac{2}{3}$ bis 45 |
| Stroh- und Rohrdach . . . | 1 : 2 bis 1 : $1\frac{2}{3}$ | 45 bis $50\frac{1}{6}$ | Doppeltes Ziegeldach . | 1 : 5 bis 1 : 3 | $21\frac{3}{4}$ bis $33\frac{2}{3}$ |
| Afphaltdach . . . . . . | 1 : 60 bis 1 : 24 | $1\frac{8}{9}$ bis $4\frac{3}{4}$ | Kronendach . . . . . | 1 : 5 bis 1 : 3 | $21\frac{3}{4}$ bis $33\frac{2}{3}$ |
| Pappdach . . . . . . . | 1 : 20 bis 1 : 10 | $5\frac{2}{3}$ bis $11\frac{1}{4}$ | Pfannendach . . . . | 1 : $2\frac{1}{2}$ bis 1 : 2 | $38\frac{2}{3}$ bis 45 |
| | gewöhnlich | | Falzziegeldach . . . . | 1 : 6 bis 1 : 3 | $18\frac{1}{2}$ bis $33\frac{2}{3}$ |
| | 1 : 15 | $7\frac{1}{2}$ | Kupferblechdach . . . | 1 : 25 bis 1 : 20 | $4\frac{1}{2}$ bis $5\frac{2}{3}$ |
| Holzcementdach . . . . . | 1 : 25 bis 1 : 20 | $4\frac{1}{2}$ bis $5\frac{2}{3}$ | Bleiblechdach . . . . | 1 : $3\frac{1}{2}$ u. flacher | $29\frac{3}{4}$ u. weniger |
| Doppellagiges Kiespappdach | 1 : 15 | $7\frac{1}{2}$ | Zinkblechdach . . . . | 1 : 15 bis 1 : 10 | $7\frac{1}{2}$ bis $11\frac{1}{4}$ |
| Schieferdach . . . . . . | 1 : 4 bis 1 : 3 | $26\frac{1}{2}$ bis $33\frac{2}{3}$ | Eifenblechdach . . . . | 1 : 6 bis 1 : 10 | $18\frac{1}{2}$ bis $11\frac{1}{4}$ |
| bei englifchem Schiefer | 1 : 5 | $21\frac{3}{4}$ | Wellblechdach . . . . | 1 : 3 bis 1 : $2\frac{1}{2}$ | $33\frac{2}{3}$ bis $38\frac{2}{3}$ |
| Magnefitplattendach . . . | 1 : 4 bis 1 : 3 | $26\frac{1}{2}$ bis $33\frac{2}{3}$ | Glasdach . . . . . . | 1 : 7 bis 1 : 2 | 16 bis 45 |
| | | Grad | | | Grad |

Die zeichnerifche Grundrifsdarftellung der zu wählenden Anordnung des Daches wird Dachausmittelung, Dachverfallung oder Dachzerlegung genannt. Sie wird demnach im Wefentlichen in der Ausmittelung der Linien, in denen fich die Dachflächen treffen, alfo der Firft-, Grat-, Kehl- und Verfallungslinien, beftehen; bisweilen gehört auch das Umklappen der im Raume fchräg gelegenen Dachflächen in eine wagrechte Ebene dazu. 8. Dach-ausmittelung.

Die Dachausmittelung ift im Allgemeinen eine ziemlich einfache Aufgabe der Projectionslehre. Sie ift es namentlich dann, wenn alle Trauflinien in gleicher Höhe liegen und fämmtliche Dachflächen diefelbe Neigung erhalten follen. Alsdann braucht man nur die Trauflinien derjenigen zwei Dachflächen, welche fich treffen, zu verlängern, bis fie fich fchneiden; durch den Schnittpunkt zieht man eine Linie, welche

[14]) Eingehenderes hierüber im nächftfolgenden Heft (Abth. III, Abfchn. 2, F) diefes »Handbuches«.

den von den beiden Trauflinien eingefchloffenen Winkel halbirt (fiehe Fig. 4, S. 3). Im nächften Kapitel wird diefer Gegenftand noch weitere Betrachtung finden.

---

## Literatur.

Bücher über »Dächer«.

WINTER, M. Die Dachconftructionen nach den verfchiedenartigften Formen und Bedingungen. 2. Aufl. Berlin 1862. — 3. Aufl. 1876.

HEDERICH, H. Elemente der Dachformen, oder Ausmittelung der verfchiedenften Arten von Dachkörpern etc. Weimar 1858.

SCHWEDLER, W. Die Conftruction der Kuppeldächer. Berlin 1868. — 2. Aufl. 1877.

BEHSE, W. H. Die technifche Anwendung der darftellenden Geometrie bei der Ausmittelung der Dachflächen, Schiftung bei Walmdächern, Conftruction der windfchiefen Dächer etc. Halle 1871.

MENZEL, C. A. Das Dach in feiner Conftruction, feinem Verband in Holz und Eifen und feiner Eindeckung. Halle 1872. — 2. Aufl.: Das Dach nach feiner Bedeutung und Ausführung, fowie nach feinem Material und feiner Konftruktion. 2. Aufl. von R. KLETTE. Halle 1884.

HITTENKOFER. Dach-Ausmittelungen. Leipzig 1873. — 2. Aufl. 1877.

MATHESON, E. *Works on iron bridge and roof ftructures.* London 1873. — 2. Aufl. 1877.

HITTENKOFER. Neuere Dachbinder etc. Leipzig 1874. — 2. Aufl. 1875.

HEINZERLING, F. Der Eifenhochbau der Gegenwart. Heft 1 u. 2. Aachen 1876. — 2. Aufl. 1878.

KLASEN, L. Handbuch der Holz- und Holzeifen-Conftructionen des Hochbaues. Leipzig 1877.

Die Sheddachbauten etc. Leipzig 1877.

ARDANT, P. Theoretifch-praktifche Abhandlung über Anordnung und Konftruktion der Sprengwerke von grofser Spannweite mit befonderer Beziehung auf Dach- und Brückenkonftruktionen aus geraden Theilen, aus Bögen und aus Verbindung beider. Deutfch von A. v. KAVEN. Hannover 1879.

FERRAND, J. *Le charpentier-ferrurier au XIXe fiècle. Conftructions en fer et en bois; charpentes mixtes en fer, fonte et bois.* Paris 1881.

TARN, E. W. *An elementary treatife on the conftruction of roofs of wood and iron.* London 1882.

TIMMINGS, TH. *Examples of iron roofs.* London 1882.

WALMISLEY, A. T. *Iron roofs* etc. London 1884.

LANDSBERG, TH. Das Eigengewicht der eifernen Dachbinder. Berlin 1885.

BOCK, M. Eiferne Dach-Conftructionen. Wien 1889.

CONTAG, M. Neuere Eifenconftructionen des Hochbaus in Belgien und Frankreich. Berlin 1889.

ANGLIN, S. *The defign of ftructures: a practical treatife to the building of bridges, roofs* etc. London 1891. — 2. Aufl. 1895.

GREVE, H. & G. SCHNABEL. Schmiedeeiferne Dachkonftruktionen etc. Dresden 1895.

---

## Dachformen.

9. Grundfätze.

Für die Formgebung der Dächer find nachftehende Grundfätze mafsgebend:

1) Das Dach mufs den Anforderungen der Zweckmäfsigkeit entfprechen (fiehe Art. 1, S. 1).

2) Das Dach foll durch feine Form die äfthetifchen Anforderungen erfüllen.

3) Nach der Nachbargrenze darf kein Waffer geleitet werden.

10. Eintheilung.

Die Dachformen find ungemein mannigfaltig. Man kann zunächft folche über einfach geftalteten Grundriffen und folche über weniger einfachen Grundriffen unterfcheiden; erftere follen im Folgenden einfache und letztere zufammengefetzte Dächer genannt werden. Die einfachen Dächer laffen fich eintheilen in:

a) prismatifch und cylindrifch geftaltete Dächer;
b) abgewalmte oder Walmdächer;
c) pyramidal und conifch geftaltete Dächer, und
d) Kuppeldächer.

### a) Prismatifch und cylindrifch geftaltete Dächer.

Solche Dächer haben in der Regel die Geftalt eines Prismas, oder fie find aus Cylinderflächen zufammengefetzt; in felteneren Fällen, wenn die Grundrifsform des betreffenden Gebäudes nicht völlig rechteckig ift, befitzt das Dach eine dem Prisma ähnliche Geftalt. Man kann unterfcheiden:

1) Pultdächer,
2) Satteldächer und
3) Tonnen- oder Cylinderdächer.

#### 1) Pultdächer.

Pultdächer, auch Tafchen-, Schlepp-, Flug-, Halb- oder Schufsdächer genannt, kommen zur Anwendung, wenn die atmofphärifchen Niederfchläge nur nach einer Seite abfliefsen dürfen. 11. Gewöhnliche Pultdächer.

Das gewöhnliche Pultdach befteht aus einer einzigen Dachfläche (Fig. 16 u. 17 [15 u. 16]); fein Querfchnitt bildet ein rechtwinkeliges Dreieck. Die oberfte Dachkante, welche meift eine wagrechte, feltener eine geneigte Gerade bildet, heifst First oder Firstlinie; die feitlichen Kanten werden Bort oder Bortkante genannt.

Fig. 16.

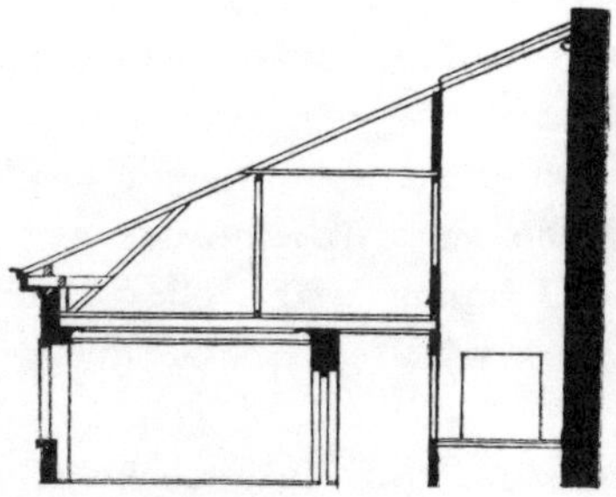

Vom Deutfchen Hof zu Frankfurt a. M.[15]). — $^1/_{250}$ n. Gr.

Fig. 17.

Vom Wagenfchuppen auf dem Schlachthof zu Pontoife [16]).
$^1/_{150}$ n. Gr.

Fig. 18.

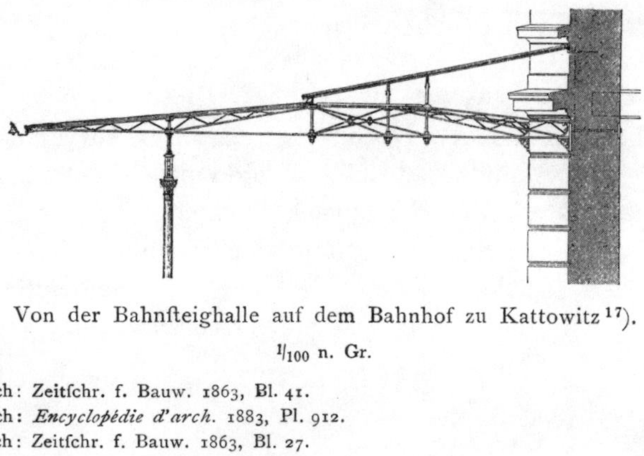

Von der Bahnfteighalle auf dem Bahnhof zu Kattowitz [17]).
$^1/_{100}$ n. Gr.

15) Facf.-Repr. nach: Zeitfchr. f. Bauw. 1863, Bl. 41.
16) Facf.-Repr. nach: *Encyclopédie d'arch.* 1883, Pl. 912.
17) Facf.-Repr. nach: Zeitfchr. f. Bauw. 1863, Bl. 27.

Bildet der Grundriſs des Gebäudes ein Rechteck, ſo iſt die Dachfläche eine Ebene, und der Firſt wird eine wagrechte Gerade. Bei trapezförmiger Grundriſsgeſtalt kann man der Dachfläche durchwegs gleiche Neigung geben, ſie alſo gleichfalls als Ebene ausbilden; alsdann ergiebt ſich als Firſt eine geneigte Gerade. Will man letzteres aus Schönheitsrückſichten vermeiden, will man ſonach eine wagrechte Firſtlinie erhalten, ſo muſs das Pultdach aus einer windſchiefen Fläche beſtehen; der Querſchnitt deſſelben iſt auch dann ein rechtwinkeliges Dreieck. Ueber Geſtaltung und ſonſtige Behandlung windſchiefer Dachflächen wird unter 2 eingehend die Rede ſein.

Von der Vereinigung mehrerer an einander ſtoſsender Pultdächer zu einem ſog. Säge- oder *Shed*-Dach wird unter 2, d geſprochen werden.

12. Pultdächer mit gebrochenen Dachflächen.

Bei manchen Ausführungen beſteht das Pultdach aus zwei Ebenen, und zwar kann:

α) die untere Dachfläche ſteiler ſein, als die obere; alsdann ergiebt ſich eine den Manſarden-Dächern ähnliche Form, und der Querſchnitt bildet ein unregelmäſsiges Viereck. Von ſolchen Dächern wird gleichfalls unter 2 geſprochen werden.

β) Es kann aber auch die obere Dachfläche eine ſtärkere Neigung, als die untere haben, was namentlich dann eintritt, wenn erſtere des Lichteinfalles wegen verglast werden ſoll und deſshalb ein ſtärkeres Gefälle erhalten muſs (Fig. 18[17]).

## 2) Satteldächer.

13. Benennungen.

Ein Satteldach iſt aus zwei Dachflächen zuſammengeſetzt. Die Kante, in der dieſe beiden Dachflächen zuſammenſtoſsen, heiſst der Firſt oder die Firſtlinie, auch die Firſte, die Förſte oder der Forſt geheiſsen.

Die zum Firſt meiſt ſenkrecht ſtehenden Abſchlüſſe nennt man die Giebel; deſshalb heiſsen ſolche Dächer auch Giebeldächer. Die Giebel können offen ſein — offene Giebel, oder ſie werden durch Mauern oder andere Wände gebildet — Giebelmauern, Giebelwände. Die den Giebeln zugewendeten ſeitlichen Kanten der Dachflächen führen die Bezeichnung Bort oder Bortkante. In der Regel nimmt man die Giebel über den kurzen Seiten des Gebäudegrundriſſes an, bisweilen aber auch über den längeren.

Je nach der Form der beiden Dachflächen kann man unterſcheiden:

α) Satteldächer mit ebenen Dachflächen,

β) Satteldächer mit windſchiefen Dachflächen,

γ) Satteldächer mit gebrochenen Dachflächen und

δ) Satteldächer mit cylindriſchen Dachflächen.

### α) Satteldächer mit ebenen Dachflächen.

14. Symmetriſche Satteldächer.

Die Satteldächer mit ebenen Dachflächen erhalten im Querſchnitt meiſt eine ſymmetriſche, ſeltener eine unſymmetriſche Anordnung. Symmetriſche Satteldächer haben im Querſchnitt die Form eines gleichſchenkeligen Dreieckes oder, wenn es ſich um Drempeldächer handelt, die Geſtalt eines ſymmetriſch angeordneten Fünfeckes; beide Dachflächen haben dieſelbe Neigung; die beiden Dachfüſse liegen in gleicher Höhe, und die das Dach tragenden Bautheile ſind ſymmetriſch angeordnet (Fig. 19[18]).

---

[18]) Facſ.-Repr. nach: Zeitſchr. f. Bauw. 1868, Bl. 24.

Fig. 19.

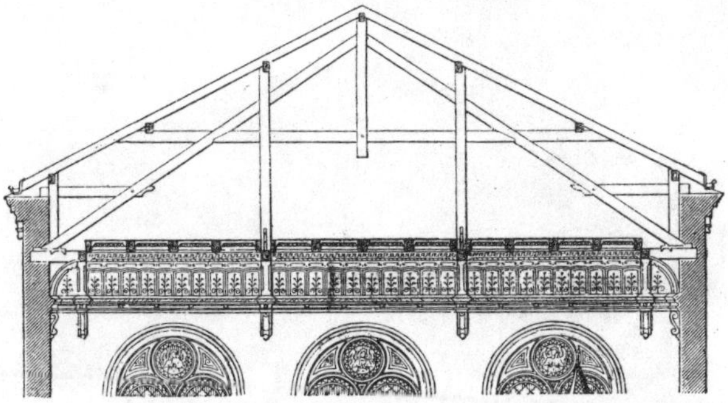

Vom Erziehungshaus für sittlich verwahrloste Kinder zu Berlin[18]).

$^{1}/_{250}$ n. Gr.

Fig. 20.

Vom Presbyterium zu Aubazine[19]).

Fig. 21.

Von einem Wohnhaus zu Chamounix[20]).

---

19) Facs.-Repr. nach: *Encyclopédie d'arch.* 1883, Pl. 908.

20) Facs.-Repr. nach: VIOLLET-LE-DUC, E. & F. NARJOUX. *Habitations modernes.* Paris 1875—77. Pl. 89.

Fig. 22.

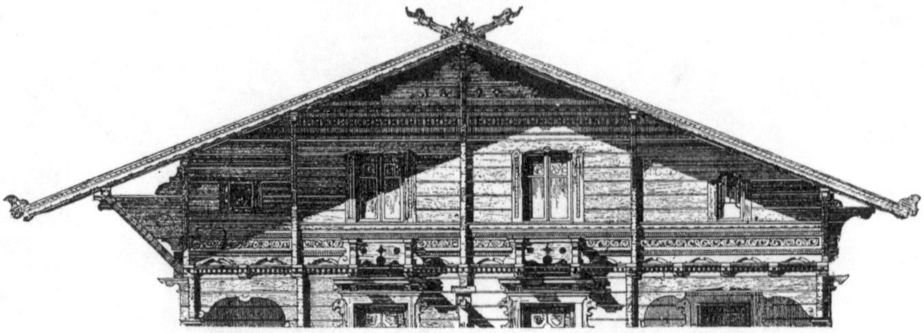

Vom Châlet *Tobler* zu Zürich [21]).

$^{1}/_{150}$ n. Gr.

Fig. 23.

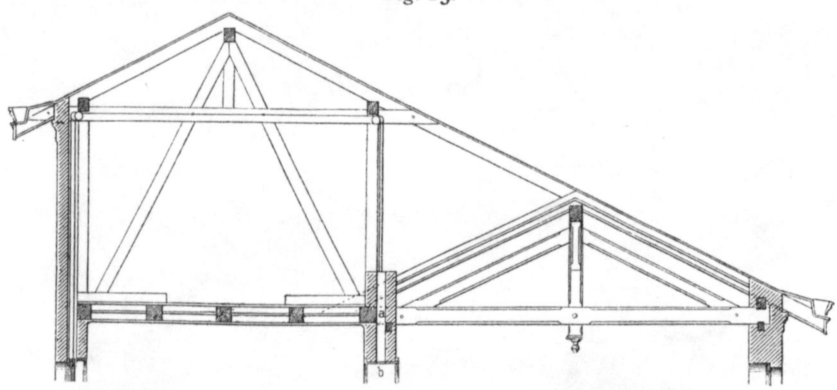

Vom Iſolirgebäude der Land-Irren-Anſtalt zu Neuſtadt-Eberswalde [22]).

$^{1}/_{100}$ n. Gr.

Fig. 24.

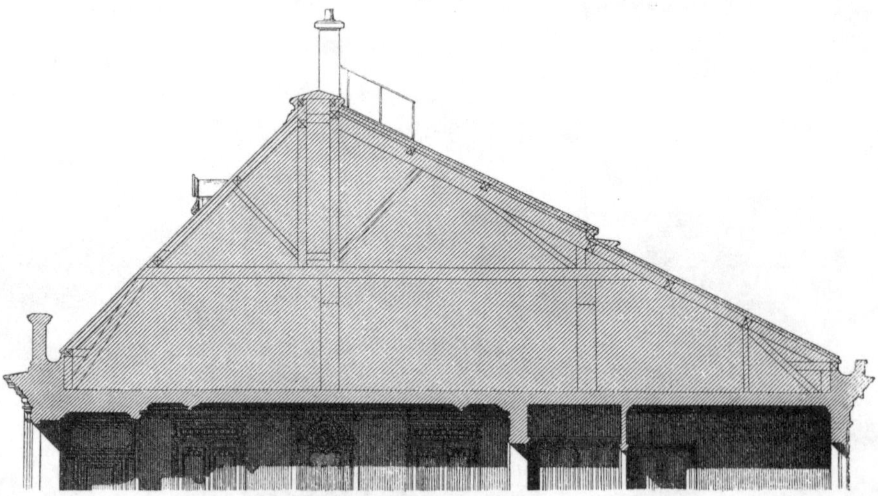

Von einem Privathaus zu Paris [23]).

$^{1}/_{200}$ n. Gr.

21) Facſ.-Repr. nach: Architektoniſche Rundſchau. Stuttgart. 1892, Taf. 6.

22) Facſ.-Repr. nach: Zeitſchr. f. Bauw. 1869, Bl. 6.

23) Facſ.-Repr. nach: VIOLLET-LE-DUC & NARJOUX, a. a. O., Pl. 186.

Fig. 25.

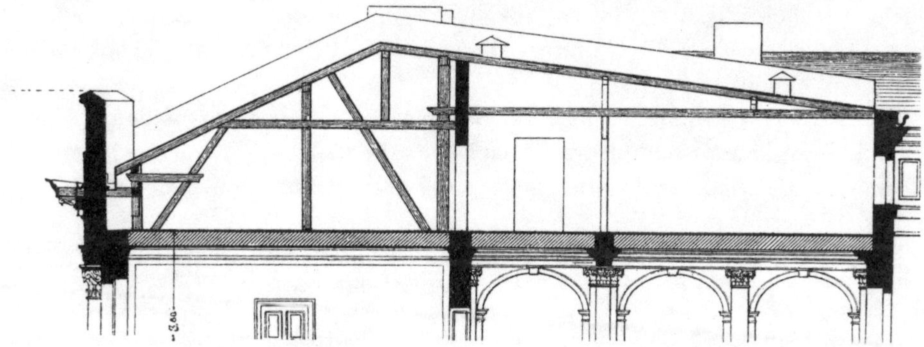

Vom Kaiſerhof zu Berlin [24]).

$^{1}/_{150}$ n. Gr.

Die Bortkanten derartiger Satteldächer ſchlieſsen entweder mit ihren Giebeln ab (Fig. 20 [19]), oder ſie ſind auſserhalb der letzteren gelegen (Fig. 21 [20]), ſo daſs die Dachflächen über die Giebel vorſpringen.

Das niedrige Satteldach der antiken Tempel wird wohl auch Adlerdach genannt. Bildet der Querſchnitt eines Satteldaches ein gleichſeitiges Dreieck, ſo bezeichnete man es in früheren Zeiten als altfranzöſiſch. Iſt die Höhe dieſes Dachquerſchnittes ſeiner Grundlinie gleich, ſo hieſs es altdeutſch; war dieſe Höhe der halben Grundlinie gleich, ſo nannte man es neudeutſch oder Winkeldach. Iſt endlich die Höhe des Dachquerſchnittes gröſser als ſeine Grundlinie, ſo entſtand das altgothiſche Dach.

Die unſymmetriſche Anordnung von Satteldächern wird in verſchiedener Weiſe durchgeführt: 15. Unſymmetriſche Satteldächer.

a) Die beiden Dachflächen haben gleiche Neigung; beide Dachfüſse ſind gleich hoch gelegen; doch ſind die das Dach hauptſächlich tragenden Conſtructionstheile unſymmetriſch angeordnet (Fig. 22 [21]).

b) Die beiden Dachflächen haben gleiche Neigung; die Dachfüſse hingegen ſind in verſchiedener Höhe gelegen (Fig. 23 [22]).

c) Die beiden Dachflächen haben ungleiche Neigung; die Dachfüſse jedoch liegen in gleicher Höhe (Fig. 24 [23]). In dieſe Gruppe von Satteldächern gehören vor Allem die noch unter e zu beſprechenden Säge- oder *Shed*-Dächer.

d) Die beiden Dachflächen haben ungleiche Neigung, und die beiden Dachfüſse liegen nicht in derſelben Höhe (Fig. 25 [24]).

Bildet der Grundriſs eines Satteldaches ein Rechteck, ſo iſt der Firſt *xy* (Fig. 26) deſſelben eine wagrechte Linie; ſonſt iſt ſie eine geneigte Gerade, und zwar fällt dieſelbe nach dem ſchmaleren Theile des Gebäudes. Die Dachausmittelung beſteht im erſteren Falle nur im Aufſuchen der Firſtlinie *xy* (Fig. 26), welche zu den beiden Trauflinien *ab* und *dc* parallel läuft und bei gleicher Neigung der beiden Dachflächen 16. Firſt.

Fig. 26.

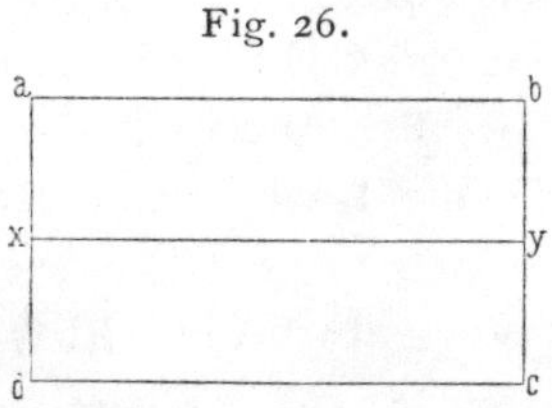


Fig. 27.

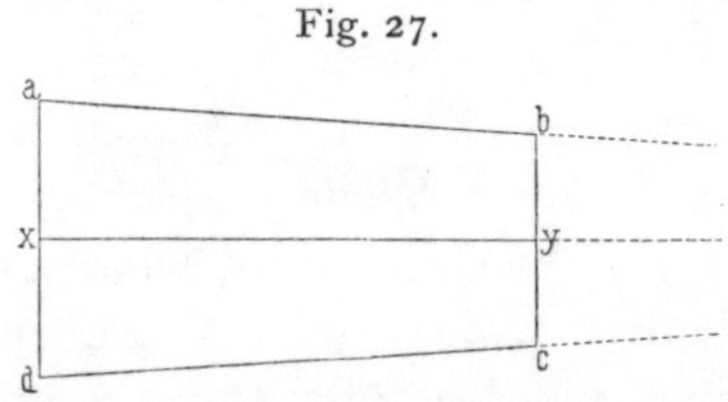


Fig. 28.

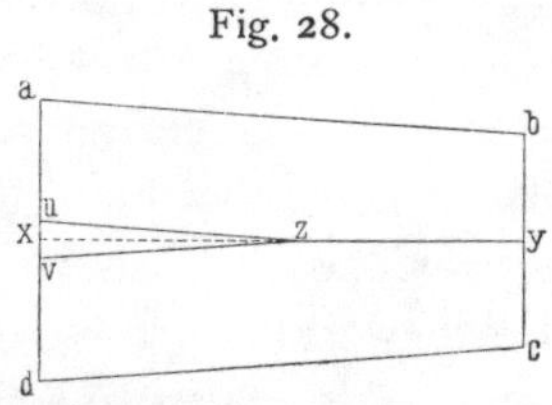


24) Facſ.-Repr. nach: Zeitſchr. f. Bauw. 1877, Bl. 21.

die Mittellinie des Grundriſs-Rechteckes bildet. Sind die beiden Trauflinien *ab* und *dc* nicht parallel (Fig. 27), ſo ergiebt ſich bei gleichem Gefälle der beiden Dachflächen die Firſtlinie *xy* als Halbirungslinie des Winkels, den die beiden Trauflinien mit einander einſchlieſsen.

Die ſchräge Firſtlinie in Fig. 27 gewährt ein unſchönes Anſehen. Man kann dies durch Anordnung windſchiefer Dachflächen vermeiden, wovon noch unter β die Rede ſein wird; man kann aber auch ein beſſeres Ausſehen erzielen, wenn man nach Fig. 28 verfährt.

Die Neigung der beiden über trapezförmigem Grundriſs ſich erhebenden Dachflächen iſt gleich angenommen; daher halbiren die Punkte *x* und *y* die Giebelſeiten *ad* und *bc*. Man halbirt im Punkte *z* die Firſtlinie *xy* und behält das Stück *yz* derſelben bei. Zieht man nun *uz* parallel zu *ab*, ſo wie *vz* parallel zu *dc*, ſo erhält man die Firſtlinien *zu* und *zv*, die in derſelben wagrechten Ebene gelegen ſind und ſich an die Firſtlinie *yz* unmittelbar anſchlieſsen. An den beiden Langfronten des Gebäudes erſcheinen alsdann ſymmetriſch gebrochene Firſtlinien. Das im Grundriſs übrig bleibende Dreieck *uzv* bildet man als Plattform oder als halbes flaches Zeltdach aus.

### β) Satteldächer mit windſchiefen Dachflächen.

17. Geſtaltung.

Will man bei einer Grundriſsfigur, deren beide Langſeiten *ab* und *dc* (Fig. 29 u. 30) einander nicht parallel ſind, eine wagrechte Firſtlinie *xy* erzielen, ſo muſs man eine oder auch beide Dachflächen windſchief ausbilden. Man zieht es in der

Fig. 29.

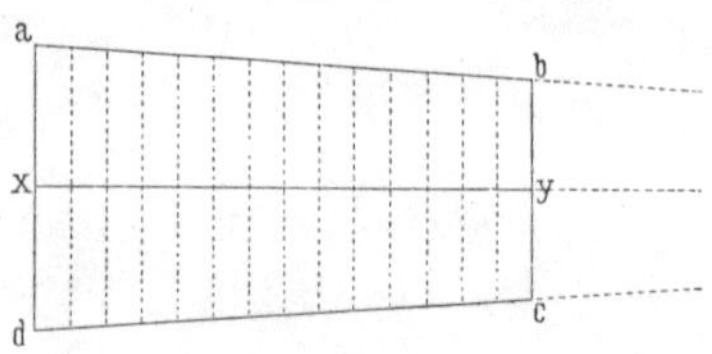


Fig. 30.

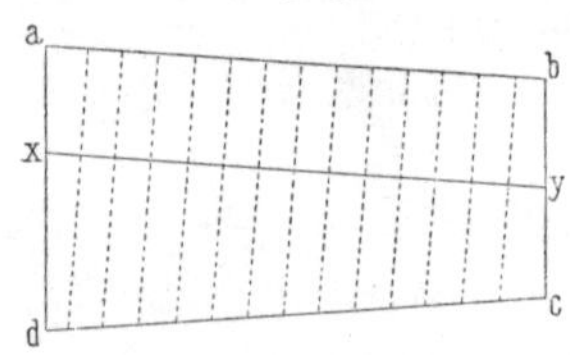


Fig. 31.

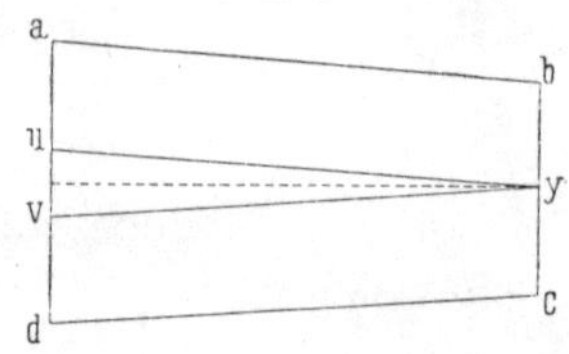


Regel vor, nur eine der Dachflächen windſchief auszuführen, um die techniſchen Schwierigkeiten thunlichſt herabzumindern.

Liegt die Firſtlinie *xy* (Fig. 30) parallel zu einer der Trauflinien, z. B. zu *ab* (in der Regel die Hauptfront des Gebäudes), ſo iſt die Dachfläche *abyx* eine Ebene, die Dachfläche *dcyx* dagegen windſchief. Würde man hingegen die Firſtlinie *xy* (Fig. 29) ſo anordnen, daſs ſie den von den beiden Seiten *ab* und *dc* eingeſchloſſenen Winkel halbirt, ſo ergäben ſich zwei windſchiefe Dachflächen.

Die Erzeugenden der windſchiefen Dachflächen legt man, gleichgiltig ob eine oder zwei derartige Flächen vorhanden ſind, am beſten ſenkrecht zur Firſtlinie (Fig. 29 u. 30), ſo daſs die Dachbinder lothrechte Ebenen bilden, welche ſenkrecht zur Firſtlinie ſtehen. Alsdann iſt der Querſchnitt des Daches ein Dreieck und die Sparren ſind gerade Balken.

18. Vermeidung windſchiefer Dachflächen.

Windſchiefe Dachflächen bereiten für viele Dachdeckungsarten techniſche Schwierigkeiten, welche um ſo gröſser ſind, je ſtärker im Grundriſs Firſtlinie und Trauflinie convergiren; auch bieten ſolche Dachflächen kein hübſches Ausſehen dar. Man hat es deſshalb in verſchiedener Weiſe verſucht, windſchiefe Dachflächen zu vermeiden. In Art. 16 (S. 14) wurde für einen einfachen Fall bereits gezeigt, wie dies bewerkſtelligt werden kann. Will man auf ähnlichem Wege wagrechte Firſtlinien erzielen, ſo braucht man nur den Brechpunkt *z* in Fig. 28 (S. 13) nach *y* zu verſchieben, d. h. man ordnet, vom Halbirungspunkt *y* der ſchmaleren Giebelſeite ausgehend, zwei wagrechte Firftlinien *yu* und *yv* (Fig. 31) an; alsdann ift *yu* parallel zu *ab* und *yv* parallel zu *dc*, und es ergeben fich zwei ebene Dachflächen. Die Dreiecksfigur *uyv* wird entweder als Plattform ausgebildet, oder es wird über derfelben ein flaches halbes Zeltdach errichtet.

Unter b werden einige andere Verfahren, windfchiefe Flächen zu vermeiden, gezeigt werden.

γ) Satteldächer mit gebrochenen Dachflächen.

Aus verfchiedenen Gründen und auch in verfchiedener Weife hat man die beiden Dachflächen eines Satteldaches mehrfach aus zwei, in einigen Fällen fogar aus einer noch gröfseren Zahl von Ebenen zufammengefetzt. Am häufigften kommt wohl das fog. Manfarden-Dach (Fig. 32 [25]) vor, bei deffen Dachflächen die oberen (dem Firft zunächft gelegenen) Theile flacher find, als die unteren, die alfo aus fteilem Unterdach und flachem Oberdach beftehen. Der Querfchnitt eines Manfarden-Daches ift fonach, wie derjenige eines Drempeldaches (fiehe Art. 14, S. 10) ein Fünfeck (Trapez mit darüber gefetztem gleichfchenkeligem Dreieck). 19. Manfarden-Dächer.

Fig. 32.

Vom *Collège Sainte-Barbe* zu Paris [25]).

Die gröfste zuläffige Höhe der Gebäude ift in unferen Städten meift durch baupolizeiliche Beftimmungen begrenzt. Um über derfelben noch ein bewohnbares Gefchofs zu ermöglichen, erfand angeblich *Manfard* die nach ihm benannte Dachform, welche fich bald von Frankreich auch in die Nachbarländer verbreitete. Der wirkliche Erfinder diefer Dachform war *Manfard* keineswegs; denn *de Clagny* hat fie fchon vor ihm angewendet.

Die Neigung der beiden Ebenen, aus denen jede Dachfläche zufammengefetzt ift, mithin auch die Querfchnittsform der Manfarden-Dächer, ift ziemlich verfchieden gebildet worden; im Folgenden find einige wichtigere Verfahren angegeben.

a) Nach *Manfard's* Vorfchrift foll der Querfchnitt des Daches ein halbes, über Ecke geftelltes regelmäfsiges Achteck *abxcd* bilden (Fig. 33), fo dafs alfo der über der Gebäudetiefe *ad* gefchlagene Halbkreis in den Punkten *b*, *x* und *c* in 4 gleiche Theile getheilt wird; die Ebenen *ab* und *cd* des Unterdaches find alsdann unter $67^1/_2$ Grad, die Ebenen *bx* und *xc* des Oberdaches unter $22^1/_2$ Grad zur Wagrechten geneigt.

b) Die deutfchen Baumeifter um 1770 conftruirten den Dachquerfchnitt nach Fig. 34 derart, dafs die Ebenen *ab* und *cd* des Unterdaches unter 60, die Ebenen *bx* und *cx* des Oberdaches unter 30 Grad zur Wagrechten geneigt waren. Sie wollten hierdurch einerfeits erreichen, dafs auf dem Oberdach das

25) Facf.-Repr. nach: *Encyclopédie d'arch.* 1883, Pl. 849—850.

Fig. 33.

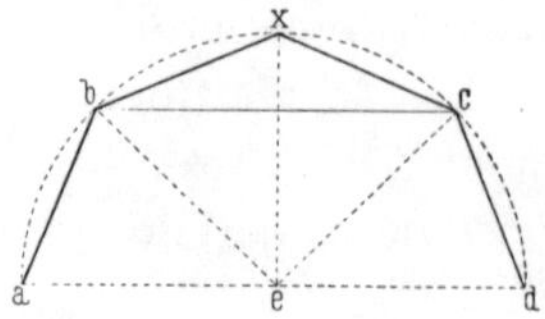


Fig. 34.

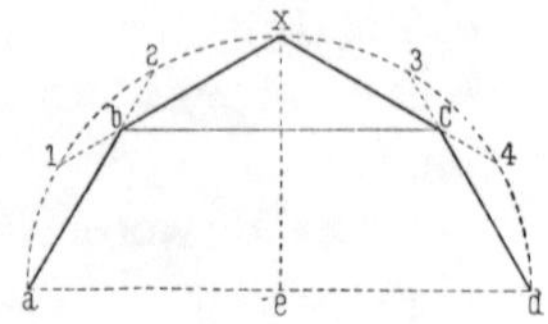


Fig. 35.

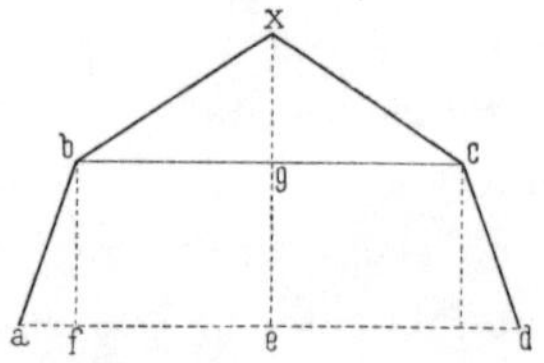


Fig. 36.

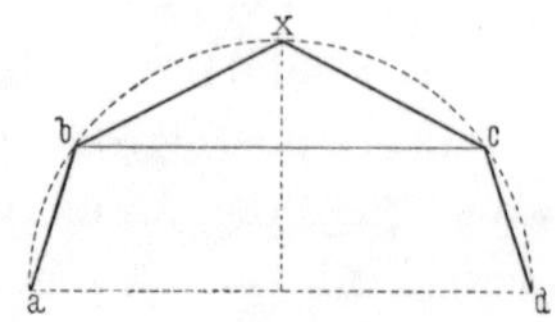


Waſſer beſſer ablaufe und auf dem Unterdach der Schnee beſſer liegen bleibe, um die nahe am Gebäude Verkehrenden weniger zu gefährden; andererſeits wurde dieſe Form für die ſtatiſch günſtigſte gehalten, weil die Sparren eines Dachbinders ohne weitere Verbindung in den Kreuzungspunkten ſich gegenſeitig das Gleichgewicht hielten.

Bei dieſer, wie bei der vorhergehenden Querſchnittsform hat das Dach die halbe Gebäudetiefe ($ae = ed$) zur Höhe ($ex$). Schlägt man über $ad$ einen Halbkreis und theilt man dieſen in bekannter Weiſe in den Punkten $1$, $2$, $x$, $3$ und $4$ in 6 gleiche Theile, ſo erhält man durch die Sehnen $a\,2$ und $d\,3$ die Begrenzungen des Unterdaches und in den Sehnen $x\,1$ und $x\,4$ jene des Oberdaches; die Brechpunkte $b$ und $c$ zwiſchen Ober- und Unterdach ergeben ſich alsdann von ſelbſt.

𝔠) Nach *Gilly* (Fig. 35) nehme man die Höhe $bf$ (des Manſarden-Geſchoſſes) nach Bedarf an, mache $af = \frac{bf}{3}$ und ziehe das Loth $fb$; alsdann erhält man im Schnittpunkt $b$ des letzteren mit der Wagrechten den Brechpunkt auf der einen Seite des Daches und in gleicher Weiſe auf der anderen Dachſeite den Brechpunkt $c$. Macht man endlich die Höhe des Oberdaches $xg = \frac{bc}{3}$, ſo giebt der Punkt $x$ die Höhenlage des Dachfirſtes an.

𝔡) Im Allgemeinen dürfte feſt zu halten ſein, daſs das Ausſehen eines Manſarden-Daches ein günſtiges iſt, ſo lange die Kanten $b$, $x$ und $c$ (Fig. 36) auf dem über der Gebäudetiefe $ad$ geſchlagenen Halbkreiſe gelegen ſind; kleine Abweichungen hiervon thun keinen Eintrag; durch gröſsere Abweichungen gelangt man in der Regel zu einer unſchönen Dachform.

Im Uebrigen ſind der Zweck, dem der Hohlraum des Unterdaches dienen ſoll, und das beabſichtigte Dachdeckungsmaterial nicht ſelten von groſsem Einfluſs auf die zu wählende Querſchnittsform. Soll das Oberdach mit Holzcement eingedeckt werden, ſo erhält es nur wenig geneigte Dachflächen.

Auch Pultdächer (ſiehe Art. 12, S. 10, unter α) können nach Art der Manſarden-Dächer geſtaltet werden, indem man in Fig. 33 bis 36 die eine, links oder rechts von der Lothrechten $ex$ gelegene Dachhälfte als Querſchnittsform wählt.

20. Unſymmetriſche Anlagen.

Es war ſeither nur von im Querſchnitt ſymmetriſch geſtalteten Manſarden-Dächern die Rede, und thatſächlich ſind dieſe auch die allerhäufigſten. Indeſs kann die Raumgeſtaltung im Inneren des betreffenden Gebäudes oder es können andere Gründe in manchen Fällen zu unſymmetriſchen Anordnungen führen. So zeigt Fig. 37 [26]) ein Manſarden-Dach, bei welchem der Dachfuſs auf der einen Seite höher, als auf der anderen gelegen iſt.

Es fehlt aber auch nicht an Ausführungen, bei denen die eine Dachhälfte nach Art der Manſarden-Dächer, die andere wie ein gewöhnliches Satteldach geſtaltet iſt (Fig. 38 u. 39 [27 u. 28]).

21. Satteldächer mit ſteilem Oberdach und flachem Unterdach.

Eine den Manſarden-Dächern gewiſſermaſsen entgegengeſetzte Form haben diejenigen Satteldächer, bei denen zu beiden Seiten des Firſtes ſteilere Dachflächen angeordnet ſind, als in den übrigen Theilen derſelben. Meiſt geſchieht dies in

26) Facſ.-Repr. nach: *Revue gén. de l'arch.* 1868, Pl. 35.

27) Facſ.-Repr. nach: Zeitſchr. f. Bauw. 1882, Pl. 55.

28) Facſ.-Repr. nach: *Revue gén. de l'arch.* 1873, Pl. 18.

Fig. 37.

Von einem Künftlerheim zu Paris[26]).

$^1/_{150}$ n. Gr.

Fig. 38.

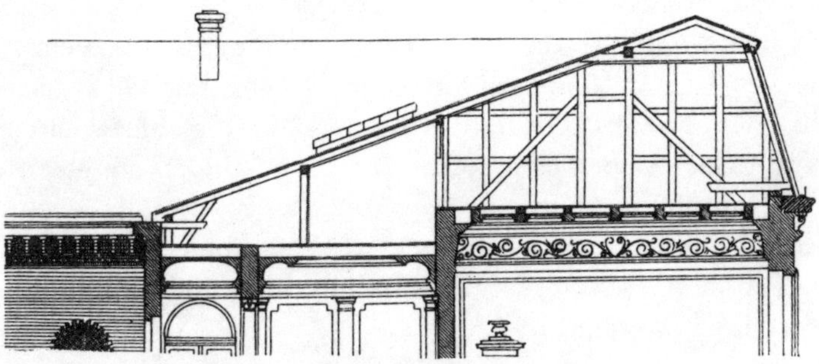

Vom Kreishaus zu Wittenberg[27]).

$^1/_{200}$ n. Gr.

Fig. 39.

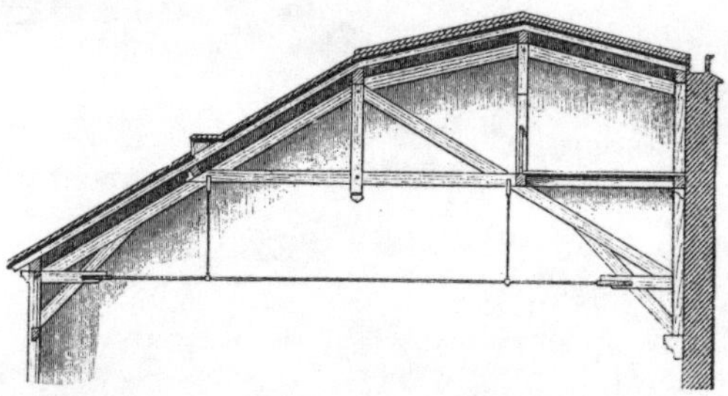

Vom *Dépôt des ponts et chauffées* zu Paris[28]).

$^1/_{200}$ n. Gr.

Fig. 40.

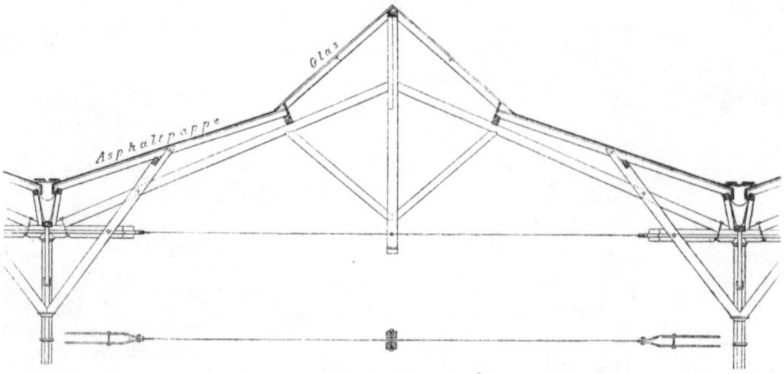


Von der Norddeutſchen Fabrik für Eiſenbahn-Betriebsmaterial[29]).

Fig. 41.

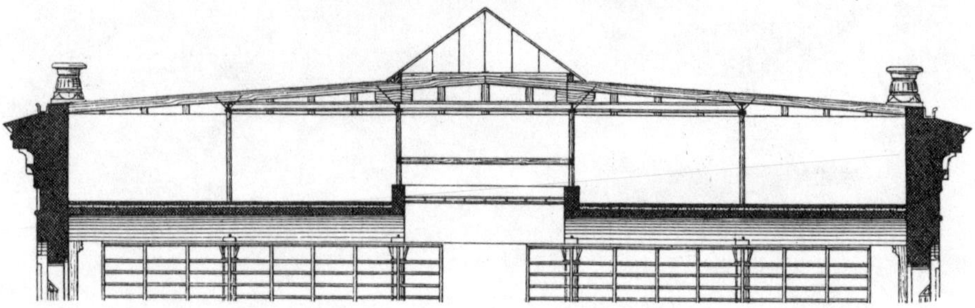

Von der Univerſitäts-Bibliothek zu Halle a. S.[30]).

1/200 n. Gr.

Rückſicht auf die Erhellung der darunter gelegenen Räume; die dem Firſt zunächſt gelegenen Theile des Daches ſind aus letzterem Grunde mit Glas einzudecken und müſſen deſshalb ein ſtärkeres Gefälle erhalten, als die mit lichtundurchläſſiger Deckung verſehenen Dachflächen (Fig. 40 u. 41 [29 u. 30]). Indeſs kommen auch andere Anlagen dieſer Art vor (Fig. 42 u. 43 [31]).

22. Mehrfach gebrochene Dachflächen.

Verhältniſsmäſsig ſelten, und auch nur durch den Sonderzweck des betreffenden Gebäudes bedingt, kommt es vor, daſs die Dachflächen eines Satteldaches mehrfach gebrochen ausgeführt werden; auch in ſolchen Fällen ſind in der Regel die Erhellungsverhältniſſe des darunter befindlichen Raumes ausſchlaggebende, wie z. B. in Fig. 44.

Fig. 42.

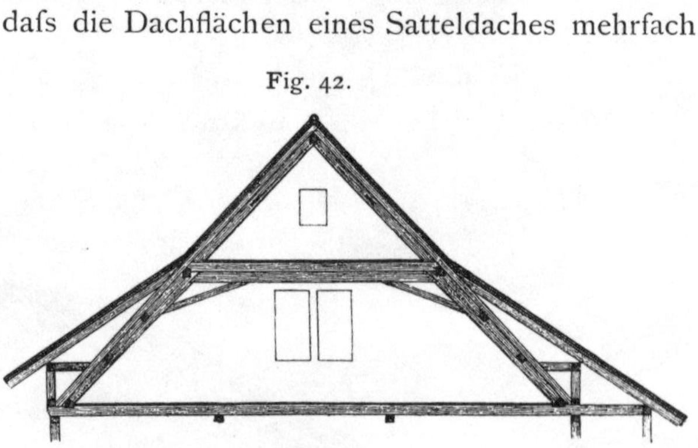

Querſchnitt zu Fig. 43 [31]).

1/200 n. Gr.

23. Satteldächer mit Aufſätzen.

Um den unter einem Satteldach gelegenen Raum im Firſt lüften, um Rauch und andere Gaſe aus dieſem Raume raſch und genügend einfach abführen oder um letzteren genügend erhellen

[29]) Facſ.-Repr. nach: Zeitſchr. f. Bauw. 1871, Bl. 52.
[30]) Facſ.-Repr. nach ebendaſ. 1885, Bl. 49.
[31]) Facſ.-Repr. nach: Gladbach, E. Charakteriſtiſche Holzbauten der Schweiz etc. Berlin 1889—93. Bl. 7, 8.

Fig. 43.

Vom Haus »Zum Hirſchen« zu Marthalen[31]).

Fig. 44.

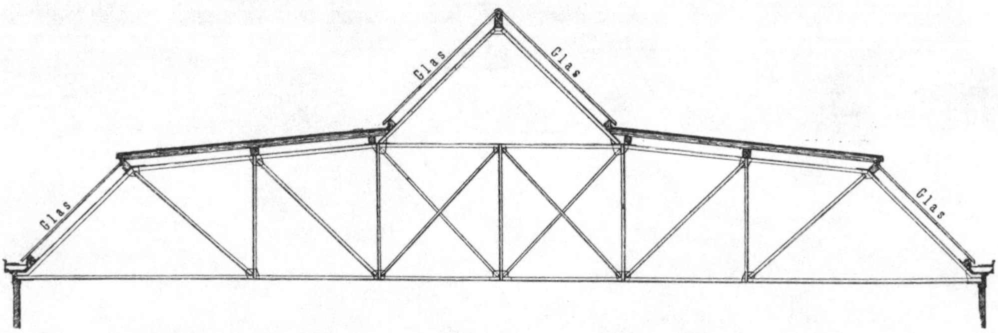


Von der Schreinerwerkſtätte der Wagenfabrik in der *Harkort*'ſchen Fabrik zu Duisburg-Hochfeld.

1/125 n. Gr.

Fig. 45.

Von der Kaue des Spitzberg-Tunnels[32]).

1/200 n. Gr.

zu können, wird daſſelbe nicht ſelten mit einem Auffatz, wohl auch Laterne (im Beſonderen Firſtlaterne) oder Dachreiter genannt, verſehen. Ein ſolcher Dachauffatz iſt nichts Anderes, als ein ſchmales, lang geſtrecktes Satteldach, welches im Firſt des Hauptdaches aufgeſetzt iſt, und zwar entweder nach Art von Fig. 45[32]) oder in der Weiſe, wie Fig. 46[33]) u. 47[34]) dies zeigen; in letzterem Falle ſind lothrechte Wände, die häufig durchbrochen ſind und

32) Facſ.-Repr. nach: Zeitſchr. f. Bauw. 1873, Bl. 33.

33) Facſ.-Repr. nach: *Moniteur des arch.* 1870, Pl. 45.

34) Facſ.-Repr. nach: *Encyclopédie d'arch.* 1883, Pl. 912.

Fig. 46.

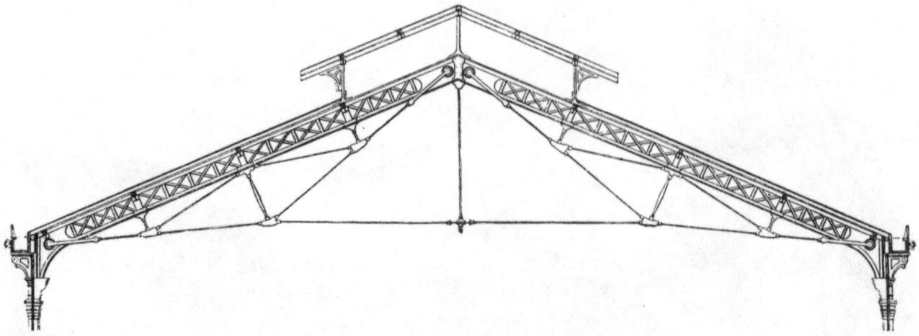

Von der Markthalle zu Paris-Grenelle[33]).

Fig. 47.

Vom Theater zu Rotterdam[34]).

Fig. 48.

Von einer Kirche zu Wilton[35]).

1/200 n. Gr.

35) Facf.-Repr. nach: Allg. Bauz. 1849, Bl. 246.

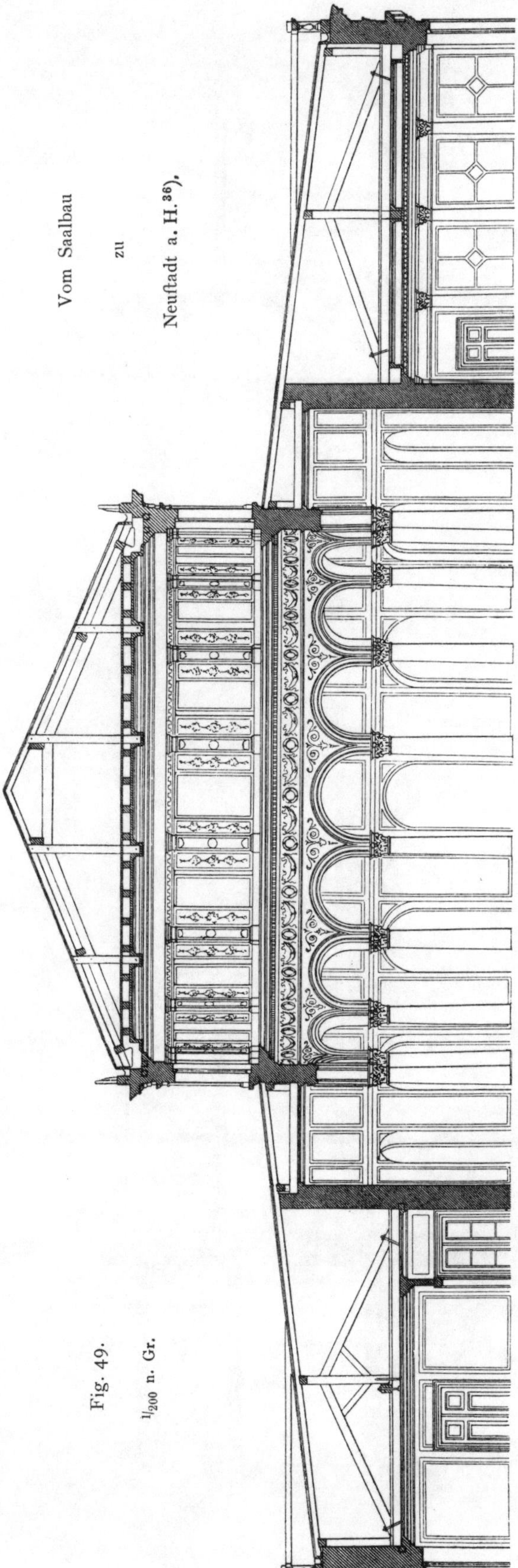

Fig. 49. Vom Saalbau zu Neuſtadt a. H.[36]). $^{1}/_{200}$ n. Gr.

durch Jalouſie-Vorrichtungen etc. mehr oder weniger geöffnet werden können, vorhanden, welche den Dachauffatz tragen. Damit der mit letzterem beabſichtigte Zweck erreicht wird, muſs das Hauptdach zu beiden Seiten ſeines Firſtes offen gehalten werden, erhält ſonach an dieſer Stelle keine Eindeckung.

Mit der eben beſchriebenen Dachform verwandt iſt das baſilikale Dach, welches ſich über Gebäuden erhebt, in denen ein höherer Mittelraum (Mittelſchiff) von daran liegenden, niedrigeren Seitenräumen (Seitenſchiffen) durch Pfeilerreihen oder Säulenſtellungen getrennt iſt und erſterer durch Lichtöffnungen, die in ſeinen Hochwänden angebracht ſind, erhellt wird (Fig. 48[35]). Eigentlich hat man es hier mit einem Satteldach, welches das Mittelſchiff bedeckt, und zwei Pultdächern, die über den beiden Nebenſchiffen angeordnet ſind, zu thun. 24. Baſilikale Dächer.

Vor Allem ſind es die römiſchen und altchriſtlichen Baſiliken, ſo wie die ſpäteren, nach gleichem Grundgedanken erbauten Kirchenanlagen (Fig. 48), welche geeignete Beiſpiele für die in Rede ſtehende Dachform darbieten. Indeſs giebt es auch eine nicht geringe Zahl moderner Profanbauten, welche mit ihrer Dachform an dieſer Stelle einzureihen ſind, wie z. B. Fig. 49[36]) dies zeigt. Ferner giebt es neuere Bauwerke, deren Geſammtanordnung zwar nicht auf dem Grundgedanken der dreiſchiffigen Baſilikalanlage beruht, bei denen indeſs

[36]) Facſ.-Repr. nach: Zeitſchr. f. Baukde. 1879, Bl. 10.

Fig. 50.

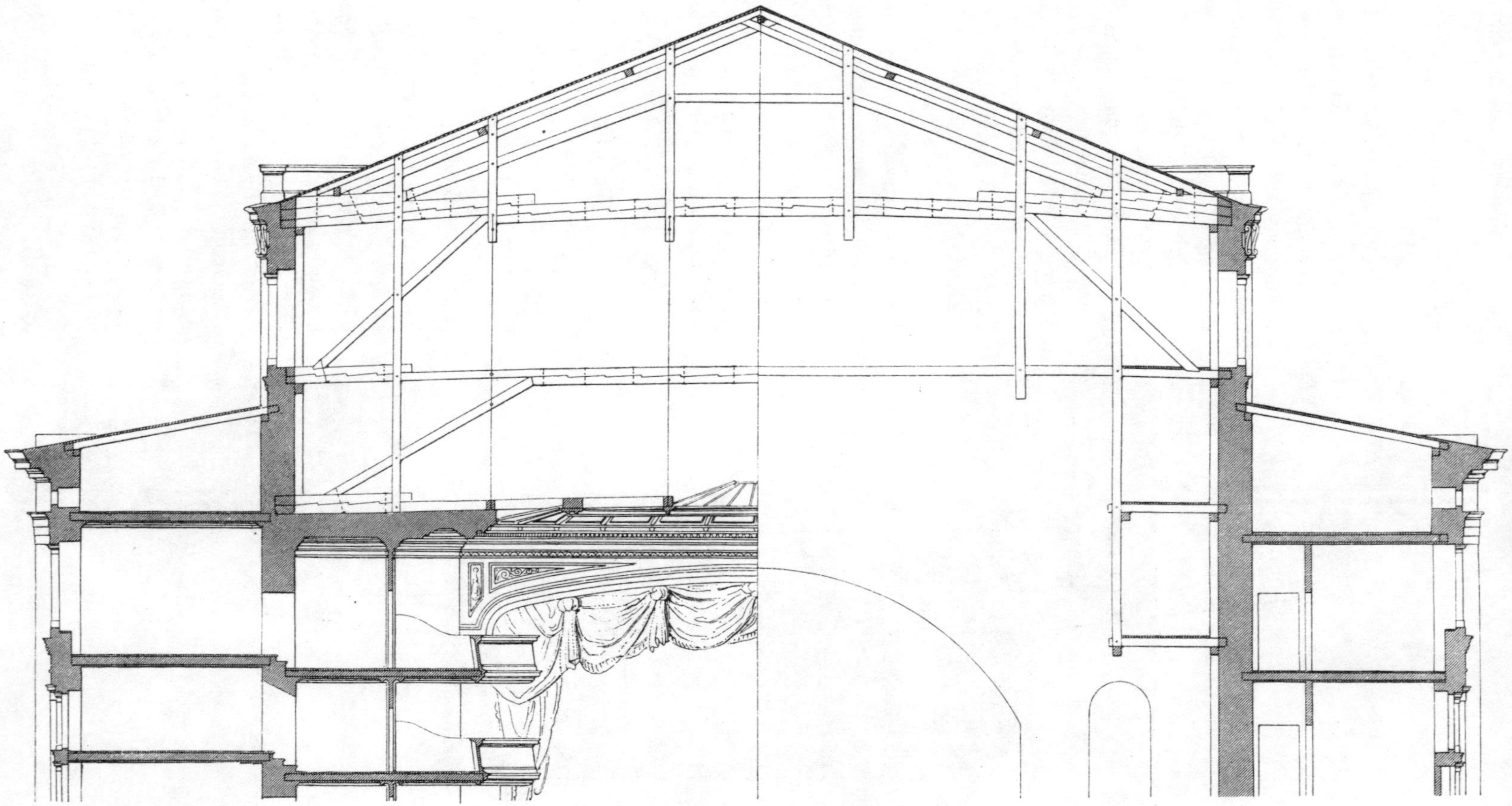

Vom Stadttheater zu Riga [37]).

$^1/_{200}$ n. Gr.

Fig. 51.

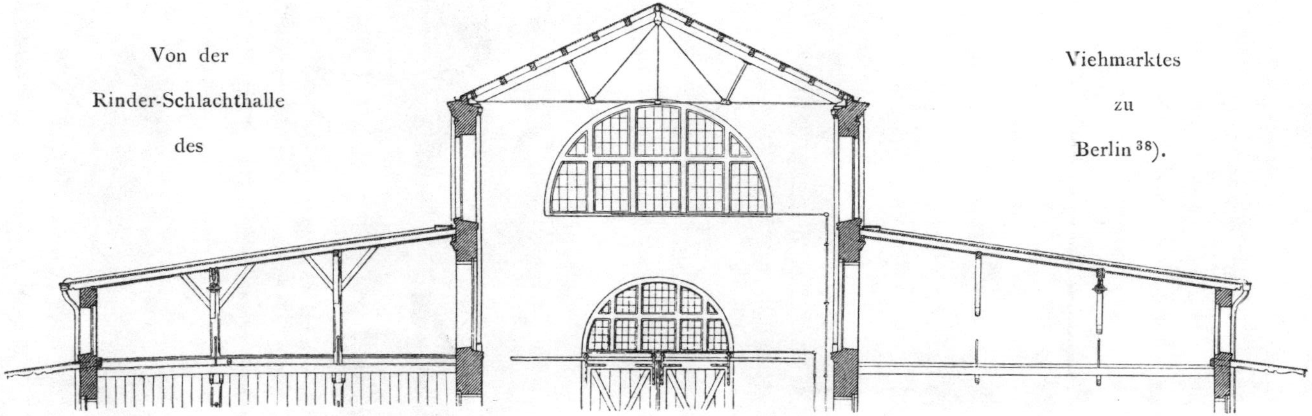

Von der Rinder-Schlachthalle des Viehmarktes zu Berlin[38]).

Fig. 52.

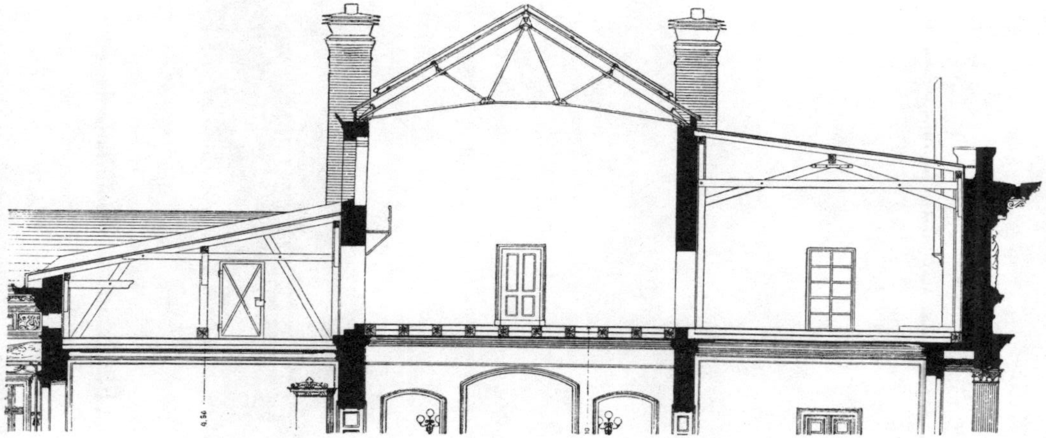

Vom Dienstgebäude für das Ministerium der geistlichen Angelegenheiten zu Berlin[39]).

$^1/_{200}$ n. Gr.

Fig. 53.

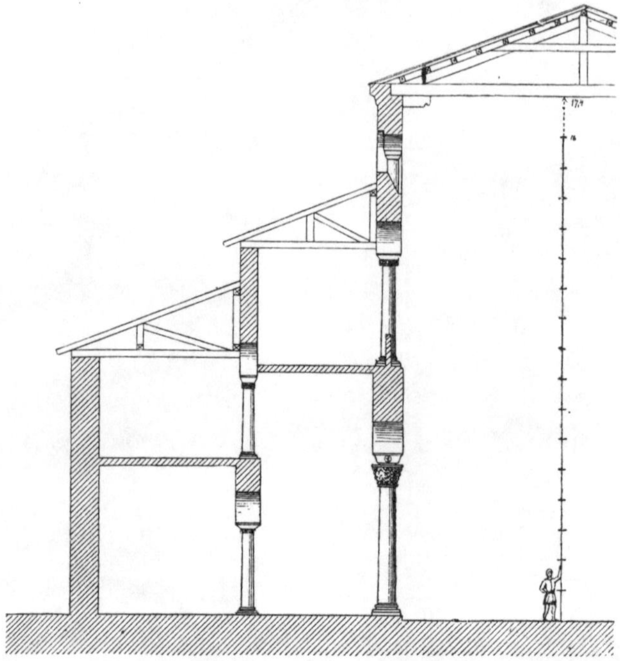

Von der St. Demetrius-Kirche zu Thessalonich.

1/250 n. Gr.

der Sonderzweck, dem sie zu dienen haben, zu einer gleichen Dachform geführt hat; Fig. 50[37]) u. 51[38]) sind einschlägige Beispiele.

Fig. 54.

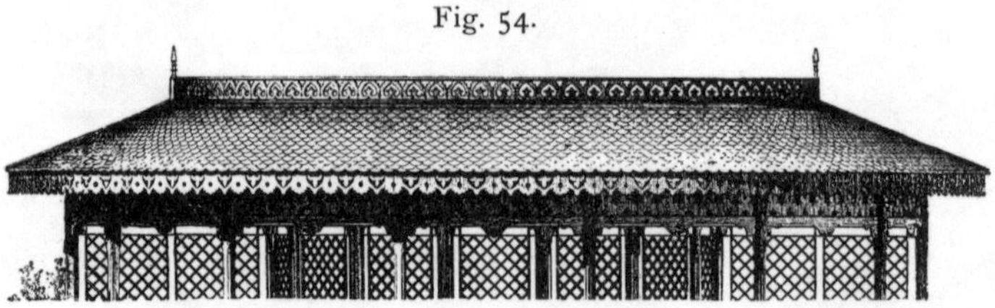

1/100 n. Gr.

Fig. 55.

Von einer Exedra im *Bois de Boulogne* bei Paris[39]).

Fünfschiffige Basilikalanlagen zeigen die gleiche Dachform, wenn je zwei Seitenschiffe mit einem gemeinsamen Pultdach überdeckt sind. Erhält jedes Seitenschiff ein besonderes Pultdach, so entsteht die aus Fig. 53 ersichtliche Dachform.

Fig. 56.

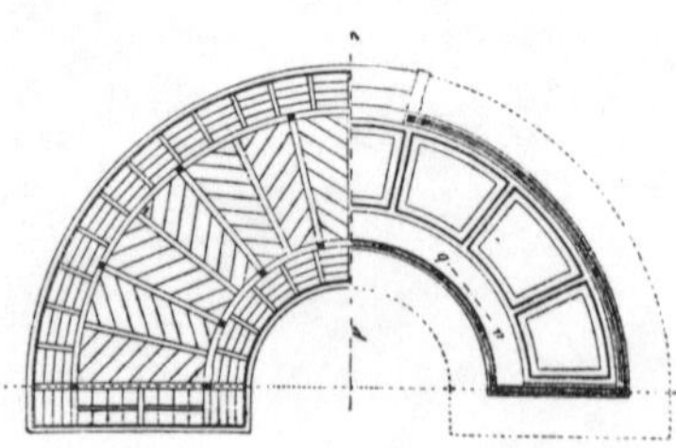

1/200 n. Gr.

Der besondere Zweck, für den ein Gebäude bestimmt ist, kann unter Umständen auch zu unsymmetrisch gestalteten Anlagen führen (Fig. 52[39]).

[37]) Facs.-Repr. nach: Zeitschr. f. Bauw. 1869, Bl. 33.

[38]) Facs.-Repr. nach ebendas. 1872, Bl. 16.

[39]) Facs.-Repr. nach: Daly, C. *L'architecture privée au XIXme siècle.* Section 3. Paris 1876—77. Pl. 20.

25. Ringförmige Satteldächer.

Wenn das zu überdachende Gebäude im Grundriſs ringförmig oder nach einem Ringabſchnitt geſtaltet iſt, ſo bildet die Firſtlinie des aufzuſetzenden Satteldaches eine nach einem Kreis oder einem Kreisabſchnitt gekrümmte Linie oder — noch häufiger — einen gebrochenen Linienzug; im Grundriſs verläuft die Firſtlinie concentriſch zu den Gebäudebegrenzungen. Die Dachbinder liegen in lothrechten Ebenen, die am beſten nach dem Mittelpunkt des betreffenden Kreisabſchnittes, bezw. Polygonzuges convergiren, und die beiden Dachflächen gehören entweder Kegelflächen oder Pyramiden an (Fig. 54 bis 56[39]), ſo wie 57 u. 58[40]); im letzteren Falle entſpricht jeder Gebäudeecke in der äuſseren Dachfläche im Grat und in der inneren eine Kehle.

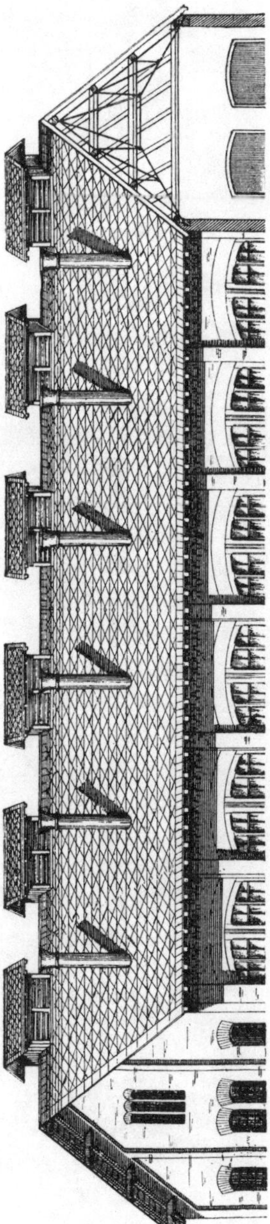

Fig. 57.

Von einem Locomotivſchuppen zu Göttingen[40]).

1/250 n. Gr.

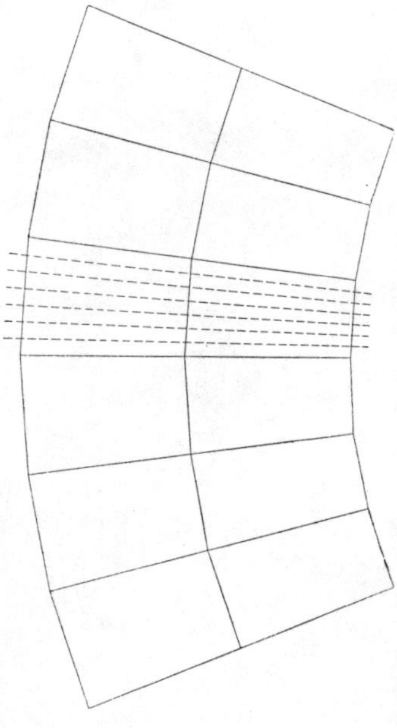

Fig. 58.

1/500 n. Gr.

δ) Mehrfache Satteldächer.

26. Paralleldächer.

Wenn ein Gebäude eine ſehr bedeutende Tiefe hat, ſo würde ein darauf geſetztes Satteldach eine ſehr groſse Höhe erhalten. Dies bietet unter Umſtänden conſtructive Schwierigkeiten dar oder bedingt doch weſentliche Mehrkoſten; in anderen Fällen wird die Erwärmung des unter einem ſolchen Dach befindlichen Raumes ſchwierig, oder es zeigen ſich andere Miſslichkeiten. Dieſen Uebelſtänden kann man in einfacher Weiſe begegnen, wenn man über dem betreffenden Gebäude ſtatt eines einzigen Satteldaches eine Reihe von parallel neben einander gelegenen Satteldächern anordnet; dadurch entſtehen die Paralleldächer.

Hierzu können ſchmale Satteldächer gewöhnlicher Form verwendet werden (Fig. 59[41]), oder man ſetzt ſolche mit Dachaufſätzen neben einander (Fig. 60[42]); man kann aber auch Manſarden-Dächer (Fig. 62[43])

40) Facſ.-Repr. nach: Zeitſchr. f. Bauw. 1885, Bl. 60.

41) Facſ.-Repr. nach ebendaſ. 1871, Bl. 67.

42) Facſ.-Repr. nach ebendaſ. 1885, Bl. 66.

43) Facſ.-Repr. nach ebendaſ. 1881, Bl. 47.

Fig. 59.

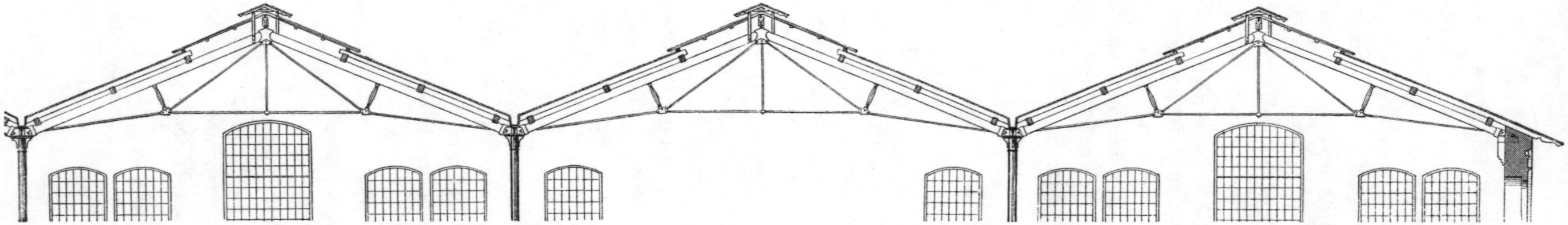

Vom Werkſtättengebäude der Niederſchleſiſch-Märkiſchen Eiſenbahn zu Berlin[41]). — $^1/_{200}$ n. Gr.

Fig. 60.

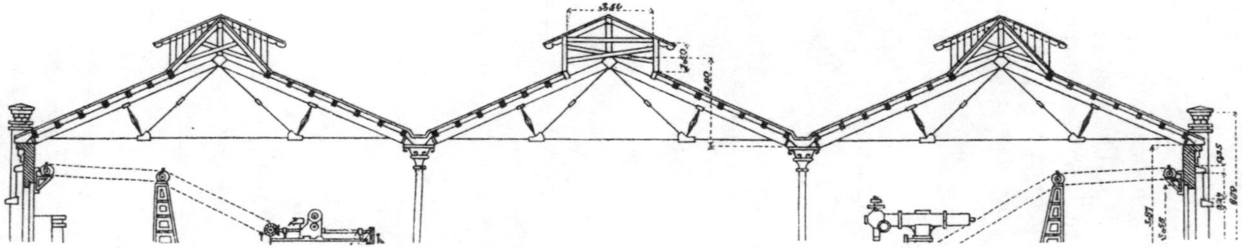

Von der Keſſelſchmiede der Locomotiv-Werkſtätte zu Witten[42]). — $^1/_{300}$ n. Gr.

Fig. 61.

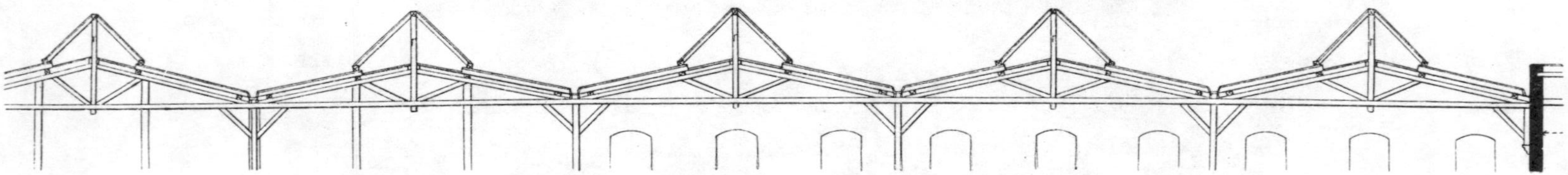

Von der Central-Reparatur-Werkſtätte Tempelhof bei Berlin[44]). — $^1/_{200}$ n. Gr.

Fig. 62.

Vom Central-Fleifch- und Geflügelmarkt zu London[43]). — $^1/_{200}$ n. Gr.

Fig. 63.

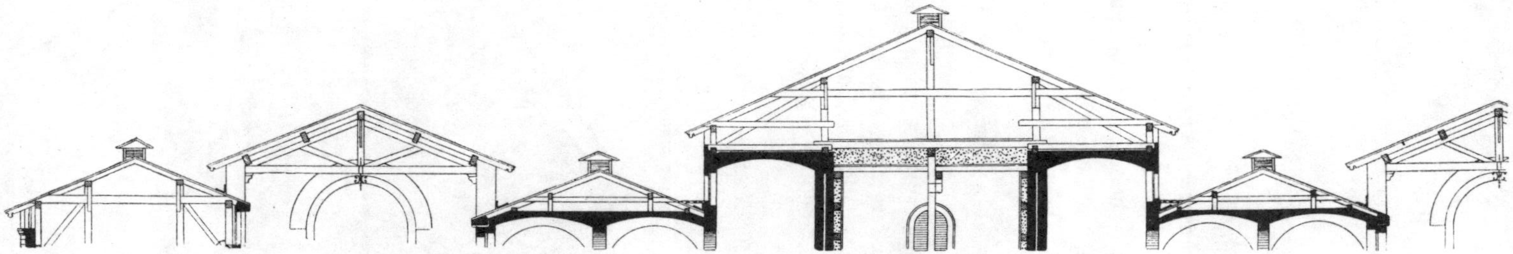

Von einer Schlachthalle im Schlachthof zu Budapeft[45]). — $^1/_{300}$ n. Gr.

Fig. 64.

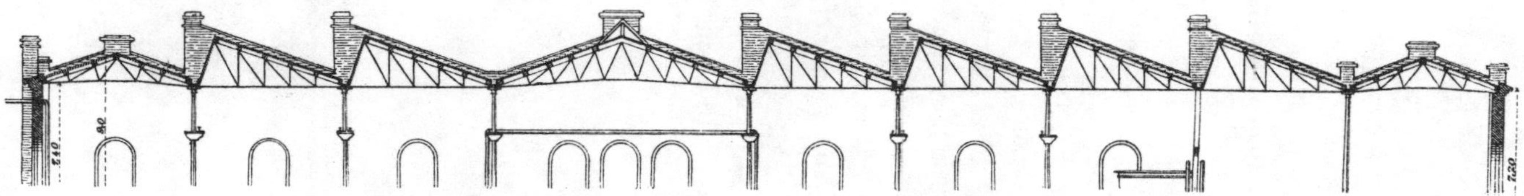

Von der Locomotiv-Reparatur-Werkftätte auf dem Bahnhof zu Buckau[46]). — $^1/_{400}$ n. Gr.

Fig. 65.

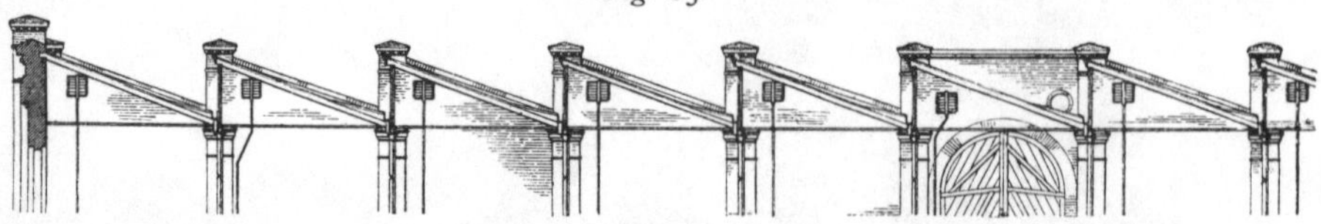

Von der Reparatur-Werkſtätte der Berlin-Potsdam-Magdeburger Eiſenbahn zu Potsdam[47]).

$^1/_{300}$ n. Gr.

oder Satteldächer mit anders gebrochenen Dachflächen (Fig. 61[44]) zur Anwendung bringen.

In allen dieſen Beiſpielen haben die verſchiedenen Satteldächer gleiche Weite und liegen in derſelben Höhe. Wenn es indeſs der Zweck des betreffenden Gebäudes erfordert, können auch Satteldächer verſchiedener Form, von denen ſich einzelne über die anderen erheben, neben einander geſetzt werden (Fig. 63[45]).

27. Sägedächer.

Paralleldächer werden ſtets aus im Querſchnitt ſymmetriſch geſtalteten Satteldächern zuſammengeſetzt. Werden hierzu unſymmetriſche Satteldächer verwendet, ſo entſtehen Säge- oder *Shed*-Dächer. Kennzeichnend für dieſe iſt ferner, daſs die ſteileren Dachflächen zum Zweck des Lichteinfalles verglast ſind (Fig. 64[46]). Erfordern die Arbeiten und Verrichtungen, welche in den unter einem Sägedach befindlichen Raume vorgenommen werden ſollen, eine thunlichſt gleichmäſsige Erhellung, ſo werden die ſteileren (verglasten) Dachflächen nach Norden gerichtet.

Bisweilen hat man die ſteileren Dachflächen völlig lothrecht geſtellt (Fig. 65[47]); alsdann ſetzt ſich das Sägedach aus mehreren Pultdächern zuſammen (ſiehe Art. 11, S. 10).

28. Kreuzdächer.

Wenn über einem quadratiſchen (bisweilen über einem rechteckigen) Grundriſs zwei Satteldächer einander durchkreuzen, ſo entſteht das Kreuzdach; für daſſelbe

Fig. 66.

Vom Tiroler Haus auf der Weltausſtellung zu Paris[48]).

[44]) Facſ.-Repr. nach: Organ f. d. Fortſchr. d. Eiſenbahnw. 1882, Taf. XIX.

[45]) Facſ.-Repr. nach: Zeitſchr. f. Bauw. 1875, Bl. 55.

[46]) Facſ.-Repr. nach ebendaſ. 1887, Bl. 37.

[47]) Facſ.-Repr. nach ebendaſ. 1871, Bl. 23.

[48]) Facſ.-Repr. nach: *Revue gén. de l'arch.* 1869, Pl. 13.

ift kennzeichnend, dafs nach allen vier Seiten Giebel fich zeigen. Solche Dächer kommen namentlich bei viergiebeligen Thürmen vor; doch haben fie auch fonft Anwendung gefunden (Fig. 66[48]).

ε) Satteldächer mit cylindrifchen Dachflächen.

Anftatt ein Satteldach aus zwei ebenen Dachflächen zu bilden, kann man es auch aus zwei cylindrifch gekrümmten Flächen zufammenfetzen. Daffelbe zeigt 29. Einfache Dachformen.

Fig. 67.

Vom Retortenhaus der Imperial-Continental-Gas-Affociation zu Berlin[49]).

1/300 n. Gr.

Fig. 68.

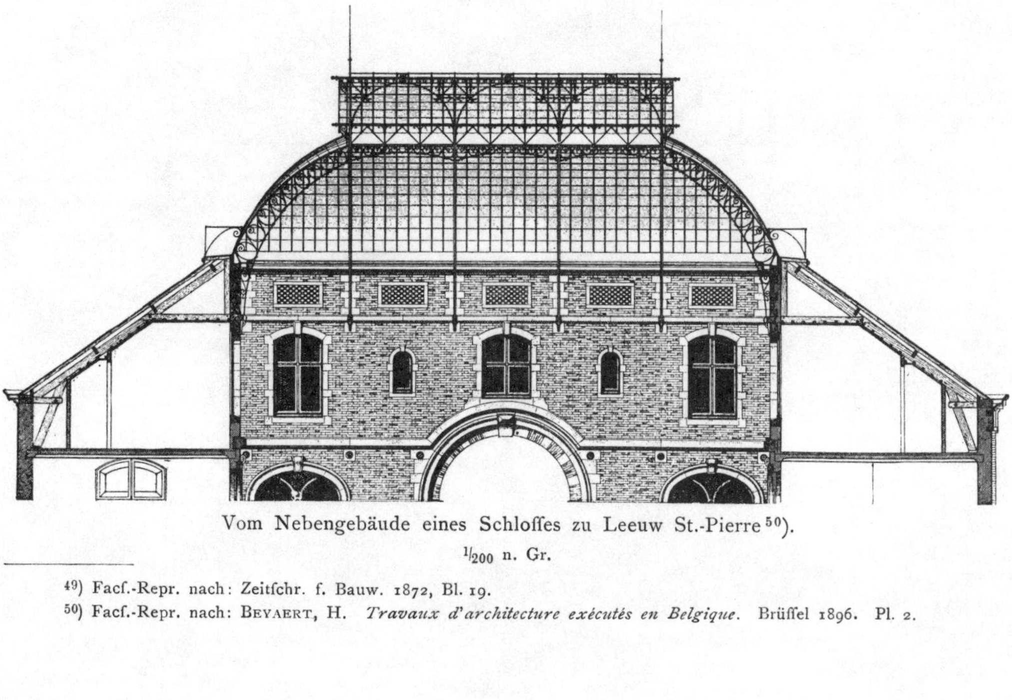

Vom Nebengebäude eines Schloffes zu Leeuw St.-Pierre[50]).

1/200 n. Gr.

[49]) Facf.-Repr. nach: Zeitfchr. f. Bauw. 1872, Bl. 19.

[50]) Facf.-Repr. nach: Beyaert, H. *Travaux d'architecture exécutés en Belgique.* Brüffel 1896. Pl. 2.

Fig. 69.

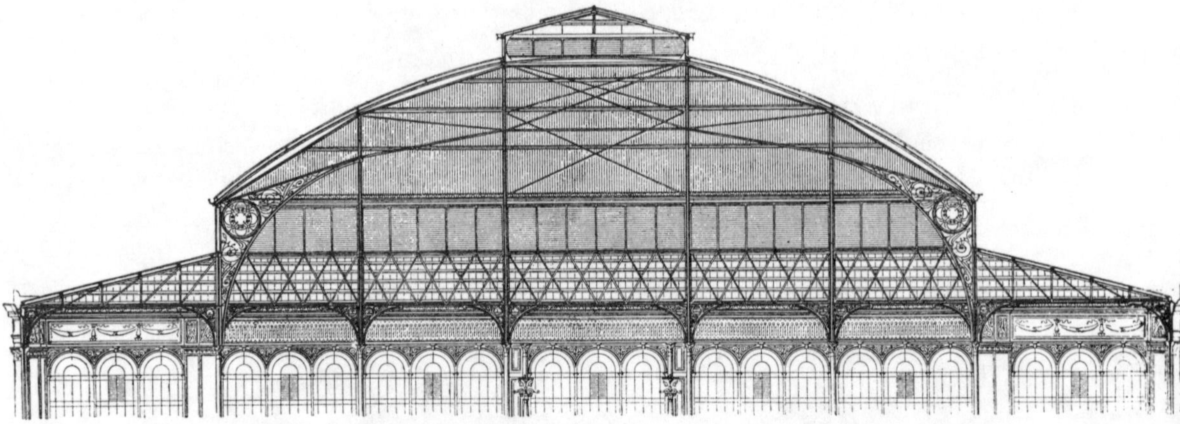

Von der Markthalle zu Frankfurt a. M.[51]).

$^{1}/_{200}$ n. Gr.

alsdann im Querfchnitt in der Regel Spitzbogenform (Fig. 67 [49]); doch find auch gefchweifte, karniesartig gekrümmte etc. Dachprofile zur Ausführung gekommen.

30. Zufammengefetzte Dachformen. Bei manchen Bauwerken find nicht ausfchliefslich cylindrifch gekrümmte Dachflächen zur Anwendung gekommen; man hat folche wohl auch mit ebenen Dachflächen vereinigt (Fig. 68 u. 69 [50 u. 51]).

Fig. 70.

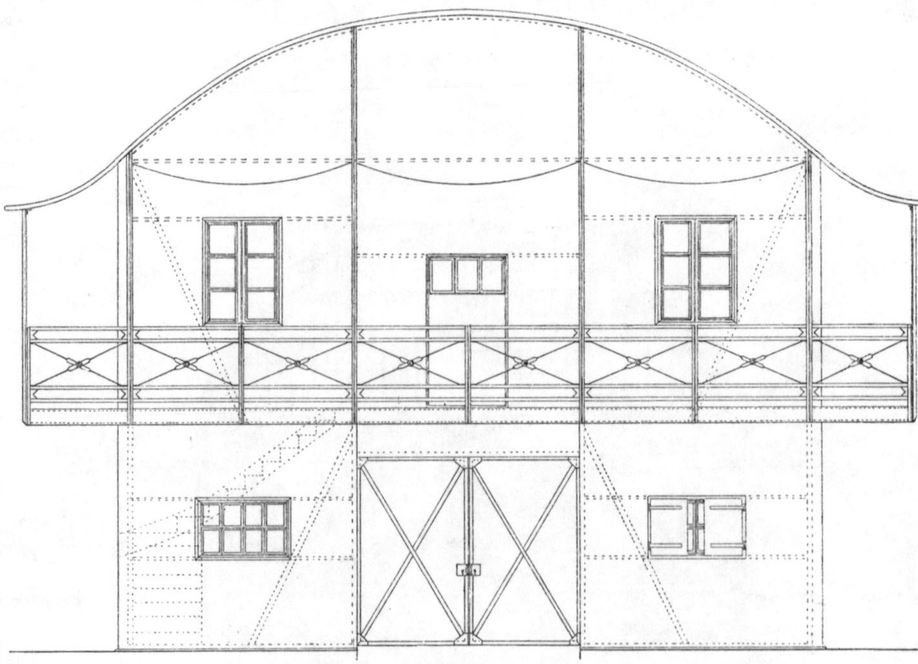

$^{1}/_{100}$ n. Gr.

[51]) Facf.-Repr. nach: Zeitfchr. f. Bauw. 1880, Bl. 18.

### 3) Tonnendächer.

31. Einfache Dachformen.

Cylindriſche oder Tonnendächer haben die Geſtalt eines Cylindertheiles mit wagrechten Erzeugenden; ſie entſtehen aus den in Art. 29 (S. 29) vorgeführten Dächern, wenn eine Firſtlinie nicht mehr wahrnehmbar wird. Da ſolche Dächer eine den Tonnengewölben ähnliche Querſchnittsform haben, wurde für ſie die Bezeichnung »Tonnendächer« gewählt.

Fig. 71.

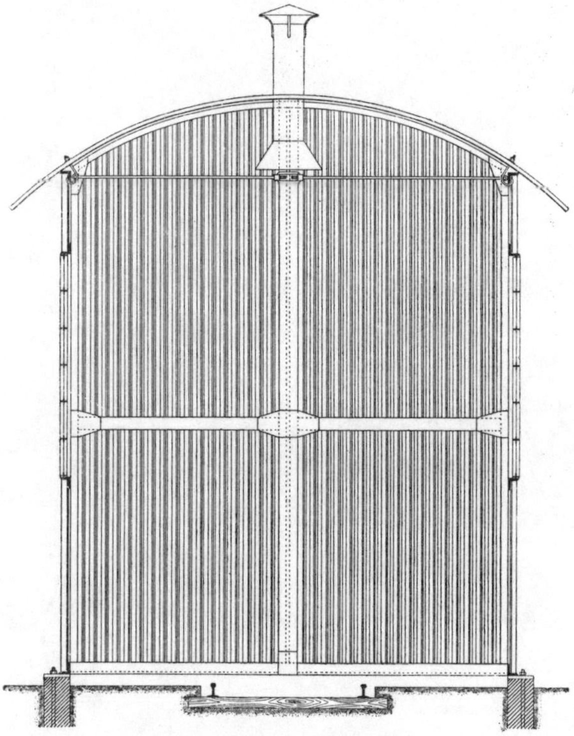

1/100 n. Gr.

Aehnlich, wie die Satteldächer, ſchlieſsen auch die Tonnendächer entweder mit den Giebelwänden ab, oder ſie ſpringen noch ein Stück über die letzteren vor.

Die Tonnendächer kommen hauptſächlich in dreifacher Form vor:

α) Es iſt eine einzige, ſtetig gekrümmte Dachfläche vorhanden (Fig. 70 u. 71).

β) Im oberſten Theile der ſtetig gekrümmten Cylinderfläche erhebt ſich, ähnlich wie bei den in Art. 23 (S. 18) beſchriebenen Satteldächern, eine Laterne, auch Dachaufſatz oder Dachreiter genannt, welche auch hier zur Lüftung oder zur Erhellung des darunter befindlichen Raumes dienen kann (Fig. 73[52]).

γ) Die Cylinderfläche, aus welcher das Dach gebildet wird, iſt nicht ſtetig

Fig. 72.

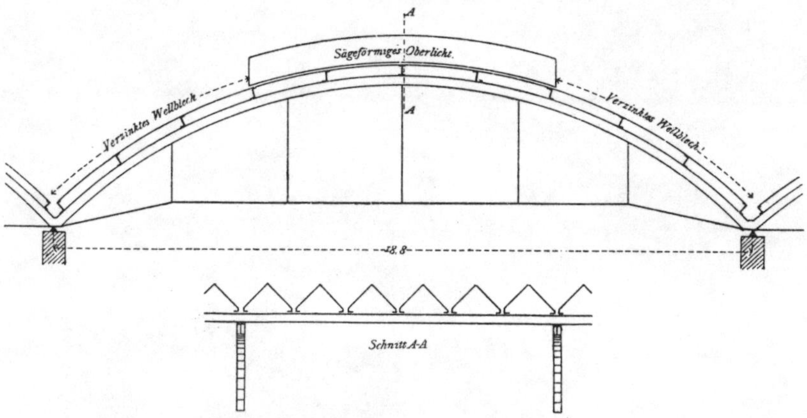


Von der Bahnhofshalle zu Oberhauſen.

52) Facſ.-Repr. nach: Zeitſchr. f. Bauw. 1872, Bl. 64.

Fig. 73.

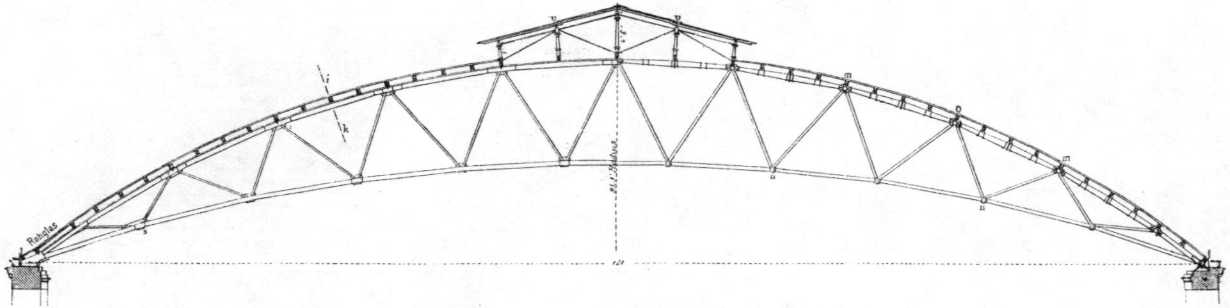


Von der Bahnſteighalle auf dem Görlitzer Bahnhof zu Berlin[52]).

1/250 n. Gr.

Fig. 74.

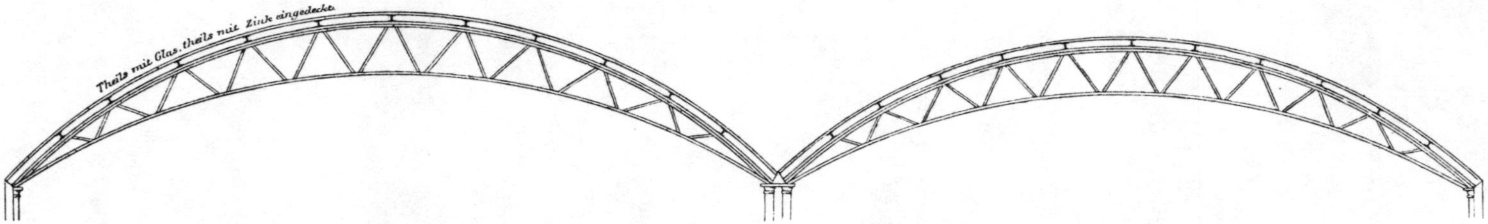


Von der Lime-ſtreet-Station zu London[53]).

ca. 1/600 n. Gr.

Fig. 75.

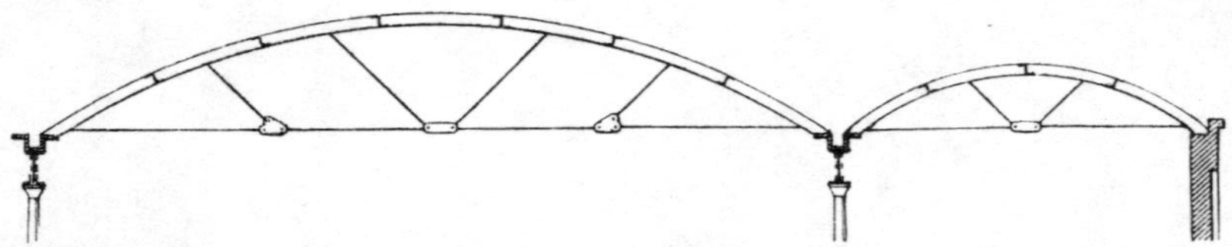

Vom Bahnhof zu Portsmouth[54]).

gekrümmt; dieſelbe iſt vielmehr in ſchmale Satteldächer zerlegt, deren Axen, bezw. Firſtlinien rechtwinkelig zur Axe des Hauptdaches ſtehen (Fig. 72). Eine ſolche verwickeltere Geſtaltungsweiſe wird hauptſächlich dann ausgeführt, wenn man ſteilere Dachflächen erzielen will; ſind dieſelben zum Zweck der Erhellung des darunter gelegenen Raumes zu verglaſen, ſo erzielt man noch anderweitige Vortheile.

32.
Zuſammengeſetzte Dachformen.

Den in Art. 26 (S. 25) erwähnten Paralleldächern ähnlich, kann man über gröſseren Räumen auch mehrere Tonnendächer neben einander ſetzen (Fig. 74 [53]) u. 75 [54]).

## b) Abgewalmte Dächer.

33.
Walm.

Die im Vorhergehenden (unter α) vorgeführten Dächer waren an den rechtwinkelig oder auch ſchräg zur Firſtlinie ſtehenden Seiten durch lothrechte Giebel (offene Giebel oder Giebelwände) abgeſchloſſen; man kann aber auch an dieſen Stellen eine geneigte oder unter Umſtänden cylindriſch gekrümmte Dachfläche anordnen, welche dann mit den benachbarten Hauptdachflächen einen Grat bildet. Eine ſolche abſchlieſsende Dachfläche heiſst Walm und das ganze Dach abgewalmtes, Walm-, Schopf- oder holländiſches Dach.

34.
Abgewalmte Pultdächer.

Fig. 76.

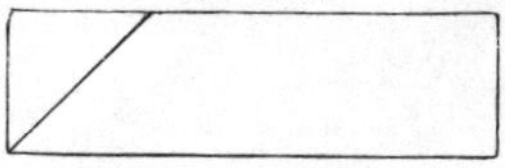

Fig. 77.

Pultdächer werden verhältniſsmäſsig ſelten abgewalmt. Geſchieht dies, ſo erhält der Walm in der Regel dieſelbe Dachneigung, wie das Pultdach; der Walm bildet mit letzterem einen Grat, und wenn das Gefälle bei beiden daſſelbe iſt, halbirt im Grundriſs die Gratlinie den betreffenden Winkel (Fig. 76). Das Pultdach wird entweder an einem oder an beiden Enden abgewalmt (Fig. 76 u. 77).

Fig. 78.

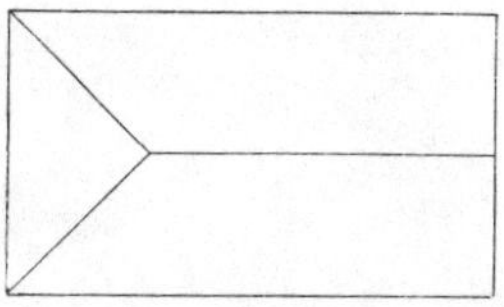

Fig. 79.

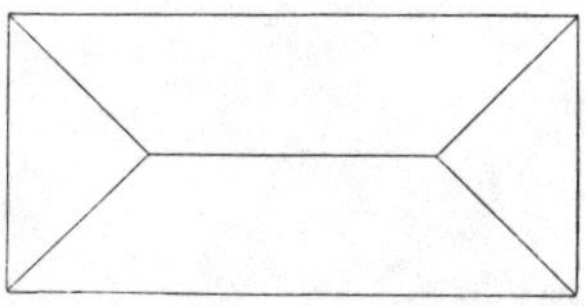

Fig. 80.

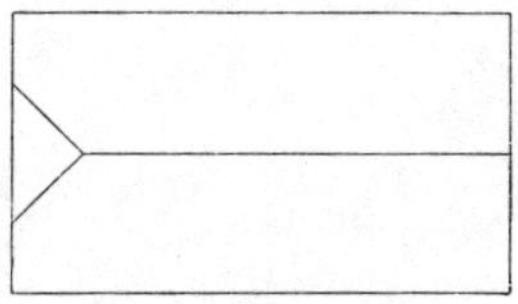

35.
Abgewalmte Satteldächer.

Häufiger kommen abgewalmte Satteldächer vor, und auch hier kann die Abwalmung nur an einer (Fig. 78 u. 81 [55]) oder an beiden Seiten (Fig. 79 u. 82 [56])

Fig. 81.

Von einem Privathaus zu Valence [55]).

1/200 n. Gr.

[53]) Facſ.-Repr. nach: Zeitſchr. f. Bauw. 1886, Bl. 44.

[54]) Facſ.-Repr. nach ebendaſ. 1881, Bl. 33.

[55]) Facſ.-Repr. nach: Viollet-le-Duc & Narjoux, a. a. O., Pl. 72.

Fig. 82.

Von einer Villa zu St.-Cloud[56]).

$^1/_{200}$ n. Gr.

Fig. 83.

Von einem Landhaus bei Cheny[56]).

Fig. 84.

Vom Jägerhaus Schnepfen bei Lauenen[57]).

$^1/_{100}$ n. Gr.

---

[56]) Facs.-Repr. nach: SAUVAGEOT, C. *Habitations modernes.* Paris. Pl. 101 u. 103.

[57]) Facs.-Repr. nach: GLADBACH, a. a. O., Bl. 2.

ſtattfinden. Eben ſo wird hier gleichfalls den Walmflächen, auch Walmſeiten genannt, meiſtens daſſelbe Gefälle gegeben, wie den beiden anderen Dachflächen; dadurch wird die Conſtruction des Dachſtuhls vereinfacht.

Reicht die Walmfläche bis zum Fuſs der beiden Satteldachflächen herab, ſo heiſst das Dach ein ganzes Walmdach (Fig. 78, 79, 81 u. 82 [56]); iſt dies nicht der Fall, ſo entſteht das halbe Walmdach; der Walm wird Krüppel- oder Kröpelwalm genannt (Fig. 80, 83 u. 84).

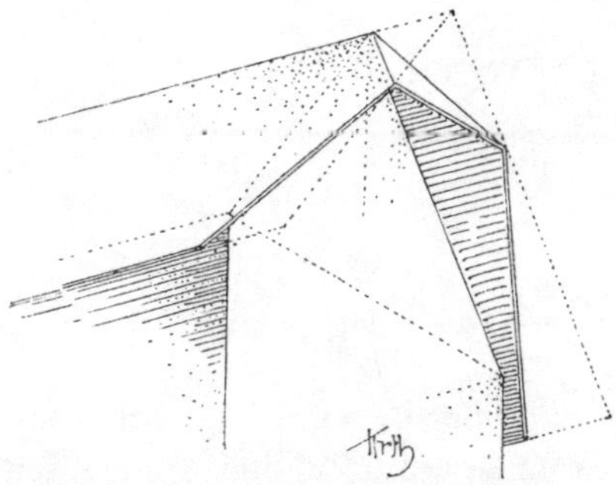

Fig. 85 [58]).

An den Holzhäuſern des Schwarzwaldes, der Schweiz, des ſüdlichen Bayerns, Oberöſterreichs etc. kommen Krüppelwalme ſehr häufig vor und ſind nicht ſelten der Gegenſtand eigenartiger, ja maleriſcher Geſtaltung und reichen Schmuckes (Fig. 84 [57]).

Der Krüppelwalm des Schwarzwälder Bauernhauſes iſt über die Giebelwand vorgebaut, und die beiden Satteldachflächen ſind von der Walmtraufe ſchräg nach unten, gegen den Giebel zu, zurückgeſchnitten (Fig. 85 [58]); hierdurch wird für das Gebäude eine Sturmhaube von maleriſcher Wirkung gebildet.

Die Walmfläche trifft mit den beiden Satteldachflächen in zwei Graten zuſammen. Der Punkt, in welchem die beiden Grate die Firſtlinie treffen, heiſst, dem in Art. 3 (S. 3) Geſagten gemäſs, Anfallspunkt.

Sind die Langſeiten eines ganzen Walmdaches ſo kurz, daſs ſeine beiden Anfallspunkte zuſammenfallen, alſo die Firſtlinie ganz verſchwindet, ſo übergeht das Walmdach in ein Zeltdach (ſiehe unter c). Bei gleicher Neigung ſämmtlicher Dachflächen ſetzt dies für das betreffende Gebäude quadratiſche Grundform voraus.

36. Dachausmittelung.

Haben die Walmſeiten dieſelbe Neigung, wie die Satteldachflächen, ſo ergeben ſich die Gratlinien im Grundriſs als die Halbirungslinien der betreffenden Winkel (Fig. 86); der Schnittpunkt $x$, bezw. $y$ der beiden einem Walm angehörigen Gratlinien ergiebt den betreffenden Anfallspunkt, und die Firſtlinie $xy$ beginnt an letzterem. Die Firſtlinie verläuft dabei wagrecht, wenn der Gebäudegrundriſs rechteckig iſt, und wird bei anderweitiger Grundform ſchräg, nach der breiteren Gebäudeſeite zu anſteigend (Fig. 86).

Fig. 86.

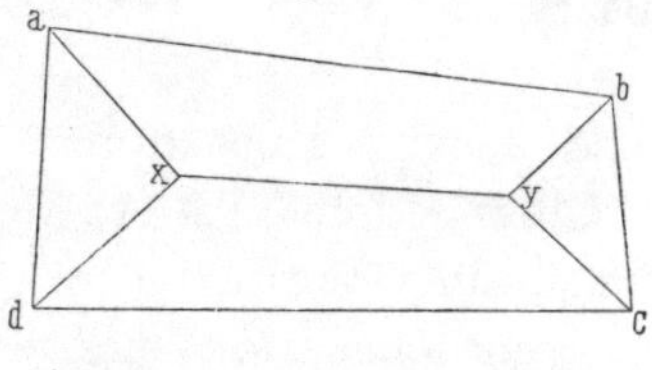


Fig. 87.

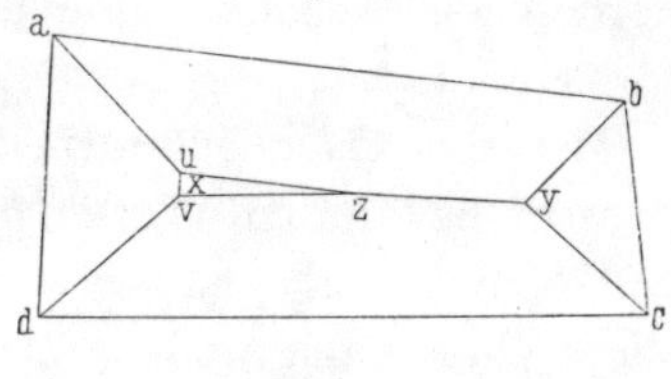


Auch hier gewährt die ſchräge Firſtlinie ein ſchlechtes Ausſehen, dem man einigermaſsen abhilft, wenn man das bereits in Art. 16 (S. 14) beſchriebene Verfahren anwendet und das Dach nach Fig. 87 geſtaltet.

Darin iſt $uz = zv = zy$ und dabei $uz$ parallel zu $ab$; die Punkte $u$, $z$ und $v$ liegen in der gleichen wagrechten Ebene, und an den beiden Langſeiten erſcheinen die Linien $uzy$ und $vzy$ als ſymmetriſch gebrochene Firſtlinien. Die Dreiecksfläche $uzv$ wird entweder als Plattform ausgebildet, oder es wird ein flaches Zeltdach darüber geſetzt.

58) Facſ.-Repr. nach: Krauth, Th. & F. S. Meyer. Das Zimmermannsbuch. Leipzig 1893. S. 163.

Will man eine wagrechte Firſtlinie *xy* (Fig. 88) erzielen, ſo müſſen, ähnlich wie in Art. 17 (S. 14) geſagt worden iſt, die beiden Satteldachflächen windſchief ausgebildet werden; die Erzeugenden derſelben werden auch hier am beſten rechtwinkelig zur wagrechten Firſtlinie *xy* geſtellt. Durch die Eckpunkte *a, x, d,* bezw. *b, y, c* der beiden Walme läſſt ſich je eine Ebene legen, ſo daſs hiernach die Walmſeiten als ebene Dachflächen ausgebildet werden können; alsdann ſind aber die Grate *ax*, *dx*, *by* und *cy*, als Schnittlinien von windſchiefen Flächen mit Ebenen, keine gerade, ſondern doppelt gekrümmte Linien, und die Gratſparren können nicht aus geraden Balken hergeſtellt werden.

Fig. 88.

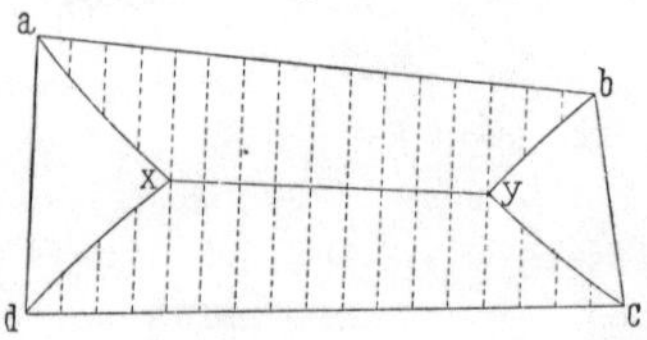


Fig. 89.

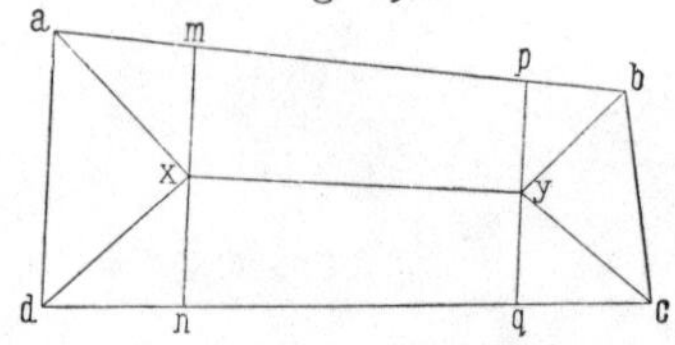


Letzteres iſt miſslich. Man kann dieſem Uebelſtande begegnen, wenn man nach Fig. 89 nur zwiſchen den beiden durch die Anfallspunkte *x* und *y* gelegten Erzeugenden *mn* und *pq* windſchiefe Dachflächen anordnet, hingegen die dreieckig geſtalteten Flächen *amx*, *bpy*, *cqy* und *dnx* als Ebenen ausbildet; alsdann ſind die Gratlinien gerade, und in *mx*, *py*, *qy* und *nx* entſtehen Kehlen, die einen ſehr ſtumpfen Winkel zeigen.

37. Vermeidung windſchiefer Dachflächen.

Aus den ſchon in Art. 18 (S. 14) angegebenen Gründen vermeidet man gern die Ausführung von Dächern mit windſchiefen Flächen. Um ſolche zu umgehen, kann man in verſchiedener Weiſe verfahren:

1) Man ordnet nach Fig. 90 wagrechte Firſtlinien *uy*, *yv* und *uv* an, welche den betreffenden Trauflinien parallel laufen; man legt alſo durch den tiefer gelegenen Anfallspunkt *y* eine wagrechte Ebene, welche die Schnittlinien *uy*, *yv* und *uv* ergiebt. Auch hier kann man die übrig bleibende Dreiecksfigur *uyv* als Plattform oder als flaches Zeltdach ausbilden.

Fig. 90.

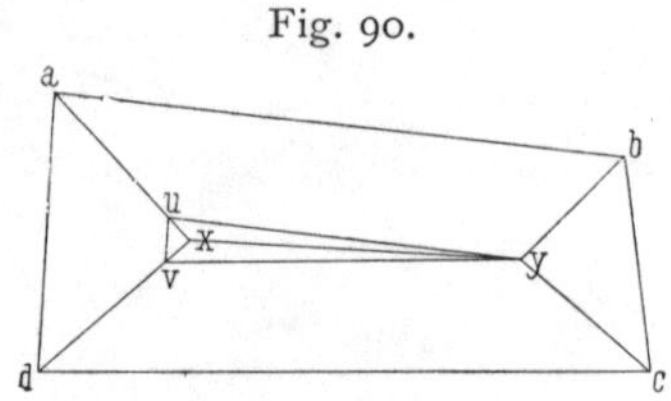


Das gleiche Verfahren kann angewendet werden, wenn das betreffende Gebäude eine andere als rechteckige Grundriſsgeſtalt hat (Fig. 91).

2) Man löst die Dachfläche theilweiſe in dreieckige Ebenen auf. *Breymann* erläutert in ſeinem bekannten Werke dieſes Verfahren durch mehrere Beiſpiele; da man indeſs auf dieſem Wege zu verwickelten Dachſtuhl-Conſtructionen gelangt und da ferner viele Kehlen, die man gern vermeidet, entſtehen, ſoll hier das in Rede ſtehende Verfahren nicht weiter verfolgt werden.

3) Ueberwiegt die Längenausdehnung des Gebäudes ſeine Tiefe nicht zu ſehr, ſo ſieht man am beſten von der Schaffung einer Firſtlinie ab und ordnet über dem betreffenden Gebäude ein Zeltdach an (ſiehe unter c); alsdann erhält man durchwegs ebene Dachflächen und gerade Gratſparren. Bei gröſserer Längenentwickelung des Gebäudes iſt dieſes Verfahren weniger zu empfehlen, weil leicht Dachflächen entſtehen, die für das anzuwendende Deckungsmaterial eine zu geringe Neigung haben.

Fig. 91.

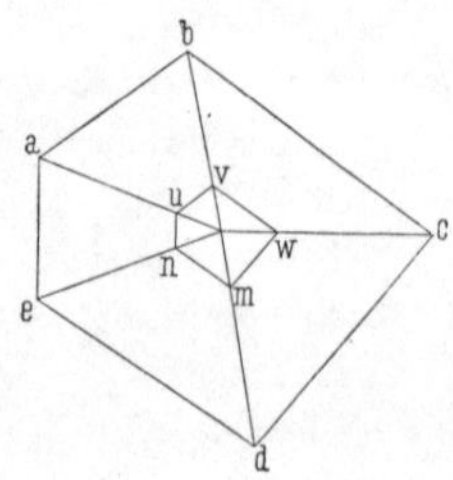

Fig. 92.

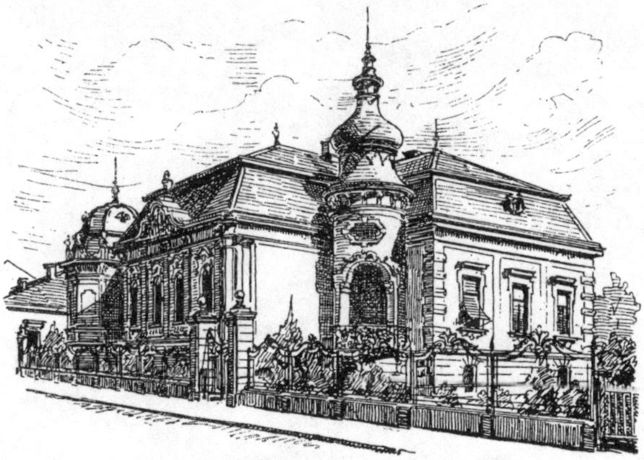

Villa Germania in Baden-Baden[59]).

38. Abgewalmte Manfarden-, Parallel- und *Shed*-Dächer.

Manfarden-Dächer über allfeitig frei ftehenden Gebäuden werden in der Regel abgewalmt; da man den Walmfeiten meift diefelben Dachneigungsverhältniffe giebt, wie dem Hauptdach, fo befteht der Walm gleichfalls aus zwei geneigten Dachflächen (Fig. 92 [59]).

Verhältnifsmäfsig felten werden Parallel- und *Shed*-Dächer mit Abwalmungen verfehen (Fig. 93 [60]).

39. Kegelförmige Walme.

Bei Pult- und Satteldächern wird bisweilen die Abwalmung in der Form von Kegelflächen bewirkt, fo dafs fich an die ebenen Dachflächen Viertel-, bezw. halbe Kreiskegel, fog. Kegelwalme anfchliefsen (Fig. 94).

40. Abwalmung von Dächern mit cylindrifchen Dachflächen.

Ift ein Satteldach aus cylindrifch geftalteten Dachflächen zu bilden, fo können an demfelben gleichfalls Abwalmungen vorgenommen werden; die Walmfläche ift dann fowohl aus Zweckmäfsigkeits-, als auch aus Schönheitsrückfichten keine Ebene mehr, fondern wird ebenfalls cylindrifch geformt (Fig. 95 [61]).

Derartige abgewalmte Tonnengewölbe werden häufig ohne Firft ausgeführt; an die Stelle des letzteren tritt eine Plattform (Fig. 96 [62]).

Fig. 93.

Von der Montage-Werkftatt der Mafchinenfabrik *Stieberitz & Müller* zu Apolda [60]).

59) Facf.-Repr. nach: Architektonifche Rundfchau. Stuttgart. 1893, Taf. 34; 1883, Taf. 24.
60) Facf.-Repr. nach: Deutfche Bauz. 1894, S. 227.
61) Facf.-Repr. nach: WULLIAM & FARGE. *Le recueil d'architecture.* Paris. *20e année, f. 10.*
62) Facf.-Repr. nach: Architektonifche Rundfchau. Stuttgart. 1883, Taf. 24; 1889, Taf. 96.

Fig. 94.

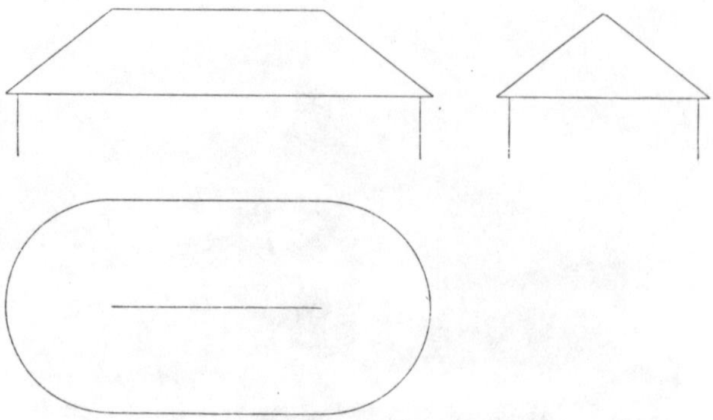

Fig. 95.

Vom Sparcaffa-Gebäude zu Flers [61]).

Fig. 96.

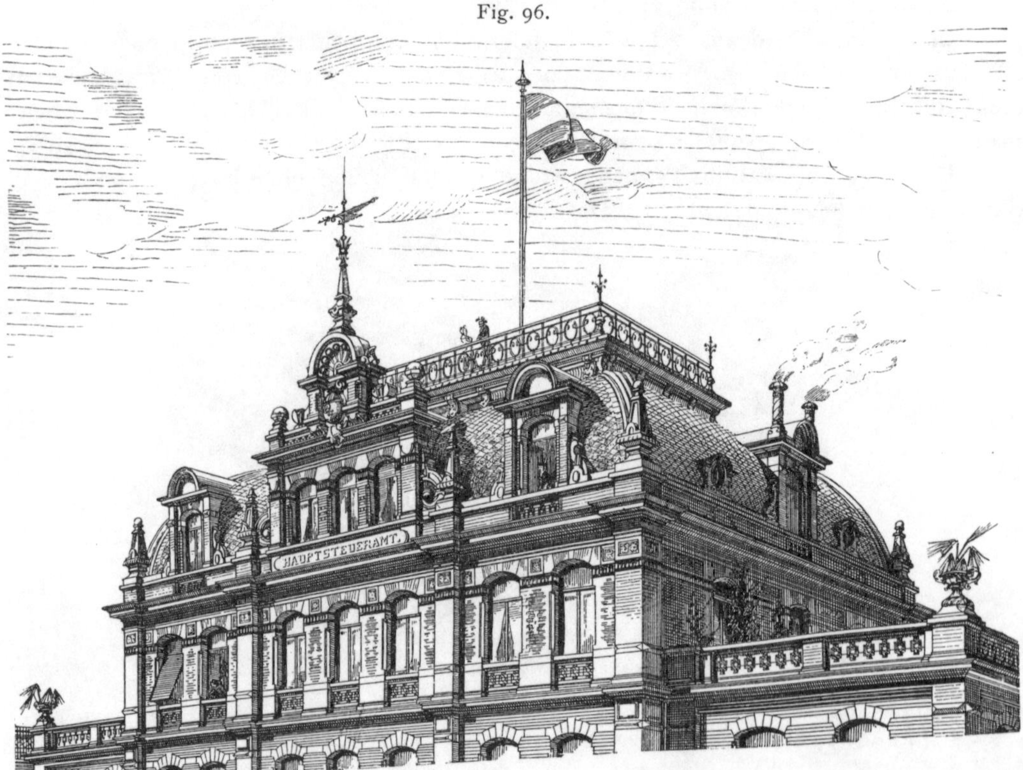


Vom Verwaltungsgebäude im neuen Zollhafen zu Mainz [62]).

## c) Pyramidal und coniſch geſtaltete Dächer.

Die unter vorſtehender Ueberſchrift zuſammengefaſſten Dächer haben entweder die Form einer Pyramide, bezw. Halbpyramide oder eines Kegels, bezw. Halbkegels, oder ihre Geſtalt lehnt ſich an diejenige einer Pyramide, bezw. eines Kegels an. Kennzeichnend für alle hier in Frage kommenden Dachformen iſt das Fehlen einer Firſtlinie, hingegen das Vorhandenſein einer (meiſt central gelegenen) Spitze, in welcher die Dachflächen oben zuſammenlaufen.

Man kann hier zunächſt Zeltdächer und Kegeldächer unterſcheiden, je nachdem das Dach die Form einer Pyramide oder eines Kegels hat; die Zeltdächer bezeichnet man, je nach der Neigung ihrer Dachflächen, als flache oder als ſteile Zeltdächer und heiſst die letzteren wohl auch Thurmdächer. Dazu kommen noch diejenigen Dächer, welche pyramidenähnlich geformt ſind, und ſolche, welche, wie die einen Kreiskegel bildenden Dächer, nach Umdrehungsflächen geſtaltet ſind; dieſe ſollen im Nachſtehenden als »entwickeltere« Thurmdächer benannt werden.

### 1) Flache Zeltdächer.

41. Flache Zeltdächer.

Wird ein flaches Zeltdach über einer regelmäſsig geſtalteten Grundriſsfigur errichtet, ſo liegt die Spitze lothrecht über dem Mittelpunkt derſelben. Bei einem unregelmäſsigen Grundriſs-Vieleck ſucht man am beſten ſeinen Schwerpunkt auf und ordnet lothrecht über dieſem die Spitze an. In der Grundriſsdarſtellung ſolcher Dächer oder, was in dieſem Falle das Gleiche iſt, bei der Dachausmittelung bilden die Gratlinien Gerade, welche von den Ecken des Grundriſs-Vieleckes nach dem Mittel-, bezw. Schwerpunkt des letzteren laufen (Fig. 97 u. 98).

Fig. 97.

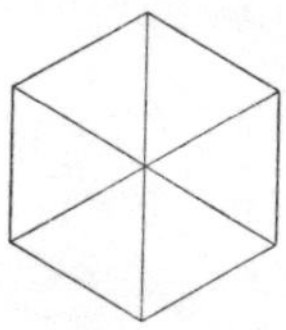

Fig. 98.

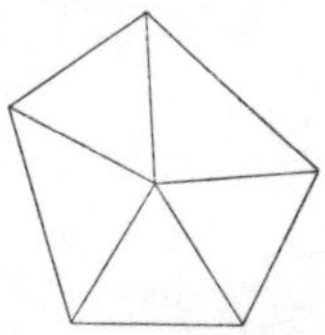

Die Dachflächen haben die Form von Dreiecken, und zwar bei regelmäſsiger Grundriſsfigur die Form von einander durchwegs gleichen gleichſchenkeligen Dreiecken; auch haben im letzteren Falle ſämmtliche Dachflächen dieſelbe Neigung.

Fig. 99.

Von einem Waſſerthurm zu Wachenheim[62]).

Das einfachſte regelmäſsige Zeltdach iſt das vierſeitige (Fig. 99[62]); doch kommt das achtſeitige (Fig. 100[63]) eben ſo häufig vor; ein zehnſeitiges Zeltdach findet ſich über dem Schiff von St. Gereon zu Cöln (Fig. 101[64]). Bei Rundbauten (wie Circusgebäuden, Locomotiv-Rotunden etc.) ſind auch Zeltdächer mit einer viel gröſseren Seitenzahl (Fig. 102[65]) anzutreffen.

Schon Fig. 102 zeigt, daſs auch flache Zeltdächer nicht ſelten in gleicher Weiſe und aus denſelben Gründen, wie dies in

63) Facſ.-Repr. nach: Architektoniſche Rundſchau. Stuttgart 1888, Taf. 57.

64) Facſ.-Repr. nach: DOLLINGER, C. Architektoniſche Reiſe Skizzen aus Deutſchland, Frankreich und Italien. Stuttgart 1871—87. Heft VI, Bl. 2.

65) Facſ.-Repr. nach: *Revue gén. de l'arch.* 1854, Pl. 38.

Fig. 100.

Von der neuen Synagoge zu München [63]).

Fig. 101.

Von der St. Gereons-Kirche zu Cöln [64]).

Fig. 102.

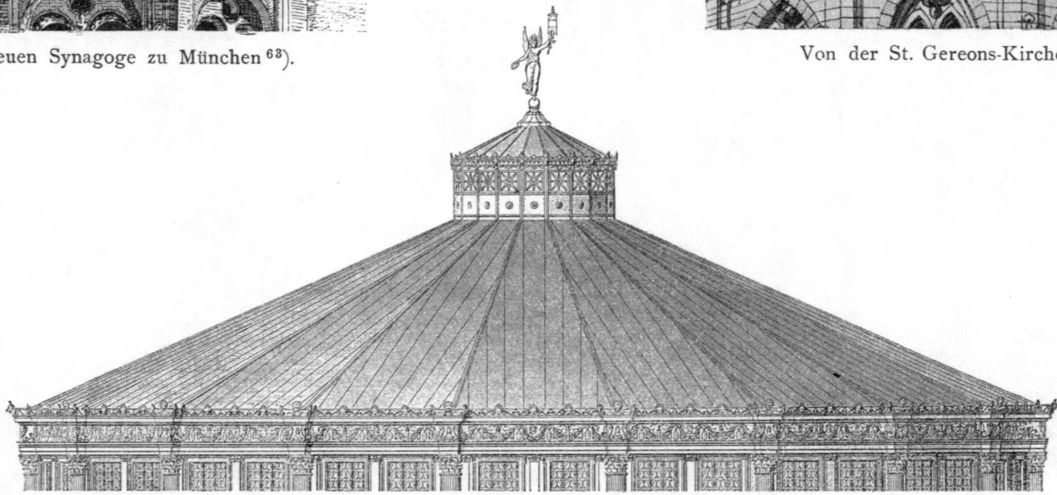

Vom Circus Napoleon zu Paris [65]).

$^1/_{300}$ n. Gr.

Fig. 103.

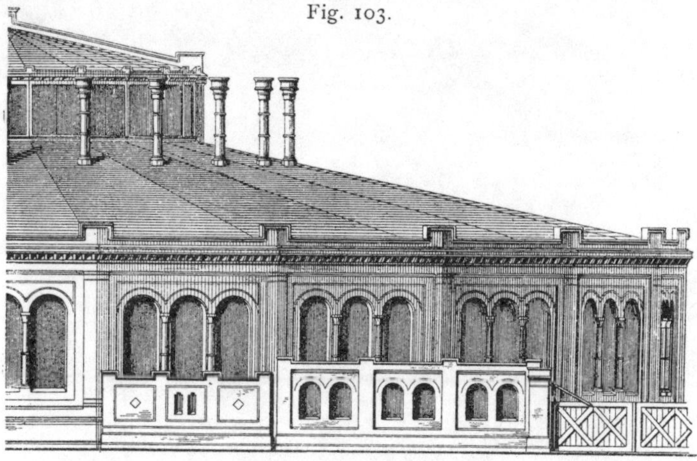

Fig. 104.

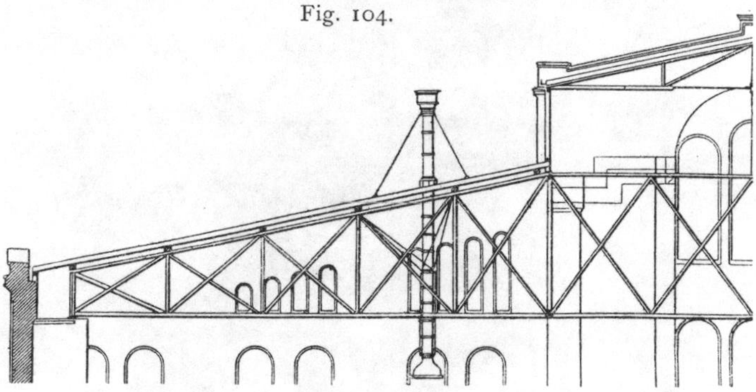

Von einem Locomotivſchuppen zu Berlin[66]). — 1/300 n. Gr.

Art. 23 (S. 18) für Satteldächer gezeigt wurde, mit Auſſätzen oder Laternen verſehen werden. Die Erhellung des darunter befindlichen Raumes kann es mit ſich bringen, daſs dieſer Auſſatz ſehr bedeutende Abmeſſungen annimmt, und daſs das Dach im lothrechten Schnitt ein den baſilikal angeordneten Satteldächern ähnliches Ausſehen darbietet (Fig. 103 u. 104[66]).

42. Zeltdächer mit gebrochenen und gekrümmten Dachflächen.

Bisweilen ſind Zeltdächer mit gebrochenen Dachflächen verſehen worden (Fig. 105[67]), und in anderen Fällen haben die Dachflächen eine leichte Krümmung erhalten (Fig. 107 u. 108[68 u. 69]); letztere Dachform bildet den Uebergang zu den Kuppeldächern.

43. Halbe Zeltdächer.

Ueber den Chören der Kirchen, über anderen apſidenartig vorſpringenden Bautheilen etc. werden nicht ſelten halbe Zeltdächer zur Ausführung gebracht, wenn dieſelben im Grundriſs nach einem halben Vieleck geſtaltet ſind (Fig. 106[70]).

Fig. 105.

Von einer Villa zu Neuilly[67]). — 1/100 n. Gr.

44. Trichterdächer.

Umgekehrte flache Zeltdächer heiſsen Trichterdächer; die Dachflächen derſelben haben nach einem Punkte des Gebäudeinneren Gefälle (Fig. 109[71]). Solche Dächer bieten den Vortheil dar, daſs alle Rinnenanlagen entfallen, nur im Zuſammenſtoſsungspunkte der Dachflächen (in der Nähe der Gebäudemitte) wird das Abfallrohr, geſchützt gegen Einfrieren, angeordnet, durch welches ſämmtliche Dachflächen entwäſſert werden.

66) Facſ.-Repr. nach: Zeitſchr. f. Bauw. 1865, Bl. 57.
67) Facſ.-Repr. nach: Daly, a. a. O., Bd. 2, Pl. 7.
68) Facſ.-Repr. nach: Zeitſchr. f. Bauw. 1877, Bl. 35.
69) Facſ.-Repr. nach: Architektoniſche Rundſchau. Stuttgart. 1889, Taf. 42.
70) Facſ.-Repr. nach: Zeitſchr. f. Bauw. 1883, Bl. 56.
71) Facſ.-Repr. nach ebendaſ., 1891, Bl. 54.

Fig. 106.

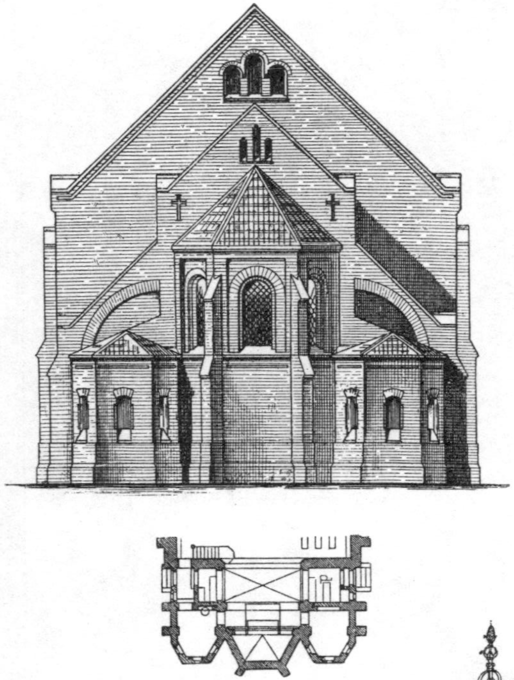

$^1/_{250}$, bezw. $^1/_{500}$ n. Gr.

Von der Kirche zu Hoff[70]).

Fig. 107.

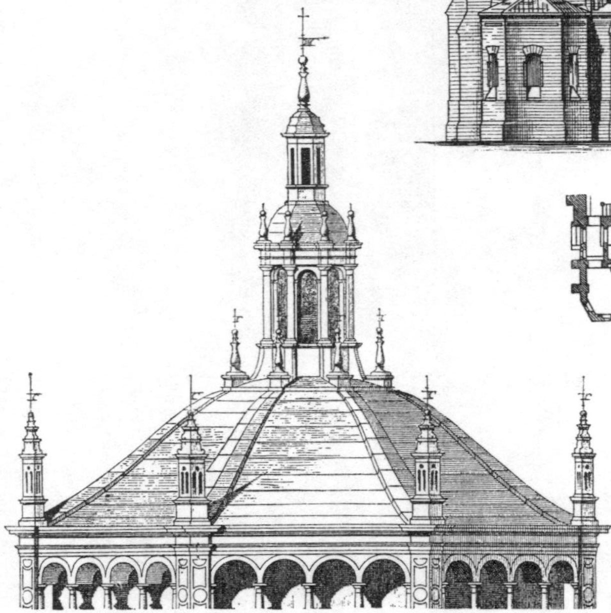

Von der Kirche Sta. Maria zu Bufto-Arfigio[68]).

$^1/_{200}$ n. Gr.

Fig. 108.

Von einem Kiosk zu Brüffel[69]).

$^1/_{100}$ n. Gr.

Fig. 109.

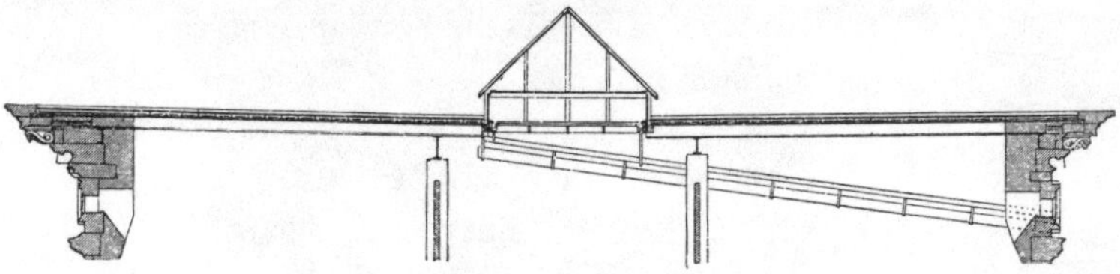

Vom Reichsbankgebäude zu Leipzig[71]).

1/200 n. Gr.

## 2) Steile Zeltdächer und einfache Thurmdächer.

45.
Steile
Zeltdächer.

Die einfachften Thurmdächer haben die reine Pyramidenform. Am häufigften find vier- und achtfeitige Pyramiden, feltener Thurmdächer mit noch mehr Seitenflächen. Die in Fig. 110 bis 113 beigefügten Beifpiele rühren von kirchlichen und von Profanbauten her.

Der in Art. 3 (S. 2) bereits erwähnte Leiftbruch kommt bei Thurmdächern fehr häufig vor (Fig. 111 bis 113); alsdann ragt gleichfam aus einer flacheren Pyramide eine fteilere mit etwas kleinerer Grundfläche hervor (Fig. 114). Häufig ift es das beffere Ausfehen, welches zu einer folchen Anordnung Veranlaffung giebt; doch find in der Regel auch conftructive Gründe dafür mafsgebend.

Fig. 110.

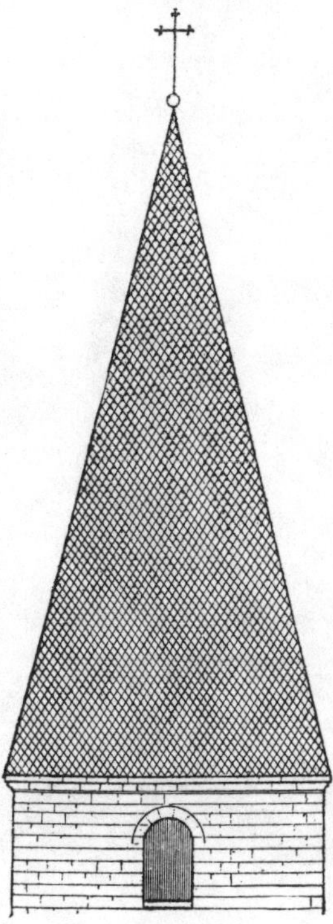

Von der Schlofskirche St. Pancratii zu Ballenftedt[72]).

1/200 n. Gr.

Fig. 111.

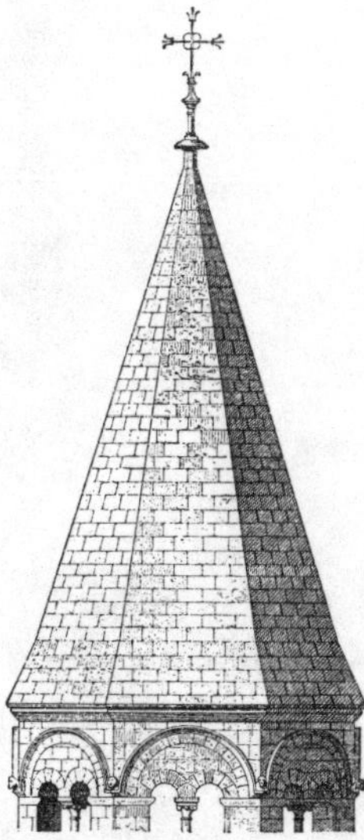

Von der Kirche zu Cogniat[73]).

1/200 n. Gr.

Fig. 112.

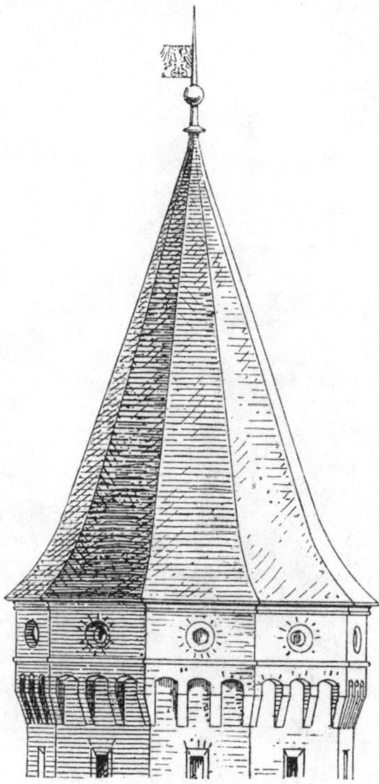

Von der Königlichen Stammburg Hohenzollern[74]).

1/200 n. Gr.

72) Facf.-Repr. nach: Zeitfchr. f. Bauw. 1889, Pl. 61.

73) Facf.-Repr. nach: *Revue gén. de l'arch.* 1854, Pl. 21.

74) Facf.-Repr. nach: Zeitfchr. f. Bauw. 1865, Bl. 7.

Fig. 113.

Von einer Villa zu Blanquefort [75]).

46.
Anderweitige Geſtaltung des Pyramiden-fuſses.

Thurmdächer werden auch Helmdächer, Thurmhelme oder Thurmhauben geheiſsen.

Fig. 114.

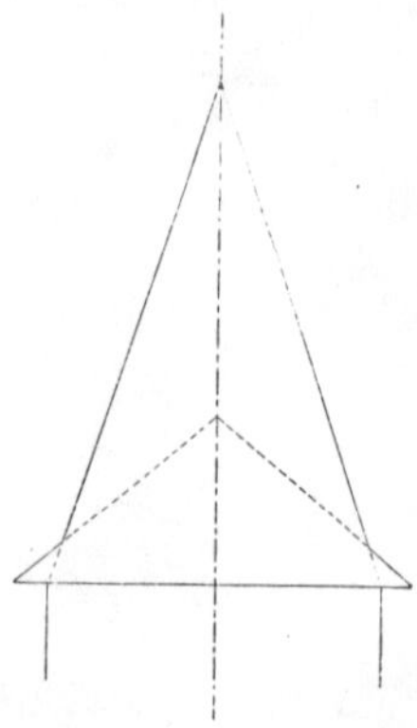

Auſser dieſen einfach geſtalteten Thurmdächern giebt es noch eine groſse Zahl derſelben, bei denen die regelmäſsige Pyramidenform zwar deutlich erkennbar, aber doch in verſchiedenartiger Weiſe abgeändert iſt. Es kann hier nicht der Ort ſein, eine ausführliche und weit gehende Darlegung ſolcher Dachformen zu verſuchen; vielmehr ſollen nur einige häufigere Fälle dieſer Art kurz vorgeführt werden. Zunächſt ſolche, bei denen der Fuſs der Thurmpyramide anderweitig geſtaltet worden iſt.

α) Eine Abänderung des Pyramidenfuſses erfolgt, wenn ſich über den

Fig. 115.

Von der Eliſabeth-Kirche zu Wilhelmshaven [76]).

Fig. 116.

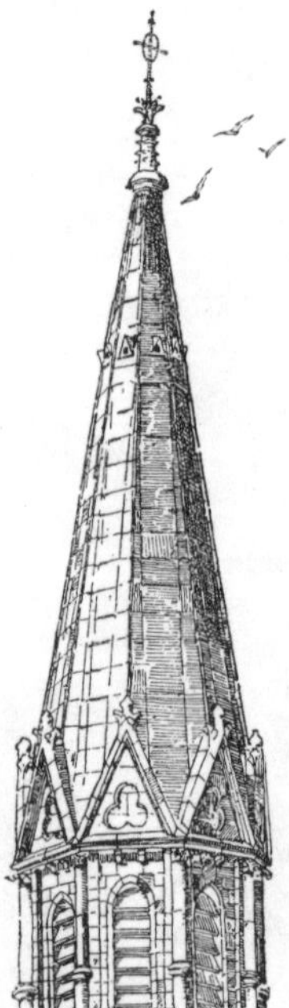

Von der Kirche zu Vierſen [77]).

Fig. 117.

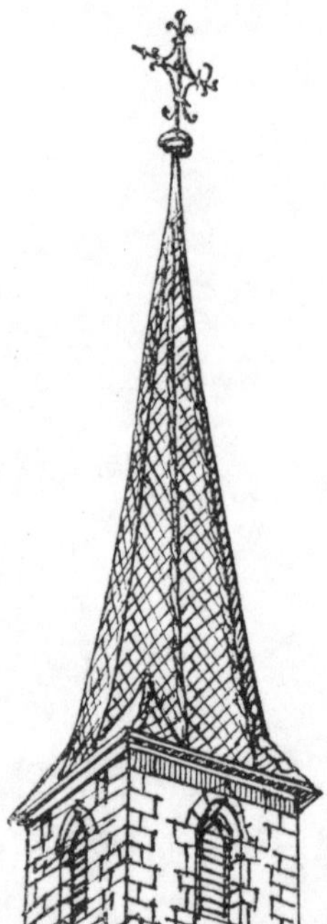

Von der Kirche zu Wimpfen a. B. [78]).

Fig. 118.

Von der St.-Petri-Kirche zu Roſtock [79]).

[75]) Facſ.-Repr. nach: Daly, C. *L'architecture privée au XIXme ſiècle.* Paris 1860 ff. Bd. 2, Section 1, Pl. 1.
[76]) Facſ.-Repr. nach: Zeitſchr. f. Bauw. 1874, Bl. 43.
[77]) Facſ.-Repr. nach: Architektoniſche Rundſchau. Stuttgart. 1889. Taf. 88.
[78]) Facſ.-Repr. nach: Dollinger, a. a. O., Heft XII, Bl. 3.
[79]) Facſ.-Repr. nach: Sutter, C. Thurmbuch. Thurmformen aller Stile und Länder. Berlin 1888. Taf. 73.

Fig. 119.

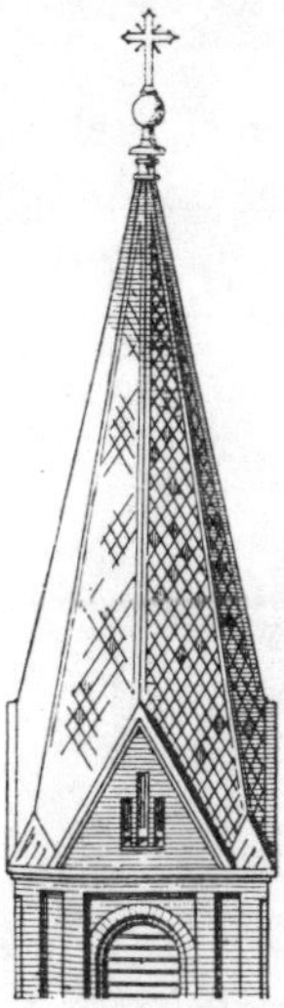

Von der Kirche zu Hoff[80]).

1/300 n. Gr.

Fig. 120.

Von der Kirche zu Wimsheim[81]).

Fig. 121.

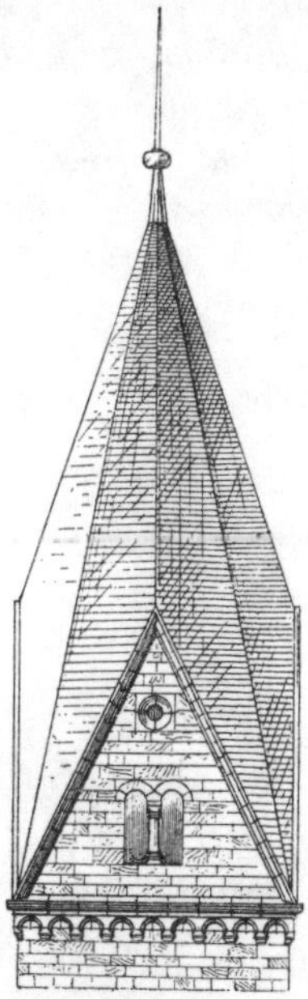

Von der Kloſterkirche zu Thalbürgel[82]).

1/300 n. Gr.

Thurmſeiten kleine Giebel (Wimperge) erheben; die Geſtaltung iſt dann eine verſchiedene, je nachdem entweder die Thurmkanten mit den Dachgraten übereinſtimmen (Fig. 115[76]) oder letztere gegen erſtere verſetzt ſind (Fig. 116[77]). Im zweiten Falle laufen die Grate von den Spitzen der Thurmgiebel aus.

Fig. 122.

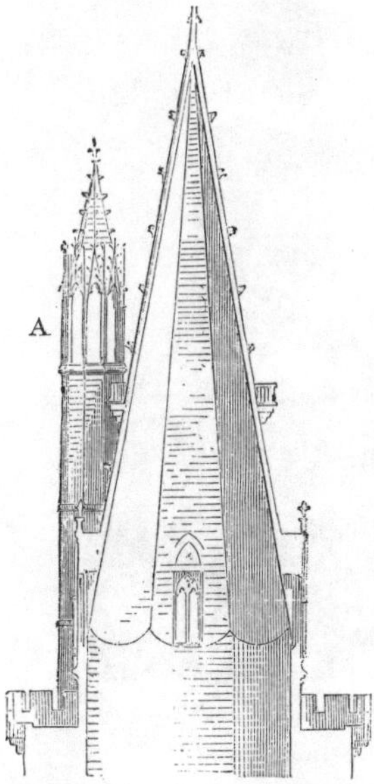


Vom alten Leuchtthurm zu La Rochelle[83]).

1/500 n. Gr.

β) Eine weitere Sondergeſtaltung erhält der Fuſs der Thurmpyramide, wenn letztere achtſeitig, der Thurm ſelbſt aber im Grundriſs quadratiſch geformt iſt. Der Uebergang aus dem Quadrat in das Achteck iſt in ſehr verſchiedener Art bewirkt worden, wie die Beiſpiele in Fig. 117 bis 121 zeigen. Dieſer Uebergang wurde an einigen Ausführungen in gelungener Weiſe durch ſtrebepfeilerartige Bildungen bewirkt; meiſt wird er jedoch bloſs durch Aufſätze über den Quadratecken oder durch beſonders geformte Dachtheile hergeſtellt.

γ) Iſt der Thurm ſelbſt cylindriſch geſtaltet und ſoll ein Dach nach einer mehrſeitigen Pyramide geformt werden, ſo wird letztere, um den Uebergang aus dem Kreiſe in das Vieleck zu vermitteln, in ihrem unterſten Theile in beſonderer Weiſe ausgebildet (Fig. 122[83]).

80) Facſ.-Repr. nach: Zeitſchr. f. Bauw. 1883, Bl. 56.

81) Facſ.-Repr. nach: Zeitſchr. f. Baukde., Bd. 5, Bl. 14.

82) Facſ.-Repr. nach: Zeitſchr. f. Bauw. 1887, Bl. 28.

83) Facſ.-Repr. nach: Viollet-le-Duc. *Dictionnaire raiſonné de l'architecture françaiſe* etc. Bd. 9. Paris 1868. S. 186.

47. Anderweitige Ausbildung der Thurmpyramide.

Bisweilen erfährt nicht blofs der Fufs der Thurmpyramide, fondern auch fie felbft eine folche Umgeftaltung, dafs fie von der rein geometrifchen Form einer Pyramide mehr oder weniger abweicht. Einige häufiger vorkommende Fälle find die folgenden:

α) In der romanifchen Bauperiode befafsen die Thurmdächer mehrfach die durch Fig. 123 [84]) veranfchaulichte Form, bei der die Fufsenden einer vierfeitigen

Fig. 123.

Von der katholifchen Stadtpfarrkirche zu St. Anna am Lehel zu München [84]).

Fig. 124.

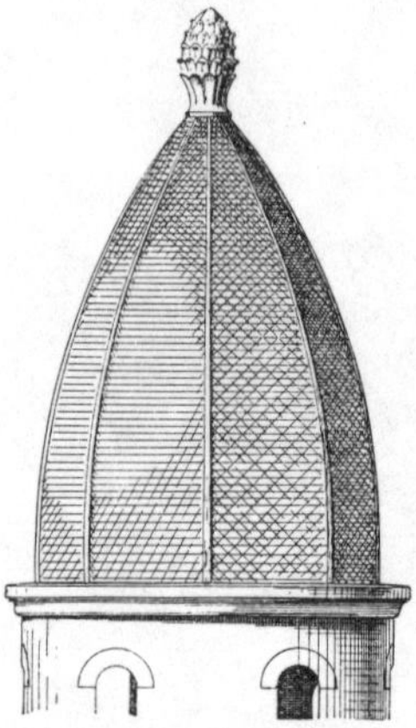

Vom Campanile der Kirche zu Spa [85]).
1/100 n. Gr.

Fig. 125.

Von einem Wohnhaus zu Landau [86]).

Fig. 126.

Vom Wohnhaus *Hayler* zu München [87]).

[84]) Facf.-Repr. nach: Architektonifche Rundfchau. Stuttgart. 1895, Taf. 1.
[85]) Facf.-Repr. nach: *L'émulation* 1887, Pl. 6.
[86]) Facf.-Repr. nach: Architektonifche Rundfchau. Stuttgart. 1893, Taf. 37.
[87]) Facf.-Repr. nach ebendaf., 1890, Taf. 92.

Fig. 127.

Von der Kirche *Jean ſans peur* zu Paris[88]).

Pyramide durch lothrechte Ebenen, die in den Begrenzungen der Thurmmitten liegen, abgeſchnitten werden, ſo daſs die Dachgrate auf die Giebelſpitzen auslaufen.

β) Man verſieht die Thurmpyramide mit gekrümmten Seitenflächen (Fig. 124[85]).

Fig. 128.

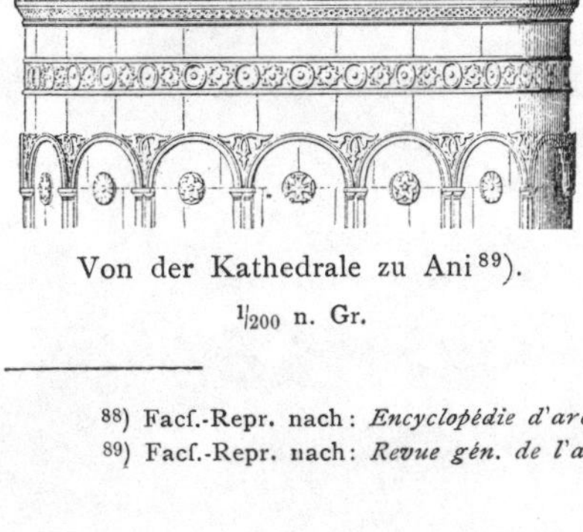

Von der Kathedrale zu Ani[89]).

1/200 n. Gr.

Fig. 129.

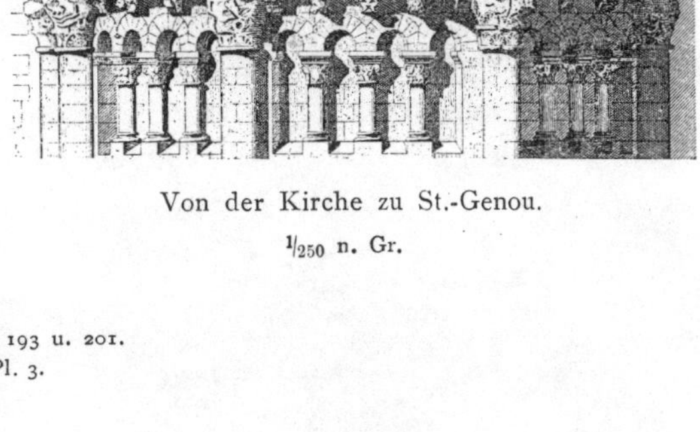

Von der Kirche zu St.-Genou.

1/250 n. Gr.

---

88) Facſ.-Repr. nach: *Encyclopédie d'arch.* 1874, Pl. 193 u. 201.

89) Facſ.-Repr. nach: *Revue gén. de l'arch.* 1842, Pl. 3.

Fig. 130.

Vom Lotteriehaus im Haag[90]).

Fig. 131.

Vom Dom zu Cammin[91]).

1/250 n. Gr.

Fig. 132.

Von einem Wohnhaus zu Ceſſoy[92]).

γ) Die Thurmpyramide wird oben durch eine wagrechte Ebene abgeſchnitten, ſo daſs daſelbſt eine Plattform entſteht (Fig. 125[86]).

δ) Das Thurmdach erhält ſtatt einer Spitze einen kurzen wagrechten Firſt. Solche Dächer, die eben ſo bei Kirchthürmen (Fig. 127[88]), wie bei Profanbauten (Fig. 126[87]) vorkommen, ſind eigentlich nichts Anderes, als hohe Walmdächer.

Fig. 133.

Von einem Ausſichtsthurm bei Cilli[93]).

## 3) Kegeldächer.

48. Kegeldächer.

Wenn die Seitenzahl eines regelmäſsig geſtalteten Zeltdaches unendlich groſs wird, ſo entſteht ein Kegeldach oder coniſches Dach; es hat hiernach die geometriſche Form eines Kreiskegels.

Die Erzeugenden der Kegelflächen ſind bald ziemlich flach, bald ſehr ſteil, bald mit mittlerer Neigung angeordnet (Fig. 128, 130 u. 132); die ſteilen Kegeldächer (Fig. 130 u. 132) gehören zu den einfachen Thurmdächern. Die kegelförmige Dachfläche iſt in der Regel glatt; doch wird ſie bisweilen auch mit Rippen, die in regelmäſsiger Vertheilung in der Richtung von Erzeugenden ange-

90) Facſ.-Repr. nach: *Moniteur des arch.* 1886, Pl. 4.

91) Facſ.-Repr. nach: Zeitſchr. f. Bauw. 1885, Bl. 40.

92) Facſ.-Repr. nach: Architektoniſche Rundſchau. Stuttgart. 1889, Taf. 16.

93) Facſ.-Repr. nach ebendaſ., 1893, Taf. 22.

Fig. 134.

Vom Wafferthurm zu Amfterdam[94]).

1/250 n. Gr.

bracht werden, verfehen (Fig. 128[89]); das Dach erhält alsdann das Anfehen eines Zeltdaches.

Wie Fig. 130 u. 132 zeigen, kommt auch bei Kegeldächern der in Art. 45 (S. 43) nochmals erwähnte Leiftbruch mehrfach vor.

In den gleichen Fällen, in denen halbe Zeltdächer zur Anwendung kommen (fiehe Art. 43, S. 41), find halbe Kegeldächer am Platze, fobald die betreffende Grundrifsfigur einen Halbkreis bildet. Fig. 129 zeigt ein flaches und Fig. 131[91]) ein fteileres Dach diefer Art. 49. Halbe Kegeldächer.

Eben fo, wie fteile Zeltdächer derart umgebildet werden, dafs fie oben ftatt einer Spitze einen kurzen Firft aufweifen (fiehe Art. 47, S. 48), können auch Kegeldächer behandelt werden. Wie Fig. 133[93]) zeigt, hat man es alsdann mit einem hohen Satteldach zu thun, welches mit kegelförmigen Abwalmungen verfehen worden ift (fiehe Art. 39, S. 37). 50. Kegeldächer mit Firft.

## 4) Entwickeltere Formen der Thurmdächer.

Je nach dem Zweck, dem der betreffende Thurm und das Thurmdach im Befonderen dienen; je nach dem Bauftil und je nach dem Beftreben, den Thurm und fein Dach reicher oder weniger reich zu fchmücken; je nach der künftlerifchen Auffaffung und Neigung, welcher der betreffende Architekt gefolgt ift — hat fich in der Formgeftaltung der Thurmdächer eine grofse Mannigfaltigkeit ausgebildet. Namentlich haben in der deutfchen Renaiffance die Thürme oder »Thurmhelme« in der verfchiedenartigften Weife gebauchte und geftreckte Formen erhalten, die an fich willkürlich erfcheinen und nur in ihrer malerifchen Wirkung eine Berechtigung erhalten. Es ift hier weder der Ort, noch geftattet es der Rahmen, in welchem fich das vorliegende Kapitel zu bewegen hat, die gefchichtliche Entwickelung der verfchiedenen Thurmformen vorzuführen oder eine fyftematifche Darftellung derfelben zu verfuchen. Defshalb follen die reicher entwickelten Thurmdächer an diefer Stelle nur in zwei grofse Gruppen gefchieden werden: in folche mit und folche ohne Grate. 51. Thurmdächer mit Graten.

Fig. 135.

Von der Alexander-Kirche bei Nowogeorgiewsk.

1/250 n. Gr.

Thurmdächer mit Graten entfprechen einer vieleckigen Grundrifsform und befitzen entweder im Wefentlichen nur ebene Dachflächen, oder es zeigen fich an ihnen auch gekrümmte Dachflächen, welche bisweilen mehrfachen Aus- und Einbiegungen des Daches ihr Vorhandenfein verdanken.

94) Facf.-Repr. nach: Architektonifche Rundfchau. Stuttgart. 1889, Taf. 60.

Fig. 136 bis 138[95]).

Fig. 139 [95]).

52. Thurmdächer ohne Grate.

Während die Thurmdächer mit Graten den einfach pyramidal geſtalteten Zeltdächern verwandt ſind, zeigen Thurmdächer ohne Grate mit den Kegeldächern in ſo fern Aehnlichkeit, als beide Umdrehungskörpern angehören; ſie nähern ſich den unter d zu behandelnden ſphäriſchen Dächern, und ihr Grundriſs entſpricht, wie bei dieſen, einem Kreiſe.

Wenn derartige Dächer — und zwar ſolche mit und ohne Grate — keine zu bedeutende Höhe haben, heiſsen ſie wohl auch Haubendächer. Viele derſelben ſind geſchweifte Dächer mit karniesförmiger Profilgeſtalt, und man unterſcheidet alsdann Glockendächer und Zwiebeldächer. Erſtere ſind im unteren Theile concav und im oberen Theile convex (Fig. 134 [94]), letztere umgekehrt unten convex und oben concav geſtaltet (Fig. 135).

Beſitzt das Dach mehrfache Aus- und Einbiegungen, ſo nennt man es hie und da Kaiſerdach oder wälſches Dach.

Zum Schluſſe ſeien in Fig. 136 bis 139 [95]) noch einige Beiſpiele von entwickelteren Thurmhelmen hinzugefügt und im Uebrigen auf die beiden unten genannten Sammlungen [96]) verwieſen.

## d) Kuppeldächer.

53. Sphäriſche Dächer.

Dem Begriff des Kuppelgewölbes entſprechend verſteht man unter einem Kuppeldach in erſter Reihe ein nach einem Kugelabſchnitt geformtes oder ſphäroidiſch geſtaltetes Dach; dabei erſcheint die Dachfläche entweder ganz glatt (Fig. 140 [97]), oder ſie iſt durch aufgelegte Rippen gegliedert und geziert (Fig. 141 u. 142 [98 u. 99]). Hat die Kuppel eine geringe Höhe, ſo heiſst ſie Flachkuppel; läuft ſie oben in eine Spitze aus, ſo wird ſie Spitzkuppel genannt (Fig. 144 [100]).

Wie einige der vorſtehenden Beiſpiele zeigen, wird das Kuppeldach häufig in ſeinem Scheitel durch Aufſätze, Figuren, Kreuze etc. geziert. Bisweilen werden noch gröſsere Aufbauten aufgeputzt, wie z. B. in Fig. 143 [101]), oder es wird eine Laterne angeordnet (Fig. 149), welche zur Erhellung, hie und da auch zur Lüftung des unter der Kuppel befindlichen Raumes dient.

Dem Geſagten zufolge hat man es bei den bisher betrachteten Kuppeldächern mit Umdrehungskörpern zu thun, deren Erzeugende Viertelkreiſe, andere Kreisbogen oder dieſen ähnliche krumme Linien ſind. Man hat aber auch anders geſtaltete

---

[95]) Facſ.-Repr. nach: Architektoniſche Rundſchau. Stuttgart. 1894, Taf. 7; 1896, Taf. 12.

[96]) Eine Zuſammenſtellung verſchiedenartiger Thurmformen enthalten die Werke:
SUTTER, C. Thurmbuch. Thurmformen aller Stile und Länder. Berlin 1888. — 2. Abth. 1895.
BAES, J. *Tours et tourelles hiſtoriques de la Belgique.* Brüſſel 1881.

[97]) Facſ.-Repr. nach: Architektoniſche Rundſchau. Stuttgart. 1892, Taf. 9.

[98]) Facſ.-Repr. nach ebendaſ. 1889, Taf. 1.

[99]) Facſ.-Repr. nach ebendaſ. 1894, Taf. 17.

[100]) Facſ.-Repr. nach: *Revue gén. de l'arch.* 1859, Pl. 35.

[101]) Facſ.-Repr. nach: *La conſtruction moderne*, Jahrg. 9, S. 101.

Curven, insbefondere gefchweifte krumme Linien (wodurch u. A. die fog. Glockendächer entftehen) als Erzeugende verwendet (Fig. 145 u. 146[102]).

Fig. 140.

Vom bosnifchen Kaffeehaus zu Budapeft[97]).

Fig. 141.

Vom *Franz-Deak*-Maufoleum zu Budapeft[98]).

Fig. 142.

Von der Frankfurter Bank zu Frankfurt a. M.[99]).

Fig. 143.

Vom Taubenhaus des Schloffes zu Uffon[101]).

54. Kuppeldächer über vieleckigem Grundrifs.

Bei den feither betrachteten Kuppeldächern wurde ein kreisförmiger Grundrifs vorausgefetzt. Indefs werden auch vielfach über Gebäuden, deren Grundform vieleckig geftaltet ift, Kuppeldächer errichtet; die einzelnen Dachflächen, aus denen

102) Facf.-Repr. nach: Zeitfchr. f. Bauw. 1866, Bl. 1.

Fig. 144.

Vom Seminargebäude zu Kouba [100]).

$^1/_{250}$ n. Gr.

Fig. 147.

Von einem Maufoleum zu Wolfsberg [103]).

$^1/_{200}$ n. Gr.

Fig. 146.

Von der Synagoge zu Berlin [102]).

$^1/_{200}$ n. Gr.

Fig. 145.

Vom ifraelitifchen Tempel zu Czernowitz.

$^1/_{200}$ n. Gr.

Fig. 148.

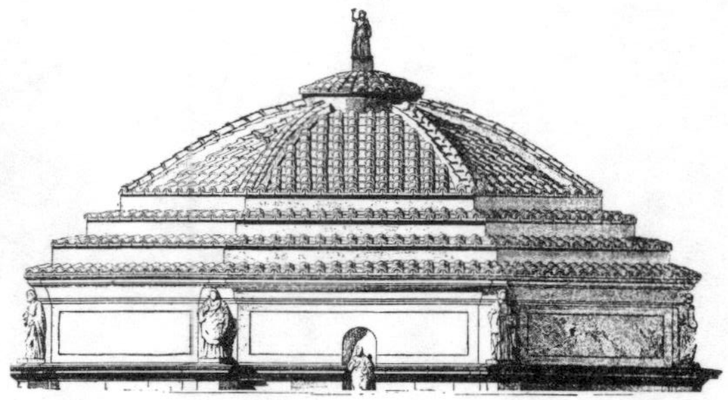

Von der Kirche San Giacomo zu Vicovaro [104]).

$^1/_{200}$ n. Gr.

Fig. 149.

Von der Kirche San Lorenzo zu Mailand[105]).

$^{1}/_{300}$ n. Gr.

Fig. 150.

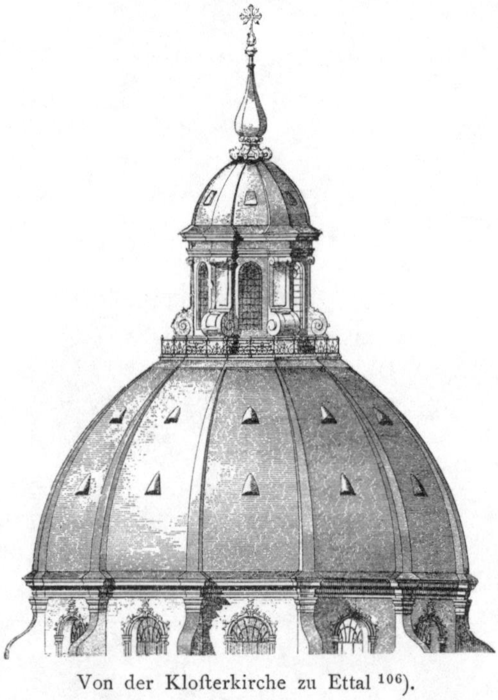

Von der Klofterkirche zu Ettal[106]).

$^{1}/_{500}$ n. Gr.

Fig. 151.

Von der Kirche St. Auguftin zu Paris[107]).

$^{1}/_{500}$ n. Gr.

Fig. 152.

Vom Curhaus zu Monte Carlo [108]).

ſich das Geſammtdach zuſammenſetzt, gehören alsdann Cylinderflächen an und ſtoſsen in nach auſsen convex gekrümmten Gratlinien an einander. Solche Kuppeldächer wirken am günſtigſten, wenn der Grundriſs ein regelmäſsiges Vieleck bildet; keinesfalls darf eine der Grundriſsabmeſſungen die übrigen weſentlich überragen. Die Geſtaltung ſolcher Dächer iſt eine ſehr mannigfaltige.

1) Das einfachſte Kuppeldach dieſer Art iſt dasjenige über quadratiſchem oder rechteckigem Grundriſs; doch darf das Rechteck ſich von der Quadratform nicht zu ſehr entfernen. Solche Dächer entſtehen aus den in Art. 40 (S. 37) beſprochenen Satteldächern mit cylindriſchen Dachflächen und Abwalmungen, ſobald die Anfallspunkte der beiden Walmflächen ſo nahe an einander rücken, daſs die Firſtlinie verſchwindet. Wie jene Dächer, werden auch die in Rede ſtehenden Kuppeldächer häufig mit einer wagrechten Plattform verſehen und in dieſer Geſtalt vielfach bei Profanbauten, zur Auszeichnung von Eckriſaliten, Eckpavillons etc., verwendet.

2) Sehr häufig wird das Kuppeldach über achteckigem Grundriſs verwendet. Fig. 147 u. 148 [103 u. 104]) ſind zwei Beiſpiele hierfür, die zugleich zeigen, daſs auch hier der Scheitel der Kuppel nicht ſelten durch Kreuze, Statuen etc. geziert wird. Daſs Dachlaternen nicht ausgeſchloſſen ſind, iſt aus Fig. 149 [105]) zu erſehen, und daſs nicht gleichſeitige Achteckformen ebenfalls vorkommen, zeigt Fig. 152 [108]).

Fig. 153.

Vom Locomotivſchuppen auf dem Centralbahnhof zu Magdeburg [109]).

$^1/_{500}$ n. Gr.

3) Auch über Grundriſsformen von noch gröſserer Seitenzahl werden Kuppeldächer errichtet, und zwar eben ſo bei kirchlichen, wie bei Profanbauten. Fig. 150 [106]) zeigt ein 12-ſeitiges, Fig. 151 [107]) ein 16-ſeitiges, Fig. 153 [109]) ein 24-ſeitiges und Fig. 154 [110]) ein 36-ſeitiges Kuppeldach. Bei Kuppeldächern von bedeutender Seiten-

103) Facſ.-Repr. nach: Zeitſchr. f. Bauw. 1861, Bl. 37.

104) Facſ.-Repr. nach ebendaſ. 1881, Bl. 10.

105) Facſ.-Repr. nach ebendaſ. 1890, Bl. 32.

106) Facſ.-Repr. nach ebendaſ. 1890, Bl. 26.

107) Facſ.-Repr. nach: *Nouv. annales de la conſtr.* 1872, Pl. 36.

108) Facſ.-Repr. nach: Architektoniſche Rundſchau. Stuttgart. 1895, Taf. 2.

109) Facſ.-Repr. nach ebendaſ. 1879, Bl. 25.

110) Facſ.-Repr. nach: Zeitſchr. d. Arch.- u. Ing.-Ver. zu Hannover 1881, Bl. 858.

Fig. 154.

Vom Gafometer-Gebäude der dritten Gasanftalt zu Dresden[110]).

$^{1}/_{500}$ n. Gr.

zahl werden die Grate nahezu unfichtbar; die Kuppel erhält faft die Form eines Umdrehungskörpers.

4) Bei den unter 1 bis 3 vorgeführten Beifpielen bildete die Umrifslinie der einzelnen Dachflächen einen Kreisbogen oder eine andere ftetig gekrümmte Linie. Es find aber auch anders geformte Dachflächen gewählt worden, wie die Beifpiele in Fig. 155[111]) u. 156[112]) zeigen.

55. Kuppeln mit gegliederten Dachflächen.

Bisweilen bringen es der Zweck und die diefem angepafste Grundrifsanordnung des betreffenden Gebäudes mit fich, dafs ein Theil des Daches über die übrigen Theile deffelben hoch gehoben werden mufs, meiftens im Intereffe der Erhellung; alsdann entftehen gegliederte Dachflächen. In Fig. 157[113]) u. 158[114]) wird der

Fig. 155.

Von einem Eckpavillon des Belvedere zu Wien[111]).

$^{1}/_{250}$ n. Gr.

Fig. 156.

Von einem Pavillon zu St.-Cloud[112]).

$^{1}/_{80}$ n. Gr.

111) Facf.-Repr. nach: Architektonifche Rundfchau. Stuttgart. 1894, Taf. 14.

112) Nach: DALY, a. a. O., Bd. 2, D, Pl. 9.

113) Facf.-Repr. nach: SCHMITT, E. Bahnhöfe und Hochbauten auf Locomotiv-Eifenbahnen. Theil II. Leipzig 1882. Taf. VIII u. IX.

114) Facf.-Repr. nach: KRAUTH, TH. & F. S. MEYER. Das Zimmermannsbuch. Leipzig 1893. S. 164 u. 165.

mittlere Theil des Gebäudes durch ein Kuppeldach abgedeckt, während ſich über den äuſseren, ringförmig geſtalteten Theilen ein Kegeldach erhebt.

Ueber Kirchenchören und anderen apſidenartig vorſpringenden Bautheilen erheben ſich, wie in Art. 43 (S. 41) u. 49 (S. 49) bereits geſagt worden iſt, nicht ſelten halbe Zelt- und Kegeldächer. In den gleichen Fällen können aber auch halbe Kuppeldächer Anwendung finden. 56. Halbe Kuppeldächer.

Fig. 157.

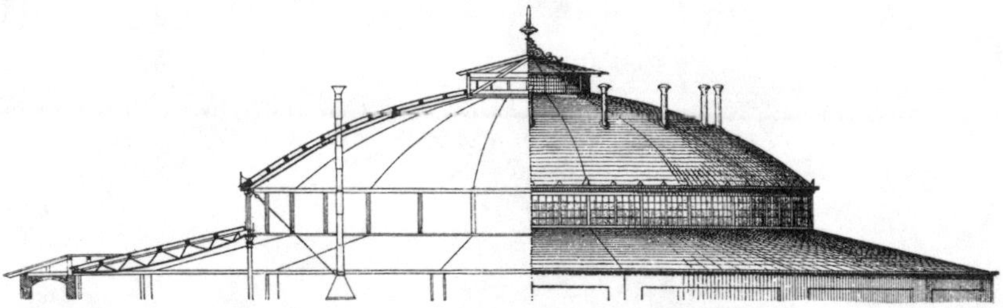

Von den Locomotivſchuppen der Schneidemühl-Dirſchauer Eiſenbahn [113]).

$^1/_{500}$ n. Gr.

Fig. 158.

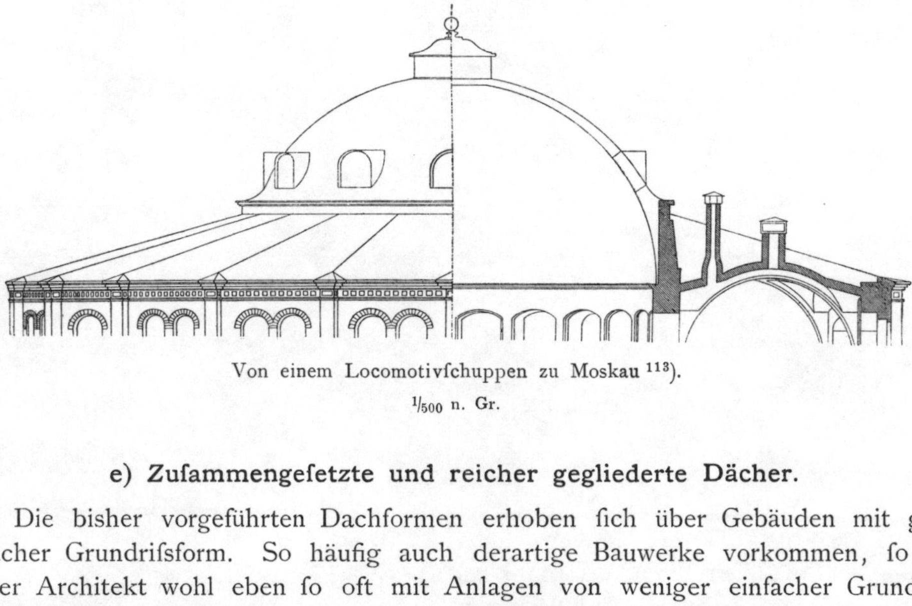

Von einem Locomotivſchuppen zu Moskau [113]).

$^1/_{500}$ n. Gr.

## e) Zuſammengeſetzte und reicher gegliederte Dächer.

Die bisher vorgeführten Dachformen erhoben ſich über Gebäuden mit ganz einfacher Grundriſsform. So häufig auch derartige Bauwerke vorkommen, ſo hat es der Architekt wohl eben ſo oft mit Anlagen von weniger einfacher Grundriſsgeſtalt zu thun. Namentlich ſind Dächer über Grundriſſen, die ſich aus mehreren Rechtecken zuſammenſetzen, nichts Seltenes; ſie entſtehen durch ſeitliche Anbauten, durch Hof- und Seitenflügel, durch ſonſtige vorſpringende Gebäudetheile, bei Eckhäuſern, bei Gebäuden mit Höfen etc. 57. Zuſammengeſetzte Dächer.

Der einfachſte Fall iſt alsdann derjenige des **L**-förmigen Grundriſſes, den man auch als »Wiederkehr« zu bezeichnen pflegt. In Fig. 159 bis 164 [114]) iſt für verſchiedene Anlagen dieſer Art die Dachausmittelung in Grund- und Aufriſs dargeſtellt; dabei ſind bald Sattel-, bald Pultdächer, hier und da auch Abwalmungen vorgeſehen worden. Aus dieſen Abbildungen geht ohne Weiteres hervor, daſs nunmehr nicht

Fig. 159[114]).

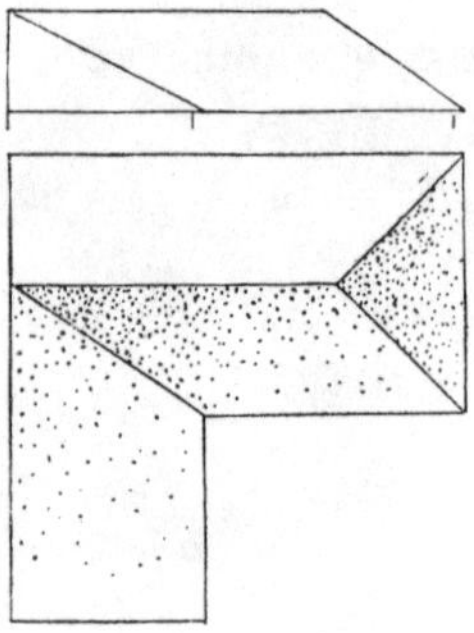

Fig. 160[114]).

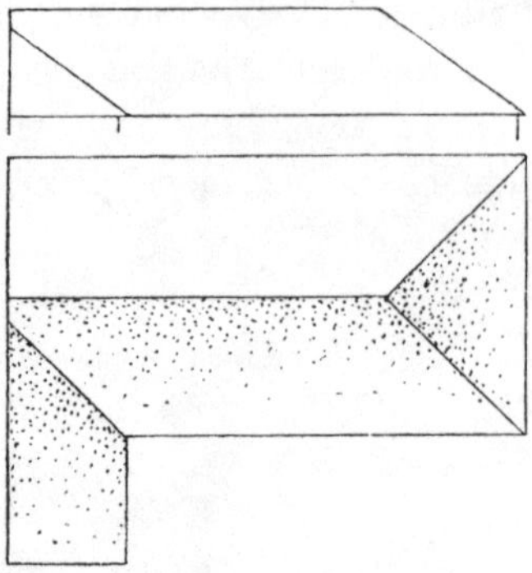

Fig. 161[114]).

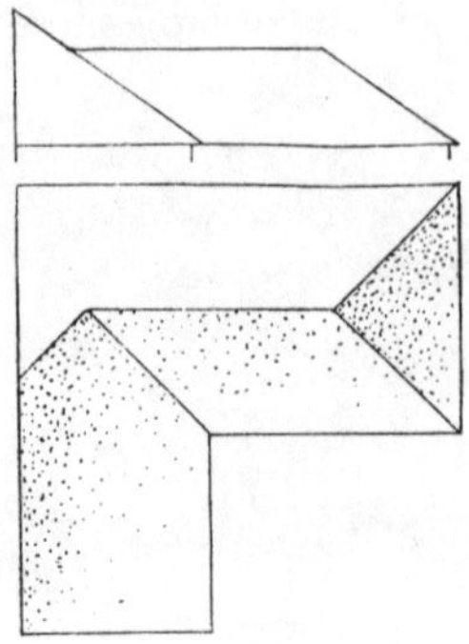

Fig. 162[114]).

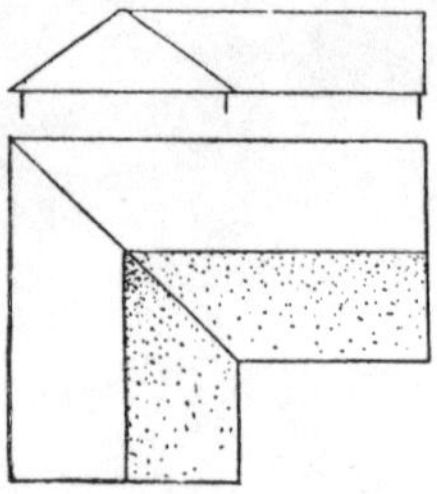

Fig. 163[114]).

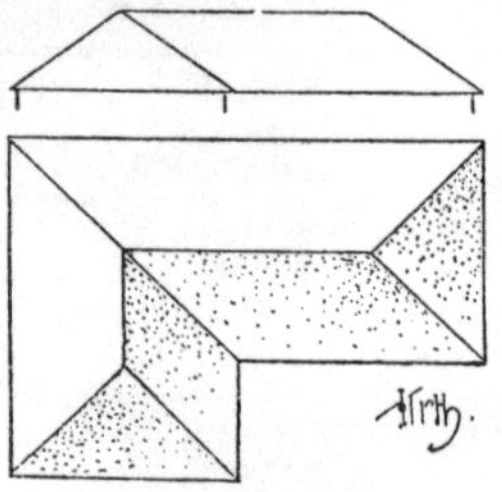

Fig. 164[114]).

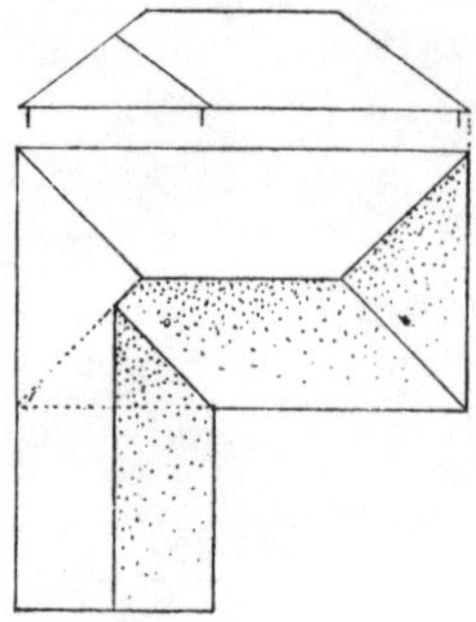

Fig. 165[114]).

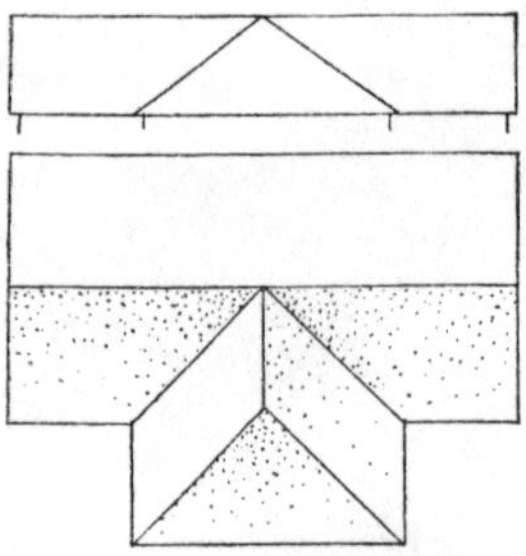

Fig. 166[114]).

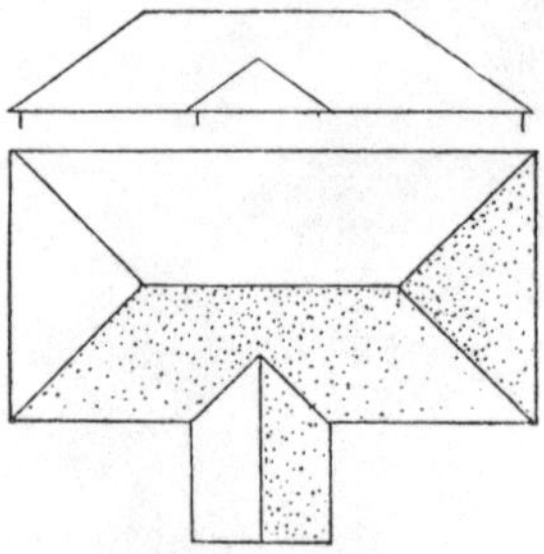

Fig. 167[114]).

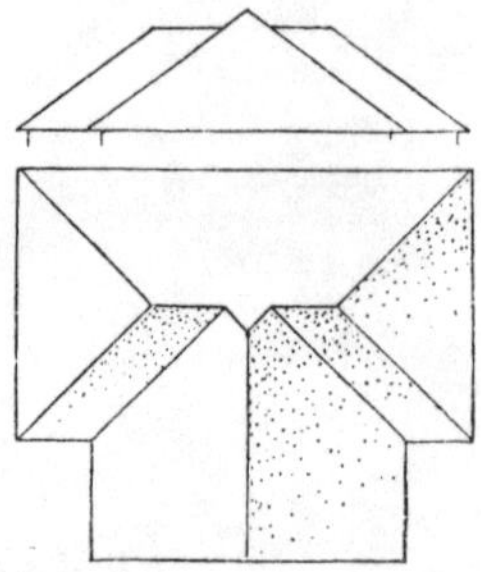

blofs Firfte und Grate, fondern auch Kehlen, in zwei Fällen (Fig. 161 u. 164) auch Verfallungslinien entftehen. Das Ausfehen eines Daches, welches der Ausmittelung in Fig. 162 entfpricht, ift aus Fig. 169[115]), ein folches nach Fig. 164 aus Fig. 170[116]) zu erfehen.

Fig. 168[114]).

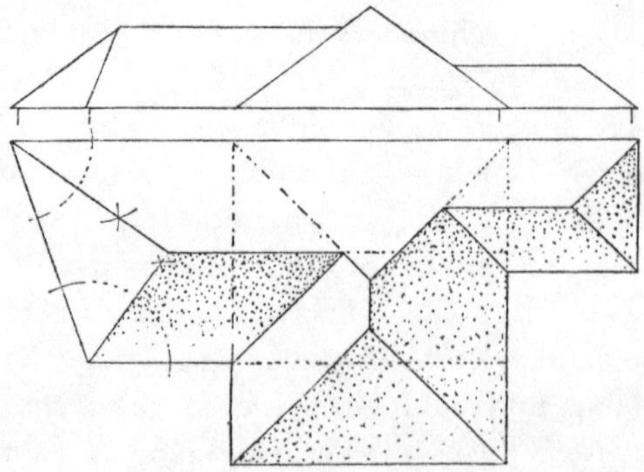

An die Dächer mit Wiederkehr reihen fich zunächft diejenigen über ⊥-förmigen

115) Facf.-Repr. nach: SAUVAGEOT, a. a. O., Pl. 200.

116) Facf.-Repr. nach ebendaf., Pl. 156.

Fig. 169.

Von einer Villa zu Houlgate [115]).

Grundrifsen an. Für vier einfchlägige Fälle zeigen Fig. 165 bis 168 [114]) die zugehörigen Dachausmittelungen, und es ift hier, wie bei den vorhergehenden Dachanlagen vorausgefetzt, dafs fämmtliche Dachflächen gleiche Neigung haben [117]). Naturgemäfs müffen bei folchen Grundrifsformen ebenfalls Kehlen fich ergeben, unter Umftänden auch Verfallungslinien (Fig. 167).

Die Anficht eines hier einzureihenden Daches gewährt Fig. 171 [118]).

Eine Dachverfallung gewährt ein wenig fchönes Ausfehen und erfchwert auch die Dachftuhl-Conftruction. Man vermeidet fie defshalb gern und ift bisweilen fchon beim Geftalten des Grundriffes darauf bedacht, dafs keine Verfallungen entftehen. Man kann letztere auch dadurch umgehen, dafs man die Dachneigungen etwas abändert oder die Trauflinien einzelner Dachtheile höher legt, als die der übrigen (Fig. 172 u. 173). Ein weiteres Mittel zur Abhilfe befteht in geeigneten Fällen darin, dafs man die Dachflächen des Hauptgebäudetheiles über Nebentheile, Vorfprünge etc. überfchiefsen läfst, alfo für letztere die Trauflinie tiefer legt; oder aber, dafs man die betreffende Umfaffungswand des Gebäudes erhöht und eine Dachfläche bis gegen diefelbe fortfetzt, dafs man alfo gleichfam einen nicht vorhandenen Gebäudetheil fortfetzt.

Fig. 170.

Von einer Villa zu Chaumes [116]).

Bei noch verwickelteren Grundrifsformen kommen neue Erfcheinungen nicht zu Tage; die Verfchneidung der einzelnen Dachtheile mit einander läfst fich jedesmal entweder auf den L- oder auf den ⊥-förmigen Grundrifs zurückführen (Fig. 174 bis 176).

Fig. 171.

Vom Pförtnerhaus des Schloffes zu Bethmont [118]).

117) In der Sprache des Zimmermanns heifst dies wohl auch, dafs das Dach mit »Dachverfällung« auszuführen fei.

118) Facf.-Repr. nach: DALY, a. a. O., Section 3, Pl. 7.

Fig. 172.

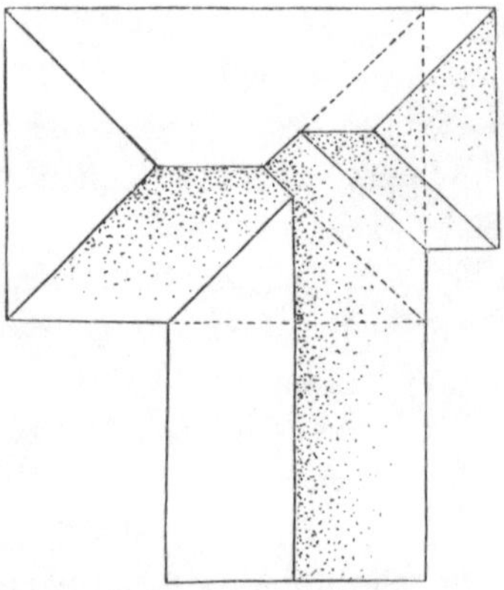

Fig. 173.

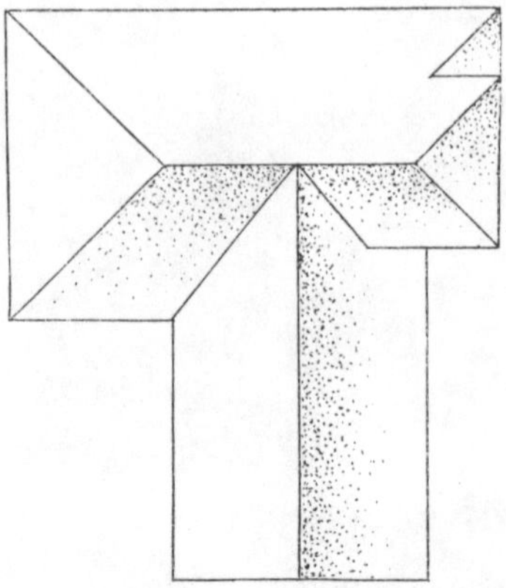

Bezüglich der Dachverfallungen zeigt fich hier naturgemäfs derfelbe Mifsftand, wie vorhin erwähnt wurde, und man hat die gleichen Mittel anzuwenden, wenn man fie umgehen will. Hiernach zeigen Fig. 177 bis 179 [120]) drei verfchiedene Dachausmittelungen für denfelben Grundrifs.

Fig. 174.

Fig. 175.

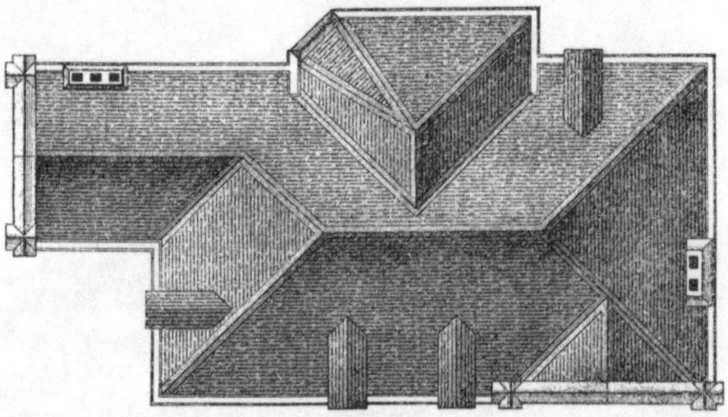

1/300 n. Gr.

Von einem Landhaus zu Naffandres [119]).

[119]) Facf.-Repr. nach: SAUVAGEOT, a. a. O., Pl. 188 u. 189.

[120]) Facf.-Repr. nach: *Carpentry and building*, Bd. 16, S. 61.

Fig. 176[121]).

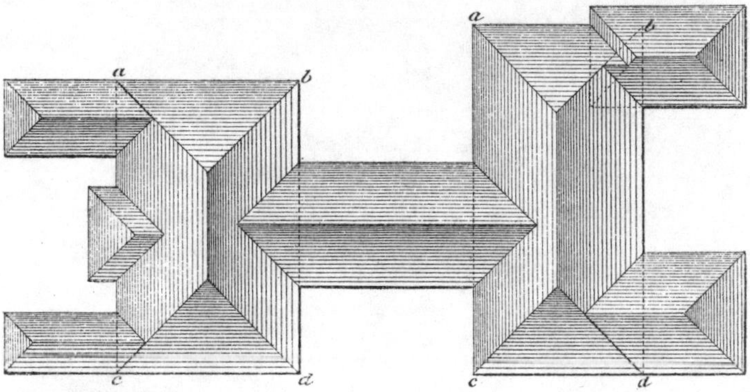


Fig. 177.

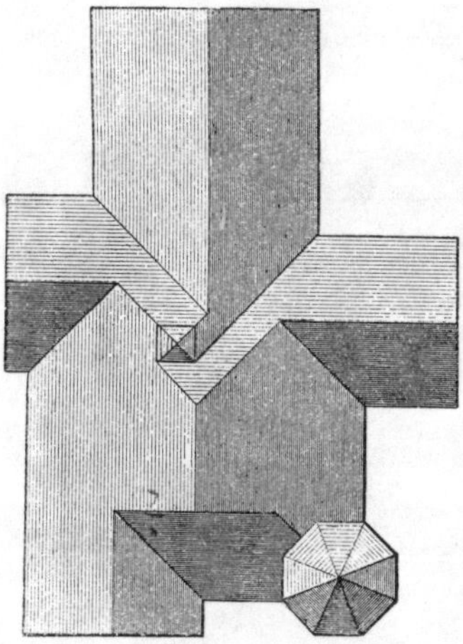

Fig. 178.

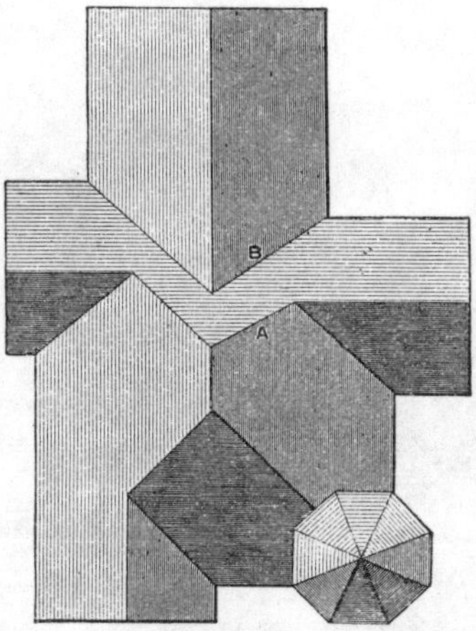


Fig. 179[120]).

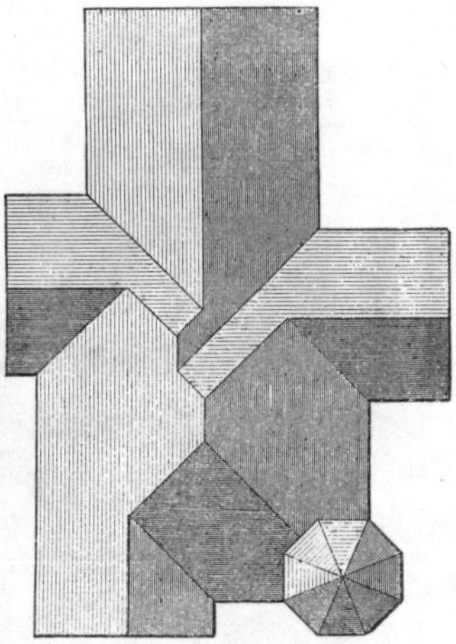

Fig. 180[121]).

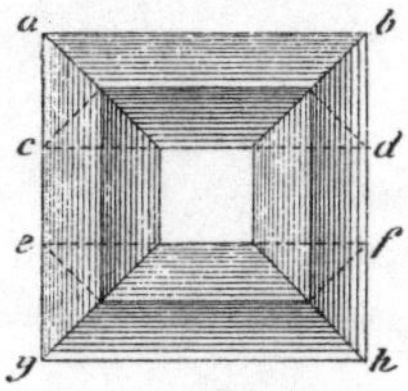


Fig. 181[121]).

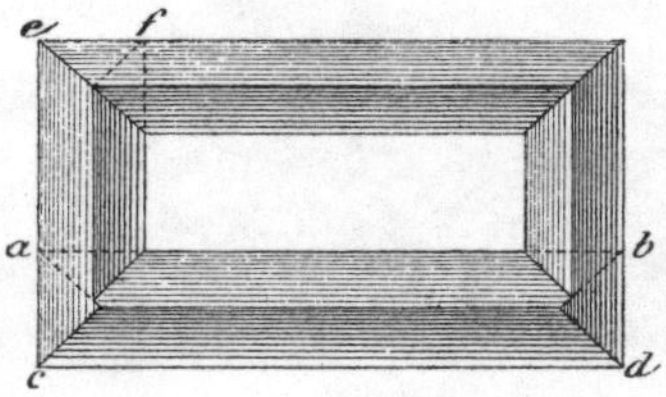


Fig. 182[121]).

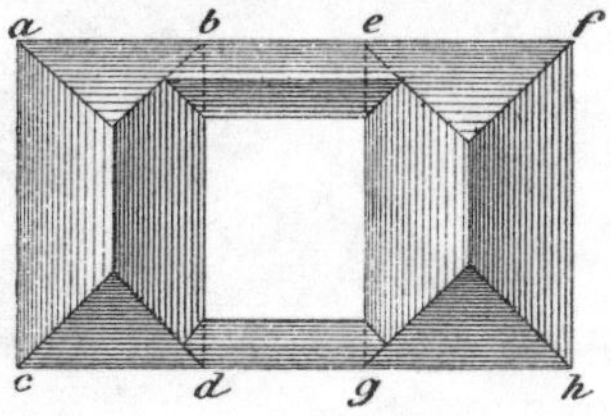


Fig. 183[121]).

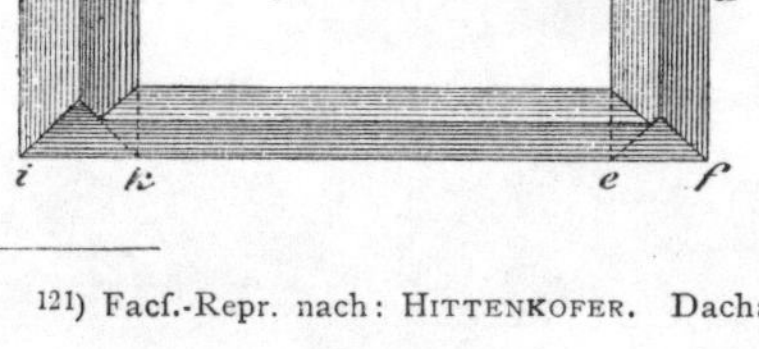


Fig. 184[121]).

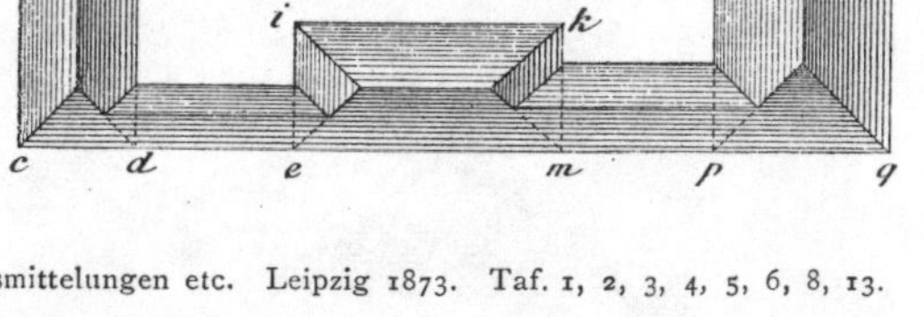


121) Facs.-Repr. nach: HITTENKOFER. Dachausmittelungen etc. Leipzig 1873. Taf. 1, 2, 3, 4, 5, 6, 8, 13.

Fig. 185 [121]).

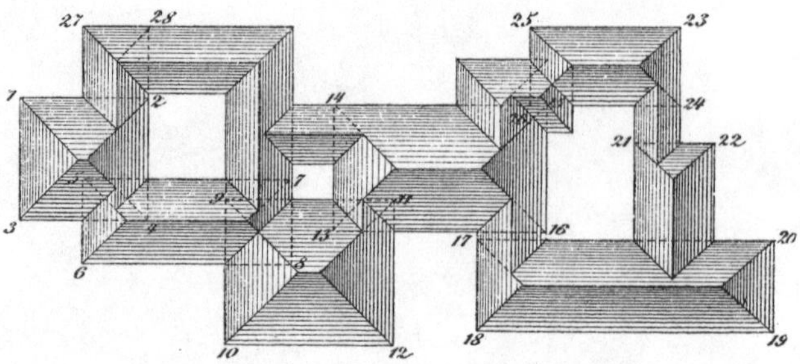

Fig. 186 [121]).

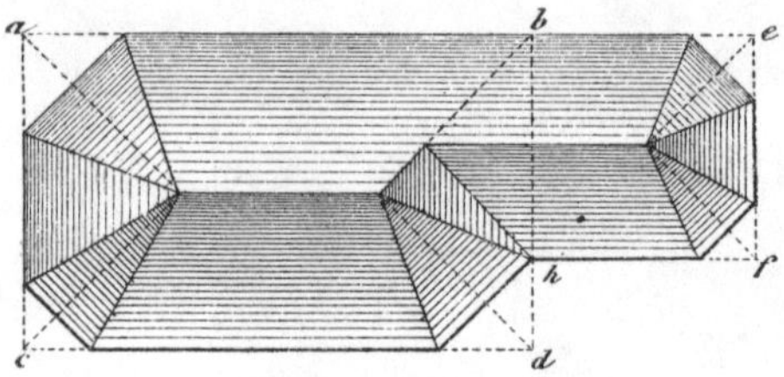

Fig. 187 [121]).

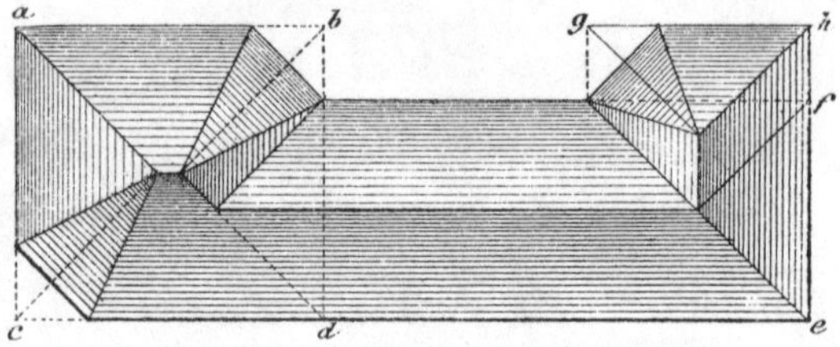

Fig. 188 [121]).

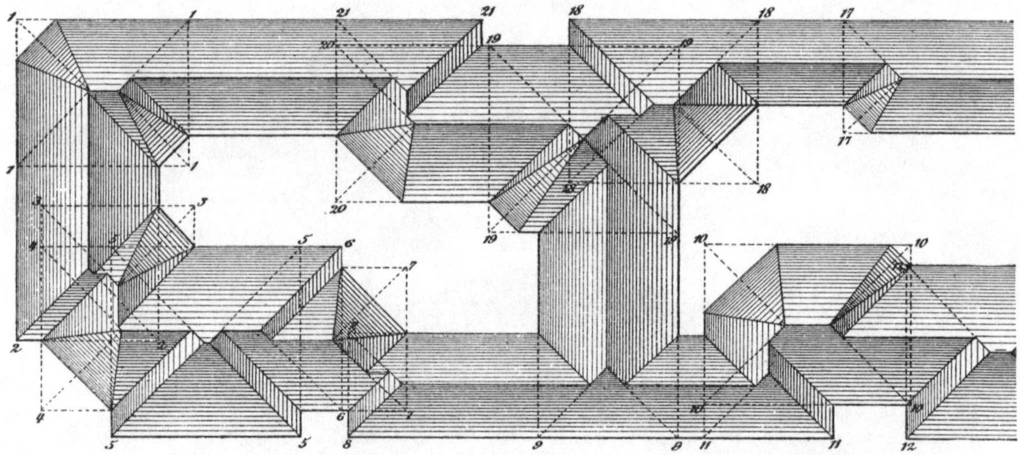

Fig. 189 [121]).

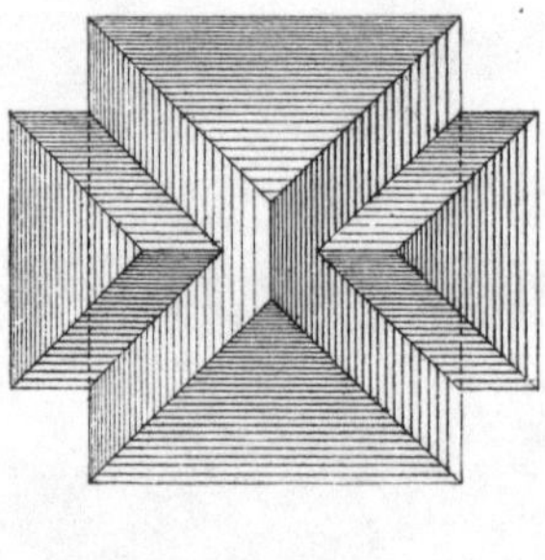

Fig. 190 [121]).

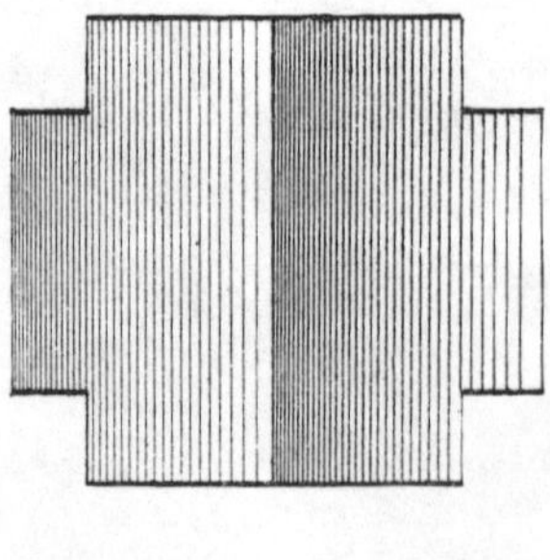

Fig. 191 [121]).

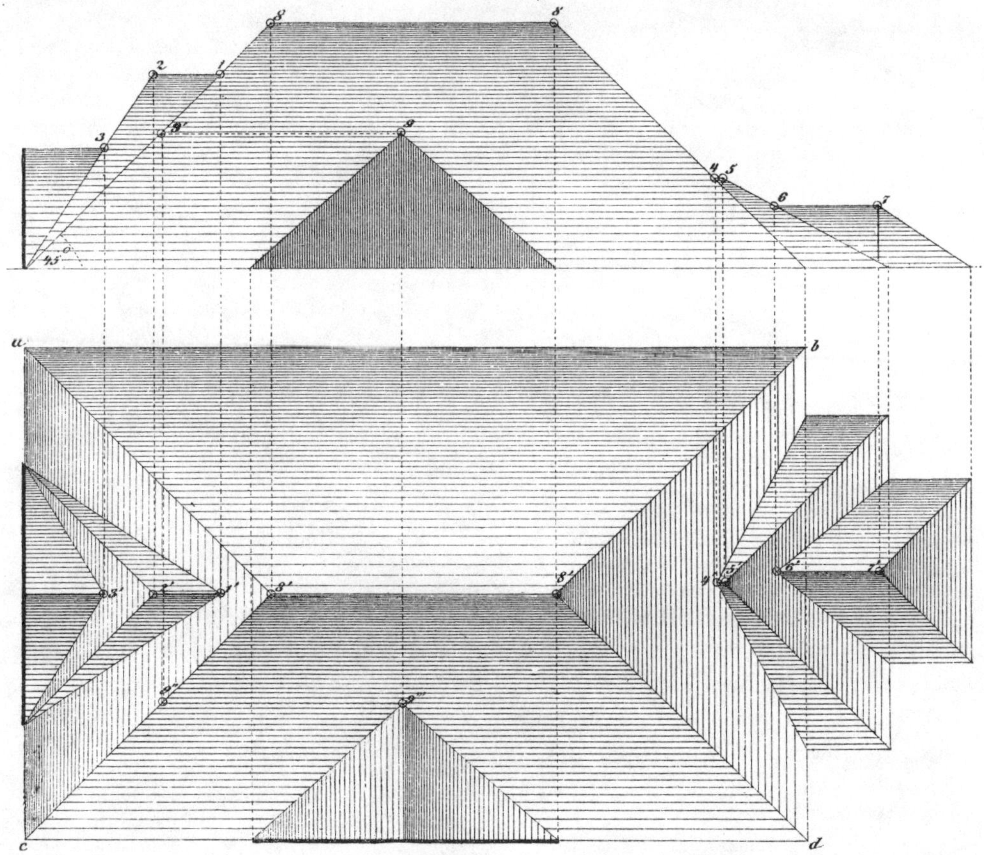

Auch bei Gebäuden, welche Hofräume in ſich ſchlieſsen, zeigen ſich die gleichen Erſcheinungen, wie vorher. Fig. 180 bis 185 [121]) bieten einige Beiſpiele hierfür.

Kleine Abweichungen entſtehen, wenn an Gebäudeecken Abſchrägungen vorgenommen werden, ſei es an den auſsen gelegenen Ecken, ſei es in den Ecken der etwa vorhandenen Hofräume (Fig. 186 bis 188 [121]), oder wenn die Dachneigungen nicht durchwegs die gleichen ſind (Fig. 191 [121]).

Fig. 192 [121]).

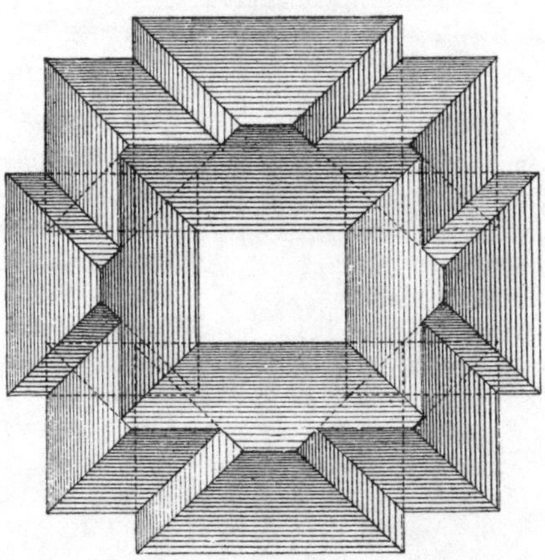

Fig. 193 [121]).

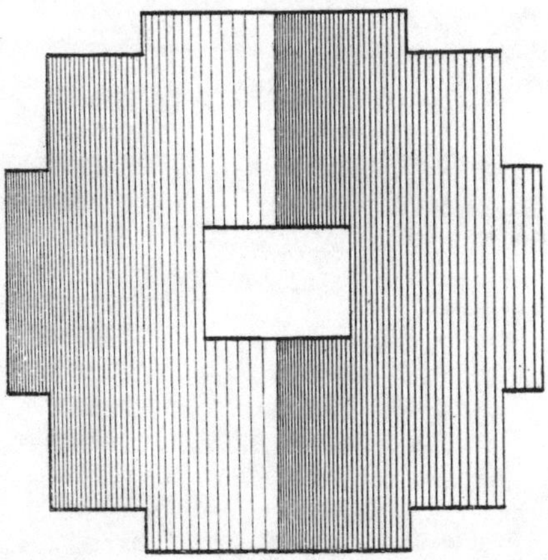

Fig. 194 [122]).

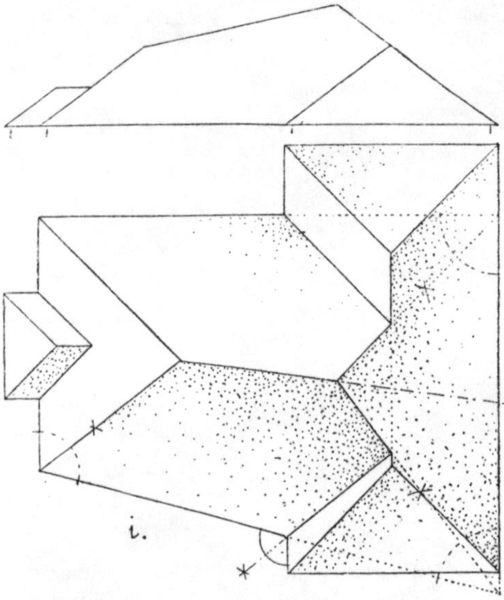


Fig. 195 [122]).

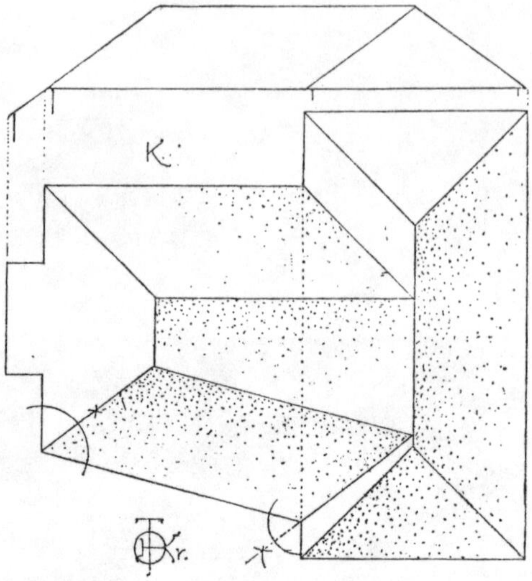


Will man bei den feither betrachteten Grundrifsformen alle Grate und Kehlen vermeiden, fo erfetze man, wo dies angeht, das zufammengefetzte Dach durch ein einfaches Satteldach, wie Fig. 189 bis 193 [121]) zeigen; die beiden Dachfäume haben

Fig. 196.

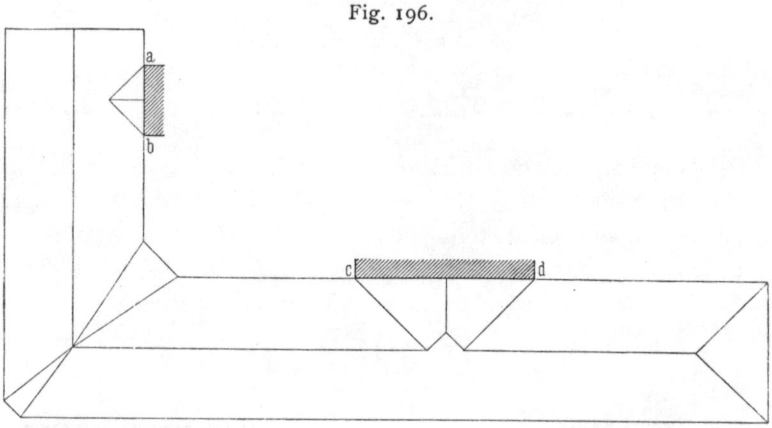


Fig. 197 [121]).

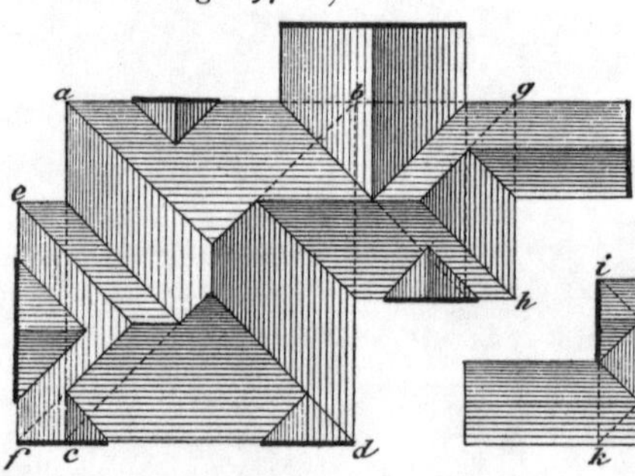


Fig. 198 [121]).

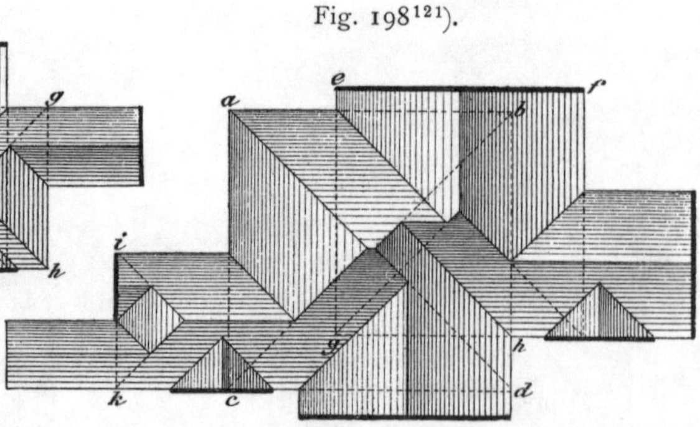


122) Facf.-Repr. nach: KRAUTH & MEYER, a. a. O., S. 165.

im Grundriſs eine abgetreppte Form, und die einzelnen Theile derſelben ſind in verſchiedener Höhe gelegen. Man nennt ſolche Anlagen wohl auch eingeſchnittene Dächer.

Fig. 199 [121]).

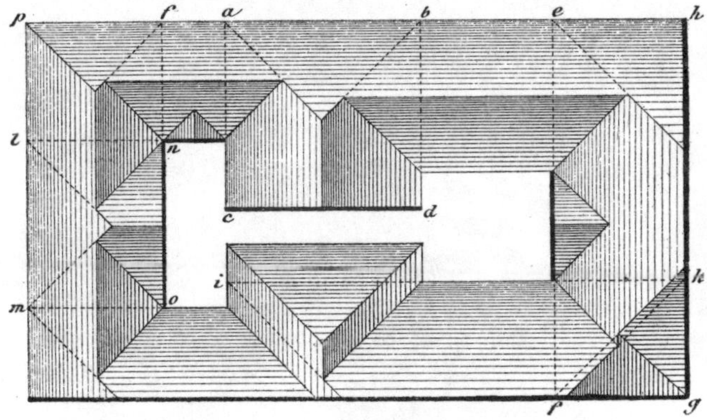


Fig. 200 [121]).

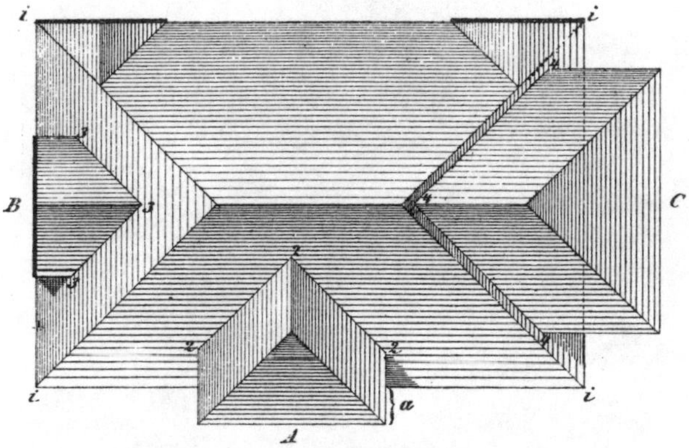


Fig. 201 [121]).

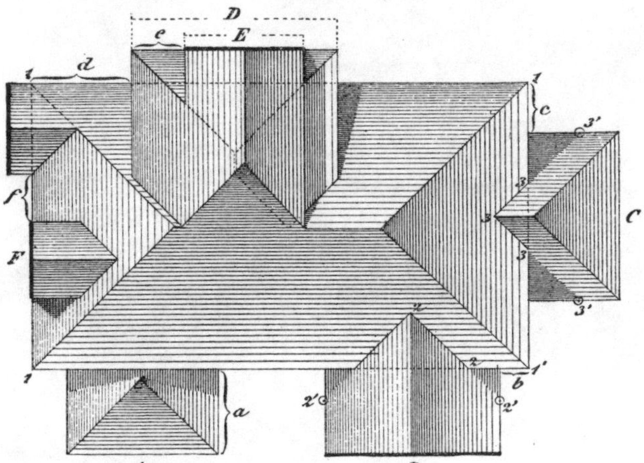


Setzt ſich der Gebäude-Grundriſs nicht mehr, wie ſeither angenommen, im Weſentlichen bloſs aus Rechtecken zuſammen, ſondern kommen auch ſchiefwinkelige Anſchlüſſe von Flügelbauten etc. vor, ſo entſtehen anſteigende Firſtlinien, unregelmäſsig geformte und ſelbſt windſchiefe Dachflächen. Im Vorhergehenden iſt mehrfach geſagt worden, daſs derartige Erſcheinungen ein unſchönes Anſehen gewähren und die Conſtruction des Dachſtuhls erſchweren, daſs man ſie aus dieſen Gründen gern vermeidet. Die hierfür zu Gebote ſtehenden Mittel wurden zugleich angegeben und ſind auch hier zur Anwendung zu bringen. So iſt z. B. in Fig. 194 [122]) für einen einſchlägigen Grundriſs die regelrechte Dachausmittelung mit einer anſteigenden Firſtlinie und zwei windſchiefen Dachflächen dargeſtellt; in Fig. 195 [122]) hingegen iſt bei gleichem Grundriſs eine wagrechte Plattform angeordnet, mittels deren nur wagrechte Firſtlinien und bloſs ebene Dachflächen nothwendig werden.

In Fig. 195 iſt auch das vorhin angedeutete Auskunftsmittel angewendet, um die Dach-Conſtruction zu vereinfachen. Auf der linken Grundriſsſeite ſpringt ein kleiner Gebäudetheil vor; über dieſen iſt die benachbarte Walmfläche fortgeſetzt, wobei alsdann an dieſem Gebäudevorſprung die Traufſinie tiefer gelegen iſt.

Schlieſslich ſei noch des nicht ſelten vorkommenden Falles gedacht, daſs das Durchführen einer ſtetig geneigten Dachfläche dadurch unmöglich gemacht wird, daſs längs kürzerer Strecken —

wie in Fig. 196 bei *ab* und *cd* — in Folge von angrenzenden Nachbargebäuden oder aus ſonſtigen Gründen der Waſſerabfluſs nach einer anderen Richtung geleitet

Fig. 202.

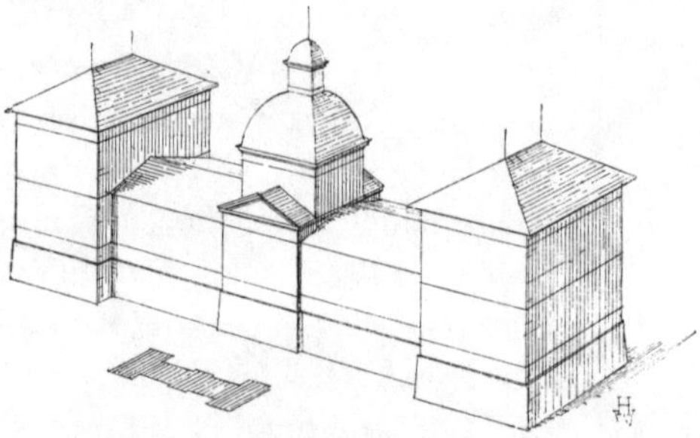

Fig. 203.

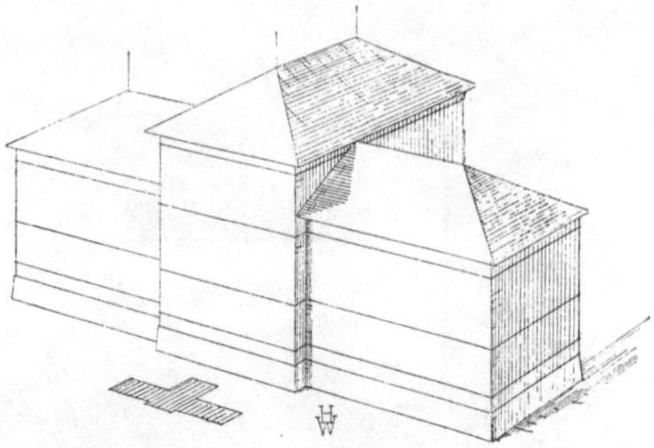

Fig. 204.

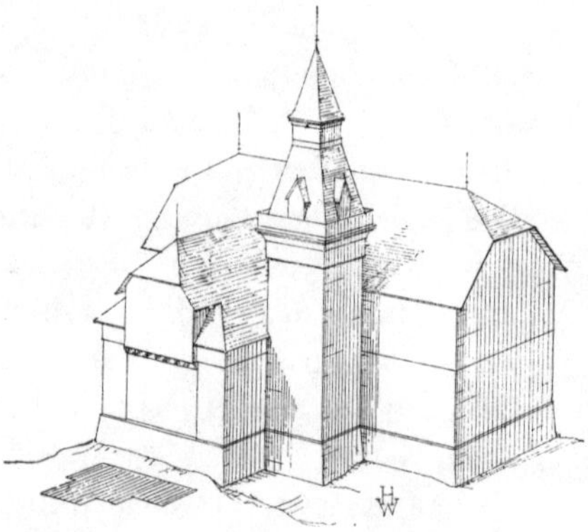

Fig. 205.

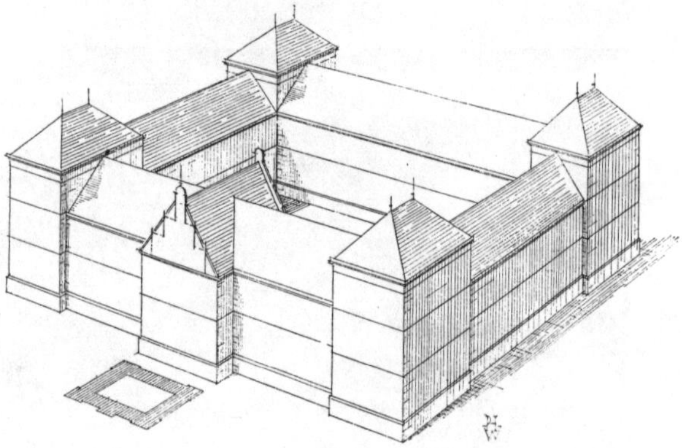

Fig. 206.

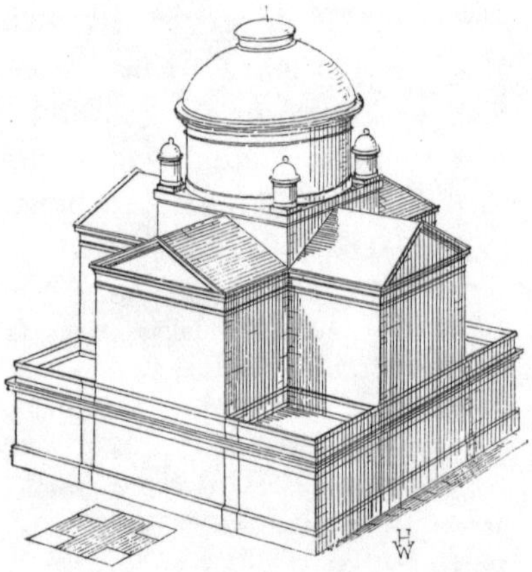

Fig. 207.

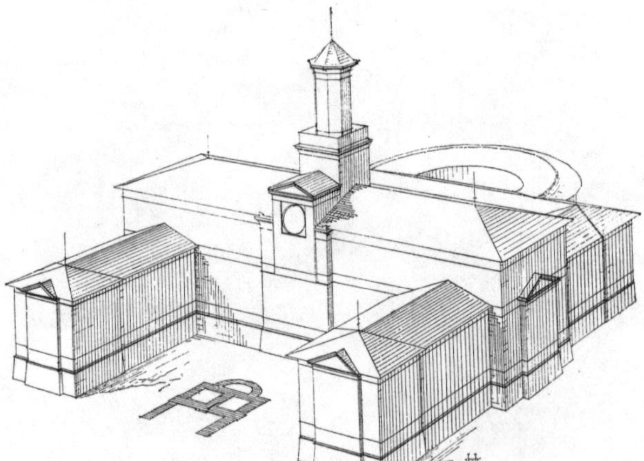

werden muſs. Alsdann werden in der Regel kleine Satteldächer eingeſchaltet, welche an den fraglichen Strecken ihren Giebelabſchluſs finden. Drei verwickeltere Anlagen zeigen Fig. 197 bis 199 [121]).

Bei allen feither in das Auge gefafften Dachanlagen wurde faft ausnahmslos vorausgefetzt, dafs die Trauflinien fämmtlicher Dachflächen in gleicher Höhe gelegen find. Man kann aber das Dach auch in anderem Sinne ausbilden; man kann zu- 58. Reicher gegliederte Dächer.

Fig. 208.

Fig. 209.

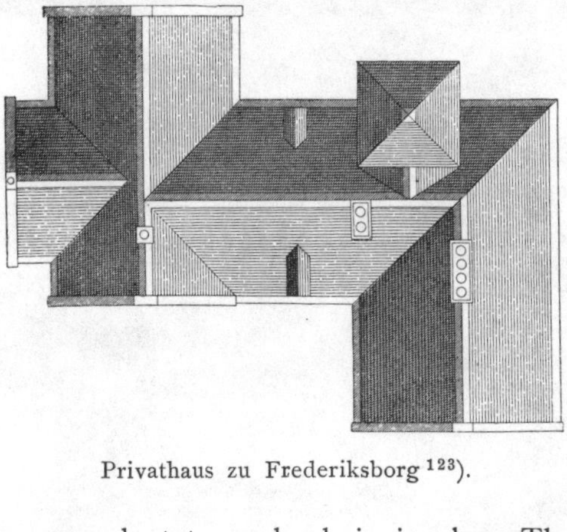

1/300 n. Gr.

Privathaus zu Frederiksborg [123]).

nächft, wie fchon früher angedeutet wurde, bei einzelnen Theilen des Gebäudes den Dachfaum höher legen, als bei den anderen. Fig. 200 u. 201 [121]) liefern zwei einfchlägige Beifpiele.

[123]) Facf.-Repr. nach: VIOLLET-LE-DUC, E. & F. NARJOUX. *Habitations modernes* etc. Paris 1874—75. Pl. 60 u. 67.

Fig. 210.

Fig. 211.

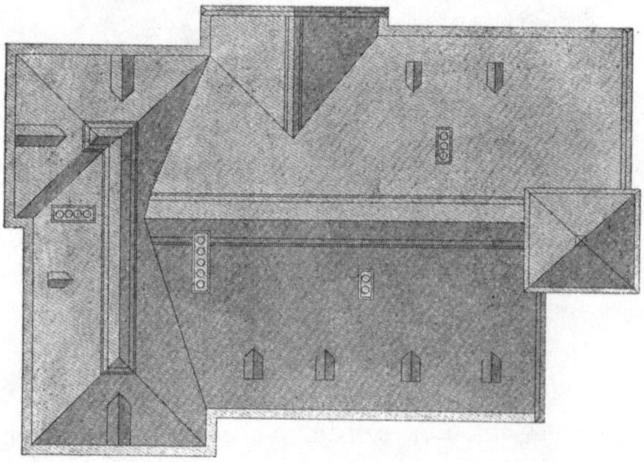

1/300 n. Gr.

Landhaus zu Ingouville [124]).

[124]) Facf.-Repr. nach ebendaf., Pl. 119 u. 120.

In Fig. 200 dringen in das Hauptdach *iiii* die 3 kleineren Dächer *A, B* und *C* mit einem überhöhten Dachſaum ein. Für das Dach *A* liegt der Dachſaum um das Maſs *a* höher, als der benachbarte Dachſaum *ii* des Hauptdaches etc.

Fig. 212.

Fig. 213.

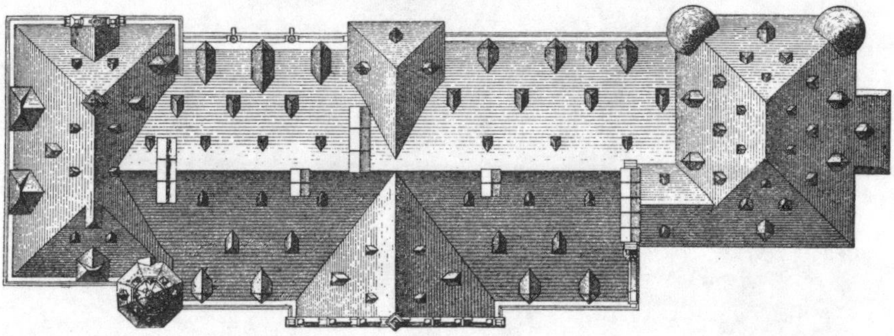

Schloſs zu Weſpelaer[125]).

1/400 n. Gr.

In Fig. 201 liegen die Dächer *A, B* und *C* um die bezw. Längen *a, b* und *c* tiefer als das Dach über dem Rechteck *IIII*, hingegen die Dächer *D, E* und *F* um die bezw. Längen *d, e* + *d* und *f* höher, als der Dachſaum deſſelben Rechteckes.

125) Facſ.-Repr. nach: Beyaert, H. *Travaux d'architecture* etc. Brüſſel.

Fig. 214.

Nationalbank zu Antwerpen [126]).

$^1/_{400}$ n. Gr.

Fig. 215.

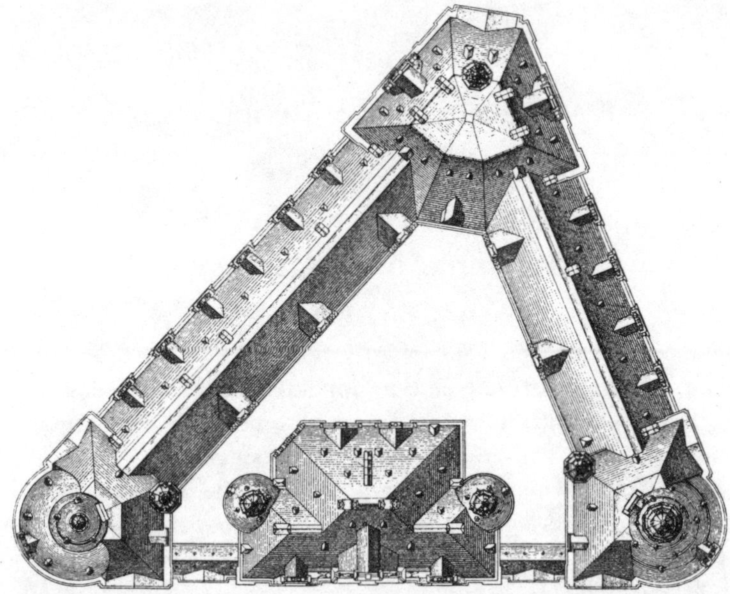

Dachausmittelung zu Fig. 214[126]). — 1/800 n. Gr.

Man kann aber auf gleichem Wege noch etwas weiter gehen, indem man einzelnen Theilen des Gebäudes eine gröfsere Höhe giebt, als den übrigen:

fei es, dafs aus inneren Gründen einzelne Theile des Gebäudes eine gröfsere Zahl von Gefchoffen erhalten, als die übrigen;

fei es, dafs man die verfchiedenen Zwecke, denen die einzelnen Gebäudetheile zu dienen haben, dadurch zum Ausdruck bringt, dafs man fie in ungleicher Höhe ausführt und jeweilig mit befonderem Dache abfchliefst;

fei es endlich, dafs man eine lebendigere Gruppirung der Maffen eines Bauwerkes, eine wirkfamere und kennzeichnendere Krönung deffelben dadurch erreichen will, dafs man jeden bedeutenden Raum, bezw. jede bedeutende Raumgruppe desfelben im Dache auszeichnet.

Es kann hier nicht der Ort fein, diefen Gegenftand weiter zu verfolgen; hiervon wird in Theil IV, Halbband 1 (Abth. I, Abfchn. 3, Kap. 3, b, 2: Dachbildung) diefes »Handbuches« noch eingehender die Rede fein. Indefs feien hier in Fig. 202 bis 207 einige Dachzufammenfetzungen vorgeführt, die theils durch die Mannigfaltigkeit der Grundrifsform, theils durch die Verfchiedenheit der Höhe, in welcher mittels der Dachfläche der Gebäudeabfchlufs zu bewirken ift, hervorgerufen werden. Einige andere Beifpiele, denen zugleich die betreffenden Dachausmittelungen beigefügt find, zeigen Fig. 208 bis 215.

126) Facf.-Repr. nach ebendaf.

# E. Dachſtuhl-Conſtructionen.

Von Theodor Landsberg.

## Dachſtühle im Allgemeinen.

### a) Einleitung.

59. Vor-bemerkungen. Die Aufgabe, welche die Dächer zu erfüllen haben, wurde bereits in Art. 1 (S. 1) angegeben. Vom conſtructiven Standpunkte aus iſt dem dort Geſagten hinzuzufügen, daſs die Dächer auch allen auf ſie einwirkenden Kräften gegenüber genügend ſtandfeſt ſein müſſen; insbeſondere ſind bei ſteilen Dächern die Windkräfte ſicher durch die Dächer auf die Seitenmauern und durch dieſe in die Fundamente zu überführen. Die Erfüllung aller dieſer Aufgaben bedingt einen möglichſt genauen Anſchluſs der Dach-Conſtruction an die Grundform des zu überdeckenden Raumes.

Die Haupttheile der Dächer ſind:

a) Die Dachbinder; dies ſind die Hauptträger der Dach-Conſtruction.

b) Die Zwiſchenconſtructionen; zu dieſen gehören:

1) die Pfetten oder Fetten,
2) die Sparren,
3) der Windverband und
4) die Dachdeckung nebſt Dachlatten, bezw. Sproſſen, letztere nur bei der Glasdeckung.

60. Eintheilung der Dächer. Ueber die verſchiedenen Formen der Dächer und die dadurch bedingte Eintheilung derſelben wurde im vorhergehenden Kapitel das Erforderliche geſagt. Man kann aber auch die Dächer noch nach anderen Geſichtspunkten eintheilen.

a) Nach der Form des ſenkrecht zur Längsaxe des Daches genommenen Querſchnittes kann man unterſcheiden:

1) Dreieckdächer — der Querſchnitt bildet ein Dreieck (Pult- und Satteldächer).

2) Drempel- oder Knieſtockdächer — der Querſchnitt bildet ein Fünfeck; der lothrechte Theil braucht nicht an beiden Seiten gleich hoch zu ſein; er kann ſogar an der einen Seite Null ſein (ſiehe Art. 6, S. 5).

3) Manſarden-Dächer — die Dachfläche iſt jederſeits einmal gebrochen; aber die unteren Seiten der beiden Dachflächen ſind nicht lothrecht (ſiehe Art. 19, S. 15). Beim Drempel- oder Knieſtockdach reicht das Dach gewöhnlich um die Höhe der Drempelwand zwiſchen die gemauerten Seitenwände hinab, während das ganze Manſarden-Dach frei über die Seitenmauern aufgeführt wird.

4) Cylinder- oder Tonnendächer — der Querſchnitt der eigentlichen Dachfläche iſt eine Curve, die Dachfläche alſo eine Cylinderfläche; die Curve kann ein Kreis, eine Ellipſe, eine Parabel, auch wohl ein Korbbogen ſein.

b) Nach der Unterſtützungsart der Binder theilt man die Dächer ein in:

1) Balkendächer. Durch lothrechte Belaſtungen werden nur lothrechte Drücke auf das Mauerwerk übertragen und von dieſem nur lothrechte Auflagerdrücke auf

die Binder. Damit diefe (günftige) Wirkung eintrete, mufs eines der beiden Binderauflager in der wagrechten Linie beweglich fein.

2) Sprengwerksdächer. Die lothrechten Belaftungen des Daches rufen fchiefe Auflagerdrücke hervor. Diefer Fall tritt ein, wenn beide Auflager feft oder in ihrer gegenfeitigen Entfernung gewiffen Bedingungen unterworfen find.

3) Ausleger-Dächer oder überhängende Dächer. Die Dächer find nur an einer Seite unterftützt, müffen aber nicht nur wagrecht unterftützt, fondern auch verankert fein.

c) Nach dem verwendeten Bauftoff ergeben fich:

1) Holzdächer. Sowohl Binder, wie Pfetten und Sparren find aus Holz hergeftellt.

2) Holz-Eifen-Dächer. Die Binder beftehen zum Theil aus Holz, zum Theil aus Eifen.

3) Eiferne Dächer. Die Binder find aus Eifen hergeftellt. Dann find meiftens die Pfetten gleichfalls aus Eifen. Aber auch wenn die Pfetten bei Dächern mit Eifenbindern aus Holz hergeftellt find, rechnet man die Dächer zu den eifernen.

Die Verfchiedenheit des Bauftoffes hat auch Verfchiedenheiten in der Conftruction zur Folge. 61. Einflufs des Bauftoffes.

Das Schmiedeeifen und in gewiffer Hinficht auch das Flufseifen ift gewiffermafsen ein idealer Bauftoff; es erträgt bei richtiger Conftruction gleich gut Zug, wie Druck, ift fehr zuverläffig, geftattet, die Querfchnitte genau dem Bedürfnifs entfprechend zu bilden, ermöglicht einfache und klare Verbindung der Stäbe mit einander und dadurch einfache, klare Berechnung. Da die Gröfse der Querfchnitte für die einzelnen Stäbe praktifch nahezu unbegrenzt ift, fo kann man Eifendächer bis zu aufserordentlich grofsen Weiten (die Mafchinenhalle in Paris 1889 hatte $110{,}_{64}$ m, und die Induftriehalle in Chicago 1893 hatte $112{,}_{17}$ m Stützweite) herftellen; die erwähnte gute Verbindungsfähigkeit der Stäbe geftattet, im Verein mit der grofsen Tragfähigkeit der Pfetten, Anordnungen, bei welchen die Conftruction beliebige Räume frei läfft, fo dafs man die Räume ganz nach Bedarf ausbilden kann. Allerdings hat fich herausgeftellt, dafs die Feuerficherheit der eifernen Dächer nicht fo grofs ift, als man urfprünglich erwartet hatte; bei grofsen Bränden haben die eifernen Dächer nicht Stand gehalten. Gufseifen ift für die Herftellung von Bau-Conftructionen, alfo auch von Dachbindern, nicht geeignet: es ift zu fpröde und unzuverläffig. Für einzelne Theile (Lager u. dergl.) wird es aber mit Vortheil verwendet.

Das Holz ift als Bauftoff bei Weitem nicht fo günftig, wie das Schweifseifen. Es erträgt Druck ganz gut, Zug weniger; insbefondere ift die Uebertragung des Zuges an den Verbindungsftellen der Stäbe nicht leicht und ficher durchführbar. Die Abmeffungen der Querfchnitte erreichen bald die praktifche Grenze, fo dafs, wo es fich um gröfsere Dächer handelt, das Zerlegen in Einzel-Conftructionen wünfchenswerth wird. Da aber die Verbindungsfähigkeit der Stäbe gering ift, fo ift diefes Zerlegen fchwierig; in Folge deffen eignet fich Holz für grofse Dächer nicht. In Folge der eigenartigen Knotenpunktsbildung ift auch das Fachwerk hier nicht fo klar, wie es fein follte; die geometrifche Beftimmtheit des Fachwerkes verlangt Dreieck-Conftruction, d. h. für jedes Viereck eine Diagonale. Dies ift aus dem angegebenen Grunde und wegen der meift verlangten Ausnutzung der Dachräume fchwer erfüllbar und felten erfüllt. Man erfetzt diefen Mangel durch Eckdreiecke, Kopf- und Fufsbänder.

Auch die Auflagerung der Holzdachbinder iſt nicht ſo klar, wie diejenige der Eiſendächer. Bewegliche Auflagerung auf der einen Seite iſt ſchwer erreichbar; das berechtigte Beſtreben, die Mittelwände der Gebäude als Stützpunkte zu benutzen, führt zu eigenartigen Binderanordnungen.

Für groſse Weiten verwendet man deſshalb ſtatt der rein hölzernen Dächer vielfach gemiſcht hölzern-eiſerne Dächer, bei welchen die gedrückten Stäbe aus Holz, die Zugſtäbe aus Eiſen und die Knotenpunkte mit Zuhilfenahme des Eiſens hergeſtellt ſind.

Es muſs jedoch bemerkt werden, daſs ſich gut conſtruirte Holzdächer aus früheren Jahrhunderten gut bewährt haben, ſo daſs auch heute noch für die Holzdächer ein weites Verbrauchsgebiet offen iſt; ſelbſt die Feuerſicherheit derſelben iſt kaum geringer, als diejenige der Eiſendächer.

Wegen der geringen Tragfähigkeit der Holzpfetten kann man bei Holzdächern die Dachbinder nur in geringen Abſtänden anordnen.

### b) Anordnung der Hauptconſtructionstheile.

62. Sattel- und Pultdächer.

Die Binder tragen die Pfetten; letztere tragen die Sparren mit der Dachdeckung. Die Anordnung der Binder iſt beſtimmend für die ganze Conſtruction; ſie iſt verſchieden bei Satteldächern, Walm- und Zeltdächern und den Dächern über Gebäuden mit Seitenflügeln, Vor- und Rückſprüngen. Die Pfetten laufen faſt ausnahmslos, jedenfalls in der Regel, parallel zur Traufe, ſind demnach wagrecht.

1) Bei Sattel- und Pultdächern werden die Binder im Grundriſs möglichſt winkelrecht zur Längsaxe des Daches angeordnet, parallel der kleineren Abmeſſung der reckteckigen Grundfläche. Die Windverſtrebung wird in Ebenen verlegt, welche den Dachflächen parallel laufen. Für die in der Binderebene wirkenden Kräfte iſt jeder Binder ſtabil.

63. Walmdächer, Seitenflügel etc.

2) Bei Gebäuden mit Walmdächern, Seitenflügeln, Vor- und Rückſprüngen ergeben ſich, wie im vorhergehenden Kapitel gezeigt wurde, an den Stellen, wo ſich benachbarte Flächen ſchneiden, Grate und Kehlen (Fig. 216).

In die Grate ſowohl, als auch in die Kehlen müſſen ſog. Grat- bezw. Kehlſparren gelegt werden, gegen welche ſich die Sparren dieſes Theiles der Dachfläche ſetzen oder, wie der Kunſtausdruck heiſst, »ſchiften«. Die betreffenden Sparren heiſsen Schiftſparren.

Bei den Holzdächern werden die Grat- und Kehlſparren von den Pfetten getragen, ganz ähnlich, wie die anderen Sparren. Die Pfetten müſſen genügend unterſtützt ſein, ſei es durch Binder, ſei es an einzelnen Punkten durch beſondere Pfoſten. Der Punkt, in welchem zwei Gratſparren, zwei Kehlſparren oder ein Kehl- und ein Gratſparren einander treffen, muſs beſonders ſicher geſtützt ſein (Punkt *a* in Fig. 216); laut Art. 3 (S. 3) heiſsen dieſe Punkte Anfallspunkte.

Fig. 216.

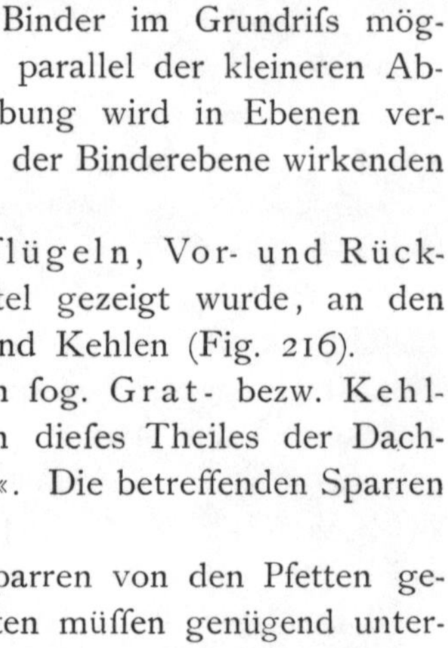


Der einfachſte Fall iſt der eines Walmdaches über rechteckiger Grundfläche; bei gleicher Dachneigung halbiren die Grate im Grundriſs die Eckwinkel; die Unterſtützung der Anfallspunkte *a* erfolgt zweckmäſsig durch beſondere Anfallsbinder $B_1$, $B_1$ (Fig. 217), welche die Laſt der Gratſparren aufnehmen. Zwiſchen dieſen Anfalls-

Fig. 217.

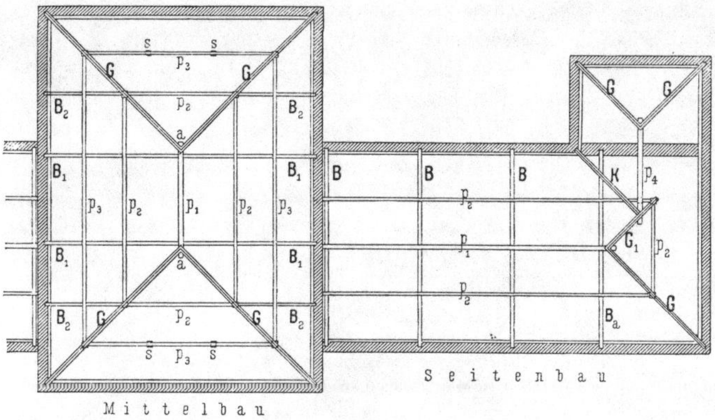


Vom Gymnasium zu Saarbrücken.

1/400 n. Gr.

bindern ist dann die Dach-Construction ein gewöhnliches Satteldach. Die Pfetten laufen parallel den vier Seitenmauern, treffen sich in den Graten und werden hier durch besondere Binder oder durch Stiele unterstützt.

Ein Beispiel für die Anordnung des Daches mit Kehlen und Graten zeigt Fig. 217.

Der Mittelbau ist durch ein besonderes Walmdach überdeckt, welches mit dem anderen Dache in keiner Verbindung steht. *G*, *G* sind die Grate; *a*, *a* sind die Anfallspunkte; $B_1$, $B_1$ sind die Binder für die Anfallspunkte; $p_1$ ist die Firstpfette; $p_2$, bezw. $p_3$ sind herumlaufende Pfetten. Die Eckpunkte, in denen sich die Pfetten $p_2$ treffen, sind durch die Binder $B_2$, die Eckpunkte, in denen sich die Pfetten $p_3$

Fig. 218.

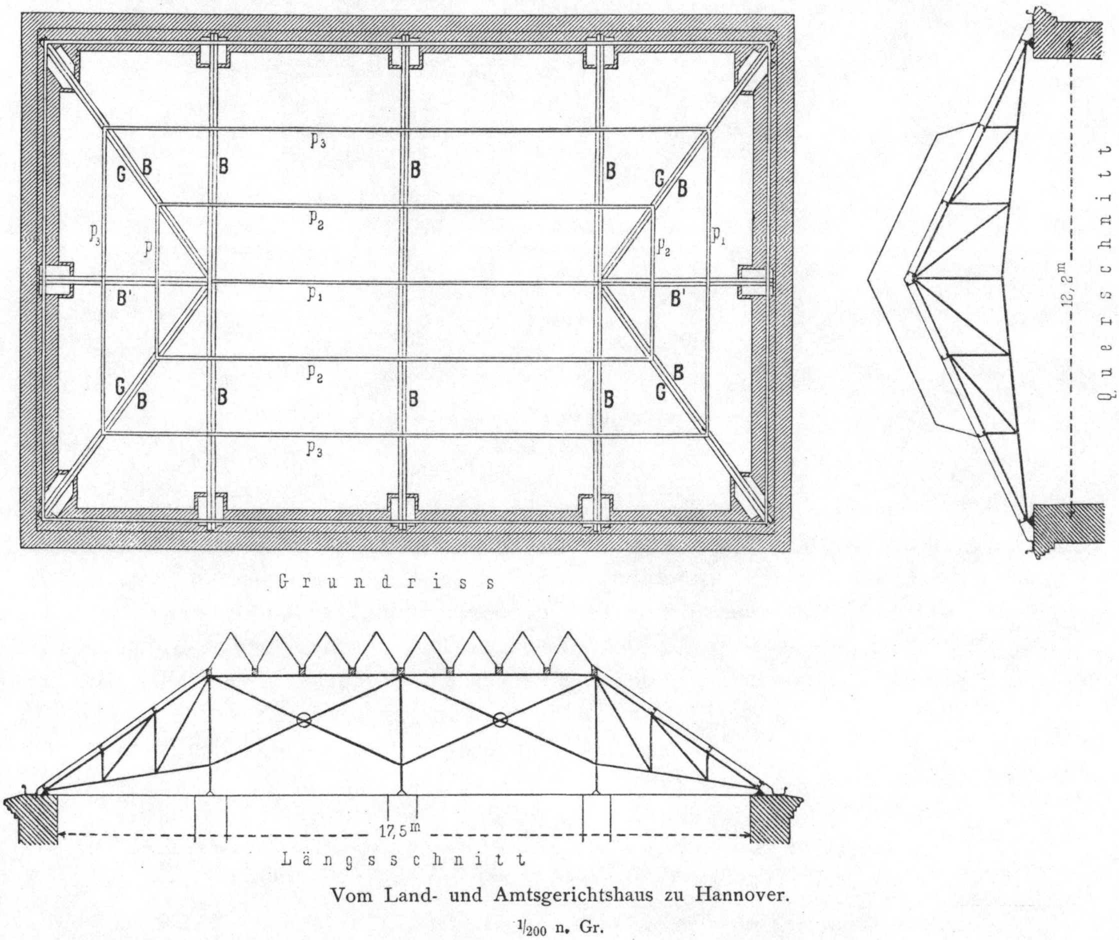


Vom Land- und Amtsgerichtshaus zu Hannover.

1/200 n. Gr.

treffen, ſind durch beſondere Stiele unterſtützt; da die Pfette $p_3$ im Seitenwalm ſehr lang iſt, ſo ſind noch weitere Stiele (*s* in Fig. 217) zur Stützung dieſer Pfetten verwendet.

Der Seitenbau zeigt einen anſchlieſsenden, abgewalmten Flügel von geringerer Breite, als der Hauptbau aufweist; *G*, *G* ſind wiederum die Grate; *K* iſt die Kehle; $p_1$, $p_2$ und $p_4$ ſind die Pfetten. Da der Flügel ſchmaler iſt, als der Seitenbau, ſo liegen die Firſte verſchieden hoch, und es läuft ein Grat, alſo auch ein Gratſparren $G_1$ von der Höhe des einen Firſtes zu derjenigen des anderen. Die Pfetten des Seitenbaues werden durch drei Binder getragen, deren einer unter den Anfallspunkt gelegt iſt; die Ecken der herumlaufenden Pfette $p_2$ werden durch Stiele unterſtützt; die Gratſparren und der Kehlſparren ruhen auf den Pfetten und dem Anfallsbinder $B_a$; die Gratſparren des Seitenflügels endlich finden ihr oberes Auflager auf der etwas über die tragende Mauer verlängerten Firſtpfette $p_4$.

Fig. 219.

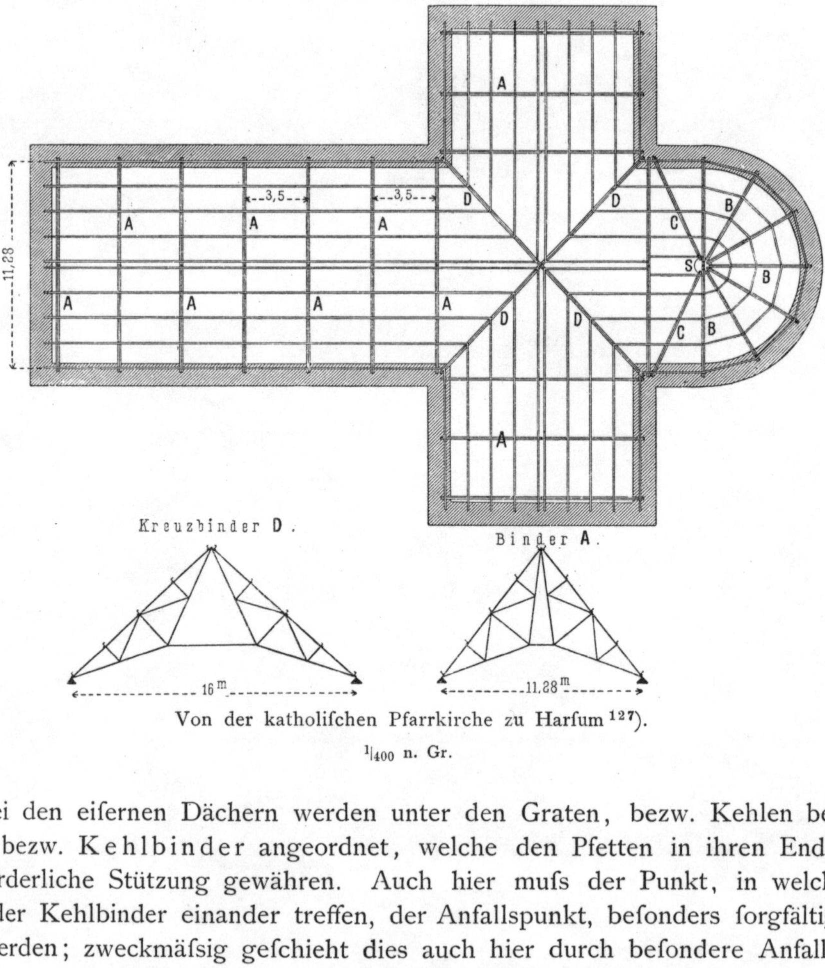


Von der katholiſchen Pfarrkirche zu Harſum [127]).

$^1/_{400}$ n. Gr.

Bei den eiſernen Dächern werden unter den Graten, bezw. Kehlen beſondere Grat-, bezw. Kehlbinder angeordnet, welche den Pfetten in ihren Endpunkten die erforderliche Stützung gewähren. Auch hier muſs der Punkt, in welchem die Grat- oder Kehlbinder einander treffen, der Anfallspunkt, beſonders ſorgfältig unterſtützt werden; zweckmäſsig geſchieht dies auch hier durch beſondere Anfallsbinder.

Wenn die ſchmale Seite des Rechteckes im Grundriſs ſo lang iſt, daſs ſich die Pfetten nicht von dem einen Gratbinder zum anderen frei tragen können, ſo bringt man noch halbe Binder *B'*, *B'* (Fig. 218) an; unter Umſtänden noch weitere Binder zwiſchen *B'* und der Ecke.

Beiſpiele ſolcher Anordnungen zeigen Fig. 218 u. 219 [127]).

In Fig. 218 iſt das Dach zwiſchen den Anfallsbindern ein gewöhnliches Satteldach; unter den Graten ſind die Gratbinder (*GB*); zwiſchen dieſen iſt jederſeits ein halber Binder *B'*.

127) Nach: Zeitſchr. d. Arch.- u. Ing.-Ver. zu Hannover 1888, Taf. 14.

Beſonders lehrreich iſt die Dach-Conſtruction in Fig. 219[127]). Lang- und Querſchiff ſind durch Satteldächer überdeckt; unter die Kehlen, in denen die Dachflächen einander ſchneiden, ſind Kehlbinder (Kreuzbinder) *D* geſetzt, welche die Ecken der herumlaufenden Pfetten (und auſserdem den Dachreiter) aufnehmen. *A*, *A* ſind die normalen Binder; *D* ſind die Kehlbinder (Kreuzbinder); *B*, *B* ſind Halbbinder über der Apſis; *C*, *C* ſind beſondere Binder, welche nach dem Anfallspunkte über der Apſis laufen. Auſser den Bindern ſind im Grundriſs noch die Pfetten gezeichnet.

Fig. 220.

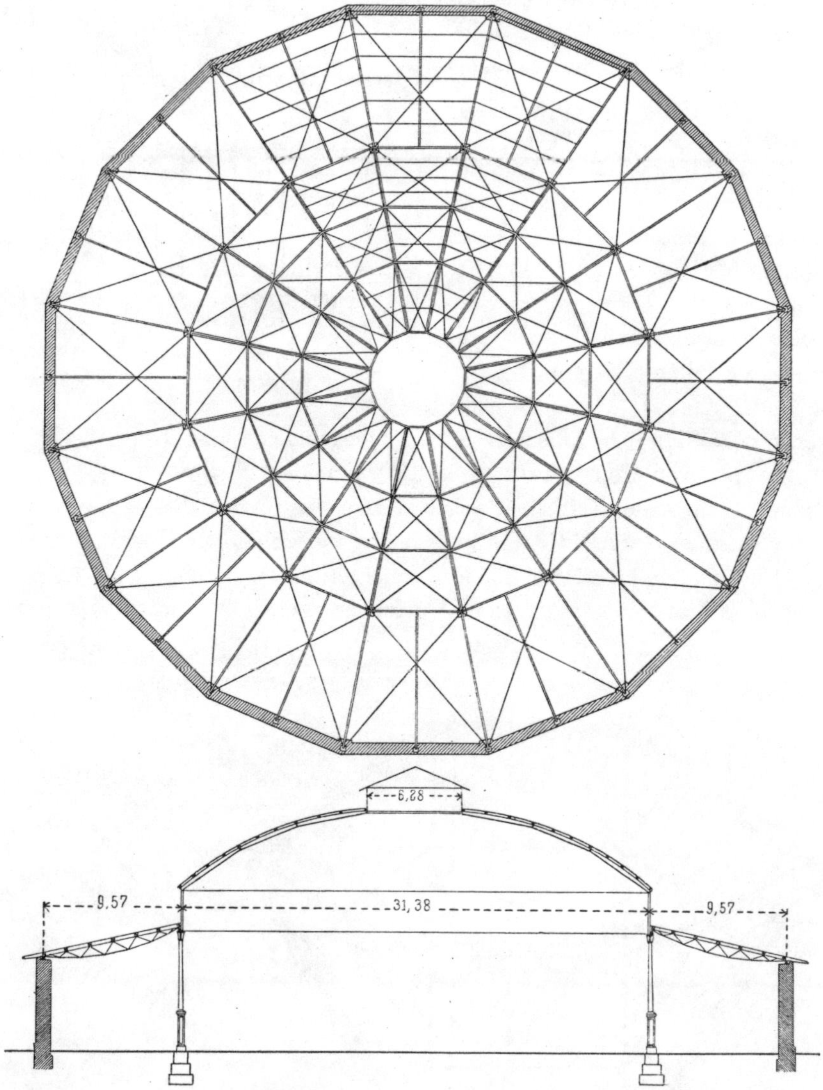


Von einem Locomotivſchuppen.

1/500 n. Gr.

64.
Zelt- und Kuppeldächer.

3) Bei Zelt- und Kuppeldächern werden unter die Grate die Gratbinder geſetzt, welche die Pfetten tragen; letztere laufen wieder den Seiten der Grundfigur parallel und haben ihre Ecken über den Gratbindern. Wenn die zu überdachende Grundfläche ein regelmäſsiges Vieleck iſt, ſo liegt bei gleicher Neigung aller Dachflächen der Schnittpunkt aller Gratbinder lothrecht über dem Mittelpunkt des dem Vieleck umſchriebenen Kreiſes. Aus praktiſchen Rückſichten führt man die Binder

nicht bis zu ihrem mathematiſchen Schnittpunkte fort, ſondern läſſt ſie ſich gegen einen Ring ſetzen, der die Drücke der einzelnen Binder aufnimmt und ausgleicht (Fig. 220). Wenn die Grundfläche eine unregelmäſsige Figur iſt, ſo kann man ebenfalls ein Zeltdach anordnen und den Schnittpunkt aller Gratbinder lothrecht über den Schwerpunkt der Fläche legen (Fig. 221 [128]). Man hat aber auch das Dach aus einem Satteldach mit abgewalmten Seitenflächen hergeſtellt, wenn zwei Seiten der Grundfläche einander gleich und parallel ſind. In Fig. 222 [129]) iſt der mittlere Theil *abcd* als Satteldach conſtruirt; die Seitendreiecke ſind mit Walmdächern verſehen. Gegen die beiden Anfallsbinder *A*, *A* lehnen ſich die Gratbinder *B*, *B*. Die Dachflächen haben hier verſchiedene Neigungen.

Fig. 221.

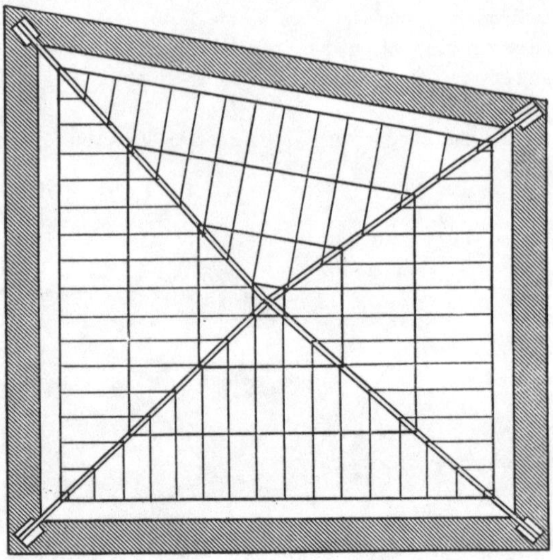

Dach über dem Hofe des Reichsbankgebäudes zu Berlin [128]). — 1/200 n. Gr.

Bei den neueren Zelt- und Kuppeldächern liegen alle Theile der Binder in der Dachfläche; die Standfeſtigkeit wird durch wagrechte Ringe, welche, wie die Pfetten, den Umfangslinien der Grundfigur in verſchiedenen Höhen parallel laufen, und durch Diagonalen erreicht. Dieſe Conſtruction zeigt auch Fig. 220.

Neuerdings hat *Foeppl* [130]) den Vorſchlag gemacht, auch bei den anderen

Fig. 222.

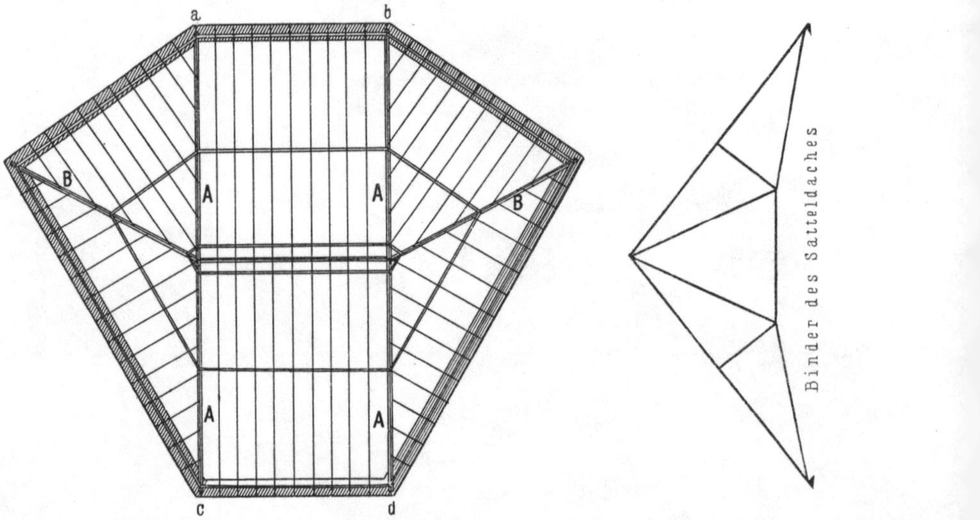


Vom Poſtgebäude zu Stettin [129]).

1/200 n. Gr.

128) Nach: Zeitſchr. f. Bauw. 1880, Bl. 11 a.

129) Nach ebendaſ. 1880, Bl. 51.

130) In: Civiling. 1894, S. 465 u. a. a. O.

Dächern — Tonnen-, Walm- etc. Dächern — alle Conftructionstheile in die Dachflächen zu legen und die Möglichkeit diefer Conftruction nachgewiefen. Auf diefen Vorfchlag wird unten näher eingegangen werden.

Die Abftände der Pfetten dürfen höchftens fo grofs fein, als es die Tragfähigkeit der Sparren geftattet, welche in den Pfetten ihre Auflager finden. Je nach der fchwereren oder leichteren Dachdeckungsart, dem gröfseren oder kleineren Querfchnitt der Sparren und der verfchiedenen Dachneigung wird fich das Gröfstmafs des Pfettenabftandes verfchieden ergeben. Eine allgemeine Unterfuchung würde fehr umftändlich fein, erfcheint auch, befonders bei den Holzfparren, nicht als nöthig; denn die vielhundertjährige Uebung hat für diefe genügende Erfahrung gezeitigt. Als Handwerksregel wird angegeben, dafs die Pfetten einen Abftand gleich dem 24-fachen der Höhe des Sparrenquerfchnittes haben dürfen. Hierzu kommt, dafs man zweckmäfsig die Pfettenlage nach den vorhandenen Stützpunkten für die Binder, alfo nach den Mittelmauern anordnet und fo doch meiftens vom zuläffigen Gröfstmafs abweichen mufs. 65. Abftände der Pfetten.

Die Abftände der Binder find in erfter Linie von der Belaftung und der Tragfähigkeit der Pfetten abhängig und demnach ebenfalls nach Dachdeckung, Neigung u. f. w. fehr verfchieden. Bei den Holzdächern wird der Binderabftand 4 bis höchftens 6 m gewählt. Bei den Eifendächern aber ift eine gründliche Unterfuchung, bei welchem Binderabftand der Eifenverbrauch zu Bindern und Pfetten möglichft gering ift, unter Umftänden, insbefondere bei weit gefpannten Dächern, nicht unwichtig. Nach vom Verfaffer angeftellten Unterfuchungen [131]) ift das theoretifche Bindergewicht für das Quadr.-Meter überdeckter Fläche vom Binderabftande unabhängig. Für die wirklichen Gewichte der Binder gilt dies aber nicht. Zu den theoretifchen Gewichten kommen in der Ausführung wefentliche Zufchläge, welche die verfchiedenften Urfachen haben: man kann die theoretifchen Querfchnittsgröfsen nie genau einhalten, mufs wegen der Nietlöcher, wegen der Zerknickungsgefahr und aus anderen praktifchen Gründen Zugaben machen; die Befeftigung der Gitterftäbe erfordert Knotenbleche u. f. w., welche Gewichte fämmtlich im theoretifchen Ausdruck nicht berückfichtigt find. Man kann fich mit dem praktifchen Gewichte dem theoretifchen defto weniger gut nähern, je leichter und fchwächer die ganze Conftruction ift; die Zufchläge, nach Procenten gerechnet, find bei *n* kleinen Bindern wefentlich gröfser, als bei einem grofsen. Daraus folgt, dafs ein kleiner Binderabftand, welcher viele fchwache Binder bedingt, nicht günftig ift. Die Pfetten find auf den Bindern gelagerte Träger, und zu diefen wird defto mehr Bauftoff gebraucht, je länger fie find, d. h. je weiter die Binder von einander abftehen; für diefe wäre daher ein geringer Binderabftand zweckmäfsig. Aber auch hier ift in Wirklichkeit der kleine Binderabftand nicht empfehlenswerth; denn die Verwendung der vorhandenen Profil-Eifen (**I**-, **Ꮯ**- und **Z**-Eifen) fetzt gewiffe Mindeftabftände der Binder voraus, wenn die Pfettenprofile voll ausgenutzt werden follen. 66. Abftände der Binder.

Man fieht leicht, dafs eine allgemeine Unterfuchung auch hier kaum zum Ziele führt, vielmehr beftimmte Binder- und Pfettenformen den Berechnungen zu Grunde zu legen wären. Immerhin ergiebt fich aus Vorftehendem, dafs kleine Binderabftände unvortheilhaft, fehr grofse Abftände nur unter befonderen Verhältniffen zweckmäfsig find. Wenn es möglich wäre, die Binder ohne wefentliche Erhöhung

---

131) Siehe: Zeitfchr. f. Bauw. 1885, S. 105, 245.

des Pfettengewichtes (für 1 qm Grundfläche) weit von einander anzuordnen, so könnte damit eine Gewichtsersparniss erreicht werden. Diese Möglichkeit ist durch Anordnung der Pfetten als Auslegerträger gegeben, worauf weiter unten näher eingegangen werden wird.

Bei weit von einander entfernten Bindern ordnet man dieselben neuerdings vielfach als Doppelbinder an, wodurch auch ein günstiges Aussehen erreicht wird; die Construction wird dadurch massiger und verliert den spinnwebenartigen Charakter, welcher die Eisen-Construction vielfach unbefriedigend erscheinen lässt.

Noch möge betont werden, dass die Kosten nicht immer dem Gewichte proportional sind; wenige schwerere Binder bedingen einen geringeren Einheitspreis, als viele leichtere Binder, und können so im Ganzen billiger zu stehen kommen, als die letzteren.

In den meisten Fällen sind bei einem und demselben Bauwerke, wenn nicht besondere Gründe dagegen sprechen, alle Binder gleich weit von einander entfernt; doch kommen wegen der Grundrissgestaltung vielfach ganz verschiedene Binderentfernungen vor.

Bei den üblichen Holzdächern betragen die Binderabstände 3,50 bis 6,00 m, bei den Eisendächern etwa 3,50 bis 15,00 m und mehr. Bei den neueren grossen Hallen für Bahnhöfe, bei Ausstellungsgebäuden u. dergl. kommen sehr grosse Binderweiten vor.

So z. B. betragen die Binderabstände

bei der Halle des Hauptbahnhofes zu Frankfurt a. M. . . . 9,30 m,
bei der Maschinenhalle der Weltausstellung zu Paris 1889 . . 21,50 bis 26,40 m,
beim *Manufacture-building* der Weltausstellung zu Chicago 1893 15,24 m.

## c) Anordnung der Binder über sehr breiten Räumen.

67. Dächer ohne mittlere Stützpunkte.

Wenn die Anordnung von mittleren Stützpunkten nicht zulässig ist, so ruhen die Dachbinder nur auf den beiden Seitenlangwänden. Mit der Stützweite wächst das auf das Quadr.-Meter überdachter Fläche entfallende Bindergewicht wesentlich, nahezu in geradem Verhältniss, so dass also ein Dach von doppelter Stützweite nahezu das doppelte Bindergewicht für 1 qm erfordert, als dasjenige von einfacher Stützweite. Demnach ist bei einem Dache mit zwei Stützweiten von je $\frac{L}{2}$ das Gewicht etwa halb so gross (auf das Quadr.-Meter gerechnet, also auch im Ganzen), als bei einem Dache mit der Stützweite $L$. Man wird desshalb, wenn irgend möglich, die grossen Stützweiten durch Anordnung von Zwischenstützen, bezw. durch Benutzung der Zwischenmauern in mehrere kleine Weiten zerlegen.

Fig. 223.

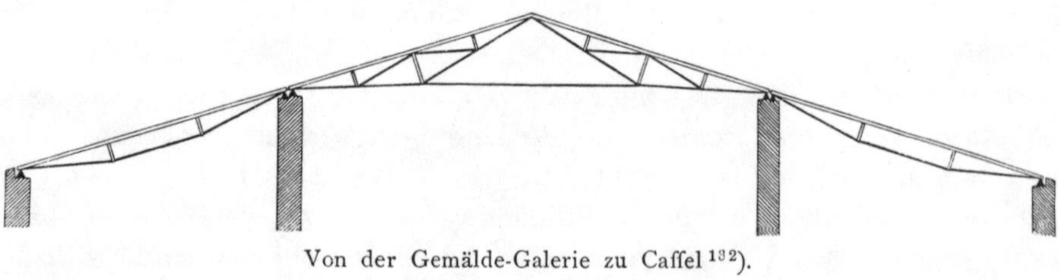

Von der Gemälde-Galerie zu Cassel[132]).

1/200 n. Gr.

132) Nach: Zeitschr. f. Bauw. 1879, Bl. 2.

Wenn Mittelmauern vorhanden find, fo empfiehlt es fich ftets, diefe für die Zwifchen-Stützpunkte zu benutzen. Dabei vermeide man jedoch, die Binder als durchgehende (continuirliche) Träger zu conftruiren; man überdecke vielmehr jede Oeffnung 68. Dächer mit mittleren Stützpunkten.

Fig. 224.

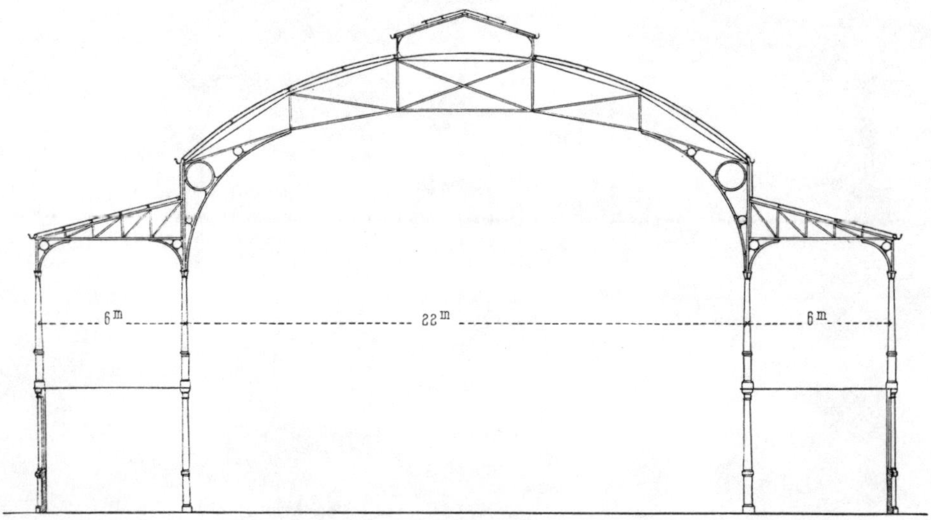


Von der Markthalle zu Frankfurt a. M.[133]).

1/200 n. Gr.

Fig. 225.

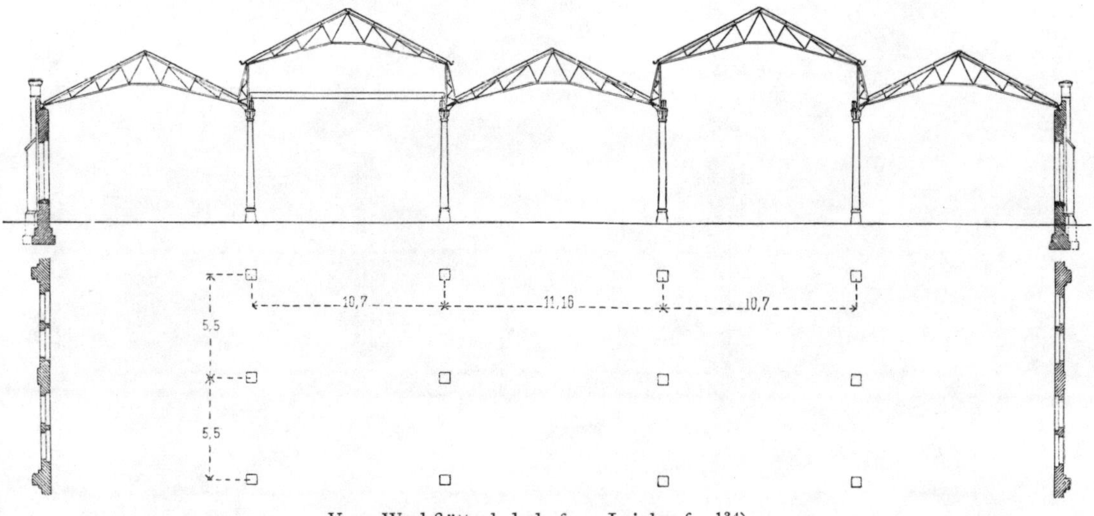


Vom Werkftättenbahnhof zu Leinhaufen[134]).

1/400 n. Gr.

durch einen felbftändigen Träger. Eine folche gute Anordnung zeigt Fig. 223[132]). Der mittlere Dachbinder ift ein Satteldach; die Binder für die beiden Seitendächer find armirte Träger mit ungleich hohen Stützpunkten.

133) Nach ebendaf. 1880, Bl. 17—20.

134) Nach: Zeitfchr. d. Arch.- u. Ing.-Ver. zu Hannover 1879, Bl. 770.

Fig. 226.

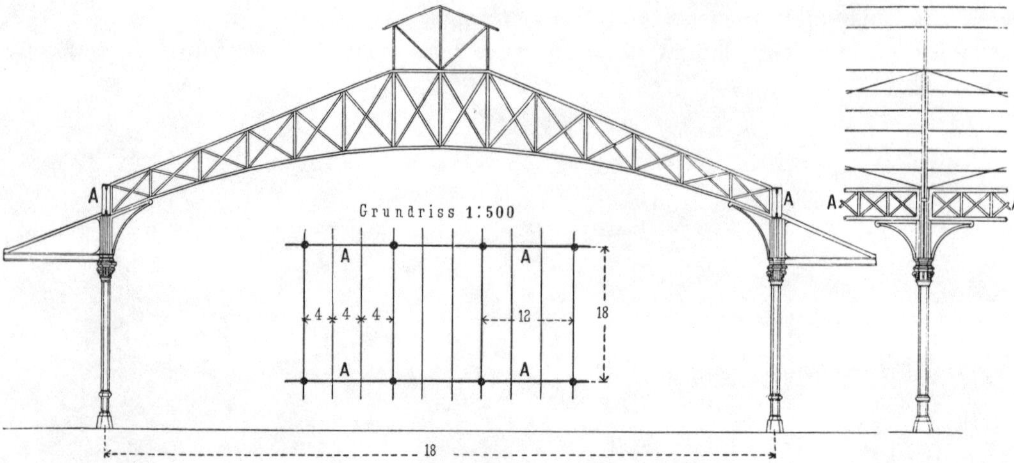


Von der Bahnhofshalle zu Châlons-ſur-Marne [135]).

1/200 n. Gr.

Fig. 227.

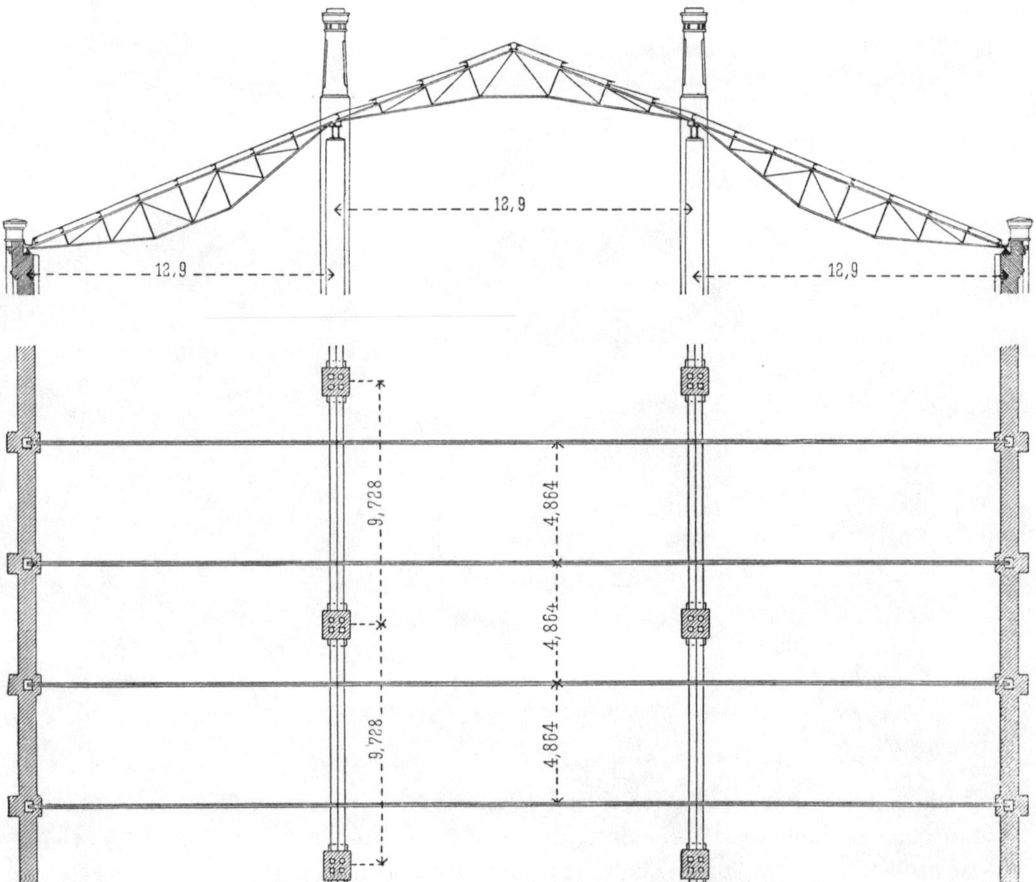


Von der Keſſelſchmiede auf dem Bahnhof Leinhauſen [136]).

1/300 n. Gr.

Sind Mittelmauern nicht vorhanden, andererfeits aber einzelne Zwifchenftützen (Säulen, Pfeiler etc.) nicht ftörend, fo verwende man eine oder mehrere Reihen folcher Freiftützen und lagere die Binder auf diefelben. In diefem Falle find alfo die Mittelmauern in einzelne Stützen aufgelöst.

Fig. 224 [133]) zeigt eine folche Dach-Conftruction mit zwei Reihen Zwifchenfäulen. Man ordnet dann zweckmäfsig in den lothrechten Ebenen der Zwifchenftützen hohes Seitenlicht an und erhält fo eine bafilika-artige Anlage. Ein Nachtheil diefer Conftruction ift, dafs es fchwer hält, die wagrechten Seitenkräfte der Winddrücke unfchädlich in die Auflager hinabzuführen.

Fig. 228.

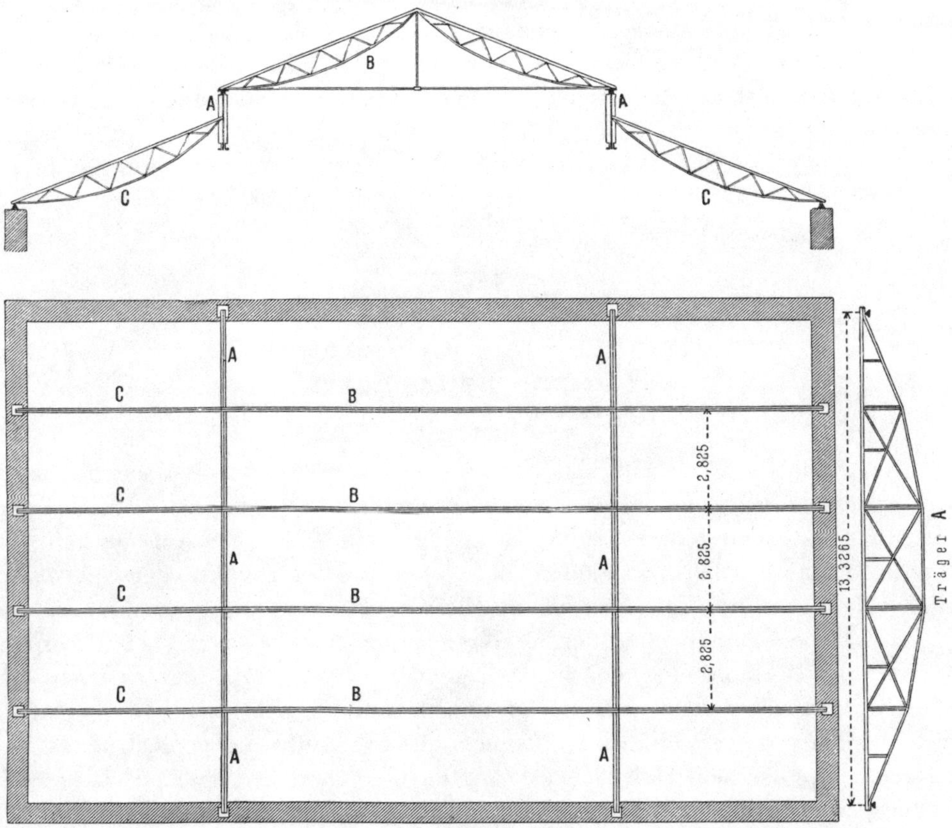


Vom Retortenhaus der *Imperial-Gas-Affociation* zu Berlin [137]).

1/200 n. Gr.

Auch bei den grofsen Werkftattanlagen der Neuzeit ift die Anlage ähnlich. Hier ftören zahlreiche Säulen die Benutzung des Raumes nicht. Der ganze grofse Raum wird defshalb durch eine Anzahl von Säulenftellungen in eine Reihe kleinerer Räume zerlegt, welche dann mit Sattel-, Pult- oder *Shed*-Dächern überdeckt werden (Fig. 225 [134]).

Wenn die Dach-Conftruction durch Reihen von Säulen getragen wird, fo kann man die Abftände der Säulen in den Reihen entweder gleich dem Binder- 69. Binder- und Säulenabftände.

135) Nach: *Collection de deffins diftribués aux élèves. École des ponts et chauffées.*

136) Nach: Zeitfchr. d. Arch.- u. Ing.-Ver. zu Hannover 1879, Bl. 772.

137) Nach: Zeitfchr. f. Bauw. 1869, Bl. 25.

abſtand oder gleich einem Vielfachen des Binderabſtandes machen. Iſt letzterer klein, ſo würden die Säulen ſehr nahe an einander zu ſtehen kommen, wenn man unter jedes Binderauflager eine Säule ſetzte; dadurch wird unter Umſtänden der Verkehr bedeutend erſchwert. Man ſetzt dann zweckmäſsig die Säulen weiter aus einander, lagert auf denſelben Träger, welche nun ihrerſeits die Dachbinder aufnehmen. Ein Beiſpiel zeigt Fig. 226 [135]).

Der Binderabſtand beträgt hier 4,00 m und der Säulenabſtand in der Reihe 12,00 m, ſo daſs jeder Träger *A A* zwiſchen ſeinen Auflagern auf den Säulen noch zwei Dachbinder aufnimmt. Zu beachten iſt, daſs die Träger *A A* durch wagrechte Kräfte ſtark beanſprucht werden können, worauf bei der Conſtruction und Berechnung Rückſicht zu nehmen iſt.

Eine verwandte Anordnung zeigt Fig. 227 [136]).

Das Gebäude iſt eine Keſſelſchmiede mit gemauerten Pfeilern, in welche die Schornſteine gelegt ſind. Man hat auf die Pfeiler beſondere Träger gelegt, auf welchen die Binder gelagert ſind.

In Fig. 228 [137]) iſt endlich eine ganz eigenartige Conſtruction vorgeführt, bei welcher die Firſtlinie aus beſonderen Gründen parallel zur Schmalſeite des Gebäudes geführt werden muſste.

Man hat in dieſem Falle die groſse Stützweite in drei Theile zerlegt, den mittleren Theil durch ein Satteldach, die beiden Seitentheile durch paraboliſche Träger überdacht und für die mittleren Auflager der Binder zwei kräftige Träger *A A* angeordnet.

## Hölzerne Satteldächer.

### a) Allgemeines.

70. Einleitung. Das einfachſte Dach entſteht, wenn zwei Sparren derart zu einem Sparrenpaare verbunden werden, daſs ſie einander im Firſt ſtützen. Soll der Firſtpunkt unter den belaſtenden Kräften nicht hinabgehen und ſollen die Auflagerſtellen der Sparren nicht ausweichen, ſo müſſen die wagrechten Seitenkräfte der Sparrenſpannungen aufgehoben werden. Man könnte dieſe nach auſsen ſchiebenden Kräfte durch genügend ſtarke Seitenmauern der Gebäude unſchädlich machen; indeſs empfiehlt ſich eine ſolche Anordnung bei hoch liegenden Stützpunkten der Sparren nicht, weil die Seitenmauern dann ſehr ſtark gemacht werden müſsten. Für die unſchädliche Beſeitigung der erwähnten Kräfte und die Erhaltung der geometriſchen Form des Daches ſind bei den Holzdächern hauptſächlich zwei Conſtructionsarten üblich: die ältere, welche man als das Kehlbalkendach, und die jüngere, welche man als das Pfettendach [138]) bezeichnet.

Beim Kehlbalkendach wird jedes Sparrenpaar zu einem geſchloſſenen Dreieck durch einen Balken, auch Tram geheiſsen, vervollſtändigt, welcher die Sparrenfüſse mit einander verbindet; nach Bedarf ordnet man bei jedem Sparrenpaare in verſchiedenen Höhen noch weitere wagrechte Balken an. Die Sparrenpaare ſtützen ſich alſo bei dem Kehlbalkendach auf Balken (Träme), welche in den Ebenen der Sparrenpaare liegen.

Bei dem in der Gegenwart meiſtens ausgeführten Pfettendache ruhen die Sparrenpaare auf Balken, welche der Längenrichtung des Daches parallel laufen und in gewiſſen Abſtänden durch Binder getragen werden. Die tragenden Balken, deren Ebenen diejenigen der Sparrenpaare meiſtens unter einem rechten Winkel ſchneiden,

[138]) In Oeſterreich nennt man den Pfettendachſtuhl auch »italieniſchen Dachſtuhl«.

heiſsen Pfetten oder Fetten; ſie überführen die von den Sparren aufgenommenen lothrechten und wagrechten Kräfte auf die Binder, in denen dieſelben ſich mit den Auflagerdrücken ausgleichen.

Für die Conſtruction der Holzdächer ſind nachſtehende Grundſätze maſsgebend: 71. Grundſätze für die Conſtruction.

1) Man leite die Kräfte (Eigengewicht, Schnee- und Winddruck) auf möglichſt einfachem, kurzem und klarem Wege in die Stützpunkte.

2) Man benutze die durch die Plananordnung verfügbaren Stützpunkte. So ſoll man, wenn Mittelmauern vorhanden ſind, dieſe auſser den Seitenmauern als Stützpunkte verwenden; dabei vermeide man aber ſog. continuirliche Träger als Dachbinder, weil bei denſelben das Setzen der Gebäudemauern ſchädlich wirken kann.

3) Man ordne möglichſt wenig auf Zug, ſondern hauptſächlich auf Druck beanſpruchte Conſtructionstheile an; denn die Holzverbindungen geſtatten wohl eine gute Uebertragung von Druck, aber nur eine wenig befriedigende Uebertragung von Zug. Da auch die Uebertragung von Schub annehmbar iſt, ſo wird es oft möglich ſein, die Zugkraft an einem Knotenpunkte mit Zuhilfenahme der Schubſpannung zu übertragen, alſo gewiſſermaſsen den Zug in einen Schub zu verwandeln. Bei den aus Eiſen und Holz gemiſcht hergeſtellten Dächern kommen vielfach eiſerne Zugſtäbe vor.

4) Lange, durchgehende Hölzer ſind mehr zu empfehlen, als kurze Stücke; denn an den Verbindungsſtellen ſetzen ſich die einzelnen Verbandſtücke allmählich ſtets mehr und mehr in einander, und daraus folgen Formänderungen, welche mit der Zahl der Einzeltheile wachſen.

5) Viereckige Felder ohne Diagonalen ſind verſchiebliche Figuren und gefährden die Conſtruction; wenn irgend möglich, ſoll man ſolche Felder mit Diagonalen verſehen. Wenn Diagonalen nicht angeordnet werden können, ſo ſichere man die Erhaltung der Winkel durch Kopf- und Fuſsbänder.

6) Wenn das Dach nicht ganz klein iſt, ſo faſſt man die Kräfte ſowohl beim Kehlbalken-, wie beim Pfettendach an einzelnen Stellen zuſammen und führt ſie daſelbſt in die Stützpunkte über. Dieſes Sammeln der Kräfte geſchieht in den Dachbindern. Wenn in den Bindern die Laſten durch lothrechte oder nahezu lothrechte Pfoſten auf die Stützpunkte geführt werden, ſo hat man den ſog. ſtehenden Dachſtuhl; werden aber zu gleichem Zwecke ſchräge Pfoſten verwendet, ſo hat man den liegenden Dachſtuhl. Der liegende Dachſtuhl ermöglicht einen freieren Bodenraum, als der ſtehende.

Bei geringen Abmeſſungen lehnen ſich die Sparren im Firſt an einander und übertragen ihren Schub auf einen Balken, in welchen ſie ſich mit Verſatzung ſetzen (Fig. 229). Die Sparrenlänge λ, bis zu welcher dieſe Anordnung ausreicht, iſt abhängig von der Art der Dachdeckung, dem Neigungswinkel des Daches, dem Abſtande *e* der Sparrenpaare, der Sparrenſtärke und anderen Umſtänden. Um eine ausreichende Unterlage für die Beurtheilung zu erhalten, ſoll eine kleine Berechnung vorgenommen werden. 72. Einfaches Dreieckdach.

Fig. 229.

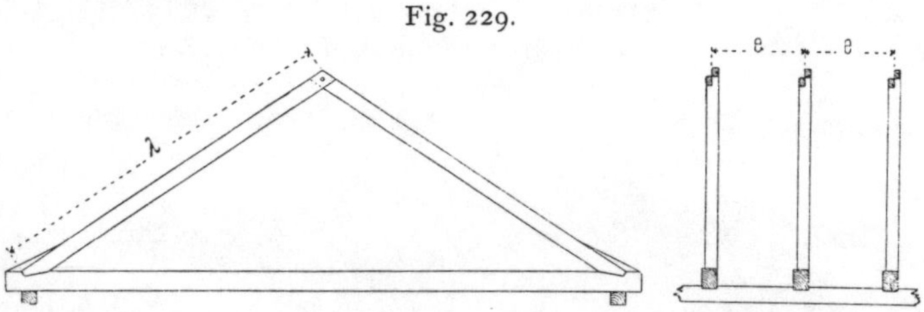

Fig. 230.

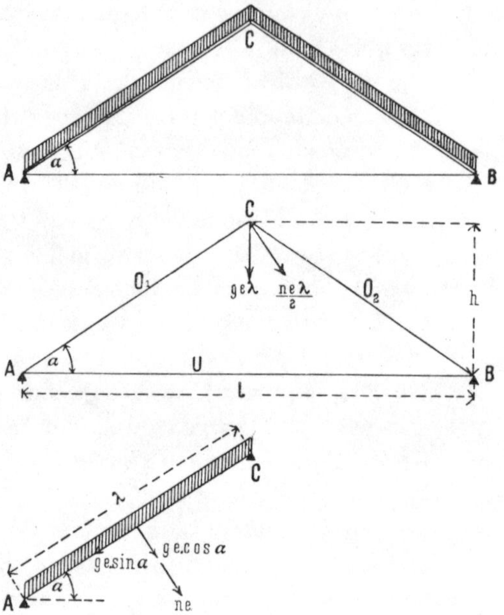


Der Abſtand der Sparrenpaare (oder Sparrengebinde) ſei $e$, die Länge jedes Sparrens $\lambda$, die lothrechte Belaſtung der Sparren auf das Quadr.-Meter ſchräger Dachfläche $g$, die normale Windbelaſtung (wie zuvor) $n$ und der Neigungswinkel des Daches $\alpha$. Alsdann kann man die Kräftewirkung ſo auffaſſen, als ob die beiden Sparren durch ein beſonderes Dreieck $ABC$ (Fig. 230) unterſtützt und in den Punkten $A$, $C$ und $B$ aufgelagert ſeien. Der in $A$ und $C$ unterſtützte Sparren $AC$ wird auf Biegung beanſprucht; die lothrechte Belaſtung deſſelben für das lauf., in der Schräge gemeſſene Meter iſt $ge$ und zerlegt ſich in $ge \cdot \cos\alpha$ normal zur Längsaxe des Sparrens und $ge \cdot \sin\alpha$ in der Axenrichtung des Sparrens. Auſserdem wirkt noch normal zur Längsaxe der Winddruck, welcher für das lauf. Meter des Sparrens $ne$ beträgt. Durch dieſe Normalkräfte wird ein gröſstes Biegungsmoment hervorgerufen:

$$M_{max} = \frac{(ge\cos\alpha + ne)}{100}\,\frac{\lambda^2}{8} = \frac{(g\cos\alpha + n)}{8}\,\frac{e\lambda^2}{100}.$$

In dieſe Gleichung iſt $e$ in Met. und $\lambda$ in Centim. einzuführen, ſo daſs man $M_{max}$ in Kilogr.-Centim. erhält.

Der Einfluſs der Axialkraft iſt nicht bedeutend und kann für den vorliegenden Zweck vernachläſſigt werden.

Auf das ſtützende Dreieck $ACB$ wirkt in $C$ lothrecht nach unten die Kraft $ge\lambda$, ferner normal zu einer der Dachflächen, etwa zu $AC$, die Kraft $\frac{\lambda e n}{2}$. Man erhält

$$\left.\begin{aligned} O_1 &= -\frac{\lambda e}{2}\left[\frac{g}{\sin\alpha} + \frac{n}{\operatorname{tg} 2\alpha}\right] \\ U &= \frac{\lambda e}{2}\left[\frac{g}{\operatorname{tg}\alpha} + \frac{n\cos\alpha}{\operatorname{tg} 2\alpha}\right] \\ O_2 &= -\frac{\lambda e}{2}\left[\frac{g}{\sin\alpha} + \frac{n}{\sin 2\alpha}\right] \end{aligned}\right\} \quad \ldots\ldots\ldots \quad 1.$$

In Wirklichkeit fallen die Sparren $AC$, bezw. $BC$ mit den Stäben $AC$, bezw. $BC$ des dreieckförmigen Fachwerkes $ACB$ zuſammen; dieſelben erleiden alſo eine zuſammengeſetzte Beanſpruchung. An der ungünſtigſten Stelle im Sparren $AC$ iſt die Beanſpruchung $N_{max} = \frac{M_{max}}{\frac{\mathcal{J}}{a}} + \frac{O_1}{F}$. $F = bh$ iſt die Querſchnittsfläche des Sparrens; $N_{max}$ darf höchſtens die zuläſſige Grenze $K$ erreichen, welche zu

$$K = 80^{\text{kg}} \text{ für } 1^{\text{qcm}}$$

gefetzt werden foll. Dann ift, da $\frac{\mathcal{J}}{a} = \frac{b h^2}{6}$, die Bedingungsgleichung

$$K = \frac{6 M_{max}}{b h^2} + \frac{O_1}{b h}.$$

Hier foll unterfucht werden, wie grofs in beftimmten vorliegenden Fällen $\lambda$ angenommen werden darf. Der einfachen Rechnung halber vernachläffigen wir zunächft den Einflufs von $O_1$ und nehmen nur auf $M$ Rückficht. Dann lautet die Gleichung:

$$\frac{K b h^2}{6} = (g \cos\alpha + n) \frac{e \lambda^2}{800},$$

d. h.

$$\lambda^2 = \frac{400 K}{3 e} \frac{b h^2}{(g \cos\alpha + n)} \quad \ldots \ldots \ldots \quad 2.$$

Für $K = 80$ ift

$$\lambda^2 = \frac{10\,667\, b h^2}{e (g \cos\alpha + n)}, \text{ fonach } \lambda = 103\, h \sqrt{\frac{b}{e (g \cos\alpha + n)}}.$$

In diefe Gleichung find $e$ in Met., $g$ und $n$ in Kilogr. für 1 qm fchräger Dachfläche, $b$ und $h$ in Centim. einzufetzen, und man erhält $\lambda$ in Centim. Schreibt man

$$\lambda = 1030\, h \sqrt{\frac{b}{e (g \cos\alpha + n)}},$$

fo ift Alles in Met., bezw. bezogen auf Met. einzuführen, und man erhält dann auch $\lambda$ in Met.

Ift das Dach mit $\frac{h}{L} = \frac{1}{3}$ geneigt, alfo $\alpha = 33^0\, 41'$ und $\cos \alpha = 0{,}832$, und ift daffelbe mit Schiefer gedeckt, fo ift $g = 75$ kg und $n = 83$ kg, wofür $n = 85$ kg gefetzt werden foll. Gleichzeitige gröfste Schnee- und Windbelaftung braucht bei einem fo fteilen Dache nicht angenommen zu werden; Schneedruck fei alfo nicht vorhanden. Der Abftand $e$ der Gefpärre betrage 1 m; die Querfchnittsabmeffungen des Sparrens feien $b = 12$ cm und $h = 15$ cm. Alsdann wird

$$\lambda = 1030 \,.\, 0{,}15 \sqrt{\frac{0{,}12}{75 \,.\, 0{,}832 + 85}} = 4{,}4 \text{ m}.$$

Zu der bei diefer Sparrenlänge auftretenden gröfsten Beanfpruchung $K = 80$ kg für 1 qcm kommt noch diejenige durch die Kraft $O_1$. Im vorliegenden Falle ift

$$O_1 = -\frac{4{,}4 \,.\, 1}{2} \left[\frac{75}{0{,}555} + \frac{85}{2{,}4}\right] = -374 \text{ kg}.$$

Die Sparren-Querfchnittsfläche ift $f = 12 \,.\, 15 = 180$ qcm, mithin die Erhöhung der Spannung durch $O_1$ nur $N_2 = \frac{374}{180} = 2{,}1$ kg für 1 qcm, d. h. unbedenklich gering. Man kann in den meiften Fällen nach der einfachen Formel für $\lambda$ rechnen, ohne Rückficht auf $O_1$ zu nehmen, und erhält, wenn $e = 1$ m angenommen wird,

$$\lambda = 1030\, h \sqrt{\frac{b}{g \cos\alpha + n}} \quad \ldots \ldots \ldots \quad 3.$$

(Hierin alle Mafse in Met., bezw. bezogen auf Met.)

Der Ausdruck 3 für $\lambda$ kann auch zu Grunde gelegt werden, wenn es fich darum handelt, die gröfsten zuläffigen Abftände der Sparrenftützpunkte bei Pfetten- und gröſseren Kehlbalkendächern zu ermitteln; die Anwendung obiger Formel ſetzt dann aber voraus, daſs auf die Continuität der Sparren keine Rückſicht genommen iſt.

Je nach den Umſtänden kann man $\lambda_{max}$, die frei tragende Sparrenlänge, zu $3{,}50$ m bis $5{,}00$ m annehmen. Bezüglich der Abſtände der Sparrenpaare von einander wird auf das nächſtfolgende Heft (Theil III, Abth. III, Abſchn. 2, F: Dachdeckungen) dieſes »Handbuches« verwieſen.

Auf die Länge $\lambda$ kann auch die Anordnung im Firſt von Einfluſs ſein. Die Sparren lehnen ſich im Firſt an einander und ſind daſelbſt mittels des ſog. Scherzapfens mit einander verbunden; derſelbe darf nicht überbeanſprucht werden.

Die im Firſt von einem Sparren auf den anderen übertragene Kraft in Folge des Eigengewichtes iſt (Fig. 231)

$$H_g = \frac{g e \lambda L}{4 h},$$

und es wird, da $L = 2 \lambda \cos \alpha$ iſt,

$$H_g = \frac{g e \lambda^2 \cos \alpha}{2 h}.$$

Fig. 231.

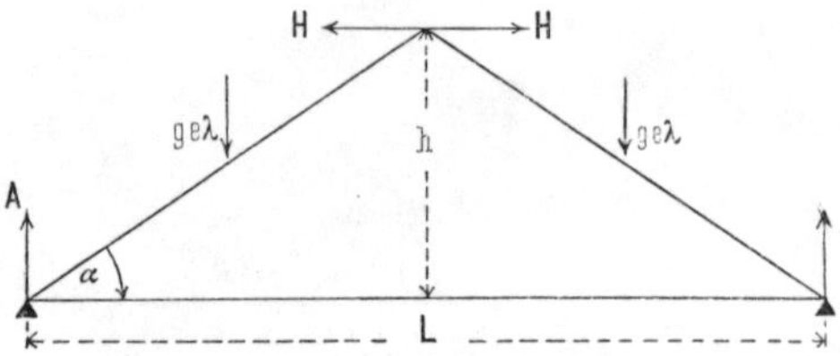


Ferner entſteht zwiſchen beiden Sparren im Firſt durch einſeitigen Wind eine Kraft, welche nach Gleichung 1 (S. 86) den Werth hat:

$$O_2 = - \frac{\lambda n e}{2 \sin 2 \alpha}.$$

Dieſe Kräfte ſollen von einem Sparren auf den anderen übertragen werden, ohne daſs der Zapfen merklich beanſprucht wird. Bei dem unvermeidlich eintretenden Eintrocknen und Setzen des Daches iſt es aber ſehr wahrſcheinlich, daſs die Kräfte auch einmal durch den Zapfen übertragen werden müſſen. Deſshalb ſoll unterſucht werden, bis zu welchen Abmeſſungen der einfache Scherzapfen genügt.

Zerlegt man $H_g$ in die beiden Sparrenſpannungen $O_{1\,g}$ und $O_{2 . g}$, ſo wird $O_{2 . g} = - \frac{g \lambda e}{4 \sin \alpha}$, und die ganze durch den Zapfen zu übertragende Kraft wird

$$O_2 = - \frac{\lambda e}{2} \left[ \frac{g}{2 \sin \alpha} + \frac{n}{\sin 2 \alpha} \right],$$

$$O_2 = - \frac{\lambda e}{4 \sin \alpha} \left[ g + \frac{n}{\cos \alpha} \right] \quad \ldots \ldots \quad 4.$$

Der Zapfen wird in zwei Querſchnitten auf Abſcherung beanſprucht. Iſt die zuläſſige Abſcherungsſpannung bei einem eichenen Zapfen $K' = 22$ kg für 1 qcm, ſo muſs

$$2 . 22 \frac{d^2 \pi}{4} = O_2 = \backsim 35 d^2$$

ſein, woraus

$$d = 0{,}17 \sqrt{O_2} \text{ Centim.} \quad \ldots \ldots \quad 5.$$

Für $\lambda$ ergiebt ſich die Formel

$$\lambda_m = \frac{140 d^2 \sin \alpha}{e \left( g + \frac{n}{\cos \alpha} \right)},$$

worin $d$ in Centim. einzuführen iſt.

In obigem Beiſpiel war $g = 75$ kg, $n = 85$ kg, $e = 1$ m, $\alpha = 33^0 41'$, $\cos \alpha = 0{,}832$ und $\sin \alpha = 0{,}555$; demnach wird $O_2 = - 80 \lambda$ Kilogr.

Der für λ zuläffige Werth ergiebt fich fonach aus der Gleichung $80\lambda = 35 d^2$ mit

$$\lambda = 0{,}44\, d^2 \text{ Met.}$$

Ift $d = 2{,}5^{\text{cm}}$, fo wird $\lambda_m = 0{,}44 \,.\, 6{,}25 = 2{,}75^{\text{m}}$.

Man findet wohl die Angabe, dafs die Sparren fich bis auf $2{,}50^{\text{m}}$ Länge mit einfachem Scherzapfen gegen einander lehnen dürfen; diefe Angabe würde annähernd mit dem eben gefundenen Ergebnifs übereinftimmen.

Zu beachten ift: Wenn im Firft beide Sparren nur mittels Anblattung verbunden find, fo kommt nur eine einzige Abfcherungsfläche zur Geltung; man erhält alsdann λ halb fo grofs, als nach Formel 5.

Am Sparrenfufs mufs die wagrechte Seitenkraft der Sparrenfpannung ficher in den Balken geführt werden und fich mit der entfprechenden Kraft des anderen Sparrens aufheben. Die Verbindung wird mittels der fog. Verfatzung vorgenommen. Die Länge *c* des Balkenftückes vor der Verfatzung mufs gegen Abfcheren genügend grofs gewählt werden. Die wagrechte Seitenkraft der Sparrenfpannung ift nach Gleichung 1 (S. 86)

$$U = \frac{\lambda e}{2}\left[\frac{g}{\operatorname{tg}\alpha} + \frac{n \cos\alpha}{\operatorname{tg} 2\alpha}\right].$$

Ift die zuläffige Beanfpruchung auf Abfcheren $T$ und die Breite des Balkens $b$ (in Centim.), fo darf $Tbc = U$ fein, woraus

$$c = \frac{U}{Tb}$$

folgt. $T$ kann zu $10^{\text{kg}}$ für $1^{\text{qcm}}$ gefetzt werden; alsdann wird

$$c = \frac{\lambda e}{20 b}\left[\frac{g}{\operatorname{tg}\alpha} + \frac{n \cos\alpha}{\operatorname{tg} 2\alpha}\right] \text{ Centim.}$$

In diefer Formel find alle Werthe auf Met., bezw. auf Quadr.-Meter bezogen; nur $b$ ift in Centim. einzuführen.

Für obiges Beifpiel erhält man $c = \frac{71\lambda}{10 b}$; ift $b = 12^{\text{cm}}$ und $\lambda = 3{,}5^{\text{m}}$, fo wird $c = 2^{\text{cm}}$; es genügt alfo eine geringe Länge.

Aus vorftehender Rechnung ergiebt fich auch die Zuläffigkeit der in Fig. 250 dargeftellten Anordnung der Verfatzung, welche natürlich nur bei kleinen Kräften in Anwendung kommen darf.

Fig. 232.

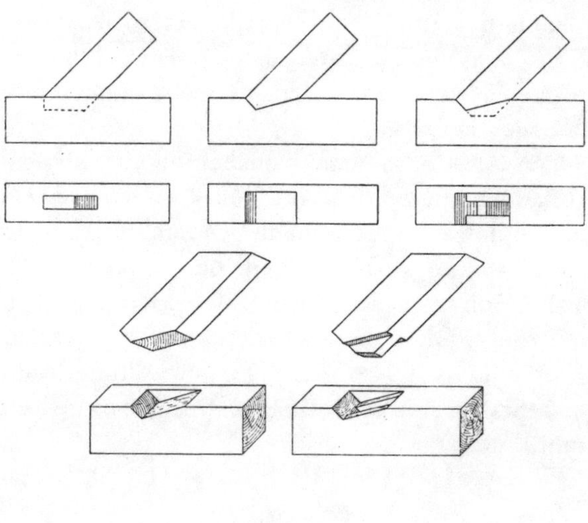

Fig. 232 u. 233 *a, b* u. *c* zeigen die gebräuchlichen conftructiven Einzelheiten am Sparrenfufs und am Firft. Nach *Breymann* follen die Zapfen am Sparrenfufs nicht verbohrt werden; der Sparren foll mit dem Balken auf einer Seite bündig angeordnet werden. Bezüglich der fog. Auffchieblinge vergleiche im Folgenden (Art. 76). Als gröfste Spannweite eines einfachen Dreieckdaches kann man $6{,}00$ bis $7{,}00^{\text{m}}$ annehmen.

Fig. 233.

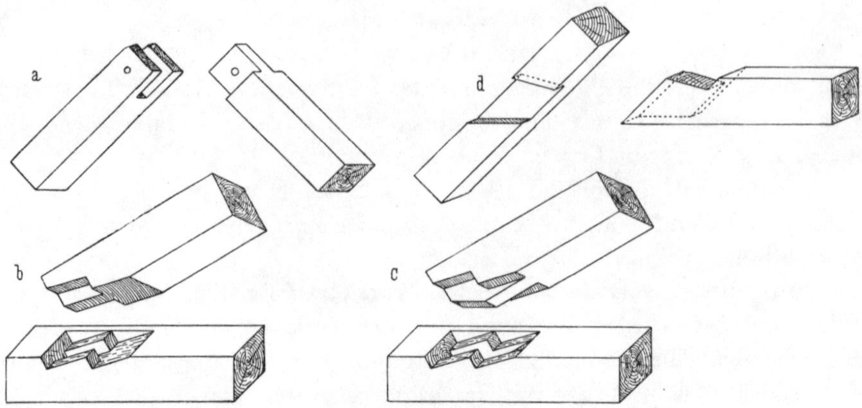


## b) Kehlbalkendächer.

73. Kehlbalken.

Wenn die Abmeſſungen des Daches ſo groſs ſind, daſs die Sparren nicht mehr vom Fuſs bis zum Firſt ungeſtützt durchlaufen können, ſo ordnet man als mittlere Stützpunkte ſog. *Kehlbalken* an.

Das einfachſte (zugleich am wenigſten wirkſame) Kehlbalkendach iſt in Fig. 234 dargeſtellt. Die Kehlbalken *c* wirken hier als mittlere Stützen der Sparren und dienen zur Verkürzung der freien Knicklänge derſelben. Man ſieht leicht ein, daſs der Kehlbalken durch das Eigengewicht und den Wind auf Druck beanſprucht wird und dem gemäſs mit Rückſicht auf Zerknicken berechnet werden müſste. Eine angeſtellte Berechnung hat aber ergeben, daſs die in den einzelnen Kehlbalken auftretenden Druckkräfte ſo gering ſind, daſs ein Knicken bei den üblichen Maſsen nicht zu befürchten iſt. Die Querſchnittsabmeſſungen der Kehlbalken werden zu $10 \times 15$ bis $12 \times 20$ cm gewählt. Es iſt zu beachten, daſs, wenn der Firſt in Folge der Belaſtung ſich ſenkt, die beiden Anſchluſspunkte des Kehlbalkens das Beſtreben haben, ſich von einander zu entfernen; man trägt dieſem Umſtande durch eine Verbindung nach Fig. 233, *d* Rechnung.

Fig. 234.

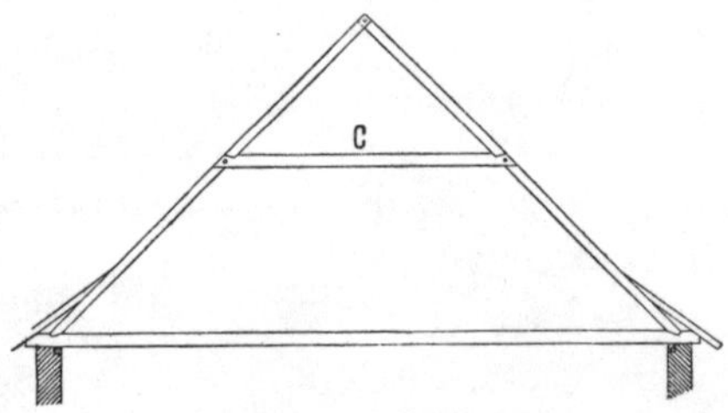


Die vorbeſchriebene Anordnung kann nur zur Ausführung kommen, wenn die Kehlbalken kurz, 2,50 bis höchſtens 4,00 m lang ſind. Unterſtützung der Kehlbalken durch Kopfbänder oder Bügen, um gröſsere Weiten zu erzielen, iſt nicht empfehlenswerth; ſie iſt wenig wirkſam und koſtet viel Holz.

Bei gröſseren Längen der Kehlbalken unterſtützt man dieſelben durch Rahmenhölzer, welche auf in geeigneten Abſtänden angeordneten Stielen ruhen. Dieſe Stiele heiſsen *Bundpfoſten*; die Rahmenhölzer oder Rähme werden auch wohl *Pfetten* genannt; letztere Bezeichnung iſt unzweckmäſsig, weil ſie zu Verwechſelungen mit den unten zu beſprechenden Hölzern, die man im Beſonderen Pfetten nennt, Veranlaſſung giebt. Der Abſtand der Pfoſten iſt nach der Tragfähigkeit der Rahmenhölzer zu bemeſſen; er beträgt höchſtens 4,50 m. Die aus den Pfoſten und Rahmen gebildeten ſog. *Stuhlwände* ſtehen entweder lothrecht beim *ſtehenden* oder geneigt beim *liegenden* Dachſtuhl.

Fig. 235.

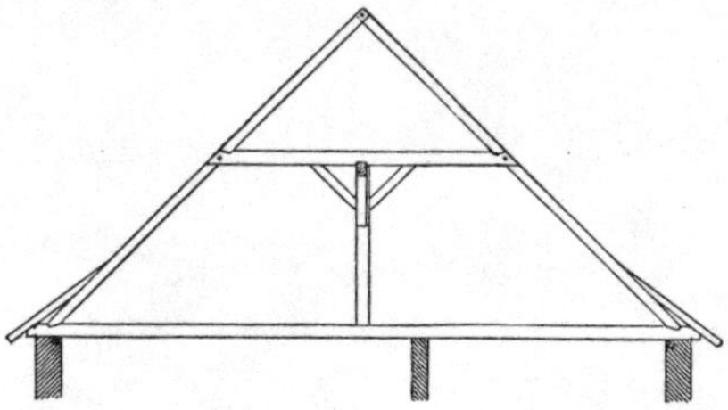

Einfacher ſtehender Kehlbalken-Dachſtuhl.

Fig. 236.

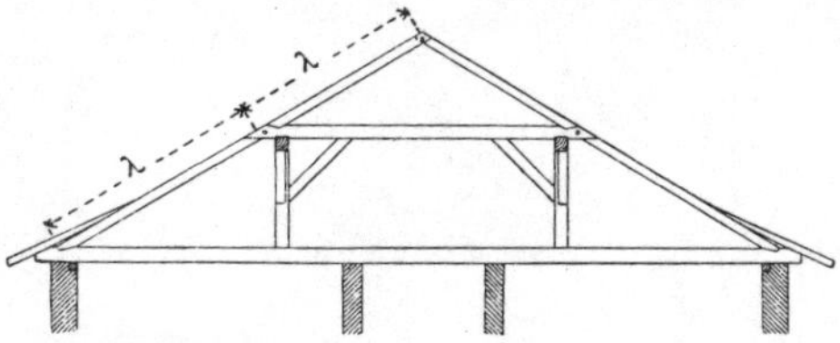


Doppelter ſtehender Kehlbalken-Dachſtuhl.

74. Stehender Dachſtuhl.

Die Kehlbalken werden bei kleineren Abmeſſungen und wenn eine nahe der Gebäudemitte vorhandene Wand als Stütze für die Pfoſten verwendbar iſt, durch eine in der Mitte des Daches angeordnete Stuhlwand geſtützt (Fig. 235). Die Kehlbalken werden bei dieſer Conſtruction ungünſtig beanſprucht; man mache die Länge derſelben nicht gröſser als 5,00 m. Man nennt dieſe Anordnung den einfachen ſtehenden Kehlbalken-Dachſtuhl.

Beſſer iſt der ſog. doppelte ſtehende Kehlbalken-Dachſtuhl (Fig. 236). Die beiden Stuhlwände ſind nahe den Enden der Kehlbalken, 25 bis 30 cm von denſelben entfernt, angebracht und ſtützen dieſelben in durchaus zweckmäſsiger Weiſe. Das untere Sparrenſtück, vom Sparrenfuſs bis zum Kehlbalken, kann 3,50 bis 4,50 m und das obere Stück 2,50 bis 3,00 m lang gemacht werden. Bei ſteilen Dächern wird letzteres Stück unter Umſtänden länger, als das angegebene Maſs beträgt; dann ordnet man wohl noch weitere Kehlbalkenlagen an. Kehlbalken in der Nähe des Firſtes werden Spitz-, Hain- oder Hahnenbalken genannt.

Ein Mangel dieſer Conſtructionen iſt, daſs die Fachwerke der Bindergebinde verſchiebliche Figuren enthalten; Fig. 235 enthält zwei Vierecke und Fig. 236 ein Viereck. Man muſs deſshalb, um dieſem Mangel einigermaſsen abzuhelfen und die Unveränderlichkeit der Winkel möglichſt herbeizuführen, ſog. Kopfbänder oder Bügen anbringen. Solche Kopfbänder dürfen auch in den Stuhlwänden nicht fehlen.

Wenn das Gebäude keine mittleren Stützpunkte für die Stuhlwände bietet, ſo kann man die Rähme durch einfache oder doppelte Hängewerke ſtützen (Fig. 237 u. 238). Auf dieſe Conſtructionen wird bei den Pfettendächern näher eingegangen werden.

Kehlbalkendächer werden heute nur noch ausnahmsweiſe gebaut; als Beiſpiele ſollen deſshalb zwei Dächer aus früheren Jahrhunderten vorgeführt werden, welche durch ihr langes Beſtehen den Beweis der Güte geliefert haben.

Fig. 237.

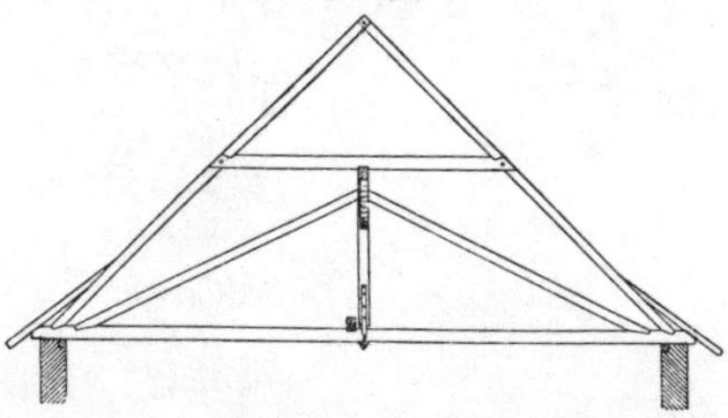

Kehlbalkendach mit einſäuligem Hängewerk.

Fig. 238.

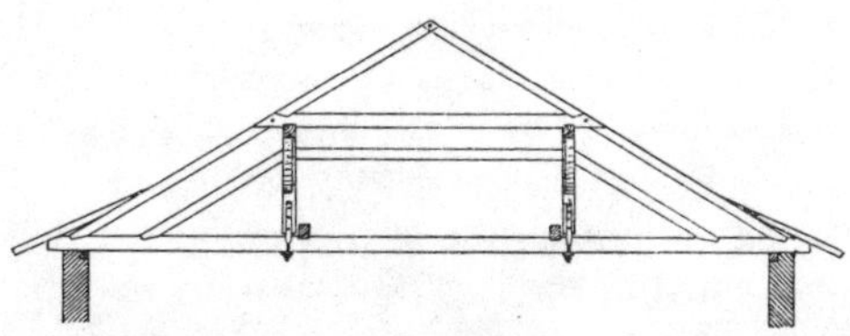

Kehlbalkendach mit zweiſäuligem Hängewerk.

Fig. 239.

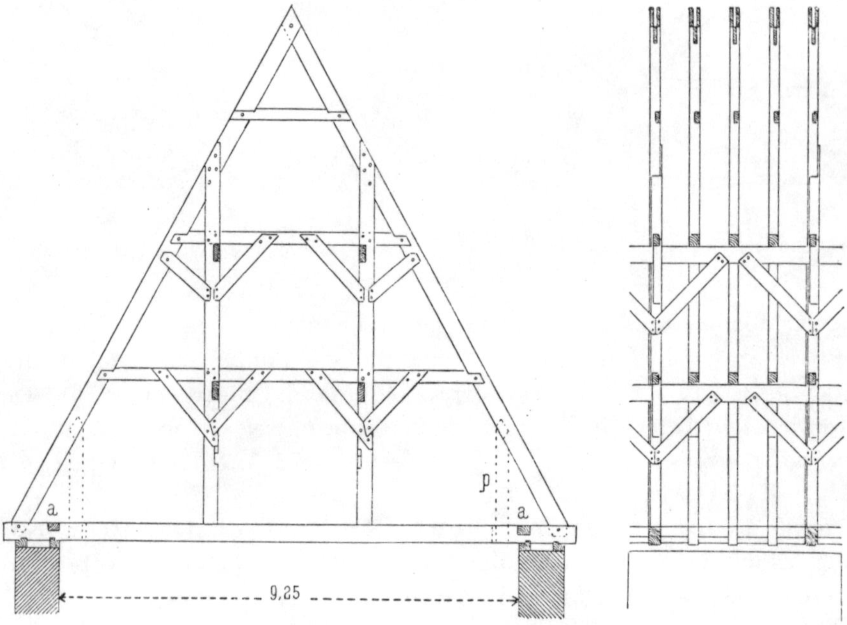


Von der St.-Stephans-Kirche zu Mainz [139]).

1/150 n. Gr.

Fig. 239 [139]) zeigt ein wahrfcheinlich im XVI. Jahrhundert erbautes Kehlbalkendach mit zweifachem ftehenden Dachftuhl. Es find drei Kehlbalkenlagen über einander angeordnet; die beiden unteren find durch Stuhlwände unterftützt. Die Pfoften derfelben find lothrechte Zangen, die von unten bis oben durchlaufen. Nur in den Gefpärren mit diefen Pfoften find durchlaufende Balken (Träme), welche die Pfoften und fo die Laft der Stuhlwände tragen; diefe Gebinde find die Binder oder Hauptgebinde. In den anderen, den Leergebinden, find nur Sparren, Kehlbalken und ftatt der durchlaufenden Tragbalken kleine Stichbalken, in welche fich die Sparrenfüfse fetzen (ohne Verfatzung, nur mittels eines Zapfens). Die Stichbalken find mit den durchlaufenden Balken der Binder durch eine Verfpannung *a* verbunden, welche fich mit dem Balken auf halbe Holzftärke überfchneidet. Zur Erhaltung des richtigen Winkels find bei den Leergebinden kleine Pfoften *p* angeordnet, welche mit Stichbalken und Sparren auf halbe Holzdicke überfchnitten find. Eine ifometrifche Abbildung diefer Conftruction zeigt Fig. 240. Die Träme haben hier die gefammte Laft zu tragen und dem entfprechend grofse Stärke. Die Stärkenmafse find: Hauptbalken oder Träme $35 \times 20$, Kehlbalken $23 \times 18$ und $20 \times 10$, lothrechte Zangen $30 \times 20$, Rahmenhölzer $35 \times 20$ und Kopfbänder $25 \times 17$ cm. Der Abftand der Binder beträgt 3,20 m und derjenige der Gefpärre 0,80 m.

Fig. 240.

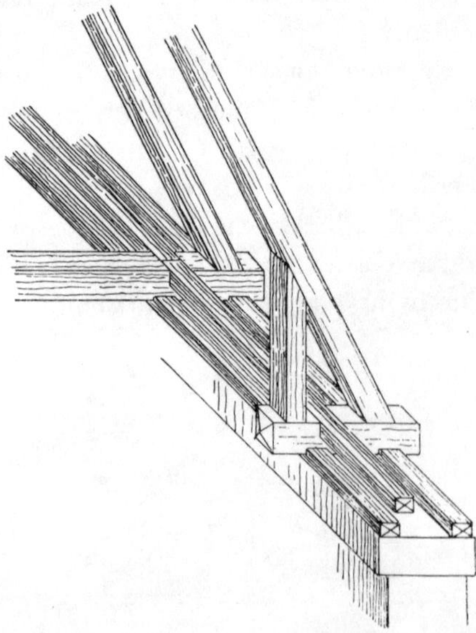

Ein weiteres, gutes und altes Beifpiel zeigt Fig. 241 [140]) aus dem XIV. Jahrhundert. Hier find vier Kehlbalkenlagen über einander, welche, mit Ausnahme der oberften, durch Rahmenhölzer in der Mitte ihrer Länge geftützt find; die unterfte Kehlbalkenlage findet jederfeits eine weitere Unterftützung in einer Stuhlwand. Die mittleren Rähme werden durch ein Hängewerk getragen; die Hängefäule ruht nicht

139) Nach: GEIER, F. Statiftifche Ueberficht bemerkenswerther Holzverbindungen Deutfchlands. Mainz 1841.
140) Nach ebendaf.

Fig. 241.

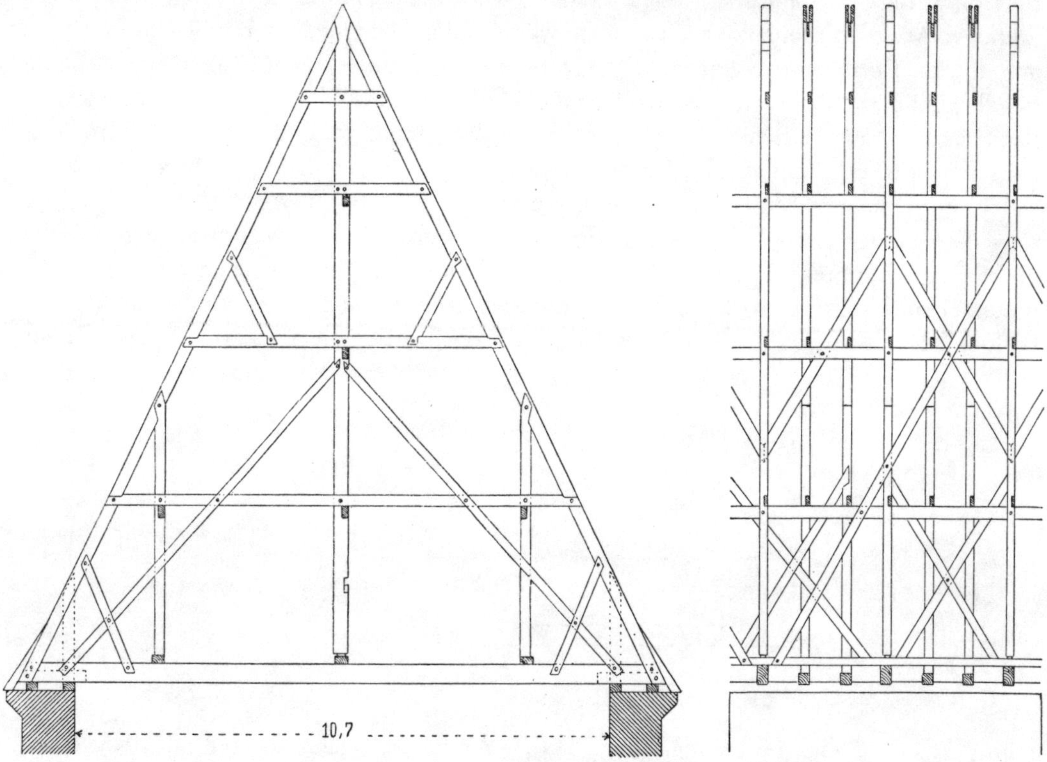


Von der St.-Bartholomäus-Kirche zu Frankfurt a. M. [140]).

$^1/_{150}$ n. Gr.

auf der unteren Schwelle, welche auf den Trämen liegt, ſondern iſt nur genügend weit in dieſe eingezapft, um Seitenſchwankungen zu verhüten. Die Sparren ſind mit den Kehlbalken theilweiſe noch einmal durch eine Art Fuſsband zu einem Dreieck verknüpft; das Fuſsband iſt parallel zur Neigung der gegenüber liegenden Dachſeite. Die Pfoſten für die Seitenrähme der unterſten Kehlbalkenlage ſind in allen Geſpärren, was etwas reichlich zu ſein ſcheint. Die Hauptabmeſſungen und Stärken der einzelnen Theile ſind: Binderabſtand 2,50 m, Lichtweite zwiſchen den Mauern 10,90 m, Höhe 13,80 m, Abſtand der Geſpärre 0,833 m, Balken 42 × 21, Kehlbalken 22 × 14, bezw. 20 × 12, Sparren 25 × 16 (oben 21 × 14), Streben 17 × 15, doppelte Hängeſäule 33 × 18, Rähme 24 × 15 und Pfoſten 17 × 17 cm.

Wenn der Dachbodenraum von eingebauten Conſtructionstheilen möglichſt frei bleiben ſoll, ſo ſtützt man die Rähme durch eine Art Sprengwerk, welches im einfachſten Falle aus zwei ſchräg gelegten Pfoſten *a* (Fig. 242) und einem wagrechten Spann- oder Bruſtriegel *b* beſteht. Man ſieht, daſs einfach die Stuhlwand in Fig. 236 in die Schräge der Dachneigung gelegt iſt; der nicht unbedeutende wagrechte Schub, welcher von den Schrägpfoſten *a* (gewöhnlich liegende Stuhlſäulen genannt) auf den Balken ausgeübt wird, muſs ſicher in denſelben geleitet werden; zu dieſem Zwecke empfiehlt es ſich, eine Fuſsſchwelle anzuordnen. Das auf dieſe Weiſe in den Bindergebinden entſtehende Fachwerk iſt

75. Liegender Dachſtuhl.

Fig. 242.

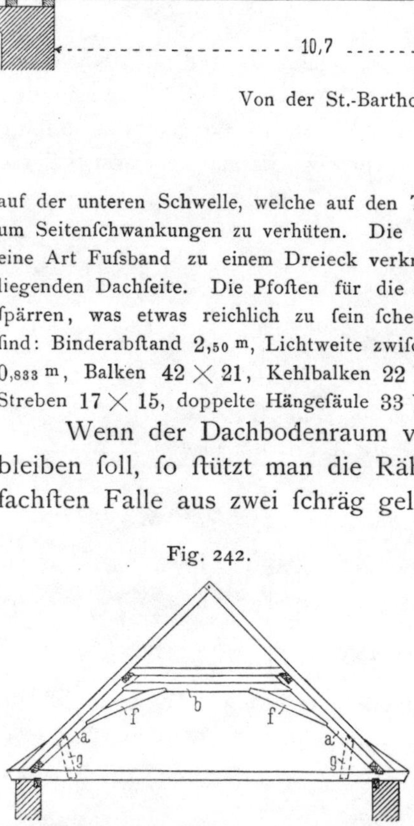


Kehlbalkendach mit liegendem Dachſtuhl.

bei ſtets gleich bleibender Belaſtung beider Laſtpunkte genügend; bei einſeitiger Belaſtung durch Winddruck oder Schnee würde es einſtürzen müſſen, wenn die Stäbe gelenkig mit einander verbunden wären. Da dies nicht der Fall iſt, ſo treten nur ſtarke Formänderungen ein, weil dem aus Balken, Stuhlſäulen und Spannriegel gebildeten Viereck der Dreiecksverband fehlt. Als Nothbehelf ordnet man Kopfbänder *f* an, welche hier meiſtens ziemlich flach ſind und dann wenig nützen. Deſshalb wird empfohlen, Fuſsbänder *g*, ähnlich denjenigen in Fig. 241, anzubringen, welche wegen ihrer Lage den freien Dachraum ſehr wenig verbauen.

Die in der Stuhlſäule und im Spannriegel auftretenden Beanſpruchungen ſollen überſchläglich unter der Annahme aufgeſucht werden, daſs die Sparren nicht wie durchgehende Träger wirken; ferner ſoll gleichzeitig einſeitiger Wind- und beiderſeitiger Schneedruck eingeführt werden; letzterer werde mit *s* auf das Quadr.-Meter

Fig. 243.

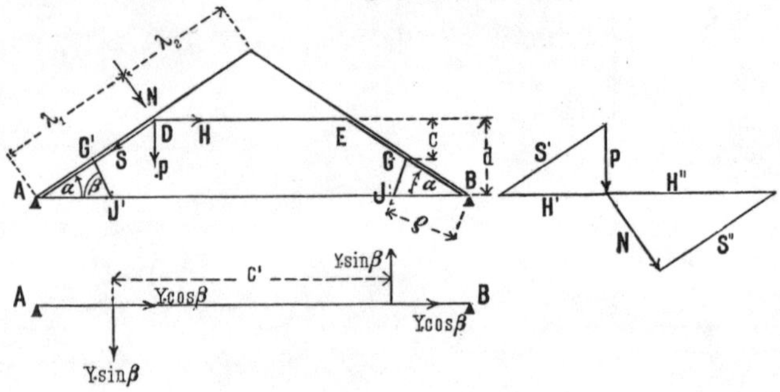


ſchräger Dachfläche bezeichnet (Fig. 243). Wenn das Dach ſo ſteil iſt, daſs nicht gleichzeitig Schnee- und gröſster Winddruck auftreten können, ſo ſetze man in den nachſtehenden Formeln einfach *s* gleich Null. Die beiden an die Kehlbalkenlage anſchlieſsenden Sparrenſtücke ſollen die Längen $\lambda_1$ und $\lambda_2$ haben; alsdann iſt die lothrechte Belaſtung des Knotenpunktes

$$P = \frac{\lambda_1 + \lambda_2}{2} e \, (g + s)$$

und die normale Belaſtung durch Winddruck

$$N = \frac{\lambda_1 + \lambda_2}{2} e n .$$

Die Zerlegung ergiebt

$$H = -\left(\frac{P}{\operatorname{tg}\alpha} + \frac{N}{\sin\alpha}\right) = -\frac{\lambda_1 + \lambda_2}{2 \sin\alpha} e \, [(g + s) \cos\alpha + n],$$

$$S = -\left(\frac{P}{\sin\alpha} + \frac{N}{\operatorname{tg}\alpha}\right) = -\frac{\lambda_1 + \lambda_2}{2 \sin\alpha} e \, [(g + s) + n \cos\alpha];$$

$$\left.\begin{aligned} H &= -\frac{(\lambda_1 + \lambda_2)\, e}{2 \sin\alpha} [(g + s) \cos\alpha + n] \\ S &= -\frac{(\lambda_1 + \lambda_2)\, e}{2 \sin\alpha} [g + s + n \cos\alpha] \end{aligned}\right\} \quad \ldots \ldots \quad 6.$$

Danach kann man die nöthigen Querſchnittsflächen ermitteln. Zu beachten iſt, daſs wegen der Zerknickungsgefahr das kleinſte Trägheitsmoment des Querſchnittes, bezw. den Werth haben muſs:

für den Spannriegel $\mathcal{J}_{min} = 83 \, H r^2$,

für die Stuhlſäule $\mathcal{J}_{min} = 83 \, S \lambda^2$.

In diefen beiden Gleichungen find $H$ und $S$ in Tonnen, $r$ (die Länge des Spannriegels) und $\lambda$ in Met. einzuführen.

Ift die Querfchnittsbreite $b$ und die Querfchnittshöhe $h$, fo ift $\mathfrak{J}_{min} = \frac{h b^3}{12}$.

Beifpiel. Es fei $g = 75^{kg}$, $s = 75^{kg}$, $n = 85^{kg}$, $e = 3^{m}$, $\cos\alpha = 0{,}832$, $\sin\alpha = 0{,}555$, $\lambda_1 + \lambda_2 = 7^{m}$ und $r = 6^{m}$. Alsdann wird

$$H = -\frac{(\lambda_1 + \lambda_2)\,3}{2 \cdot 0{,}555}\left[(75 + 75)\,0{,}832 + 85\right] = -567\,(\lambda_1 + \lambda_2) = -7 \cdot 568 = -3969^{kg} = \infty - 4^{t}.$$

Da $\frac{h b^3}{12} = 83 \cdot 4 \cdot 36 = \infty\ 12000$ fein mufs, fo wird für $h = 20^{cm}$: $b^3 = 7200$ und $b = 19{,}4^{cm}$. Ein quadratifcher Querfchnitt von $20 \times 20^{cm}$ ift fonach ausreichend. Die Annahme gleichzeitigen, gröfsten Wind- und Schneedruckes ift überaus ungünftig.

Es ift nun Sorge zu tragen, dafs derjenige Theil von $H$, welcher durch den einfeitigen Winddruck $N$ erzeugt ift, d. h. $H_w$, unfchädlich in die feften Auflagerpunkte $A$ und $B$ befördert wird. $H$ erftrebt Drehung des Stabes $EB$ um den Punkt $B$ und des Stabes $DA$ um den Punkt $A$. Diefe Drehungen follen durch Anordnung der Stäbe $G\mathfrak{J}$ und $G_1\mathfrak{J}_1$ verhütet werden. Nimmt man an, dafs jeder diefer beiden Stäbe die Hälfte von $H_w$ aufnimmt, vernachläffigt man den Biegungswiderftand der durchgehenden Hölzer bei $D$ und $E$ und nennt man $Y$ die Spannung des Stabes $G\mathfrak{J}$, bezw. $G'\mathfrak{J}'$, fo mufs

$$Y = \frac{H_w}{2} \cdot \frac{d}{\rho}$$

fein. Zu beachten ift, dafs $\frac{H_w}{2}$ auch den Stabtheil $EG$ bei $G$ abzubrechen ftrebt; das Gröfstmoment ift hier $M_{max} = \frac{H_w c}{2}$. Während $Y$ Zug ift, findet in $G_1\mathfrak{J}_1$ ein gleich grofser Druck ftatt. Ferner wird darauf hingewiefen, dafs durch die beiden in $G\mathfrak{J}$ und $G_1\mathfrak{J}_1$ wirkenden Kräfte Momente in dem Balken erzeugt werden.

Die Anordnung der Fufsbänder ift viel wirkfamer, als jene der Kopfbänder.

Auch die Kehlbalkendächer mit liegenden Dachftühlen kommen in der Gegenwart nur noch ausnahmsweife zur Ausführung; es empfiehlt fich defshalb, die Beifpiele für folche Dächer aus guten, alten Bauten zu entnehmen.

Fig. 244.

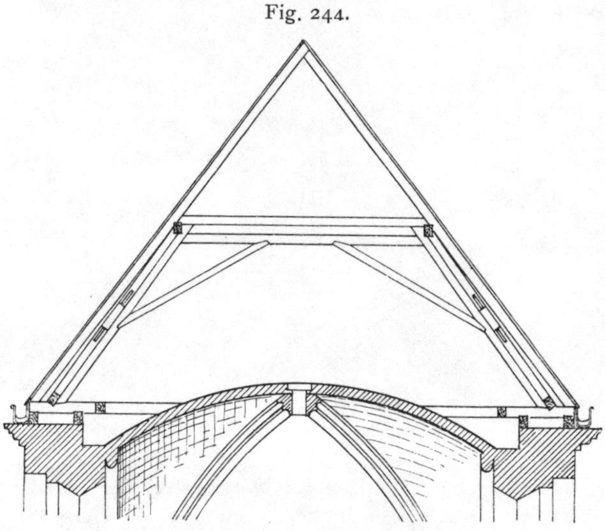

Vom Dom zu Limburg [141]).

1/150 n. Gr.

Fig. 244 [141]) zeigt den Dachftuhl vom Mittelfchiff des Domes zu Limburg. Die Gefammtweite beträgt $11{,}20^{m}$ und die Firfthöhe $7{,}00^{m}$. Unter die liegenden Stuhlfäulen, welche fich auf die Fufsfchwellen fetzen, legen fich noch weitere Stuhlfäulen, welche die Spannriegel und die Kopfbänder aufnehmen.

In Fig. 245 [142]) ift der Dachftuhl des Münfters zu Ulm dargeftellt. Die liegenden Stuhlfäulen, welche im Verein mit dem Spannriegel die Rahmenhölzer für die Kehlbalken tragen, umfaffen diefelben; die Erhaltung der Form des Sprengwerkes wird durch Kopfbänder erftrebt. Die Sprengwerke find in jedem vierten Gebinde,

141) Nach: Zeitfchr. f. Bauw. 1874, Bl. 12.

142) Nach: GEIER, a. a. O.

und die Schrägſtäbe im oberen Theile des Daches liegen in jedem Gebinde. Das Dach iſt dadurch ſehr ſteif. Jedes Gebinde hat einen — allerdings ſehr weit frei liegenden — Balken zur Verbindung der Auflager; auch die Kehlbalken liegen weit frei.

Fig. 245.

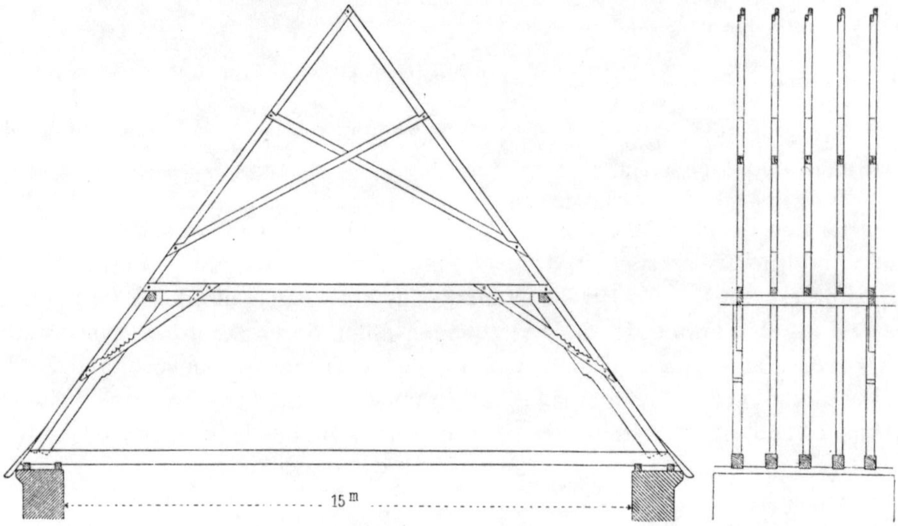


Vom Münſter zu Ulm[142]).

1/200 n. Gr.

Fig. 246.

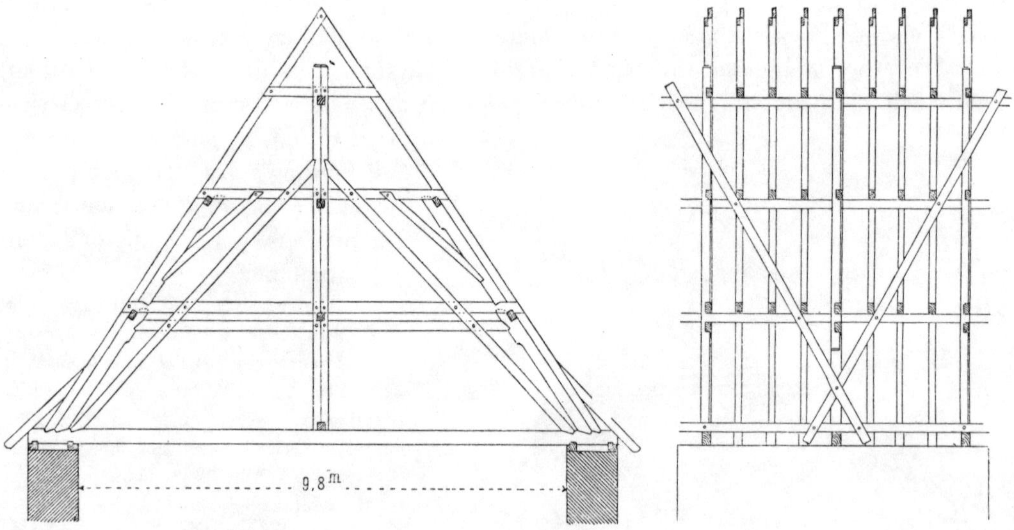


Von der Marien-Kirche zu Hanau[143]).

1/150 n. Gr.

Beim Dachſtuhl der Marien-Kirche zu Hanau (Fig. 246[143]) liegen drei Kehlgebälke über einander; jedes derſelben erhält in der Mitte eine Unterſtützung durch ein Rahmenholz. Ein kräftiger Hängebock trägt die drei über einander liegenden Rahmenhölzer und eine Schwelle in der Mitte des Daches. Die Enden der Kehlbalken ſind in den beiden unteren Kehlgebälken durch Rahmenhölzer unterſtützt, welche

143) Nach: GEIER, a. a. O.

Fig. 247.

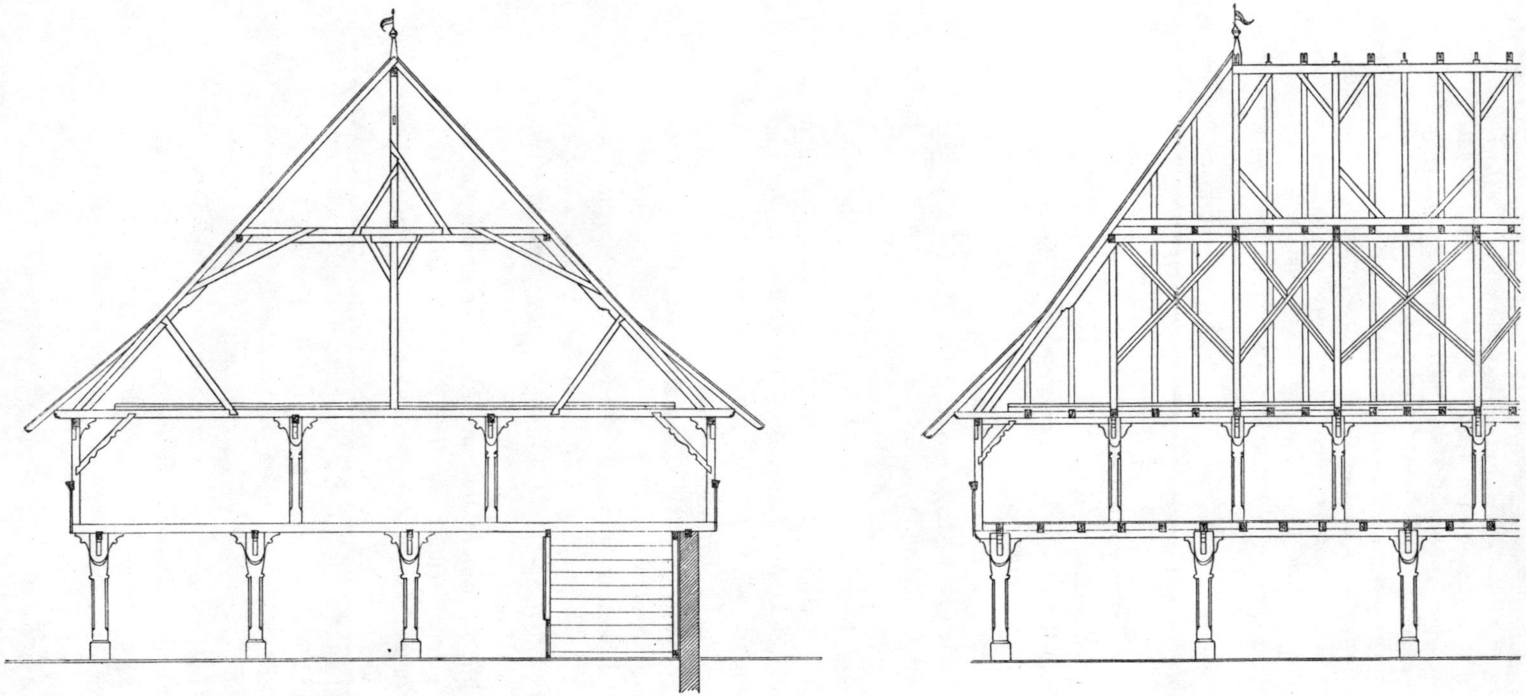

Vom Kornhaus in Langnau (Canton Bern[144]).

$^1/_{200}$ n. Gr.

von Sprengwerken getragen werden. Durchgehende Verbindungsbalken beider Auflager find hier nur in den Bindergebinden als Bundträme angeordnet. Die Conftruction ift klar; die Gefahr liegt allerdings nahe, dafs die Enden der Kehlbalken wegen, der mehrfachen über einander liegenden Sprengwerke, fich ftärker fetzen, als die Mitte, welche durch lange, durchlaufende Hölzer geftützt ift.

Eine kühne, im Jahre 1519 erbaute Dach-Conftruction zeigt Fig. 247 [144]). Das übliche Sprengwerk zum Tragen der Rahmenhölzer für die Kehlbalken ift durch Fufsbänder wirkfam verfteift; das im Firft angeordnete Langholz, welches genau unferen heutigen Firftpfetten entfpricht, ift durch eine lothrechte, wohl verfteifte Wand unterftützt; die Laft diefer Wand wird durch Pfoften in den Bindergebinden auf die Balken der Dachbalkenlage übertragen. In letzterer ift durch wagrecht liegende Schrägftäbe eine weitere Verfteifung angebracht; auch die Dachflächen find mit Windkreuzen (Sturmlatten) verfehen. Das gut erhaltene, aus Tannen- und Lärchenholz hergeftellte Dach weist verhältnifsmäfsig geringe Holzftärken auf; diefelben find für die Balken $23 \times 17$, die liegenden Stuhlfäulen im oberen Theil $19 \times 16$, im unteren Theil $15 \times 16$ und für alle anderen Hölzer $12 \times 15$ cm. Bemerkenswerth find die langen, durchgehenden Hölzer.

76. Auffchieblinge.

Wegen des vom Sparren auf den Balken ausgeübten Schubes mufs vor dem Ende des Sparrenfufses nach Fig. 248 noch ein Stück Balken vorftehen. Alsdann mufs aber wegen der Eindeckung und der Rinne auf jedem Sparren ein fog. Auffchiebling angebracht werden. Verfchiedene folche Auffchieblinge find in Fig. 248 u. 249 zu erfehen. Die Auffchieblinge haben immer einen unfchön ausfehenden Knick im Dache zur Folge (fiehe Art. 2, S. 2), an welchem auch leicht Undichtigkeiten auftreten. Je weiter hinauf der Auffchiebling geführt wird, defto geringer wird der Knick, defto gröfser aber auch der Holzaufwand. Man hat defshalb wohl, um den Auffchiebling zu vermeiden, die Vorderkanten von Balken und Sparrenfufs zufammen fallen laffen (Fig. 250), was aber nur bei fteilen Dächern zuläffig ift; auch die Conftruction in Fig. 251 hat man gewählt, um den Auffchiebling zu vermeiden. — Bei den unten zu befprechenden Pfettendächern find keine Auffchieblinge nöthig.

Fig. 248.

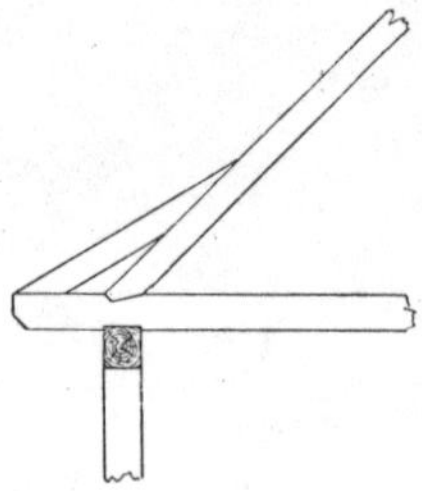

Fig. 249.

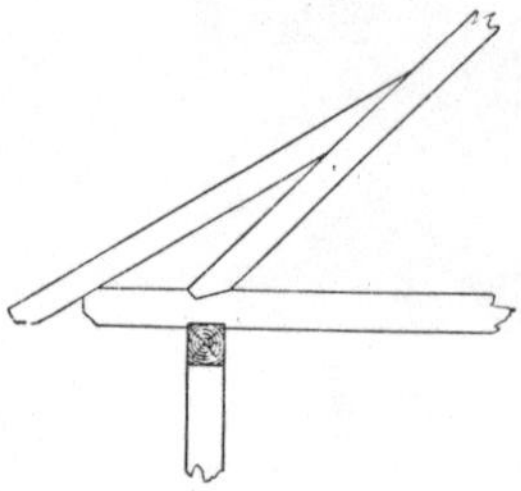

Fig. 250.

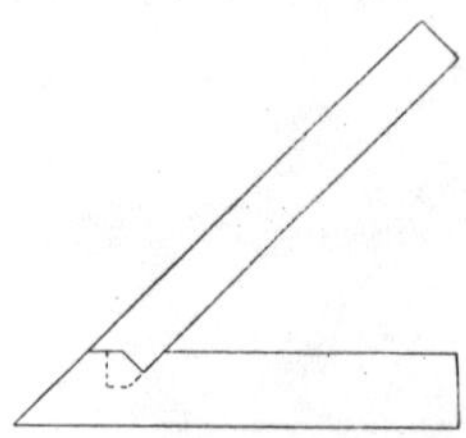

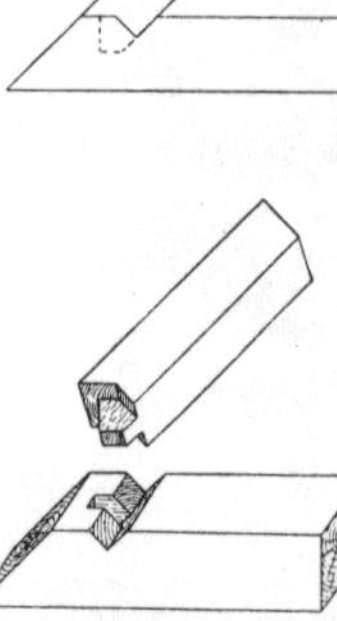

77. Beurtheilung der Kehlbalkendächer.

Die bezeichnende Eigenthümlichkeit des Kehlbalkendaches ift, dafs jedes Sparrengebinde für fich ftabil ift, fo lange die äufseren Kräfte in der Ebene des Gebindes wirken, dafs ferner die eigentlichen Gebinde bis auf die Stuhlwände fämmtlich einander gleich find, dafs endlich die Sparren mit als Fachwerkftäbe wirkfam und unentbehrlich find. Die Kehlbalken wiederholen fich bei einem vollftändigen Kehlbalkendache in allen Gebinden. Dadurch erhält das ganze Dach eine fehr grofse Steifigkeit, welche ein nicht zu unterfchätzender Vortheil des Kehlbalkendaches ift. Ein weiterer Vortheil ift, dafs die Kehlbalken zugleich als Balkenlagen für Wohnräume im Dach benutzt werden können. Als Nachtheil mufs einmal der grofse Holzverbrauch hervorgehoben werden, welcher das Dach fchwer und theuer macht, fodann die Nothwendigkeit der Auffchieb-

Fig. 251.

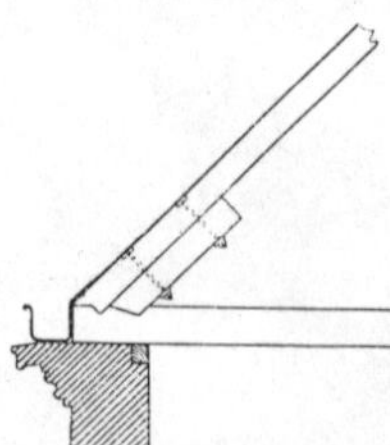

144) Nach: GLADBACH, E. Charakteriftifche Holzbauten der Schweiz etc. Berlin 1889—93. Bl. 17.

linge. In der Neuzeit wird defshalb, wie bereits bemerkt, das Kehlbalkendach nur noch wenig angewendet, obgleich fich daffelbe in vielen Beifpielen Jahrhunderte lang gut gehalten hat.

Ein fchönes Beifpiel aus neuefter Zeit ift im Hôtel *Wentz* in Nürnberg [145]) zu finden.

### c) Pfettendächer.

#### 1) Conftruction und ftatifche Grundlagen.

Jedes Sparrenpaar wird beim Pfettendach auf Balken gelagert, welche — gewöhnlich — fenkrecht zu den Ebenen der Sparrenpaare durchlaufen; diefe Balken nennt man Pfetten oder Fetten. Die Pfetten werden von den in gewiffen Abftänden angeordneten Dachbindern getragen. Die beiden zu einem Gebinde gehörigen Sparren bilden ein unten offenes Dreieck, find alfo für fich allein nicht ftabil; fie werden erft durch die Pfetten ftabil. Letztere find die Auflager für die Sparren; fie nehmen deren Kräfte auf und führen fie nach den Bindern, welche fie weiter nach den auf Seiten- und Zwifchenmauern der Gebäude angeordneten Stützpunkten leiten. Hier find alfo die Sparren nicht unentbehrliche Theile der Trag-Conftruction, obgleich diejenigen Sparrenpaare, welche in der Ebene eines Binders liegen, oftmals und zweckmäfsig mit dem Tragbinder verknüpft werden. Man unterfcheidet demnach bei den Pfettendächern ganz klar und beftimmt: die Dachbinder (Hauptträger), die Pfetten und die Sparrenpaare. 78. Conftruction.

Die eifernen Dächer der Neuzeit find wohl ausnahmslos Pfettendächer; aber auch die Holzdächer werden gegenwärtig faft ausfchliefslich als Pfettendächer gebaut. Bei den Holzdächern verwendet man auch hier fowohl den ftehenden, wie den liegenden Dachftuhl; der erftere hat lothrechte oder nahezu lothrechte Pfoften zur Unterftützung der Pfetten; der letztere hat geneigte Pfoften. Als dritte Conftruction kommt das Pfettendach mit frei tragendem Dachftuhl hinzu.

Bei der Conftruction des Pfettendaches handelt es fich nach Vorftehendem hauptfächlich um die Conftruction der Binder. Diefe müffen fo hergeftellt fein, dafs fie die von den Pfetten aufgenommenen Kräfte klar und beftimmt, auf möglichft kurzem Wege, in die Stützpunkte, d. h. in die Seiten- und Mittelmauern des Gebäudes leiten. Je klarer und einfacher dies gefchieht, defto beffer ift die Conftruction, defto geringer im Allgemeinen auch der Holzaufwand. Beim Entwerfen des Dachbinders hat man zunächft zu ermitteln, wie viele Pfetten etwa nöthig find: über jeder Seitenmauer mufs, als Auflager für den Sparrenfufs, eine fog. Fufspfette angebracht werden; im Firft meiftens eine weitere, die fog. Firftpfette, und wenn die Sparren fich von der Fufs- bis zur Firftpfette nicht frei tragen können, fo kommen zwifchen beide jederfeits noch eine oder mehrere fog. Zwifchenpfetten hinzu. Diefe Pfetten find durch die Binder ficher zu unterftützen, wobei man die durch den Bau gegebenen Stützpunkte, bezw. die Zwifchenpunkte zweckentfprechend benutzt.

Wenn fich die feften Stützpunkte der Binder lothrecht unter den Pfetten befinden oder nur wenig feitwärts von diefer Lage, fo wird die Laft der Pfette einfach durch Pfoften $p$ (Fig. 252) nach unten geführt. Falls diefe günftigfte Löfung nicht möglich ift, fo hat man bei Holzbauten für die Ueberleitung der Laften auf

145) Veröffentlicht in: Zeitfchr. f. Bauw. 1891, Bl. 65.

Fig. 252.

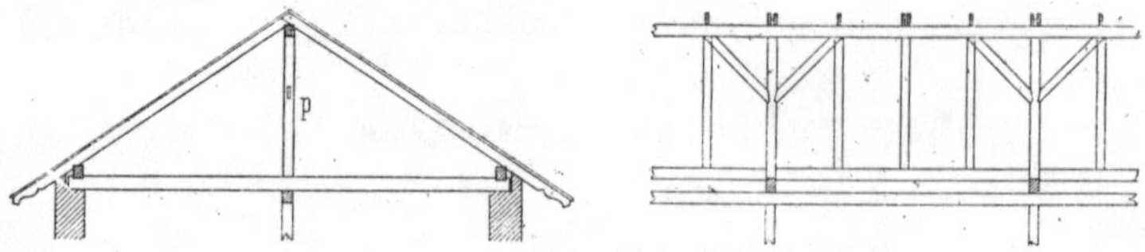


Pfettendach.

die Stützpunkte hauptſächlich drei Mittel, gewiſſermaſsen Grundconſtructionen, nämlich:

1) den einfachen Hängebock,

2) den doppelten Hängebock und

3) den verſtärkten (armirten) Balken.

Im Nachfolgenden wird gezeigt werden, wie man durch Benutzung derſelben die Dachbinder herſtellt.

79. Drempelbinder.

Sehr häufig läuft der Dachbinder in den Endauflagern nicht in Spitzen aus, ſondern hat ſog. Drempel- oder Knieſtockwände. Hierdurch ändert ſich an den Grundſätzen der Conſtruction nichts; nur muſs beachtet werden, daſs die Fuſspfette auf eine beſondere hölzerne Drempelwand gelegt werden muſs, und daſs die wagrechten Seitenkräfte der Sparrenſpannungen nicht in die Fuſspfette und die Drempelwand geleitet werden dürfen. Man führe dieſelben durch beſondere (in der ſchematiſchen Fig. 253 punktirte) Streben in die Deckenbalken, in denen ſie ſich unſchädlich aufheben, d. h. man verwandle die beiden verſchieblichen Seitenvierecke im Fachwerk durch Einziehen der Schrägſtäbe in unverſchiebliche Figuren.

Fig. 253.

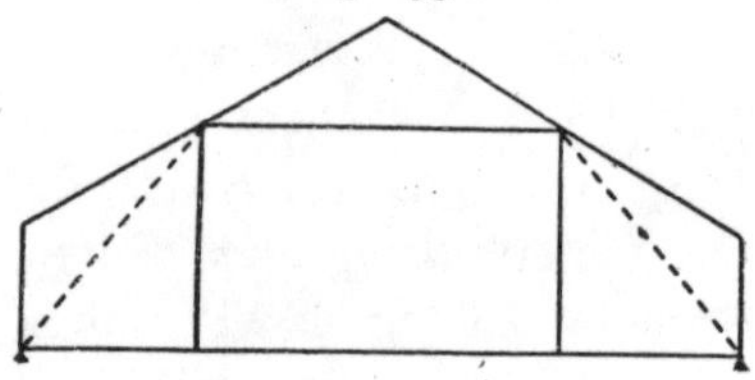

Die mit Drempelwänden verſehenen Dächer können demnach hier ſofort mit behandelt werden.

80. Statiſche Grundlagen.

Um eine ſichere Grundlage einmal für die Anordnung der Binder, ſodann für die Beurtheilung üblicher, bezw. ausgeführter Conſtructionen zu erlangen, iſt eine Unterſuchung über die ſtatiſchen Bedingungen zu führen, denen die Binder genügen müſſen.

Die Binder der Pfettendächer ſind ebene Fachwerke, mögen die Dächer aus Holz oder aus Eiſen hergeſtellt ſein; ſie müſſen deſshalb in beiden Fällen ſtabil ſein, d. h. ſie müſſen die Belaſtung ertragen können, ohne andere, als elaſtiſche Formänderungen zu erleiden; ihre geometriſche Form muſs bei jeder zu erwartenden Belaſtung erhalten bleiben. Zu dieſem Zwecke muſs aber zwiſchen der Zahl der Knotenpunkte und der Stäbe ein ganz beſtimmtes Verhältniſs beſtehen, welches mit von der Art der Unterſtützung der Dachbinder abhängt. Auſserdem müſſen auch die Anordnungen der Stäbe gewiſſen Geſetzen genügen. Nur wenn dieſe Bedingungen erfüllt ſind, iſt das Fachwerk geometriſch und ſtatiſch beſtimmt. Die Betrachtung der ſeit lange üblichen Dachbinder ergiebt, daſs bei dieſen vielfach für die geometriſche Beſtimmtheit Stäbe fehlen; wenn ſich trotzdem gröſsere Uebelſtände bei der Benutzung ſolcher Conſtructionen nicht herausgeſtellt haben, ſo hat dies ſeinen Grund darin, daſs die Annahmen hier nicht genau erfüllt ſind, welche der Fachwerk-Theorie zu Grunde liegen. Bei dieſer Theorie werden die Auflager der Binder theils als feſte, theils als bewegliche angenommen; bewegliche Auflagerungen ſind aber bislang bei Holzdächern nicht üblich, wenn ſie auch ohne Schwierigkeiten durchführbar wären; ferner wird vorausgefetzt, dafs die einzelnen Fachwerkftäbe in den Knotenpunkten gelenkig mit einander verbunden feien. Diefe Bildungsart der Knotenpunkte ift bei Holz-Conftructionen nicht gut durchführbar. Dennoch follte man geometrifch beftimmte Fachwerke auch hier bilden. Die Verhältniffe bezüglich der Knotenpunkte liegen bei den vernieteten Brückenträgern ganz ähnlich, wie hier; auch dort ift die bei der Berechnung angenommene Gelenkigkeit nicht vorhanden; aber kein Conftructeur würde defshalb wagen, einen für den geometrifchen Zufammenhang als erforderlich erkannten Stab fortzulaffen.

Im Mittelalter legte man auch noch grofsen Werth auf die Zufammenfetzung des ganzen Daches aus lauter Dreiecken, durch welche geometrifche Beftimmtheit gewährleiftet wurde; fpäter aber trat diefe Rückficht mehr in den Hintergrund. — Es fehlte der klare Einblick in die Theorie der Fachwerke, welche erft in neuerer und neuefter Zeit hinreichend gefördert ift, dafs man mit Sicherheit beurtheilen kann, ob eine Fachwerk-Conftruction in allen möglichen Belaftungsfällen ausreicht oder nicht. Weiter unten follen auf Grund des heutigen Standes der Fachwerk-Theorie einige Vorfchläge für die Conftruction der Dachbinder gemacht werden und defshalb kurz die Ergebniffe der erwähnten Theorie, fo weit fie hier in Frage kommen, angeführt werden.

81. Theorie ebener Fachwerke.

Die Theorie der ebenen Fachwerke führt zu nachftehenden Forderungen, bezw. Ergebniffen:

1) Das Fachwerk mufs im Stande fein, die auf daffelbe wirkenden Belaftungen nach den Auflagerpunkten zu übertragen, ohne feine geometrifche Form zu verändern, d. h. ohne andere, als elaftifche Formänderungen zu erleiden.

2) Ein Fachwerk wird ftatifch beftimmt genannt, wenn alle Stabfpannungen und alle Auflagerdrücke fich nach den Gleichgewichtsgefetzen ftarrer Körper beftimmen, alfo auch aus diefen Gleichgewichtsbedingungen berechnet werden können.

3) Jedes fefte Auflager bedingt zwei Unbekannte; jedes in einer Linie bewegliche Auflager (Linienauflager genannt) bedingt eine Unbekannte. Als Unbekannte am feften Auflager führt man zweckmäfsig die lothrechte und die wagrechte Seitenkraft des Auflagerdruckes ein. Hat alfo ein Binder ein feftes und ein bewegliches Auflager, fo beträgt die Zahl der Auflager-Unbekannten $2 + 1 = 3$. Allgemein foll die Anzahl der Auflager-Unbekannten mit $n$ bezeichnet werden.

4) Wenn die Zahl der Auflager-Unbekannten $n = 3$ ift, fo kann man diefelben aus den allgemeinen Gleichgewichtsbedingungen für das Fachwerk — als Ganzes — ermitteln.

5) Wird die Zahl der Knotenpunkte mit $k$ und die Zahl der Stäbe mit $s$ bezeichnet, fo mufs

$$s = 2k - n$$

fein, wenn das Fachwerk ftatifch beftimmt fein foll. Im häufigften Falle eines feften und eines beweglichen Auflagers ift $n = 3$; alfo mufs dann $s = 2k - 3$ fein. Wenn die Stabzahl $s$ kleiner als $2k - n$ (bezw. $2k - 3$) ift, fo ift das Fachwerk labil; alsdann ift nur bei ganz beftimmten Gröfsen und Richtungen der wirkenden Kräfte Gleichgewicht möglich. Sobald die belaftenden Kräfte diefe Bedingungen nicht erfüllen, würde Einfturz eintreten, wenn die oben angeführten Vorausfetzungen genau erfüllt wären; jedenfalls treten dann gröfsere Formänderungen ein.

Ein Beifpiel hierfür ift der zweifäulige Hängebock (Fig. 254), der in vielen Dachbindern verwendet wird. Es ift $k = 6$; mithin müffte die Zahl der Stäbe

Fig. 254.

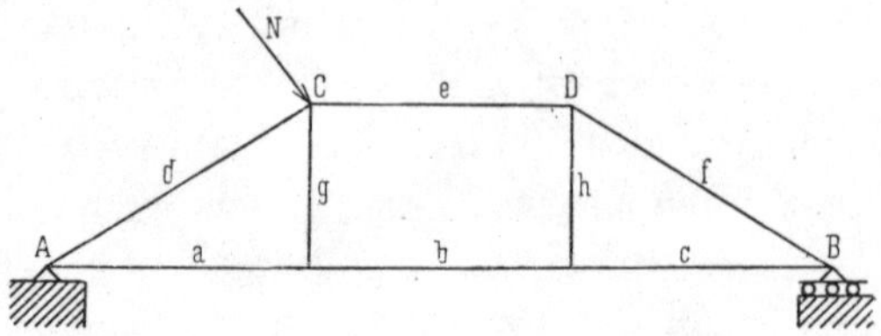


$s = 2k - 3 = 9$ ſein; ſie beträgt nur 8, es iſt ſomit ein Stab zu wenig vorhanden. Gleichgewicht iſt nur möglich, wenn beide Laſtpunkte *C* und *D* genau gleich und ſymmetriſch zur Mitte belaſtet ſind. Für jede andere Belaſtung iſt das Fachwerk labil. Wirkt beiſpielsweiſe in Punkt *C* der Winddruck *N*, ſo zerlegt ſich derſelbe in die Spannungen *d* und *e*; die Spannung *e* müſste ſich in Punkt *D* nach *h* und *f* zerlegen; *h* kann aber nicht in die Stäbe *b* und *c* befördert werden, muſs alſo gleich Null ſein; die Spannung *f* allein kann aber die Spannung *e* nicht aufnehmen, weil beide nicht in eine Linie fallen. In Wirklichkeit iſt allerdings *AB* ein durchgehender Balken, kann alſo die Spannung *h* als Laſt aufnehmen und wird dabei auf Biegung beanſprucht; hierdurch erklärt ſich, daſs dieſe Conſtruction trotzdem beſtehen kann. Biegungsbeanſpruchungen ſollen aber beim Fachwerk in den einzelnen Stäben nicht auftreten. Man kann die Anordnung leicht beſtimmt machen und den Balken *AB* von der Biegungsbeanſpruchung befreien, wenn man eine Diagonale im rechteckigen Felde anbringt, oder auch durch Anordnung zweier Streben in dieſem Felde, wie in Fig. 255 angegeben iſt. Dann erhält man einen Knotenpunkt

Fig. 255.

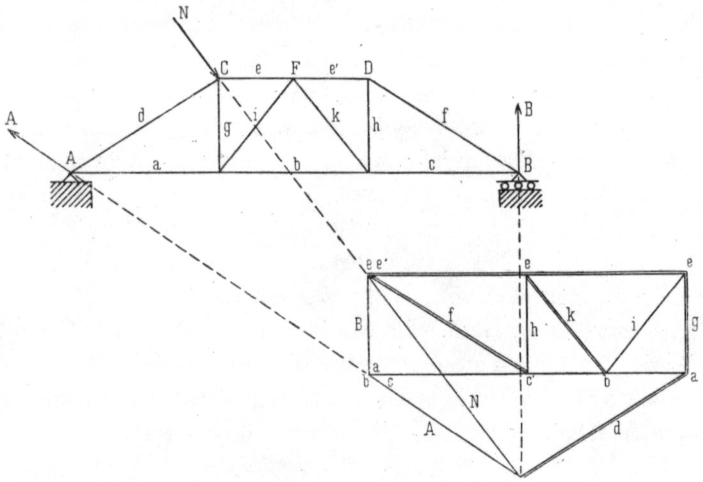


mehr, aber auch drei Stäbe mehr als früher (der frühere Stab *e* zerfällt nun in zwei Stäbe), und die obige Bedingung iſt erfüllt. Denn es iſt nunmehr thatſächlich $k = 7$ und $s = 11$, d. h. $s = 2k - 3$. Die Spannung des Stabes *e* zerlegt ſich im Punkte *F* in die beiden Stabſpannungen *i* und *k*. Der beigefügte Kräfteplan giebt über alle Spannungen Aufſchluſs.

6) Die Erfüllung der Bedingung $s = 2k - n$ genügt allein noch nicht für die ſtatiſche Beſtimmtheit des Fachwerkes; es muſs auch jeder Theil des Fachwerkes ſtatiſch beſtimmt ſein. Hierbei gilt folgendes von *Foeppl* [146]) nachgewieſene Geſetz: Wenn ein Fachwerk die nothwendige Zahl von Stäben ($s = 2k - n$) hat und geometriſch beſtimmt iſt, ſo iſt es auch ſtatiſch beſtimmt. Geometriſch beſtimmt iſt

146) Siehe: FOEPPL, A. Das Fachwerk im Raume. Leipzig 1892. S. 30.

aber ein Fachwerk, wenn ſich aus den Stützpunktlagen und den gegebenen Längen der Stäbe die Lage aller Knotenpunkte eindeutig und beſtimmt ergiebt.

7) Die einfachſte, durch die Stablängen geometriſch beſtimmte ebene Figur iſt das Dreieck. Fügt man an dieſes ſtets einen weiteren Knotenpunkt und zwei weitere Stäbe, ſo bleibt das Fachwerk geometriſch beſtimmt. Vorausgeſetzt iſt, daſs die Zahl der Auflager-Unbekannten $n = 3$ ſei.

8) Kann man das ganze Fachwerk in zwei Theile zerlegen, deren jeder nach Zahl der Stäbe und Knotenpunkte der Bedingung $s = 2k - 3$ genügt, ſo iſt auch das ganze Fachwerk geometriſch beſtimmt, ſowohl wenn beide Fachwerke in einem Knotenpunkte zuſammenhängen und auſserdem einen Verbindungsſtab haben, als auch wenn beide Fachwerke keinen gemeinſamen Knotenpunkt, aber drei Verbindungsſtäbe haben; die Richtungen letzterer dürfen aber nicht durch einen Punkt gehen, auch nicht parallel ſein.

Man könnte z. B. das oben angeführte zweiſäulige Hängewerk auch dadurch ſtabil machen, daſs man die Streben *AF* und *BF* (Fig. 256) hinzufügte. Dann iſt $k = 7$ und $s = 11$, d. h. $s = 2k - 3$. — An das Dreieck *ACF* iſt zunächſt der Knotenpunkt *G* durch Stäbe *a* und *g* geſchloſſen; dieſes Fachwerk iſt eine geometriſch beſtimmte Figur. Eben ſo iſt es mit *BFDHB*. Beide ſind dann in *F* vereinigt, und es iſt Stab *b* zugefügt. Das ganze Fachwerk iſt, wenn *A* ein feſter, und *B* ein beweglicher Auflagerpunkt iſt, geometriſch genau beſtimmt, alſo auch ſtatiſch beſtimmt. Der in Fig. 256 ſchematiſch dargeſtellte Hängebock dürfte empfehlenswerth ſein; er läſſt genügend freien Raum im mittleren Felde; auch die praktiſche Ausführung iſt einfach, wenn man etwa die beiden Hängeſäulen *g* und *h* als doppelte Hölzer conſtruirt, welche die Streben und den Spannriegel *CD* zwiſchen ſich nehmen.

Fig. 256.

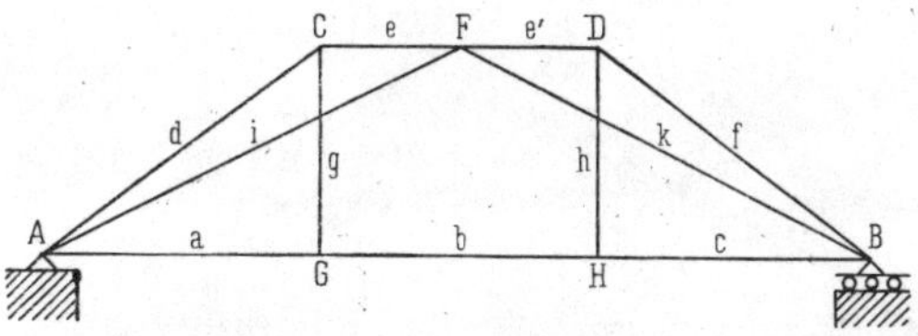


Auf Grund der vorſtehend angegebenen Geſetze ſollen nunmehr zunächſt die in der Praxis üblichen Hauptbinderarten für verſchiedene Weiten vorgeführt und beſprochen werden; dann ſoll gezeigt werden, wie man die Dachbinder als ſtatiſch beſtimmte Fachwerke in den verſchiedenen Fällen conſtruiren kann. Dabei ſoll auf den Unterſchied, ob der Dachſtuhl ein ſtehender oder liegender iſt, nur nebenbei hingewieſen werden, weil derſelbe hier geringe Bedeutung hat. Es ſoll von den kleinen Dachbindern ausgegangen und darauf zu den gröſseren mit 5, 7 und mehr Pfetten übergegangen werden.

## 2) Uebliche Pfetten-Dachbinder.

α) Dachbinder mit Firſtpfette und zwei Fuſspfetten. Fig. 252 (S. 100) zeigt die einfachſte Löſung für den Fall, daſs eine Mittelwand vorhanden iſt, auf welche die Laſt der Firſtpfette mittels der Pfoſten oder Stuhlſäulen *p* übertragen werden kann. Die beiden Sparren des Bindergebindes ſind hier nothwendige Theile des Fachwerkes, da ſie die obere Gurtung des Binders bilden. — Wenn keine Mittelwand vorhanden iſt oder dieſelbe aus beſtimmten Gründen nicht benutzt werden ſoll, ſo wird die Laſt der Firſtpfette durch einen einfachen Hängebock nach den auf den Seitenmauern befindlichen Auflagern geführt (Fig. 257). Dieſer Binder iſt 82. Binder für drei Pfetten.

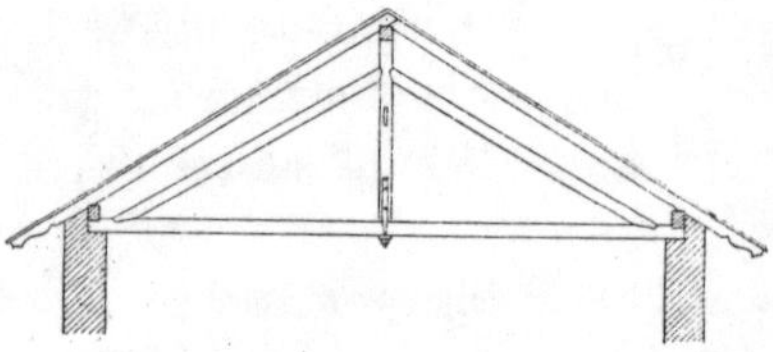

Fig. 257.

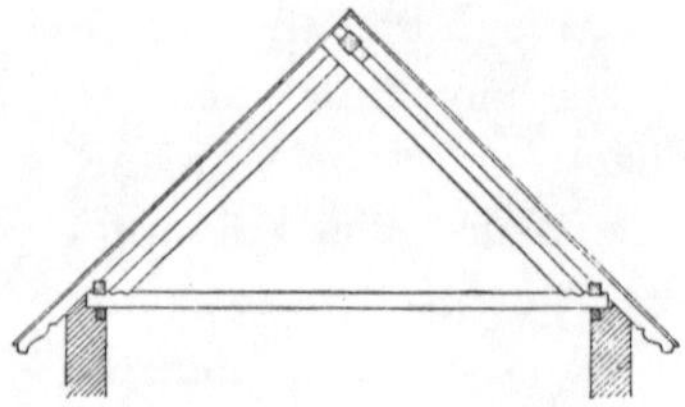

Fig. 258.

ſtabil. Weniger gut, aber unbedenklich iſt die Conſtruction mit Bockſtreben, aber ohne Hängeſäule (Fig. 258); ſie iſt allerdings ſtabil; aber die Querſchnittsform der Firſtpfette iſt nicht günſtig.

Die in Fig. 257 u. 258 dargeſtellten Binder können bis zu Weiten von etwa 8 bis 9 m ausgeführt werden.

83. Binder für vier Pfetten.

β) Dachbinder mit zwei Zwiſchenpfetten und zwei Fuſspfetten. In Fig. 259 iſt die Anordnung angegeben, welche üblich iſt, falls zwei Zwiſchenmauern vorhanden ſind, auf welche die Pfettenlaſten übertragen werden können; dieſe Uebertragung erfolgt hier wieder einfach durch Pfoſten (Ständer) unter den Pfetten. Die Pfoſten können unbedenklich etwas ſeitwärts von den mittleren Auflagern auf die Balken (Bundträme) geſtellt werden, wie dies in Fig. 259 geſchehen iſt. Auch hier bilden die Sparren des Bindergebindes (die Bundſparren) nothwendige Theile des Binders, da ſie die obere Gurtung des Fachwerkes erſetzen müſſen. Für die lothrechten Belaſtungen kann man allerdings von der Auffaſſung der Conſtruction als Fachwerk abſehen und annehmen, daſs die Pfettenlaſten durch die Pfoſten auf den als durchgehenden Träger auf 4 Stützen wirkenden Balken kommen. Die ſchiefen Kräfte (Winddrücke) können aber durch die Conſtruction nicht ohne ſtarke Formänderungen nach den Auflagern geführt werden, weil im Rechteck zwiſchen beiden Pfoſten keine Diagonale iſt. Es empfiehlt ſich deſshalb, wenn möglich, die in der Abbildung punktirten Streben $y$, $y$ einzufügen. Sollte dies nicht zuläſſig ſein, ſo unterlaſſe man nicht, Kopfbänder (Bügen) anzuordnen, um die rechten Winkel zu erhalten.

Fig. 259.

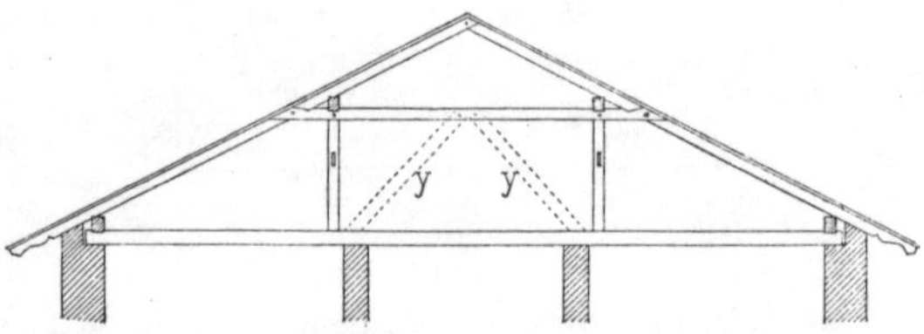


Falls keine mittleren Stützpunkte vorhanden ſind oder wenn dieſelben nicht

Fig. 260.

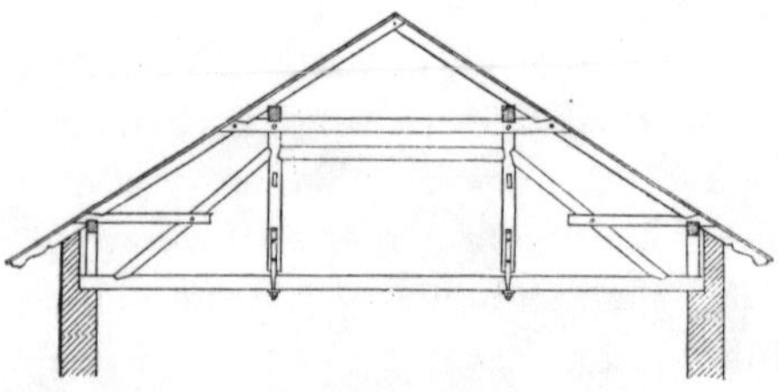

Pfettendach mit zweiſäuligem Hängebock und Drempel.

Fig. 261.

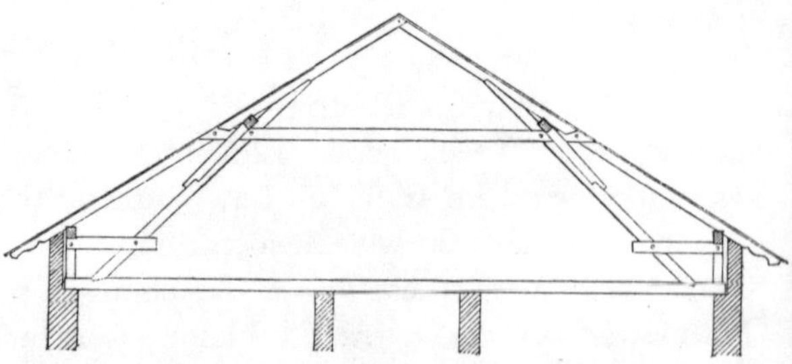

Pfettendach mit Drempel und liegendem Stuhl.

benutzt werden können, ſo verwendet man zum Tragen der Pfetten einen doppelten (zweiſäuligen) Hängebock. Fig. 260 zeigt dieſe Conſtruction mit Drempelwänden und Fig. 261 mit Drempelwänden, aber ohne Hängeſäulen. Dieſe Conſtruction kann man als Sprengwerk anſehen und das Ganze als liegenden Dachſtuhl bezeichnen. Die beiden Binder in Fig. 260 u. 261 ſind, ſtreng genommen, nicht ſtabil; es fehlt jedem derſelben ein Stab: die Diagonale des verſchieblichen Viereckes, ſtatt deren auch zwei nach Art der Stäbe *y* in Fig. 259 angeordnet werden können.

Bei Verwendung des doppelten Hängewerkes, bezw. des Sprengwerkes werden unter den Zwiſchenpfetten ſtets Doppelzangen angebracht, welche manchmal, wie

Fig. 262.

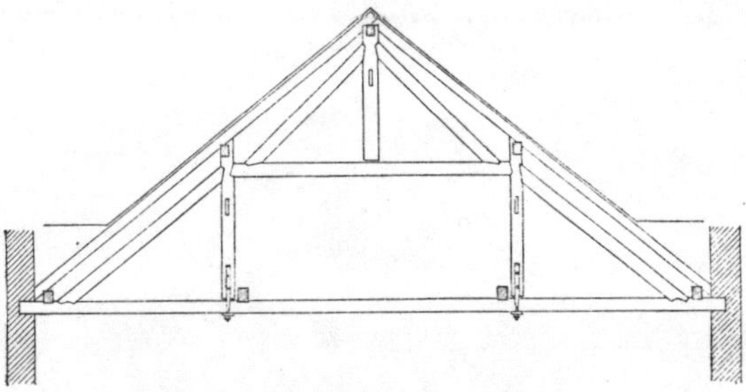

Fig. 263.

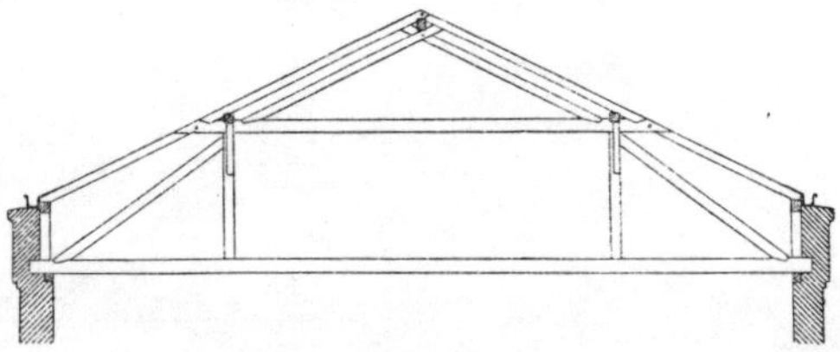

Vom Gymnaſium zu Saarbrücken.

$^1/_{200}$ n. Gr.

Fig. 264.

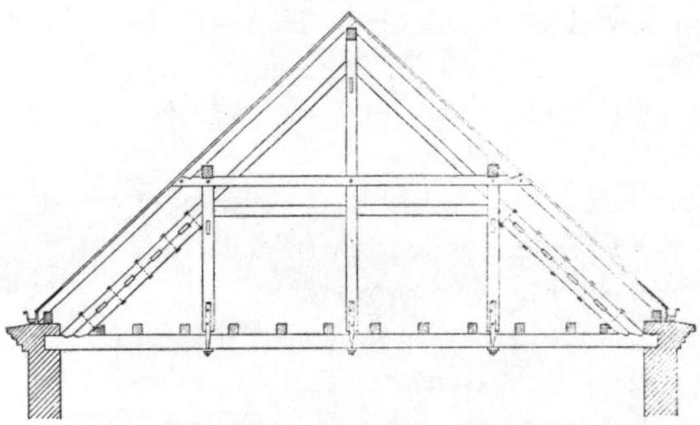

Vom Gymnaſium zu Linden.

$^1/_{200}$ n. Gr.

Fig. 265.

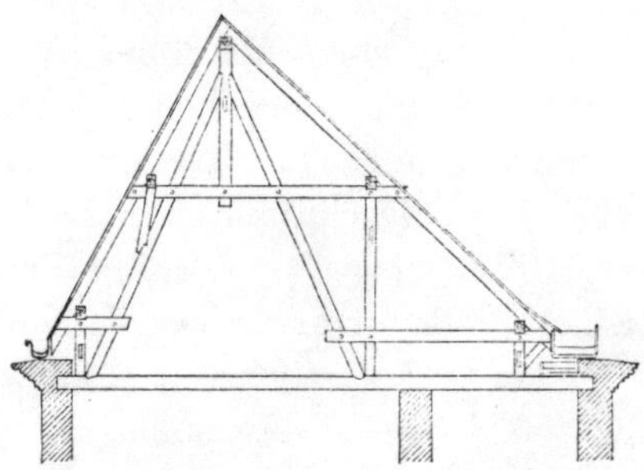

Vom Landgerichtshaus zu Bochum.

$^1/_{200}$ n. Gr.

in Fig. 261, zugleich als Spannriegel dienen; beſſer iſt es, nach Fig. 260 auſser dem Spannriegel noch die Doppelzangen anzuordnen.

Dieſe Dachbinder können bis zu Weiten von etwa $12^{m}$ verwendet werden.

84. Gröſsere Zahl von Pfetten.

γ) **Dachbinder für Firſtpfette und zwei Zwiſchenpfetten und für vier Zwiſchenpfetten.** Wenn das Sparrenſtück von der Zwiſchenpfette bis zum Firſt länger als etwa $3{,}00$ bis $3{,}50^{m}$ wird, muſs man auſser den beiden Zwiſchenpfetten noch eine Firſtpfette anordnen. Die Laſt der letzteren überträgt man durch einen einfachen Hängebock auf die beiden Laſtpunkte des zweiſäuligen Hängebockes und von dort durch dieſen nach den Seitenmauern des Gebäudes, falls nicht etwa Zwiſchenwände vorhanden ſind, auf welche die Laſten ohne Weiteres gebracht werden können. Ein Beiſpiel zeigt Fig. 262. An den zweiſäuligen Hängebock kann dann auch die Decke des darunter befindlichen Raumes angehängt werden.

Mit diefem Binder verwandt ift der in Fig. 263 dargeftellte, der nach gleichen Grundfätzen entworfen ift, bei dem aber die Firftpfette durch Bockftreben getragen wird.

Man wirft diefen Conftructionen mit Recht vor, dafs die grofse Zahl der Verfatzungen und die geringe Länge der Hölzer ein ftarkes Setzen zur Folge haben. Auch hier fehlt für die ftatifche und geometrifche Beftimmtheit ein Stab; die Figuren find wegen der Vierecke, welche keine Diagonalen haben, verfchiebliche.

Den erfterwähnten Uebelftand kann man dadurch befeitigen, dafs man den einfachen Hängebock, welcher die Firftpfette trägt, bis zu den beiden Auflagern

Fig. 266.

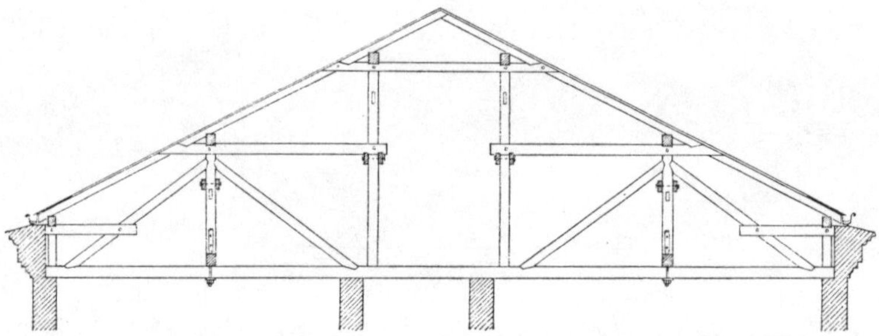

Vom Landgerichtshaus zu Flensburg.

1/200 n. Gr.

des Binders hinabführt und mit den Streben des zweifäuligen Hängebockes durch Verzahnung oder Verdübelung verbindet (Fig. 264). Diefe Anordnung ift den vorigen weitaus vorzuziehen. Immerhin fehlt auch hier ein Stab für die ftatifche Beftimmtheit.

Diefe Dachftühle können bis zu Weiten von 14 bis 15 m verwendet werden.

Eine etwas andere Anordnung mit verfchieden geneigten Dachflächen und gefchickter Benutzung einer Zwifchenmauer ift in Fig. 265 vorgeführt.

Fig. 266 zeigt vier Zwifchenpfetten, aber keine eigentliche Firftpfette; auch hier find die Zwifchenmauern mit zum Tragen benutzt; die beiden dem Firft zunächft liegenden Zwifchenpfetten übertragen ihre Laft durch lothrechte Pfoften, die anderen durch einfäulige Hängeböcke.

### 3) Conftruction der Pfetten-Dachbinder als ftatifch beftimmte Fachwerke.

85. Binder für drei Pfetten.

Es follen der Reihe nach für drei, fünf, fieben und mehr Laftpunkte (Pfetten) nach den in Art. 81 (S. 101) entwickelten Grundfätzen ftatifch beftimmte Binder angegeben werden.

α) Binder für drei Pfetten (eine Firftpfette und zwei Zwifchenpfetten). Die Firftpfette wird durch einen grofsen, bis nach den Auflagern geführten Hängebock unterftützt, und die beiden Zwifchenpfetten werden durch einen zweifäuligen Hängebock getragen (Fig. 267). Das rechteckige Feld erhält zwei Streben, welche einander in der Mitte des für den zweifäuligen Hängebock angeordneten Spannriegels treffen. Will man den Dachbodenraum freier haben, fo kann man nach Fig. 268 diefe Streben nach den Auflagern führen. Die punktirten Stäbe find nicht erforderlich, werden aber meiſt ausgeführt; ſie machen den Binder ſtatiſch unbeſtimmt, aber nicht labil. Die vorgeſchlagenen Binder können auch verwendet werden, wenn das Dach einen Knieſtock aufweist; dann empfiehlt ſich das Anbringen der üblichen Zangen (in Fig. 269 punktirt).

Wenn ein freier Dachbodenraum nicht verlangt wird, ſo kann man auch nach Fig. 270 drei einſäulige Hängewerke verwenden: jederſeits eines zum Tragen der Zwiſchenpfette und ein groſses zum Tragen der Firſtpfette und zur Aufnahme der

Fig. 267.

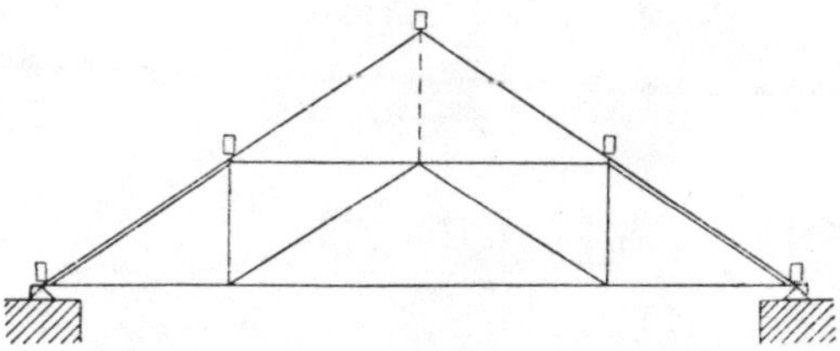

Fig. 268.

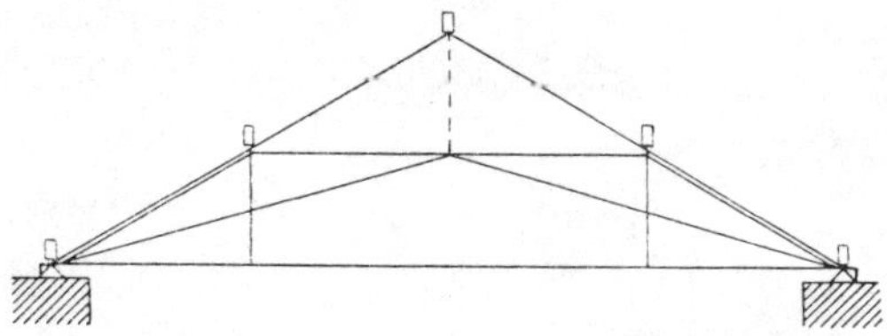

Fig. 269.

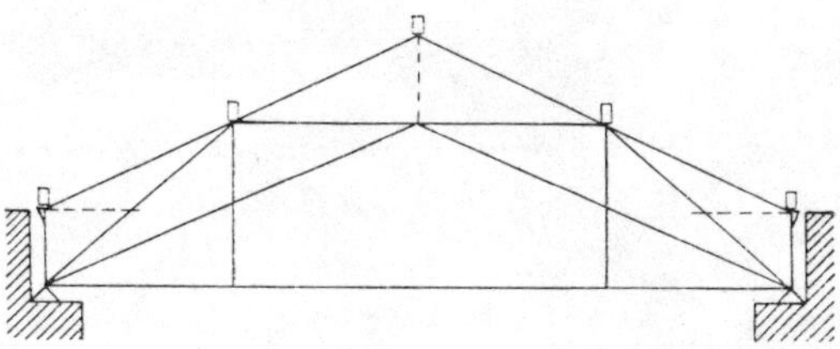

Fig. 270.

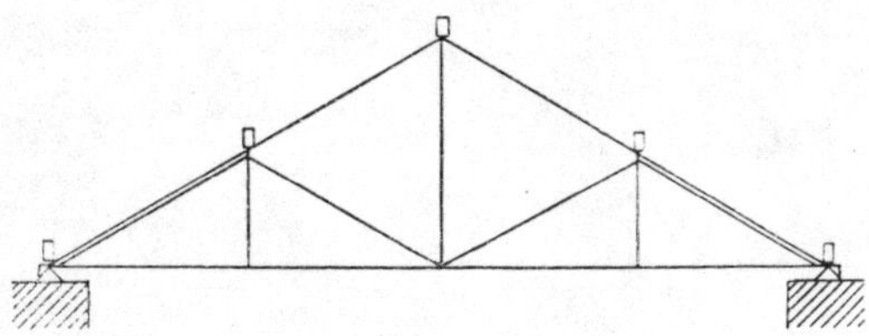

Fig. 271.

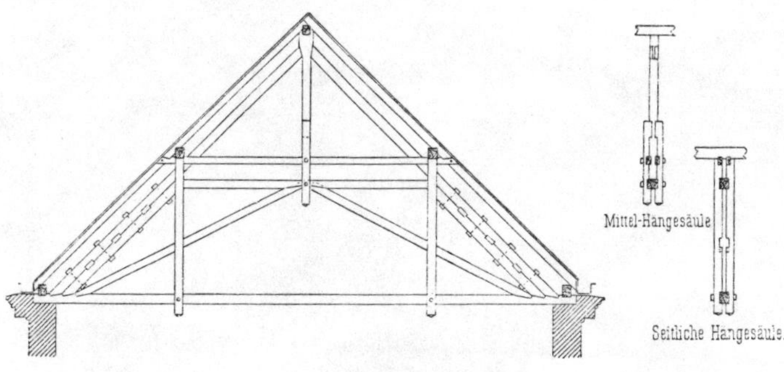


nach der Bindermitte übertragenen Kräfte der ſeitlichen Hängewerke. Fig. 271 zeigt einen nach dem Schema in Fig. 268 conſtruirten Binder.

86. Binder für fünf Pfetten.

β) Binder für fünf Pfetten (eine Firſtpfette und jederſeits zwei Zwiſchenpfetten). Fig. 272 bis 275 zeigen eine Anzahl verſchiedener Löſungen mit mehr oder weniger freien Dachbodenräumen. Dieſelben ſind ohne beſondere Erläuterungen verſtändlich; alle ſind ſtabil, ohne die punktirten Stäbe ſtatiſch beſtimmt, mit dieſen ſtatiſch unbeſtimmt.

In Fig. 276 iſt ein nach dem Schema in Fig. 273 conſtruirter Binder dargeſtellt; die Hängeſäulen ſind theils einfach, theils doppelt; der Dachbodenraum iſt im mittleren Theile frei.

87. Binder für fieben und mehr Pfetten.

γ) Binder für fieben und mehr Pfetten. Das Syftem in Fig. 277 zeigt die Auflöfung des ganzen Binders in eine Zahl kleinerer Hängeböcke. Alle Streben find als einfache, alle Hängefäulen als doppelte Hölzer gedacht. Mit diefem Binder

Fig. 272.

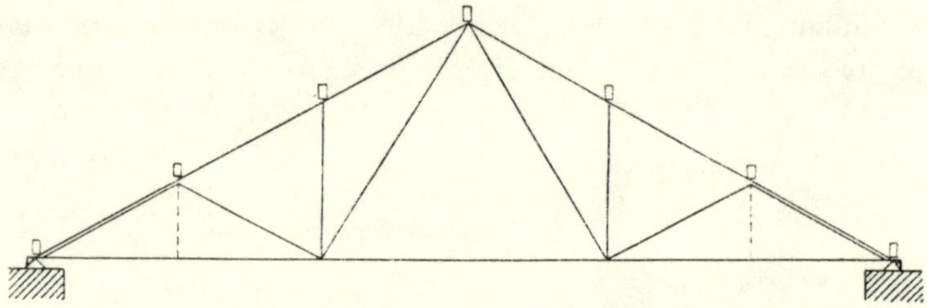

Fig. 273.

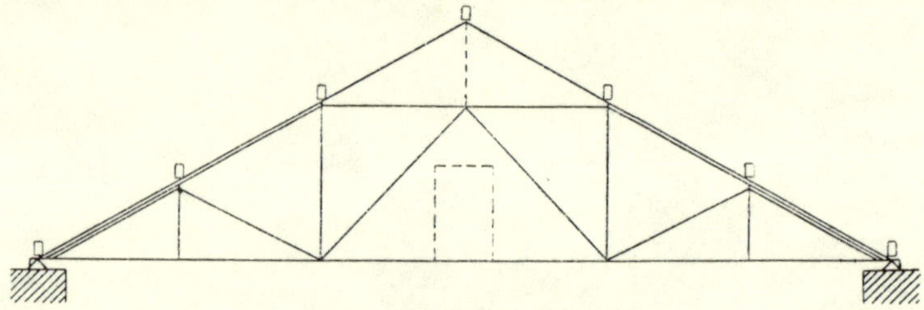

Fig. 274.

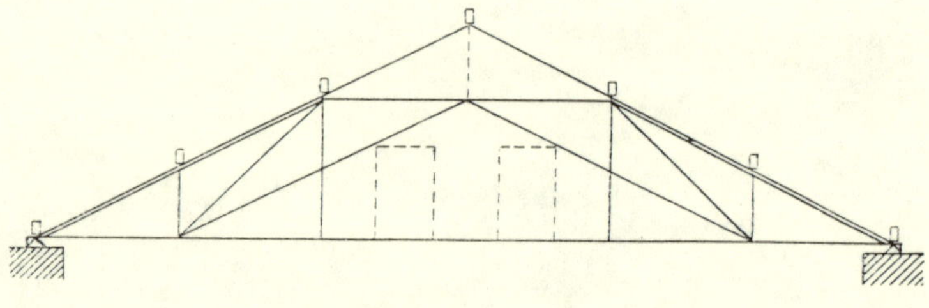

Fig. 275.

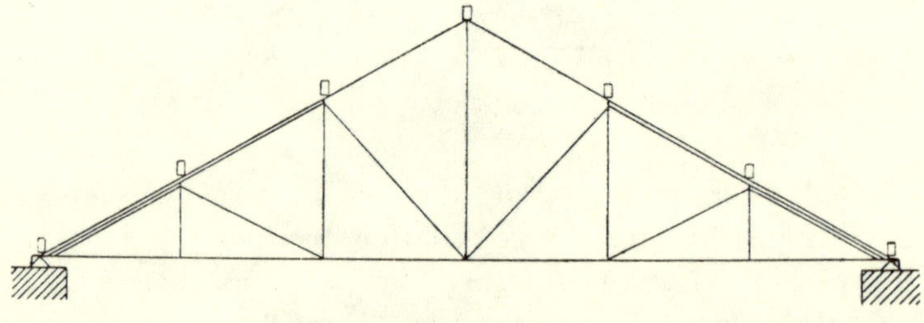

können Stützweiten bis etwa 30 m überdacht werden. Es ift $k = 18$ und $s = 33$, alfo wirklich $s = 2k - 3$.

Fig. 278 zeigt einen freieren Dachbodenraum; dabei ift $k = 16$ und $s = 29$, alfo ebenfalls ein ftatifch beftimmtes Syftem. Diefe Binder können auch vortheilhaft aus Holz und Eifen hergeftellt werden; man kommt fo beifpielsweife zum fog. *Polonceau-* oder *Wiegmann*-Dachftuhl (Fig. 279).

Fig. 276.

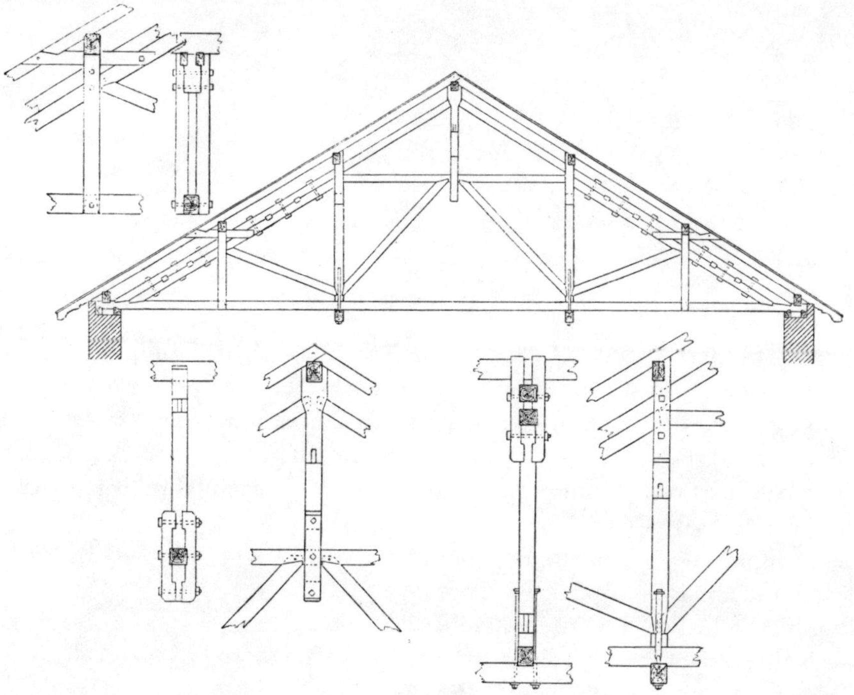

Es ift leicht möglich, in vorftehend angegebener Weife auch für eine gröfsere Zahl von Knotenpunkten die Syfteme fo zu entwerfen, dafs das Syftem ftatifch und geometrifch beftimmt ift.

Fig. 277.

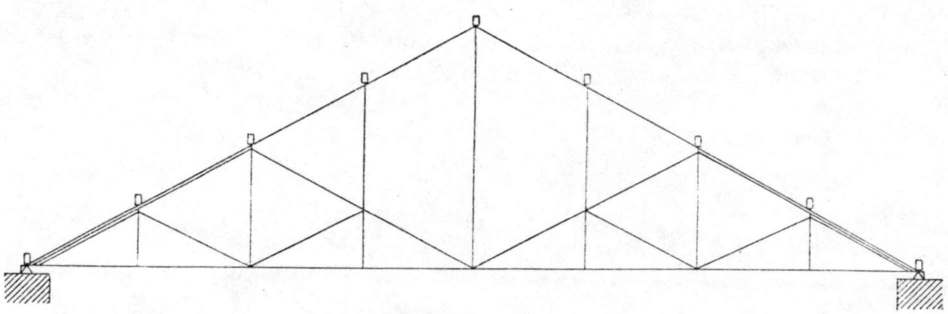

Fig. 278.

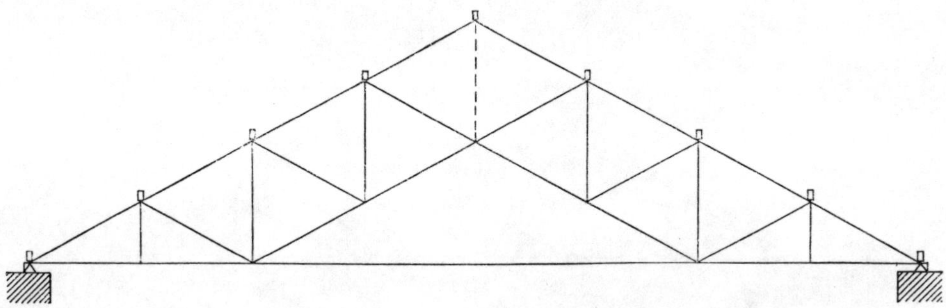

Fig. 279.

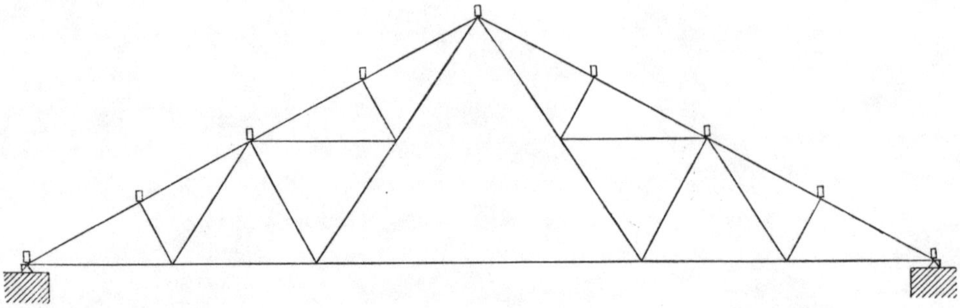

88.
Binder mit mehr als zwei Auflagern.

δ) Binder mit mehr als zwei Auflagern. Falls die Binder mehr als zwei Auflager erhalten, fo ift die Conftruction eines ftatifch beftimmten Fachwerkes fehr fchwierig, weil die unteren Gurtungsbalken (Bundträme) durchlaufen und fo der Binder ein continuirlicher Träger wird. Immerhin mufs man vor Allem eine ftabile Figur erftreben und die Laften der Pfetten durch einfache Conftructionen auf die Stützpunkte bringen.

Fig. 280.

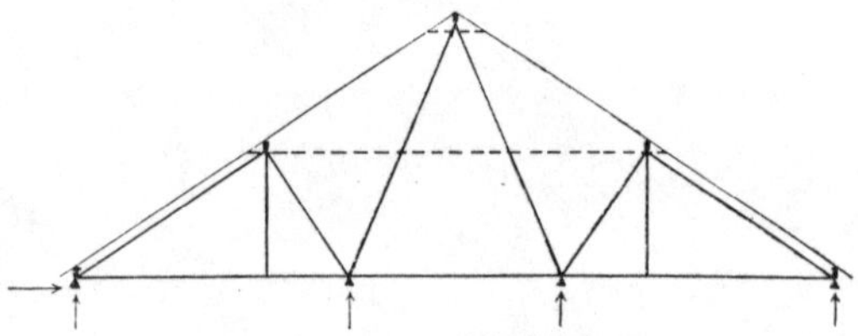

Ein Beifpiel für einen Binder mit 4 Stützpunkten und 3 Laftpunkten zeigt Fig. 280. Für jede der 3 Pfetten ift ein Hängebock angeordnet, welcher die Laften ficher in die Stützpunkte überträgt; die Kräfte können beliebig gerichtet fein; eine Unklarheit ift nicht vorhanden. Stäbe zwifchen Mittel- und Seitenpfetten find alfo eigentlich nicht nöthig; gewöhnlich wird man fie anordnen, fo wie auch die punktirten Zangen. Dadurch wird die ftatifche Beftimmtheit aufgehoben. Die Zahl der Auflager-Unbekannten ift hier, weil ein Auflager als feft, drei als beweglich angenommen werden, $n = 5$, und es mufs für ftatifche Beftimmtheit $s = 2k - 5$ fein; thatfächlich ift (ohne die punktirten Stäbe) $k = 9$ und $s = 13$.

Fig. 281.

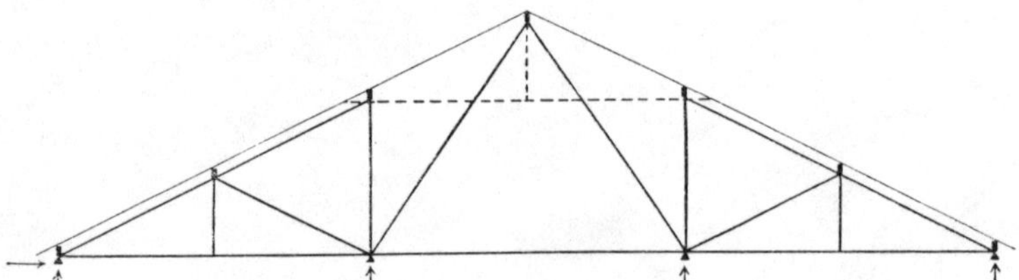

Fig. 282.

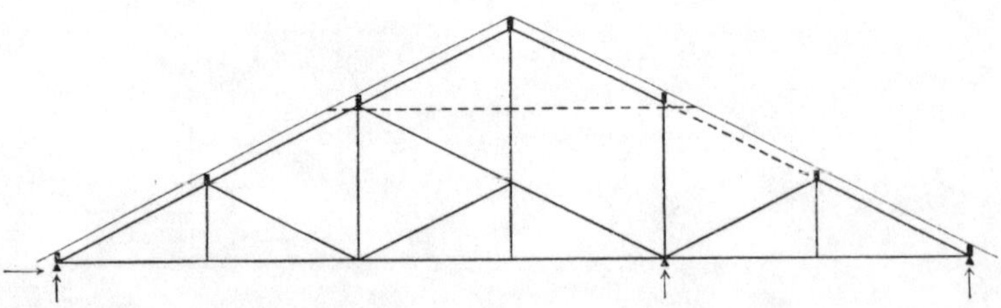

Ganz ähnlich ift die Anordnung mit 5 Pfetten in Fig. 281. Dafelbft ift $k = 11$ und $s = 17$. Auch hier find Verbindungsftäbe zwifchen Mittel- und oberer Seitenpfette für die geometrifche Beftimmtheit nicht nöthig, werden aber zweckmäfsig angeordnet. Wenn nur eine Mittelmauer als Stütze der Binder verfügbar ift, fo kann man nach dem Schema in Fig. 282 verfahren. Hier ift $n = 4$, $k = 13$ und $s = 22$, d. h. $s = 2k - 4$.

Das in Fig. 266 (S. 106) dargeftellte Dach zeigt einen ausgeführten Dachbinder mit zwei mittleren Stützpunkten. Fafft man daffelbe als ein doppeltes Pultdach auf, fo fieht man, dafs es ftabil ift.

Endlich ift noch in Fig. 283 das Syftem für einen Binder mit 4 Stützpunkten ($n = 5$) und 7 Mittelpfetten angegeben; ohne die punktirten Stäbe ift $k = 15$ und

Fig. 283.

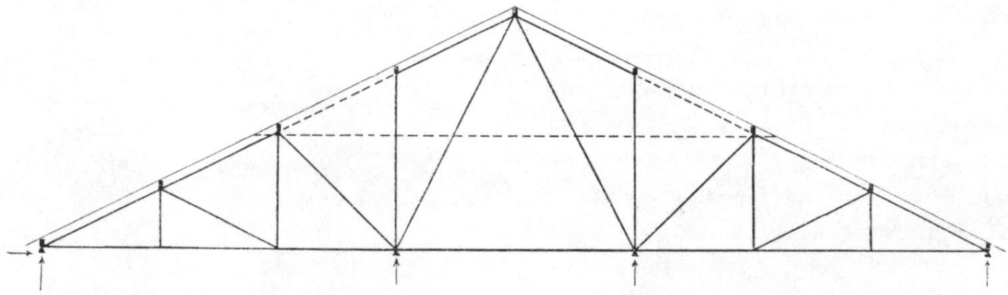

Fig. 284.

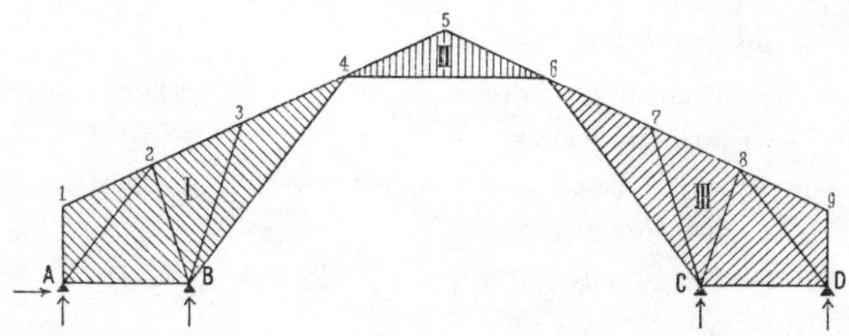


$s = 25$. Es ift ftets nach demfelben Grundfatze verfahren: der ganze Träger ift in eine Anzahl einzelner Träger zerlegt.

Eine in hohem Mafse beachtenswerthe Conftruction ift das in Fig. 285 [147]) dargeftellte Dach vom Theater in Mainz. Daffelbe, von *Moller* entworfen, ift ein halbes Zeltdach, gehört demnach eigentlich nicht hierher; die Binder diefes Daches würden aber auch als Satteldachbinder geometrifch beftimmt fein und können unter Umftänden für Satteldächer nutzbringende Verwendung finden. Die Balken konnten, wegen der anfteigenden Decke, nicht durchgeführt werden; es handelte fich alfo darum, die Dachbinder ohne durchgehende Balken fo anzuordnen, dafs möglichft wenig Schub auf die Mauern kam. Die fchematifche Zeichnung in Fig. 284, in welche nur die Haupttheile aufgenommen find, zeigt, dafs zwei Auslegerträger verwendet find, deren jeder auf zwei Stützpunkten, $A$ und $B$, bezw. $C$ und $D$ ruht. Die Enden der Ausleger, die Knotenpunkte *4* und *6* tragen den Dreieckträger *456*.

147) Nach: MOLLER, G. Beiträge zu der Lehre von den Conftructionen. Darmftadt 1837.

Die Verbindungen ſind hier natürlich dem Bauſtoff entſprechend angeordnet; aber ſelbſt wenn bei *4* und *6* Gelenke wären und nur die in Fig. 284 gezeichneten Stäbe vorhanden wären, ſo wäre auch beim Satteldach der Binder ſtabil und ſtatiſch beſtimmt.

Die ſtatiſche Unterſuchung ſoll für dieſen Fall kurz angedeutet werden. Das Auflager *A* wird als feſtes und die Auflager *B*, *C*, *D* werden als Linienauflager angenommen. Dann iſt $n = 2 + 1 + 1 + 1 = 5$, $k = 13$ und $s = 21$, alſo wirklich $s = 2k - n$. — Die Berechnung dieſes Daches, als Satteldach, iſt folgendermaſsen vorzunehmen.

Der ganze Binder wird als aus 3 Scheiben, *I*, *II*, *III* (Fig. 284), beſtehend angenommen; *I* iſt der linke, *III* der rechte Auslegerträger und *II* der zwiſchen beiden auf den Gelenken *4* und 6 ruhende Dreieckträger. *C* und *D* werden als Linienauflager angenommen und leiſten demnach nur lothrechte Stützendrücke; dann können aber auch im Punkte *6* auf die Scheibe *III* nur lothrechte Kräfte übertragen werden, falls auf dieſelbe nur lothrechte äuſsere Kräfte (Belaſtungen) wirken. Die Kraft, welche im Gelenk *6* auf die Scheibe *II* als Stützendruck wirkt, iſt der in demſelben Punkte auf Scheibe *III* wirkenden Kraft gleich, aber dem Sinne nach entgegengeſetzt gerichtet. Auch dieſe Kraft kann demnach nur lothrecht wirken, wenn auf Scheibe *III* lothrechte Belaſtungen übertragen werden. Damit kann aber auch der Stützendruck, welcher im Gelenkpunkt *4* auf Scheibe *II*, bezw. Scheibe *I* wirkt, gefunden werden, worauf das Verzeichnen des Kräfteplanes, bezw. die Berechnung der Spannungen in den Stäben leicht iſt. Die Auflagerdrücke bei *A* und *D* können negativ werden, weshalb dieſe Auflager zu verankern ſind.

Fig. 285.

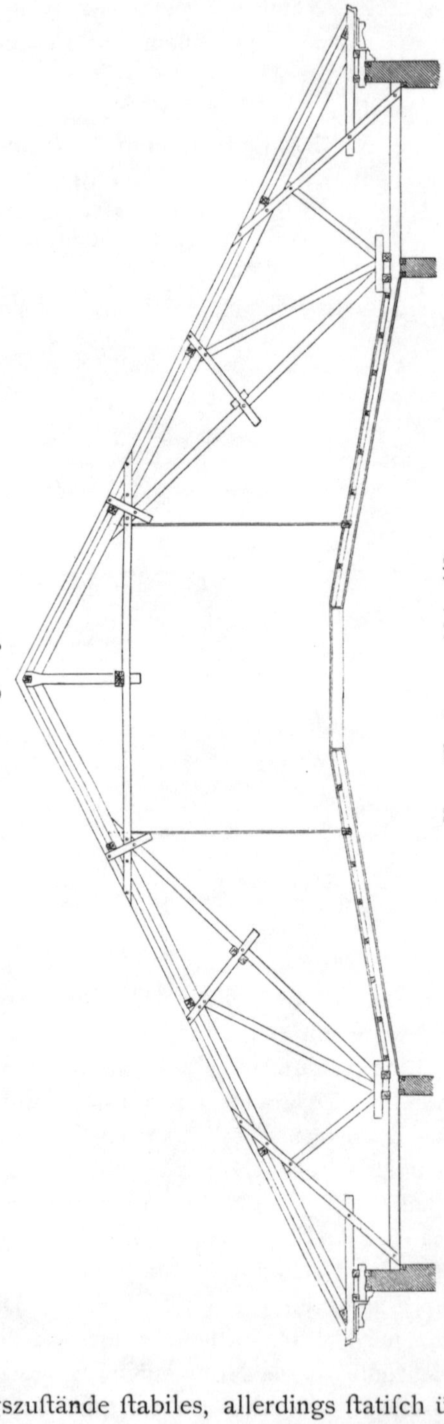

Vom Theater zu Mainz[147]).

1/200 n. Gr.

Ein gutes, für alle möglichen Belaſtungszuſtände ſtabiles, allerdings ſtatiſch überbeſtimmtes Dach zeigt Fig. 286[148]); die mittleren Unterſtützungen ſind geſchickt benutzt.

[148]) Nach: Centralbl. d. Bauverw. 1890, S. 450.

Als fernere gute Dach-Conftruction ift Fig. 287 [149]) vorgeführt.

Ohne weitere Erläuterungen find auch die in Fig. 288 bis 290 [150]) u. [151]) dargeftellten Dächer mit Mittelftützen verftändlich.

Fig. 286.

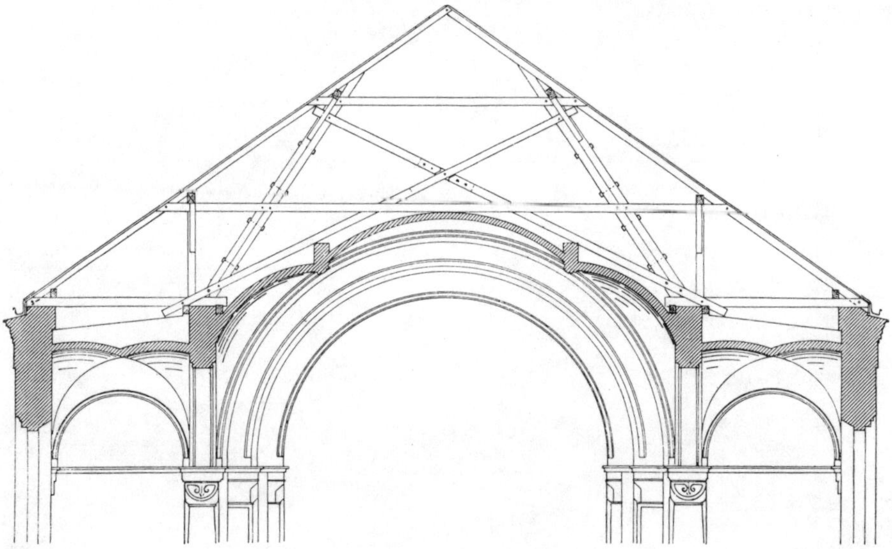

Von der reformirten Kirche zu Infterburg [148]).

1/200 n. Gr.

Fig. 287.

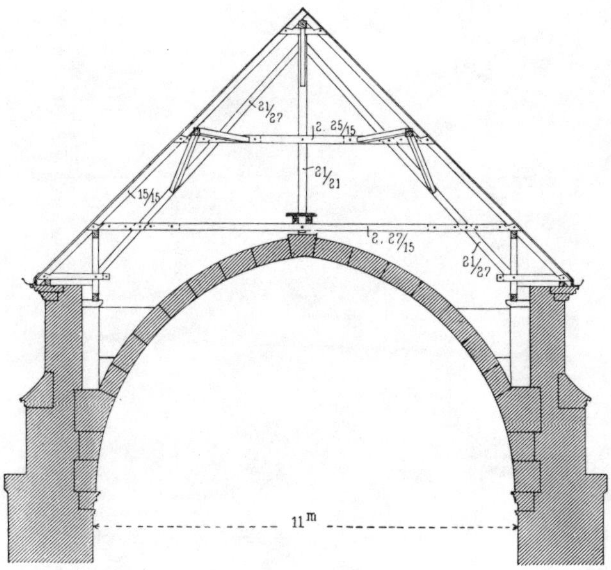


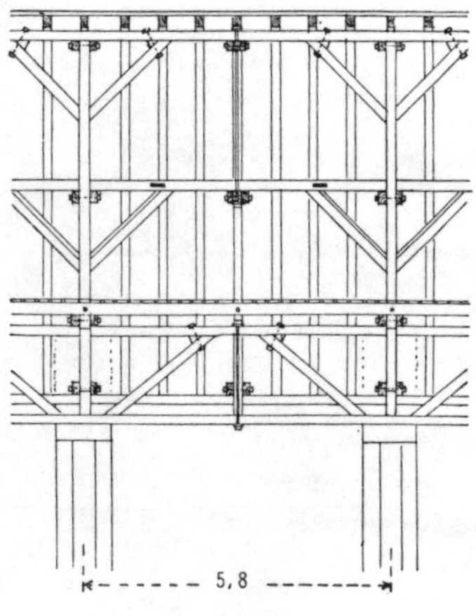


Von der Kirche zu Badenweiler [149]).

1/200 n. Gr.

89. Beurtheilung der Pfettendächer.

Gut conftruirte Pfettendächer find zweckmäfsige Conftructionen; die Belaftungen werden durch die Pfetten in beftimmte Ebenen, die Binderebenen, gefammelt und in

149) Nach freundlicher Mittheilung des Herrn Oberbaudirectors Prof. *Dr. Durm* in Karlsruhe.

150) Nach: *Nouv. annales de la conftr.* 1893, Pl. 13.

151) Nach: Zeitfchr. d. Arch.- u. Ing.-Ver. zu Hannover 1889, Bl. 13—14.

Fig. 288.

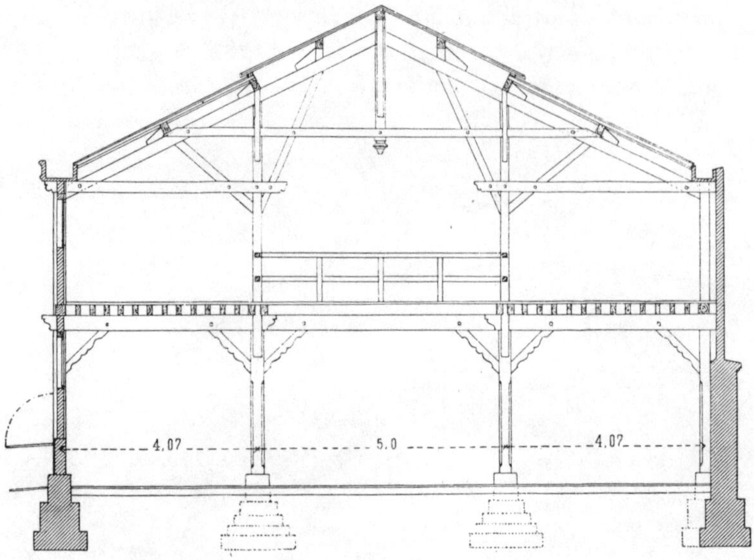


Von einem Waarenhaus zu Paris[150]).

$^{1}/_{150}$ n. Gr.

Fig. 289.

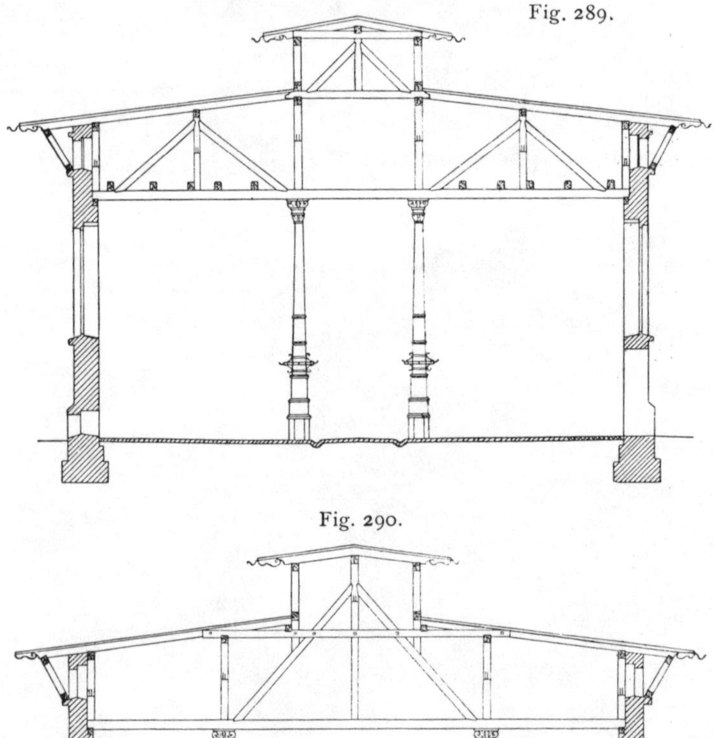

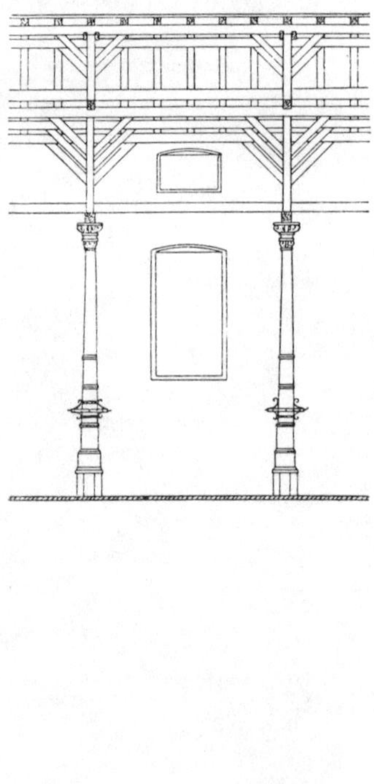

Fig. 290.

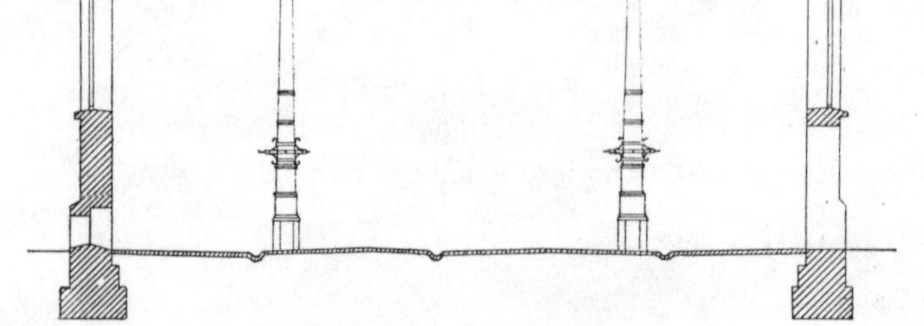

Von den Schlachthallen auf dem Schlachthof zu Osnabrück[151]).

$^{1}/_{200}$ n. Gr.

diefen durch die Binder nach den Auflagerpunkten derfelben und damit nach den Stützpunkten des Daches geleitet. Diefe Anordnung ift, wenn es fich nur um die Tragfähigkeit handelt, fparfamer, als wenn man jedes Sparrengebinde mit den zur Ueberführung der Kräfte nach den Auflagern erforderlichen Stäben, den fog. Kehlbalken, verfieht; man kann letztere nicht fo fchwach machen, wie dies theoretifch zuläffig wäre; daraus ergeben fich zahlreiche Zufchläge. Anders liegt die Sache, wenn man die Kehlbalken etwa für Decken-Conftructionen von Räumen im Dache ohnedies braucht; dann kann ein Kehlbalkendach zweckmäfsiger fein. Vor Allem müffen aber beim Pfettendach die Binder vollftändig ftandfeft fein, alfo unverfchiebbare Fachwerke bilden; nur dann ift das Dach felbft ftandfeft; dafs diefe Forderung leider noch bei vielen Dach-Conftructionen nicht erfüllt ift, wurde oben gezeigt. Das Pfettendach hat demnach den Vorzug gröfserer Klarheit, geringeren Holzverbrauches und nebenbei den weiteren Vortheil, dafs keine Auffchieblinge nöthig find (vergl. Fig. 286 bis 290).

# Hölzerne Manfarden- und Pultdächer; Walme, Grate und Kehlen.

## a) Manfarden-Dächer.

Da bei Manfarden-Dächern die vom Firft nach der Traufe verlaufenden Dachflächen jederfeits einmal gebrochen find, fo bildet fich ein unterer fteiler und ein oberer flacher Theil. *ACEDB* (Fig. 291) ftellt den Querfchnitt eines folchen Daches in einfachen Linien dar. Grundfätzlich ift nun für die Conftruction diefer Dächer Alles giltig, was im Vorhergehenden von der Conftruction der Satteldächer, bezw. der Binder vorgeführt worden ift. In der Ausführung ergiebt fich aber manches Eigenartige, fo dafs diefelben hier befonders befprochen werden follen. 90. Allgemeines.

Wie fchon in Art. 19 (S. 15) bemerkt wurde, bieten die in Rede ftehenden Dächer hauptfächlich den Vortheil, dafs im Dachgefchofs noch verhältnifsmäfsig gute Wohnräume vorhanden find, während andererfeits die Temperaturunterfchiede in diefen Räumen unangenehm empfunden werden, auch die Feuerficherheit in diefen zumeift aus Holz beftehenden Gefchoffen geringer, als in denjenigen mit gemauerten Wänden ift.

Fig. 291.

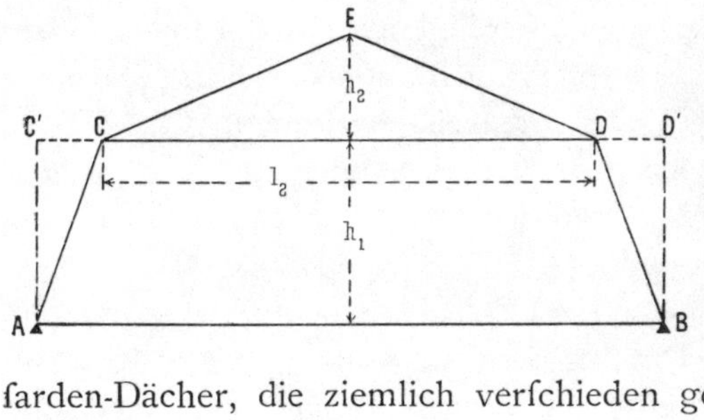


Ueber die Querfchnittsform der Manfarden-Dächer, die ziemlich verfchieden gewählt wird, war bereits in Art. 19 (S. 15) die Rede.

Es find zwei Anordnungen des Manfarden-Daches üblich: bei der erften wird das Dach durch eine Balkenlage in zwei getrennte Theile zerlegt; bei der zweiten Anordnung bildet man durch die Conftruction nur einen einzigen Raum, der allerdings durch eine in beliebiger Höhe angebrachte Balkenlage in zwei über einander befindliche Stockwerke zerlegt werden kann; hier ift aber dann die Balkenlage etwas nicht zur Conftruction Nothwendiges, während fie bei der erfterwähnten Anordnung einen nothwendigen Theil derfelben bildet.

91.
Erfte
Anordnung.

Bei der erften Anordnung befteht das Dach aus zwei Theilen, einem unteren mit fteilen Dachflächen, dem fog. Unterdach, und einem oberen mit flacher Dachneigung, dem fog. Oberdach. Die beide Theile trennende Balkenlage wird gewöhnlich in die Höhe des Knickes, alfo nach *CD* gelegt.

Die Conftruction bei diefer Anordnung befteht nun einfach darin, dafs man auf ein mit Fachwerkwänden hergeftelltes Gefchofs, das Unterdach, ein Dach, das Oberdach, fetzt. *AB* (Fig. 291) entfpricht der Dachbalkenlage; *AC* und *BD* find die geneigten Seitenflächen des Unterdaches; *CD* ift die Balkenlage für das letztere und nimmt die Sparrengebinde des Oberdaches auf. Die Seitenwände des Unterdaches erhalten Schwellen, Rahmenhölzer und Pfoften, unter Umftänden auch Streben; an den Seitenflächen *AC* und *BD* find aufser den Fachwänden noch Sparren anzuordnen, welche fich gegen die als Pfetten dienenden Schwellen und Rahmenhölzer lehnen. Wenn, wie in Fig. 292, die tragenden Seitenwände geneigt geftellt find, fo darf im Binder der Spannriegel nicht fehlen; auch ordne man Kopfbänder an, da das Trapez im Querfchnitt eine verfchiebliche Figur ift. Das Unterdach kann

Fig. 292.

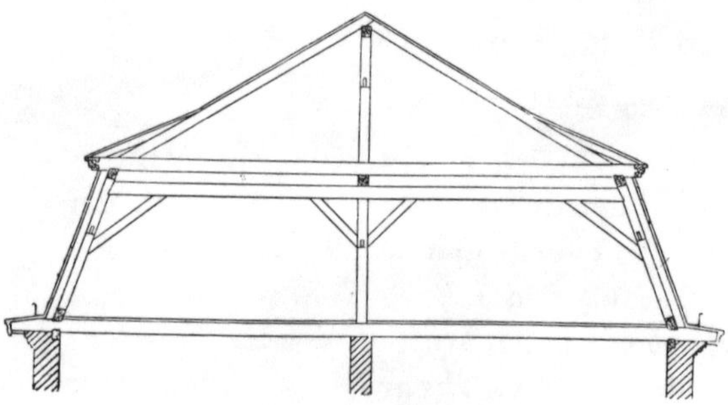

Fig. 293.

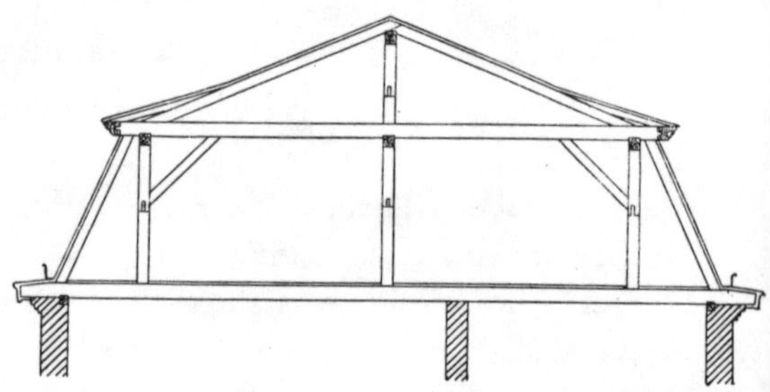

alfo auch als Pfettendach aufgefafft werden, während man das Oberdach bei geringen Weiten als Kehlbalkendach herftellt; für gröfsere Weiten empfiehlt fich auch für diefes das Pfettendach. Bei der in Fig. 292 dargeftellten Conftruction find Auffchieblinge anzuordnen. Man kann auch die tragenden Seitenwände lothrecht ftellen (Fig. 293); alsdann find in denfelben die Schwellen nicht unbedingt nöthig; auch kann der Spannriegel fortgelaffen werden. Die Sparren der fteilen Dachflächen fetzen fich in die beiden Balkenlagen; auch hier ordne man Auffchieblinge und Kopfbänder an. Vor Kopf der zwifchen Ober- und Unterdach liegenden Balkenlage find gekehlte Hölzer mittels Zapfen angebracht.

92.
Zweite
Anordnung.

Bei der zweiten Anordnung ift die Conftruction nichts Anderes, als ein Drempeldach mit geneigten und ziemlich hohen Drempelwänden. Das Dach wird dann wohl ausfchliefslich als Pfettendach hergeftellt; die Binder können alfo nach den oben entwickelten Grundfätzen conftruirt werden. Fig. 294 zeigt ein einfaches Beifpiel. Auf die Dachbalkenlage fetzen fich die geneigten Pfoften der Drempelwand, welche gleichzeitig die Sparren der fteilen Dachflächen find; fie tragen auch die Fufspfette für den oberen, flachen Theil des Daches. Die Streben zu Querverfteifung des Drempeldaches und die Doppelzangen zur Verbindung diefer Streben mit den Binderpfoften find wie beim gewöhnlichen Drempeldache; aufserdem empfiehlt fich das Anbringen von Fufsbändern, welche mit den Drempelftreben überfchnitten werden können. Die Firftpfette ift in üblicher Weife angebracht und durch Pfoften unterftützt.

Auch hier dürfte es fich empfehlen, die ftützenden Wände lothrecht zu ftellen, die fteilen Dachflächen aber durch befondere Sparren zu bilden, welche fich unten und oben gegen Pfetten ftützen (Fig. 295).

Fig. 294.

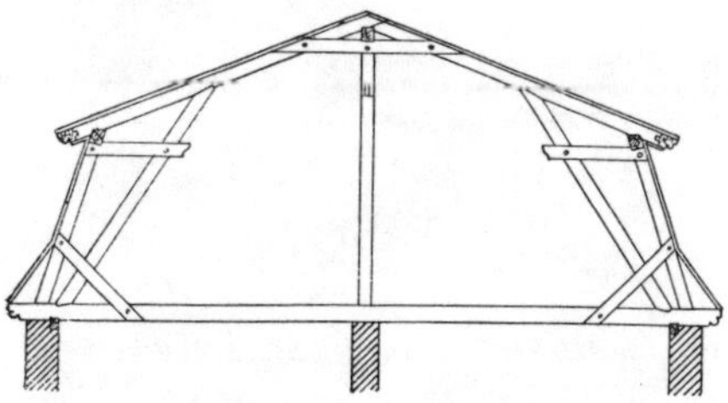

Fig. 295.

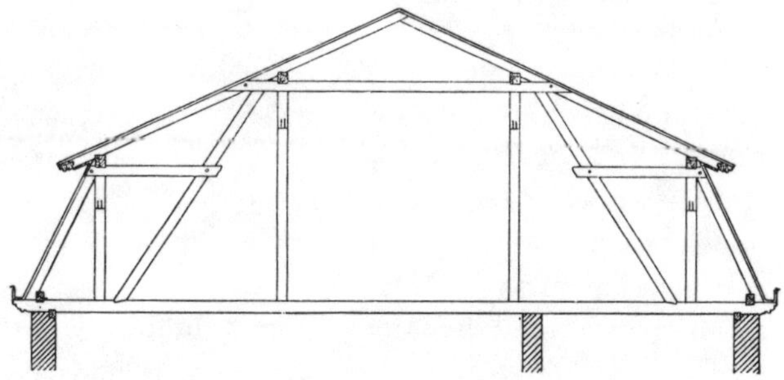

Fig. 296 [152]).

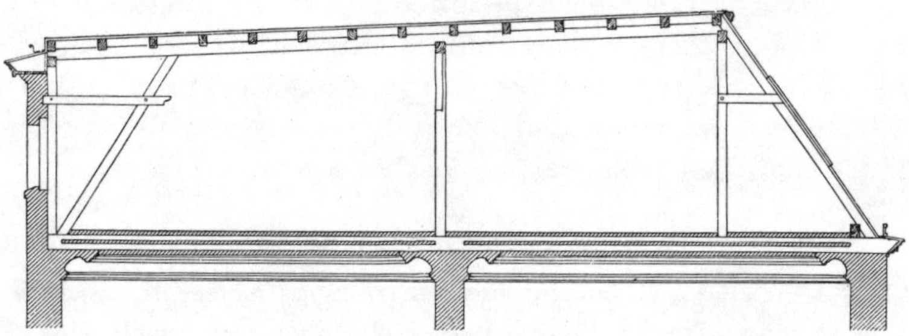

Fig. 297.

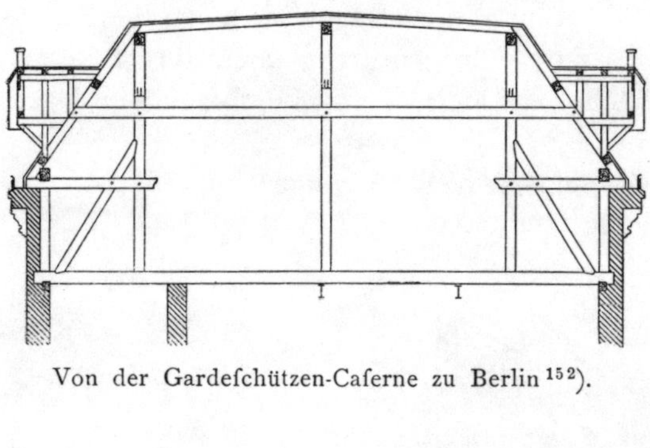

Fig. 298 [153]).

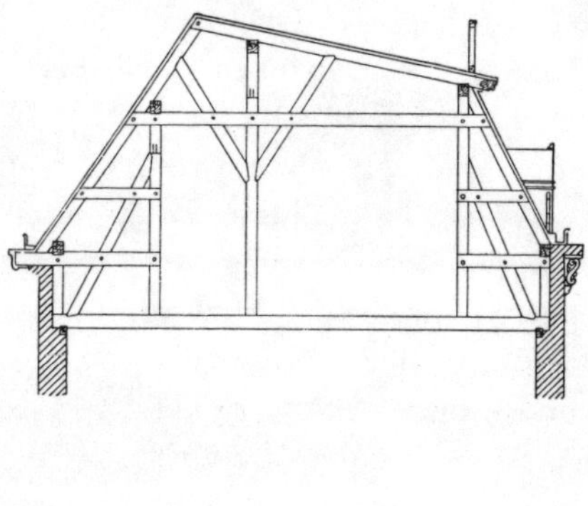

Von der Gardefchützen-Caferne zu Berlin [152]).

Ein Dach mit fchräger Begrenzung an der einen und lothrechter Begrenzung an der anderen Seite zeigt Fig. 296 [152]); die ftützenden Pfoftenwände find lothrecht; die eigentliche Dachfläche ift fehr wenig geneigt.

---

152) Nach: Zeitfchr. f. Bauw. 1887, Bl. 59 u. 1891, Bl. 38.

153) Nach: WANDERLEY, G. Die Conftructionen in Holz. 2. Aufl. Halle 1877. S. 223.

Vielfach werden diefe Manfarden-Dächer noch mit niedrigen Drempeln verfehen; einige ohne Weiteres verftändliche Beifpiele zeigen Fig. 297 [152]), 298 [153]) u. 299 [154]); bei Fig. 299 find die Dachneigungen beider Dachhälften verfchieden.

Fig. 299 [154]).

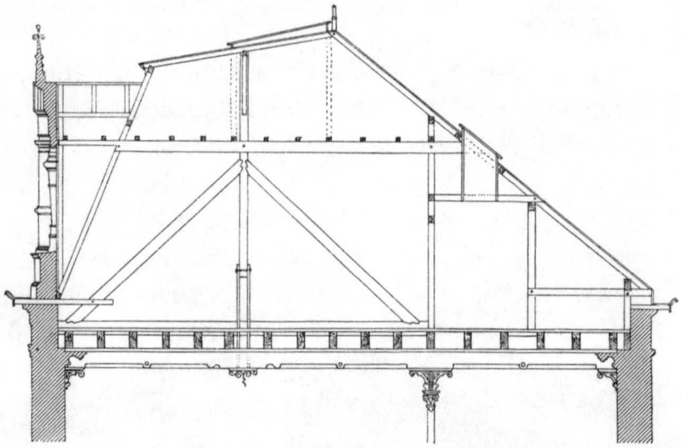

Die nach der zweiten Anordnung conftruirten Dachbinder find beffer, als diejenigen der erften Anordnung; man hat bei jenen eine zufammenhängende Conftruction, während bei der erftbetrachteten zwei Conftructionen auf einander gefetzt find. Immerhin genügen die üblichen Manfarden-Dächer nicht allen an Unverfchieblichkeit zu ftellenden Anforderungen, weil vielfach der Dreieckverband im Intereffe der bequemen Gebrauchbarkeit der Räume ftiefmütterlich behandelt ift. Es ift ja hier befonders fchwierig, diefe beiden Anforderungen zu vereinigen. Von der Vorführung ftabiler Conftructionen kann hier abgefehen werden, da Alles, was in Art. 80 u. 81 (S. 100 bis 103) hierüber gefagt ift, auch von den nach der zweiten Weife hergeftellten Dächern gilt und unter den befonderen hier vorliegenden Verhältniffen für die einzelnen Aufgaben verwerthet werden kann.

### b) **Pultdächer.**

93. Conftruction.

Pultdächer werden vorzugsweife für Seitenflügel gröfserer Gebäude verwendet, welche an der Nachbargrenze liegen und bei denen nur nach der Hoffeite die Wafferabführung zuläffig ift. Die Conftruction der Pultdächer ift grundfätzlich von derjenigen der Satteldächer nicht verfchieden; man mufs auch hier dafür forgen, dafs die auf das Dach wirkenden Kräfte ficher in die Auflager, d. h. in die Seitenmauern des Gebäudes, befördert werden. Im Uebrigen kann man das Pultdach fowohl als Kehlbalken-, wie als Pfettendach, mit ftehendem und liegendem Dachftuhl, mit oder ohne Drempel conftruiren.

Die lothrechten Belaftungen durch Schnee und Eigengewicht werden bei richtiger Unterftützung der Sparren durch die Pfetten, bezw. die Binder und Stuhlwände ohne Schwierigkeit in die Auflager geführt, ohne dafs ein bedenklicher Sparrenfchub zu entftehen braucht; dagegen haben die fenkrecht zur Dachfläche gerichteten Winddrücke

Fig. 300.

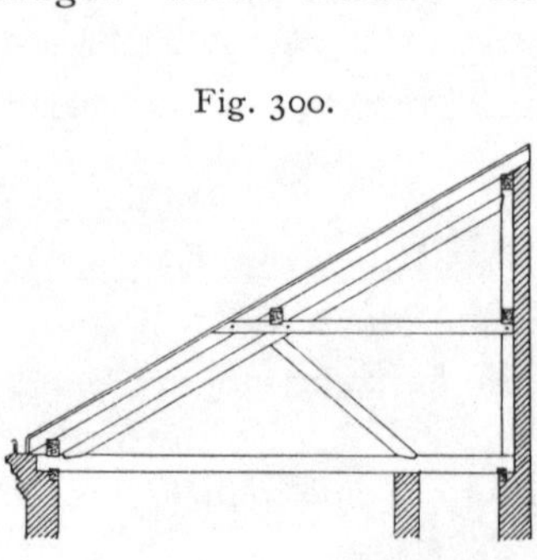

Fig. 301.

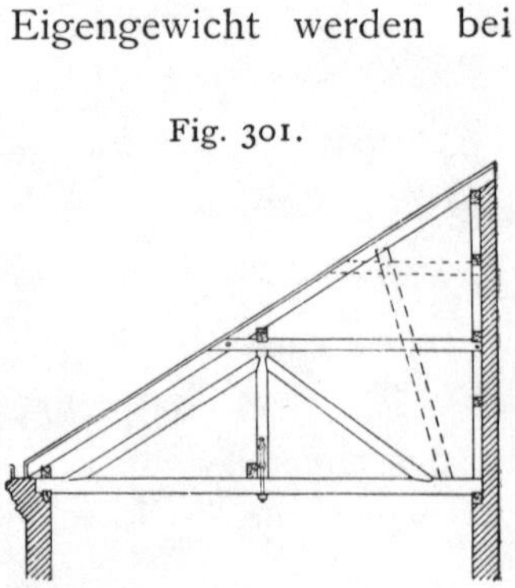

154) Nach: Zeitfchr. f. Bauw. 1887, Bl. 42.

Fig. 302.

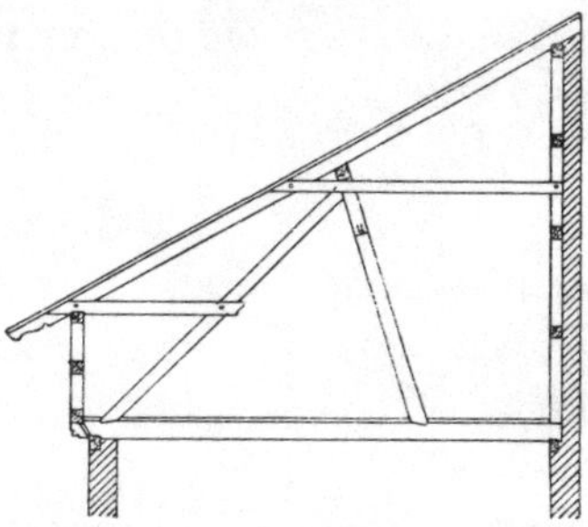

Vom Haus *Giesecke* zu Neu-Brandenburg[155]).

$^1/_{200}$ n. Gr.

fchiefe Kräfte zur Folge, welche von der hohen Wand des Pultdaches möglichft fern gehalten werden müffen. Diefe Kräfte find defto gefährlicher, je fteiler die Neigung des Pultdaches ift. Die oberen Enden der Sparren lagere man defshalb nicht ohne Weiteres auf das Mauerwerk der hohen Wand, fondern fetze vor diefe eine Fachwerkwand, deren oberes Rahmenholz als Pfette für die Sparren dient. Ferner forge man durch Anbringen entfprechender Streben dafür, dafs die auf die anderen Pfetten entfallenden fchiefen Kräfte nach den Balkenauflagern gebracht werden, ohne das obere Ende der erwähnten Fachwerkwand zu beeinfluffen. Bei einem Pultdach mit Drempelwand beachte man, dafs auch der Kopf der Drempelwand vor den fchief wirkenden Kräften möglichft gefchützt werden mufs. Bei allen Pultdächern, welche ausgiebige Dachbodenbenutzung geftatten follen, fetze man die Streben fo, dafs ein Gang von wenigftens $1,_{00}$ m Breite an der hohen Wand entlang verbleibt.

Fig. 303.

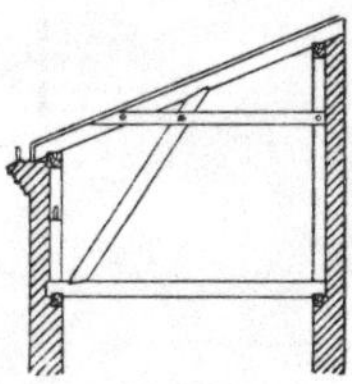

Vom General-Poftamt zu Berlin[156]).

$^1/_{200}$ n. Gr.

Fig. 300 zeigt ein Pultdach mit einer Zwifchenpfette, deren Laft durch den Bock auf die Auflager geführt wird. Diefe Anordnung kann bei $7,_{00}$ bis $8,_{00}$ m Weite gewählt werden. Bei gröfserer Weite und fehlender mittlerer Wand kann fie leicht in die Conftruction in Fig. 301 verwandelt werden; die einpunktirte Strebe und Zange können verwendet werden, wenn eine weitere Pfette nothwendig wird. 94. Beifpiele.

Pultdächer mit Drempelwänden find in Fig. 302 bis 304 vorgeführt.

Ein Pultdach mit fehr flacher Dachneigung zeigt Fig. 305[157]). Die fchiefen Belaftungen find bei folchen Dächern gering, demnach auch die Streben von geringerer Bedeutung, als bei den fteilen Pultdächern. Bei den

Fig. 304.

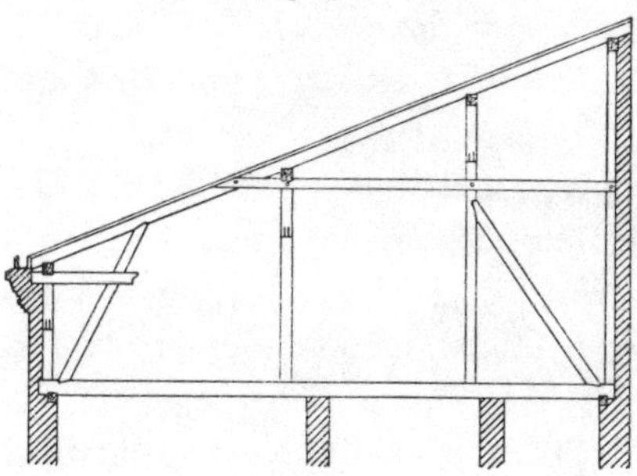

Vom General-Poftamt zu Berlin[156]).

$^1/_{200}$ n. Gr.

Fig. 305.

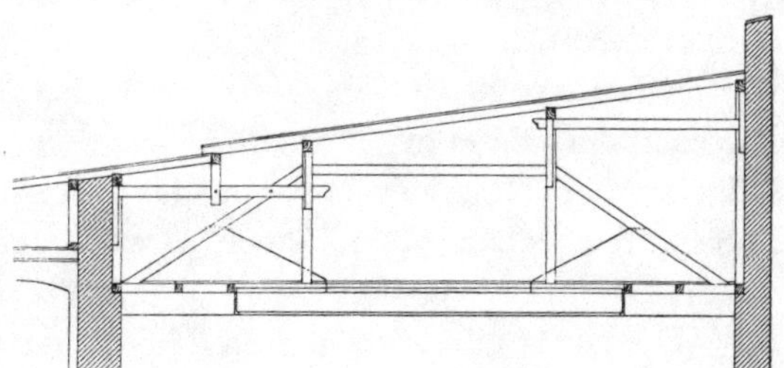

Von der landwirthfchaftlichen Hochfchule zu Berlin[157]).

$^1/_{200}$ n. Gr.

155) Nach: Centralbl. d. Bauverw. 1890, S. 67.
156) Nach: Zeitfchr. f. Bauverw. 1875, Bl. 35.
157) Nach: Centralbl. d. Bauverw. 1882, S. 143.

Manfarden-Pultdächern ift zu beachten, dafs diefelben grofse fchiefe Laften, nämlich die gegen den fteilen Theil des Daches wirkenden Winddrücke, zu ertragen haben.

### c) Walme, Grate und Kehlen.

95. Gefammt-anordnung. Kehlen und Grate können gemeinfam und zufammen mit den Walmen befprochen werden. In Fig. 306 find *ae*, *be* und *cf* Grate, während *df* eine Kehle ift; die Dachfläche *abheg* ift eine abgewalmte Dachfläche.

In der abgewalmten Dachfläche reichen die Sparren von der Traufe (*ag*, *ab*, *bh*) bis zum Grat, müffen alfo ihr oberes Auflager auf dem Grat finden. Demnach müffen in den Graten befondere Conftructionstheile, die fog. Gratfparren, angebracht werden, welche die Sparren, aber auch die Dachfchalung, Lattung u. f. w. aufnehmen können. Die Oberflächen der Gratfparren liegen in denfelben Ebenen, wie die anfchliefsenden beiden Dachflächen; dann kann die Dachfchalung u. f. w. ordnungsmäfsig angebracht werden. Die theoretifche Schnittlinie der beiden benachbarten Dachflächen wird in die Mitte der Oberfläche des Gratfparrens gelegt. Man nennt die Sparren, welche als obere Auflager den Gratfparren haben, wie fchon erwähnt, Schiftfparren oder Schifter und fagt: diefe Sparren fchiften fich an den Gratfparren; die Sparren über den Flächen *abheg* und *fmel* find Schiftfparren.

Fig. 306.

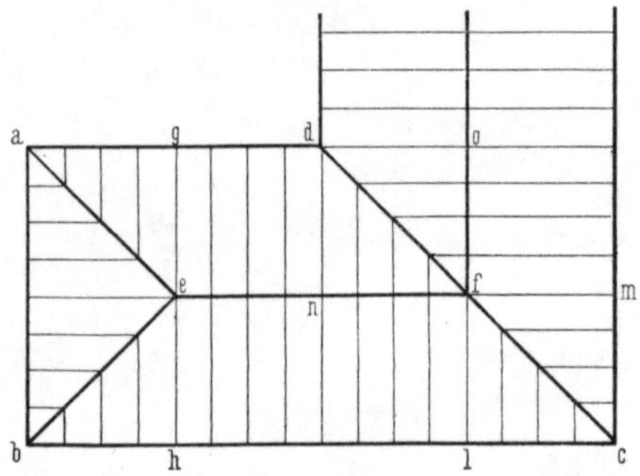


Jeder Schiftfparren hat eine andere Länge; die links von der Mittellinie des Walmes liegenden Schifter haben andere Anfchlufsflächen an die Gratfparren, als die rechts von der Mitte liegenden. Man unterfcheidet defshalb linke und rechte Schifter; den mittelften Schiftfparren nennt man wohl auch Mittelfchifter.

Bei den Kehlen ift die Anordnung derjenigen an den Graten ganz ähnlich; die fog. Kehlfchifter finden ihr unteres Auflager auf dem Kehlfparren. In Fig. 306 ift *df* ein Kehlfparren; die Sparren über den Flächen *dfo* und *dfn* find Kehlfchifter.

Schiftfparren, welche, wie die bisher betrachteten, fich mit einem Ende, dem oberen oder unteren, an einen anderen Sparren fchiften, nennt man einfache Schifter; es kommen aber auch Sparren vor, welche fich unten gegen einen Kehlfparren, oben gegen einen Gratfparren lehnen; folche nennt man doppelte Schifter.

Die Grat- und Kehlfparren haben, da fie die Schiftfparren aufnehmen, ziemlich bedeutende Laften zu tragen und müffen defshalb forgfältig unterftützt werden; auch die Schiftfparren müffen, wenn ihre Länge nicht fehr gering ift, noch mittlere Stützpunkte erhalten. Diefe Stützpunkte werden durch Pfetten gebildet, welche, den Trauflinien parallel laufend, unter den Dachflächen angeordnet und durch befondere Binder getragen werden (fiehe Fig. 217, S. 75).

Befonders forgfältig find die Endauflager der Grat- und Kehlfparren zu conftruiren. Das obere Endauflager der Gratfparren, der fog. Anfallspunkt, mufs ficher

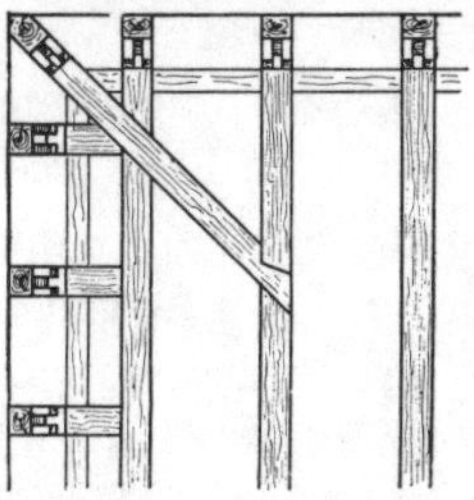

Fig. 307 [158]).

unterſtützt werden; man lege unter dieſen Punkt, wenn irgend möglich, einen Binder, gewöhnlich den letzten Binder des Satteldaches. Punkt *e* (Fig. 306) iſt ein ſolcher Anfallspunkt, in welchem ſich zwei Gratſparren treffen; aber auch Punkt *f* iſt ein Anfallspunkt, d. h. derjenige Punkt, in welchem ſich Gratſparren und Kehlſparren treffen. Die unteren Auflager der Grat- und Kehlſparren ſind ſo zu bilden, daſs die wagrechte Seitenkraft der im Sparren herrſchenden Kraft ſicher aufgehoben wird. Man ordnet zu dieſem Zwecke einen beſonderen, unter dem Gratſparren liegenden Stichbalken (**Gratſtichbalken**, bezw. **Kehlſtichbalken**) an, welchen man mit den zunächſt liegenden durchgehenden

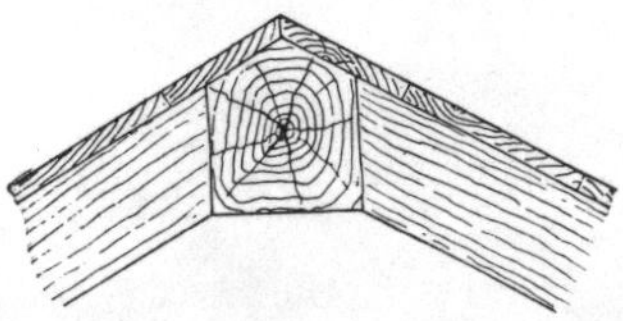

Fig. 308.

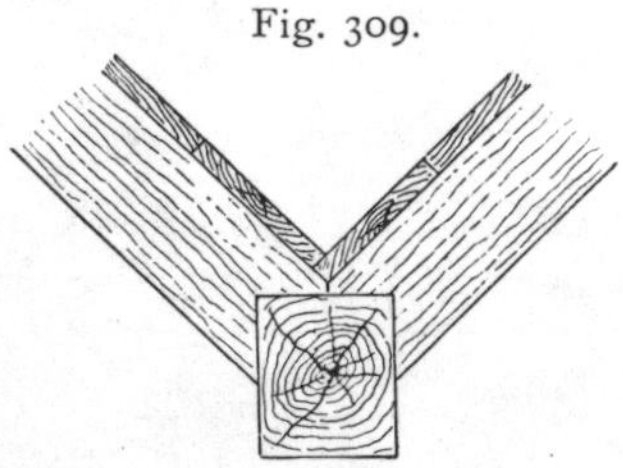

Fig. 309.

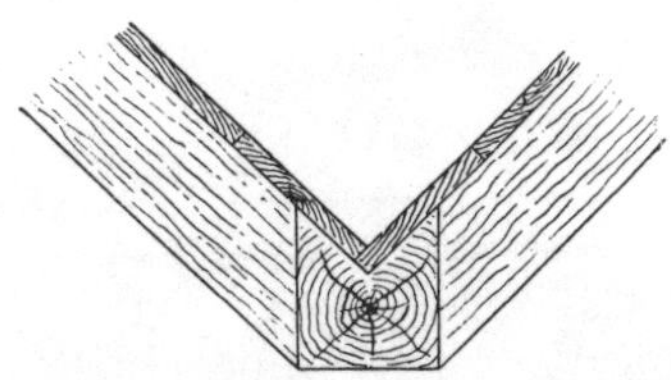

Fig. 310.

Balken durch Schwalbenſchwanzblätter und erforderlichenfalls auch durch eiſerne Bänder verbindet (Fig. 307 [158]). Auch für die gewöhnlichen Schiftſparren ordnet man unter der Walmfläche zweckmäſsig Stichbalken an, ſelbſtverſtändlich bei Kehlbalkendächern; aber auch bei Pfettendächern iſt das Anbringen von Stichbalken, in welche ſich die Schifter ſetzen, zu empfehlen (Fig. 307).

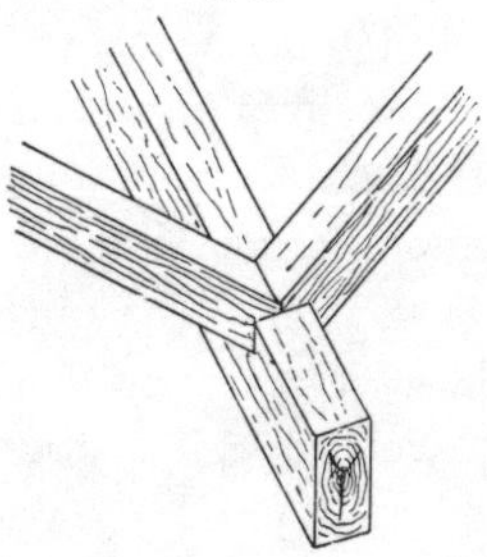

Fig. 311.

96. Anſchluſs der Schifter an die Grat- und Kehlſparren.

Die Schiftſparren lehnen ſich an die Seitenflächen der Gratſparren ſtumpf an und ſollen nicht über die Kanten derſelben hinausragen; die Verbindung erfolgt durch Vernagelung. Der Querſchnitt der Gratſparren iſt fünfeckig; die beiden oberen Flächen fallen in die beiden anſchlieſsenden Dachflächen (Fig. 308).

Fig. 312.

Wollte man dieſelbe Verbindungsart auch auf die Kehlſparren anwenden, ſo würde man eine in der Mitte vertiefte obere Fläche des Kehlſparrens erhalten; dann würde man viel Holz brauchen, auſserdem aber eine wenig haltbare Verbindung der Kehlſchifter mit den Kehlſparren erhalten (Fig. 310). Man ſetzt deſshalb beſſer die Kehlſchifter mit Klauen nach Fig. 309 u. 311 auf den Kehlſparren, wobei man eine gute Verbindung erhält und den Kehlſparren mit rechteckigem Querſchnitt herſtellen kann.

Die beim Schiften ſich ergebenden Schnittlinien heiſsen **Schmiegen**, und zwar: **Lothſchmiege** iſt die lothrecht verlaufende Schnittlinie (*a* in Fig. 312);

158) Nach: Gottgetreu, R. Lehrbuch der Hochbauconſtructionen. Theil II. Berlin 1882. S. 278.

**Backen- oder Klebſchmiege** iſt die Schnittlinie auf der Ober- oder Unterſeite der Schifter, welche ſich aus der gegenſeitigen ſchrägen Lage der Grat-, bezw. Kehlſparren und Schifter ergiebt (*b* in Fig. 312); **Fuſsſchmiege** iſt die wagrechte Schnittlinie, welche die Aufſtandsfläche der Schifter ſeitlich begrenzt (*c* in Fig. 312).

Auf die Ermittelung der Längen, der Schmiegen u. ſ. w. für die Schifter, Grat- und Kehlſparren braucht hier nicht näher eingegangen zu werden. Ausführliche Vorſchriften dafür finden ſich in den in Theil III, Band 1 (Abth. I, Abſchn. 2, am Schluſs von Kap. 5) dieſes »Handbuches« angegebenen Werken über Holzbau und Zimmerkunſt.

97. Anfallspunkt.

Die beiden Gratſparren ſtoſsen ſtumpf vor einander. Auſser den beiden Gratſparren treffen hier vielfach noch die beiden letzten normalen Sparren des anſchlieſsenden Satteldaches und der Mittelſparren des Walmes zuſammen (Fig. 313).

Fig. 313.

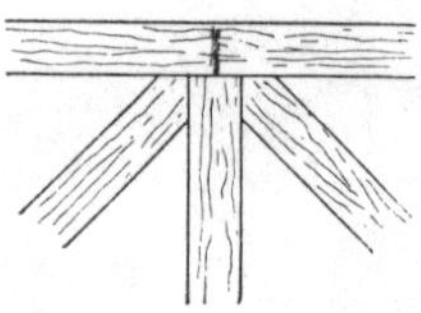

Fig. 314.

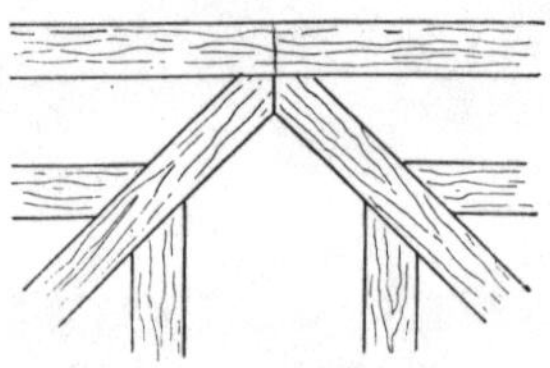

Fig. 315.

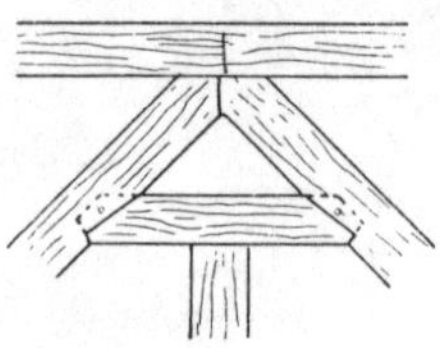

Fig. 316.

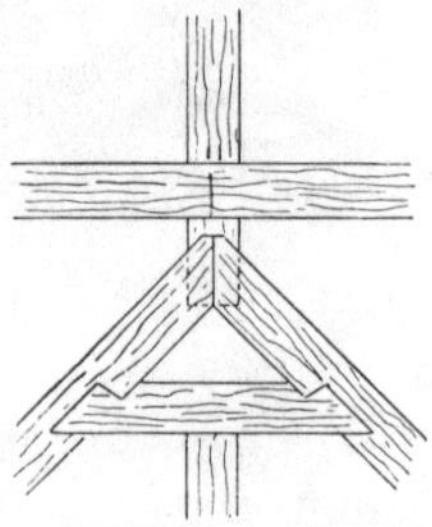

Alsdann iſt die Conſtruction etwas ſchwierig. Beſſer iſt es, diejenigen Hölzer, welche nicht an dieſen Punkt geführt zu werden brauchen, an andere Stellen zu verlegen; dies gilt beſonders vom Mittelſparren des Walmdaches, dem ſog. Mittelſchifter. Man vertheilt zweckmäſsig die Schifter ſo, daſs kein Sparren auf den Anfallspunkt kommt (Fig. 314). Man kann aber auch den Mittelſchifter gegen einen kurzen Wechſel ſtoſsen laſſen und dadurch die Conſtruction vereinfachen (Fig. 315). Endlich kann man auch die beiden letzten normalen Sparren des Satteldaches etwas vom Anfallspunkt zurückrücken und den Anfallspunkt durch die Pfette, welche etwas über den Binder hinaus ragt, unterſtützen (Fig. 316).

Der Verbindungspunkt des Gratſparrens und Kehlſparrens (Punkt *f* in Fig. 306, S. 120) macht beſonders bei dem heute meiſtens ausgeführten Pfettendache keine Schwierigkeit. Die Firſtpfette wird hier ſorgfältig unterſtützt und nimmt die oberen Enden beider Sparren auf.

## Hölzerne Sprengwerksdächer.

98. Allgemeines.

Wenn die beiden Sparren eines Dachgebindes oder die beiden Streben eines Binders ſich ohne Weiteres auf die Gebäudemauern ſetzten, ſo würden ſie auf dieſelben ſchiefe Drücke ausüben, ſelbſt bei nur lothrechten Belaſtungen. Da dieſe ſchiefen Drücke die Seitenmauern gefährden, ſo vermeidet man ſie, und dies iſt, wenigſtens für lothrechte Belaſtungen, durch Anbringen von Verbindungsſtäben beider Auflager möglich[159]); dadurch erhält man die Balkendächer. Allerdings übertragen auch bei

159) Siehe Theil I, Band 1, zweite Hälfte (Art. 423, S. 388, 2. Aufl.: Art. 212, S. 195) dieſes »Handbuches«.

dieſen die ſchief wirkenden Belaſtungen ſchiefe Auflagerdrücke auf die Stützpunkte; dieſe ſind unvermeidlich. Oftmals aber iſt es aus architektoniſchen Rückſichten wünſchenswerth, die durchgehenden Verbindungsſtäbe, d. h. die durchlaufenden Balken fortzulaſſen, beſonders bei Ueberdachung weit geſpannter Räume, groſser Feſthallen, Kirchen u. ſ. w., bei denen die Dach-Conſtruction ſichtbar ſein und der Innen-Architektur als Grundlage dienen ſoll. Alsdann verwendet man vielfach Sprengwerksdächer, die, wenn geſchickt entworfen, einen ſehr befriedigenden Anblick gewähren. Sprengwerksdächer ſind Dächer, bei denen der durch die lothrechten Belaſtungen an den Auflagern der Binder erzeugte wagrechte Schub nicht durch die Binder-Conſtruction aufgehoben wird.

Ob ein Dach ein Balkendach oder ein Sprengwerksdach iſt, kann man nicht immer auf den erſten Blick entſcheiden; es kommt nicht allein auf die Anordnung der Binderſtäbe an, ſondern auch in erſter Linie auf die Art der Auflagerung. Ein Schub auf die Stützen findet bei lothrechten Belaſtungen nur dann ſtatt, wenn beide Auflager des Binders feſt, d. h. in ihrer gegenſeitigen Lage unveränderlich ſind oder wenn die gegenſeitige Bewegung derſelben nur in ganz geringen Grenzen möglich iſt. In Fig. 317 ſei das Auflager *A* feſt mit dem Mauerwerke verbunden und *B* in der wagrechten Linie reibungslos beweglich; bei irgend einer lothrechten Be-

Fig. 317.

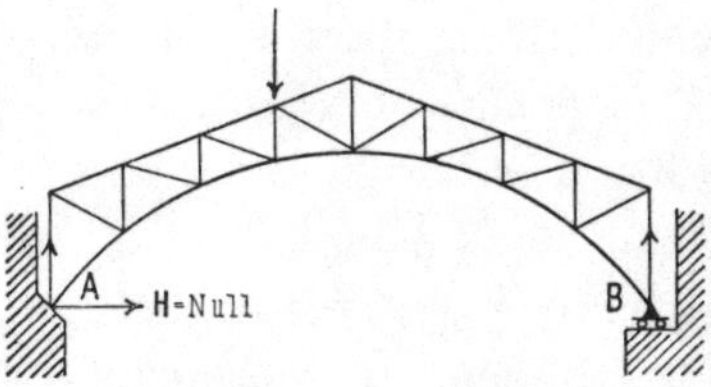


Fig. 318.

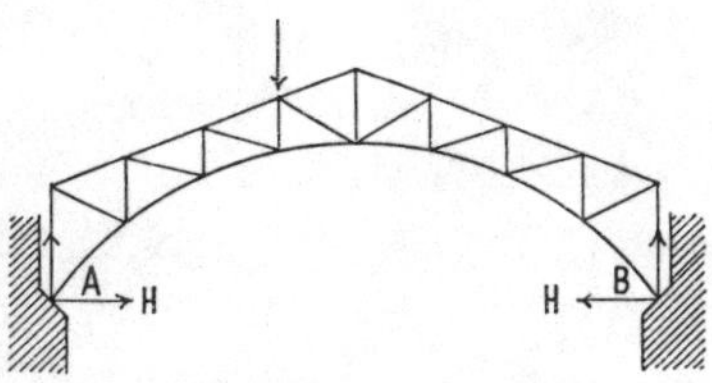


Fig. 319.

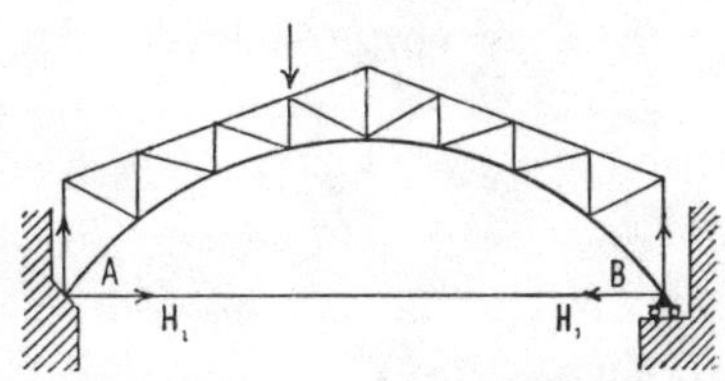


laſtung des Binders kann und wird *B* nach rechts gehen, ſo weit, als die elaſtiſchen Veränderungen der Binderſtäbe dies bedingen. Die beiden Auflager ſind in ihrer gegenſeitigen Lage veränderlich; der Binder in Fig. 317 iſt alſo, trotz der Bogenform, ein Balken-Dachbinder.

Man kann ſich dies auch folgendermaſsen klar machen: Die Laſt erzeugt einen Stützendruck in *B*, welcher nur lothrecht ſein kann, weil das Auflager in der Wagrechten reibungslos verſchieblich iſt. Wenn aber *B* lothrecht wirkt, ſo muſs die wagrechte Seitenkraft *H* des Stützendruckes in *A* gleich Null ſein, weil dieſe die einzige auf den Träger wirkende wagrechte Kraft iſt; es iſt alſo auch der Stützendruck in *A* lothrecht. Wenn dagegen auch *B*, eben ſo wie *A*, feſt mit dem Mauerwerk verbunden iſt, ſo kann ſich *B* nicht von *A* entfernen, und es muſs vom Mauerwerk auf den Punkt *B* des Trägers eine wagrechte Kraft übertragen werden, groſs genug, um jede Verſchiebung von *B* zu verhindern. Eine wegen des Gleichgewichtes gleich groſse wagrechte Kraft wirkt alsdann in *A*; das Dach iſt alſo ein Sprengwerksdach.

Wären die Auflager wie bei Fig. 317, aber eine Verbindungsſtange *AB* vorhanden (Fig. 319), ſo könnte ſich *B* ſo weit bewegen, als die elaſtiſche Verlängerung der Stange *AB* dies zuläſſt. Die Seitenmauern erhalten in dieſem Falle keinen ſchiefen Druck, weil, wie in Fig. 317, der auf die Mauer ausgeübte Stützendruck in *B*, alſo auch in *A* nur lothrecht ſein kann. Auf den Träger dagegen wirkt auſser dieſen noch die wagrechte Spannung $H_1 = H_2$ des Stabes $AB$; der Träger iſt alſo wie ein Sprengwerksträger zu berechnen und aufzufaſſen.

Aehnlich ſind die Verhältniſſe auch bei anderen Binderformen; es kommt demnach in erſter Linie auf die Stützungsart an, ob ein Träger ein Balken- oder Sprengwerksträger iſt.

Bei den eiſernen Dachbindern iſt die Stützung mittels eines beweglichen Lagers $B$ möglich und üblich; die Auflager der Holzdächer ſind aber nicht derart, daſs eine vollkommene bewegliche Unterſtützung angenommen werden kann. Deſshalb wird ein hölzerner Dachbinder viel eher wie ein Sprengwerksdach, als wie ein Balkendach wirken; dies wird beſonders eintreten, wenn einzelne Stäbe des Binders ſich als Streben gegen die Seitenmauern ſetzen, ohne daſs an den Anſchluſsſtellen der Schub aufgehoben wird. Durch ſolche Streben kann ſelbſt ein ſonſt als Balken wirkender Binder in ein ſchiebendes Sprengwerk umgewandelt und ſo die Conſtruction verſchlechtert werden.

## a) Dächer mit Stabſprengwerken.

99. Statiſche Verhältniſſe: Rückſicht auf die Stützpunkte.

Jedes Sprengwerksdach übt ſchiefe Drücke auf die Stützpunkte aus; die ſtützenden Wände, Mauern oder Pfeiler müſſen demnach in den Stand geſetzt werden, die erwähnten Kräfte aufzunehmen und unſchädlich in die Fundamente zu leiten. Je weniger hoch über den Fundamenten die Uebertragung der ſchiefen Drücke in die Stützen vorgenommen wird, deſto günſtiger iſt es; man ordne deſshalb die Fuſspunkte der Sprengſtreben möglichſt tief an. Weiter iſt zu beachten, daſs eine iſolirte, auf das Mauerwerk der Seitenwände wirkende Kraft ſehr gefährlich iſt; man vertheile deſshalb die durch die Streben übertragenen Kräfte durch Anordnung beſonderer Holzpfoſten, in welche ſich die Streben ſetzen, auf eine möglichſt groſse Mauerfläche. Dieſe Pfoſten ſind unter Umſtänden auch als Stäbe des zu bildenden Fachwerkes werthvoll.

100. Anordnung des Binders.

Der Sprengwerks-Dachbinder muſs ein Fachwerk ſein, welches unter Einwirkung der Belaſtungen und Stützendrücke im Gleichgewicht bleibt und ſeine Form behält, ohne daſs unzuläſſig hohe Beanſpruchungen in den einzelnen Theilen deſſelben auftreten. Derſelbe muſs vor Allem geometriſch beſtimmt ſein; er darf nicht eine in labilem Gleichgewicht befindliche Conſtruction bilden, d. h. eine ſolche, welche bei den verſchiedenen Kraftwirkungen verſchiedene Gleichgewichtslagen hat.

Die den meiſten ausgeführten Sprengwerks-Dachbindern zu Grunde gelegte Hauptconſtruction iſt das Sprengwerk $ACDB$ (Fig. 320), welches die Belaſtungen nach den Kämpfern $A$ und $B$ übertragen ſoll. Nun iſt aber ſolches Sprengwerk eine Conſtruction, deren geometriſche Form nur bei ganz beſtimmten Belaſtungen Gleichgewichtsform iſt. Wenn bei $C$ und $D$ Gelenke angebracht ſind, d. h. wenn $C$ und $D$ nicht im Stande ſind, Momente aufzunehmen, ſo iſt Gleichgewicht in $ACDB$ nur möglich, wenn in $C$ und $D$ ganz gleiche Kräfte, ſymmetriſch zur lothrechten Mittelaxe, wirken. Sobald dies nicht der Fall iſt, ſobald z. B. nur in $C$ eine Laſt $P$ wirkt, während in $D$ die Laſt die Gröſse Null hat, ſo iſt Gleichgewicht, Zerlegen der Kräfte nach den Stabrichtungen, nicht möglich; denn die Kraft $H$, welche

Fig. 320.

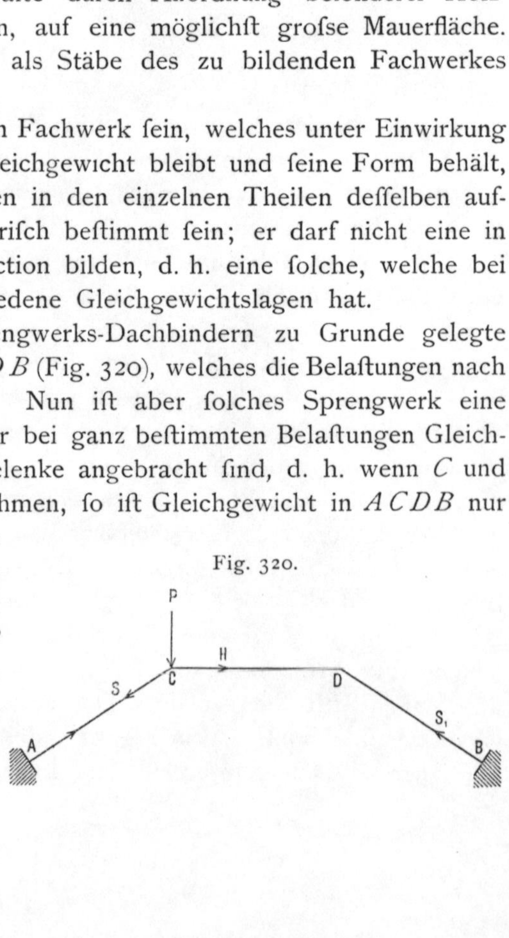

Fig. 321.

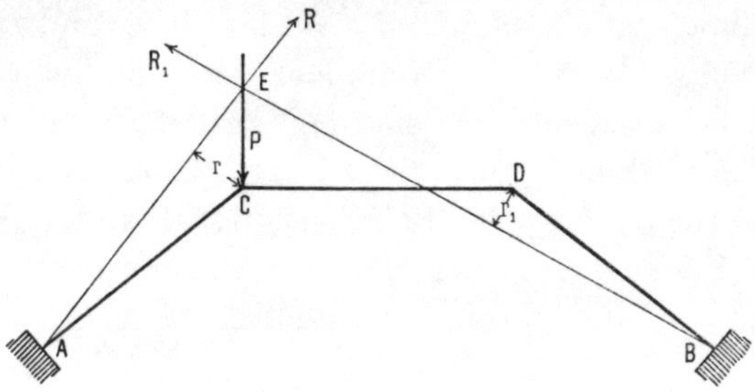


bei der Zerlegung in den Stab *CD* fallen würde, kann bei *D* durch die in *BD* wirkende Kraft $S_1$ nicht aufgehoben werden, da ja beide Kräfte *H* und $S_1$ nicht in dieſelbe Linie fallen und weiter keine Kräfte in *D* wirken. Gleichgewicht findet alſo bei dieſer Conſtruction und ungleicher Belaſtung der Punkte *C* und *D* nicht ſtatt. Man muſs die Punkte *C* und *D* ohne Gelenke herſtellen, d. h. in den Stand ſetzen, Momente aufzunehmen. Sind *C* und *D* hierzu im Stande, ſo wird irgend eine Laſt *P* ſich etwa im Punkte *E* in die Richtungen *EA* und *EB* zerlegen (Fig. 321) und durch die Kämpferdrücke *R* und $R_1$ aufgehoben; der Punkt *E* muſs auf der Kraftlinie von *P* liegen; weiter iſt er zunächſt nicht beſtimmt. Auf *C* wirkt dann das Moment $Rr$, auf *D* das Moment $- R_1 r_1$. Man kann alſo behaupten: Bei Verwendung des Sprengwerkes muſs ſowohl *C*, als auch *D* Momente aufnehmen können.

Fig. 322.

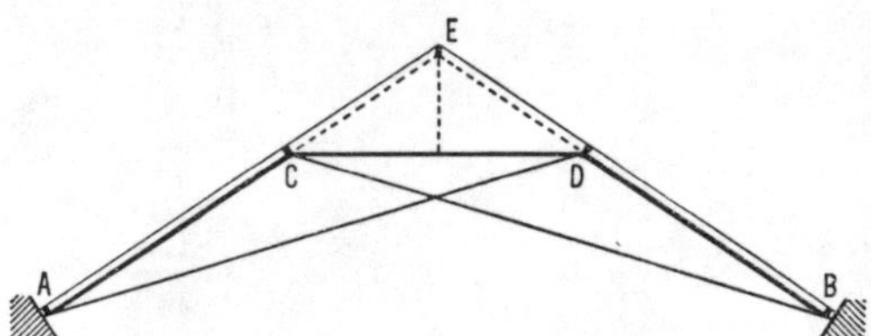


101. Verfahren, Sprengwerke ſtabil zu machen.

Bei den üblichen Sprengwerken ſind allerdings weder bei *C*, noch bei *D* Gelenke; die gewöhnliche Anordnung dieſer Punkte iſt aber trotzdem nicht derart, daſs ſie Momente ſicher aufnehmen können; demnach müſſen beſondere Vorkehrungen getroffen werden.

Fig. 323.

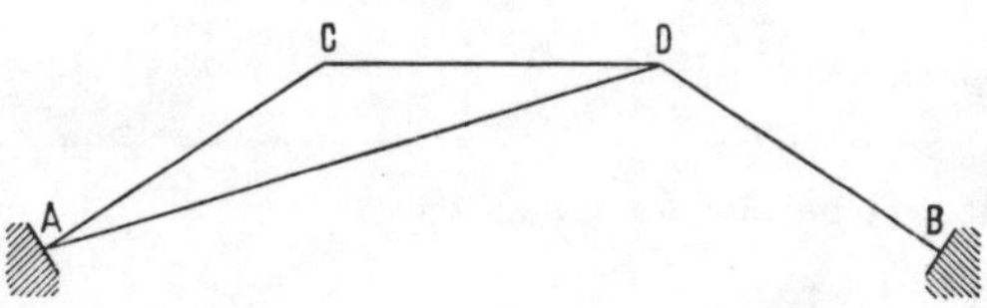


Das nächſtliegende Verfahren iſt, die Eckpunkte *C* und *D* des Sprengwerkes durch eine Folge von Stäben ſo mit den feſten Kämpferpunkten in Verbindung zu bringen, daſs Dreieck ſich an Dreieck reiht. In einfachſter Weiſe verbindet man *C* mit *B* und *A* mit *D* (Fig. 322); man erhält ſo ein geometriſch beſtimmtes, jedoch wegen der unverſchieblichen Kämpfer *A* und *B* einfach ſtatiſch unbeſtimmtes Fachwerk, d. h. es iſt ein überzähliger Stab vorhanden. (Ließe man einen Stab, etwa *BC*, fort, ſo erhielte man das Stabſyſtem in Fig. 323, welches geometriſch und ſtatiſch beſtimmt iſt; doch iſt daſſelbe für die Ausführung nicht geeignet.) In Fig. 322 iſt die wegen der übrigen Dach-Conſtruction erforderliche Vervollſtändigung des Binders angegeben. Man könnte eine etwa verwendete Firſtpfette *E* durch ein Hängewerk auf *C*, bezw. *D* ſtützen. Vorzuziehen wäre es, die Streben *AC* und *DB* des Sprengwerkes bis zum Punkte *E* durchzuführen. Eine geringe Zahl von langen, durchlaufenden Hölzern iſt beſſer, als eine groſse Zahl kurzer.

Fig. 324.

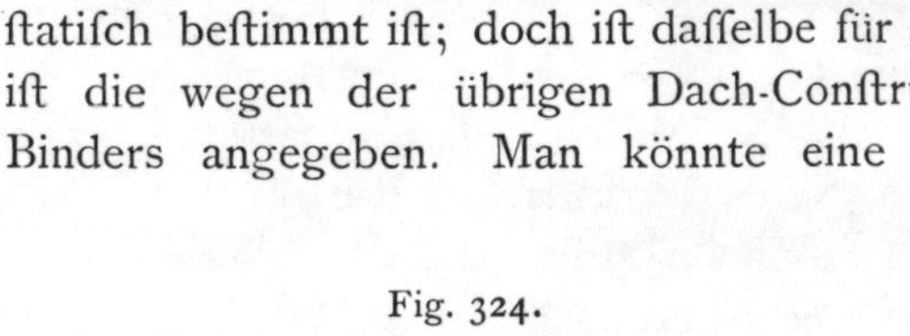


Eine andere Löſung deutet Fig. 324 an. Der Punkt *F* zwiſchen *C* und *D* iſt mit *A* und *B* verbunden; dieſer Punkt kann nunmehr auch die Laſt der Firſtpfette *E* mittels des Pfoſten *EF* aufnehmen. Das Fachwerk *ACFDB* iſt geometriſch und ſtatiſch beſtimmt. Wirken in *C* und *D* gleiche Laſten, ſo überträgt ſie das Sprengwerk auf die Kämpfer; wirkt nur in *C* eine Laſt, ſo zerlegt ſie ſich in die Richtungen *CA* und *CF*; erſtere geht ohne Weiteres in den Kämpferpunkt *A*; letztere geht bis *F*, wo ſie ſich nach den beiden Richtungen *FA* und *FB* zerlegt. Etwaige Belaſtung des Punktes *F* durch *EF* wird durch die Stäbe *FA* und *FB* in die beiden Kämpfer hinübergeleitet. Das Fachwerk *ACFDB* kann als Dreigelenkträger mit Mittengelenk *F* aufgefaſst werden.

Nach dem in Art. 81 (S. 101) Vorgeführten ſind hier $2 \cdot 2 = 4$ Auflager-Unbekannte und 5, bezw. 6 Knotenpunkte; es muſs alſo für ſtatiſche und geometriſche Beſtimmtheit $s = 2k - 4$, d. h. $s = 6$, bezw. 8 ſein; in der That iſt die Stabzahl 6,

Fig. 325.

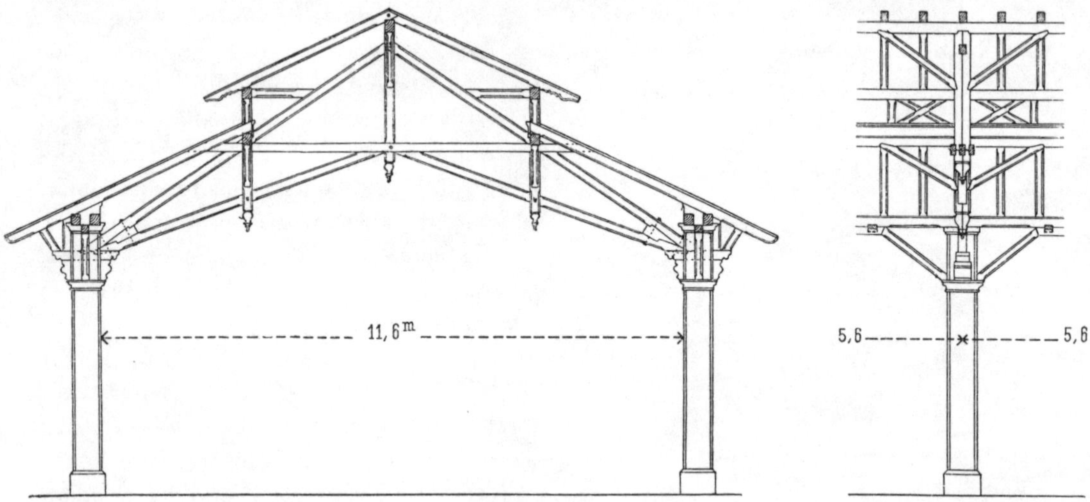


Dachſtuhl der alten Bahnſteighalle auf dem Bahnhof zu Mannheim[160]).

1/150 n. Gr.

bezw. 8, je nachdem man den Firſtknotenpunkt *E* weglâſſt oder hinzunimmt. Der punktirte Stab *EF* macht das Fachwerk ſtatiſch unbeſtimmt, aber nicht labil.

Werden die Streben *AC* und *BD* bis zum Firſtpunkt *E* durchgeführt und wird Stab *EF* hinzugefügt, ſo erhält man die einfachſte Geſtalt des ſog. engliſchen Dachſtuhls; alsdann hat man, wenn ein Auflager als beweglich angeſehen werden kann, ein Balkendach. Je nach der Conſtruction der Auflager iſt alſo der in Fig. 324 gezeichnete Dachſtuhl ein Balken- oder ein Sprengwerksdach. Ein ſolches Dach iſt der alte Dachſtuhl des Bahnhofes zu Mannheim (Fig. 325[160]). Wegen der Wirkungen auf die Stützen, bezw. Mauern iſt die Anordnung des Balkendaches vorzuziehen.

Die ſchematiſchen Skizzen in Fig. 326, 327 u. 328 zeigen einige weitere Löſungen, deren Zahl ſich ohne Schwierigkeit vermehren lieſse und bei denen ſtets das urſprüngliche Sprengwerk durch kräftigere Linien hervorgehoben iſt; bei allen iſt die Verwendung möglichſt langer, durchlaufender Hölzer erſtrebt. Alle dieſe Binder

160) Nach: Geier, a. a. O.

Fig. 326.

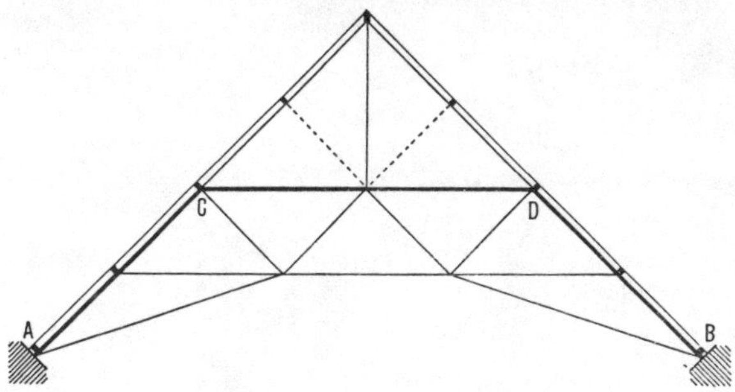


können unverändert oder mit kleinen Aenderungen als Balkenbinder verwendet werden, wenn man ein Auflager entſprechend anordnet. Man erreicht ſo die Vortheile der Sprengwerksdächer ohne ihre Nachtheile.

Zu beachten iſt, daſs dieſelben, abgeſehen vom Pfoſten unter der Firſtpfette, als Balkenträger ſtatiſch beſtimmt, als Sprengwerksträger aber ſtatiſch unbeſtimmt ſind, indem ſie einen überzähligen Stab haben; auch aus dieſem Grunde ſind dieſe Conſtructionen als Balkenträger vorzuziehen.

102. *Moller*'ſche Binder.

In etwas anderer Weiſe iſt bei den meiſten der ausgeführten Sprengwerks-Dachbinder verfahren worden. Zu der Zeit, als man (im erſten Drittel unſeres Jahrhundertes) an die Conſtruction ſo weit geſpannter Dächer herantrat, kannte man noch keine Fachwerk-Theorie, und ſo konnte es nicht ausbleiben, daſs, trotz tüchtiger und für die damalige Zeit ſogar hervorragender Leiſtungen, doch vieles Minderwerthige entſtand. Für längere Zeit waren die *Moller*'ſchen Conſtructionen Vorbild dieſer Dächer. *Moller* machte die Punkte *C* und *D* des Hauptſprengwerkes für die Momente aufnahmefähig durch Anordnung zweier mit den beiden Dachflächen parallel laufender Hölzer *KL* und *PN* (Fig. 329), wodurch ſich auch zwei Punkte *N* und *L* ergaben, die zur Aufnahme von Laſten geeignet waren. Eine weitere Sicherung der Winkel bei *C* und *D* ſuchte *Moller* darin, daſs er an dieſe Punkte je ein Dreieck von unveränderlicher Lage anſchloſs (in Fig. 329 ſind dieſe Dreiecke ſchraffirt). Dieſelben ſind durch Verlängerung der Streben *A C*, bezw. *BD* und des Spannriegels *CD* über die Knotenpunkte *C*, bezw. *D* hinaus und durch Feſtlegen der Enden vermittels eines oberen Gurtſparrens *A' E*, bezw. *B' E* gebildet. Doppelzangen reichten von *A'* nach *Q*,

Fig. 327.

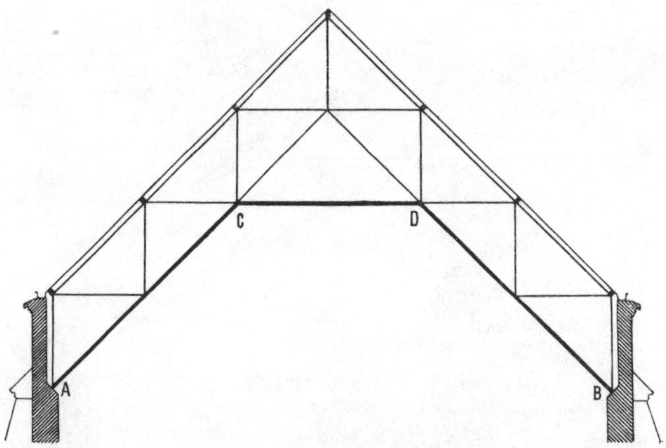


Fig. 328.

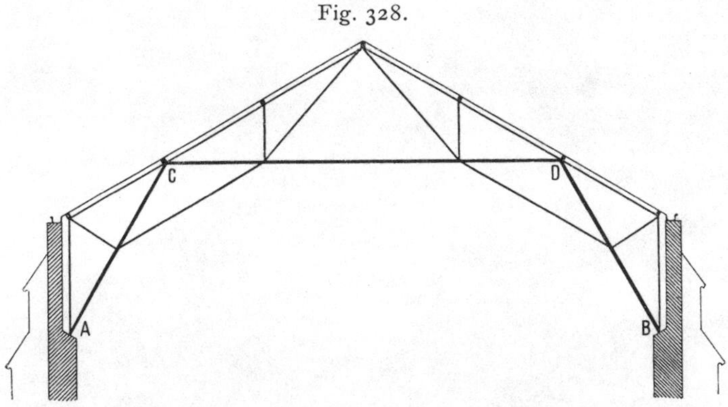

Fig. 329.

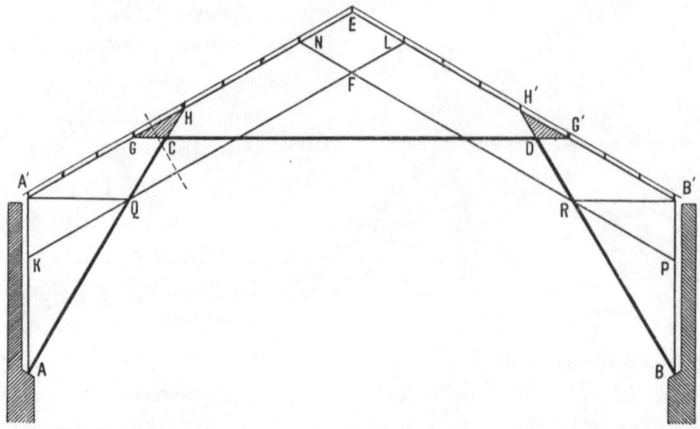


Fig. 330.

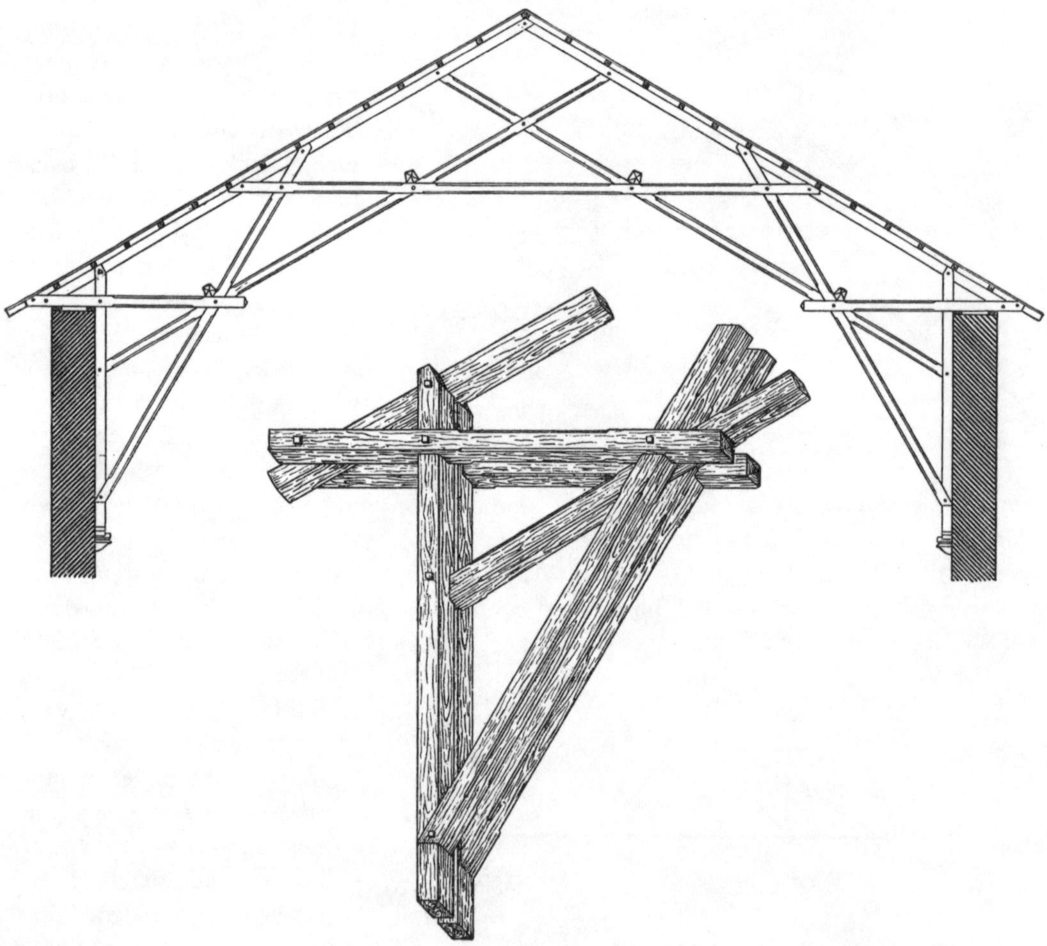

Von der Reithalle in Wiesbaden. (Von *Moller* [161]).

1/150 n. Gr.

[161]) Nach: Geier, a. a. O.

bezw. *B'* nach *R*. Es leuchtet ein, daſs dieſe Conſtruction nicht eine ſo klare Kraftvertheilung bietet, wie unſere modernen Fachwerke; als Fachwerk betrachtet genügt dieſelbe nicht den an die Standfeſtigkeit zu ſtellenden Bedingungen; die Zahl der Auflager-Unbekannten iſt, da auch *K* und *P* als Auflager mit wagrechten Reactionen

Fig. 331[162]).

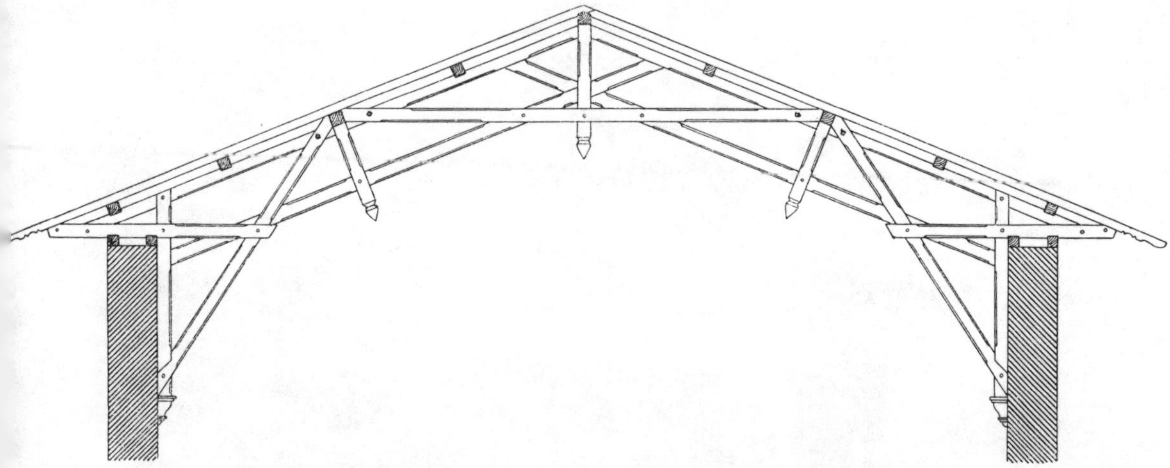

Fig. 332.

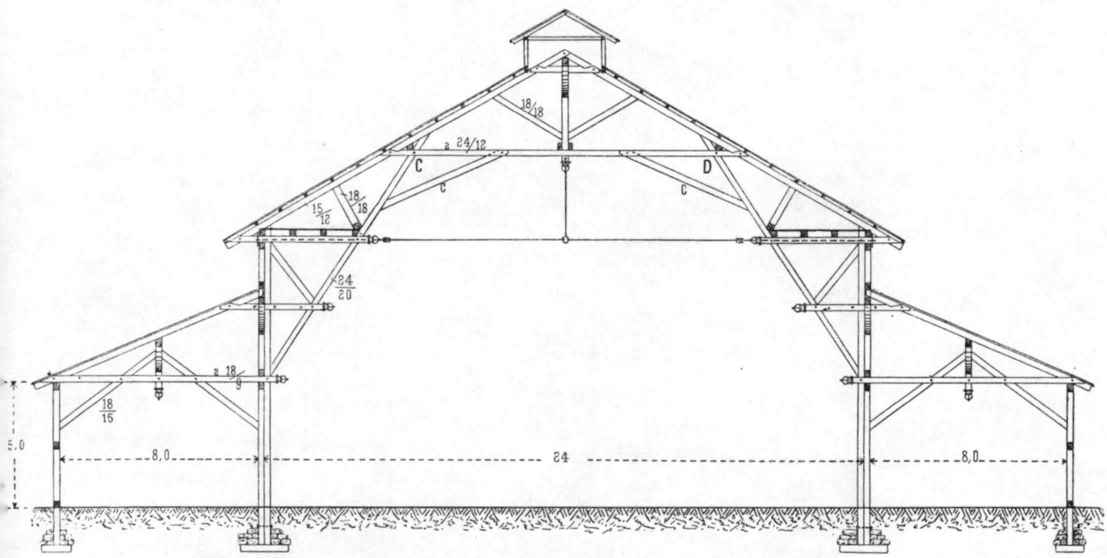


Von der Feſthalle für das Univerſitäts-Jubelfeſt zu Heidelberg 1886[163]).

1/300 n. Gr.

eingeführt werden müſſen, $n = 2.2 + 2.1 = 6$; die Zahl der Knotenpunkte iſt $k = 20$; mithin muſs die Stabzahl $s = 2.20 - 6 = 34$ ſein. Die Stabzahl iſt aber nur $s_1 = 33$; mithin iſt ein Stab zu wenig vorhanden. Nun darf man allerdings eine ſolche Conſtruction nicht als Fachwerk im heutigen Sinne betrachten, weil ja die

162) Nach: PROMNITZ, J. Der Holzbau. 2. Aufl. Halle 1874. S. 430.

163) Nach freundlicher Mittheilung des Herrn Oberbaudirectors Profeſſor Dr. *Durm* zu Karlsruhe.

Bedingungen desselben keineswegs erfüllt sind. Die an den Knotenpunkten durchgehenden Balken (Stäbe) können Momente aufnehmen. Eine einigermaßen genaue Berechnung dürfte allerdings bedeutende Schwierigkeit bereiten.

Die vorbesprochene Construction ist als Reithalle in Wiesbaden ausgeführt und in Fig. 330[161]) dargestellt. Eine verwandte, ähnliche Anordnung zeigt Fig. 331[162]).

Fig. 333.

Turnsaal der Gymnasiums- und der höheren Bürgerschule zu Hannover[164]).

$^1/_{150}$ n. Gr.

Ein gut aussehendes Sprengwerk zeigt auch die in Fig. 332 dargestellte Mittelhalle der im Jahre 1886 gelegentlich des Jubiläums der Universität Heidelberg errichteten Festhalle (Fig. 332[163]). Das Hauptsprengwerk (entsprechend *ACDB* in der schematischen Skizze in Fig. 329) ist in den Punkten *C* und *D* durch Stäbe *c*, *c* zur Aufnahme der Momente fähig gemacht; diese Stäbe beanspruchen dann allerdings

164) Facs.-Repr. nach: Zeitschr. d. Arch.- u. Ing.-Ver. zu Hannover 1855, Bl. 11.

den Spannriegel *CD* auf Biegung, was ein Nachtheil iſt. Im Uebrigen reiht ſich Dreieck an Dreieck.

Das Sprengwerksdach über dem Turnſaal des Gymnaſiums und der höheren Bürgerſchule zu Hannover (Fig. 333 [164]) iſt offenbar ebenfalls unter dem Einfluſſe der *Moller*'ſchen Conſtruction entſtanden; hier ſind gewiſſermaſsen zwei Sprengwerke in einander geſchachtelt, deren eines zwei Laſtpunkte aufweiſt und deren anderes einen mittleren Laſtpunkt hat. Die Conſtruction iſt nicht recht klar.

Auf Grund der vorſtehenden Entwickelungen wird man leicht im Stande ſein, ein der geſtellten Aufgabe entſprechendes Sprengwerksdach zu entwerfen, andererſeits auch die Güte einer Conſtruction zu beurtheilen. Mit beſonderer Aufmerkſamkeit ſind Binder zu behandeln, welche nach dem Schema in Fig. 334 [165]) gebaut ſind. Das Sechseck *ACDEFB* iſt nur bei ganz beſtimmter Belaſtungsart die Gleichgewichtsform; bei jeder anderen Belaſtung, alſo faſt ſtets, entſtehen Momente in den ver- 103. Andere Binder.

Fig. 334 [165]).

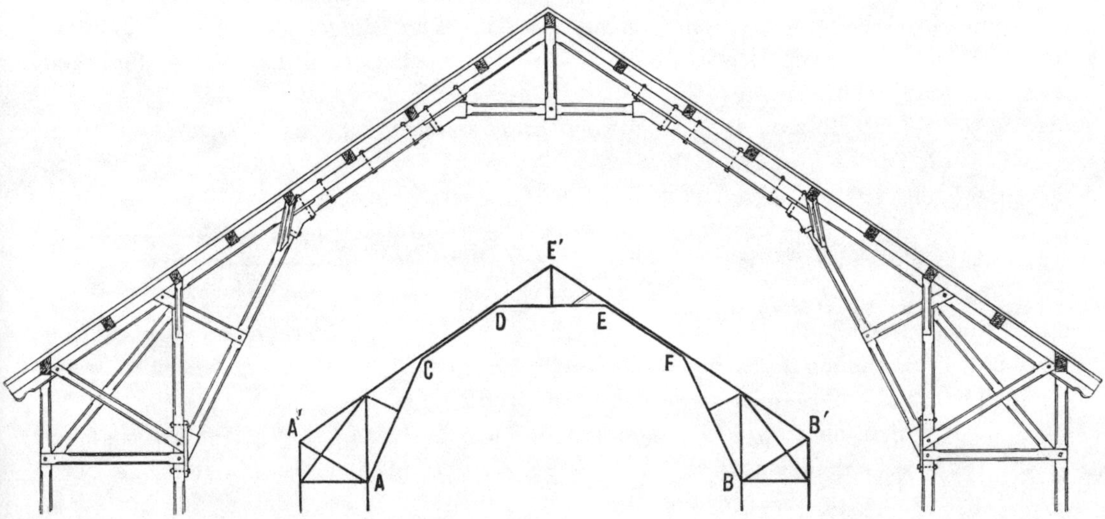


ſchiedenen Binderſtellen. Um dieſelben in *C*, *D*, *E* und *F* aufzunehmen, hat man wohl die durchgehenden Pfettenträger *A'E'* und *B'E'* mit den Sprengwerksſtreben *CD*, bezw. *EF* verſchraubt, verzahnt oder verdübelt. Alsdann nimmt der Querſchnitt des Pfettenträgers die in den Eckpunkten wirkenden Momente auf; für die Strecke *CD*, bezw. *EF* wirkt der Querſchnitt der beiden mit einander verbundenen Hölzer den Momenten entgegen.

Conſtructionen, wie die in Fig. 334 gezeichnete, werden beſſer vermieden.

### b) Dächer mit Bogenſprengwerken.

Das Beſtreben, dem Dachbinder eine dem Auge angenehme Form zu geben, 104. Verſchiedenheit.
führte ſchon bei den aus einzelnen Stäben hergeſtellten Sprengwerksdächern zu einer dem Bogen angenäherten Vieleckform. Es iſt nun auch möglich, für die tragenden Binder die vollſtändige Bogenform zu verwenden. Krumm gewachſene Hölzer ſtehen allerdings ſelten zur Verfügung; das Biegen ſtarker Hölzer hat gleichfalls Schwierig-

[165]) Nach: Wanderley, G. Die Conſtructionen in Holz. Halle 1877. S. 265.

keit. Man hat deſshalb die Bogen aus einzelnen mit einander verbundenen Bohlen hergeſtellt, und zwar ſind zwei verſchiedene Anordnungen üblich:

1) Bogen aus lothrecht geſtellten Bohlen und

2) Bogen aus wagrecht gelegten Bohlen.

105. Bogen aus lothrecht geſtellten Bohlen.

Die Bogen aus lothrecht geſtellten Bohlen ſollen zuerſt von *Philibert de l'Orme* 1561 ausgeführt ſein; doch wird behauptet[166]), daſs ſie ſchon mehrere Jahrhunderte früher in Gebrauch geweſen ſeien. In der neueren Praxis ſind ſie unter dem Namen »*de l'Orme*'ſche Bogendächer« bekannt. Die Bogenſtücke werden aus genügend breiten, 4 bis 6 cm ſtarken Brettern oder Bohlen ausgeſchnitten, wobei innere und äuſsere Krümmung dem gewählten Halbmeſſer entſpricht. Von dieſen Stücken werden nunmehr, je nach Stützweite und Krümmung, mehr oder weniger Lagen auf einander gelegt und mit einander durch hölzerne, beſſer durch eiſerne Nägel verbunden, wobei die Stoſsfugen der einzelnen Lagen gegen einander verwechſelt werden müſſen. Bei drei Lagen würde man z. B. die Fugen der zweiten und dritten Lage ſtets mit dem erſten, bezw. zweiten Drittel der Länge der zur erſten Lage verwendeten Bohlenſtücke zuſammenfallen laſſen. Die Länge der einzelnen Bohlenſtücke richtet ſich nach dem Halbmeſſer des Bogens und der Breite der verfügbaren Bretter; man ſchneidet aus dieſen die einzelnen Stücke nach einer Schablone, welche man, um Holz zu ſparen, abwechſelnd umkehrt (Fig. 335). Man kann auch, wenn es die Architektur des Gebäudes geſtattet, die innere Begrenzung der Bohlenſtücke geradlinig laſſen. Die Länge der einzelnen Bohlenſtücke beträgt 1,25 bis 2,50 m.

Fig. 335.

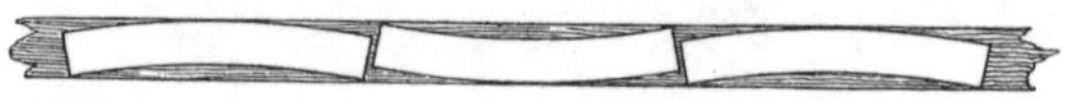

Ein Nachtheil dieſer Conſtruction iſt, daſs die Längsfaſern des Holzes auſsen und unter Umſtänden auch innen durchſchnitten werden; es iſt vortheilhaft, wenn möglichſt viele Faſern nicht durchſchnitten werden.

106. Bogen aus wagrecht gelegten Bohlen.

Die Bogen aus wagrecht gelegten Bohlen ſind von *Emy* erfunden und im Jahre 1828 bekannt gemacht. Die Bohlen werden in mehreren Lagen über einander gelegt und in die gewünſchte Form gebogen; dabei werden die einzelnen Lagen durch Schraubenbolzen und Bügel mit einander zu einem Ganzen verbunden. Auch hier nagelt man die einzelnen Bretter auf einander und verſetzt die Stöſse. Als Vortheil dieſer Conſtruction vor der älteren iſt hervorzuheben, daſs man keinen Verſchnitt hat, daſs die Längsfaſern der Bohlen nicht durchſchnitten werden und daſs man die Bretter, bezw. Bohlen in ihrer vollen Länge verwenden, ja bei vorübergehenden Bauten nach dem Abbrechen wieder zu anderen Zwecken gebrauchen kann. Ein Nachtheil ſind die zwiſchen den einzelnen Bohlen auftretenden Schubſpannungen, welche aber durch die Schraubenbolzen und Bügel unſchädlich gemacht werden können.

Fig. 336.

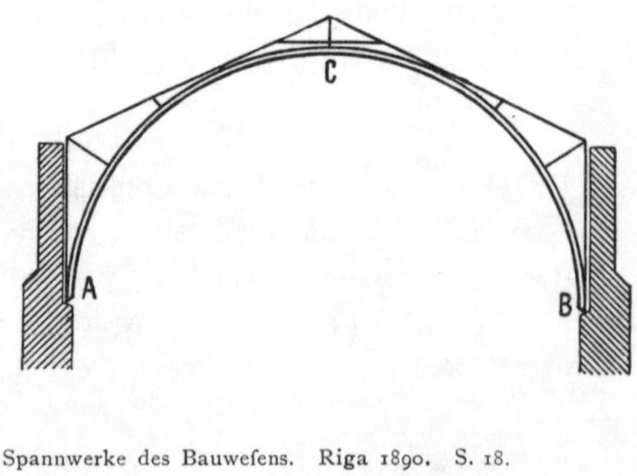


Man verwendet die Bohlenbogen ſowohl als Sparren, ſo daſs alſo die einzelnen

166) Siehe: LANG, G. Zur Entwickelungsgeſchichte der Spannwerke des Bauweſens. Riga 1890. S. 18.

Gebinde ſämmtlich einander gleich ſind und in geringen Abſtänden ſtehen (0,80 bis 1,50 m), ſo wie auch als Binder. Im letzteren Falle tragen die Bogen Pfetten und dieſe wieder Sparren in der ſonſt üblichen Weiſe.

Die Bohlenbogen ſind Sprengwerke von unendlich vielen Seiten, d. h. von continuirlicher Krümmung; ſie üben, wie alle Bogen, auf die Stützen (auch bei nur lothrechten Belaſtungen) ſchiefe Drücke aus, ſelbſt wenn ſie ſich mit lothrechten Tangenten auf die Stützpunkte ſetzen. Bei der Berechnung iſt dies zu beachten; die Anſicht, daſs keine wagrechte Seitenkraft in dem auf die Seitenſtütze übertragenen Drucke vorhanden ſei, iſt unrichtig, es ſei denn, daſs ein Stützpunkt wagrecht frei beweglich iſt. Die Seitenmauern müſſen alſo zur Aufnahme der ſchiefen Kräfte genügend ſtark ſein. Bei der üblichen Conſtructionsart kann man den Bogen als einen ſolchen mit zwei Kämpfergelenken berechnen. Der Bogen iſt aber ſtatiſch unbeſtimmt. 107. Statiſche Verhältniſſe.

Fig. 337.

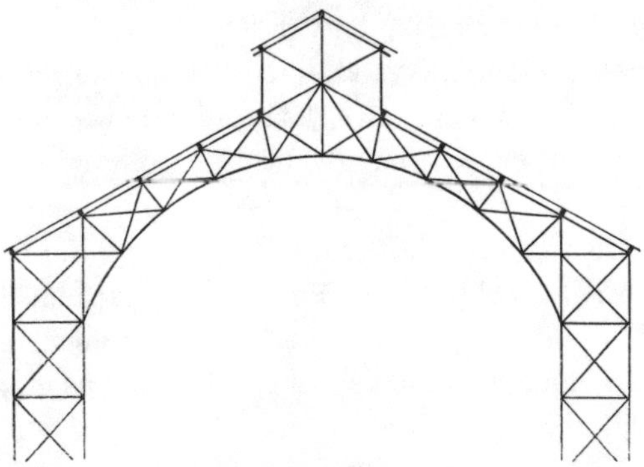

Fig. 338.

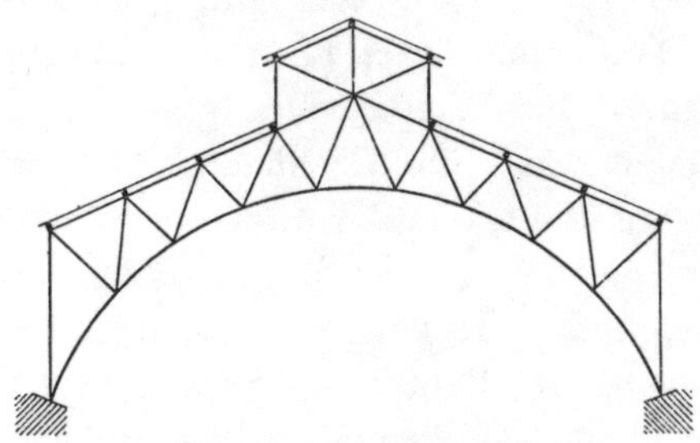

Fig. 339.

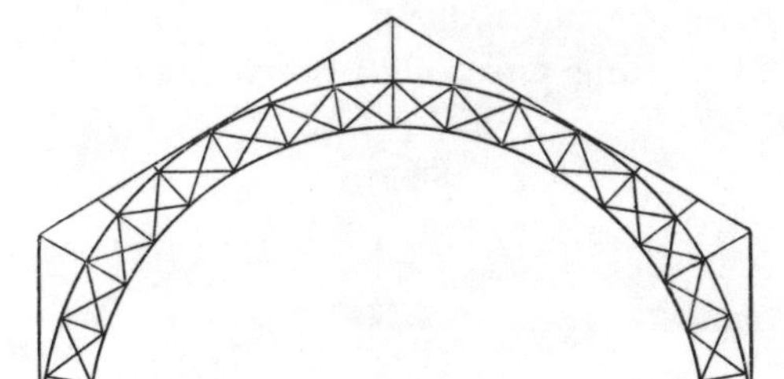


Ein Bogen bildet, wie auch ein Sprengwerk, nur für eine ganz beſtimmte Belaſtungsart die Gleichgewichtsform; ſobald die Belaſtung ſich irgend wie ändert, wird er das Beſtreben haben, ſeine Form zu ändern, d. h. die der neuen Belaſtung entſprechende Gleichgewichtsform anzunehmen. Dieſe Formänderung darf nicht eintreten; der Bogen muſs im Stande ſein, auch bei geänderter Belaſtung ſeine alte Form zu behalten. Um dies zu erreichen, macht man entweder den Querſchnitt des Bogens ſo groſs, daſs er den auf die Formänderung hinwirkenden Momenten ohne unzuläſſige Beanſpruchung widerſtehen kann, oder verbindet den Bogen mit einem aus Dreiecken zuſammengeſetzten Fachwerk.

Die einfachſte Anordnung iſt in Fig. 336 angegeben: der tragende Bogen *ACB* iſt als ſteifer Bohlenbogen gedacht; nach auſsen ſoll das Dach ein Satteldach ſein; es ſind deſshalb Gurtſparren angeordnet und mit dem Bohlenbogen durch Zangen verbunden. Wenn Bogen und Gurtſparren in ſehr innige Verbindung gebracht werden, ſo kann man den Querſchnitt der Sparren für die Berechnung des Bogens theilweiſe mit in Betracht ziehen.

Man kann auch, wie in Fig. 337 angedeutet iſt, ähnlich wie bei den neueren Eiſendächern, ein richtiges Fachwerk herſtellen, deſſen innere Begrenzung die

Bogengurtung bildet und dessen obere Gurtungen parallel den Dachflächen sind. Die Stäbe der oberen Gurtung werden zweckmäſsig als durchlaufende Hölzer genommen, das Gitterwerk mit nach dem Bogenmittelpunkt laufenden Pfosten und gekreuzten Schrägstäben in jedem Felde. Statt dieses Gitterwerkes kann man auch Netzwerk nach Fig. 338 wählen. Für sehr weit gespannte Hallen empfiehlt es sich vielleicht, Bogen mit zwei gleich laufenden Gurtungen zu verwenden, welche durch Gitterwerk mit einander verbunden sind und zweckmäſsig bis zum Sockelmauerwerk herabreichen (Fig. 339). Beide Bogen können als Bohlensparren und die radialen Pfosten als Doppelzangen hergestellt werden. Auch ist nicht ausgeschlossen, daſs man mit Zuhilfenahme des Eisens bei den Fuſspunkten des Bogens zwei Kämpfergelenke und im Scheitel ein drittes Gelenk anbringt, wodurch der Bogen für die Ermittelung der Kämpferdrücke statisch bestimmt würde.

108. Berechnung der Bohlenbogen.

Bei der Berechnung muſs der Bohlenbogen als elastischer Bogen angesehen und nach der Theorie der krummen Träger berechnet werden. Der Querschnitt des Bogens wird auf seine ganze Länge constant ausgeführt, und die Verhältnisse liegen theoretisch eben so, wie beim frei tragenden Wellblechdache, für welches der Verfasser der vorliegenden Kapitel die Berechnung durchgeführt und Formeln aufgestellt hat[167]). Bei dieser Berechnung sind allerdings Durchzüge angenommen, welche die wagrechten Kräfte der beiden Stützpunkte ausgleichen; man sieht aber leicht, daſs, wenn die elastische Veränderung der Zugstange gleich Null gesetzt wird, die dann erhaltenen Formeln genau unserer Annahme fester Kämpferpunkte entsprechen müssen. Ferner trifft die dort bezüglich des Winddruckes gemachte Annahme hier nicht stets zu. Dort ist angenommen, daſs die Dachfläche die Bogenkrümmung habe und daſs also der Winddruck auf die Dachfläche stets radial wirke. Wenn aber über dem Bogen Gurtsparren liegen, welche mit dem Bogen durch radiale Zangen verbunden sind, so kann man mit genügender Genauigkeit annehmen, daſs die Winddrücke auch hier radial wirken, und wird bei Benutzung der a. a. O. entwickelten Formeln keinen groſsen Fehler machen. Will man jedoch auch hier genauer rechnen, so kann man auf dem in der genannten Schrift gezeigten Wege auch diese Rechnung ohne besondere Schwierigkeit durchführen.

Der Berechnung sind nun die folgenden Annahmen und Bezeichnungen zu Grunde gelegt. Der Bogen ist ein Kreisbogen (Fig. 340) vom Halbmesser $R$; beide Auflager liegen gleich hoch und wirken wie Kämpfergelenke; der Mittelpunktswinkel des ganzen Bogens ist $2\alpha$. Das Eigengewicht ist für das lauf. Meter der Grundfläche des Bogens gleich groſs eingeführt und für das Quadr.-Meter der Grundfläche mit $g$ bezeichnet.

Fig. 340.

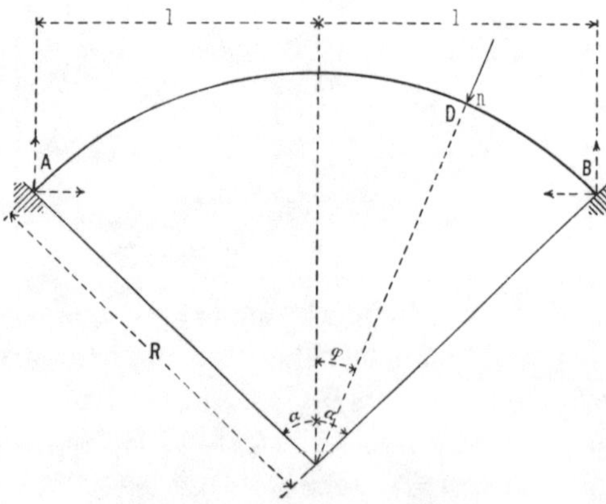


Die Schneelast $p$ für das Quadr.-Meter der Grundfläche ist einmal als das ganze Dach, sodann als nur eine Dachhälfte gleichmäſsig belastend eingeführt.

Die Windbelastung ist für das Quadr.-

[167]) Siehe: Landsberg, Th. Berechnung freitragender Wellblechdächer. Zeitschr. f. Bauw. 1891, S. 381. — Auch als Sonderabdruck erschienen: Berlin 1891.

Meter ſchräger Dachfläche, welche den Winkel $\varphi$ mit der Wagrechten einſchlieſst, alſo in einem Punkte $D$ deſſen Mittelpunktswinkel $\varphi$ iſt,

$$n = a \sin \varphi.$$

Die Stützweite des Bogens wird mit $2l$ bezeichnet. Alle Formeln beziehen ſich auf ein Stück Dach, welches ſenkrecht zur Bildfläche gemeſſen $1^{m}$ lang iſt.

Alsdann erhält man die folgenden Rechnungsergebniſſe:

1) Belaſtung durch das Eigengewicht. Die wagrechte Seitenkraft des Kämpferdruckes in $A$, bezw. $B$ iſt

$$H_g = \frac{g R A_1}{C}.$$

Darin bedeutet $A_1 = \frac{7}{6} \sin^3 \alpha - \frac{\alpha}{2} \cos \alpha + \alpha \cos^3 \alpha - \frac{\sin \alpha}{2}$,

$$C = \alpha - 3 \sin \alpha \cos \alpha + 2 \alpha \cos^2 \alpha.$$

Im Scheitel des Bogens iſt das Moment

$$M'_{g\,max} = g R^2 \left[ \frac{\sin^2 \alpha}{2} - \frac{A_1}{C} (1 - \cos \alpha) \right].$$

Ein negativer Gröſstwerth des Momentes findet für den Mittelpunktswinkel $\varphi_{max}$ ſtatt und hat die Gröſse

$$M''_{g\,max} = - g R^2 \left[ \frac{1}{2} \left( \frac{A_1}{C} \right)^2 - \frac{A_1}{C} \cos \alpha + \frac{\cos^2 \alpha}{2} \right].$$

Für die verſchiedenen Werthe von $\alpha$, alſo für die verſchiedenartigen Bogen iſt die folgende Tabelle ausgerechnet; der Bogen mit $\alpha = 90^0$ würde z. B. dem Halbkreiſe entſprechen.

| $\alpha$ | $A_1$ | $C$ | $H_g$ | $M'_{g\,max}$ | $M''_{g\,max}$ | $\varphi_{max}$ abgerundet |
|---|---|---|---|---|---|---|
| 25 | 0,00385 | 0,00407 | 0,9460 | 0,00067 | — 0,00079 | 18°54′ |
| 30 | 0,00914 | 0,00996 | 0,9382 | 0,00070 | — 0,00260 | 20°14′ |
| 35 | 0,01893 | 0,02112 | 0,8965 | 0,00236 | — 0,00299 | 26°18′ |
| 40 | 0,03488 | 0,04028 | 0,8660 | 0,00399 | — 0,00499 | 30° |
| 45 | 0,05893 | 0,07080 | 0,8323 | 0,00622 | — 0,00784 | 33°40′ |
| 50 | 0,09273 | 0,11658 | 0,7954 | 0,00928 | — 0,01165 | 37°18′ |
| 60 | 0,19386 | 0,27176 | 0,7134 | 0,01832 | — 0,02276 | 44°30′ |
| 75 | 0,41232 | 0,73437 | 0,5615 | 0,05036 | — 0,04579 | 55°51′ |
| 90 | 0,66667 | 1,57080 | 0,4244 | 0,07559 | — 0,09006 | 64°53′ |
| Grad | | | $. g R$ | $. g R^2$ | $. g R^2$ | |

Man ſieht, die abſolut genommen ungünſtigſten Momente ſind die Werthe $M''_{g\,max}$ an den Stellen, welche den Mittelpunktswinkeln $\varphi_{max}$ entſprechen. Die Momente werden in Kilogr.-Met. und die Werthe $H_g$ in Kilogr. erhalten.

2) Belaſtung durch volle Schneelaſt. Die Werthe für $H$ und ungünſtigſtes Moment werden aus den unter 1 entwickelten Gleichungen erhalten, indem man einfach $p$ anſtatt $g$ einführt.

3) Belaſtung durch einſeitige Schneelaſt. Die wagrechte Seitenkraft $H_p$ der Kämpferdrücke iſt halb ſo groſs, wie bei voller Belaſtung. Man erhält daher

$$H_p = \frac{p R A_1}{2 C}.$$

Nennt man den Gröfstwerth des Momentes auf der belafteten Seite $M_{p\,max}$, denjenigen auf der unbelafteten Seite $M'_{p\,max}$, die zugehörigen Mittelpunktswinkel $\varphi_{max}$ und $\varphi'_{max}$, fo erhält man die folgende Tabelle, in welche auch die an den Maximalftellen der Momente wirkenden Axialkräfte $P_p$, bezw. $P'_p$ aufgenommen find.

| $\alpha$ | $H_p$ | Belaftete Hälfte | | | Unbelaftete Hälfte | | |
|---|---|---|---|---|---|---|---|
| | | $\varphi_{max}$ | $M_{p\,max}$ | $P_p$ | $\varphi'_{max}$ | $M'_{p\,max}$ | $P'_p$ |
| 25 | 0,4730 | 11°48′ | 0,0110 | 0,4831 | 12°35′ | — 0,0114 | 0,4846 |
| 30 | 0,4691 | 14° | 0,0145 | 0,4835 | 14°55′ | — 0,0168 | 0,4856 |
| 35 | 0,4483 | 15°33′ | 0,0201 | 0,4653 | 17°44′ | — 0,0212 | 0,4706 |
| 40 | 0,4330 | 17°5′ | 0,0252 | 0,4529 | 20°22′ | — 0,0268 | 0,4620 |
| 45 | 0,4162 | 18°20′ | 0,0304 | 0,4384 | 23° | — 0,0325 | 0,4520 |
| 50 | 0,3977 | 19°20′ | 0,0356 | 0,4215 | 26°2′ | — 0,0391 | 0,4430 |
| 60 | 0,3567 | 20°30′ | 0,0462 | 0,3808 | 31°15′ | — 0,0516 | 0,4170 |
| 90 | 0,2122 | 18°48′ | 0,0778 | 0,2220 | 49°40′ | — 0,0780 | 0,3280 |
| Grad | $.\,pR$ | | $.\,pR^2$ | $.\,pR$ | | $.\,pR^2$ | $.\,pR$ |

Bei den Bogen mit grofsen Mittelpunktswinkeln find diefe Ergebniffe nur richtig, wenn die Dachneigung nicht dem Bogen folgt, weil fonft auf den fteilen, nahe den Kämpfern gelegenen Bogentheilen der Schnee nicht liegen bleibt. Für die meift üblichen Anordnungen aber find die Tabellenwerthe richtig. Man fieht, dafs die gröfsten Momente auf der nicht belafteten Seite ftattfinden. Der Vergleich mit der Tabelle unter 1 lehrt ferner, dafs mit Ausnahme des Werthes $\alpha = 90$ Grad für alle Bogen die einfeitige Schneelaft ungünftiger ift, als die beiderfeitige; nur für den Halbkreisbogen und die diefem nahe kommenden Bogen ift volle Schneelaft die ungünftigere.

4) Belaftung durch Winddruck. Da beide Kämpfer hier als feft gelten, fo ift nur der Fall in das Auge zu faffen, welcher in der Eingangs erwähnten Schrift zuerft behandelt ift, dafs nämlich die Belaftung durch Wind von der Seite des feften Auflagers ftattfinde. Man erhält für die Windbelaftung der einen Seite die lothrechten und wagrechten Seitenkräfte der Auflagerdrücke (Fig. 341):

Fig. 341.

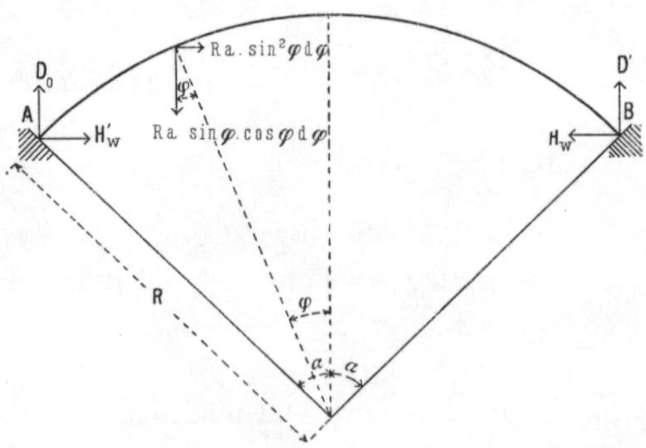


$$D_0 = \frac{Ra}{2}\left(\frac{2\sin^3\alpha - \sin\alpha + \alpha\cos\alpha}{\sin\alpha}\right),$$

$$D_1 = \frac{Ra}{4}\left(\frac{\sin\alpha - \alpha\cos\alpha}{\sin\alpha}\right),$$

$$H_w - H'_w = \frac{Ra}{2}(\alpha - \sin\alpha\cos\alpha),$$

$$H_w = \frac{BaR}{2C},$$

in welcher Gleichung $C$ denfelben Werth hat, wie auf S. 135, und

$$B = \frac{9}{4}\sin^2\alpha - 2 + 2\cos\alpha + \frac{\alpha^2}{4} + \alpha^2\cos^2\alpha - \frac{5}{2}\alpha\cos\alpha\sin\alpha$$

bedeutet. Abkürzungsweife werde $\frac{B}{2C} = \rho$ gefetzt; alsdann ift

$$H_w = \rho a R.$$

Man erhält für die verſchiedenen Werthe $\alpha$ die in nachſtehender Tabelle zuſammengeſtellten Werthe.

| $\alpha$ | $B$ | $C$ | $\rho = \frac{B}{2C}$ |
|---|---|---|---|
| 25° | 0,00065 | 0,00407 | 0,0795 |
| 30° | 0,00189 | 0,00996 | 0,0950 |
| 35° | 0,00468 | 0,02112 | 0,1108 |
| 40° | 0,01019 | 0,04028 | 0,1260 |
| 45° | 0,02010 | 0,07080 | 0,1420 |
| 50° | 0,03671 | 0,11658 | 0,1574 |
| 60° | 0,10219 | 0,27176 | 0,1880 |
| 90° | 0,86685 | 1,57080 | 0,2760 |

Aus dieſer Tabelle können nun leicht die wagrechten Seitenkräfte $H_w$ und $H'_w$, welche von den Bogen auf die Seitenmauern als Schub übertragen werden, entnommen und mit den lothrechten Seitenkräften $A$ und $B$ zuſammengeſetzt werden.

Die gröſsten durch den Winddruck an den beiden Seiten erzeugten Momente finden bezw. in den zu den Mittelpunktswinkeln $\varphi_{max}$ und $\psi_{max}$ gehörigen Bogenpunkten ſtatt; dieſelben haben die in nachſtehender Tabelle zuſammengeſtellten Werthe.

| | Windſeite | | | Vom Winde abgewendete Seite | | |
|---|---|---|---|---|---|---|
| $\alpha$ | $\varphi_{max}$ | $M_{w\,max}$ | $P$ | $\psi_{max}$ | $M'_{w\,max}$ | $P$ |
| 25 | 16° | 0,0032 | 0,0753 | 11°26′ | — 0,0023 | 0,0811 |
| 30 | 18°40′ | 0,0055 | 0,0878 | 13°46′ | — 0,0039 | 0,0978 |
| 35 | 21°50′ | 0,0090 | 0,0997 | 16°6′ | — 0,0058 | 0,1150 |
| 40 | 24°50′ | 0,0135 | 0,1096 | 18°26′ | — 0,0093 | 0,1330 |
| 45 | 27°50′ | 0,0192 | 0,1190 | 20°42′ | — 0,0135 | 0,1520 |
| 50 | 31° | 0,0264 | 0,1257 | 23°2′ | — 0,0186 | 0,1710 |
| 60 | 36°45′ | 0,0459 | 0,1320 | 27°44′ | — 0,0328 | 0,2120 |
| 90 | 53°7′ | 0,1620 | 0,0900 | 42°10′ | — 0,1224 | 0,3700 |
| Grad | | $.\,R^2 a$ | $.\,R a$ | | $.\,R^2 a$ | $.\,R a$ |

Die an den Maximal-Momentſtellen auftretenden Axialkräfte $P$ ſind in obige Tabelle gleichfalls aufgenommen.

Für andere Werthe von $\alpha$, als die in die Tabellen aufgenommenen, genügt es, zu interpoliren; doch macht auch eine genaue Berechnung nach den Formeln der erwähnten Arbeit keine Schwierigkeit.

B e i ſ p i e l. Es ſoll ein Bogendach von 16 m Stützweite zwiſchen den Kämpfern conſtruirt werden; die Bogenform ſoll ein Halbkreis vom Halbmeſſer $R = 8$ m ſein. Das Dach iſt nach auſsen als Satteldach ausgebildet mit der Dachneigung $\frac{h}{L} = \frac{1}{4}$; das Dach iſt mit Pappe gedeckt. Das Eigengewicht auf das Quadr.-Meter Grundfläche wird zu $g = 60$ kg angenommen. 109. Beiſpiel.

1) E i g e n g e w i c h t für 1 lauf. Met. Dachlänge:

$H_g = 0{,}4244\, g R = 0{,}4244 \,.\, 60 \,.\, 8 = \backsim 204$ Kilogr.;

$A = B = 8 \,.\, 60 = 480$ Kilogr.;

$M''_{g\,max} = -\,0{,}09006\, g R^2 = -\,0{,}09006 \,.\, 60 \,.\, 64 = -\,345{,}83$ Kilogr.-Met. $= -\,34583$ Kilogr.-Centim.

2) B e l a ſ t u n g d u r c h S c h n e e. Volle Schneelaſt erzeugt ein gröſseres Moment ($-\,0{,}09006\, p R^2$),

als einfeitige Schneelaft ($-0{,}078\, p R^2$). Es foll alfo erftere der Berechnung zu Grunde gelegt werden. Man erhält, wenn $p = 75^{kg}$ ift,

$$H_p = 0{,}4244\, p R = 0{,}4244 \cdot 75 \cdot 8 = \infty\ 255 \text{ Kilogr.};$$

$$A = B = 8 \cdot 75 = 600 \text{ Kilogr.};$$

$$M''_{p\,max} = -0{,}09006\, p R^2 = -0{,}09006 \cdot 75 \cdot 64 = -432{,}29 \text{ Kilogr.-Met.} = -43229 \text{ Kilogr.-Centim.}$$

3) Belaftung durch Winddruck. Der Winddruck für das Quadr.-Met. fenkrecht getroffener Fläche fei $a = 120^{kg}$. Dann ift

$$H_w = \rho a R = 0{,}276 \cdot 120 \cdot 8 = \infty\ 265 \text{ Kilogr.};$$

$$H'_w = -\frac{R a}{2} (\alpha - \sin\alpha \cos\alpha) + H_w = -\frac{8 \cdot 120}{2} 1{,}57 + 265 = -489 \text{ Kilogr.};$$

$$H'_w = -489 \text{ Kilogr.};$$

$$A = \frac{8 \cdot 120}{4} = 240 \text{ Kilogr., und } B = \frac{8 \cdot 120}{4} = 240 \text{ Kilogr.}$$

Das gröfste Moment findet auf der Windfeite ftatt; daffelbe ift pofitiv; da aber das durch Eigengewicht und Schneedruck erzeugte Maximalmoment nahe bei diefer Stelle negativ ift, fo hebt es fich mit dem pofitiven Windmoment zum Theile auf. Gefährlicher ift demnach das negative Windmoment auf der vom Winde abgewendeten Seite, welches fich mit den negativen Momenten durch Eigengewicht und Schnee addirt. Daffelbe ift

$$M_{w\,max} = -0{,}1224\, R^2 a = -0{,}1224 \cdot 64 \cdot 120 = -940 \text{ Kilogr.-Met.} = -94000 \text{ Kilogr.-Centim.}$$

4) Querfchnittsbeftimmung. Nimmt man nun, etwas ungünftiger als in Wirklichkeit, an, dafs alle Gröfstmomente an demfelben Bogenpunkte ftattfinden, und addirt fie einfach, fo erhält man als ungünftigftenfalls auftretendes Gröfstmoment:

$$M_g + M_p + M_w = -(34583 + 43229 + 94000) = -171812 \text{ Kilogr.-Centim.},$$

alfo

$$M_{max} = -171812 \text{ Kilogr.-Centim.}$$

Diefes Maximalmoment kommt auf die Dachlänge von $1^m$. Bei einem Binderabftande $e$ entfallen auf jeden Binder $e$ Met. Dachlänge; das von einem Binder aufzunehmende Moment ift alsdann ($e$ in Met. einzuführen)

$$M_{max} = -171812\, e \text{ Kilogr.-Centim.}$$

Ift der Binderabftand $e = 3^m$, fo wird (abfolut genommen)

$$M_{max} = 515436 \text{ Kilogr.-Centim.},$$

und ohne Rückficht auf die Axialkraft mufs

$$\frac{J}{a} = \frac{M_{max}}{K}$$

fein. $K$ kann hier wegen der nur ganz ausnahmsweife gleichzeitig auftretenden ungünftigften Belaftungen ziemlich hoch angenommen werden; wir fetzen $K = 120$ Kilogr. für $1^{qcm}$ und nehmen den Querfchnitt rechteckig mit der Breite $b$ und der Höhe $h$ an. Dann wird

$$\frac{b h^2}{6} = \frac{515436}{120} \quad \text{und} \quad h^2 = \frac{515436}{120} \cdot \frac{6}{b} = \frac{25771}{b}.$$

Ift $b = 20^{cm}$, fo wird

$$h^2 = \frac{25771}{20} = 1288 \quad \text{und} \quad h = 35{,}9 = \infty\ 36 \text{ Centim.}$$

Man kann alfo den Bogen aus 9 über einander gelegten Lagen von je $4^{cm}$ ftarken und $20^{cm}$ breiten Brettern conftruiren.

5) Wirkung des Dachbinders auf die Seitenftützen. Die verfchiedenen Belaftungen rufen in den Kämpferpunkten Stützendrücke hervor, deren wagrechte, bezw. lothrechte Seitenkräfte auf Grund vorftehender Rechnungen in nachftehender Tabelle zufammengeftellt find, wenn $e$ den Binderabftand (in Met.) bezeichnet.

| Belaftungsart | Linker Kämpfer | | Rechter Kämpfer | |
|---|---|---|---|---|
| | $D_0$ | $H$ | $D'$ | $H$ |
| Eigengewicht . . . | 480 $e$ | 204 $e$ | 480 $e$ | 204 $e$ |
| Volle Schneelaft . . | 600 $e$ | 255 $e$ | 600 $e$ | 255 $e$ |
| Winddruck links . . | 240 $e$ | −489 $e$ | 240 $e$ | 265 $e$ |
| Winddruck rechts . | 240 $e$ | 265 $e$ | 240 $e$ | −489 $e$ |
| | Kilogr. | | | |

Die wagrechte Seitenkraft des bei linksseitigem Winddruck im linken Kämpfer entstehenden Druckes ist nach aufsen gerichtet; dies bedeutet das Minuszeichen. Da nun, nach dem Gesetze von Wirkung und Gegenwirkung, der auf die Stütze vom Binder ausgeübte Druck stets demjenigen genau entgegengesetzt wirkt, welcher von der Stütze auf den Binder wirkt, so erstrebt der von links kommende Winddruck Umsturz der linksseitigen Mauer nach innen. Ungünstigste Stützenbeanspruchung findet demnach bei der angenommenen Belastung auf der rechten Seite statt, wo die wagrechten durch alle drei Belastungen erzeugten Seitenkräfte in gleichem Sinne wirken, d. h. auf die Binder nach innen, auf die Stützen nach aufsen. Die ungünstigsten Werthe der Seitenkräfte sind:

$$\Sigma(D_1) = (480 + 600 + 240)\, e = 1320\, e.$$
$$\Sigma(H_{rechts}) = (204 + 255 + 265)\, e = 724\, e.$$

Daraus kann nun in einem jeden Falle leicht das Umsturzmoment bestimmt und die Stabilität des Mauerpfeilers ermittelt werden. Nur kurz erwähnt zu werden braucht, dafs bei von rechts kommender Windbelastung der linke Kämpfer in derselben Weise wirkt, wie oben der rechte.

Bei voller Schneebelastung, ohne Winddruck, ergiebt sich

$$\Sigma(H_{links}) = \Sigma(H_{rechts}) = 459\, e \quad \text{und} \quad \Sigma(D_0) = \Sigma(D_1) = 1080\, e.$$

110. Sprengwerksbogen mit Durchzügen.

Die gefährlichen wagrechten Schubkräfte, so weit sie nicht von den Winddrücken herstammen, kann man von den Seitenstützen durch eiserne Durchzüge fern halten, welche die beiden Kämpfer oder zwei über den Kämpfern symmetrisch zur lothrechten Mittelaxe gelegene Bogenpunkte verbinden. Man verwandelt durch diese Eisenstäbe eigentlich das Sprengwerksdach in ein Balkendach; denn nunmehr heben sich die wagrechten Seitenkräfte der Kämpferdrücke gegenseitig auf, und es bleiben nur die lothrechten Auflagerdrücke. Dennoch mufs der Sprengwerks-, bezw. Bogenbinder wie ein Sprengwerk, bezw. Bogen berechnet werden; denn für den Dachbinder selbst macht es keinen grundlegenden Unterschied, ob die schiefe Auflagerkraft $R$ als Mittelkraft der von der Stütze geleisteten Seitenkräfte $H$ und $D_0$ auftritt oder als Mittelkraft des lothrechten Stützendruckes $D_0'$ und der Stabspannung $S$ (Fig. 342). Die Binder der Sprengwerksdächer mit Durchzug können also ebenfalls hier mit behandelt werden.

Fig. 342.

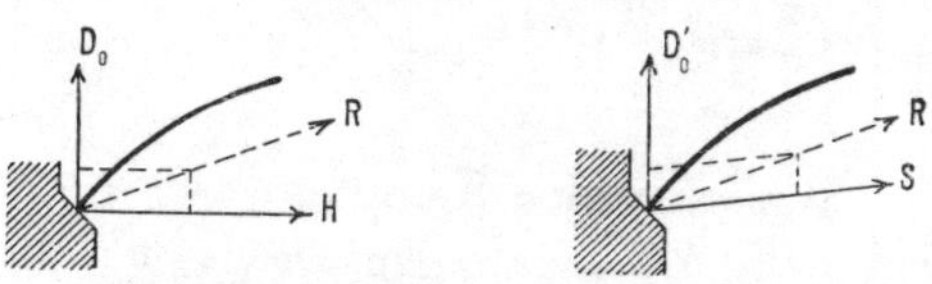


111. Berechnung.

Auf die Stützpunkte der Binder werden nach Vorstehendem nur lothrechte Kräfte und die durch den Winddruck erzeugten wagrechten Seitenkräfte übertragen. Dieselben werden berechnet, wie bei den Balkendächern[168]) angegeben ist. Eine Ungewifsheit erhebt sich dadurch, dafs nicht, wie dort angenommen ist, bei den Holzdächern ein Auflager als beweglich ausgeführt wird. Man kann für überschlägliche Rechnungen annehmen, dafs jedes der beiden Auflager die Hälfte der wagrechten Seitenkraft des gesammten Winddruckes übernimmt.

Was den Bogen anbelangt, so berechne man, wie bei den Bogen ohne Durchzug gezeigt worden ist; die wagrechte Kraft $H$, welche am Kämpfer wirkend dort vom Seitenmauerwerk auf den Bogen übertragen wurde, wirkt hier als Seitenkraft der Spannung des Durchzuges. Dabei wird die elastische Formänderung des Durchzuges unberücksichtigt gelassen, was hier unbedenklich zulässig ist. Aus der Gröfse des Werthes $H$, der demnach als bekannt angenommen werden kann, erhält man nun leicht die Spannung im Durchzuge.

Es sei (Fig. 343) für irgend eine Belastungsart $R$ die Mittelkraft, welche von der Stütze geleistet werden mufs, d. h. die Mittelkraft der oben mit $D_0$, bezw. $H$ bezeichneten Seitenkräfte; alsdann mufs $R$ durch den lothrechten Auflagerdruck, der

---

168) Siehe Theil I, Band 1, zweite Hälfte (Art. 416, S. 380; 2. Aufl.: Art. 205, S. 187) dieses »Handbuches«.

hier mit $D_0'$ bezeichnet werde, und durch die Spannung $S_0$ des nächſten Stabes vom Durchzuge geleiſtet werden. Da $H$ und $D_0$ bekannt ſind, ſo auch $R$, und man ſieht leicht, daſs ſtattfindet:

Fig. 343.

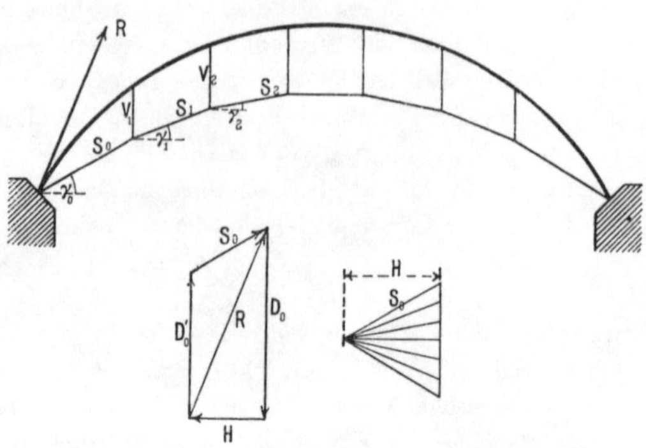


$$S_0 = \frac{H}{\cos \gamma_0} \quad \text{und} \quad D_0' = D_0 - H \operatorname{tg} \gamma_0 .$$

Für $\gamma_0 = 0$ wird $S_0 = H$ und $D_0' = D_0$.

Die Spannungen der einzelnen Stäbe des Durchzuges und der lothrechten Hängeſtäbe folgen leicht aus den Gleichgewichtsbedingungen an den Knotenpunkten des Durchzuges. Es iſt

$$S_1 = \frac{H}{\cos \gamma_1}, \quad S_2 = \frac{H}{\cos \gamma_2};$$

$$V_1 = H (\operatorname{tg} \gamma_0 - \operatorname{tg} \gamma_1), \quad V_2 = H (\operatorname{tg} \gamma_1 - \operatorname{tg} \gamma_2).$$

Die vieleckige Form des Durchzuges hat zur Folge, daſs in den Anſchluſspunkten der Hängeſtäbe an den Bogen auf dieſen die Spannungen dieſer Stäbe als Laſten übertragen werden; dadurch wird die Rechnung verwickelter. Die Kräfte $V$ ſind aber bei geringem Pfeil des Durchzuges ſo klein, daſs man dieſelben für die Berechnung des Bogens unbeachtet laſſen kann.

Wenn der Durchzug wagrecht iſt, ſo ſind

$$S_0 = S_1 = S_2 \ldots = H \quad \text{und} \quad V_1 = V_2 = V_3 \ldots = \text{Null}.$$

Man ordne aber doch einige Hängeſtäbe an, da ſonſt der Durchzug in Folge ſeines Gewichtes etwas durchhängt.

112. Verſchiedene Conſtructionen.

Der Durchzug wird am zweckmäſsigſten nach den beiden Kämpfern, den Fuſspunkten des Bogens geführt (vergl. die ſchematiſche Darſtellung in Fig. 344). In Fig. 345 [169]) u. 346 [170]) ſind zwei Dachſtühle dargeſtellt, in denen auſser von den Kämpferpunkten aus auch noch von den höher gelegenen Bogenpunkten $C$ und $D$ aus Verbindungsſtäbe auslaufen. Dadurch wird die Kraftwirkung unklar. Dieſe Stäbe $CI$ und $IID$ dienen wohl dazu, den Schub der auf die Bogen gelegten beſonderen Gurtungsſparren aufzuheben; man laſſe ſie bei $C$ und $D$ um den Bogen herumgreifen und nach $C'$, bezw. $D'$ laufen. Die Spannung in $AI$ iſt nach Vorſtehendem leicht zu finden; aus derſelben ergeben ſich diejenigen in $I\,II$. Zu der Spannung in $I\,II$, welche hierdurch erzeugt wird, kommt noch diejenige hinzu, welche in $C'I$ herrſcht.

Fig. 344.

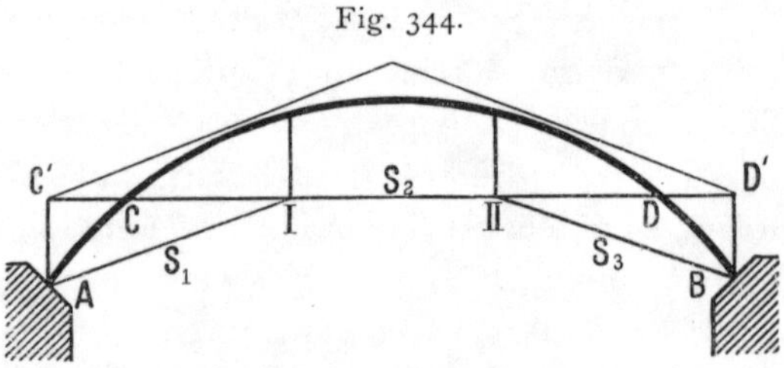


Die in Fig. 337, 338 u. 339 (S. 133) vorgeführten Bogendächer, bei denen der Bogen als ein Gitterwerk gebildet iſt, können auch mit Durchzügen hergeſtellt werden.

169) Nach freundlichen Mittheilungen des Herrn Profeſſor *Manchot* in Frankfurt a. M. — Vergl. auch: Centralbl. d. Bauverw. 1890, S. 117.

170) Nach: Deutſche Bauz. 1893, S. 577.

Fig. 345.

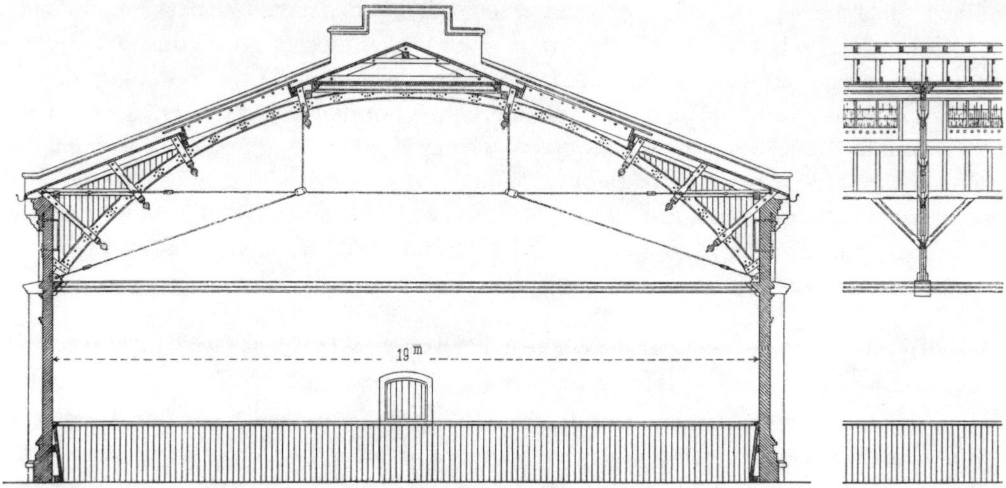


Vom Taterfall zu Mannheim [169]).

$^1/_{200}$ n. Gr.

Arch.: *Manchot.*

Fig. 346.

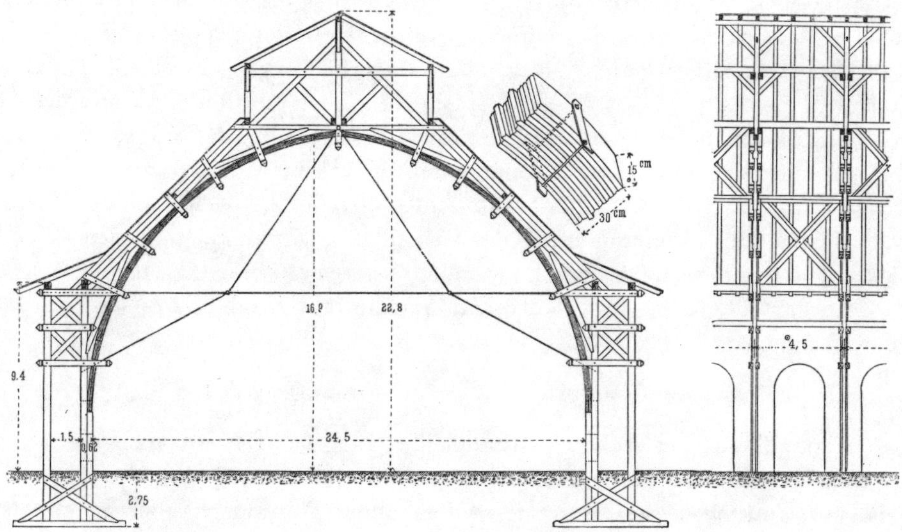


Von der Fefthalle für das Mittelrheinifche Turnfeft zu Darmftadt 1893 [170]).

$^1/_{375}$ n. Gr.

# Hölzerne Thurmdächer, Zelt- und Kuppeldächer.

## a) Hölzerne Thurmdächer.

Thurmdächer find fteile Zeltdächer über quadratifcher oder achteckiger, auch wohl kreisförmiger, felten über einer anders geformten Grundfläche. Diefelben 113. Einleitung.

werden hauptſächlich durch den Winddruck gefährdet; Schnee bleibt wegen der Steilheit nicht liegen; das Eigengewicht erzeugt keine bedeutenden Beanſpruchungen.

Eine gute Thurmdach-Conſtruction muſs folgenden Anforderungen Genüge leiſten: ſie muſs ſtandfeſt und fähig ſein, auch bei ungünſtigſter Belaſtung die auf ſie einwirkenden Kräfte ſicher und, ohne merkbare Formänderung zu erleiden, in das unterſtützende Mauerwerk zu leiten; ſie muſs der Zerſtörung durch Feuchtigkeit und Faulen möglichſt wenig Angriffspunkte bieten; ſie muſs leichten und ſicheren Aufbau geſtatten, bequemes Ausbeſſern und Auswechſeln etwa ſchadhaft gewordener Hölzer ermöglichen; ſie darf nicht zu viel Holz erfordern, um nicht zu theuer zu werden.

### 1) Statiſche Verhältniſſe und theoretiſche Grundlagen für die Conſtruction.

114. Kräfte.

Die Thurmdächer ſetzen ſich ſtets auf hohe Mauern; für dieſe ſind aber wagrechte Kräfte beſonders gefährlich; deſshalb ordne man die Conſtruction ſtets ſo an, daſs die wagrechten Kräfte möglichſt gering werden. Dem gemäſs ſind Sprengwerks-Conſtructionen, welche ſtets auch wagrechte Kräfte auf die Mauern übertragen, hier ausgeſchloſſen. Die ſchiefen Windkräfte haben allerdings ſtets wagrechte auf die Conſtruction wirkende Seitenkräfte, die man nicht fortſchaffen kann. Man muſs aber ſuchen, dieſe gefährlichen Seitenkräfte und ihr Umſturzmoment ſo klein wie möglich zu machen; durch eine zweckmäſsige Form des Thurmdaches iſt eine ſolche Verkleinerung wohl möglich, wie die Ueberlegung unter $\alpha$ zeigt.

115. Windbelaſtungen.

$\alpha$) Windbelaſtungen. Nach den Unterſuchungen in Theil I, Band 1, zweite Hälfte (2. Aufl., S. 23 u. 24) dieſes »Handbuches« iſt der Winddruck gegen ein achtſeitiges Prisma kleiner, als derjenige gegen ein vierſeitiges Prisma; das Gleiche gilt für die Pyramide. Nennt man die Höhe des Thurmdaches $h$, den Winddruck auf das Flächenmeter ſenkrecht getroffener Fläche $p$, die Seite des Quadrates, bezw. des Grundquadrates der Grundfläche $B$, nimmt man den Winddruck als wagrecht wirkend an und berechnet (mit geringem Fehler) ſo, als ob die Seitenflächen lothrecht ſtänden, ſo erhält man als die auf Umſturz des ganzen Thurmdaches wirkende Kraft $W$:

bei quadratiſcher Grundfläche $W = p \frac{Bh}{2} = 0{,}5\, p B h$;

bei regelmäſsiger Achteck-Grundfläche (Fig. 349) $W = 0{,}414\, p B h$;

bei kreisförmiger Grundfläche (Kegeldach) $W = 0{,}39\, p B h$;

d. h. die auf Umſturz wirkende Kraft iſt bei einem Thurmdach über regelmäſsigem Achteck um etwa 17 Procent und bei einem Kreiskegeldach um etwa 22 Procent geringer, als bei einem Dach über quadratiſcher Grundfläche (Höhe und untere Breite als gleich angenommen).

Bei dreieckiger Seitenfläche des Thurmdaches liegt die Mittelkraft der Windkräfte in ein Drittel der Höhe über der Grundfläche; das Umſturzmoment iſt dann:

$$M_{Umſturz} = W \frac{h}{3}\,.$$

Eine Verkleinerung des Umſturzmoments kann ſowohl durch Verringerung von $W$, wie auch von $h$ erreicht werden; die letztere Verkleinerung, d. h. eine tiefere Lage von $W$ wird durch Verbreitern der Grundfläche und Anwendung verſchiedener Dachneigungen in den verſchiedenen Theilen des Thurmdaches erzielt. Eine ſolche in

Fig. 347.

Von der Kirche zu Schwarzrheindorf[171]).

Fig. 348.

Von der reformirten Kirche zu Insterburg[172]).

Fig. 347[171]) dargestellte Anordnung hat neben dem Vortheil der tiefen Lage von $W$ noch den weiteren statischen Vorzug, dass die den unteren Theil belastenden Winddrücke grössere Winkel mit der Wagrechten einschliessen, als die auf den steileren Theil wirkenden; sie sind kleiner und haben eine günstigere Richtung.

Statisch günstig ist auch die vielfach ausgeführte, architektonisch sehr wirksame Anordnung von vier Giebeln (Fig. 348[170]); durch dieselben wird ein Theil des Daches der Einwirkung des Windes entzogen.

Endlich ist auch eine Form des Thurmdaches zweckmässig, bei welcher dasselbe eine über Ecke gestellte vierseitige Pyramide bildet, deren Kanten nach den Spitzen der vier Giebel laufen; diese sog. Rhombenhaube (Rautenhaube) ist günstiger, als die einfache Pyramide, deren Kanten nach den Ecken des Grundquadrats laufen. Die grösste auf Umkanten wirkende Windkraft in der Diagonalebene ist allerdings genau so gross, wie die in der Mittelebene des Thurmes ungünstigstenfalls wirkende; beide sind aber annähernd 30 Procent geringer, als wenn das Dach als vierseitige Pyramide mit nach den Ecken des Quadrats laufenden Kanten hergestellt wäre.

Fig. 349.

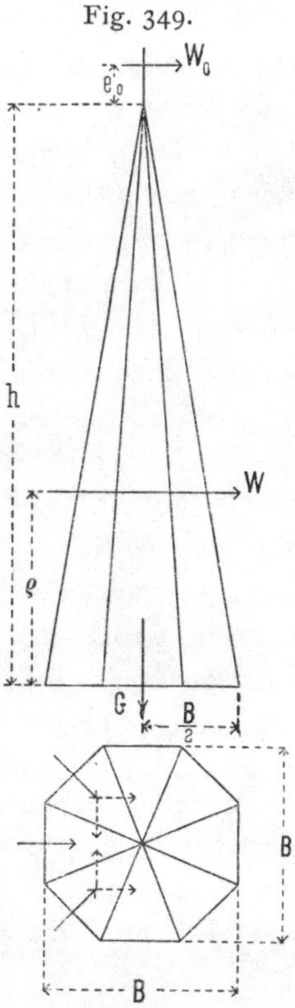


Den Winddruck auf das Flächenmeter senkrechter Thurmquerschnittsfläche setze man $p = 200$ kg für 1 qm; an besonders dem Wind ausgesetzten Stellen rechne man mit $p = 250$ kg für 1 qm.

β) Standsicherheit des Thurmhelms. Für die Stand- 116. Standsicherheit des Thurmhelms.
sicherheit muss zunächst verlangt werden, dass nicht das Thurmdach als Ganzes seitlich verschoben oder umgekantet werden könne. Der ersteren Bewegung wirkt der Reibungswiderstand an den Auflagern entgegen, der Drehung um eine Kante das Stabilitätsmoment. Nennt man die ganze ungünstigstenfalls auf das Thurmdach wirkende Windkraft $W$, die Höhe des Angriffspunktes dieser Kraft über der Grundfläche $\varrho$, den auf das Thurmkreuz wirkenden Winddruck $W_0$ und seine Höhe über der Thurmspitze $e_0$, so ist das Umsturzmoment (Fig. 349)

$$M_{Umsturz} = W \varrho + W_0 (h + e_0) ;$$

$\varrho$ ist meistens nahezu gleich $\frac{h}{3}$. Das Stabilitätsmoment ist, wenn man das Gewicht des Thurmdaches mit $G$ und die Breite der Grundfläche mit $B$ bezeichnet,

$$M_{Stab} = \frac{G B}{2} .$$

171) Facs.-Repr. nach: DOHME, R. Geschichte der deutschen Baukunst. Berlin 1890. S. 68.
172) Facs.-Repr. nach: Centralbl. d. Bauverw. 1890, S. 451.

Damit ſtets ausreichende Sicherheit gegen Umkanten vorhanden ſei, mache man das Stabilitätsmoment gröſser, als das Umſturzmoment jemals werden kann.

Der ungünſtigſte Fall tritt unmittelbar vor der Fertigſtellung des Thurmes ein, wenn die Dachdeckung noch nicht aufgebracht, das Thurmgewicht folglich verhältniſsmäſsig klein iſt. Falls auch die Verſchalung noch fehlt, kann der Wind im Zimmerwerk, in den Balkenlagen und ihren Abdeckungen unter Umſtänden gröſsere Angriffsflächen finden, als nachher; jedenfalls berechne man den Thurm wenigſtens ſo, daſs er ohne Dachdeckung, aber mit Lattung oder Schalung ausreichende Sicherheit gegen Umſturz und Verſchieben bietet.

Soll ein frei auf das Thurmmauerwerk geſetztes Thurmdach nicht ſeitlich verſchoben werden, ſo muſs die gröſste wagrechte Windkraft kleiner ſein, als der Reibungswiderſtand an den Auflagern. Der Reibungs-Coefficient kann zu 0,5 bis 0,6 angenommen werden; es muſs demnach

$$W + W_0 < 0{,}5\ G$$

ſein.

Wenn das Eigengewicht des Thurmes die verlangte Standſicherheit nicht liefert, ſo bleibt nichts übrig, als das Thurmdach mit dem Thurmmauerwerk zu verankern.

117. Verankerung des Thurmhelms.

Die Frage, ob eine Verankerung nothwendig oder auch nur zuläſſig ſei, wird ganz verſchieden beantwortet. Früher galt es als ausgemacht, daſs man eine Verankerung des Thurmhelms im Mauerwerk vermeiden müſſe, weil durch eine ſolche das Mauerwerk gezwungen würde, an den Bewegungen des Thurmdaches theilzunehmen, was dem Mauerwerk über Kurz oder Lang ſchädlich werden müſſe. Auch verwies man auf die aus alter Zeit ſtammenden, nicht verankerten Thürme, welche ſich gut gehalten haben. *Moller* ſchreibt beſtimmt vor[173]), daſs das Zimmerwerk der Thurmſpitze unmittelbar auf den oberen Theil der Mauer geſetzt werden ſolle, ſo daſs die Holz-Conſtruction ganz für ſich beſtehe und das Mauerwerk keine weitere Verbindung mit erſterer habe, als daſs es derſelben zur Unterlage diene. Das Eigengewicht der Dach-Conſtruction muſs alsdann genügen, um ein Kanten zu verhüten.

Andererſeits muſs aber doch verlangt werden, daſs das Bauwerk unter allen Umſtänden ſtandfeſt ſei. Genügt hierzu das Eigengewicht nicht, ſo verankere man oder vermindere die Höhe ſo weit, bis das Gewicht für die Standfeſtigkeit ausreicht. Letzteres iſt vielfach nicht möglich; folglich bleibt nur die Verankerung übrig. Es fragt ſich nun, ob denn wirklich die gegen die Verankerung in das Feld geführten Bedenken ſo ſchwer wiegend ſind. Die gefürchtete Bewegung der Füſse des Thurmhelmes kann dann nicht eintreten, wenn man dieſelben feſt und genügend tief mit dem Mauerwerk verankert; es kann ſich ſtets nur um Verringerung des Auflagerdruckes handeln, der auch negativ werden kann und dann durch das Gewicht des angehängten Mauerwerkes aufgehoben wird. So lange Gleichgewicht vorhanden iſt, werden keine oder höchſtens durch die Elaſticität bedingte, ſehr geringfügige Bewegungen eintreten, welche dem Mauerwerk nicht ſchaden. Aber auch die Erfahrung ſpricht nicht gegen die Verankerung. *Otzen* verankert ſeine hölzernen Thurmhelme ohne nachtheilige Ergebniſſe; nach Mittheilung von *Mohrmann*[174]) greift auch der Altmeiſter der Gothik, *Haaſe*, neuerdings unbedenklich zur Ver-

---

173) In: Moller, G. Beiträge zu der Lehre von den Conſtructionen: Ueber die Conſtruction hölzerner Thurmſpitzen. Darmſtadt und Leipzig 1832—44.

174) In: Deutſche Bauz. 1895, S. 394.

ankerung hölzerner Thurmdächer. Endlich ift auch nicht einzufehen, warum es zuläffig fein foll, eiferne Thürme zu verankern, ohne für das Mauerwerk fchlimme Folgen zu befürchten, während dies für Holzthürme unzuläffig fei. Auch kann man auf die hohen eifernen Viaductpfeiler hinweifen, welche ftets verankert werden, ohne dafs man Befürchtungen für das Mauerwerk des Unterbaues hegt. Wenn aber auf die alten Thürme hingewiefen wird, welche unverankert Stand gehalten haben, fo ift zu bemerken, dafs diefe ein nicht unbedeutend gröfseres Eigengewicht hatten; fie enthielten theilweife mehr Holz und vor Allem fchwereres Holz, da fie meift aus Eichenholz hergeftellt wurden, während heute das leichtere Tannenholz die Regel bildet.

Nach dem Vorftehenden kann der Verfaffer fich nur für die Verankerung der hölzernen Thurmhelme ausfprechen; diefelbe mufs im Stande fein, auch bei ungünftigften Kräftewirkungen die Standficherheit zu erhalten.

Bereits oben ift bemerkt, dafs man den Winddruck zu 200 kg (bezw. 250 kg) für 1 qm lothrechten Thurmquerfchnittes fetzen foll, dafs ferner der Zuftand des noch nicht gedeckten, aber bereits verfchalten oder verlatteten Thurmes der Rechnung zu Grunde zu legen ift. Man beftimme nun die Verankerung fo, dafs das Stabilitätsmoment, einfchliefslich des Moments des an den Ankern hängenden Mauergewichtes, wenigftens doppelt fo grofs ift, als das Umfturzmoment [175]).

Von grofser Bedeutung für die Standficherheit ift das Verhältnifs der Pyramidenhöhe $h$ zur Breite $B$ der Grundfläche (die Bezeichnungen entfprechen denjenigen in Fig. 349, S. 143). Daffelbe ift in erfter Linie von architektonifchen Erwägungen abhängig; doch dürfte es fich empfehlen, auch die ftatifchen Verhältniffe in Betracht zu ziehen und allzu grofse Höhen zu vermeiden. Die Ausführungen zeigen die Verhältniffe $\frac{h}{B} = 3$ bis $4^1/_2$, ausnahmsweife auch wohl bis $\frac{h}{B} = 5$.

γ) Thurm-Fachwerk; Allgemeines. Es genügt nicht, dafs die Thurmpyramide, als Ganzes betrachtet, ftabil fei; auch die einzelnen Theile derfelben müffen ein unverrückbares Fachwerk bilden, welches die an beliebigen Stellen aufgenommenen belaftenden Kräfte ficher und ohne merkliche Formänderungen in den Unterbau befördert; fie mufs ein geometrifch beftimmtes, wo möglich auch ein ftatifch beftimmtes Fachwerk fein. Um Klarheit über den Aufbau zu bekommen, find einige allgemeine Unterfuchungen über das räumliche Fachwerk hier vorzunehmen, welche fowohl für die Holzthürme, wie für die Eifenthürme Geltung haben. 118. Thurm-Fachwerk.

Die Vorausfetzungen, welche hier gemacht werden, find allerdings bei den Holzthürmen nicht ganz erfüllt; insbefondere ift die Annahme der gelenkigen Knotenverbindung der Fachwerkftäbe nicht genau. Dennoch find die nachfolgenden Unterfuchungen auch für die Holzthürme nicht werthlos. Wenn fich ergiebt, dafs (für unfere Vorausfetzungen) das Thurm-Fachwerk bei der einen Anordnung der Stäbe labil, bei einer etwas geänderten Stabanordnung aber ftabil fein würde, fo wird man zweckmäfsig die zweite Anordnung vorziehen. Denn es ift ftets mifslich, fich auf die unbekannten Hilfskräfte zu verlaffen, welche auftreten, weil die Vorausfetzungen

---

[175]) Siehe auch: LODEMANN. Verankerung der Thurmhelme mit dem Mauerwerk. Centralbl. d. Bauverw. 1895, S. 481.
SEIBERTS. Der Abfturz des Thurmhelms an der St. Matthiaskirche zu Berlin. Deutfche Bauz. 1895, S. 382.
RINCKLAKE, MOHRMANN. Ueber daffelbe. Deutfche Bauz. 1895, S. 393.
MARSCHALL, CORNEHL. Ueber daffelbe. Deutfche Bauz. 1895, S. 477.
SEIBERTS. Desgl. Deutfche Bauz. 1895, S. 415.

nicht genau erfüllt ſind, zumal wenn, wie hier, die rechneriſche Ermittelung dieſer Hilfskräfte eine äuſserſt umſtändliche und ſchwierige Arbeit iſt. Da nun die folgenden Unterſuchungen wegen der eiſernen Thürme u. ſ. w. ohnehin vorgenommen werden müſſen und auf die üblichen Thurm-Fachwerke ein klares Licht werfen, ſo dürfte für dieſelben hier die geeignete Stelle ſein.

Die Thurmhelme ſind Raum-Fachwerke. Die einfachſte Stützung eines Raum-Fachwerkes iſt diejenige vermittels dreier Fuſspunkte. Die ſämmtlichen Unbekannten der Auflagerdrücke dürfen die Zahl 6 nicht überſchreiten, wenn die allgemeinen Gleichgewichtsbedingungen ſtarrer Körper zu ihrer Ermittelung ausreichen ſollen. Man muſs nun, um ſowohl eine wagrechte Verſchiebung der ganzen Conſtruction, als auch eine Drehung derſelben um eine lothrechte Axe zu verhüten, ein Auflager feſt, ein zweites in einer geraden Linie verſchiebbar machen, während das dritte in der Stützungsebene frei beweglich ſein kann. Der Auflagerdruck des feſten Auflagers kann eine ganz beliebige Richtung annehmen, enthält alſo drei Unbekannte, als welche man zweckmäſsig die drei Seitenkräfte einführt, welche ſich bei rechtwinkeliger Zerlegung des Auflagerdruckes nach drei Axen ergeben. Der Auflagerdruck des in einer Geraden verſchiebbaren Lagers muſs ſenkrecht zu der Geraden — der ſog. Auflagerbahn — gerichtet ſein, weil die in die Richtung dieſer Linie fallende Seitenkraft, der Beweglichkeit wegen, ſtets Null iſt; dieſer Auflagerdruck enthält alſo nur zwei Unbekannte, nämlich die beiden Seitenkräfte in der zur Auflagerbahn ſenkrecht gerichteten Ebene. Im Auflagerdruck des dritten, in einer Ebene beweglichen Auflagers iſt nur eine Unbekannte, die Gröſse der Kraft, enthalten; denn die Richtung iſt dieſem Auflagerdruck vorgeſchrieben: er muſs wegen der Beweglichkeit des Auflagers ſenkrecht zur Auflagerebene ſtehen.

Allgemein bedeutet nach Vorſtehendem beim Raum-Fachwerk jedes feſte Auflager drei Unbekannte (entſpricht drei Auflagerbedingungen), jedes in einer Linie bewegliche Auflager zwei Unbekannte (entſpricht zwei Auflagerbedingungen) und jedes in einer Ebene bewegliche Auflager eine Unbekannte (entſpricht einer Auflagerbedingung). Wir werden weiterhin die drei Arten der Auflager kurz als Punktlager, Linienlager, Ebenenlager bezeichnen.

Im oben angenommenen Falle dreier Auflager, von denen je eines ein Punkt-, ein Linien- und ein Ebenenlager iſt, enthalten alſo die Auflagerkräfte $3 + 2 + 1 = 6$ Unbekannte, für deren Ermittelung die Gleichgewichtslehre bekanntlich 6 Gleichungen bietet. Die Auflagerkräfte werden ſich demnach nach den Gleichgewichtsbedingungen ſtarrer Körper beſtimmen.

Es müſſen aber auch die Spannungen der einzelnen Stäbe des Raum-Fachwerkes für beliebige mögliche Belaſtungen ermittelt werden können. Am einfachſten kann dies geſchehen, wenn das Fachwerk ſtatiſch beſtimmt iſt, d. h. wenn alle Stabſpannungen aus den allgemeinen Gleichgewichtsbedingungen berechnet werden können. Damit dies möglich ſei, muſs die Zahl der Stäbe zu derjenigen der Knotenpunkte in einem beſtimmten Verhältniſſe ſtehen.

Wir bezeichnen mit $k$ die Anzahl der Knotenpunkte, $s$ die Anzahl der Stäbe, $p$ die Anzahl der feſten Auflager (Punktlager), $l$ die Anzahl der in Linien geführten Lager (Linienlager) und mit $e$ die Anzahl der in Ebenen geführten Lager (Ebenenlager); alsdann iſt die Zahl aller Unbekannten

$$s + 3p + 2l + e.$$

An jedem Knotenpunkte ergeben ſich aus den drei Gleichgewichtsbedingungen drei

Gleichungen, alfo bei $k$ Knotenpunkten erhält man $3k$ Gleichungen. Die Zahl der Unbekannten mufs für ftatifche Beftimmtheit gleich der Zahl der Gleichungen fein; mithin ift die Bedingung für ftatifche Beftimmtheit:

$$s + 3p + 2l + e = 3k,$$

und wenn man abkürzungsweife die Zahl der Auflager-Unbekannten

$$3p + 2l + e = n \quad \ldots \ldots \ldots \ldots \quad 7.$$

fetzt, fo wird $s + n = 3k$ und

$$s = 3k - n \quad \ldots \ldots \ldots \ldots \quad 8.$$

Bei der obigen Annahme dreier Auflager, eines Punkt-, eines Linien- und eines Ebenenlagers war $p = 1$, $l = 1$ und $e = 1$, alfo $n = 3 + 2 + 1 = 6$; mithin mufs für diefen Fall fein

$$s = 3k - 6 \quad \ldots \ldots \ldots \ldots \quad 9.$$

Das einfachfte räumliche Fachwerk ift das Tetraëder, welches 4 Knotenpunkte und 6 Stäbe hat; bei demfelben ift thatfächlich $s = 3k - 6 = 3 . 4 - 6 = 6$; daffelbe ift alfo ein ftatifch beftimmtes Fachwerk. Ein Punkt im Raume wird aber geometrifch beftimmt, wenn er durch Linien (Stäbe) mit 3 feften Punkten verbunden wird, welche mit ihm nicht in derfelben Ebene liegen; alsdann findet auch eine zweifellofe Zerlegung jeder auf diefen Punkt wirkenden Kraft auf Grund der Gleichgewichtsbedingungen ftatt. Man kann alfo durch allmähliches Anfügen von je einem Knotenpunkte und drei Stäben an den Grundkörper des Tetraëders ein geometrifch und ftatifch beftimmtes Raum-Fachwerk erhalten. Dies folgt auch aus der allgemeinen Gleichung 9. Nennt man die Zahl der zu einem ftatifch beftimmten Fachwerk hinzukommenden Knotenpunkte allgemein $\varkappa$, diejenige der hinzukommenden Stäbe $\sigma$, fo ift das entftehende Fachwerk ftatifch beftimmt, wenn ftattfindet:

$$s + \sigma = 3(k + \varkappa) - 6 .$$

Es war aber auch $s = 3k - 6$, woraus folgt, dafs für den Fall ftatifcher Beftimmtheit

$$\sigma = 3\varkappa.$$

fein mufs.

Soll alfo das Fachwerk auch nach dem Hinzufügen der neuen Knotenpunkte ftatifch beftimmt bleiben, fo mufs ftets die Zahl der hinzukommenden Stäbe 3-mal fo grofs fein, wie die Zahl der hinzukommenden Knotenpunkte. Für $\varkappa = 1$ mufs $\sigma = 3$ fein.

Die Anordnung eines Thurmes mit nur drei Fufspunkten ift nicht üblich; es find aber auch Stützungen auf mehr als drei Füfsen als ftatifch beftimmte, räumliche Fachwerke möglich. Dies könnte auffallen, wenn man bedenkt, dafs nur dann die Auflagerdrücke eines Körpers mit Hilfe der Gleichgewichtsbedingungen ermittelt werden können, wenn die Zahl der Fufspunkte nicht gröfser als 3 ift. Bei einem Fachwerk aber kann man die Auflagerdrücke dennoch beftimmen, auch wenn die Zahl der in diefen enthaltenen Unbekannten gröfser als 6 ift; nur mufs man dafür Sorge tragen, dafs das Fachwerk felbft fo viele weniger Stäbe, alfo Unbekannte, enthält, wie zu viel Unbekannte in den Auflagerdrücken find. Selbftverftändlich darf man nicht beliebige Stäbe entfernen und mufs in jedem Falle genau unterfuchen, ob das entftehende Fachwerk ftatifch und geometrifch beftimmt ift oder nicht. Aehnliche Anordnungen find beim ebenen Fachwerk vorhanden, fo bei den Bogenträgern mit 3 Gelenken, den Auslegerträgern etc. Man mufs alfo auch hier, wegen der hinzukommenden Auflagerunbekannten, neue Bedingungen durch die Conftruction fchaffen. Nachftehend follen die beiden wichtigften Fälle des vierſeitigen und des achtſeitigen Thurm-Fachwerkes in dieſer Hinſicht beſprochen werden.

119. Vierſeitige Thurmpyramide.

δ) Vierſeitige Thurmpyramide. Die vier Fuſspunkte derſelben ſeien *A, B, C, D* (Fig. 350); einer davon, etwa *A*, ſei feſt, ein zweiter, *B*, ſei in einer Linie, etwa *XX*, die beiden anderen in der Ebene *ABCD* beweglich. Die Auflagerdrücke enthalten alſo $n = 3 + 2 + 1 + 1 = 7$ Unbekannte. Geht man wieder vom Tetraëder aus und legt das Dreieck *ABC* zu Grunde, wobei *A* mit 3, *B* mit 2 und *C* zunächſt mit einer Auflagerbedingung, ſo ſind alle drei Punkte in der Ebene genau durch die Auflagerbedingungen und die Längen der Dreieckſeiten beſtimmt, wenn nicht etwa die Auflagerbahn *XX* des Punktes *B* ſenkrecht zu *AB* gerichtet iſt. Der Punkt *1* in einer über *ABC* liegenden Ebene wird nunmehr durch die drei Stäbe *A1*, *B1* und *C1* geometriſch beſtimmt. Das erhaltene Tetraëder iſt geometriſch und ſtatiſch beſtimmt. Verbindet man nunmehr den vierten Fuſspunkt *D* mit 2 Punkten, etwa mit *B* und *C*, in derſelben Ebene, ſo wird auch *D* geometriſch feſt gelegt, da dieſer Punkt in der Ebene *ABC* bleiben muſs; der dritte Stab, welcher eigentlich erforderlich wäre, um *C* feſt zu legen, wird durch die Auflagerbedingung bei *D* erſetzt. Daraus folgt, daſs, wie die Spannung dieſes (nicht angeordneten) Stabes ſtets bekannt wäre, wenn *D* kein Auflagerpunkt wäre, ſo auch der Auflagerdruck bei *D* ſtets nach ſtatiſchen Geſetzen ermittelt werden kann. *D* iſt als in der Ebene *ABCD* beweglich zu conſtruiren. (Man kann auch, wie dies mehrfach geſchehen iſt, für die Unterſuchung den Auflagerdruck durch einen gedachten Stab erſetzen). Für das Fachwerk mit 4 Stützpunkten nach Fig. 350 iſt alſo die Zahl der Auflagerunbekannten $n = 7$, die Zahl der Stäbe *s* und die Zahl der Knotenpunkte *k*; alſo muſs für den Fall ſtatiſcher Beſtimmtheit

$$s + 7 = 3k \quad \text{oder} \quad s = 3k - 7$$

ſein. Man kann nun Knotenpunkt *2* mit *1, B, D*, Punkt *3* mit *2, D, C* und Punkt *4* mit *3, C, 1* verbinden und erhält ſo das in Fig. 350 gezeichnete Fachwerk, welches geometriſch und auch ſtatiſch beſtimmt iſt.

Fig. 350.

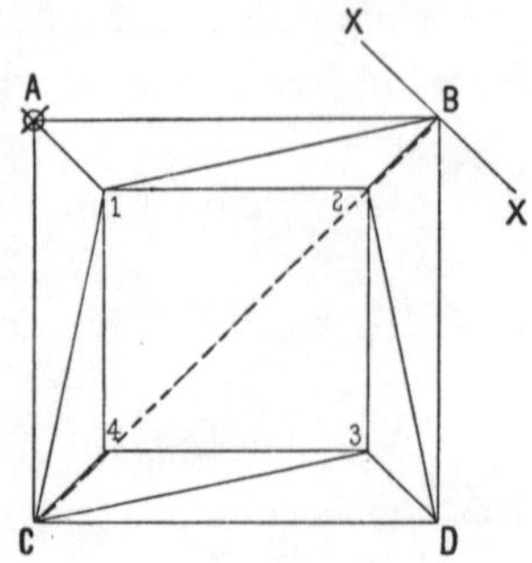


Biſlang war angenommen, daſs ein Stab *BC* vorhanden ſei; dieſer Stab iſt unter Umſtänden unbequem und für die Benutzung ſtörend. Es fragt ſich, ob derſelbe fortgelaſſen werden, bezw. unter welchen Bedingungen dies geſchehen kann. Stab *BC* war angeordnet, um Punkt *C* in der Auflagerebene geometriſch feſt zu legen. Man kann dies auch dadurch erreichen, daſs man für *C*, wie für *B*, eine Auflagerbahn, etwa *YY* (Fig. 351) vor-

Fig. 351.

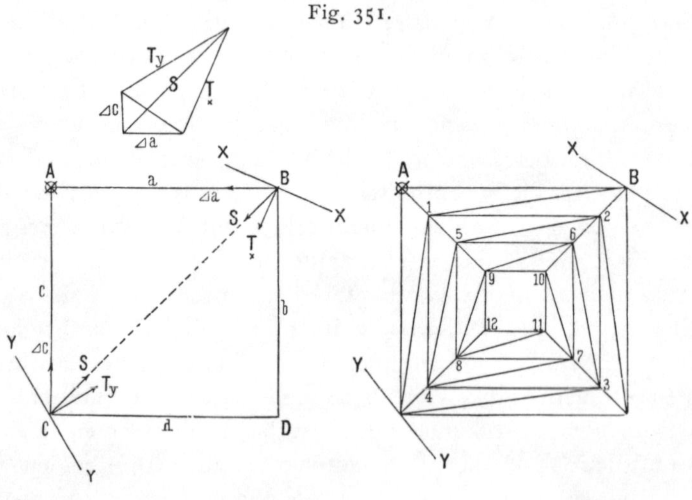

ſchreibt; dieſelbe kann beliebige Richtung haben; nur darf ſie nicht ſenkrecht zu *AC* ſtehen, da ſonſt eine ſehr kleine Bewegung des Punktes *C*, nämlich eine Drehung um *A*, möglich wäre. Da nun Punkt *C* ohne Stab *BC* feſt gelegt iſt, ſo kann dieſer fortfallen; das Fachwerk wird alſo nunmehr durch Fortlaſſen des Stabes *BC* nicht labil.

Man kann ſich dies auch dadurch klar machen, daſs man zunächſt den Stab *BC* als vorhanden annimmt und nun unterſucht, ob die Spannung deſſelben durch das wirklich vorhandene Fachwerk, d. h. nach Fortnahme von *BC* geleiſtet werden kann. Iſt die Spannung des Stabes *BC* gleich $S_c$, ſo zerlegt ſich $S_c$ in zwei Seitenkräfte, deren eine ſenkrecht zur Auflagerbahn *YY*, deren andere in die Linie *AC* fällt; in die Linie *CD* kann kein Theil der Kraft fallen, weil er in *D* (dort iſt ein bewegliches Flächenlager) nicht aufgenommen werden kann. Eben ſo wird die in *B* angreifende Kraft $S_B = S_c$ durch den Gegendruck der Auflagerbahn *XX* und die hinzukommende Spannung in *BA* geleiſtet. Die beiden Kräfte $\Delta a$ in *AB* und $\Delta c$ in *CA* werden dann im feſten Punkte *A* in das Mauerwerk geleitet. Der Thurm mit vier Fuſspunkten kann alſo als ſtatiſch beſtimmtes Fachwerk hergeſtellt werden, wenn ein Auflager feſt, ein zweites Auflager in der Auflagerebene, die beiden weiteren Auflager in geraden Linien beweglich gemacht ſind und an dieſe vier Auflagerpunkte weitere Punkte nach der allgemeinen Regel (je 1 Knotenpunkt und 3 Stäbe) angeſchloſſen werden. Grundbedingung für die Stabzahl iſt hier, weil $n = 3 + 2 + 2 + 1 = 8$ iſt,

$$s = 3k - 8 .$$

Eine ſolche Anordnung zeigt Fig. 351, bei welcher die Spitze des Thurmhelms nicht gezeichnet iſt. Durch dieſe wird, weil hier ein Knotenpunkt mit 4 Stäben hinzukommt, das Fachwerk ſtatiſch unbeſtimmt; es bleibt aber geometriſch beſtimmt.

Fig. 352.

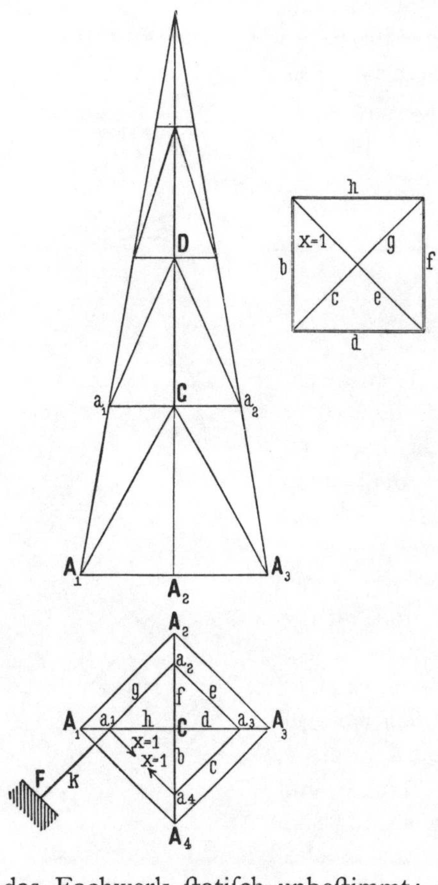


120. Vierſeitige Thurmpyramide mit Kaiſerſtiel.

Es liegt nahe, die vierſeitige Thurmpyramide dadurch zu verſteifen, daſs man in die beiden lothrechten Diagonalebenen Dreieckverband legt. Dieſe Anordnung iſt von den Alten vielfach ausgeführt und hat ſich bewährt; auſser dieſer Verſteifung iſt aber noch eine ſolche in den Seitenebenen anzubringen, worauf bereits *Moller*[176]) aufmerkſam gemacht hat. Fig. 352 zeigt den Grundriſs und den Diagonalſchnitt eines ſolchen Thurmdaches; die Helmſtange reicht bis zum zweiten Stockwerk hinab; die Diagonalebenen ſollen durch die Schrägſtäbe $A_1 C$, $A_2 C$, $A_3 C$, $A_4 C$, $a_1 D$, $a_2 D$, $a_3 D$, $a_4 D$, u. ſ. w. verſteift werden.

Um die Stabilität des Fachwerkes zu unterſuchen, bauen wir von den vier

176) A. a. O., Heft 4.

feſten Auflagern $A_1$, $A_2$, $A_3$, $A_4$ aus auf. Zunächſt wird $C$ mit allen vier Auflagern durch Stäbe verbunden; es genügten ſchon drei Stäbe, um $C$ im Raume geometriſch feſt zu legen; der vierte Stab macht die Conſtruction ſtatiſch unbeſtimmt, aber nicht labil. Nun verbinden wir $a_1$ durch Stäbe mit $A_1 C$ und einem auſserhalb gelegenen feſten Punkte $F$; wegen des letzteren, des ſog. Erſatzſtabes $k$, iſt noch eine weitere Unterſuchung vorzunehmen. Ferner wird verbunden: Punkt $a_2$ mit $A_2$, $a_1$, $C$, Punkt $a_3$ mit $A_3$, $a_2$, $C$ und Punkt $a_4$ mit $A_4$, $a_3$, $C$. Es fragt ſich nun, ob an Stelle des Erſatzſtabes $a_1 F$ der Stab $a_1 a_4$ treten kann, d. h. ob mit Stab $a_1 a_4$, aber ohne Stab $k$ die Conſtruction ſtabil iſt. Zieht man den Stab $a_1 a_4$ ein, ſo möge bei beliebiger äuſserer Belaſtung darin die Spannung $X$ entſtehen, welche bei $a_4$ und bei $a_1$ je in der Stabrichtung wirkt. Wäre der Stab nicht vorhanden, ſo würde im Erſatzſtab die Spannung $\mathfrak{S}_{0k}$ auftreten; die auſserdem vorhandenen Kräfte $X$ im Stabe $a_1 a_4$ erzeugen im Erſatzſtab die Spannung $X S_k'$; es iſt alſo im Ganzen im Stabe $k$ die Spannung

$$S_k = \mathfrak{S}_{0k} + X S_k'.$$

Soll ohne Erſatzſtab $k$ die Conſtruction ſtabil ſein, ſo muſs für beliebige Belaſtung $S_k$ gleich Null ſein, $X$ aber einen reellen Werth haben; d. h. es muſs

$$0 = \mathfrak{S}_{0k} + X S_k' \quad \text{und} \quad X = -\frac{\mathfrak{S}_{0k}}{S_k'}$$

ſein. Ergiebt ſich $S_k' = 0$, ſo iſt nur bei $X = \infty$ das Gleichgewicht möglich, d. h. das Gleichgewicht iſt dann überhaupt nicht möglich. $S_k'$ iſt die Spannung, welche in Stab $K$ durch $X = 1$ erzeugt wird. Man ſieht leicht aus der graphiſchen Zerlegung in Fig. 352, daſs $S_k' = 0$, das Fachwerk alſo nicht brauchbar iſt. Iſt aber dieſer Unterbau nicht ſtabil, ſo iſt es auch der weitere Aufbau eben ſo wenig, zumal ſich die Anordnung in den oberen Geſchoſſen wiederholt [177]).

Fig. 353.

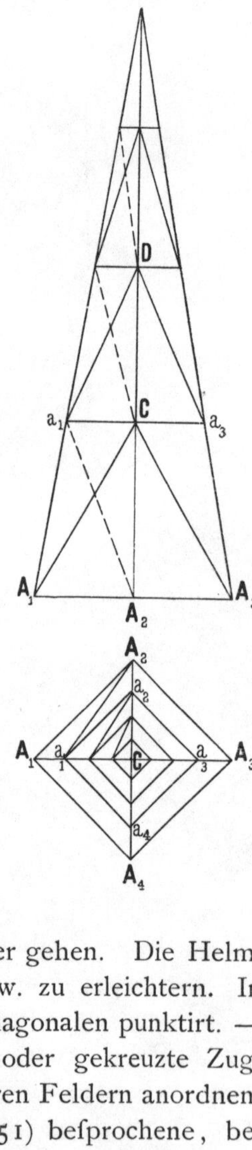


Zweifellos brauchbar wird aber die Conſtruction, wenn man in eines der trapezförmigen Seitenfelder eine Diagonale einzieht, z. B. die Diagonale $a_1 A_2$ (Fig. 353). Dann ergiebt ſich der Aufbau wie folgt: Zunächſt wird $C$ wie oben im Raume feſt gelegt; nun wird verbunden: Punkt $a_1$ mit $A_1$, $A_2$, $C$, Punkt $a_2$ mit $A_2$, $a_1$, $C$, Punkt $a_3$ mit $A_3$, $a_2$, $C$ und Punkt $a_4$ mit $A_4$, $a_3$, $a_1$. Stab $a_4 C$ wird gewöhnlich zugefügt; er iſt überzählig, macht aber die Conſtruction nicht labil. In gleicher Weiſe kann man weiter gehen. Die Helmſtange dient nur dazu, die Bildung der Knotenpunkte $C$, $D$ u. ſ. w. zu erleichtern. In der Anſicht (Fig. 353) ſind die in den Seitenfeldern liegenden Diagonalen punktirt. — Gewöhnlich wird man ſtatt einer Diagonale Andreaskreuze oder gekreuzte Zugdiagonalen, und zwar nicht nur in einem Felde, ſondern in mehreren Feldern anordnen.

Dieſes Fachwerk iſt nicht ſo klar, wie das zuerſt (Fig. 351) beſprochene, bei welchem nur in den Seitenebenen Stäbe liegen; die praktiſche Conſtruction iſt aber ſehr bequem: Doppelzangen in jeder Balkenlage verbinden die diagonal einander gegenüber ſtehenden Gratſparren und nehmen die Helmſtange zwiſchen ſich; gegen dieſe ſetzen

---

177) Das vorſtehend angewendete Verfahren, welches ſtets zum Ziele führt und in der Folge noch mehrfach benutzt werden wird, iſt angegeben in: MÜLLER-Breslau. Die neueren Methoden der Feſtigkeitslehre. 2. Aufl. Leipzig 1893. S. 4 u. 5.

ſich die in den ſich kreuzenden Mittelebenen angeordneten Diagonalen. Die herumlaufenden Balken dienen als Pfetten; in dieſe ſetzen ſich die Andreaskreuze.

ε) Achtſeitige Thurmpyramide. Bei dieſer ſind verſchiedene Arten des Aufbaues möglich. Man kann die 8 Grate bis zu den Auflagern hinabführen; man kann ferner 4 Grate zu der Auflagerebene hinabgehen laſſen und die 4 zwiſchen dieſen liegenden Grate auf Giebelſpitzen ſetzen laſſen (Fig. 356); endlich kann man von den 8 Graten im unterſten Stockwerk je 2 zu einer Ecke des Grundquadrats zuſammenführen. Bei den letzten beiden Anordnungen ſind nur 4 Auflager vorhanden; die Ueberführung vom Viereck in das Achteck iſt beſonders zu unterſuchen. 121.

Achtſeitige Thurmpyramide mit 4 Lagerpunkten

Fig. 354.

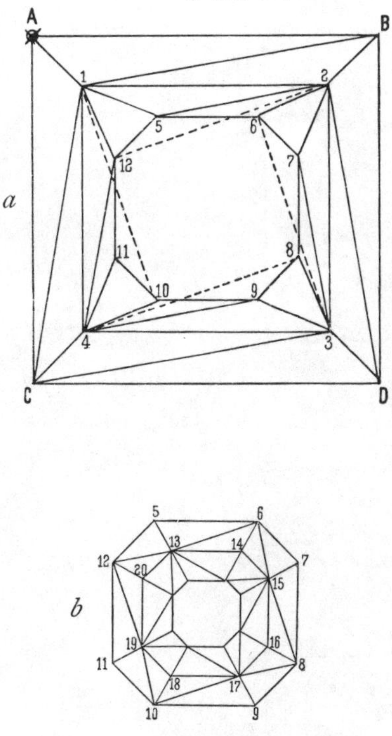


α) Achtſeitige Thurmpyramide mit vier Lagerpunkten. Fig. 354 zeigt dieſe Löſung, wobei der gröſseren Allgemeinheit halber unter die achtſeitige Pyramide noch eine vierſeitige, ein Stockwerk hohe, abgeſtumpfte Pyramide (*ABCD1234*) geſetzt iſt. Dieſelbe kann man auch fortlaſſen; alsdann ſind *1*, *2*, *3*, *4* die Auflager. Da dieſes untere Stockwerk nach Vorſtehendem geometriſch und ſtatiſch beſtimmt iſt, ſo bleibt auch das Ganze eben ſo, falls der hinzukommende, oberhalb *1234* befindliche Theil geometriſch und ſtatiſch beſtimmt iſt. Die zu führende Unterſuchung gilt alſo auch für den in *1234* aufgelagerten Thurm. Das achtſeitige Thurmdach ſoll nunmehr aus dem Unterbau dadurch entwickelt werden, daſs jeder neue Knotenpunkt durch drei Stäbe an drei bereits vorhandene Knotenpunkte angeſchloſſen wird, welche mit ihm nicht in derſelben Ebene liegen dürfen. Punkt *12* iſt mit *1*, *4*, *2* verbunden. Die Stäbe *12 1* und *12 4* liegen in begrenzenden Ebenen, *12 2* aber nicht. Ferner ſind angegliedert: Punkt *5* an *12*, *1*, *2*, Punkt *6* an *2*, *5*, *3* und ſo weiter. Die weiteren Stockwerke ergeben ſich einfach; ſie ſind der gröſseren Deutlichkeit halber in einer beſonderen Abbildung (Fig. 354*b*) gezeichnet. Bei dieſen liegen alle Stäbe in den begrenzenden Ebenen; das Innere bleibt frei. In Fig. 354*a* ſind 16 Knotenpunkte und 40 Stäbe, alſo thatſächlich

$$s = 3k - 8 .$$

Die vier in Fig. 354*a* punktirten Stäbe (*12 2*, *6 3*, *8 4*, *10 1*), welche weder in Seitenflächen der Pyramiden noch in wagrechten Ebenen liegen, können unbequem ſein; man kann ſie vermeiden. Man lege das tiefſtliegende Achteck (*5 6 7 8 9 10 11 12*) gegen den unteren vierſeitigen Theil geometriſch feſt, indem man die Punkte *1*, *2*, *3*, *4* als feſte Punkte betrachtet (was ſie ja ſind) und die 8 hinzukommenden Knotenpunkte durch 3 . 8 = 24 Stäbe anſchlieſst. Dabei ſind verſchiedene Stabanordnungen möglich; eine ſolche iſt in Fig. 355 angegeben. Man verbinde zunächſt Punkt *5* durch Stab *5 1* und *5 2* mit bezw. *1* und *2*; alsdann fehlt zunächſt für die Beſtimmung von *5* noch ein Stab, was vorläufig bemerkt werde.

Nunmehr betrachte man, vorbehältlich ſpäteren Nachtrages, Punkt 5 als feſt, verbinde Punkt 7 mit 5, 2, 3, Punkt 9 mit 7, 3, 4 und Punkt 11 mit 9, 4, 1. Punkt 6 kann man nun mit 5, 7, 2, Punkt 8 mit 7, 3, 9, Punkt 10 mit 11, 9, 4 und Punkt 12 mit 5, 11, 1 verbinden. Die Verbindungsſtäbe der 4 letztgenannten Punkte können für die vorläufige Betrachtung fortgelaſſen werden, da das ganze Fachwerk ſtabil iſt, wenn es ohne dieſe 12 Stäbe ſtabil iſt. Nunmehr fehlt noch ein Stab, da Punkt 5 nur mit 2 feſten Punkten durch Stäbe verbunden war; es möge nun Stab 5 11 hinzugefügt werden; das Fachwerk hat dann die vorgeſchriebene Zahl von Stäben. Wird nur das Fachwerk ohne die Knotenpunkte 6, 8, 10, 12 betrachtet, ſo ſind 4 Knotenpunkte und 12 Stäbe hinzugekommen. Ergiebt ſich bei beliebiger Belaſtung für die Stabſpannung des Stabes 11 5 ein reeller Werth, ſo iſt das Fachwerk ſtatiſch und geometriſch beſtimmt. Um dieſe Unterſuchung zu führen, werde der Stab 11 5 herausgenommen und durch die darin herrſchende, unbekannte Spannung $X$ erſetzt; da aber dann ein Stab fehlt, wird ein Erſatzſtab $S_g'$ angebracht, der in der wagrechten Ebene liegend nach einem feſten Punkte geführt werde. In Fig. 355 iſt der feſte Punkt durch Schraffirung angedeutet. Nun wirke in Knotenpunkt 11 eine beliebige äuſsere Kraft $P$ in beliebiger Richtung, auſserdem $X$ in der Richtung 11 5; erſtere zerlegt ſich in 11 nach den Richtungen der jetzt hier noch vorhandenen Stäbe (11 1, 11 4, 11 9); dieſe Spannungen ſind leicht zu ermitteln und können als bekannt angenommen werden. Die in 11 1 und 11 4 wirkenden Kräfte gehen nach den feſten Punkten 1 und 4; die Spannung in 11 9 zerlegt ſich in Punkt 9 gleichfalls nach den Richtungen der dort zuſammentreffenden 3 Stäbe, von welchen zwei nach den feſten Punkten 4 und 3 gehen und diejenige in 9 7 nach Punkt 7 geht. So geht die Zerlegung weiter; die Spannung in 7 5 zerlegt ſich in Punkt 5 nach den drei Stabrichtungen 5 1, 5 2 und $S_g'$. Alle dieſe Spannungen ſind beſtimmt und leicht zu finden. Wir bezeichnen ſie mit $\mathfrak{S}$; diejenige im Erſatzſtab ſei $\mathfrak{S}_0$. Auſser der Kraft $P$ wirken noch die beiden unbekannten Stabſpannungen $X$ in 11, bezw. 5. Die in Punkt 11 wirkende Kraft $X$ erzeugt Spannungen, welche $X$-mal ſo groſs ſind, als diejenigen, welche durch die Kraft $X = 1$ erzeugt werden würden. Wir nennen die letzteren $\sigma$ und ermitteln dieſelben. Die in Punkt 11 wagrecht wirkende Kraft $X = 1$ zerlegt ſich in zwei wagrechte Kräfte: in die Reſultirende von den

Fig. 355.

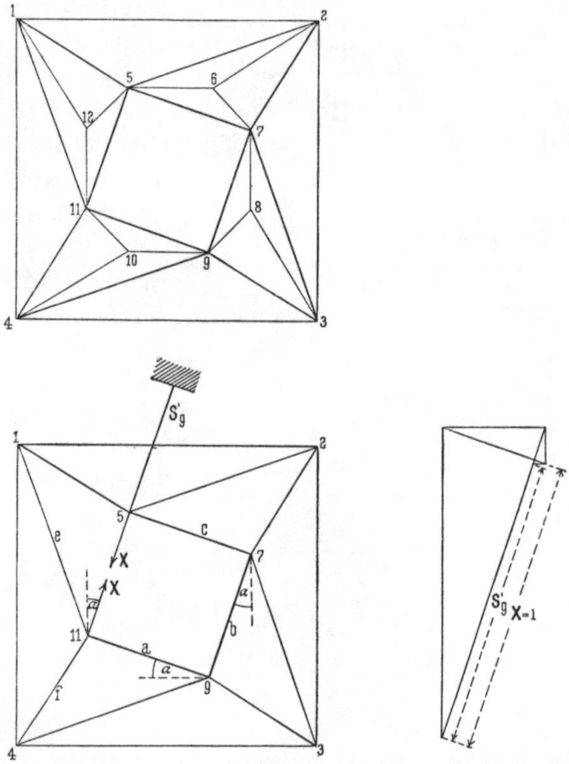

Spannungen der Stäbe *e* und *f*, welche mit *e* und *f* in derſelben Ebene liegt, alſo parallel zur Linie *1 4* ſein muſs, und in die Spannung *a* des Stabes *a*. Man ſieht leicht, daſs

$$\frac{a}{1} = \frac{\sin\alpha}{\cos\alpha} = \operatorname{tg}\alpha$$

iſt; *a* iſt Druck, alſo

$$a = -\operatorname{tg}\alpha .$$

Fig. 356.

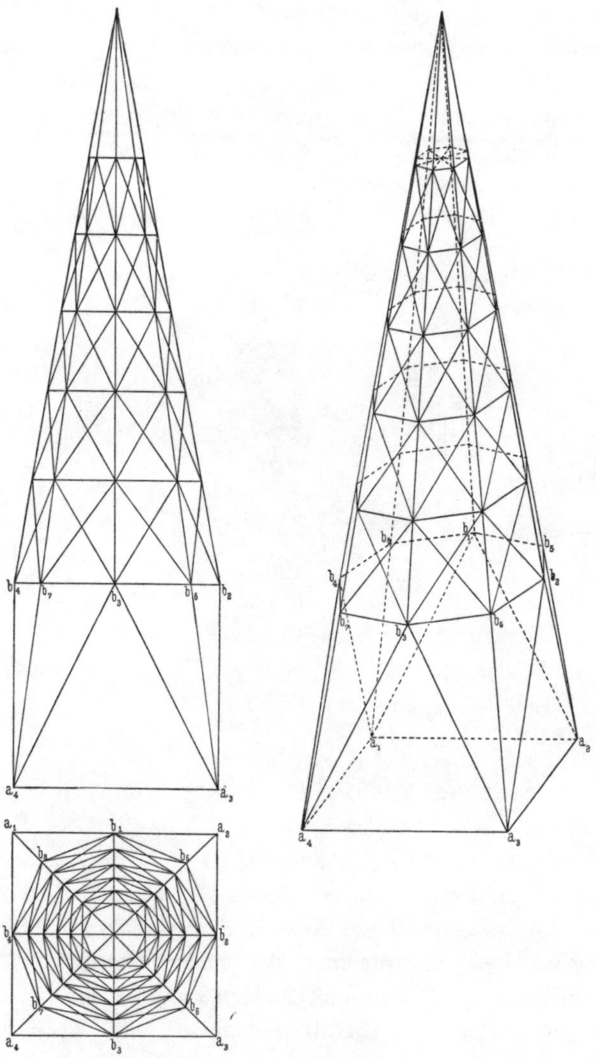

Ueberlegt man in gleicher Weiſe, daſs *a* am Punkte *9* ſich ganz ähnlich zerlegt, ſo erhält man (vergl. die graphiſche Zerlegung in Fig. 355):

$$\frac{b}{a} = \operatorname{tg}\alpha \quad \text{und} \quad b = \operatorname{tg}^2\alpha .$$

*b* iſt Zug. Weiter erhält man $c = -\operatorname{tg}^3\alpha$ und $d = +\operatorname{tg}^4\alpha$, und da auch in Punkt *5* die Gegenkraft $X = 1$ wirkt, als Spannung im Erſatzſtabe durch $X = 1$

$$\sigma = 1 + \operatorname{tg}^4\alpha ;$$

mithin iſt die ganze Spannung im Erſatzſtabe durch beide *X* und durch *P*

$$S = \mathfrak{S}_0 + (1 + \operatorname{tg}^4\alpha)\, X .$$

Da aber die Spannung im Erſatzſtabe gleich Null ſein muſs — derſelbe iſt ja nicht vorhanden —, ſo lautet die Bedingungsgleichung für *X*:

$$0 = \mathfrak{S}_0 + (1 + \operatorname{tg}^4\alpha)\, X \quad \text{oder}$$

$$X = -\frac{\mathfrak{S}_0}{1 + \operatorname{tg}^4\alpha} .$$

Dieſer Werth iſt ein ganz beſtimmter reeller Werth; mithin iſt das Syſtem ſtatiſch und geometriſch beſtimmt. Damit iſt nachgewieſen, daſs vorſtehendes Syſtem brauchbar iſt. Auf dem Achteck *5 6 7 8 9 10 11 12* kann nun das weitere Achteck aufgebaut werden (Fig. 354 *b*).

Eine andere Löſung, die achtſeitige Pyramide auf nur vier Auflager zu ſetzen, wird unter Benutzung von vier Giebeldreiecken im unterſten Stockwerk des Thurmes erhalten; dieſe Thurm-Conſtruction iſt vielfach von *Otzen* ausgeführt. Nach den Ecken des Grundquadrates $a_1\ a_2\ a_3\ a_4$ (Fig. 356) gehen vier Gratſparren hinab, während die zwiſchen dieſen liegenden Gratſparren ſich auf die Spitzen $b_1$, $b_2$, $b_3$, $b_4$ von vier Giebeldreiecken ſetzen, alſo ein Stockwerk weniger weit hinabreichen, als

122. Achtſeitige Thurmpyramide mit vier Gratſparren auf Giebelſpitzen.

die erſtgenannten Gratſparren. Von den Spitzen der Giebeldreiecke werden die Spannungen der Gratſparren in die vier Auflagerpunkte der anderen Sparren geführt. Die Hauptauflager ſind $a_1$, $a_2$, $a_3$, $a_4$; die Punkte $b_1$, $b_2$, $b_3$, $b_4$ kann man als Giebelauflager anſehen. Damit die Giebelſpitzen nicht durch die wagrechten Seitenkräfte der Sparrendrücke aus den lothrechten Ebenen herausgeſchoben werden, ſind in der Höhe derſelben vier radiale Balken ($b_1\, b_3$, $b_2\, b_4$, $b_5\, b_7$, $b_6\, b_8$) angeordnet, welche im Verein mit dem umlaufenden Ringe $b_1\, b_5\, b_2\, b_6\, b_3\, b_7\, b_4\, b_8$ eine Scheibe bilden. Es fragt ſich, ob dieſer Unterbau der achtſeitigen Thurmpyramide ſtatiſch beſtimmt iſt. Ergiebt ſich die geometriſche und ſtatiſche Beſtimmtheit des Unterbaues, ſo kann man auf demſelben weiter in der oben angegebenen Weiſe aufbauen, indem man ſtets einen neuen Knotenpunkt durch drei neue Stäbe an drei vorhandene Knotenpunkte anſchlieſst, welche mit dem neuen nicht in derſelben Ebene liegen.

Im unterſten Stockwerk ſind vier Punktauflager vorhanden, nämlich $a_1$, $a_2$, $a_3$, $a_4$, alſo $n = 3 . 4 = 12$ Auflagerunbekannte. Knotenpunkte ſind in der Auflagerebene 4,

Fig. 357.

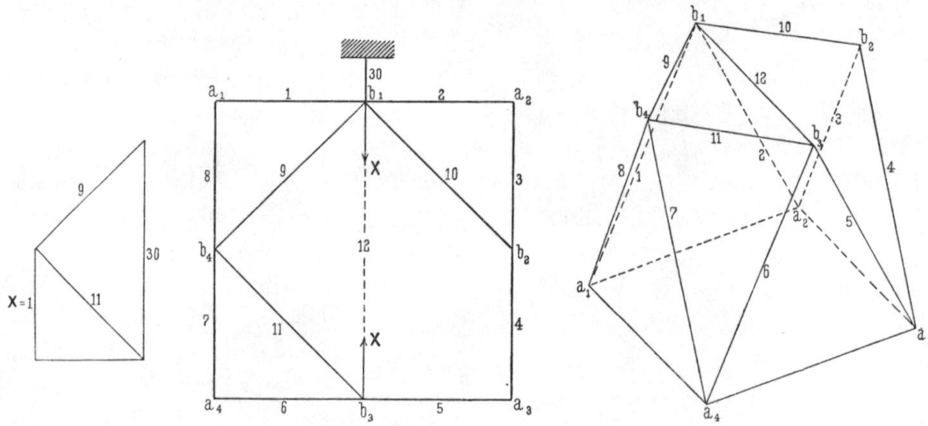

in der durch die Giebelſpitzen gelegten Ebene 8, alſo zuſammen $k = 12$ vorhanden. Die Zahl der Stäbe muſs demnach $s = 3\,k - n$ und $s = 3 . 12 - 12 = 24$ ſein. Vorhanden ſind: 8 Stäbe der Giebeldreiecke, 8 Stäbe des Ringes $b_1 \ldots b_8$, 4 Gratſparren und 4 in der Ebene der Giebelſpitzen angeordnete einander kreuzende Balken; die Zahl der Stäbe ſtimmt alſo. Es iſt zu unterſuchen, ob die Anordnung derſelben das Fachwerk geometriſch und ſtatiſch beſtimmt macht. Wir bauen das Fachwerk wieder von unten auf (Fig. 357). $a_1$, $a_2$, $a_3$, $a_4$ ſind die 4 feſten Punkte, von denen ausgegangen wird: Punkt $b_1$ wird mit $a_1$ und $a_2$ verbunden; zunächſt fehlt noch ein Stab, was im Gedächtniſs behalten wird; Punkt $b_4$ wird mit $a_1$, $a_4$, $b_1$, Punkt $b_3$ mit $a_4$, $a_3$, $b_4$ und Punkt $b_2$ mit $a_2$, $a_3$, $b_1$ verbunden. Nun fehlt noch ein Stab, da $b_1$ nur mit zwei feſten Punkten verbunden war. Fügt man den Stab $b_1\, b_3$ ein, ſo iſt die Geſammtzahl der Stäbe für das bisher conſtruirte Fachwerk richtig; ob die Anordnung richtig iſt, wird gefunden, indem man Stab $b_1\, b_3$ durch einen Erſatzſtab (Stab *30*) erſetzt, welcher $b_1$ mit einem beliebigen feſten Punkte verbinde und die im Stabe $b_1\, b_3$ vorhandene, unbekannte Spannung $X$ auf die beiden Knotenpunkte $b_1$ und $b_3$ wirken läſst. Soll das Fachwerk brauchbar ſein, ſo muſs für beliebige Belaſtung $X$ einen reellen Werth und die Spannung im Erſatzſtab *30* die Gröſse Null haben, da ja dieſer Erſatzſtab wirklich nicht vorhanden iſt und ohne ihn Gleichgewicht ſtattfinden muſs. Für irgend welche beliebige Belaſtung, etwa durch eine wagrechte Kraft $K$ in $b_3$, erhält man im Erſatzſtabe *30* die Spannung

$$S_{30} = \mathfrak{S}_{0\,30} + \mathfrak{S}_{30}'X,$$

in welchem Ausdruck $\mathfrak{S}_{0\,30}$ die Spannung iſt, welche allein durch $K$, und $\mathfrak{S}_{30}'$ die Spannung, welche allein durch $X = 1$ im Stabe *30* erzeugt wird. $K$ und $X$ wirken gleichzeitig; alſo erhält man obigen Ausdruck für $S_{30}$.

$X = 1$ zerlegt ſich im Punkte $b_3$ in eine Seitenkraft parallel zu $a_4 a_3$ und eine in die Stabrichtung *11* fallende Kraft; es iſt

$$\mathfrak{S}_{11}' = -\frac{1}{\cos\alpha}.$$

$\alpha$ iſt der Winkel des Stabes *11* mit der Normalen zu $b_1\ b_3$ in der Ebene $a_4\ b_3\ a_3$, hier $= 45$ Grad. $\mathfrak{S}_{11}'$ zerlegt ſich in $b_4$ weiter nach der Richtung des Stabes *9* und nach der Parallelen zu $a_1\ a_4$; $\mathfrak{S}_9'$ im Punkte $b_1$ nach der Richtung parallel zu $a_1 a_2$ und der Richtung von Stab *30*. Die Spannung $\mathfrak{S}_{10}'$ iſt Null, weil in $b_2$ keine Kraft von Stab *10* übertragen werden kann. Durch $X = 1$ in Punkt $b_3$ und $X = 1$ in Punkt $b_1$ wird demnach (vergl. die graphiſche Zerlegung in Fig. 357)

$$\mathfrak{S}_{30}' = 1 + 1 = 2$$

erzeugt; es iſt alſo

$$S_{30} = \mathfrak{S}_{0\,30} + 2\,X.$$

Der Erſatzſtab *30* iſt überflüſſig, d. h. die Conſtruction ohne ihn ausreichend, wenn für beliebige Belaſtung $K$ die Spannung $S_{30}$ gleich Null iſt, dabei aber $X$ einen reellen Werth hat. Für $S_{30} = 0$ wird

$$X = -\frac{\mathfrak{S}_{0\,30}}{2},$$

Fig. 358.

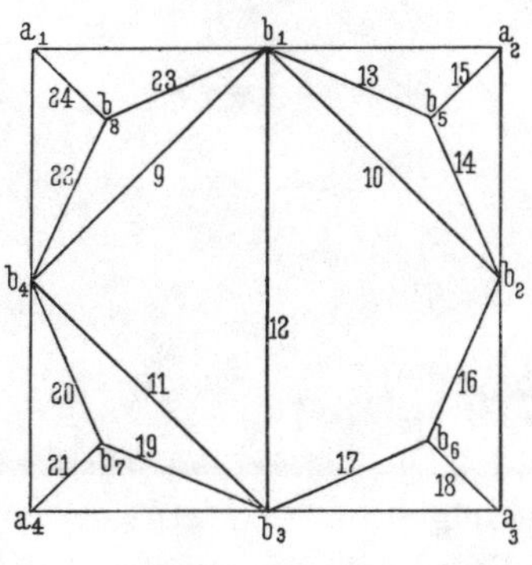


d. h. reell. Das Fachwerk iſt alſo brauchbar.

Wollte man ſtatt des Stabes $b_1\ b_3$ den vierten Stab des Viereckes in der oberen wagrechten Ebene, d. h. den Stab $b_2\ b_3$ einreihen, ſo erhielte man ein labiles Fachwerk. Man findet auf die gleiche Weiſe, wie eben gezeigt wurde, daſs dann $X = \infty$ wird, d. h. daſs dieſes Fachwerk unbrauchbar wäre.

Nachdem nunmehr das Fachwerk in Fig. 357 als ſtabil erwieſen iſt, kann man den Punkt

$b_5$ mittels der Stäbe *13, 14, 15,*
$b_6$ » » » *16, 17, 18,*
$b_7$ » » » *19, 20, 21,*
$b_8$ » » » *22, 23, 24*

feſt legen (Fig. 358). Man ſieht, daſs dieſes Fachwerk ſtatiſch und geometriſch beſtimmt iſt. Fügt man Stab $b_2\ b_3$ ein, ſo wird das Fachwerk ſtatiſch unbeſtimmt, wird aber nicht labil. Bei eiſernen Thürmen kann man dieſen Stab an einer Seite mit länglichen Schraubenlöchern befeſtigen, ſo daſs er für die Berechnung als nicht vorhanden angeſehen werden kann. Nun kann man weiter in bekannter Weiſe aufbauen. In Fig. 356 (S. 153) iſt dieſer Aufbau gezeichnet, dabei aber jedes Seitenfeld mit zwei gekreuzten Diagonalen verſehen, welche als Gegendiagonalen wirken. Die Conſtruction iſt, abgeſehen von der Spitze, ſtatiſch beſtimmt. In der iſometrifchen Anficht von Fig. 356 find der gröfseren Deutlichkeit wegen die Stäbe *9*, *10*, *11*, *12* weggelaffen.

Nachdem die Stabilität von Fig. 358 nachgewiefen ift, bleibt zu unterfuchen, ob das Fachwerk ftabil bleibt, wenn Stab *11* durch $b_5\, b_7$, d. h. durch *31*, Stab *9* durch $b_6\, b_8$, d. h. durch *32*, Stab *10* durch $b_2\, b_4$, d. h. durch *33*, und Stab *30* durch $b_1\, b_3$, d. h. durch *12* erfetzt werden.

Der Gang der Unterfuchung ift folgender. Jeder neu einzuführende Stab überträgt in feinen Anfchlufs-Knotenpunkten noch unbekannte Kräfte $X$ auf diefelben und erzeugt in den zu erfetzenden Stäben Spannungen, welche den Kräften $X$ proportional find. In den Stäben *31*, *32*, *33*, *12* (Fig. 359) mögen die Spannungen $X_1$, $X_2$, $X_3$, $X_4$ wirken, welche in dem zu erfetzenden Stabe *11* die Spannungen

$$S_{11}'X_1\,,\quad S_{11}''X_2\,,\quad S_{11}'''X_3\,,\quad S_{11}''''X_4$$

und im Stabe *9* die Spannungen

$$S_9'X_1\,,\quad S_9''X_2\,,\quad S_9'''X_3\,,\quad S_9''''X_4 \quad \text{u. f. w.}$$

erzeugen mögen. Die fonft noch vorhandenen äufseren Laften rufen in den Stäben die Spannungen $\mathfrak{S}$ hervor, d. h. in den Stäben *9*, *10*, *11*, *30* die Spannungen $\mathfrak{S}_9$, $\mathfrak{S}_{10}$, $\mathfrak{S}_{11}$, $\mathfrak{S}_{30}$. Die Spannungen $\mathfrak{S}$ würden allein vorhanden fein, wenn die Stäbe *31*, *32*, *33*, *12* nicht und nur die zu erfetzenden Stäbe *9*, *10*, *11*, *30* vorhanden wären. Offenbar find die $S'$ die durch $X_1 = 1$ erzeugten Spannungen, $S''$, bezw. $S'''$, $S''''$ die durch $X_2 = 1$, bezw. $X_3 = 1$, $X_4 = 1$ erzeugten Spannungen. Die gefammten in den zu erfetzenden Stäben *9*, *10*, *11*, *30* auftretenden Spannungen find nunmehr

Fig. 359.

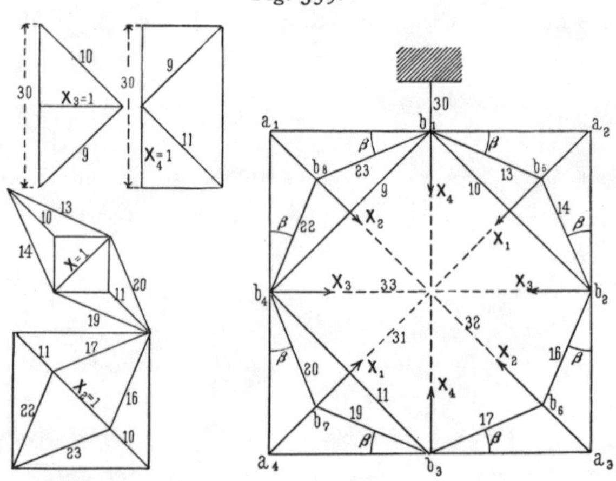


$$S_{30} = \mathfrak{S}_{30} + S_{30}'X_1 + S_{30}''X_2 + S_{30}'''X_3 + S_{30}''''X_4\,,$$
$$S_9 = \mathfrak{S}_9 + S_9'X_1 + S_9''X_2 + S_9'''X_3 + S_9''''X_4\,,$$
$$S_{10} = \mathfrak{S}_{10} + S_{10}'X_1 + S_{10}''X_2 + S_{10}'''X_3 + S_{10}''''X_4\,,$$
$$S_{11} = \mathfrak{S}_{11}' + S_{11}'X_1 + S_{11}''X_2 + S_{11}'''X_3 + S_{11}''''X_4\,.$$

Sollen die Stäbe *9*, *10*, *11*, *30* erfetzbar fein, fo müffen die Spannungen diefer Stäbe den Werth Null haben, ohne dafs dadurch diejenigen in den erfetzenden Stäben $X_1$, $X_2$, $X_3$, $X_4$ unendlich grofs werden. Die Bedingungsgleichungen für die Werthe von $X_1$, $X_2$, $X_3$, $X_4$ find demnach:

$$S_{30} = S_9 = S_{10} = S_{11} = \text{Null},$$

d. h.

$$X_1 S_{30}' + X_2 S_{30}'' + X_3 S_{30}''' + X_4 S_{30}'''' = -\,\mathfrak{S}_{30}\,,$$
$$X_1 S_9' + X_2 S_9'' + X_3 S_9''' + X_4 S_9'''' = -\,\mathfrak{S}_9\,,$$
$$X_1 S_{10}' + X_2 S_{10}'' + X_3 S_{10}''' + X_4 S_{10}'''' = -\,\mathfrak{S}_{10}\,,$$
$$X_1 S_{11}' + X_2 S_{11}'' + X_3 S_{11}''' + X_4 S_{11}'''' = -\,\mathfrak{S}_{11}\,.$$

Sollen $X_1$, $X_2$, $X_3$, $X_4$ reell fein, fo darf die Nenner-Determinante vorftehender Gleichungen nicht gleich Null fein; wenn dies ftattfindet, fo ift das Fachwerk labil.

Wendet man diefe Ueberlegung auf das zu betrachtende Thurm-Fachwerk an, und bringt in den betreffenden Knotenpunkten die Kräfte $X_1$, $X_2$, $X_3$, $X_4$ als äufsere Kräfte an, fo erhält man durch Zerlegung die in nachftehender Tabelle zufammengeftellten Werthe der Stabfpannungen $S'$, $S''$, $S'''$, $S''''$, welche bezw. durch die Kräfte $X_1 = 1$, $X_2 = 1$, $X_3 = 1$, $X_4 = 1$ erzeugt werden.

Tabelle der Spannungen, welche in den Fachwerkftäben erzeugt werden durch:

| | Stab *13* | *14* | *16* | *17* | *19* | *20* |
|---|---|---|---|---|---|---|
| $X_1 = 1$ | $-\frac{1}{\sqrt{2}\,(\cos\beta - \sin\beta)}$ | $-\frac{1}{\sqrt{2}\,(\cos\beta - \sin\beta)}$ | 0 | 0 | $-\frac{1}{\sqrt{2}\,(\cos\beta - \sin\beta)}$ | $-\frac{1}{\sqrt{2}\,(\cos\beta - \sin\beta)}$ |
| $X_2 = 1$ | 0 | 0 | $-\frac{1}{\sqrt{2}\,(\cos\beta - \sin\beta)}$ | $-\frac{1}{\sqrt{2}\,(\cos\beta - \sin\beta)}$ | 0 | 0 |
| $X_3 = 1$ | 0 | 0 | 0 | 0 | 0 | 0 |
| $X_4 = 1$ | 0 | 0 | 0 | 0 | 0 | 0 |

| | Stab *22* | *23* | *9* | *10* | *11* | *30* |
|---|---|---|---|---|---|---|
| $X_1 = 1$ | 0 | 0 | $-\frac{\sin\beta}{\cos\beta - \sin\beta}$ | $+\frac{\sin\beta}{\cos\beta - \sin\beta}$ | $+\frac{\sin\beta}{\cos\beta - \sin\beta}$ | 0 |
| $X_2 = 1$ | $-\frac{1}{\sqrt{2}\,(\cos\beta - \sin\beta)}$ | $-\frac{1}{\sqrt{2}\,(\cos\beta - \sin\beta)}$ | 0 | $+\frac{\sin\beta}{\cos\beta - \sin\beta}$ | $+\frac{\sin\beta}{\cos\beta - \sin\beta}$ | 0 |
| $X_3 = 1$ | 0 | 0 | $-\sqrt{2}$ | $-\sqrt{2}$ | 0 | $-2$ |
| $X_4 = 1$ | 0 | 0 | $+\sqrt{2}$ | 0 | $-\sqrt{2}$ | $+2$ |

Die Bedingungsgleichungen lauten alfo, wenn man abkürzungsweife

$$\frac{\sin\beta}{\cos\beta - \sin\beta} = a \quad \text{und} \quad \sqrt{2} = b$$

fetzt:

$$\begin{aligned} 0\,X_1 + 0\,X_2 - b^2 X_3 + b^2 X_4 &= -\mathfrak{S}_{30}, \\ -a\,X_1 + 0\,X_2 - b\,X_3 + b\,X_4 &= -\mathfrak{S}_9, \\ a\,X_1 + a\,X_2 - b\,X_3 + 0\,X_4 &= -\mathfrak{S}_{10}, \\ a\,X_1 + a\,X_2 + 0\,X_3 - b\,X_4 &= -\mathfrak{S}_{11}. \end{aligned}$$

Die Nenner-Determinante ift, wie man leicht fieht, gleich Null, alfo das Fachwerk labil.

Wenn aber der Stab *11* im Fachwerk belaffen und davon abgefehen wird, Stab *11* durch Stab *33* zu erfetzen, fo erhält man ein ftabiles Fachwerk. Alsdann lauten die Gleichungen, da nunmehr $X_3$ gleich Null ift:

$$\begin{aligned} X_1 S_{30}' + X_2 S_{30}'' + X_4 S_{30}'''' &= -\mathfrak{S}_{30}, \\ X_1 S_9' + X_2 S_9'' + X_4 S_9'''' &= -\mathfrak{S}_9, \\ X_1 S_{10}' + X_2 S_{10}'' + X_4 S_{10}'''' &= -\mathfrak{S}_{10}. \end{aligned}$$

Mit den Werthen obiger Tabelle heifsen diefe Gleichungen:

$$\begin{aligned} 0\,X_1 + 0\,X_2 + b^2 X_4 &= -\mathfrak{S}_{30}, \\ -a\,X_1 + 0\,X_2 + b\,X_4 &= -\mathfrak{S}_9, \\ a\,X_1 + a\,X_2 + 0\,X_4 &= -\mathfrak{S}_{10}. \end{aligned}$$

Die Nenner-Determinante diefer Gleichungen hat den Werth:

$$\left\{\begin{matrix} 0 & 0 & b^2 \\ -a & 0 & b \\ a & a & 0 \end{matrix}\right\} = -b^2 a^2 = -2\,\frac{\sin^2\beta}{(\cos\beta - \sin\beta)^2}.$$

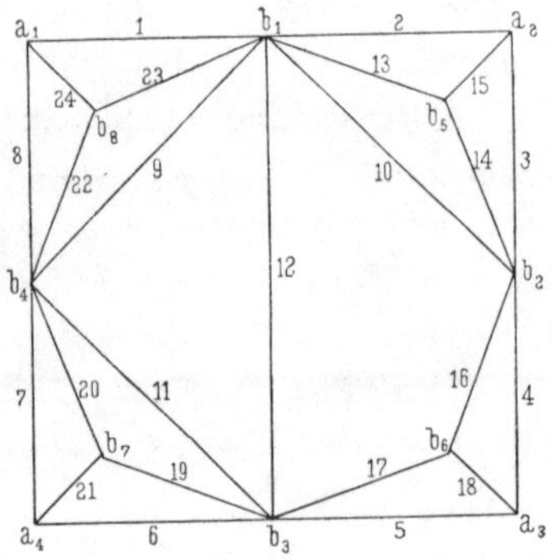


Fig. 360.

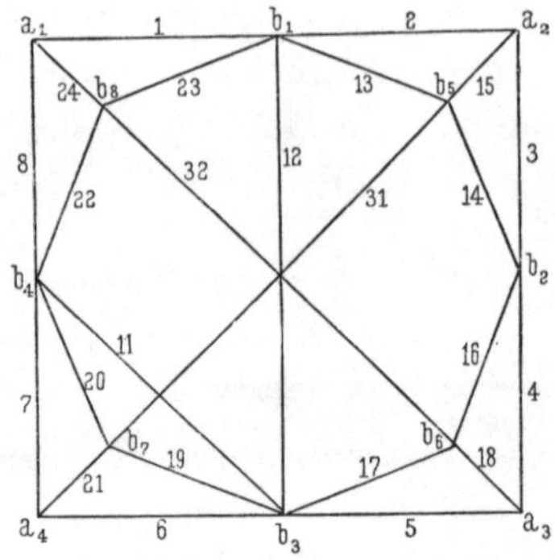


Fig. 361.

Das in Fig. 361 dargeſtellte Fachwerk iſt alſo ſtabil, falls nicht β gleich Null iſt. Dieſer Werth iſt ausgeſchloſſen, eben ſo der Werth $\beta = 45$ Grad, für den $a = \infty$ würde; aber auch Winkelwerthe von β, welche ſich dem Nullwerthe nähern, ſollten vermieden werden.

Die meiſt übliche Anordnung mit vier in der Ebene $b_1\ b_2\ b_3\ b_4$ einander kreuzenden Stäben iſt alſo nicht ſtabil; wenn dieſelbe trotzdem in der Praxis zu Ausſetzungen bislang unſeres Wiſſens keine Veranlaſſung gegeben hat, ſo liegt dies darin, daſs die Verbindungen nicht gelenkig ſind und an den Knotenpunkten Momente übertragen werden können. So wenig man aber die Hängewerke mit für die ſtatiſche Beſtimmtheit fehlenden Stäben als eine in jeder Beziehung befriedigende Stabanordnung erklären kann, eben ſo wenig iſt dies mit der hier angegebenen Conſtruction der Fall. Vielleicht empfiehlt ſich am meiſten das in Fig. 361 dargeſtellte Fachwerk. Eventuell ziehe man den Stab $b_2\ b_3$ ein, der das Fachwerk ſtatiſch unbeſtimmt, aber nicht labil macht.

Fig. 362.

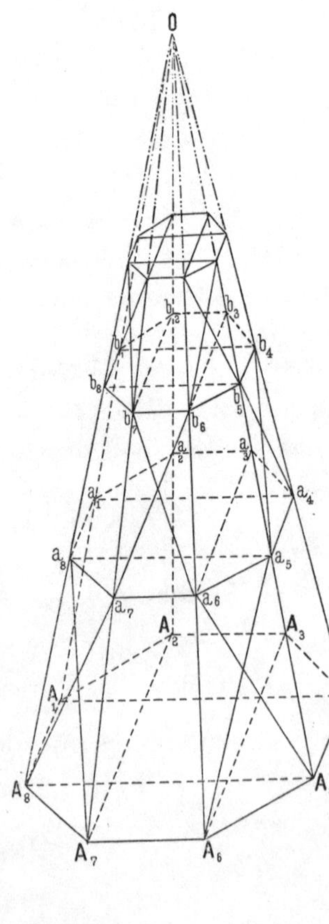


Auf das Achteck $b_1\ b_5\ b_2\ b_6\ b_3\ b_7\ b_4\ b_8$ kann man nun die weitere Thurm-Conſtruction aufbauen, wie in Art. 121 (Fig. 354*b*) angegeben iſt, indem man nach und nach ſtets einen Knotenpunkt und drei Stäbe hinzufügt. Beſonders werde bemerkt, daſs in den wagrechten Trennungsebenen der oberen Geſchoſſe nunmehr nur noch die achteckigen Ringe angeordnet zu werden brauchen. Das Raum-Fachwerk iſt mit dieſen ſtabil.

123.
*Moller*'ſche Thurmpyramide.

b) Achtſeitige Thurmpyramide mit acht Lagerpunkten. Hier iſt zunächſt die *Moller*'ſche Thurmpyramide (Fig. 362) zu betrachten. Alle acht Gratſparren ſind bis zur gemeinſamen Auflagerebene hinabgeführt; zwiſchen je zwei Stockwerken ſind herumlaufende Ringe angeordnet und in jedem Stockwerk vier Seitenfelder mit gekreuzten Stäben derart verſehen, daſs ſtets nur ein Feld um das andere ein

Fig. 363.

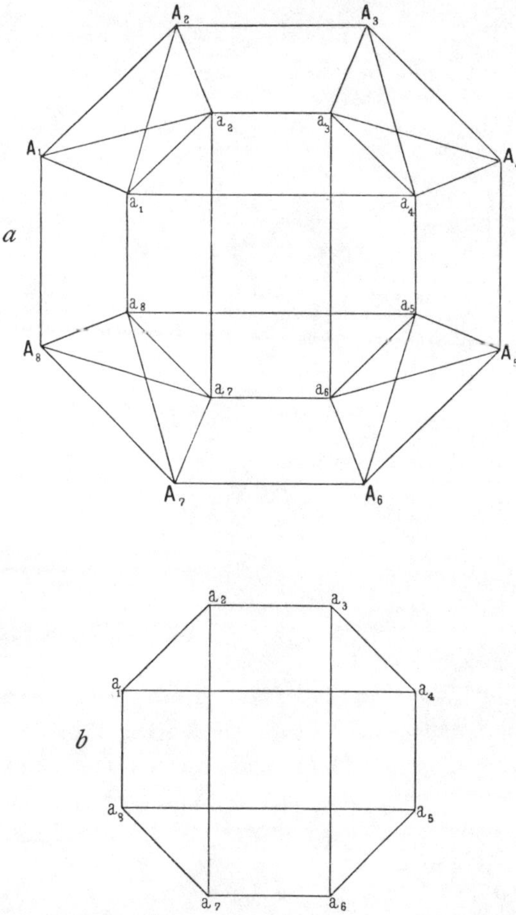


ſolches Andreaskreuz hat; dieſe verkreuzten Felder wechſeln in den verſchiedenen Stockwerken. Auſserdem ſind in den vier geneigten Ebenen $A_1 A_4 O$, $A_8 A_5 O$, $A_2 A_7 O$ und $A_3 A_6 O$ quer durchlaufende Balken, d. h. für das Stabſyſtem Stäbe $a_1 a_4$, $a_8 a_5$, $a_2 a_7$, $a_3 a_6$, bezw. $b_1 b_4$, $b_8 b_5$, $b_2 b_7$, $b_3 b_6$ vorhanden. In Fig. 362 bezeichnet $O$ die Spitze der Thurmpyramide. Es ergiebt ſich alſo zwiſchen je zwei Stockwerken eine Figur, wie in Fig. 363*b* dargeſtellt. Nunmehr ſoll unterſucht werden, ob dieſes Fachwerk ſtatiſch und geometriſch beſtimmt iſt, wobei zunächſt, wie bisher ſtets, von der Spitze abgeſehen werden ſoll, welche das Ganze ſtatiſch unbeſtimmt macht; ferner ſoll vor der Hand nur der Untertheil geprüft werden (Fig. 363*a*).

Die Scheibe $a_1 a_2 \ldots a_7 a_8$ iſt ein ebenes, aber nicht ſteifes Fachwerk; rechnet man die Schnittpunkte der Balken nicht als Knotenpunkte, ſo hat ſie 8 Knotenpunkte und nur 12 Stäbe, während die ſtatiſche Beſtimmtheit 13 Stäbe verlangt. Rechnet man aber die Schnittpunkte der Balken als Knoten, ſo iſt die Zahl der Knotenpunkte gleich 12 und die Zahl der Stäbe gleich 20; ſonach fehlt für ſtatiſche und geometriſche Beſtimmtheit wiederum ein Stab. Von den Auflagern werden vier als feſte (als Punktauflager) und vier als Ebenenauflager angenommen; immer wechſelt ein Punkt- und ein Ebenenauflager ab. Die vier Querbalken in der Auflagerebene ſind dann, wenn ein Ring in derſelben angeordnet wird, für die geometriſche Beſtimmtheit überflüſſig und ſollen als nicht vorhanden angeſehen werden. Die Anzahl der Knotenpunkte des unterſten Stockwerkes iſt $k = 16$, die Zahl der Auflagerunbekannten $n = 4 . 3 + 4 = 16$ und diejenige der Stäbe $s = 36$; für geometriſche und ſtatiſche Beſtimmtheit müſſte $s^1 = 3k - n = 32$ ſein; das betrachtete Raum-Fachwerk iſt alſo vierfach ſtatiſch unbeſtimmt. Ordnet man nun ſtatt der gekreuzten Stäbe in den vier Seitenfeldern einfache Stäbe an, ſo iſt die erſte Bedingung der ſtatiſchen Beſtimmtheit erfüllt.

Dieſes Fachwerk ſoll unterſucht werden; es genügt, ein Stockwerk, etwa das unterſte, zu betrachten. Baut man daſſelbe (Fig. 364) auf den acht Auflagern $A_1 \ldots A_8$ ſo auf, daſs man jeden hinzukommenden Punkt mit drei bereits feſten Punkten verbindet, ſo muſs man wieder einige Erſatzſtäbe — hier ſind die Stäbe *25* und *26* gewählt — zu Hilfe nehmen. Verbunden iſt: Punkt $a_1$ mit $A_1$, $A_2$, $C$, Punkt $a_4$ mit $A_3$, $A_4$, $a_1$, Punkt $a_5$ mit $A_5$, $A_6$, $a_4$, Punkt $a_8$ mit $A_7$, $A_8$, $a_5$; ferner

Fig. 364.

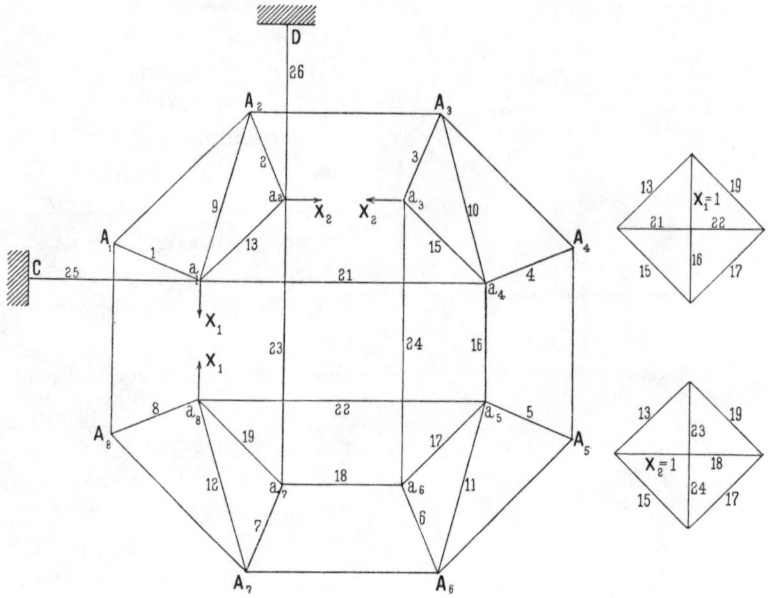


Punkt $a_2$ mit $A_2$, $a_1$, $D$, Punkt $a_7$ mit $A_7$, $a_8$, $a_2$, Punkt $a_6$ mit $A_6$, $a_5$, $a_7$, Punkt $a_3$ mit $A_3$, $a_4$, $a_6$. In Wirklichkeit ſind an Stelle der angegebenen Erſatzſtäbe *25* und *26*, welche das Fachwerk unzweifelhaft geometriſch und ſtatiſch beſtimmt machen, die Stäbe $a_1 a_8$ und $a_2 a_3$ vorhanden. Nennt man ihre Spannungen bei beliebiger Belaſtung bezw. $X_1$ und $X_2$, ſo ſind die Spannungen in den einzelnen Stäben, nach Früherem und mit den früheren Bezeichnungen

$$S = \mathfrak{S} + S' X_1 + S'' X_2 .$$

$S'$ iſt die in einem Stabe durch $X_1 = 1$, $S''$ die in einem Stabe durch $X_2 = 1$ erzeugte Spannung. In den Erſatzſtäben müſſen für beliebige Belaſtung die Spannungen $S = 0$ werden, wenn dieſelben überflüſſig ſein ſollen; die $X_1$ und $X_2$ dürfen dabei aber nicht unendlich groſs werden. Mithin iſt die Bedingung für die Standfähigkeit des Fachwerkes: die Nenner-Determinante der Gleichungen

$$\left.\begin{aligned} S_{25}' X_1 + S_{25}'' X_2 &= -\mathfrak{S}_{25} , \\ S_{26}' X_1 + S_{26}'' X_2 &= -\mathfrak{S}_{26} \end{aligned}\right\} \quad \ldots\ldots\ldots\ldots \quad 10.$$

muſs von Null verſchieden ſein, d. h.

$$\left\{\begin{matrix} S_{25}' \,.\, S_{25}'' \\ S_{26}' \,.\, S_{26}'' \end{matrix}\right\} \gtrless 0 .$$

Die Werthe $S'$ und $S''$ ergeben ſich leicht aus den Kräfteplänen in Fig. 364. Man erhält:

$$S_{22}' = -1 , \quad S_{16}' = +1 , \quad S_{21}' = -1 ,$$
$$S_{25}' = 0 , \quad S_{26}' = 0 ,$$
$$S_{24}'' = -1 , \quad S_{18}'' = +1 , \quad S_{22}'' = 0 ,$$
$$S_{23}'' = -1 , \quad S_{26}'' = 0 , \quad S_{16}'' = 0 = S_{21}'' ,$$
$$S_{25}'' = 0.$$

Da $S_{25}' = S_{26}' = S_{25}'' = S_{26}'' = 0$ ſind, ſo iſt die Nenner-Determinante gleich Null. Aber auch die Zähler-Determinante in den Ausdrücken für $X_1$ und $X_2$ der Gleichungen 10 wird gleich Null; mithin erhält man ſowohl für $X_1$, wie für $X_2$ zunächſt den Werth $\frac{0}{0}$, alſo einen unbeſtimmten Werth, der auch endlich ſein kann. Dividirt man aber beide Gleichungen 10 durch $S_{25}' = S_{25}'' = S_{26}' = S_{26}''$, ſo ſieht man, daſs ſich $X_1 = X_2 = \infty$ ergiebt. Sonach dürfen die Erſatzſtäbe nicht fehlen; das Fachwerk iſt ohne dieſelben labil.

Fig. 365.

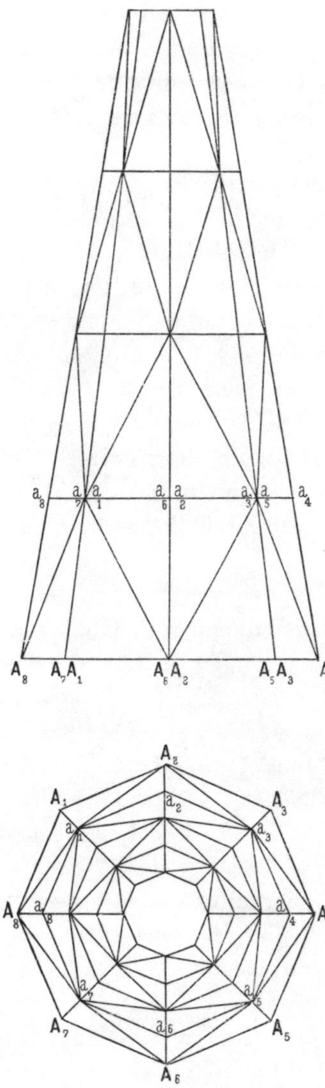


Es könnte die Frage aufgeworfen werden, ob nicht durch Einziehen einer Gegendiagonale in eines der bereits mit Diagonalen verſehenen Felder die Stabilität hergeſtellt würde. Verſieht man etwa Feld $A_1 A_2 a_2 a_1$ mit einer zweiten Diagonale, ſo wird zunächſt die Geſammtzahl der Stäbe um einen Stab gröſser, als mit der ſtatiſchen Beſtimmtheit vereinbar iſt; aber ſtabil wird das Fachwerk dadurch nicht. Denn in der Ebene dieſes Feldes liegen die Punkte deſſelben ſchon, falls nur eine Diagonale vorhanden iſt, feſt, werden alſo durch die zweite Diagonale nur überbeſtimmt; das Verhältniſs dieſer Scheibe gegen das übrige Fachwerk aber, alſo für etwaige Drehungen derſelben um die Axe $A_1 A_2$, bleibt vollſtändig unverändert. War alſo das frühere Fachwerk labil, ſo iſt es auch das Fachwerk nach Einziehen der Gegendiagonale. Das Gleiche gilt von den anderen drei Gegendiagonalen, welche möglich und üblich ſind. Das Fachwerk iſt alſo auch mit den Gegendiagonalen eine labile Conſtruction.

Ob man unter dieſen Verhältniſſen weiterhin empfehlen kann, Thurmdächer nach *Moller*'ſcher Conſtruction auszuführen, iſt fraglich. Dieſelben haben ſich allerdings bisher gut gehalten; aber eine als nicht ſtabil erkannte Conſtruction, die überdies nicht berechnet werden kann, iſt beim heutigen Stande der Conſtructionskunſt nicht berechtigt.

Für Ausführung in Eiſen-Conſtruction iſt die *Moller*'ſche Thurmpyramide nicht geeignet.

124. Thurmflechtwerk mit bis zur Auflagerebene geführten Graten.

c) Thurmflechtwerk mit bis zur Auflagerebene geführten Graten. Eine ganz klare Conſtruction, bei welcher ebenfalls die Grate bis zu den Auflagern hinabgeführt ſind, wird erhalten, wenn man abwechſelnd ein Auflager als Punktlager und eines als Ebenenlager conſtruirt und nunmehr ſtets einen neuen Knotenpunkt mit drei neuen Stäben an vorhandene Knotenpunkte anfügt. Eine ſolche Anordnung iſt in Fig. 365 angegeben. Punktlager ſind $A_1$, $A_3$, $A_5$, $A_7$; Ebenenlager ſind $A_2$, $A_4$, $A_6$, $A_8$. Die letzteren ſind durch die Stäbe des Fuſsringes mit den erſteren zu verbinden. Man verbinde Punkt $a_1$ mit $A_1$, $A_2$, $A_8$, Punkt $a_3$ mit $A_2$, $A_3$, $A_4$,

Punkt $a_5$ mit $A_4$, $A_5$, $A_6$, Punkt $a_7$ mit $A_6$, $A_7$, $A_8$; alsdann ſind $a_1$, $a_3$, $a_5$, $a_7$ als feſte Punkte anzuſehen. Nun verbinde man Punkt $a_2$ mit $A_2$, $a_1$, $a_3$, Punkt $a_4$ mit $A_4$, $a_3$, $a_5$, Punkt $a_6$ mit $A_6$, $a_5$, $a_7$, Punkt $a_8$ mit $A_8$, $a_7$, $a_1$. In ſolcher Weiſe kann man weiter bauen und erhält, abgeſehen von der Spitze, ein ſtatiſch beſtimmtes Raum-Fachwerk. Daſſelbe kann in Holz (zweckmäſsig mit eiſernen Diagonalen in den Seitenflächen) ohne Schwierigkeit hergeſtellt werden.

## 2) Conſtruction der hölzernen Thurmhelme.

125. Grundſätze.

Für die Conſtruction der hölzernen Thürme hat *Moller* [178]) vor mehr als einem halben Jahrhundert Grundſätze aufgeſtellt, welche zum groſsen Theile auch heute noch als giltig aufgeführt werden können, auch in vielen Hinſichten mit denjenigen übereinſtimmen, welche ſich als Folgerung der vorſtehenden theoretiſchen Unterſuchungen ergeben haben.

*Moller* ſchreibt u. A. vor: »Das Innere des Thurmes werde möglichſt leicht conſtruirt; man verſtärke dagegen die äuſseren Dachwände; die langen und ſchweren ſogenannten Helmſtangen ſind fortzulaſſen und auf eine kurze Hängeſäule zum Tragen des Knopfes und zum Anſetzen der Sparren zu beſchränken; die Eckpfoſten oder Eckſparren (von uns als Gratſparren bezeichnet) dürfen nicht durch horizontale Hölzer unterbrochen, ſondern ſie müſſen, wenn ſie zu kurz ſind, unmittelbar verlängert werden, ſo daſs Hirnholz auf Hirnholz zu ſtehen kommt; die äuſseren Dachwände ſind ſo zu verbinden, daſs ſie keinen Seitendruck ausüben, ſondern nur ſenkrecht auf die Mauer wirken können; dieſelben ſind durch horizontale Verbindungen (Kränze) in gewiſſen, nicht zu groſsen Entfernungen ſo abzuſchlieſsen, daſs dadurch die Thurmpyramide in mehrere kleine, abgeſtumpfte Pyramiden zerlegt wird.«

Man ſieht, *Moller* verlangt das vorſtehend entwickelte Fachwerk, bei welchem die Gratſparren durchgehen, in den Höhen der einzelnen Balkenlagen umlaufende Ringe und in den trapezförmigen Seitenflächen Diagonalen angeordnet ſind. Die letzteren führt er nicht beſonders auf, hat ſie aber in dem nach ihm benannten Thurmdach nahe den Seitenflächen angewendet. Die Kränze dienen als Pfetten, als Auflager für die Zwiſchenſparren; der Thurm iſt im Inneren möglichſt frei von Conſtructionstheilen zu halten. Wenn *Moller* fordert, daſs die Dach-Conſtruction nur lothrechten Druck auf die Mauer übertragen könne, ſo iſt dies leider nicht durchführbar.

Weiter fordert *Moller* von der Conſtruction für die Dauerhaftigkeit u. A.: »Alle Zapfenlöcher, in welchen ſich Waſſer ſammeln könnte, ſind zu vermeiden; wo dieſes nicht möglich iſt, müſſen ſie unten geſchlitzt werden, damit das Waſſer ablaufen kann. Der Luftzug iſt zu befördern.«

Für die Ausbeſſerungen fordert er: »Alle Hölzer ſind ſo zu verbinden, daſs die ſchadhaften leicht weggenommen werden können; mithin ſollen die Gebälke, Sparrenbalken u. ſ. w. nicht unter die Hauptpfoſten oder Eckſparren gelegt werden, ſondern neben dieſelben. Bei gröſseren Thürmen iſt jedesmal auſser den Eckſparren noch eine von denſelben unabhängige Unterſtützung anzubringen, ſo daſs durch dieſelbe, ſowohl beim Aufſchlagen, als bei Reparaturen, die Feſtigkeit des Ganzen geſichert wird und ſie zugleich als Gerüſt dienen kann. Die Kränze ſind ſo ein-

---

178) A. a. O., Heft 4.

zurichten, daſs dieſelben als Gänge für die Bauarbeiter dienen können. In jedem Stockwerk iſt wenigſtens ein eiſernes Fenſter anzubringen, um jeden Schaden des Dachwerks leicht erkennen zu können.«

Die hauptſächlich tragenden Conſtructionstheile ſind die Gratſparren; dieſe dürfen nicht durch wagrechte Hölzer unterbrochen, müſſen vielmehr Hirnholz auf Hirnholz geſtoſsen werden, wobei auch Eiſen zu Hilfe genommen werden kann (Fig. 378). Bei der Verbindung der Kränze oder Ringe, welche gleichzeitig als Pfetten dienen, mit den Gratſparren ſind die letzteren möglichſt wenig zu verſchwächen; die Ringe ſind etwa 2,5 cm bis 3,0 cm in die Gratſparren einzulaſſen und mit ihnen zu verbolzen; auch hier können eiſerne Laſchen zur Verbindung verwendet werden. An der Spitze treffen die Gratſparren einander auf der Helmſtange, welche nur ein bis zwei Geſchoſshöhen hinabzureichen braucht; an dieſer ſchwierigen Stelle wendet man heute mit Vortheil Eiſen an (ſiehe Fig. 378 und die Tafel bei S. 173). Die zwiſchen den einzelnen Geſchoſſen erforderlichen Balken lagert man zweckmäſsig auf den Pfetten; wo möglich befeſtigt man ſie auch ſeitlich an den Gratſparren. Dadurch iſt das Auffchlagen und Auswechſeln ſchadhafter Balken und Pfetten leicht möglich. Die Dachbalkenlage kann mit Stichbalken für jeden Sparren hergeſtellt werden; gewöhnlich ruht ſie auf zwei umlaufenden, auf dem Thurmmauerwerk verlegten Mauerlatten. Eine ſolche Balkenlage zeigt Fig. 367. Man kann aber auch die Zwiſchenſparren auf eine Art von Fuſspfetten ſetzen, welche herumlaufend einen unterſten Ring bilden; als Verbindung der Auflager wird beſſer ein umlaufender eiſerner Ring angeordnet.

Nachſtehend ſind zu behandeln:

α) das vierſeitige Thurmdach;

β) das achtſeitige Thurmdach;

γ) das Rhombenhaubendach;

δ) das runde Thurmdach oder das Kegeldach.

Fig. 366.

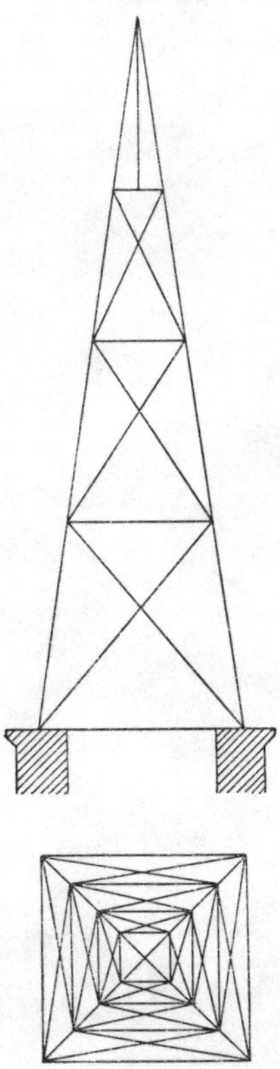

α) Vierſeitiges Thurmdach. Vier durchgehende, bezw. Hirn- auf Hirnholz geſtoſsene Eckſäulen unter den Kanten der Pyramide (die Gratſparren) bilden die Hauptconſtructionstheile; dazwiſchen geſetzte Holme theilen die ganze Höhe in eine Anzahl Stockwerke von etwa 3,0 bis 5,0 m Höhe. Die Holme nehmen die Sparren auf. Die in den geneigten Seitenflächen liegenden trapezförmigen Felder werden mit Diagonalen verſtrebt, welche als gekreuzte Holzſtäbe (Andreaskreuze) oder als gekreuzte Eiſenſtäbe (Gegendiagonalen) conſtruirt werden können. Alle tragenden Conſtructionstheile liegen hier in den Seitenflächen der Pyramide. Nach Früherem (ſiehe Art. 119, S. 148) iſt die Conſtruction wegen der Spitze ſtatiſch unbeſtimmt, aber nicht labil. Eine ſchematiſche Darſtellung giebt Fig. 366. Wegen der Einzelheiten, insbeſondere der Verbindungen der Hölzer in den Knotenpunkten und an der Spitze, wird auf die weiterhin (Fig. 377 bis 380) folgenden Abbildungen und Erläuterungen verwieſen. Die Helmſtange braucht nur ein bis zwei Stockwerke hinabzureichen. 126. Vierſeitiges Thurmdach.

β) Achtſeitiges Thurmdach. Bei dieſem kommen hier folgende Conſtructionen in Frage: das *Moller*'ſche Thurm- 127. *Moller*'ſche Thurmdächer.

dach, das Thurmdach mit durchgehendem Kaiſerſtiel, dasjenige des Mittelalters, endlich das neuere *Otzen*'ſche Thurmdach.

𝔄) *Moller*'ſche Thurmdächer. Dieſe ſind, als Raum-Fachwerk betrachtet, in Art. 123 (S. 158) bereits behandelt. Es wurde gezeigt, daſs das Fachwerk ſtreng genommen nicht allen Anſprüchen an die Stabilität genügt; dennoch haben ſich dieſe Dächer gut gehalten; ſie bedeuten gegenüber den jenerzeit üblichen Conſtructionen einen ganz bedeutenden Fortſchritt und ſind ein Beweis vom hervorragenden Conſtructionstalent *Moller*'s. Sie ſind nach den oben angeführten Grundſätzen folgendermaſsen hergeſtellt.

Die Gratſparren bilden die Haupttheile; ſie laufen von unten bis oben durch und ſetzen ſich an der Spitze gegen einen lothrechten Stab, den ſog. Kaiſerſtiel, welcher die Aufgabe hat, den Zuſammenſchluſs der Gratſparren zu erleichtern und das Anbringen des Thurmkreuzes zu ermöglichen. Der ganze Thurm iſt in einzelne Stockwerke von 3,5 bis 4,5 m Höhe zerlegt; in jedem Stockwerk ſind vier Wände angebracht, deren jede aus Schwelle, Holm und zwei Streben (Andreaskreuz) beſteht. Dieſe Wände wechſeln in den verſchiedenen Stockwerken; wenn die Wände des einen Stockwerkes an den Seiten *1*, *3*, *5*, *7* des Achteckes angeordnet ſind, ſo ſind ſie in dem darüber folgenden Stockwerk in den Seiten *2*, *4*, *6*, *8*. So

Fig. 367.

Von der Kirche zu Friedrichsdorf.

1/133 n. Gr.

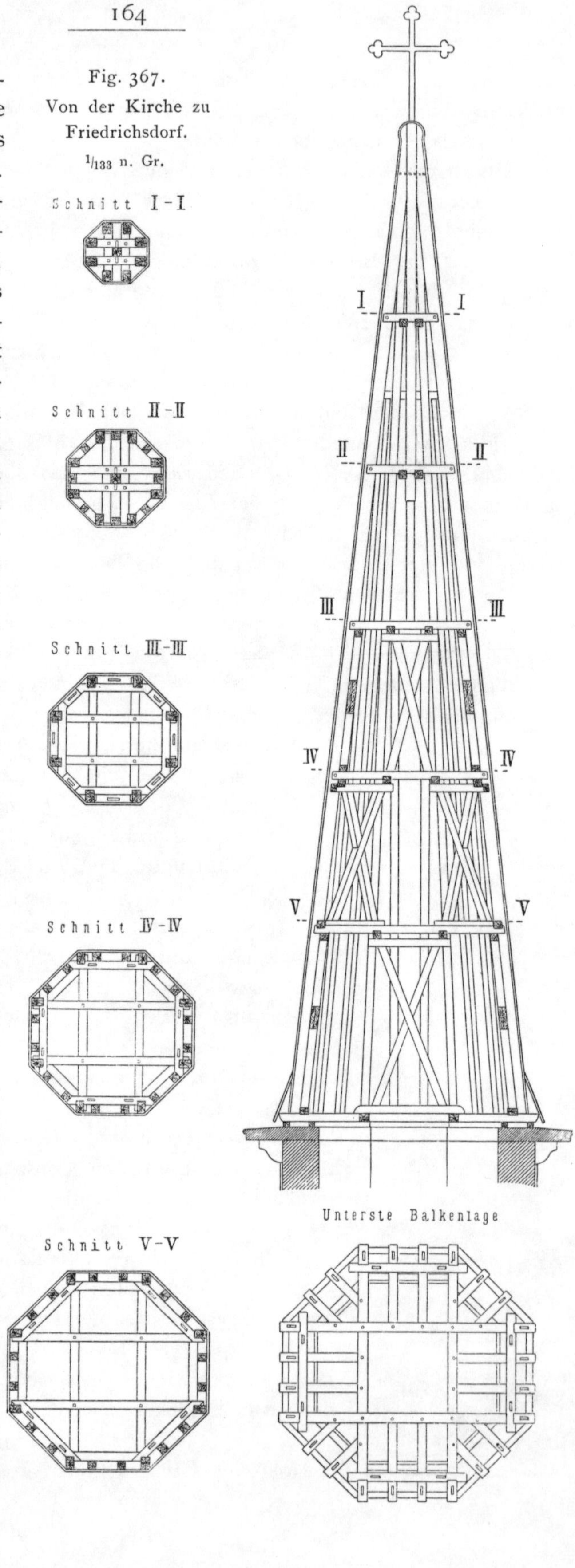

bilden denn zwiſchen je zwei Stockwerken die Holme des unteren und die Schwellen des oberen Stockwerkes einen achteckigen Ring, gegen welchen ſich auch die Zwiſchenſparren, wie gegen Pfetten, lehnen.

Die Holme der verſtrebten Wände tragen die in Art. 123 (S. 159) erwähnten Balken, welche in den vier groſsen, ſchräg liegenden Ebenen $A_1 A_4 O$, $A_8 A_5 O$, $A_2 A_7 O$, $A_3 A_6 O$ (Fig. 362, S. 158) angeordnet ſind. Die Balken der einen Richtung ſind über diejenigen der anderen, im Grundriſs lothrecht dazu ſtehenden Richtung gelegt; beide ſind etwa 2,5 cm tief mit einander verkämmt und verſchraubt. Auf dieſe vier Balken werden nun die Schwellen der vier verſtrebten Wände des nächſten Stockwerkes gelegt. Die Helmſtange (der Kaiſerſtiel) reicht nur um eine oder zwei Geſchoſshöhen hinab. Wo die Gratſparren geſtoſsen werden müſſen, werden die Theile unmittelbar auf einander geſetzt. Die Stockwerkhöhe wähle man etwa 3,0 bis 4,5 m.

Fig. 368.

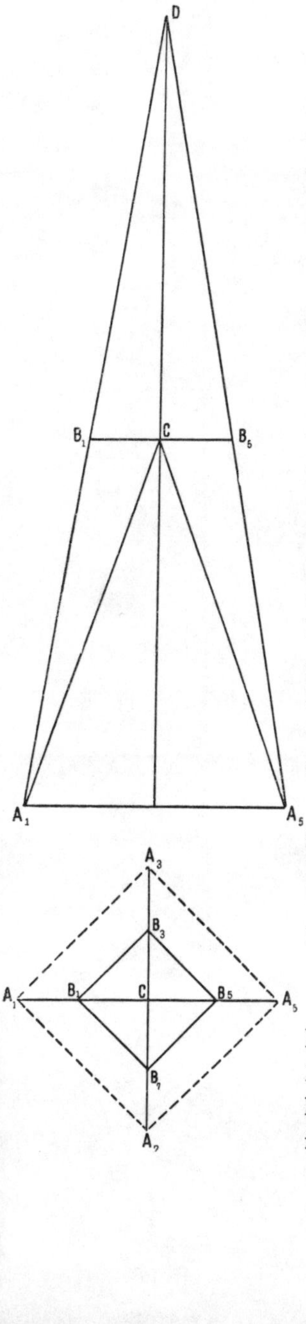


Fig. 367 zeigt einen ſolchen Thurm. Derſelbe ſetzt ſich auf das Gebälke, welches aus den in allen Böden ſich wiederholenden vier Balken und den zwiſchen denſelben, ſo wie übereck liegenden Stichbalken beſteht. Dieſe Balken nehmen die Grat- und Zwiſchenſparren auf. Die Balkenlage ruht auf zwei ringsum laufenden Mauerlatten; auf ihr liegen die Schwellen für die verſtrebten Wände.

Vortheile der *Moller*'ſchen Conſtructionsweiſe ſind:

a) Die vielfach bei anderen Thürmen bis zum unterſten Boden hinabgeführte Helmſtange, welche den Thurm unnöthig beſchwert, iſt bis auf das kurze Stück an der Spitze fortgelaſſen.

b) Das Aufſchlagen des Thurmdaches iſt ſehr leicht. Zuerſt wird die Grundbalkenlage gelegt und darauf werden die vier verſtrebten Wände (die Andreaskreuze) geſtellt, auf welche die vier Balken des zweiten Bodens kommen. Nunmehr ſtellt man die Gratſparren auf, welche jedesmal durch zwei Stockwerke reichen, jedoch ſo, daſs bei dem einen Boden vier (etwa *1*, *3*, *5*, *7*), beim nächſten Boden die anderen vier Gratſparren (etwa *2*, *4*, *6*, *8*) geſtoſsen werden. So geht der Aufbau weiter. Ein beſonderes Gerüſte kann erſpart werden, da die verſtrebten Wände als Gerüſte dienen können.

c) Das Beſeitigen ſchadhafter und das Neueinbringen guter Hölzer iſt bei dieſer Conſtruction ohne beſondere Schwierigkeit möglich.

d) Der innere Thurm iſt von Hölzern frei und überall leicht zugänglich.

Ein gutes Beiſpiel zeigt auch Fig. 395.

B) Thurmhelme mit durchgehendem Kaiſerſtiel. 128. Thurmhelme mit durchgehendem Kaiſerſtiel.
Die hölzernen Thurm-Conſtructionen ſind bis zur neueſten Zeit vielfach mit einem bis zur Grundfläche des Thurmhelmes hinabreichenden ſog. Kaiſerſtiel ausgeführt worden. Der Zuſammenſchnitt der Gratſparren an der Spitze hat wohl ſchon

früh zur Anwendung einer lothrechten Helmſtange geführt, welche einerſeits die Schwierigkeit der Herſtellung dieſes Knotenpunktes verminderte, andererſeits eine gute Befeſtigung des Thurmkreuzes ermöglichte; zu dieſem letzteren Zwecke muſſte man aber die Helmſtange wenigſtens einige Meter weit hinabreichen laſſen und das untere Ende derſelben gegen ſeitliche Bewegungen ſichern. So kam man leicht dazu, dieſen Conſtructionstheil ganz hinab zu führen und als Haupttheil des Thurmhelmes auszubilden.

Bei niedrigen und mittelhohen Thürmen wird dieſe Anordnung auch heute noch vielfach ausgeführt. $A_1$, $A_3$, $A_5$, $A_7$ (Fig. 368) ſeien vier feſte Punkte in der Auflagerebene; alsdann wird Punkt $C$ zu einem feſten Punkte durch Verbindung mit dreien dieſer Punkte; verwendet man zwei einander unter rechtem Winkel kreuzende Hängewerke mit gemeinſamer Hängeſäule, ſo iſt die vierte Strebe eigentlich ein überzähliger Stab, der aber das Fachwerk nicht labil macht. Eben ſo iſt Punkt $D$ an der Thurmſpitze durch die beiden Hängewerke $A_1 D A_5$ und $A_3 D A_7$ ein feſter Punkt, wobei gleichfalls ein überzähliger Stab verwendet iſt. In der Höhe des Punktes $C$ oder etwas höher, bezw. tiefer als $C$ ordnet man Zangen $B_1 B_5$ und $B_3 B_7$ an, um die freie Knicklänge der langen Streben $AD$ zu verringern; auch an Zwiſchenſtellen kann man nach Bedarf Zangen zu gleichem Zwecke anordnen. Um die achtſeitige Pyramide zu bilden, werden auſser den Hauptgratſparren $A_1 D$, $A_3 D$ u. ſ. w. und zwiſchen dieſe noch die Nebengratſparren $A_2 D$, $A_4 D$ u. ſ. w. (Fig. 369) angebracht; dieſelben lehnen ſich oben an den Kaiſerſtiel und werden gleichfalls durch Doppelzangen an den Kaiſerſtiel angeſchloſſen, welche Zangen in etwas andere Höhe gelegt werden, als die Zangen der Hauptgratſparren. Kräfte, welche in den lothrechten Ebenen $XDX$ oder $YDY$ der Hauptgratſparren wirken, werden durch die Hängewerke nach den Hauptauflagern $A_1 A_5$, bezw. $A_3 A_7$ geführt; Kräfte in den lothrechten Ebenen $UDU$, bezw. $VDV$ der Nebengratſparren werden durch die Zangen, theilweiſe unter Beanſpruchung der Hölzer auf Biegung, zunächſt auf den Kaiſerſtiel gebracht, dann von dieſem durch die Hängewerke der Ebenen $XX$ und $YY$ in die Hauptauflager. Die Stäbe $B_1 B_3$, $B_3 B_5$, $B_5 B_7$, $B_7 B_1$ werden dabei nicht beanſprucht. Kräfte, welche in Ebenen wirken, welche die Mittellinie $CD$ nicht enthalten, verdrehen das Fachwerk; für dieſe kommt zur Geltung, daſs, wie in Art. 120 (S. 150) entwickelt iſt, das Fachwerk labil iſt. Die Conſtruction iſt demnach nicht einwandsfrei; auch iſt ſie durch die Nebenauflager unklar.

Fig. 369.

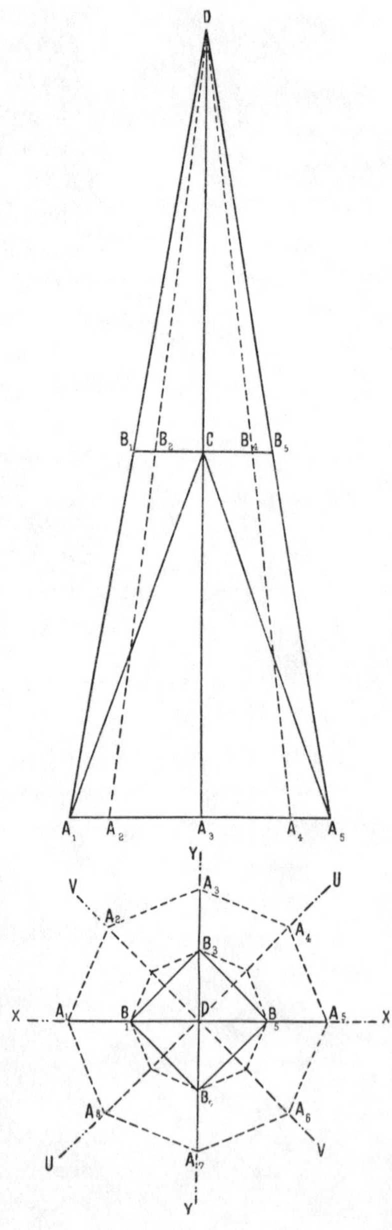

Fig. 370.

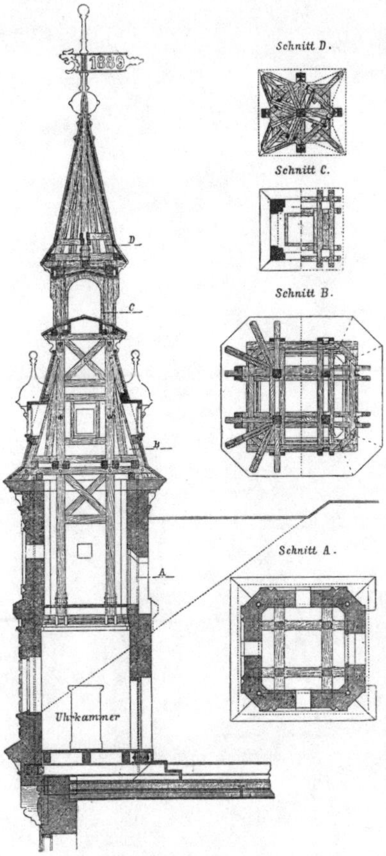


Uhrthurm des Amtsgebäudes zu Joslowitz [179]).

Man könnte der Anſicht ſein, durch Verbindung von *C* mit drei (oder vier) Auflagerpunkten *A* und nachherige Verbindung der vier Punkte *B* mit *C* und den Auflagern $A_1$, $A_3$, $A_5$, $A_7$ werde ein ſtabiles Fachwerk geſchaffen, an welches ſich dann die anderen Stäbe zur Bildung der achtſeitigen Pyramide anſchlieſsen könnten. Die in Art. 120 (S. 150) geführte Unterſuchung lehrt, daſs das ſo gebildete Fachwerk nicht ſtabil iſt. Man hat vielfach in die Randbalken $B_1 B_3$, $B_3 B_5$ . . ., bezw. in Balken, welche dieſen entſprechen, aber näher an *C* liegen, Stichbalken geſetzt und dieſe zur Unterſtützung der vier Zwiſchengratſparren benutzt. Da das Viereck $B_1 B_3 B_5 B_7$ nicht als eine Scheibe gelten kann, deren Eckpunkte im Raume feſt gelegt ſind, ſo können auch die Anſchluſspunkte der Stichbalken nicht im Raume als feſt liegend angeſehen werden. Die vorderen Enden der Stichbalken hat man durch Wände unterſtützt, welche mit herumlaufenden Schwellen und Ringen gebildet und durch Andreaskreuze verſtrebt ſind. Daſs dieſe Wände ein ſtabiles Fachwerk geben, iſt oben nachgewieſen; aber bei dieſem Fachwerk iſt der bis zur Grundfläche reichende Kaiſerſtiel überflüſſig. Die ganze auf dieſe Weiſe gebildete Conſtruction iſt nicht zweckmäſsig. Die tragenden Wände in den ſchräg liegenden Seitenflächen der Thurmpyramide enthalten in den Rahmen und Schwellen viele Hölzer, welche in der Höhenrichtung des Thurmes ſchwinden und im Verein mit den vielen Fugen ein bedeutendes Sacken zur Folge haben. Kaiſerſtiel und Gratſparren müſſen aus einem Holze gearbeitet oder Hirnholz auf Hirnholz geſtoſsen werden. Dieſe Theile ſetzen ſich nur äuſserſt wenig, ſo daſs alſo ein ungleichmäſsiges Sacken eintritt und die einzelnen Theile aus dem Zuſammenhange kommen. Dieſe Conſtructionsweiſe iſt deſshalb mit Recht verlaſſen worden.

Fig. 371.

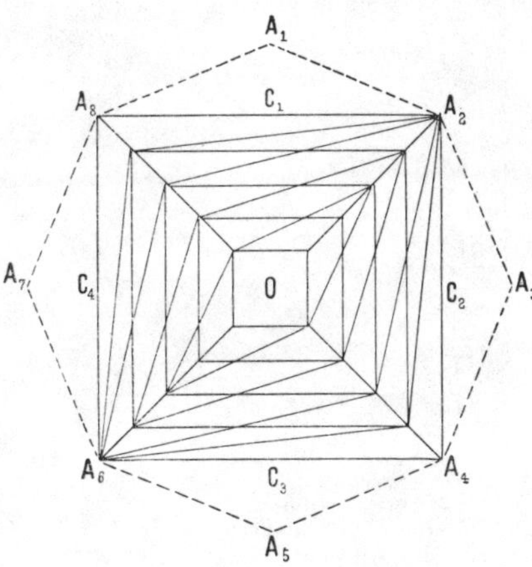


Fig. 370 [179]) zeigt ein ohne Weiteres verſtändliches Beiſpiel eines kleinen Thurmes mit weit hinabreichendem Kaiſerſtiel.

129. Thurmhelme des Mittelalters.

𝔈) Thurmhelme des Mittelalters. Die bemerkenswertheſte Eigenthümlichkeit der mittelalterlichen Thurmhelme iſt nicht der durchgehende Kaiſerſtiel, ſondern die ſichere Stützung

179) Facſ.-Repr. nach: Allg. Bauz. 1891, Bl. 11.

Fig. 372.

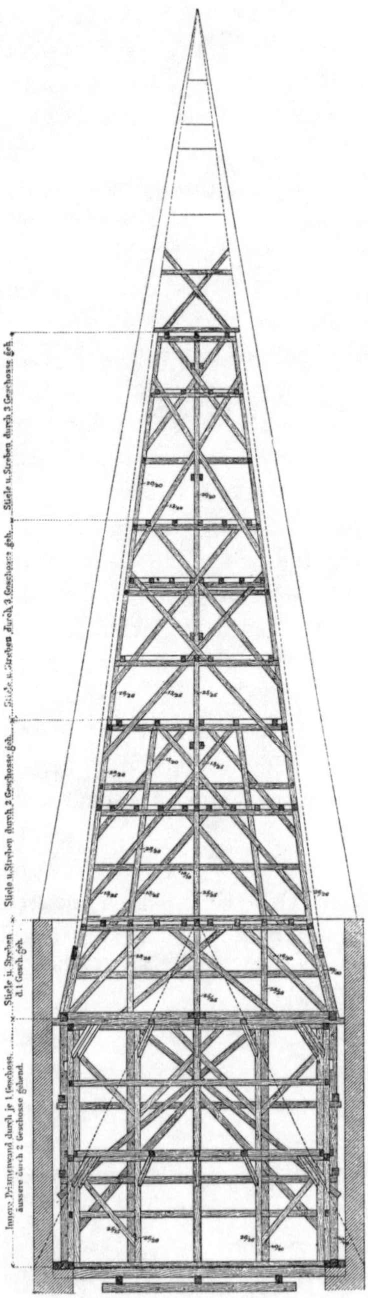

Seitenfläche der vierseitigen inneren Pyramide.

Fig. 373.

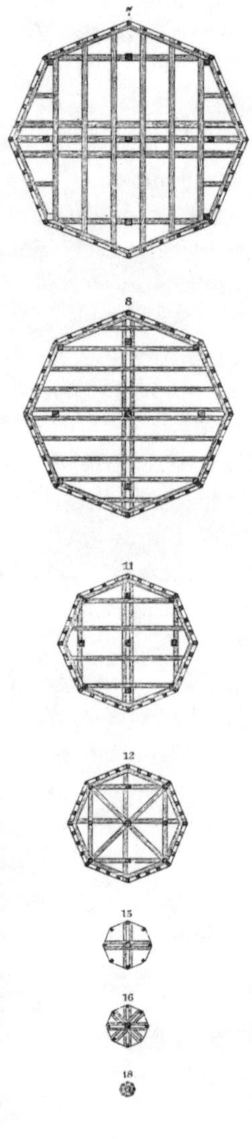

Fig. 374.

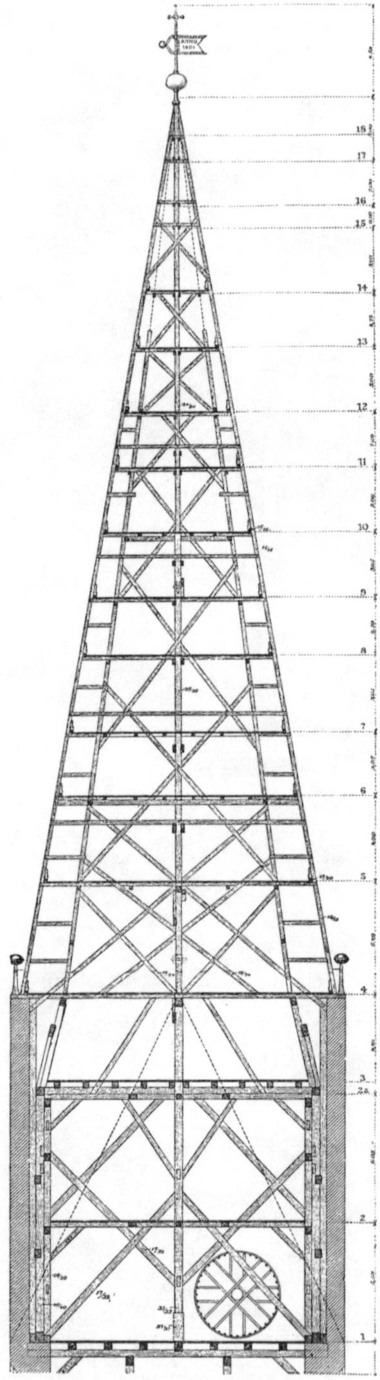

Lothrechter Schnitt durch die Mitte.

Von der Johannis-Kirche zu Lüneburg [180]).

$^1/_{333}$ n. Gr.

des achtſeitigen Thurmdaches auf eine vierſeitige Pyramide; dadurch wird die ganze Belaſtung klar und ſicher auf vier Punkte, die Auflagerpunkte, geführt. In der achtſeitigen Thurmpyramide, welche in den Kanten die Gratſparren aufweist, ſteckt als tragende Conſtruction eine nur vierſeitige Pyramide $A_2 A_4 A_6 A_8 O$ (Fig. 371), deren Kanten unter den Gratſparren liegen. Dieſe vierſeitige Pyramide iſt in einer vollſtändig befriedigenden Weiſe in ihren vier geneigten Seitenwandungen mit Holmen, Streben und Stielen verſehen, ſo daſs ſich ein ſtabiles, ſteifes Raum-Fachwerk, ein Flechtwerk, bildet. Die Holme entſprechen den heute ſog. Ringen; die Streben gehen vielfach durch mehrere Stockwerke durch; man kann aber dieſelbe Conſtruction, unſerer heutigen Bauweiſe entſprechend, ſo anordnen, daſs jedes Stockwerk für ſich verſtrebt iſt.

Die beſchriebene Conſtruction iſt ſteif; dennoch iſt noch eine weitere Verſteifung dadurch vorgenommen, daſs in zwei ſenkrecht zu einander ſtehenden lothrechten Ebenen ($C_1 O C_3$, $C_2 O C_4$ in Fig. 371) verſtrebte Fachwerke angebracht ſind; dieſe Fachwerke haben an der Schnittſtelle ihrer Ebenen den ſog. Kaiſerſtiel. Derſelbe ſoll hauptſächlich die zu groſse Länge der in den beiden Ebenen liegenden Streben und Zangen verkürzen. Um nun die achtſeitige Form der Thurmpyramide zu erhalten (die punktirte Grundform in Fig. 371), lagert man auf die Holme in den Seiten der vierſeitigen Pyramide die Balken der Zwiſchenböden und verſieht dieſelben mit verſchieden langen Auskragungen, ſo daſs ihre Enden im Grundriſs das verlangte Achteck bilden. Die Balken gehen in einer Richtung durch, in der dazu ſenkrechten Richtung werden Stichbalken angeordnet. Auf die Balkenenden werden die im Achteck herumlaufenden Pfetten gelegt, gegen welche ſich ſowohl die Gratſparren, wie die Zwiſchenſparren legen. Die Balken der Zwiſchenböden gehen bald in der einen, bald in der zu dieſer ſenkrechten Richtung durch.

Ein gutes Beiſpiel iſt der in Fig. 372 bis 376 dargeſtellte Thurm der Johanniskirche in Lüneburg[180]).

Der lothrechte Schnitt in Fig. 374 zeigt die verſtrebte Fachwand in der lothrechten Mittelebene des Thurmes; Fig. 372 veranſchaulicht die Seitenwand der tragenden vierſeitigen Pyramide. Die Gratſparren ſpielen hier kaum eine wichtigere Rolle als die anderen Sparren; beide ſind gleich ſtark (15 × 15 cm). Fig. 375 zeigt den Sparrenſtoſs mittels des einfachen Scherzapfens und die Verbindung der Sparren mit den Pfetten vermittels der Knaggen. Fig. 376 giebt den ſehr ſorgfältig gearbeiteten Stoſs des Kaiſerſtieles; dieſelbe Abbildung zeigt das Hakenblatt, mit welchem ſich die Streben an die Stiele ſetzen; um den Stiel dabei ſo wenig wie möglich zu ſchwächen, iſt die Strebenbreite in der gezeichneten Weiſe am Anſchluſspunkt vermindert. Der Thurm iſt aus Eichenholz hergeſtellt und hat ſich gut gehalten. *Prieſs* ſagt in der unten angegebenen Abhandlung[180]) über die Conſtruction u. A.: »Der Helm iſt in möglichſt wenig Geſchoſſen mit langen durchgehenden Stielen als ein ſtarres, nach allen Seiten gut verſteiftes Ganzes aufgebaut. Dieſe Anordnung übertrifft ohne Zweifel die der neueren Entwürfe, bei denen es üblich geworden iſt, den Aufbau aus vielen niedrigen Geſchoſſen mit kurzen Stielen beſtehen zu laſſen und dabei mehrfach über einander gelegte Hölzer in den Haupttragewänden zu verwenden, eine Ausführungsweiſe, die nicht nur von vornherein einen mangelhaften Verband der ganzen Spitze abgiebt, ſondern die ſich vor Allem auch wegen

Fig. 375. Fig. 376.

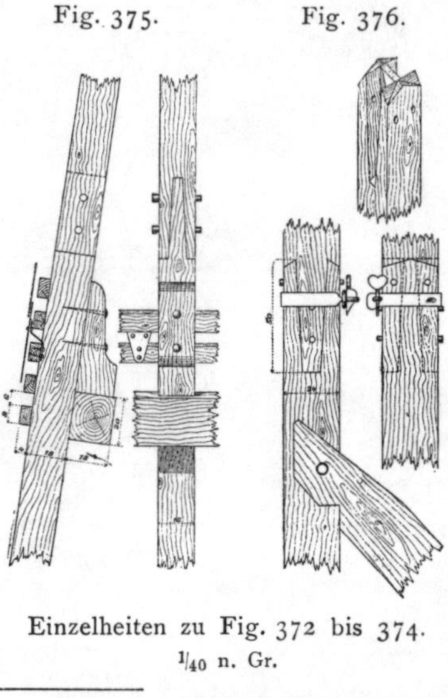

Einzelheiten zu Fig. 372 bis 374.
1/40 n. Gr.

180) Nach: Zeitſchr. f. Bauw. 1893, S. 566 u. Bl. 55, 56.

des nothwendigen ſtärkeren Schwindens des Holzes in der Querfaſer bei Bauten, die für längere Zeit berechnet ſind, ſicherlich nicht bewähren wird.«

Es empfiehlt ſich, die vorſtehend angeführte Bauweiſe wieder mehr in die Conſtruction einzuführen: die ganze Laſt auf vier Gratſparren zu ſtellen, welche Hirnholz auf Hirnholz geſtoſsen werden, herumlaufende Ringe anzuordnen, die Seitenfelder durch gekreuzte (Holz- oder Eiſen-) Diagonalen zu verſtreben. Der Kaiſerſtiel braucht nur in den oberen Stockwerken vorhanden zu ſein, um den Zuſammenſchluſs der Gratſparren zu erleichtern und das Thurmkreuz aufzunehmen.

Eine ähnliche, aber weſentlich weniger gute Conſtruction zeigen die Thurmhelme der St. Marienkirche in Lübeck [181]). Auch hier iſt eine innere, vierſeitige Pyramide angeordnet; aber das Thurmgerüſt beſteht aus einzelnen, von einander unabhängigen ſtehenden Stühlen, welche nach oben, der Verjüngung der Innenpyramide entſprechend, geneigt ſind. Die Verbindung der einzelnen Stockwerke mit einander durch die Sparren und die innere Querverſtrebung iſt mangelhaft. Thatſächlich ſind bei dieſen Thürmen bedeutende Formveränderungen im Laufe der Jahrhunderte eingetreten.

130. *Otzen*'ſche Thurmdächer.

𝔇) *Otzen*'ſche Thurmdächer. Die von *Otzen* in neuerer Zeit conſtruirten Thurmdächer ſind ſowohl in ihrer Geſammtanordnung, wie in der Ausbildung der Einzelheiten in hohem Maſse bemerkenswerth. Der Geſammtanordnung zunächſt iſt eigenthümlich, daſs alle trapezförmigen Felder der achtſeitigen Thurmpyramide — ſo weit möglich — mit gekreuzten Schrägſtäben verſtrebt ſind; zwiſchen je zwei Stockwerken iſt ferner ein herumlaufender Pfettenring angeordnet, deſſen einzelne Hölzer ſich in die Gratſparren ſetzen. Werden die Gratſparren bis zur gemeinſamen Auflagerebene hinabgeführt, ſo ergiebt ſich ein ſtabiles, räumliches Fachwerk, wie in Art. 124 (S. 161) nachgewieſen iſt. Abgeſehen von der Spitze und den ſich kreuzenden Gegendiagonalen iſt dieſes Fachwerk ſogar ſtatiſch

Fig. 377.

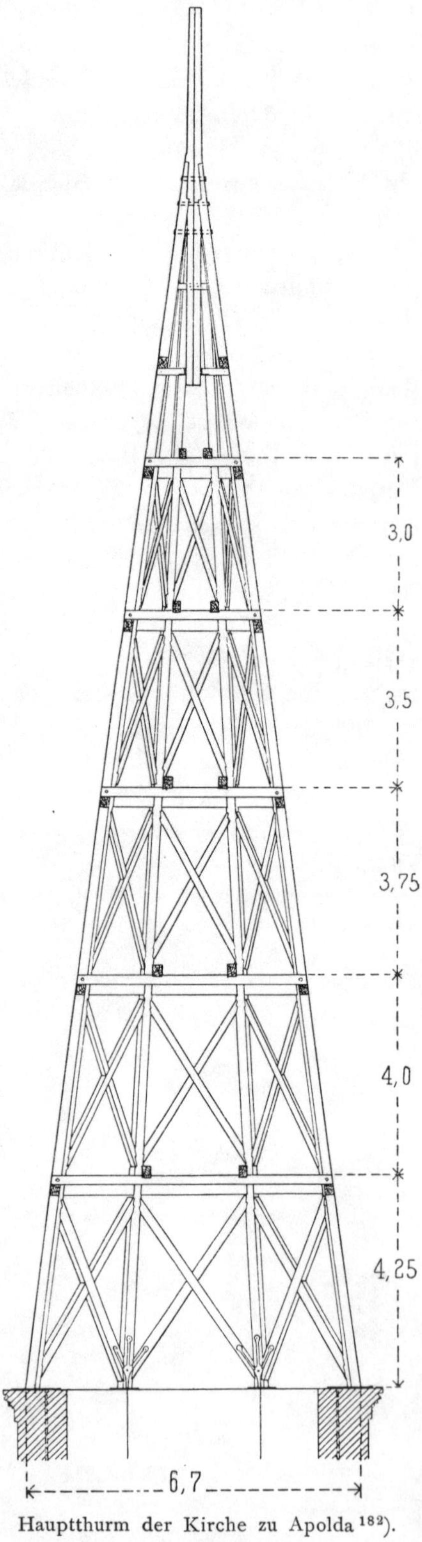


Hauptthurm der Kirche zu Apolda [182]).
$^1/_{150}$ n. Gr.

[181]) Beſchrieben von *Schwiening* in: Zeitſchr. f. Bauw. 1894, S. 505 u. Bl. 62, 63.

[182]) Nach den von Herrn Geheimen Regierungsrath Profeſſor *Otzen* zu Berlin freundlichſt zur Verfügung geſtellten Zeichnungen.

Fig. 378.

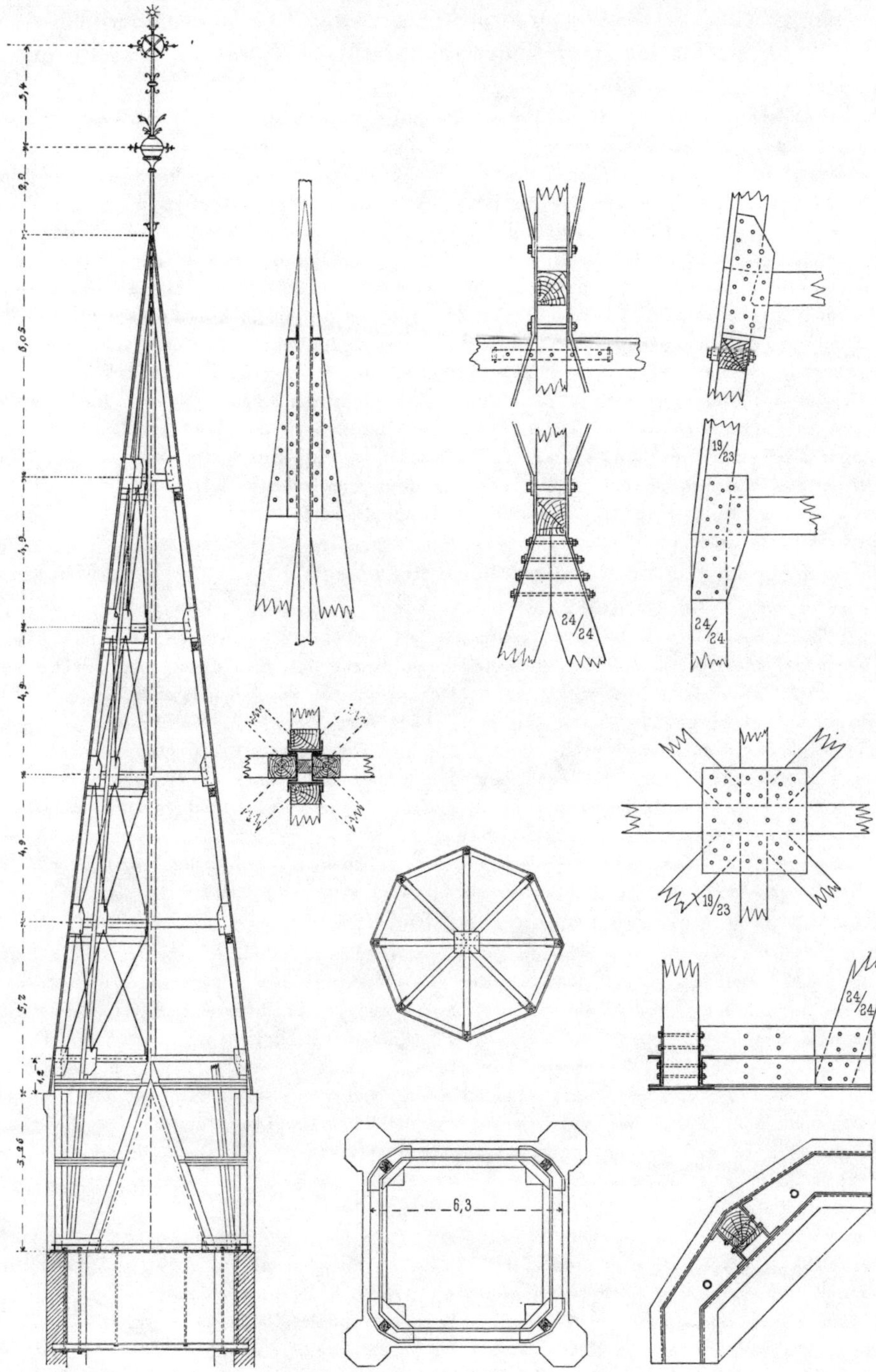


Von der Luther-Kirche zu Berlin [182]).

$^1/_{250}$, bezw. $^1/_{50}$ n. Gr.

beſtimmt. Sodann iſt dieſen Dächern die Verankerung mit dem Thurmmauerwerk eigenthümlich. Bei den neueren Thurmhelmen iſt endlich die ausgedehnte Verwendung des Eiſens hervorzuheben, nicht nur zu den Schrägſtäben in den Seitenflächen, ſondern auch zur Bildung der Knotenpunkte. Auf die Ausbildung der Knotenpunkte, auch der Thurmfpitze, unter gefchickter Benutzung des Eifens, wird befonders aufmerkfam gemacht.

Fig. 377 [182]) zeigt im Hauptthurm der Kirche zu Apolda einen faft ausfchliefslich in Holz conftruirten Thurm.

Die Gratfparren fetzen fich fämmtlich auf die Auflagerebene am Thurmmauerwerk, und zwar mit dem Hirnholz unmittelbar auf die Auflagerfchuhe; fie find ftumpf nur mit Langblatt geftofsen, fo dafs Höheveränderung möglichft ausgefchloffen ift. Die Stöfse der Gratfparren wechfeln und find, mit Ausnahme der oberften, ftets oberhalb der Ausfteifungen zwifchen den Strebenfüfsen (d. h. oberhalb der Ringe). Die Streben find aus Holz hergeftellte Andreaskreuze, in der Kreuzung mit einander vernagelt. Auf den Ausfteifungen (den Pfettenringen) ruhen zwifchen je zwei Stockwerken je zwei parallele Balken, welche einander im Grundrifs unter rechtem Winkel kreuzen; die Balken find mit den Gratfparren durch Bolzen verbunden, auch an den Kreuzungsftellen mit einander verbolzt. Die Gratfparren fetzen fich in den aus 4 Hölzern von $18 \times 18$ cm Querfchnitt beftehenden Kaiferftiel, welcher etwa 6 m unter denjenigen Punkt hinabreicht, in dem die Gratfparren zufammenfchneiden; er ift mehrfach durch Winkeleifen gefafft, die einander im Grundrifs unter rechten Winkeln fchneiden. In der Ebene der acht Auflager verbindet ein umlaufendes Randwinkeleifen die eifernen Auflagerfchuhe; aufserdem find zur Querverbindung der acht Auflager vier Winkeleifen (oder Flacheifen) angeordnet, welche einander in der Mitte fchneiden. Die Gefammthöhe des Thurmes beträgt 27,75 m und die Breite des unteren Achteckes 6,70 m. Holzftärken: Gratfparren $20 \times 24$ cm, Streben $18 \times 18$ cm, Pfettenringe $15 \times 18$ cm, Balken $15 \times 18$ cm. Die Stockwerkshöhen find von unten nach oben bezw. 4,25, 4,00, 3,75, 3,50, 3,00 und 1,85 m.

Eine ausgedehnte Verwendung des Eifens zeigt Fig. 378 [182]), den Thurm der Lutherkirche zu Berlin darftellend.

Hier fetzen fich vier von den acht Gratfparren auf Giebeldreiecke, während die anderen vier Gratfparren bis zu derjenigen Auflagerebene hinabreichen, auf welche fich auch die Streben der Giebeldreiecke fetzen. In der Höhe der Giebelfpitzen ift eine achteckige Scheibe durch umlaufende Ringhölzer und vier quer angeordnete Balken gebildet; diefer Uebergang aus dem Viereck in das Achteck ift in Art. 122 (S. 153) befprochen. Dort ift auch nachgewiefen, dafs diefe Conftruction ftreng genommen nicht ftabil ift. Bei der in Fig. 378 vorgeführten Art der Knotenbildung kann man jedoch die Scheibe als ftarre Scheibe annehmen, welche gegen die Auflagerebene durch die vier Giebeldreiecke und die vier unterften Theile der Gratfparren feft gelegt ift. — Auf dem Unterbau ift nun die weitere achtfeitige Pyramide errichtet; die vier einander kreuzenden Balken wiederholen fich zwifchen je zwei Balkenlagen; fie find für die geometrifche Beftimmtheit, alfo die Stabilität in diefen nicht mehr erforderlich.

Eine etwas andere Anordnung zeigt Fig. 379.

Hier fetzen fich alle acht Gratfparren auf Giebeldreiecke. Der mittlere Sparren jeder Pyramidenfeite ift bis zur gemeinfamen Auflagerebene aller Giebeldreieckftreben hinabgeführt. Es ift zu unterfuchen, ob diefe Anordnung ein ftabiles Raum-Fachwerk bietet; für diefe Unterfuchung dient Fig. 379. Die Fufspunkte der Giebelftreben feien $A_1, A_2 \ldots A_8$, die Giebelfpitzen $a_1, a_2 \ldots a_8$. Die Giebelfpitzen $a_1 \ldots a_8$ find durch die wagrechten Stäbe $a_1 a_2$, $a_2 a_3$, $a_3 a_4 \ldots a_8 a_1$ mit einander verbunden. Wir bauen das Raum-Fachwerk von unten auf, indem wir jeden hinzukommenden Punkt mit drei bereits feften Punkten verbinden, welche mit ihm nicht in einer Ebene liegen. Die Auflagerpunkte $A_1$ bis $A_8$ find feft; den erften Giebelpunkt, etwa $a_1$, verbinden wir durch Stäbe *1* und *2* mit $A_1$, $A_2$ und vorläufig noch durch einen Hilfsftab mit dem feften Punkte $C$ in der wagrechten Ebene $a_1 a_2 \ldots a_8$. Damit ift $a_1$ ein fefter Punkt.

Nun verbinde man nach einander: Punkt $a_2$ mit $A_2$, $A_3$, $a_1$, Punkt $a_3$ mit $A_3$, $A_4$, $a_2$, Punkt $a_4$ mit $A_4$, $A_5$, $a_3$, Punkt $a_5$ mit $A_5$, $A_6$, $a_4$, Punkt $a_6$ mit $A_6$, $A_7$, $a_5$, Punkt $a_7$ mit $A_7$, $A_8$, $a_6$ und Punkt $a_8$ mit $A_8$, $A_1$, $a_7$. Damit find alle Punkte $a$ feft, wenn $a_1$ feft ift. An Stelle des Erfatzftabes von $a_1$ nach $C$ werde jetzt der Stab *25* von $a_1$ nach $a_5$ gefetzt. Soll dadurch ein ftabiles Raum-Fachwerk entftehen, fo mufs die Spannung im Stabe *24* für die Kräfte $X = 1$ im Stabe *24* einen Werth haben, der von Null verfchieden ift. Man erhält leicht, wenn der Winkel des Stabes *20* mit der wagrechten Linie in der Ebene $A_6 A_5 a_5$ mit $\beta$ bezeichnet wird: $S_{20}' = -\frac{1}{\sin\beta}$, $S_{19}' = +\frac{1}{\sin\beta}$, $S_{18}' = -\frac{1}{\sin\beta}$, $S_{17}' = +\frac{1}{\sin\beta}$, und weil das Gleichgewicht am Knotenpunkt $a_1$ bedingt: $0 = 1 + S_{17}' \sin\beta - S_{24}'$, $0 = 1 + 1 - S_{24}'$, $S_{24}' = 2$. Der Stab *25* kann alfo an die Stelle des Erfatzftabes *24* treten; er macht das Raum-Fachwerk ftabil.

Aufser den in Fig. 379 gezeichneten Stäben find noch der Randftab $a_8 a_1$ und die Querbalken oder Querftäbe $a_2 a_6$, $a_3 a_7$, $a_4 a_8$ angeordnet. Diefelben find überzählige Stäbe, welche das Fachwerk ftatifch

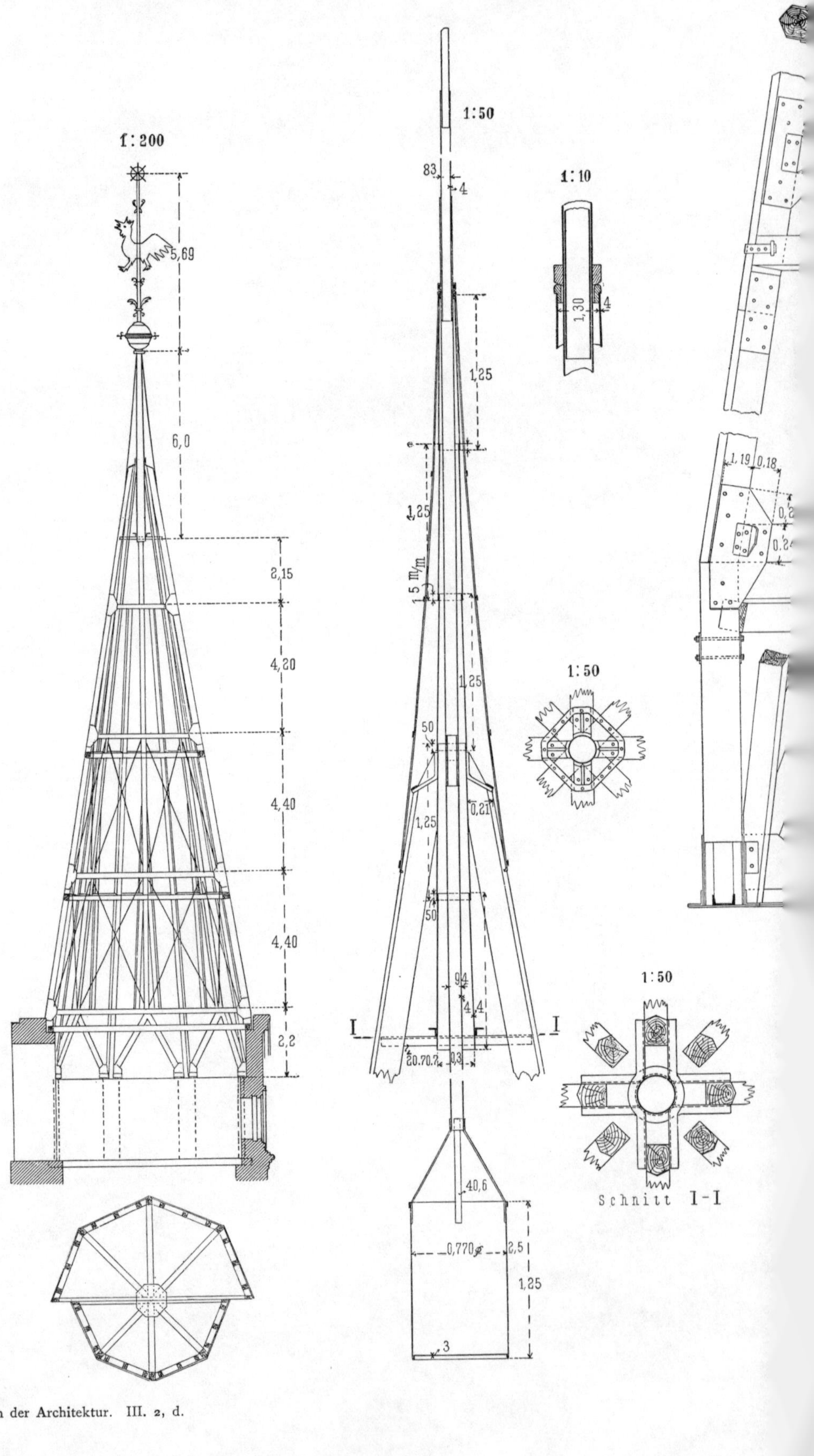

1:200
5,69
6,0
2,15
4,20
4,40
4,40
2,2
1:50
83
4
1,25
1,25
5 m/m
1,25
50
0,21
1,25
50
94
4,4
I
I
20.70.2
0,3
40,6
0,770
2,5
1,25
3
1:10
1,30
4
1:50
1:50
Schnitt I-I
1,19
0,18

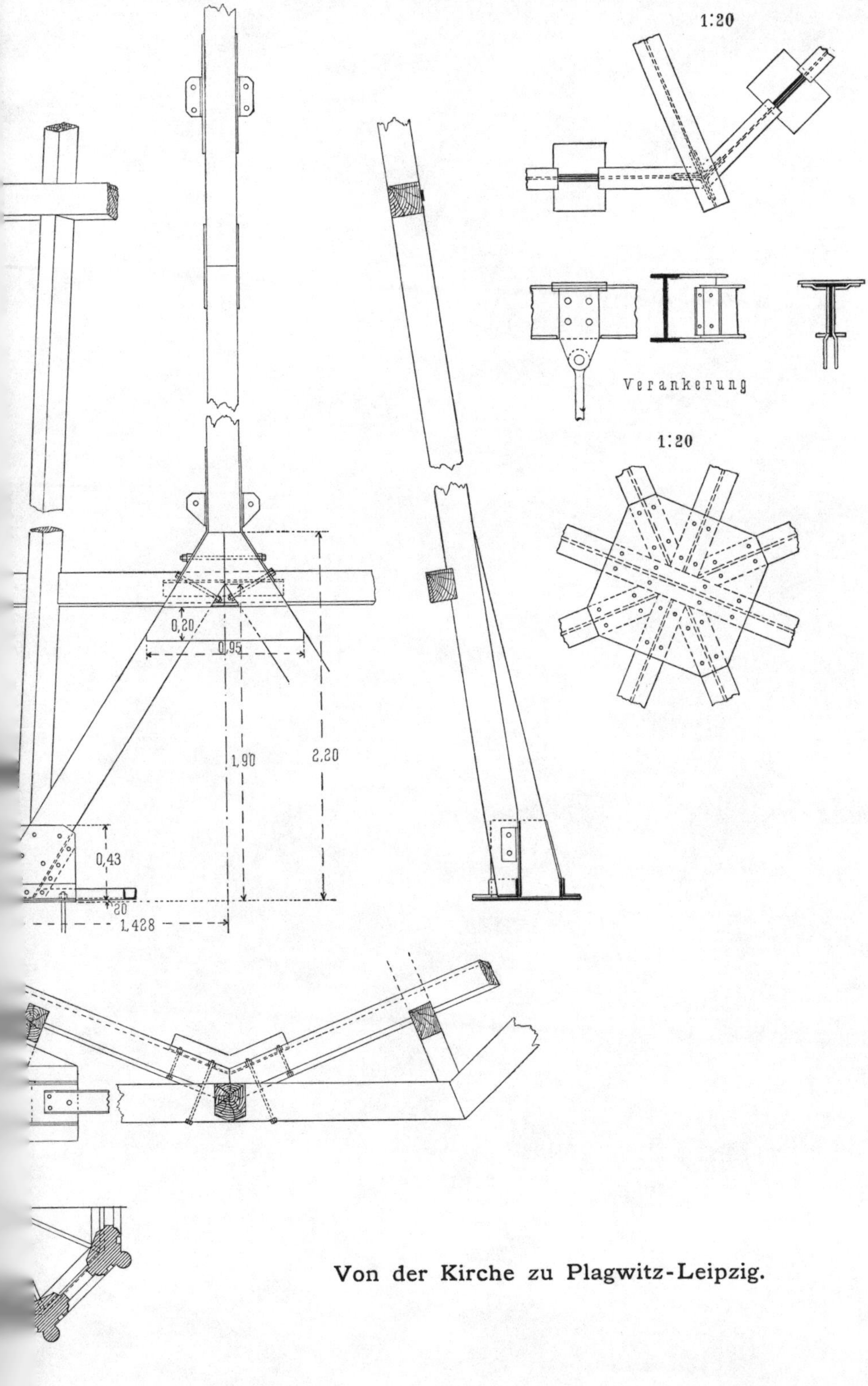


## Von der Kirche zu Plagwitz-Leipzig.

Nach freundlichen Mittheilungen des Herrn Geh. Regierungsraths Professor *Otzen* in Berlin.

unbestimmt machen, aber die Stabilität desselben nicht ändern. Der Unterbau der Pyramide ist also stabil, und das Fachwerk bleibt stabil, wenn nunmehr auf die Punkte $a_1$, $a_2$ . . . $a_8$ der weitere Aufbau eines Flechtwerkes erfolgt.

Die Einzelausbildung der Stofsstellen und Knotenpunkte ist bei den *Otzen*'schen Thurmhelmen mit Hilfe eiserner Blechlaschen vorgenommen. Die Gratsparren setzen sich an den Stofsstellen auf einander und sind beiderseits mit Blechlaschen (7 bis 8 mm stark) versehen, welche durch Schraubenbolzen mit dem Holz verbunden sind; mittels solcher Stofsbleche werden auch die Querbalken an die Gratsparren gefügt. Wo die Gratsparren sich auf die Spitzen der Giebeldreiecke setzen, sind die verbindenden beiderseitigen Blechlaschen entsprechend gebogen, so dafs sie theils in die Seitenfläche der Gratsparren, theils in diejenige der Giebelstreben fallen. Die schmiedeeisernen Diagonalen der Seitenfelder sind an denselben Knoten-

Fig. 379.

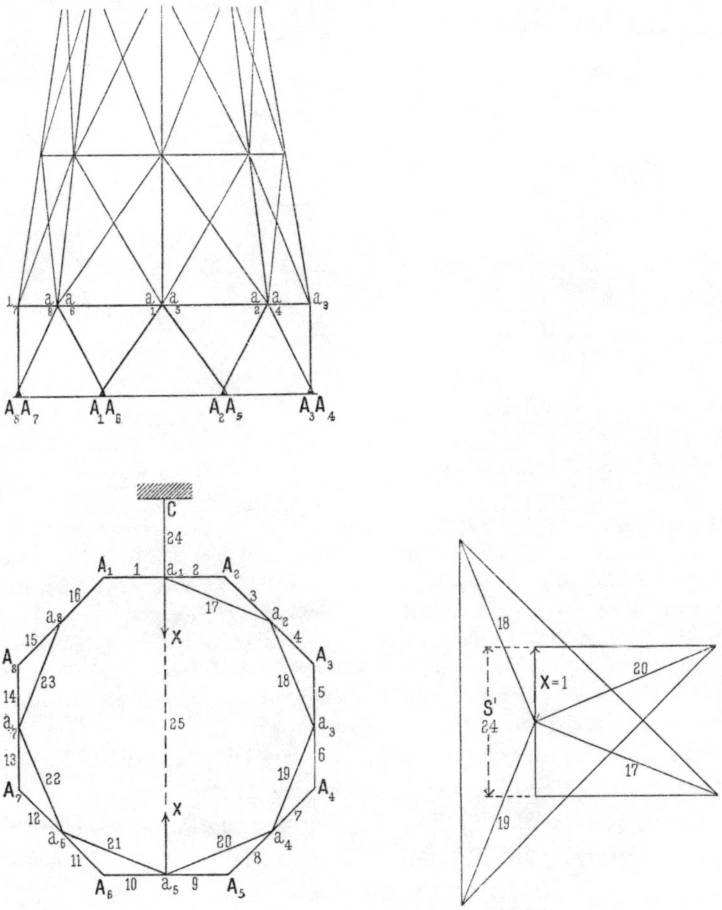


blechen durch Bolzen befestigt (Fig. 378); in dem neueren Beispiel (siehe die neben stehende Tafel) sind auf die erwähnten Knotenbleche noch besondere Anschlufsbleche für die Diagonalen genietet, welche zum Theile in die Seitenebenen der Pyramide fallen. Beachtenswerth ist auch die Ausbildung der Giebelspitze in Fig. 380, bei welcher ein mittleres Knotenblech zwischen die beiden Giebelstreben gelegt ist. Die Ueberschneidung der radial angeordneten Balken ist in Fig. 378 dargestellt; ein Balken geht durch, die anderen stofsen stumpf vor diesen; die Kräfte werden durch zwei genügend grofse Blechlaschen, eine obere und eine untere, übertragen. An den Auflagern treffen sich bei der Anordnung in Fig. 378 je ein Hauptgratsparren und zwei Streben der Giebeldreiecke; für diese Stellen sind eigenartig geformte Schuhe aus Eisenblech und Walzeisen construirt. Ein solcher Schuh ist in Fig. 378 dargestellt; er besteht aus einem 20 mm starken Fufsblech, zwei gebogenen **[**-Eisen (N.-Pr. Nr. 20) und zwei gleichfalls entsprechend gebogenen Stehblechen. Dieser Schuh ist durch Anker aus 39 mm starkem Rundeisen kräftig mit dem Thurmmauerwerk verankert.

Fig. 380.

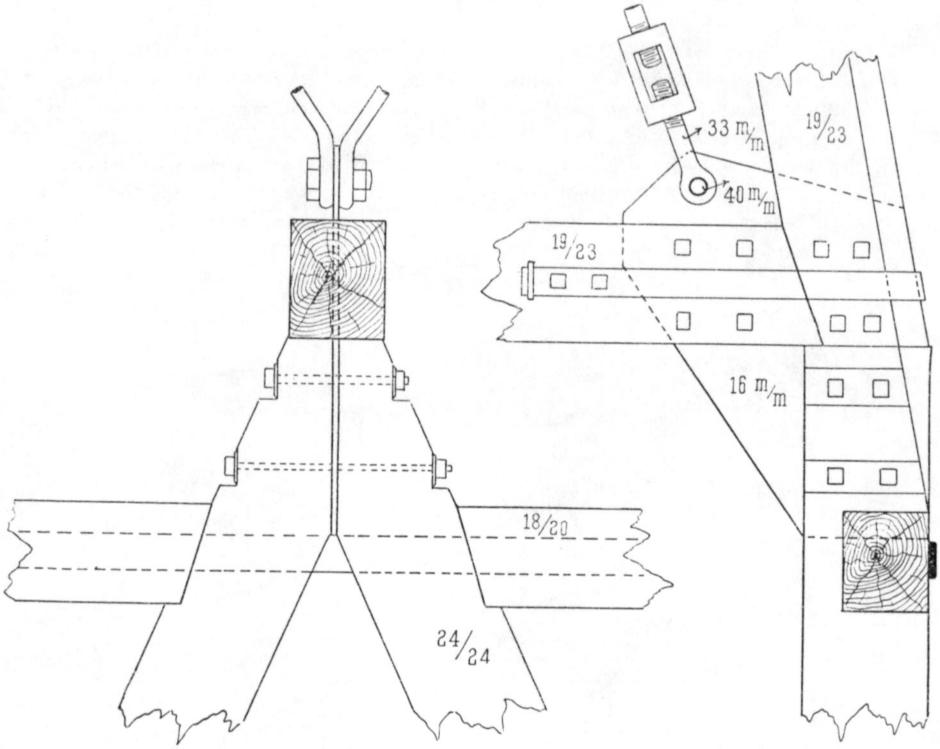


Von der Kirche zu Plagwitz-Leipzig [182]). — 1/25 n. Gr.

Auch an der Spitze, wo die Gratfparren zufammenfchneiden, ift Eifen verwendet. Die Helmftange in Fig. 378 ift aus Quadrateifen von 80 mm Seitenlänge; fie ift mit vier [-Eifen und trapezförmigen Seitenblechen verbunden, in welche fich die vier Hauptgratfparren fetzen. Auf der umftehenden Tafel ift die Helmftange ein eifernes Rohr, welches aus einer Anzahl fchwach kegelförmiger Stücke von 1,25 m Länge befteht und durch welches die gleichfalls rohrförmige eiferne Stange für den Thurmhahn hindurchreicht. Die Verbindung beider Stangen mit einander ift auf der umftehenden Tafel im Mafsftabe 1 : 10 dargeftellt. Endlich ift auch die Verankerung durch herumlaufende I-förmige Walzbalken und die Verbindung der Ankerpunkte mit einander durch Querbalken veranfchaulicht.

131. Rhombenhaubendach. γ) Rhombenhaubendach. Diefes Dach, bei welchem die Gratfparren nach den Spitzen der vier Seitengiebel laufen, kann in der Weife angeordnet werden, welche in Fig. 381 fchematifch dargeftellt ift. Am Fufs der Giebel find die vier Stützpunkte $A_1$, $A_2$, $A_3$, $A_4$, von denen aus die Giebelftreben $A_1 B_1$ $A_2 B_1$, $A_2 B_2$ $A_3 B_2$ u. f. w. ausgehen. Die vier Giebelfpitzen $B_1$, $B_2$, $B_3$, $B_4$ bilden ein Viereck, welches durch die Diagonalen $B_1 B_3$, $B_2 B_4$ verfteift ift. Auf diefes Viereck fetzen fich nun die Gratfparren $C B_1$, $C B_2$, $C B_3$, $C B_4$. Von den Diagonalen $B_1 B_3$ und $B_2 B_4$ ift eine wegen des Schubes in den Gratfparren nöthig (vgl. die Unterfuchung auf S. 154); die zweite Diagonale ift ein überzähliger Stab. Man braucht die Punkte $B_1$, $B_2$, $B_3$, $B_4$ nicht als Auflagerpunkte auszubilden; dadurch wird die Kraftwirkung unklar. Diefe Auflagerung wird aber

Fig. 381.

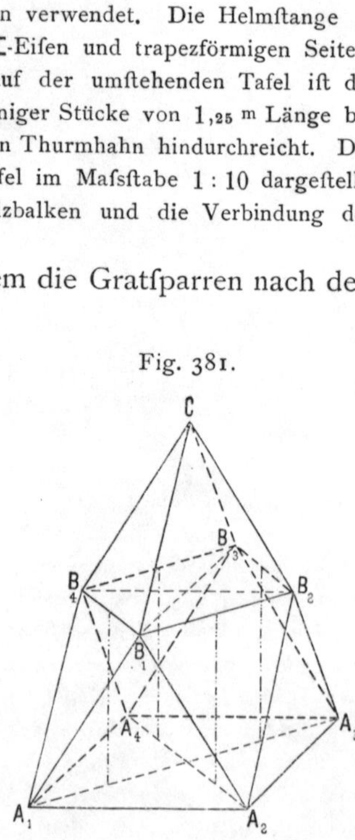

ausgeführt; z. B. findet fie fich auch in der Conftruction der Fig. 382. Die Linien $B_1 B_2$, $B_2 B_3$ . . . entfprechen Pfetten, welche einerfeits durch die Diagonalbalken, andererfeits durch befondere Stiele geftützt werden, die auf den Balken $A_1 A_3$ und $A_2 A_4$ ftehen. Die Sparren in den rhombifchen Seitenflächen fchiften fich an die Giebelftreben und Gratfparren.

Ein derartiges Dach zeigt Fig. 382[183]).

Die Gratfparren find, wie oben angegeben, angeordnet; in den lothrechten Diagonalebenen des Thurmes find vier bis zur Auflagerebene $A_1 A_2 A_3 A_4$ reichende Sparren, welche auf den Auflagern und

Fig. 382[183]).

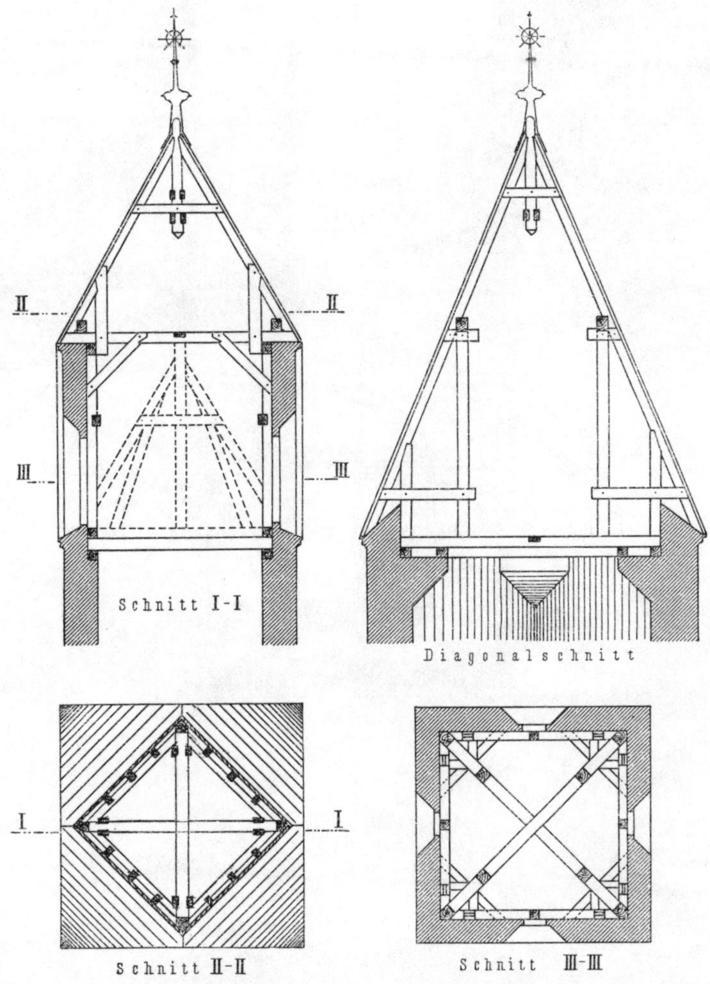


den in Höhe der Giebelfpitzen umlaufenden Pfetten ruhen; diefe find in den Mitten ihrer freien Längen durch befondere in den Diagonalebenen liegende Stiele geftützt. Hinter den gemauerten Giebeln laufen diefen parallel die Giebelftreben (im Querfchnitt *II* punktirt), auf welchen die Schiftfparren ihr unteres Lager finden. Die Helmftange dient zum Zufammenführen der Grat- und Diagonalfparren und zum Tragen des Kreuzes; fie ift am unteren Ende durch Zangen gefafft. Damit die fich in der Auflagerebene kreuzenden Balken nicht zu weit frei liegen, find die Ecken kragfteinartig vorgemauert.

Es fteht nichts im Wege, die Rhombenhaube mit einem Dache nach der *Otzen*'fchen Bauweife zu verfehen, demnach als Auflager nur die vier Punkte $A_1$, $A_2$,

183) Nach: Harres, B. Die Schule des Zimmermanns. Theil I. 7. Aufl. Berlin 1889. S. 128.

Fig. 383.

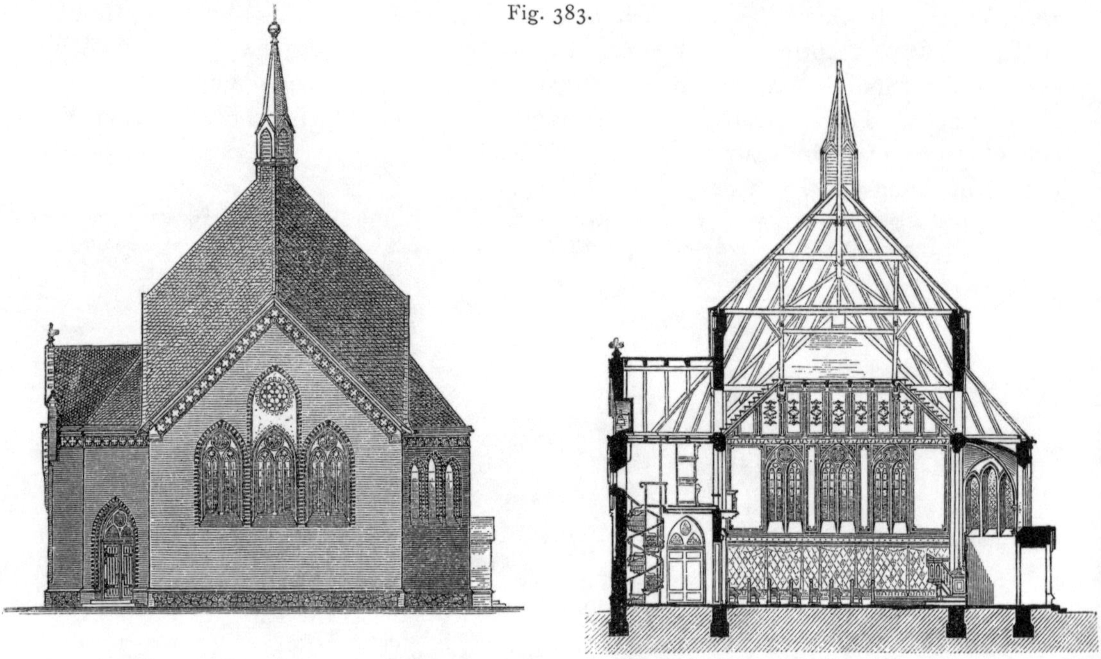

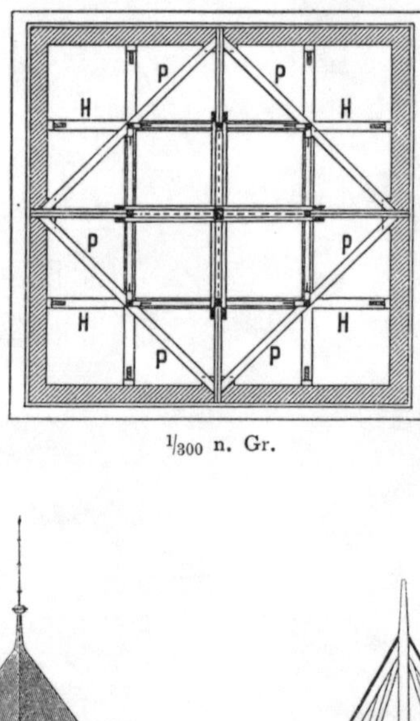


Capelle der klinischen Universitäts-Institute zu Halle a. S.[184]).

1/300 n. Gr.

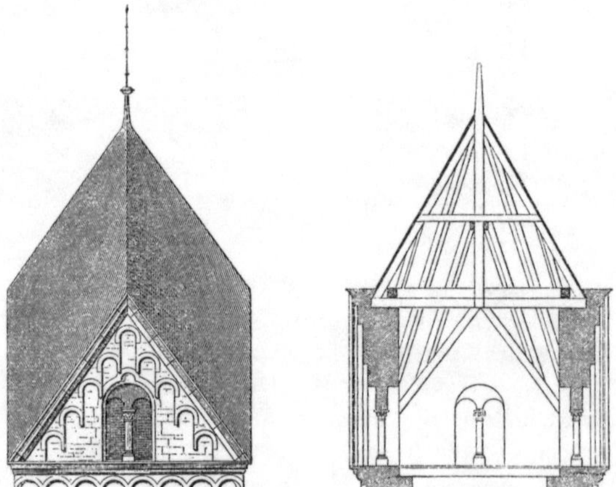

Fig. 384.

1/200 n. Gr.

Von der Kirche zu Dausenau[185]).

[184]) Anficht und Schnitt Facf.-Repr. nach: Centralbl. d. Bauverw. 1883, S. 475.
[185]) Facf.-Repr. nach: Zeitfchr. f. Bauw. 1893, Bl. 57.

Fig. 385.

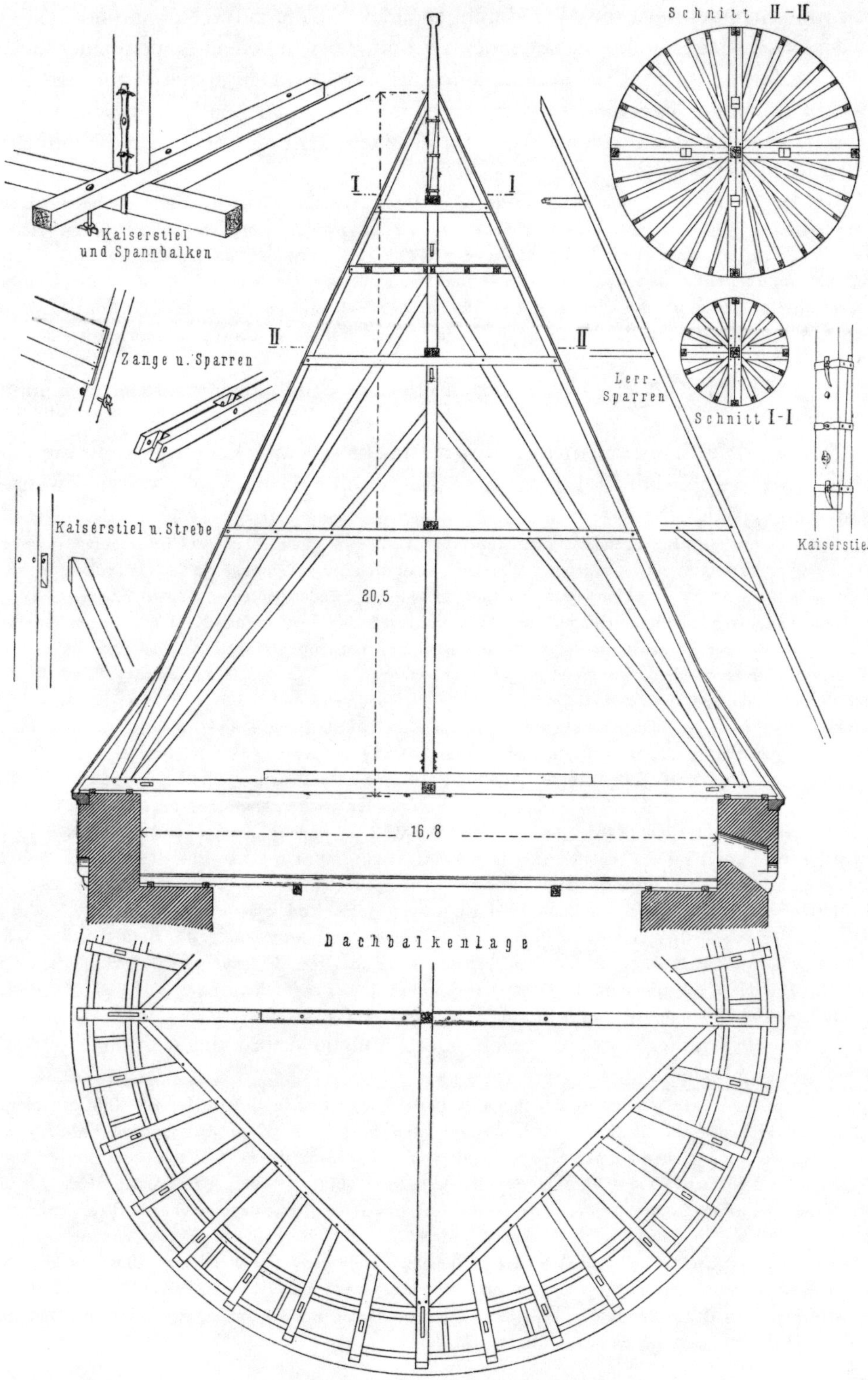


Vom grofsen Zwinger zu Goslar[186]).

1/200 n. Gr.

$A_3$, $A_4$ in der unteren Ebene zu verwenden, die Giebelftreben durch eiferne Knotenbleche mit einander und mit den durchgehenden Balken zu verbinden und die beiden nach einem Auflagerpunkte $A$ laufenden Giebelftreben in einen gemeinfamen eifernen Schuh zu fetzen. Um den Zufammenfchnitt der Sparren in der Thurmfpitze einfacher zu erhalten, lege man in die lothrechten Diagonalebenen keine Sparren.

Fig. 383 [184]) veranfchaulicht ein Rautendach über einem quadratifchen Raume von 9 m lichter Weite.

Das Dach wird durch vier Hängewerke *H* getragen, welche einander rechtwinkelig kreuzen und ein quadratifches Mittelfeld von 4,50 m Lichtweite bilden. In der Höhe der Giebelfpitzen läuft eine Pfette *P* rings herum, welche durch die Säulen der Hängewerke und das Mauerwerk der Giebel getragen wird. Auf die Pfetten ftützen fich die Sparren der Rautenfläche, die fich aufserdem an die Gratfparren und Giebelhölzer fchiften; die Pfetten tragen ferner vier Balken, welche Stiele zum Stützen der Gratfparren und Streben für die Helmftange aufnehmen. Die fichtbare Decke der Kirche ift an die Hängewerke gehängt.

Fig. 384 [185]) zeigt ein kleines, nach gleichen Grundfätzen conftruirtes Rhombenhaubendach.

132. Kegeldach.

δ) Kegeldach oder rundes Thurmdach. Die alte Conftructionsweife folcher Dächer wird durch das in Fig. 385 [186]) dargeftellte Dach vom grofsen Zwinger in Goslar gut verdeutlicht.

Man verwendete als tragende Conftruction zwei Hängewerksbinder in zwei lothrechten Ebenen, die einander unter rechtem Winkel kreuzten. Wo die Binder fich durchdringen, ift der Kaiferftiel angebracht, gegen den fich die tragenden Hängewerksftreben, fo wie die Binderfparren in beiden Ebenen fetzen; der Kaiferftiel dient als gemeinfame Hängefäule. In verfchiedenen Höhen werden Kehlbalkenlagen angebracht, und in den Höhen der Balkenlagen liegen in den Binderebenen Doppelzangen, welche einander aber nicht überfchneiden, fondern über, bezw. unter einander durchgehen. In der Dachbalkenlage find in beiden Binderebenen Spannbalken angeordnet, um den Zug aufzunehmen; diefe find in diefelbe Ebene gelegt; es kann alfo nur einer von beiden durchgehen. Der andere ftöfst ftumpf vor den erfteren und ift durch ein darüber gelegtes, genügend langes Holz, eine Lafche, geftofsen. Der Kreuzungspunkt ift an der Hängefäule, dem Kaiferftiel, aufgehängt. Auf diefe tragende Conftruction ift nun die Laft des übrigen Dachwerkes übertragen; zwifchen die vier Hauptfparren der Bindergebinde fetzen fich noch in jedem Viertel 7 Leerfparren, welche ihre Auflager in Stichbalken finden; letztere find in Wechfel geführt, die fich in die Hauptfpannbalken fetzen. Die Leerfparren finden weitere Unterftützung in drei Kehlbalkenlagen, deren radial angeordnete Kehlbalken fich nach Fig. 385 in die Doppelzangen der Hauptbinder fetzen. Das ganze Dach ruht auf zwei ringförmig verlaufenden Mauerlatten. Zur Verbindung der Streben mit dem Kaiferftiel find nur Zapfen, keine Verfatzungen verwendet; die Binderfparren find mit der Doppelzange durch Bolzen, die Streben mit den Doppelzangen aber nur durch ftarke eiferne Nägel verbunden. Um den Kaiferftiel find die Doppelzangen einfach herumgeführt. Der Kaiferftiel ift $30 \times 30$ cm ftark; die Sparren find unten $25 \times 25$ cm, oben $16 \times 16$ cm und die Stichbalken etwa $30 \times 30$ cm ftark.

Eine etwas andere, grundfätzlich aber ähnliche Anordnung zeigen Fig. 386 bis 388 [187]), ebenfalls eine alte Conftruction.

Auch diefes Kegeldach hat zwei fich im Kaiferftiel fchneidende Binder, fo wie Kehlbalkenlagen in verfchiedenen Höhen. Die Stelle der Streben vertreten hier runde Kopfbänder; zwei Kehlbalkenlagen mit radialen Balken ftützen die Sparren; bei beiden find die Kehlbalken in Wechfel eingezapft, welche fich in die Binderbalken fetzen. Aufser den Binderfparren find in jedem Kreisviertel 6 bis zur Spitze durchgehende Leerfparren und weitere 6 nur bis zur erften Kehlbalkenlage reichende Leerfparren angeordnet; letztere find in befondere, zwifchen die durchgehenden Sparren eingefetzte Wechfel eingezapft. Nahe unter der Dachfpitze, an welcher fich die Sparren vereinigen, finden fie eine Unterftützung in vier pfettenartigen Hölzern, die in die vier Binderfparren eingezapft find, je eines in jedem Viertel. Auch die Leerfparren find durch runde Kopfbänder geftützt, welche fich in befondere kurze Wechfel fetzen, die in der Höhe der erften Balkenlage angebracht find.

---

186) Nach: Zeitfchr. f. Bauw. 1893, Bl. 57.

187) Nach: VIOLLET-LE-DUC. *Dictionnaire raifonné de l'architecture françaife* etc. Bd. 3. Paris 1859. S. 49 ff.

Fig. 386 zeigt im Grundrifs die in den Höhen *C*, *B*, *A* und nahe unter der Spitze genommenen Schnitte, je zu ein Viertel; Fig. 387 u. 388 geben die Punkte *E* und *B* fchaubildlich.

Es fteht nichts im Wege, auch hier die Conftructionstheile in die Dachfläche zu verlegen, das Kegeldach aus einer vielfeitigen, etwa 12- oder 16-feitigen Pyramide zu entwickeln und in der von *Otzen* bei den achtfeitigen Thurmpyramiden eingeführten Weife herzuftellen.

Fig. 386 [187]).

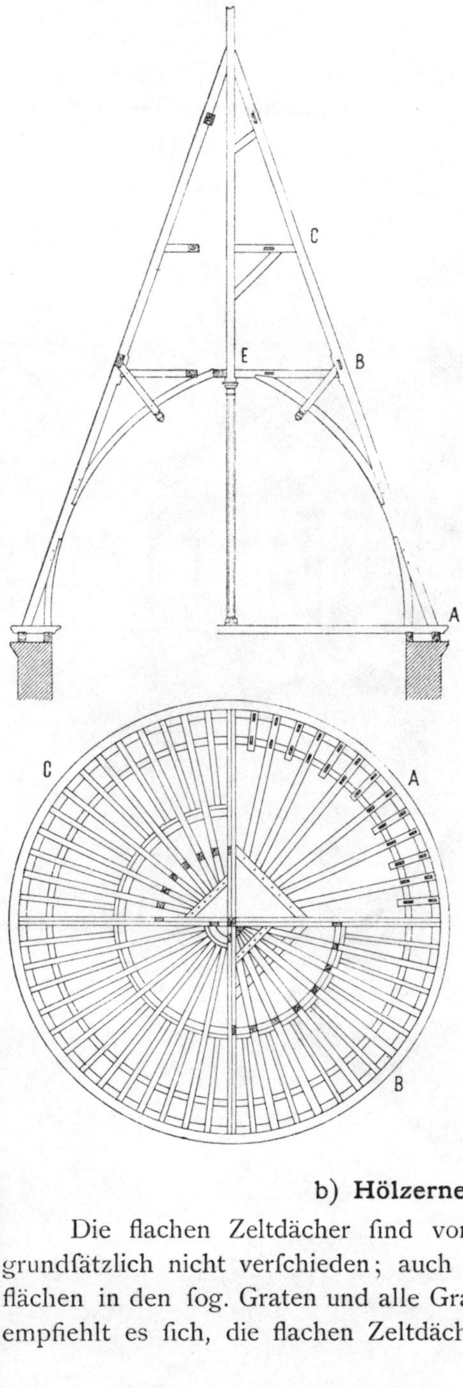


Fig. 387 [187]).

Fig. 388 [187]).

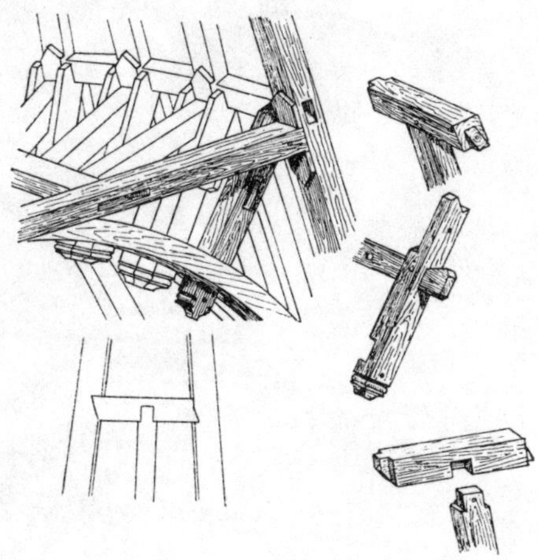

## b) Hölzerne flache Zeltdächer.

Die flachen Zeltdächer find von den fteilen Zeltdächern oder Thurmdächern grundfätzlich nicht verfchieden; auch bei ihnen fchneiden fich die einzelnen Dachflächen in den fog. Graten und alle Gratlinien in einem Punkte, der Spitze. Dennoch empfiehlt es fich, die flachen Zeltdächer befonders zu behandeln; die Conftructions- 133. Einleitung.

Fig. 389.

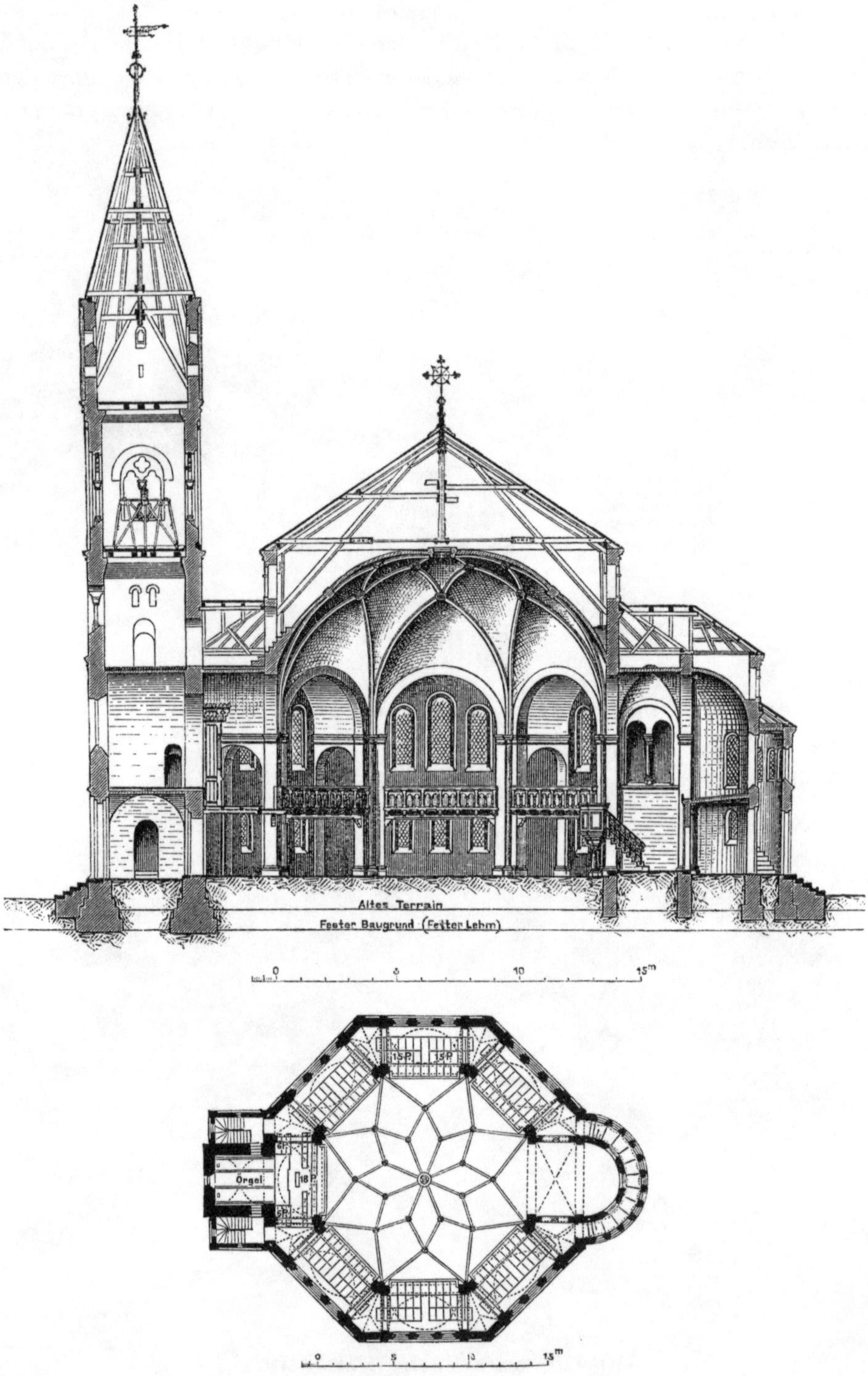


Von der Kirche zu Nietleben[188]).

weiſe iſt derjenigen der Thürme nicht ganz gleich, und die in Betracht kommenden Kräfte ſind andere, als bei den Thurmdächern. Bei dieſen ſpielt das Eigengewicht

188) Facſ.-Repr. nach: Centralbl. d. Bauverw. 1890, S. 218.

Fig. 390.

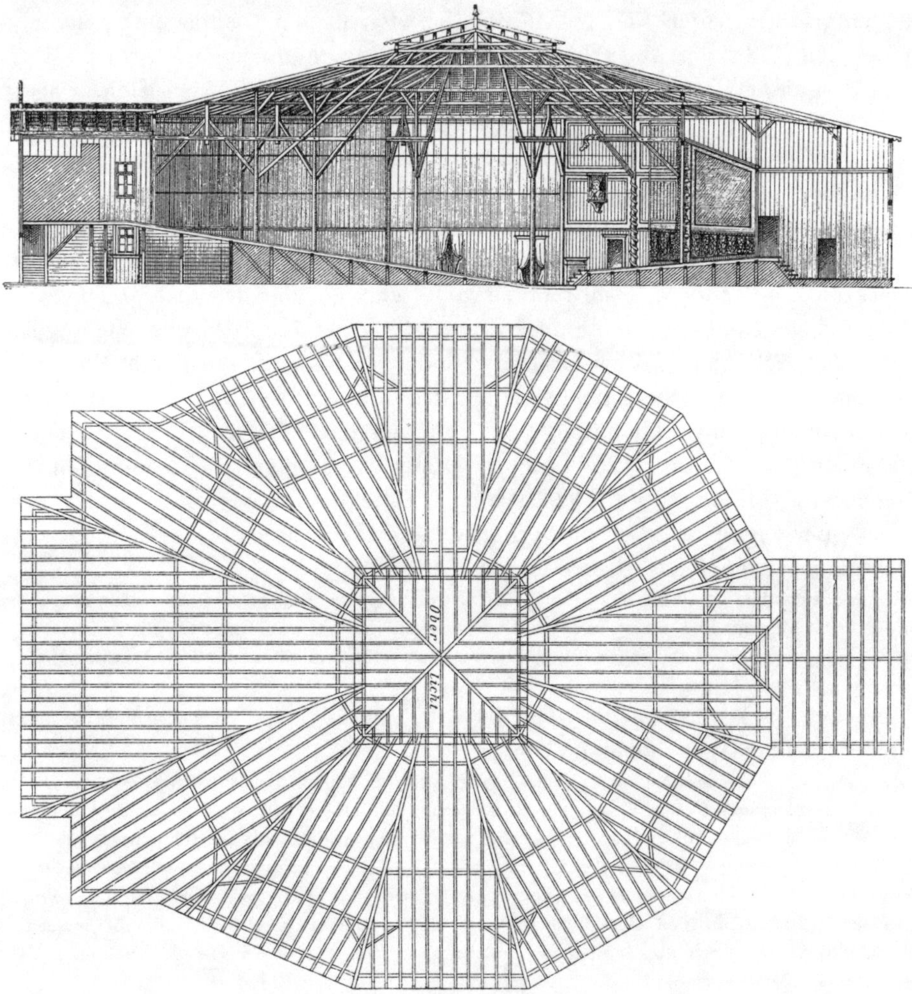


$^1/_{500}$ n. Gr.

Fig. 391.

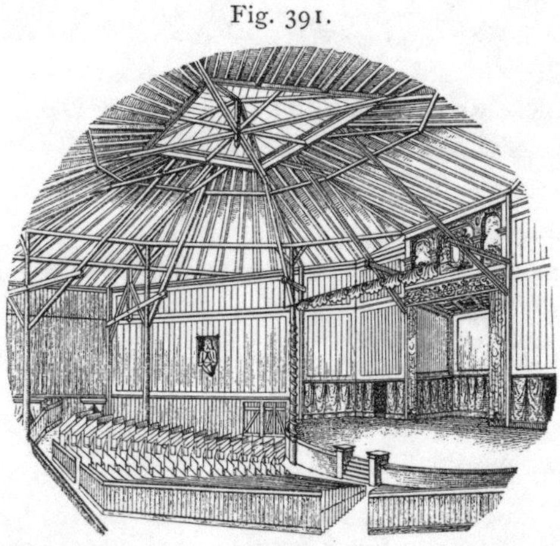

Vom Luther-Feſtſpielhaus zu Hannover [189]).

[189]) Facſ.-Repr. nach: Zeitſchr. d. Arch.- u. Ing.-Ver. zu Hannover 1888, Bl. 26.

eine geringe und die Schneelaſt gar keine Rolle; dagegen iſt der Wind ſehr gefährlich. Gerade umgekehrt liegen die Verhältniſſe bei den flachen Zeltdächern; der Sparrenſchub bei den Thürmen iſt verhältniſsmäſsig gering, hier ziemlich groſs.

Im Folgenden ſollen die Zeltdächer über einem geſchloſſenen Vieleck als ganze, diejenigen über dem Theile eines Vieleckes als halbe bezeichnet werden; die letzteren kommen vielfach bei Kirchen als Apſidendächer vor.

Die meiſt übliche Conſtruction der flachen Zeltdächer weist unter jedem Grat einen Binder auf; dieſe tragen herumlaufende Pfetten und ſind der Hauptſache nach, wie die gewöhnlichen Satteldachbinder, alſo für Kräfte in der Binderebene, ſtabile Fachwerke. Eine andere Conſtructionsweiſe verlegt alle tragenden Theile in die Dachhaut; dieſe Conſtruction iſt dem *Schwedler*'ſchen Kuppeldache nachgebildet.

134. Conſtruction mit Bindern unter den Graten.

Befindet ſich unter jedem Grat ein Binder, ſo ſchneiden ſich alle Binder in der lothrechten Mittelaxe des Daches; die dadurch entſtehende Schwierigkeit wird durch Anordnung einer Helmſtange an der Spitze und von eiſernen Ankern mit gemeinſamem Schloſs an den unteren Durchſchneidungsſtellen oder durch Conſtructionen, wie in Fig. 390 u. 392, beſeitigt. Die für die einzelnen Binder erforderlichen Doppelzangen werden in verſchiedene Höhen gelegt, ſo daſs ſie einander nicht hindern. Eine ſolche Conſtruction zeigt Fig. 389[188]).

Je zwei einander unter 90 Grad im Grundriſs ſchneidende Binder ſind als zuſammengehörig behandelt. Die für die mittlere Pfette erforderlichen Zangen ſind bei zwei Bindern unter, bei den beiden anderen Bindern über die Pfette gelegt. Die unteren Zangen ſind in ihrem mittleren Theile durch eiſerne Zugbänder erſetzt, welche ſich in einem Schloſs vereinigen.

Ein beachtenswerthes Zeltdach hat das in Fig. 390 u. 391[189]) dargeſtellte Luther-Feſtſpielhaus zu Hannover.

Daſſelbe, über einem Zwölfeck errichtet, ruht auf zwei Reihen concentriſcher Stützen, ſo daſs ein 6,80 m breiter Umgang gebildet wird, welcher als wirkſames Widerlager dient. Zwei einander unter 90 Grad im Grundriſs ſchneidende Binder unter den Diagonalen des quadratiſchen Dachlichtes ſind als durchlaufende Binder angeordnet. Dieſe nehmen den Rahmen für das Dachlicht auf, gegen welchen Rahmen ſich dann die anderen Gratbinder ſetzen (vergl. das Schaubild in Fig. 391). Urſprünglich ſollten gegen den Seitenſchub ſtarke mit den äuſserſten Ständern feſt verbundene Streben angebracht werden; ſpäter erſetzte man dieſelben durch die Zugſtangen, welche unter den Diagonalen des Dachlichtes, alſo in den Hauptbindern die Zangen verbinden.

Eine gute Conſtruction iſt das Dach über einem Locomotivſchuppen, welches in Fig. 392[191]) vorgeführt iſt.

Die Grundfigur iſt ein regelmäſsiges Zwölfeck; jeder einzelne Binder iſt ein Auslegerträger; eine Laterne belaſtet die Enden der Ausleger.

Es möge hier auch an das ähnlich conſtruirte Dach des Theaters zu Mainz (ſiehe Fig. 285, S. 112) erinnert werden.

135. Conſtruction nach *Schwedler*'ſcher Art.

Wird die Conſtruction nach Art der *Schwedler*'ſchen Kuppeln durchgeführt, ſo liegen alle tragenden Theile in den Dachflächen; unter die Grate kommen die Gratſparren und werden durch herumlaufende Ringe verbunden, die gleichzeitig als Pfetten dienen. Gegen die ungleichmäſsige Belaſtung ordnet man in den Dachflächen liegende Schrägſtäbe an. Die Berechnung dieſer Conſtruction iſt in Theil I, Band 1, zweite Hälfte (Art. 456 bis 460, S. 427 u. ff.[190]) dieſes »Handbuches« vorgeführt, worauf hier verwieſen wird. Die Sparren werden gedrückt; die Schrägſtäbe in den Dachflächen werden ſtets als gekreuzte ausgeführt, können demnach ſowohl als Zug-, wie als Druckdiagonalen ausgebildet werden. Von den Ringen erhält der Fuſsring ſtets Zugbeanſpruchung; derſelbe wird deſshalb meiſt aus Eiſen hergeſtellt. Wenn

[190]) 2. Aufl.: Art. 245 bis 249, S. 234 u. ff.

Fig. 392.

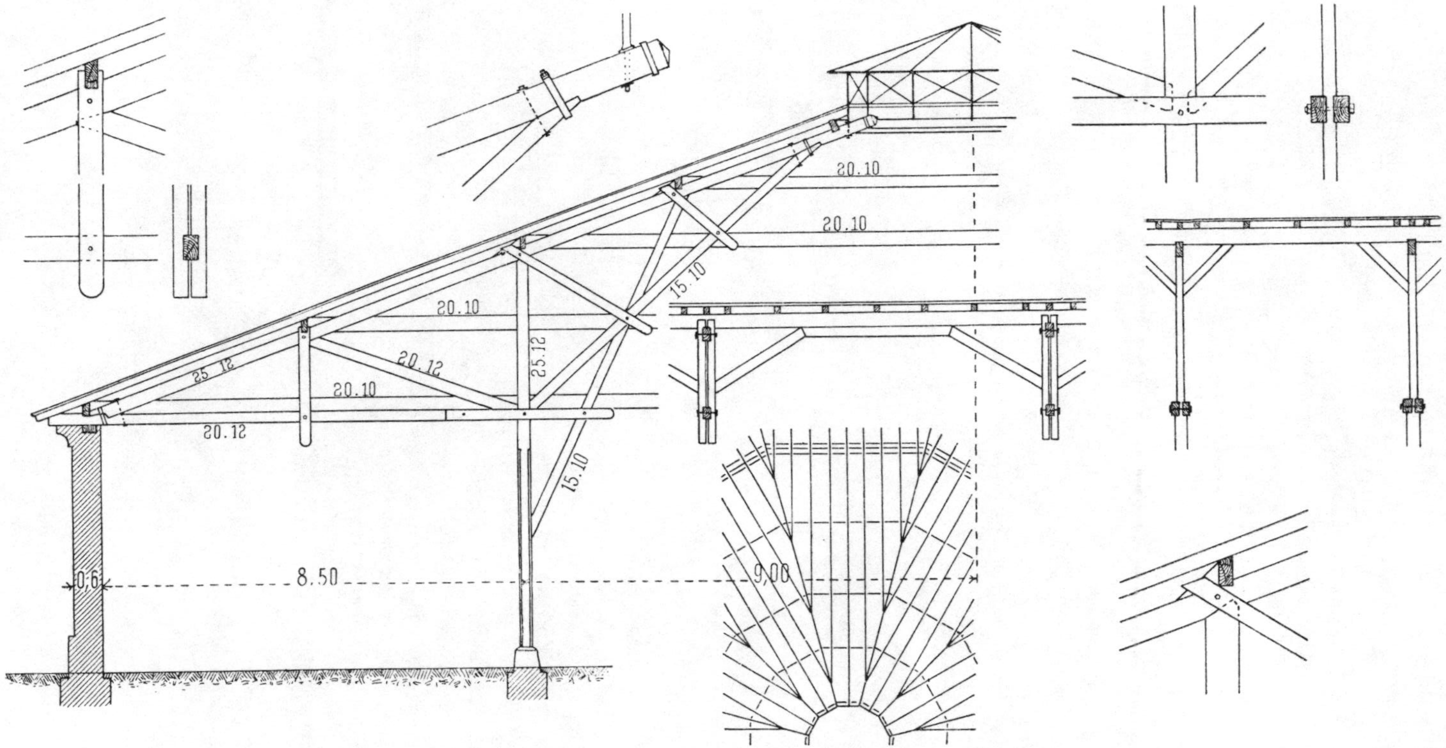


Von einem Locomotivſchuppen der Verſailler Bahn (linkes Ufer [191]).

$^1/_{150}$ n. Gr.

191) Nach: LACROIX, E. *La conſtruction des ponts. 1e partie: Ponts en bois.* Paris. Bl. 11, 12.

Fig. 393 [192]).

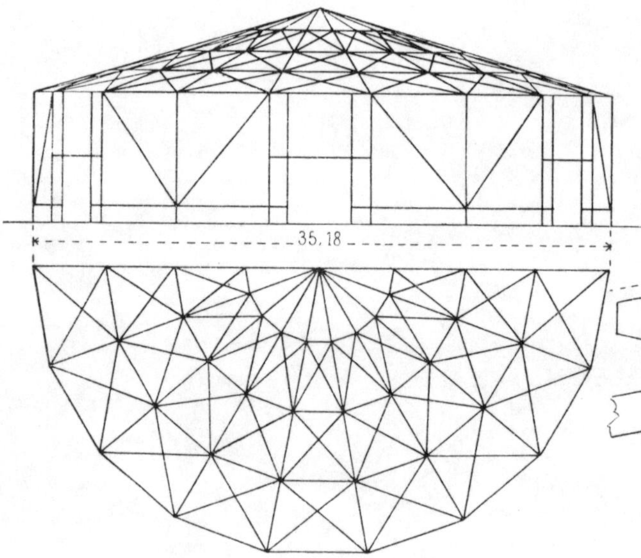


$^1/_{450}$, bezw. $^1/_{45}$ n. Gr.

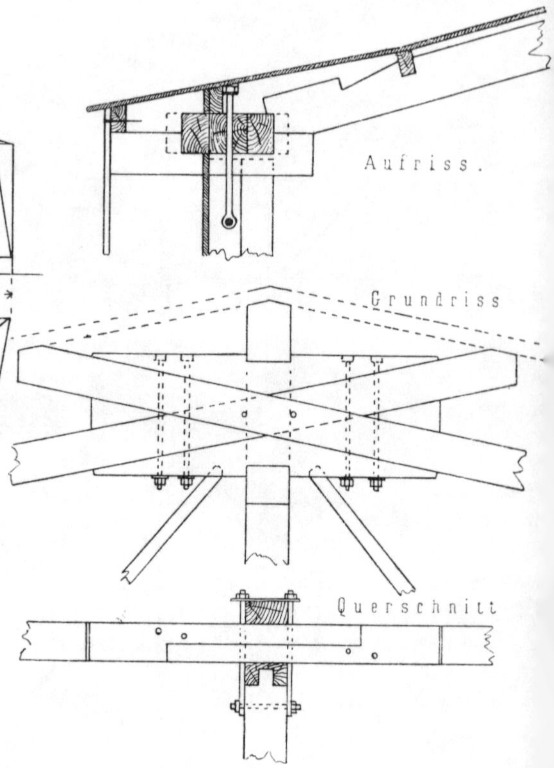


der Wind unter die Dach-Conſtruction kommen kann, ſo iſt bei der Conſtruction darauf Rückſicht zu nehmen; die Verbindungen ſind dann ſo auszubilden, daſs ſie den geringen reſultirenden Zug übertragen können.

Ein Beiſpiel eines ſolchen Daches, bei welchem faſt ausſchlieſslich Holz verwendet iſt, zeigt Fig. 393 [192]), eine 18-eckige Scheune, entworfen von *Hacker*.

Ringe und Sparren ſind nur durch Verzapfungen mit einander verbunden, was zuläſſig iſt, da an den Verbindungsſtellen nur Druck übertragen zu werden braucht. Eigenartig iſt die Ausbildung des Fuſsringes, der ganz aus Holz hergeſtellt iſt. Rechnungsmäſsig findet in demſelben ein Zug von 64400 kg ſtatt; die in einer Ecke zuſammentreffenden Ringſtücke ſind je zur Hälfte überblattet, können alſo einen der halben Holzſtärke entſprechenden Zug übertragen (dabei ſind die überſtehenden Enden ſo lang gehalten, daſs genügende Sicherheit gegen Abſcheren verbleibt); auſserdem ſind ſeitliche Laſchen angebracht, um den Reſt des Zuges zu übertragen. Ringſtücke und Laſchen werden von einem aus zwei Hölzern gebildeten Schloſs umfaſst. Das

Fig. 394.

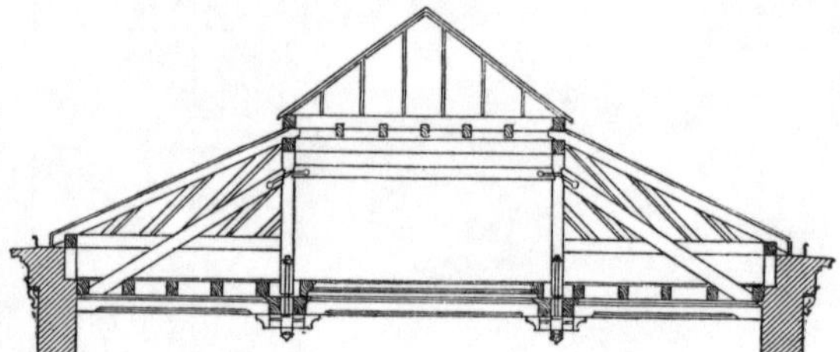

1:200

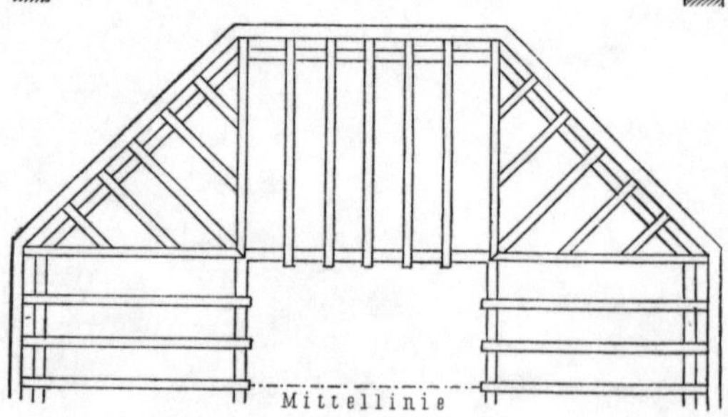


Vom pathologiſchen Inſtitut zu Halle a. S. [193]).

$^1/_{200}$ n. Gr.

192) Nach: Zeitſchr. d. Arch.- u. Ing.-Ver. zu Hannover 1888, S. 134.

193) Nach: Centralbl. d. Bauverw. 1881, S. 210, 219.

Fig. 395.

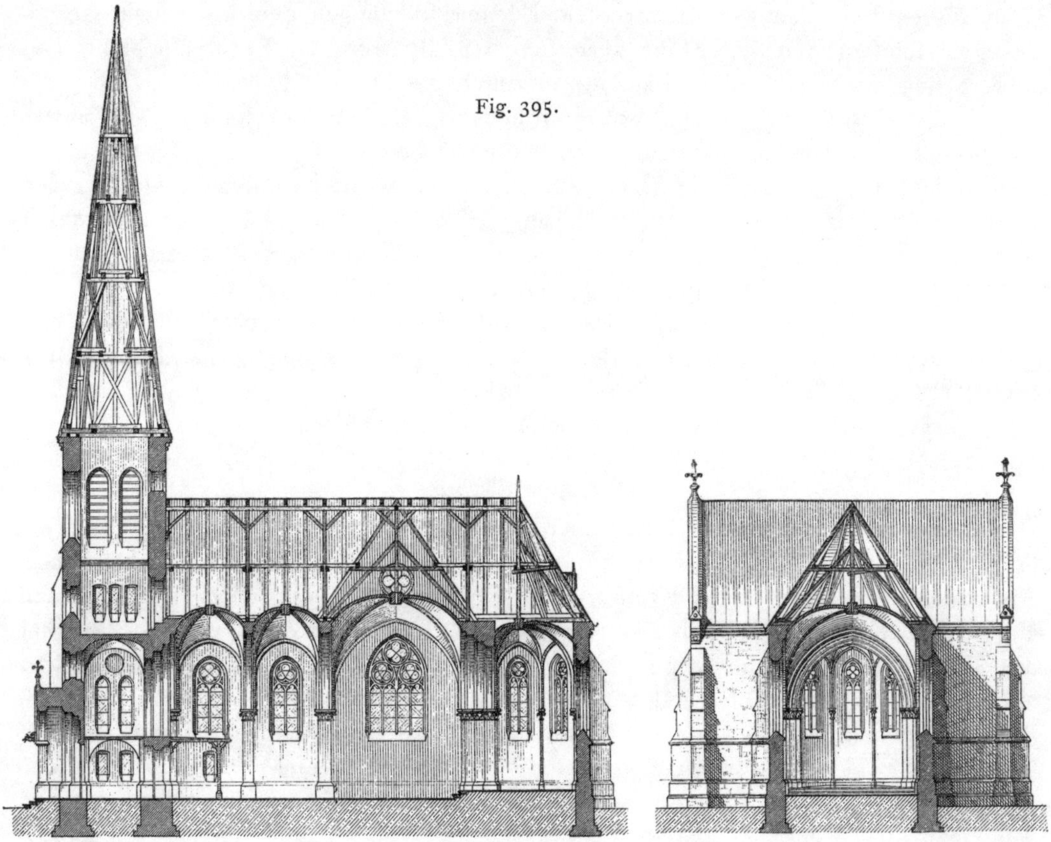

Von der Kirche zu Neuenkirchen[194]).
$^1/_{200}$ n. Gr.

Fig. 396.

Von der Kirche zu Aſtfeld[195]).
$^1/_{200}$ n. Gr.

untere Holz nimmt das obere Ende des doppelten Eckſtiels und die Wandſtreben, das obere den Sparren mit Hakenblatt auf. Die Sparren tragen herumlaufende Pfetten, deren Oberfläche höher liegt, als diejenige der Sparren. Die Sparrenſtärke beträgt am Fuſs $26 \times 26$ cm und am Firſt $14 \times 14$ cm.

Man kann beim achteckigen Zeltdach die Schwierigkeit des Zuſammenſchneidens aller Binder in einer Linie dadurch vermeiden, daſs man in der durch Fig. 394[193]) vorgeführten Weiſe zwei parallele Binder im angemeſſenen Abſtande anordnet, welche die ganze Conſtruction tragen. Im vorgeführten Beiſpiel tragen die beiden Hängewerke eine im Quadrat herumlaufende Pfette, auf welche ſich die Sparren der im

[194]) Facſ.-Repr. nach: Zeitſchr. d. Arch.- u. Ing.-Ver. zu Hannover 1891, Bl. 21.

[195]) Facſ.-Repr. nach ebendaſ., 1875, Bl. 625.

Grundrifs entftehenden vier Rechteckfelder legen; diejenigen der dreieckigen Grundrifsfelder fchiften fich gegen die äufserften Seitenfparren der Rechteckfelder. Der mittlere quadratifche Theil in Fig. 394 ift durch ein Dachlicht überdeckt.

136. Halbe Zeltdächer. Halbe Zeltdächer werden wie gewöhnliche Zeltdächer behandelt; befondere Sorgfalt ift dem Anfallspunkte zu widmen, in welchem die Grate einander fchneiden. Man ordnet hier zweckmäfsig einen ganzen Binder an und conftruirt, wie bei den Walmdächern gezeigt ift. Der Anfallspunkt erhält eine Helmftange; die Zuganker vereinigt man in einem Schlofs, von welchem aus die refultirende wagrechte Kraft weiter nach feften Punkten geführt werden mufs (fiehe Fig. 395 [194]).

Man hat auch den von den Gratbindern auf die Helmftange ausgeübten Schub durch eine Strebe und Schwelle in der Mittelaxe der Kirche aufgehoben (Fig. 396 [195]). Die Schwelle ift auf die Schlufsfteine der beiden letzten Gewölbe gelegt.

Ferner wird auch auf die Tafel bei S. 197 hingewiefen.

### c) **Kuppeldächer.**

137. Allgemeines. Die Kuppeldächer find Zeltdächer, deren Dachlinie eine krumme Linie ift; fie werden über kreisförmiger, elliptifcher oder vieleckiger Grundfläche aufgebaut. Auch über dem Theile eines Kreifes, einer Ellipfe oder eines Vieleckes erbaut man Kuppeldächer und erhält fo bezw. eine halbe, Drittel-, Viertelkuppel. Faft ftets hat das Kuppeldach in feiner Mitte eine fog. Laterne, die oft als Thurm ausgebildet ift und von der Dach-Conftruction getragen wird. Wichtig ift, dafs man den vom Kuppeldach umfchloffenen inneren Raum möglichft frei von Conftructionstheilen hält, fei es, weil die Conftruction von unten fichtbar bleibt und die architektonifche Wirkung durch die kreuz- und querlaufenden Stäbe geftört werden würde, fei es, weil man den Raum in der Kuppel ausnutzen will. Wenn die Holzkuppel als Schutzkuppel für eine gemauerte innere Kuppel dient, fo läfft man die innere Kuppel möglichft in den freien Kuppelraum hineinreichen und kann dann nicht gut durchgehende Hölzer anbringen. Es ift ferner nicht zweckmäfsig, das Kuppeldach auf die innere gemauerte Kuppel zu ftützen, und fo bietet fich für das Kuppeldach nur die ringsum laufende Mauer zur Anordnung der Auflager. Die Aufgabe ift demnach hier, eine Conftruction als ftabiles, räumliches Fachwerk herzuftellen, welche nur auf der Umfangsmauer Auflager findet und im Inneren einen möglichft freien Raum läfft.

138. Conftruction. Die Bedingungen der Stabilität beim räumlichen Fachwerk find in Art. 118 (S. 145) unterfucht; diefelben haben auch hier Geltung; die neuere Conftructionsweife conftruirt die Kuppeldächer nach den dort entwickelten Bedingungen.

Bei der älteren Conftructionsart ftellte man eine gröfsere Zahl von Bindern radial auf; diefe Anordnung, bei welcher der innere Kuppelraum ftark verbaut wird, ift heute faft ganz zu Gunften derjenigen verlaffen, bei welcher alle tragenden Theile in die Dachfläche verlegt werden; die letztere Conftructionsweife ift von *Schwedler* für die eifernen Kuppeln erfunden und für diefe vielfach ausgeführt; fie eignet fich auch für Holzkuppeln. Gewöhnlich erfetzt man die ftetig gekrümmte Kuppelfläche (die Rotationsfläche) durch ein diefer Fläche eingefchriebenes Vieleck mit Kanten unter den Graten und den Ringen der Kuppel.

Die äufseren auf die Kuppel wirkenden Kräfte (Belaftungen) und die Berechnung find in Theil I, Band 1, zweite Hälfte diefes »Handbuches« entwickelt.

Nach den Unterfuchungen in Art. 118 (S. 145) erhält man ein ftatifch beftimmtes, räumliches Fachwerk folgendermafsen. Man wähle als Zahl der Auflager

Fig. 397.

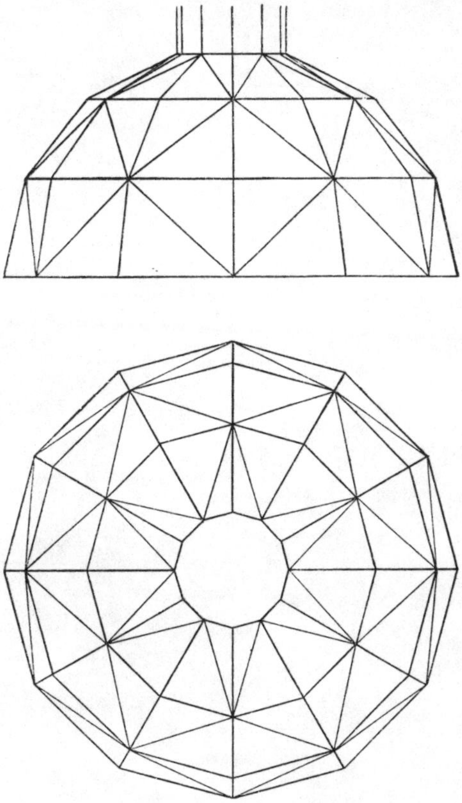

eine gerade Zahl, mache die Hälfte der Auflager feſt (Punktlager), die andere Hälfte frei in der Auflagerebene beweglich (Ebenenlager), verbinde jedes bewegliche Lager mit zwei feſten Lagern durch Stäbe, ordne die Gratſparren, ſo wie die der Grundfigur ähnlichen, in verſchiedenen Höhen liegenden Ringe an, und verſehe jedes Seitenfeld mit einer Diagonale. Das entſtehende räumliche Fachwerk iſt, falls oben ein Laternenring liegt, ſtatiſch beſtimmt. Bei der in Fig. 397 dargeſtellten Kuppel über einer zwölfeckigen Grundfigur ſind 6 Punktlager und 6 Ebenenlager vorhanden; mithin iſt die Zahl der Auflagerunbekannten $n = 3 . 6 + 6 = 24$. Es muſs alſo, falls $k$ die Zahl der Knotenpunkte bedeutet, die Zahl der Stäbe $s = 3k - n = 3k - 24$ ſein. Die Zahl der Knotenpunkte iſt $k = 4 . 12 = 48$; alſo muſs $s = 3 . 48 - 24 = 120$ ſein. In der That iſt $s = 10 . 12 = 120$. Da nun auſserdem jeder Knotenpunkt durch Aufbau von den Auflagern aus ſtets dadurch im Raume feſt gelegt iſt, daſs er mit drei feſten, nicht mit ihm in einer Ebene liegenden Punkten verbunden iſt, ſo iſt das Fachwerk ſtatiſch beſtimmt.

Die in den Seitenfeldern liegenden Diagonalen haben Zug und Druck zu erleiden; will man, daſs dieſelben nur Zug oder nur Druck erhalten, ſo ordne man in jedem Felde gekreuzte Diagonalen an; dieſelben können ſowohl als Zugdiagonalen aus Eiſen, wie als Druckdiagonalen aus Holz hergeſtellt werden. Der oberſte Ring, der Laternenring, erhält ſtets Druck, und wird, wie die übrigen Ringe, aus Holz ausgeführt; den Fuſsring, welcher die Ebenen- und Punktlager mit einander verbindet und nicht unbedeutenden Zug zu erleiden hat, bildet man zweckmäſsig aus Eiſen.

Wegen der Einzelausbildung der Knotenpunkte kann auf diejenige hingewieſen werden, welche in Art. 130 (S. 170) bei den *Otzen*'ſchen Thurmdächern vorgeführt iſt; die Knotenpunkte können hier ganz ähnlich angebildet werden, wobei ſich Zuhilfenahme von Eiſen empfiehlt.

Auf die unter den Graten angeordneten Kuppelſparren, welche die Stelle der Binder vertreten, kommen ringsherum laufende Pfetten für die Dachſchalung. Wenn die freie Länge der Pfetten in den unteren Feldern zu groſs wird, ſo kann man ſie durch zwiſchengeſetzte Kuppelſparren unterſtützen, wodurch die Seitenzahl der Grundfigur vergröſsert wird. Dieſe zwiſchengeſetzten Sparren brauchen nicht bis zum Laternenring zu reichen.

Es liegt nahe, die Kuppelſparren als gekrümmte Bohlenſparren herzuſtellen, wie in Art. 105 (S. 132) für Satteldächer vorgeführt wurde. Dadurch erhält man die Dachform in natürlichſter Weiſe. Man kann die Gratſparren der Kuppel aus hochkantigen Bohlen ausbilden, durch Pfetten als Ringe verbinden und mit Diago- 139. Bohlenkuppeln.

Fig. 398.

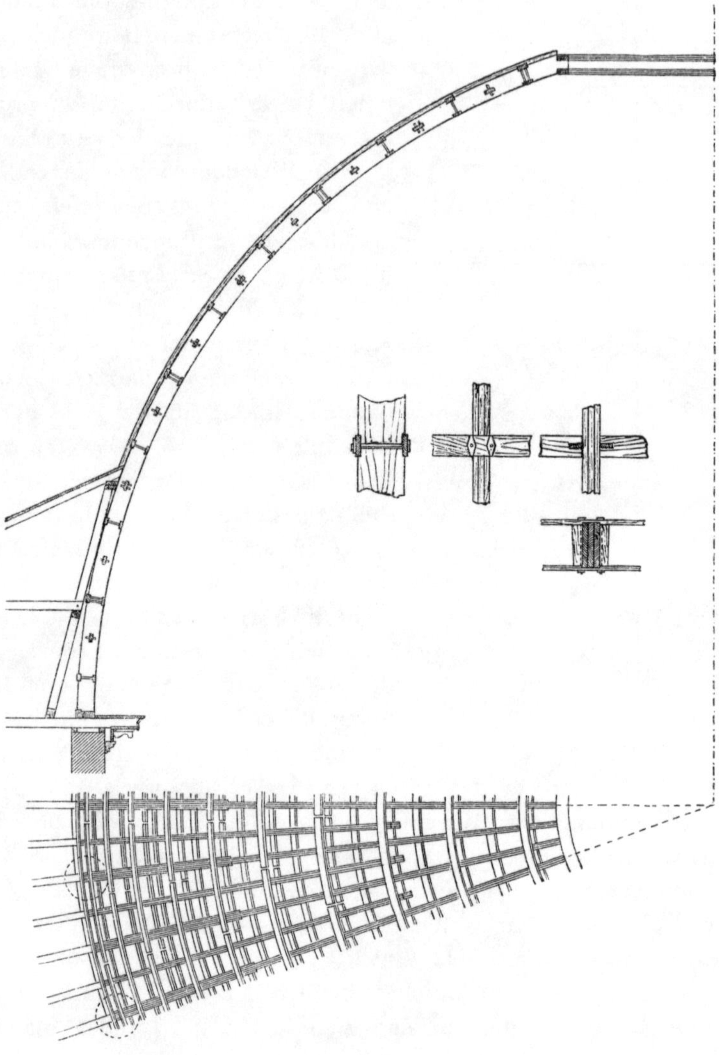

$^1/_{200}$ n. Gr.

Fig. 399.

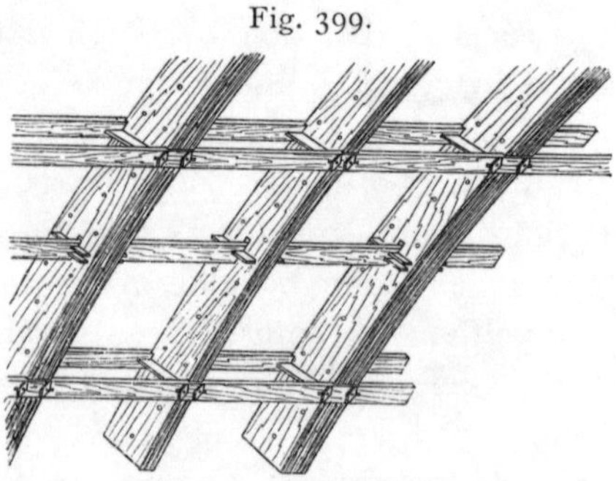

$^1/_{100}$ n. Gr.

Von der katholifchen Kirche zu Darmftadt [196]).

196) Nach: MOLLER, a. a. O., Heft 1.

nalen in allen Seitenfeldern verſehen; dann erhält man das vorſtehend beſchriebene Kuppelgerippe. Man kann auch die Bohlengeſpärre ſo nahe an einander ſtellen, daſs auf ihnen ohne Weiteres die Schalung, welche dann die Diagonalen erſetzt, angebracht werden kann. Eine ſolche Kuppel iſt die von *Moller* entworfene und ausgeführte Kuppel der katholiſchen Kirche zu Darmſtadt (Fig. 398 [196]), welche, zweckmäſsig und wohl überlegt erdacht, vielfach als Vorbild gedient hat und weit bekannt geworden iſt.

Fig. 400.

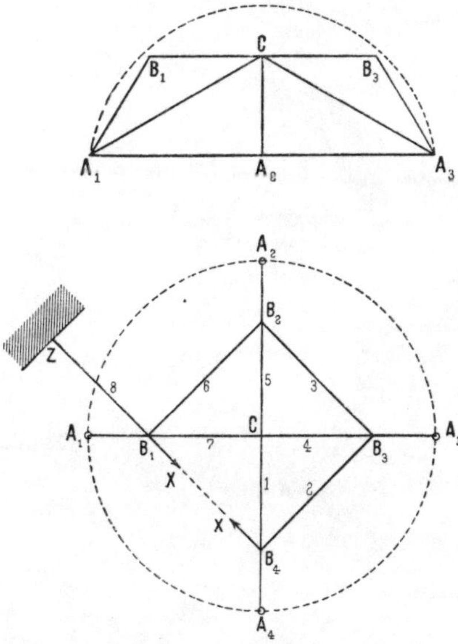

Sie überſpannt einen Grundkreis von 33,50 m Durchmeſſer, beſteht aus 56 radial geſtellten Bohlenſparren, welche ſich oben gegen einen gleichfalls aus Bohlen hergeſtellten Laternenring lehnen und unten auf einen gemeinſamen Fuſsring ſetzen. Zwiſchen je zwei dieſer Hauptſparren iſt ein weiterer angeordnet, der aber nicht bis zum Laternenring hinauf reicht. Die Sparren werden durch herumlaufende Ringe — von *Moller* Gurtbänder genannt — mit einander verbunden, welche Ringe 2,125 m von einander entfernt ſind. Auſser dieſen laufen auch Querriegel rings um die Kuppel, alle Bohlenbogen mit einander verbindend; je ein Querriegel liegt zwiſchen zwei Gurtbändern. Endlich iſt noch, etwa in ein Drittel der Höhe über der Auflagerebene, ein herumlaufender Ring aus zwei über einander liegenden Hölzern angeordnet, welcher durch ſchief geſtellte Pfoſten geſtützt wird und für das äuſsere Dach als Pfette dient; dieſer Ring ſoll eine wagrechte Verſchiebung der ganzen Kuppel verhüten. Diagonalen ſind nicht angebracht; ihre Stelle vertritt wohl die Schalung. Die Bohlenbogen beſtehen im unteren Theile aus 5 und im oberen Theile aus 3 hochkantigen Bohlenlagen, jede 5 cm ſtark und 38 cm breit; ſie ſind aus 1,60 m langen Bohlenſtücken zuſammengeſetzt; die Zwiſchenſparren haben nur je drei Bohlenlagen. Die Gurtbänder ſind aus jungem, geriſſenem Eichenholz, 10 cm hoch, 25 cm ſtark und laufen auſsen und innen um die ganze Kuppel herum. Die Verbindung derſelben mit den Bohlenſparren iſt in Fig. 399 dargeſtellt, eben ſo die der Querriegel, welche aus 12 cm hohen Bohlen gebildet ſind und durch die Bohlenbogen hindurchgehen. Beſonders gefürchtet wurde bei der Herſtellung dieſer Kuppel das ungleiche Setzen und Senken einzelner Bohlenſparren, da bei der groſsen Länge der Sparren eine groſse Zahl von Stoſsfugen vorhanden iſt. Deſshalb wurden die Gurtbänder mit ihrer halben Stärke in die Bohlenſparren eingelaſſen, ſo daſs ſie mit der hohen Seite tragen; dadurch ſollte verhindert werden, daſs die ungleichmäſsigen Senkungen ſich nach oben oder unten fortſetzten. Wegen weiterer Einzelheiten wird auf die unten erwähnte Quelle [196]) verwieſen.

Fig. 401.

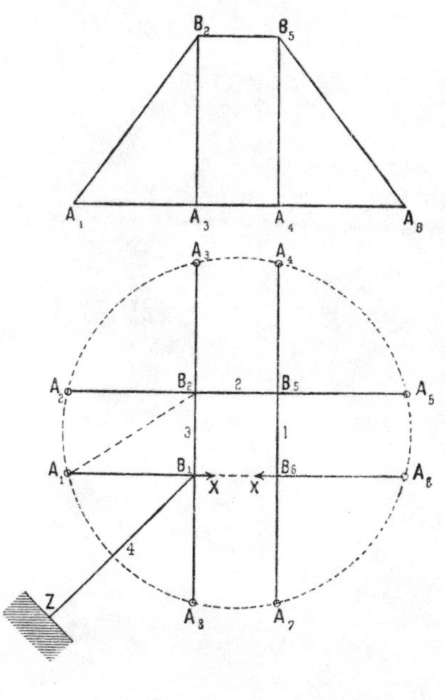

140. Aeltere Kuppel-Conſtruction.

Unter Umſtänden kann auch die Anordnung mit radialen Bindern empfehlenswerth ſein; nur muſs man Sorge tragen, daſs das entſtehende Fachwerk ſtabil iſt. Die zwei nachſtehend beſchriebenen Conſtructionen bieten keine ſtabilen Fachwerke, worauf hier beſonders hingewieſen wird.

Zwei in lothrechten, einander unter 90 Grad ſchneidenden Ebenen liegende Fachwerke $A_1 C A_3$ und $A_2 C A_4$ (Fig. 400) ſtützen ſich auf die vier feſten Auflager $A_1$,

Fig. 402.

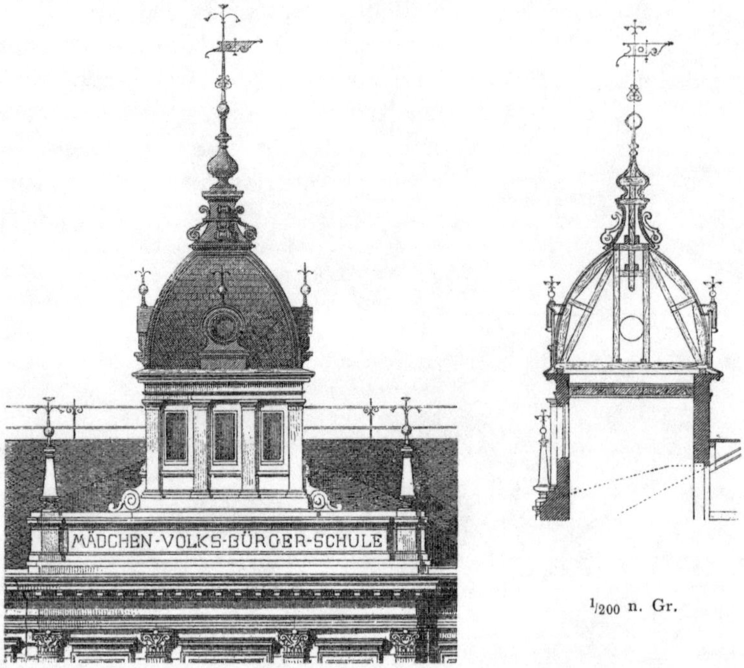


$^1/_{200}$ n. Gr.

Von der Mädchen-Volksfchule zu Neutitfchein[197]).

$A_2$, $A_3$, $A_4$. Punkt $C$ ift durch Verbindung mit $A_1$, $A_2$, $A_3$ und $A_4$ gleichfalls im Raume feft gelegt, und zwar mit einem Stabe mehr, als nöthig wäre. Fügt man nun $B_1$, $B_2$, $B_3$, $B_4$ hinzu, indem man diefe Punkte je mit $C$ und dem betreffenden Auflagerpunkte $A$ verbindet, und die Stäbe $B_1$, $B_2$, $B_3$, $B_4$ anbringt, fo wäre zu unterfuchen, ob diefes Fachwerk ftabil ift. Wäre dies der Fall, fo könnte man

Fig. 403.

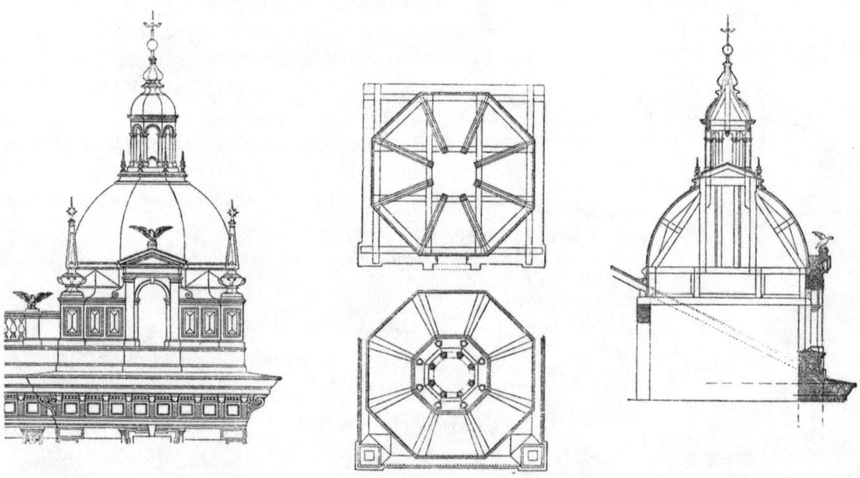

Von einem Wohnhaus zu Wien[198]).

$^1/_{200}$ n. Gr.

[197]) Facf.-Repr. nach: Allg. Bauz. 1889, Bl. 27.

[198]) Facf.-Repr. nach ebendaf., 1883, Bl. 65.

Fig. 404.

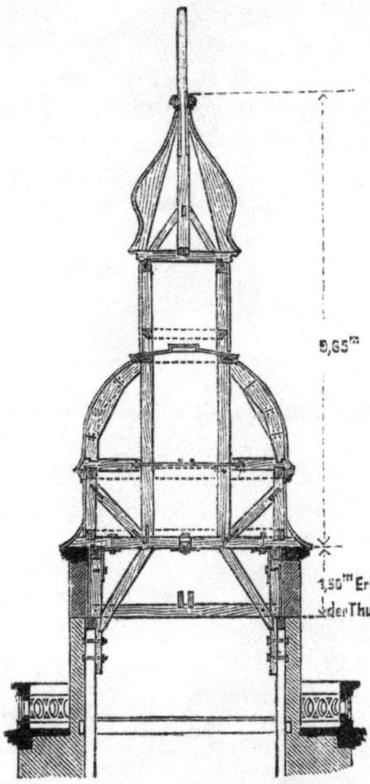


Vom Rathhaus zu Münfterberg [199]).

1/200 n. Gr.

weiter darauf aufbauen, insbefondere zwifchen die Hauptbinder Zwifchenbinder fetzen, welche fich gegen die Hölzer $B_1 B_2$, $B_2 B_3$, $B_3 B_4$, $B_4 B_1$ lehnen.

Die Zahl der Auflagerunbekannten ift $n = 3 . 4 = 12$, die Zahl der Knotenpunkte $k = 9$; es mufs alfo die Zahl der Stäbe $s = 3 . 9 - 12 = 15$ fein. Vorhanden find 16 Stäbe, und da $C$ durch einen Stab zu viel mit den Auflagern verbunden ift, fo wäre demnach Stabilität möglich.

Baut man von unten auf, indem man die Auflager $A$ und Punkt $C$ als feft anfieht, fo verbinden wir $B_1$ mit $A_1$, $C$ und $Z$ (der Verbindungsftab $B_1 Z$ ift ein nachher fortzulaffender Ergänzungsftab); Punkt $B_2$ wird mit $A_2$, $C$, $B_1$, Punkt $B_3$ mit $A_3$, $C$, $B_2$, Punkt $B_4$ mit $A_4$, $C$, $B_3$ verbunden. Es fragt fich, ob Stab $B_1 Z$ durch $B_1 B_4$ erfetzt werden kann. Wirkt in der Richtung $B_4 B_1$ in den Punkten $B_1$ und $B_4$ je $X$, fo erhält man leicht als Spannungen in den Stäben *1*, *2*, *3* ...

$$S_1' = -2\,X \sin 45^0,\quad S_2' = +X = S_3' = S_5',$$

$$S_4' = -2\,X \sin 45^0,\quad S_8 = 0.$$

Stab $B_1 B_4$ kann alfo Stab $B_1 Z$ nicht erfetzen (fiehe Art. 120, S. 150); die Conftruction ift nicht ftabil. Man kann alfo auf diefer Grundlage nicht weiter aufbauen.

Man hat wohl im Grundrifs vier einander unter 90 Grad kreuzende Hängewerke, deren je zwei parallel find, angeordnet (Fig. 401); in den Schnittpunkten derfelben find die Hängefäulen, welche unter Umftänden als Laternen-, bezw. Dachreiterpfoften weiter geführt werden.

Verfährt man hier fo, wie fo eben gezeigt, und führt $B_1 Z$ als Ergänzungsftab ein, fo erhält man, wenn in den Punkten $B_1$, bezw. $B_6$ je $X$ als Zug in der Richtung $B_1 B_6$ wirkt,

$$S_1 = -X,\quad S_2 = +X,\quad S_3 = -X,\quad S_4 = 0.$$

Auch diefes Fachwerk ift alfo eigentlich unbrauchbar. Dennoch kann man es ausführen, wenn die Abmeffungen kleine oder mittlere find und die Kuppel verfchalt wird. Man fieht nämlich leicht, dafs das räumliche Fachwerk fofort ftabil wird, wenn man die Diagonale $A_1 B_2$ einzieht; denn dann wird Punkt $B_2$ durch Verbindung mit $A_1$, $A_2$, $A_3$ räumlich beftimmt, eben fo Punkt $B_5$ durch Verbindung mit $B_2$, $A_4$, $A_5$, Punkt $B_6$ mit $B_5$, $A_6$, $A_7$ und Punkt $B_1$ mit $B_6$, $A_8$, $A_1$. Die Diagonale wird aber durch die Schalung vollftändig erfetzt.

Fig. 405.

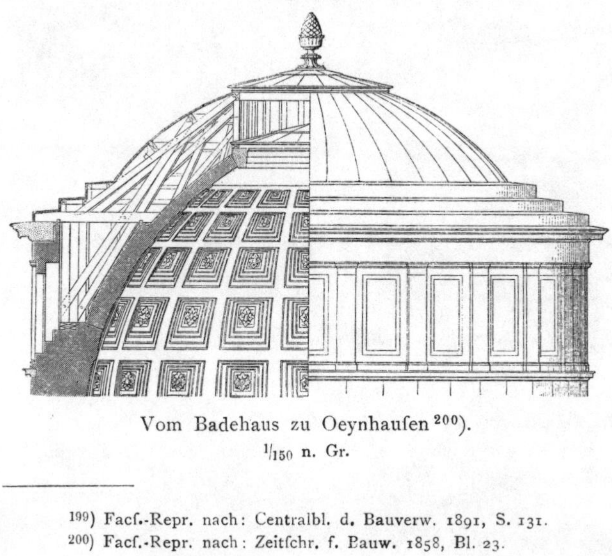

Vom Badehaus zu Oeynhaufen [200]).

1/150 n. Gr.

Eine in diefer Weife conftruirte Kuppel zeigt Fig. 402 [197]).

Den günftigen Einflufs der Schalung kann man auch bei der in Fig. 403 [198]) dargeftellten Conftruction mit in Rechnung ziehen.

Acht radiale Halbbinder fetzen fich gegen die durch einen im Grundrifs achteckigen Laternenring mit einander verbundenen Pfoften. Wenn in den Seitenflächen der Kuppel Diago-

199) Facf.-Repr. nach: Centralbl. d. Bauverw. 1891, S. 131.

200) Facf.-Repr. nach: Zeitfchr. f. Bauw. 1858, Bl. 23.

nalen wären, fo würde das Fachwerk (als Flechtwerk) ftabil fein; die Schalung vertritt die Stelle der Diagonalen.

Aehnlich ift die Anordnung in Fig. 404 [199]).

Fig. 406.

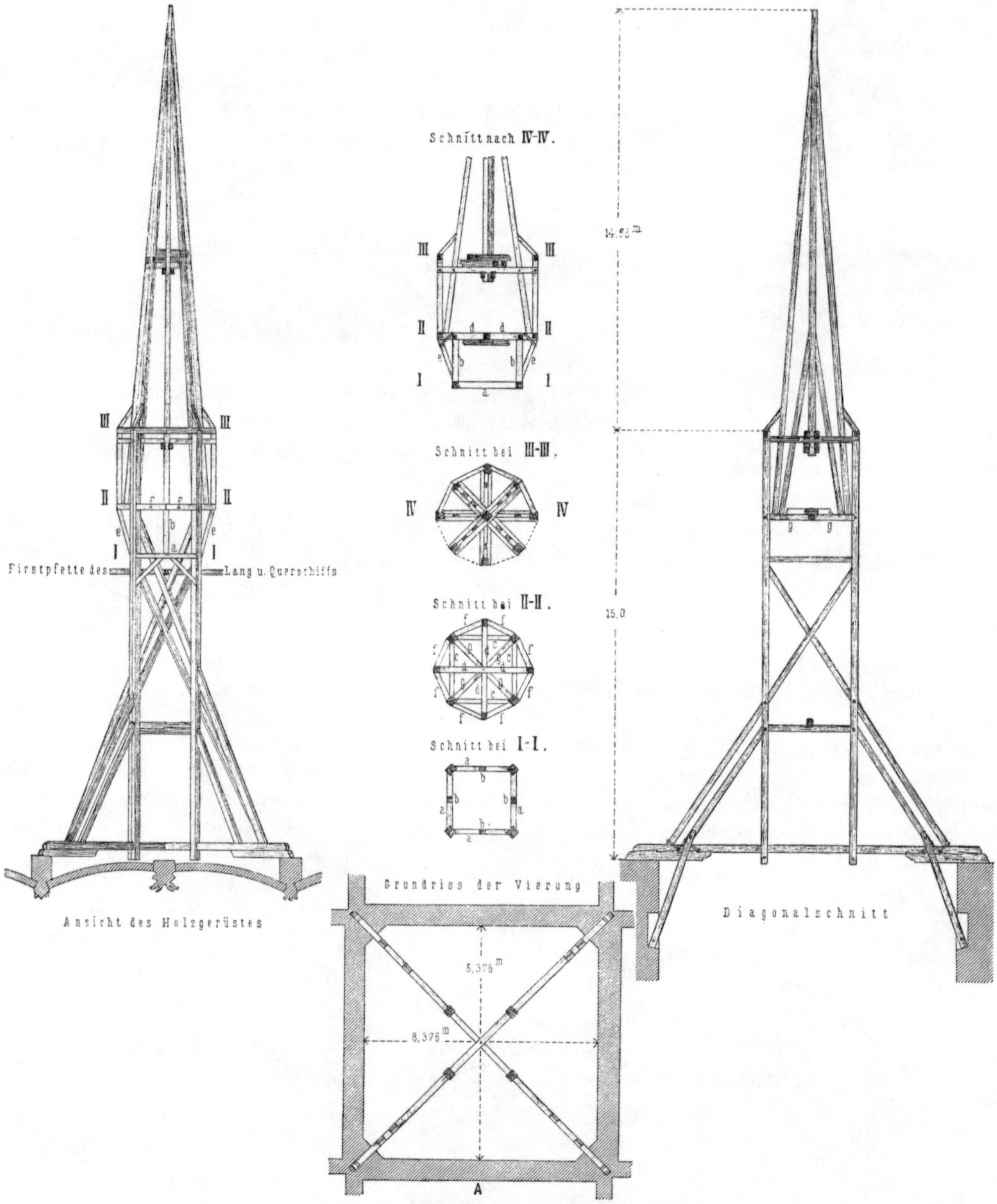


Von der Weifsgerberkirche zu Wien [201]).
1/270 n. Gr.

Diefelbe zeigt ein kuppelartiges Thurmdach für kleine Weiten über achteckigem Grundrifs. Es fcheint, dafs die ganze Conftruction auf zwei einander unter 90 Grad fchneidenden Balken ruht, in welche fich Wechfel unter 45 Grad fetzen, die dann die über Ecke gelegten Stichbalken aufnehmen.

[201]) Nach: Wist, J. Studien über ausgeführte Wiener Bau-Conftruktionen. Wien 1872. Bd. I, Bl. 20, 21.

Auf diefe 8 radial liegenden Balken find die 8 Stiele aufgefetzt, welche oben einen Laternenring tragen; gegen diefen, bezw. die Stiele fetzen fich die Kuppelfparren.

Sehr einfach wird die Conftruction, wenn es zuläffig ift, die Holzkuppel auf die innere, gemauerte Kuppel zu ftützen. Eine folche ohne Weiteres leicht verftändliche Anordnung zeigt Fig. 405 [200]).

Am Widerlager der Kuppel ftehen auf einer Holzfchwelle Stiele, die an ihrem oberen Ende wagrechte Zangen tragen; die Zangen finden ein zweites Auflager auf dem Kuppelmauerwerk; fie nehmen die tragenden Sparren auf, welche fich oben in einen Laternenring fetzen, der gleichfalls vom Kuppelmauerwerk getragen wird.

## d) Dachreiter.

Die Dachreiter find Thürme von gewöhnlich kleinen Abmeffungen, welche fowohl auf einfachen Satteldächern, wie befonders bei Kirchen, gern an der Schnittftelle des Lang- und Querfchiffes, alfo über der Vierung angeordnet werden; auch als Schmuck von flachen Zeltdächern und Kuppeldächern kommen Dachreiter vielfach zur Anwendung. Sie haben meiftens zunächft über der Dachfläche einen lothrechten, vier- oder achtfeitigen Theil, über welchem dann der pyramidale Theil, der eigentliche Thurm folgt. Damit die auf den Dachreiter wirkenden Kräfte ficher in das ftützende Mauerwerk geführt werden, fetze man die Dachreiter auf genügend ftarke Conftructionen, z. B. auf die Dachbalkenlage oder Hängewerke u. dergl. Wenn der im Inneren des Daches befindliche Theil der Conftruction vier Stiele hat, aus denen oberhalb des Dachfirftes der Uebergang in das Achteck erfolgt, fo kann man diefe Stiele entweder in die Firftlinie, bezw. in die beiden fich kreuzenden Firftlinien legen oder zwifchen diefelben anordnen; für beide Lagen find weiterhin Beifpiele vorgeführt. Zur Erläuterung der Conftruction der Dachreiter dienen Fig. 406 bis 411. 141. Zweck und Conftruction.

Fig. 407.

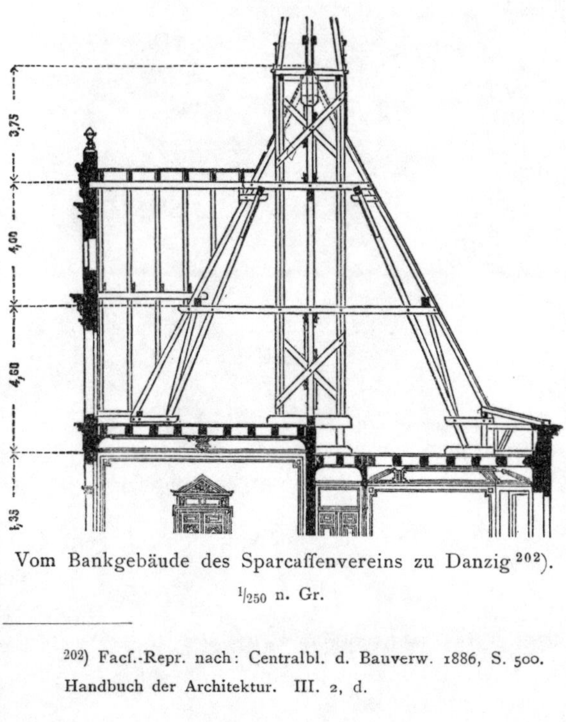


Vom Bankgebäude des Sparcaffenvereins zu Danzig [202]).

1/250 n. Gr.

Fig. 406 [201]) zeigt den Dachreiter von der Weifsgerberkirche zu Wien.

Derfelbe ift über der Vierung errichtet, ruht vermittels vier Doppelpfoften auf Balken, welche in den lothrechten Diagonalebenen der Vierung verlegt find. Die Doppelpfoften find in den beiden Diagonalebenen vermittels mehrfacher Hängewerke kräftig verftrebt, deren Streben zwifchen den Doppelftielen durchgehen. Die Lage der Firftpfetten der anfchliefsenden Dächer ift in Fig. 406 angegeben. Beachtenswerth ift auch die Ueberführung aus dem Viereck der Pfoften in das Achteck. Bei *I—I* ift das Gerüft noch vierfeitig; dort find zwifchen die Doppelpfoften Balken *a* eingezapft, welche die in den vier Seitenebenen befindlichen Pfoften *b* tragen. Bei *II—II* find in denfelben Seitenebenen die Balken *c* angebracht, welche die Querbalken *d* tragen; diefe reichen über die Seitenebenen fo weit hinaus, wie es die Achteckform bedingt, und find durch Kopfbänder *e* gegen die Balken in der Höhe *I—I* abgeftützt. Randhölzer *f* verbinden die

202) Facf.-Repr. nach: Centralbl. d. Bauverw. 1886, S. 500.

Balken *d* mit den Doppelſtielen. Auf das ſo gebildete Achteck baut ſich nunmehr der Thurm mit einem lothrechten und einem pyramidenförmigen Theile weiter auf. In der Höhe *II—II* ſind zwiſchen den Doppelſtielen diagonal laufende Balken *g* angebracht, welche die Streben für den Kaiſerſtiel aufnehmen.

In Fig. 407 [202]) ragt der Dachreiter aus dem Langdach an einer Stelle hervor, an welcher etwas weiter unten ein Querdach einſchneidet. Die vier Pfoſten des Dachreiters ſtehen hier in den lothrechten Ebenen der betreffenden Firſtpfetten.

Auch hier iſt die Conſtruction des Dachreiters bis zur Dachbalkenlage hinabgeführt; die vier Pfoſten ſind auf kräftige Schwellen in dieſer Balkenlage geſtellt. Je zwei ſich gegenüber ſtehende Stiele ſind mit einander gut verkreuzt. An das Gerüſt des Dachreiters ſchlieſst ſich das Satteldach an. Die in die lothrechte Mittelebene des Dachreiters fallenden Sparren des Satteldaches ſetzen ſich gegen die Pfoſten; der eine dieſer Sparren nimmt dann noch die Kehlſparren auf. Die Firſtpfette des Querdaches ſetzt ſich beim Dachreiter als Doppelzange fort, welche die Pfoſten und Sparren umfaſſt. Die Unterſtützung der Pfetten und Sparren des Hauptdaches iſt aus Fig. 407 vollſtändig erſichtlich.

Fig. 408.

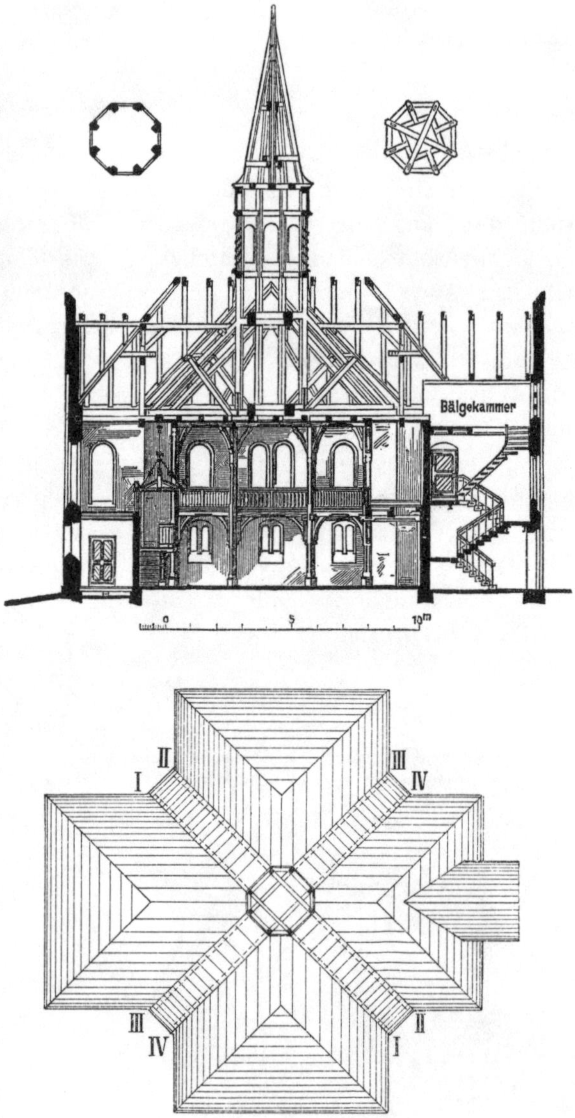


Von der evangeliſchen Kirche zu Kupp [203]).

Eine eigenartige und gute Anordnung iſt durch Fig. 408 [203]) veranſchaulicht. Die Laſt des Daches, einſchlieſslich des Dachreiters, ſollte auf die Seitenmauern gebracht und von den Mittelſtützen fern gehalten werden. Der über der Kirchenmitte ſich erhebende Dachreiter iſt achtſeitig; an die unter 45 Grad liegenden Seiten des Achteckes ſetzen ſich im Grundriſs entſprechende Dachflächen.

Der Dachreiter weiſt 8 Eckſtiele auf; Dach und Dachreiter werden durch vier Hängewerke (*I—I*, *II—II*, *III—III*, *IV—IV*) getragen; die Hängewerke liegen in den Richtungen der Diagonalen des grundlegenden Viereckes; die 8 Stiele des Dachreiters dienen als Hängeſäulen der Hängewerke; die Spannriegel und Zugbalken der Hängewerke ſind in etwas verſchiedene Höhen gelegt, ſo daſs ſie einander nicht im Wege ſtehen. Für die Pfetten ſind noch beſondere Gegenſtreben angebracht; die Pfetten nehmen auch die Kehlſparren auf. Auch hier iſt die Anordnung durch die Abbildung klar geſtellt.

Fig. 409 [204]) ſtellt einen achtſeitigen Dachreiter auf flachem achtſeitigem Zeltdach dar.

---

[203]) Nach: Centralbl. d. Bauverw. 1894, S. 366, 367.

[204]) Facſ.-Repr. nach: Breymann, G. A. Allgemeine Bau-Conſtructions-Lehre etc. Theil 2. 4. Aufl. Stuttgart 1870. Bl. 57.

Fig. 409 [204]). 1/200 n. Gr.

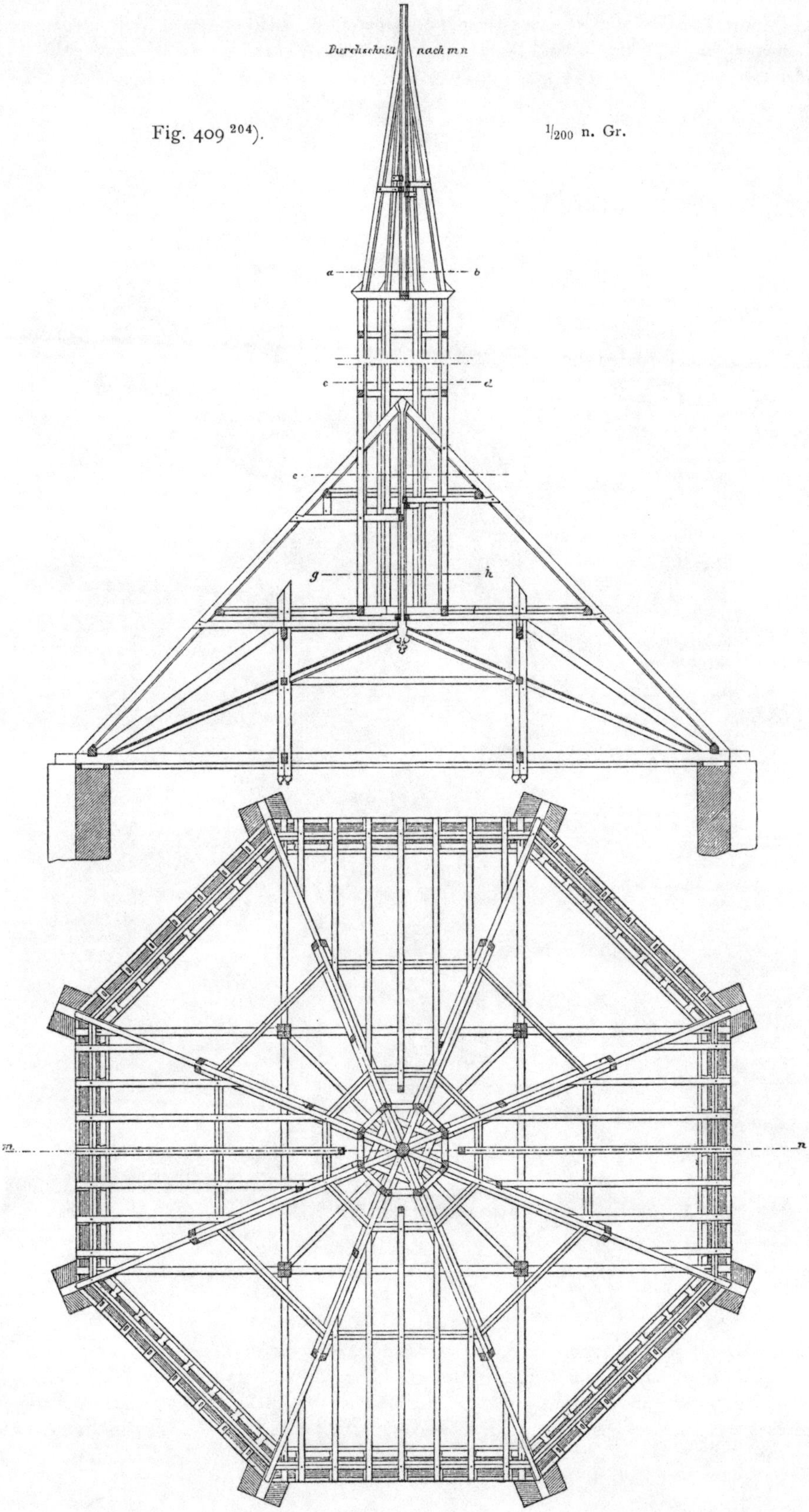

Das ganze Dach wird durch vier Hängewerke getragen, welche gemeinſame Hängeſäulen haben, wo ihre Ebenen ſich durchſchneiden; die Hängeſäulen beſtehen aus je vier Hölzern. Auf den Spannriegeln der Hängewerke liegen Doppelzangen, welche die Gratſparren umfaſſen. Zwei dieſer Doppelzangen

Fig. 410.

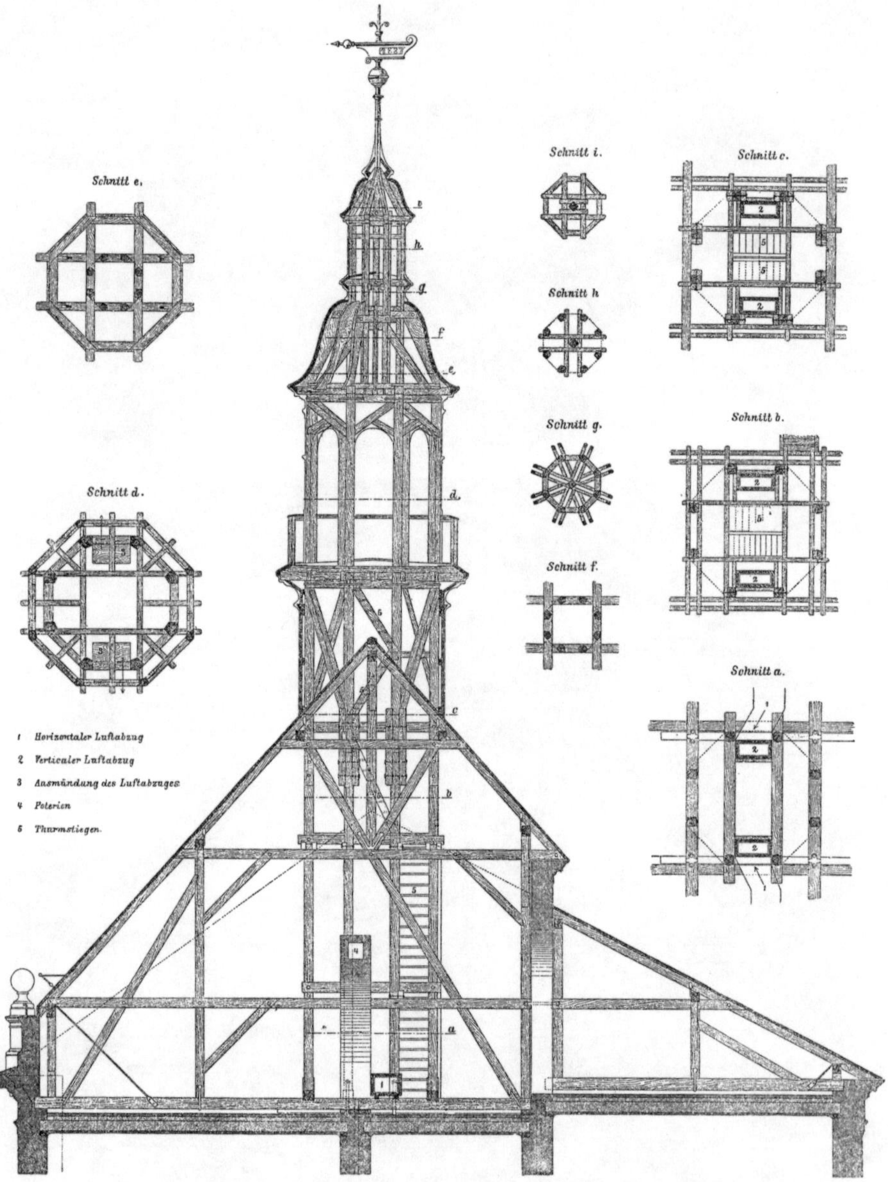


Vom Amtsgebäude der Gemeinde Feldberg in Oberöſterreich[205]).

$^{1}/_{200}$ n. Gr.

gehen in ganzer Länge durch (in etwas verſchiedener Höhe); dieſe bilden mit einander im Grundriſs rechte Winkel. An dieſelben ſind Wechſel befeſtigt, in welche ſich die anderen vier Doppelzangen einzapfen. Der Dachreiter reicht bis zu dieſen Zangen herab; ſeine 8 Doppelſtiele umfaſſen die Gratſparren des Zeltdaches und ſind in eine umlaufende, achteckige Schwelle gezapft, die auf den Zangen ruht. Die

205) Facſ.-Repr. nach: Allg. Bauz. 1890, Bl. 19, 20.

Zu S. 197.

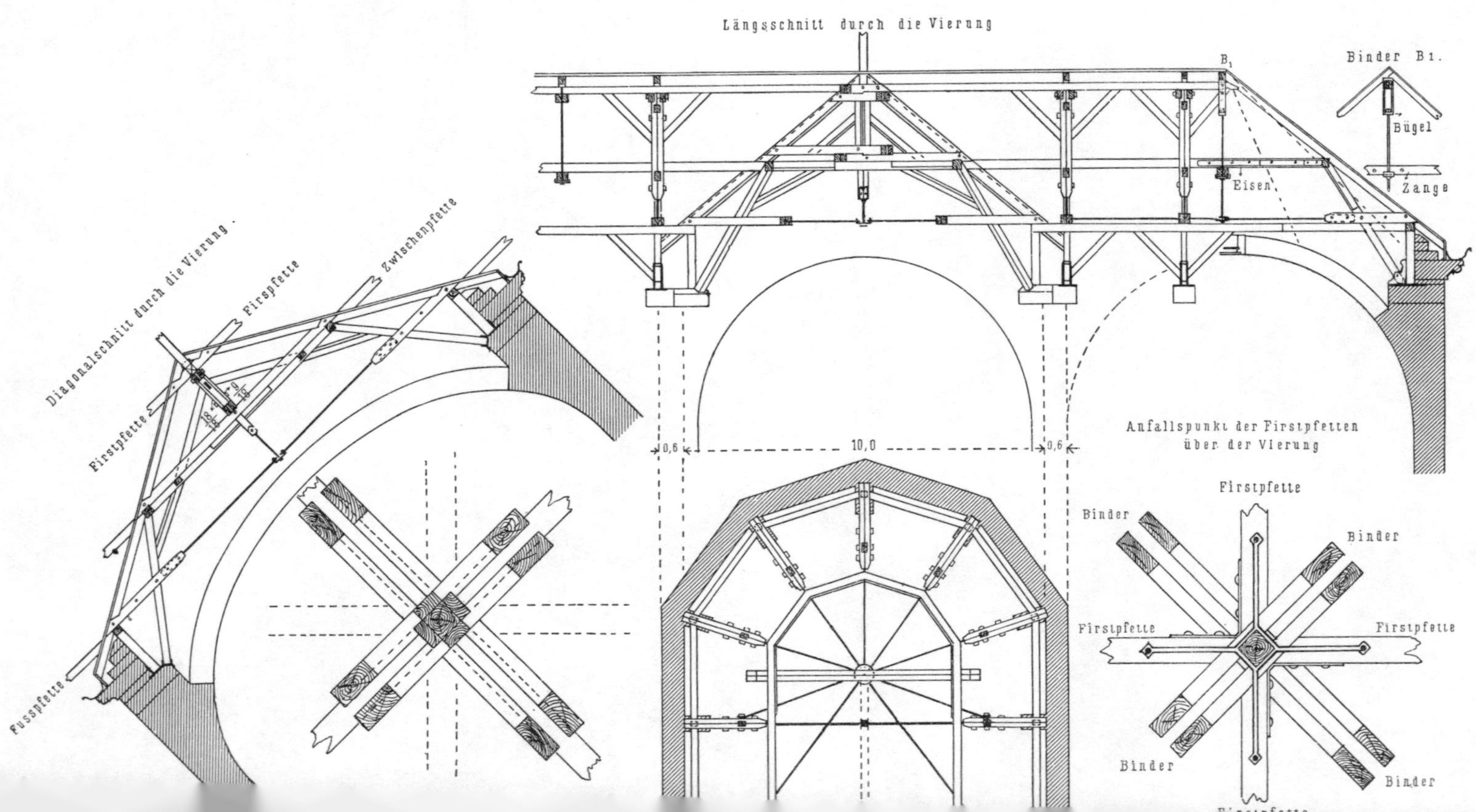
Längsschnitt durch die Vierung
Binder B1.
Bügel
Zange
Eisen
B1
0,6
10,0
0,6
Anfallspunkt der Firstpfetten
über der Vierung
Firstpfette
Binder
Binder
Firstpfette
Firstpfette
Binder
Binder
Diagonalschnitt durch die Vierung.
Zwischenpfette
Firstpfette
Firstpfette
Fusspfette

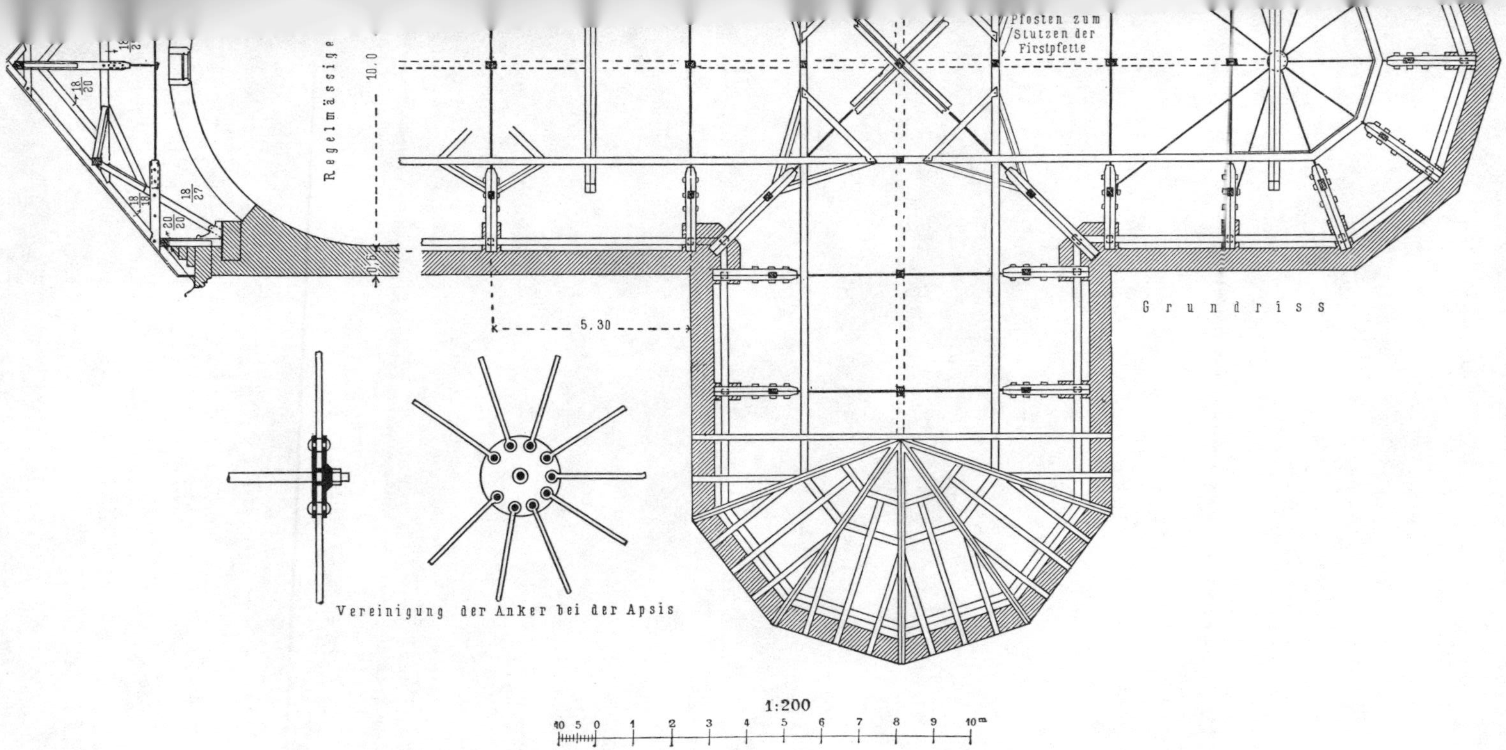


## Von der Kirche zu Badenweiler.



Nach freundlichen Mittheilungen des Herrn Oberbaudirectors Profeffor Dr. *Durm* zu Karlsruhe.

Doppelſtiele ſind im Dachraum noch weiter dadurch geſichert, daſs ſie zwiſchen Schwelle und Firſt 8 Kehlbalken umſchlieſsen, die an die 8 Gratſparren des Zeltdaches angeblattet ſind. Die weitere Conſtruction iſt einfach.

Eine gute, ohne Weiteres verſtändliche Anordnung iſt in Fig. 410 u. 411 [205]) vorgeführt.

### e) Anhang zu Kap. 26 und 27.

#### Beiſpiele für Dächer über verwickeltem Grundriſs.

Das Entwerfen eines Daches auch über verwickeltem Grundriſs wird nicht ſchwierig ſein, wenn man die in den vorigen Kapiteln gegebenen Anleitungen über die Conſtruction der Sattel-, Pult- und Zeltdächer beachtet. Nachſtehend ſind einige Beiſpiele ſolcher Dächer vorgeführt. 142. Beiſpiele.

Fig. 412 bis 415 [206]) zeigen die Dach-Conſtruction der Kirche zu Ellerſtadt (Arch.: *Manchot*). Fig. 415 zeigt den Grundriſs der Vierung, Fig. 413 den Diagonalſchnitt, Fig. 414 den Längsſchnitt durch die Vierung und Fig. 412 einen Satteldachbinder. Die Dach-Conſtruction iſt bis auf einen kleinen Theil in der Kirche ſichtbar und dem entſprechend ausgebildet.

Fig. 411.

Theilanſicht zu Fig. 410 [205]).

$^1/_{200}$ n. Gr.

An den vier Seiten der Vierung ſind Satteldachbinder (Fig. 412); für die Vierung ſelbſt ſind Diagonal-(Kehl-)binder angeordnet; die oberen Gurtungen derſelben dienen zugleich als Kehlſparren und ſetzen ſich gegen eine gemeinſame Hängeſäule, welche an ihrem unteren Ende durch zwei Doppelzangen gefaſſt iſt; vier eiſerne Zugbänder verbinden dieſen Punkt mit den vier Auflagern. In ſolcher Weiſe iſt eine Art deutſchen Dachſtuhles gebildet; die beiden dem Firſt zunächſt liegenden Pfetten ſind noch durch liegende Druckſtäbe gegen die Hängeſäule abgeſtützt.

Ein ſehr lehrreiches Beiſpiel bietet die neben ſtehende Tafel, den Dachſtuhl der Kirche zu Badenweiler darſtellend (Arch.: *Durm*); daſelbſt iſt die Dach-Conſtruction über der Vierung und den an dieſe anſchlieſsenden Schiffen im Grundriſs und den Schnitten dargeſtellt.

Das Dach iſt ein Pfettendach mit Firſtpfette, zwei Fuſs- und zwei Zwiſchenpfetten. Die Dachbinder haben Drempel; die durchgehende Zugſtange liegt höher, als der Schluſsſtein des Gewölbes. Ueber der Vierung laufen die Zwiſchenpfetten ſowohl des Langſchiffes, wie des Querſchiffes durch; ſie liegen in gleicher Höhe und ſind überſchnitten; daſelbſt ſind zwei Diagonalbinder angeordnet, welche den Bindern des Lang- und Querſchiffes entſprechen. Die im Grundriſſe ſich ergebenden Eckpunkte der Zwiſchenpfetten ſind durch beſondere Streben gegen die Eckpfeiler der Vierung abgeſtützt; dieſe Streben ſind über der Fuſspfette durch Doppelzangen gefaſſt, welche ein Zugband aus Rundeiſen zwiſchen ſich nehmen. Die Firſtpfetten werden durch eine gemeinſame Hängeſäule getragen, gegen welche ſich vier weitere in den beiden Diagonalbindern liegende Streben ſetzen; dieſe gehen von Doppelzangen aus, welche in halber Dachhöhe liegen. Ganz oben, unter dem Firſtpunkt, ſind in den Diagonalbindern noch zwei Paar Doppelzangen angebracht; gegen das obere dieſer Paare ſetzen ſich die vier Firſtpfetten vom Lang- und Querſchiff; die Verbindung derſelben mit der Helmſtange unter Zuhilfenahme von Eiſen iſt im Einzelnen veranſchaulicht.

Die vier Zwiſchenpfetten über der Vierung bilden im Grundriſs ein durch vier wagrecht gelegte Bügen verſteiftes Quadrat; die Pfetten ſind noch durch Kopfbänder gegen die Diagonalbinder verſtrebt; ſie tragen in den Mitten ihrer Längen kleine Pfoſten zum Abſtützen der Firſtpfetten.

[206]) Nach freundlicher Mittheilung des Herrn Profeſſor *Manchot* in Frankfurt a. M.

Fig. 412.

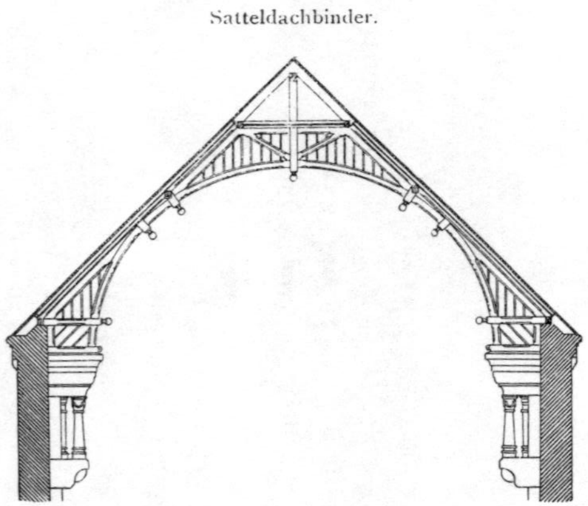


Fig. 413.

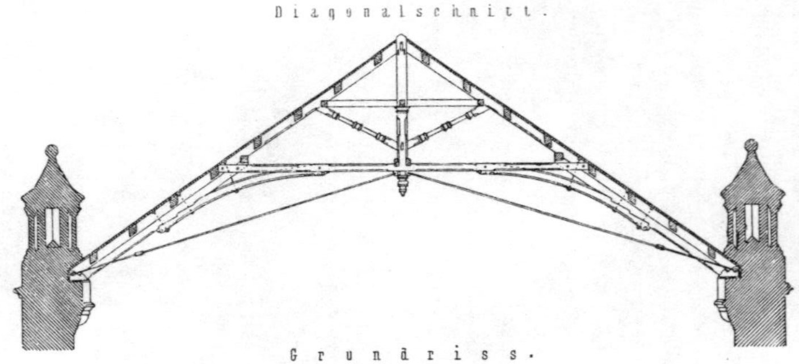


Fig. 414.

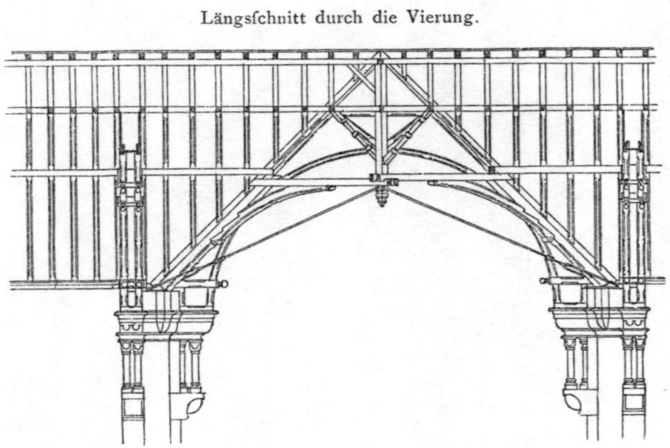


Fig. 415.

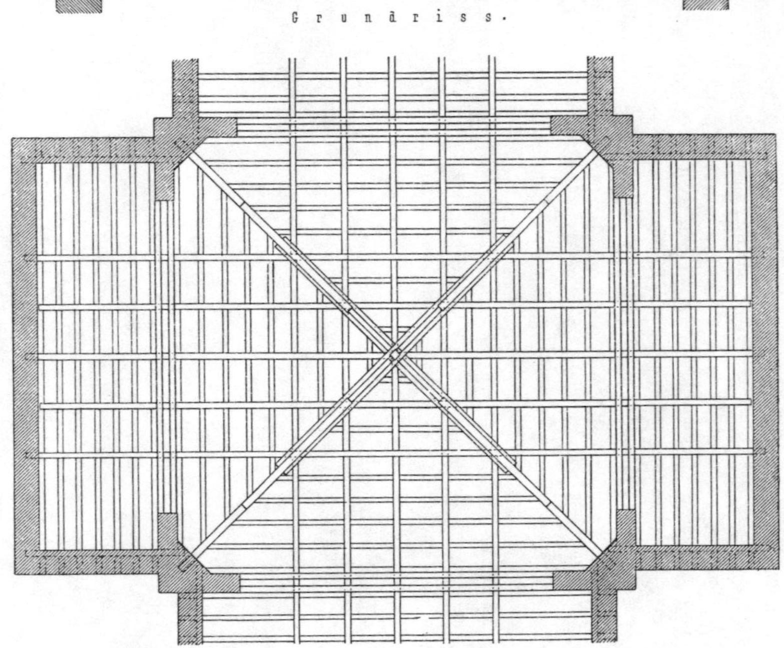


Von der Kirche zu Ellerſtadt[206]).

Bei den Apfiden ergeben fich halbe Zeltdächer. Da der eigentliche Binder etwa 1,40 m hinter dem Anfallspunkt liegt, fo ift die Firftpfette über den letzten Binder hinaus bis zum Anfallspunkt vorgeftreckt, durch ein Kopfband unterftützt und mit einem eifernen Bügel belaftet, der eine eiferne Scheibe trägt. In diefe Scheibe find die von den einzelnen Halbbindern ausgehenden Zugbänder (Rundeifen) geführt; der hier angefammelte Zug ift noch weiter nach den beiden nächften Bindern geleitet. Die umlaufende Zwifchenpfette ift in jedem Halbbinder durch eine Strebe geftützt, die durch eine Doppelzange gefafft wird; an der Innenfeite der umlaufenden Zwifchenpfette ift ein eiferner Ring angeordnet, welcher diefelbe auch zur Aufnahme von Zugfpannungen befähigt. Die Gratfparren der Halbbinder werden durch die umlaufenden Pfetten (Zwifchen- und Fufspfetten) getragen; gegen diefelben lehnen fich die Schifter; für den mittelften Sparren ift in jedem Felde ein Wechfel angebracht. Die Sparrenlage ift bei der Apfis des einen Querfchiffes im Grundrifs der Abbildung gezeichnet.

## Eiferne Sattel-, Tonnen- und Pultdächer.

Unter der Gefammtbezeichnung »Eiferne Dächer« follen nicht nur diejenigen Dach-Conftructionen vorgeführt werden, welche in ihren tragenden Theilen ausfchliefslich aus Eifen hergeftellt find, fondern auch folche Dächer, bei denen Pfetten und auch Theile der Binder aus Holz beftehen. Die Dachbinder mit hölzernen und eifernen Stäben, oder die »Dachbinder aus Holz und Eifen« find älter, als die rein eifernen Binder; fie bilden in der Entwickelung der Dach-Conftructionen das Uebergangsglied vom Holzdach zum Eifendach. Dennoch erfcheint es zweckmäfsig, zunächft die rein eifernen und danach erft die gemifcht eifernen Dächer zu befprechen. 143. Einleitung.

### a) Gefammtanordnung der eifernen Dachbinder.

Die eifernen Dächer find faft ausfchliefslich Pfettendächer: die Binder tragen die Pfetten, diefe die Sparren, die Sproffen und die Dachdeckung. Die Binder find Träger, und zwar je nach der Art ihrer Auflagerung: Balkenträger, Sprengwerksträger, Auslegerträger. 144. Vorbemerkungen.

Neuerdings ift von *Foeppl* vorgefchlagen worden, die Dächer aus Flechtwerk herzuftellen; auf diefen Vorfchlag, der ganz neue Gefichtspunkte eröffnet, wird unter 7 näher eingegangen werden.

Bei den eifernen Dachbindern können die in der Berechnung gemachten Vorausfetzungen nahezu vollftändig erfüllt werden, fowohl bezüglich der Auflagerung, als auch bezüglich der Bildung der Knotenpunkte. Die Möglichkeit genauer Berechnung hat denn auch zu immer kühneren und weiter gefpannten Conftructionen geführt. Hierher gehören insbefondere die neueren Bahnhofshallen und die grofsen Ausftellungsgebäude, Wunderwerke heutiger Conftructionskunft. Da die bei den Holz-Conftructionen vielfach noch unvermeidlichen Unklarheiten hier nicht vorhanden zu fein brauchen, fo foll man fie auch nicht auf die Eifen-Conftructionen übertragen; jede Eifen-Conftruction, welche nicht genau berechnet werden kann, ift unberechtigt und follte vermieden werden. Hierhin rechnen wir vor Allem folche Stabwerke, welche bei gelenkigen Knotenverbindungen wegen fehlender Stäbe unftabil fein würden und welche nur durch die ftarre Verbindung der Stäbe an den Knotenpunkten ftandfähig find. Solche Anordnungen werden beffer vermieden, falls nicht befondere Gründe praktifcher Art für diefelben fprechen. Auch bilde man die

Binder möglichst als statisch bestimmte Fachwerke; die Berechnung derselben ist einfach, kann leicht vorgenommen werden und wird deshalb auch wirklich durchgeführt. Bei statisch unbestimmten Fachwerken dagegen bleibt selbst bei sorgfältiger Berechnung Manches Schätzungen (wie die Gröfse der Elasticitätsziffer) oder Annahmen überlassen, die schwer zu prüfen sind (z. B. beim Bogen mit zwei Gelenken die Unverrückbarkeit der Kämpferpunkte). Statisch bestimmte Fachwerke sind den statisch unbestimmten meistens vorzuziehen.

Die für die Erkenntnifs und den Aufbau des statisch bestimmten Fachwerkes wichtigsten Ergebnisse sind bei der Besprechung der Holzdächer (Kap. 25) vorgeführt, und darauf kann hier verwiesen werden. Bemerkt werden möge, dafs die Binder fast ausnahmslos als Fachwerk hergestellt werden.

Obwohl grundsätzlich die Dachbinder mit zwei, drei und vier Auflagern gemeinsam behandelt werden können, soll die Behandlung aus praktischen Gründen gesondert erfolgen; eben so gesondert diejenige der Balken-, Sprengwerks- und Ausleger-Dachbinder.

### 1) Balken-Dachbinder.

145. Balken-Dachbinder auf zwei Stützpunkten.

Die Balken-Dachbinder auf zwei Stützpunkten sind die bei Weitem am meisten angewendeten, sowohl für Satteldächer, wie für Tonnen- und Pultdächer. Vieles, was für diese gilt, hat auch Bedeutung für die Dachbinder auf mehr als zwei Stützpunkten.

Man macht stets das eine Auflager fest und das andere gegen die Unterlage beweglich. Dann ist die Zahl der Auflager-Unbekannten $n = 2 + 1 = 3$, und die Stabzahl $s$ des statisch bestimmten Fachwerkes mufs, wenn, wie oben, $k$ die Zahl der Knotenpunkte bedeutet, $s = 2k - 3$ sein. Aufserdem mufs das Fachwerk geometrisch bestimmt sein.

Das einfachste statisch bestimmte Fachwerk wird hier erhalten, indem man Dreieck an Dreieck reiht oder, vom einfachen Dreieck ausgehend, an dieses zwei einander in einem neuen Knotenpunkt schneidende Stäbe fügt, an die so gebildete Figur wieder zwei neue Stäbe mit einem neuen Knotenpunkte setzt u. s. w. Beispiele zeigen Fig. 267, 270, 272, 273, 275 u. a.

Eine vielfach verwendete Dachbinderform ist durch Zusammensetzung zweier einfacher Fachwerke gebildet. Setzt man zwei aus Dreiecken bestehende statisch bestimmte Stabsysteme derart zusammen, dafs dieselben einen gemeinsamen Knotenpunkt haben, so mufs man, um ein statisch bestimmtes Balkendach zu erhalten, einen neuen Stab zufügen, der einen Knotenpunkt des einen mit einem Knotenpunkt des anderen Systems verbindet. Der erhaltene Dachbinder ist als »*Polonceau-* oder *Wiegmann*-Dachbinder« bekannt (Fig. 416). Jedes einzelne Stabsystem bezeichnet man wohl als Scheibe; die Untersuchung, wie man durch verschiedene Verbindungen von Scheiben und Stäben neue Träger schaffen kann, die ebenfalls statisch bestimmt sind, hat zu sehr fruchtbaren Ergebnissen geführt, wegen deren u. A. auf die unten angegebene Quelle verwiesen wird [207]).

Die Formen der Dachbinder sind sehr verschiedenartig: in erster Linie ist die Gestalt der oberen Gurtung, dann diejenige der unteren Gurtung, endlich die Anordnung des Gitterwerkes wichtig.

[207]) LANDSBERG. Ueber Mittengelenkbalken. Zeitschr. d. Arch.- u. Ing.-Ver. zu Hannover 1889, S. 629.

Fig. 416.

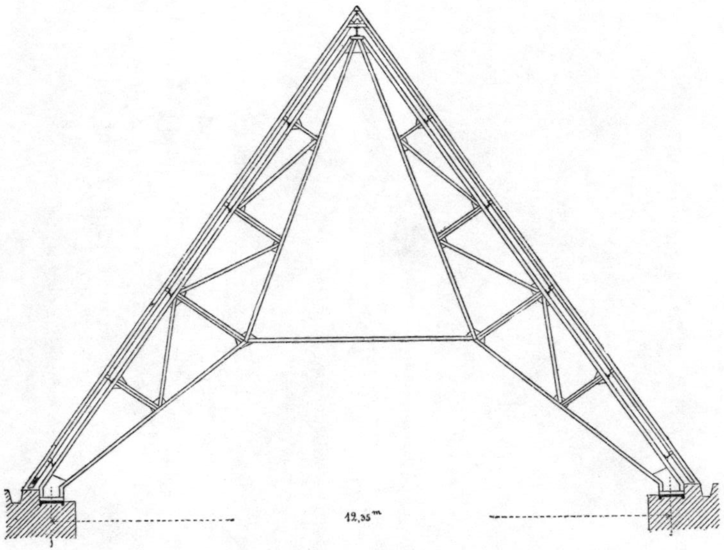


Von der Kirche zu Sachfenhaufen.

$^1/_{150}$ n. Gr.

Fig. 418.

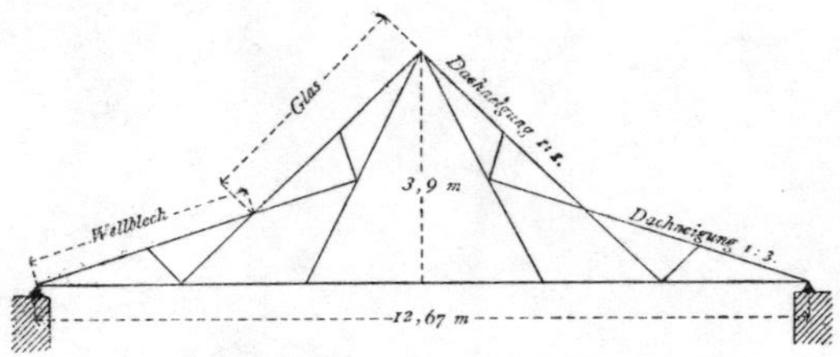


Von der Wagen-Reparaturwerkftätte
zu Hannover.

$^1/_{200}$ n. Gr.

Fig. 417.

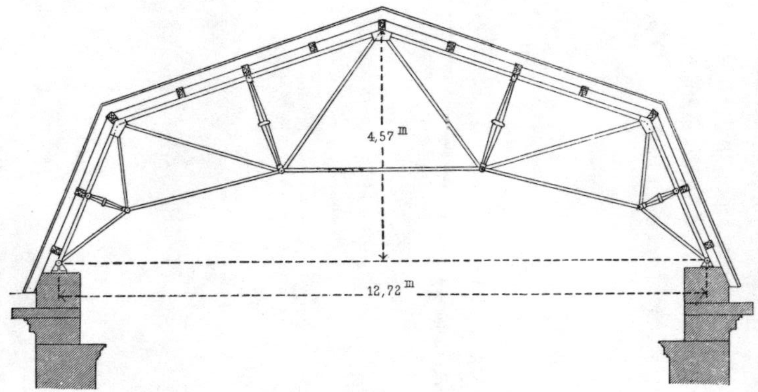


Von *Abbey Mill's Pumping Station* [208]).

$^1/_{150}$ n. Gr.

Fig. 419.

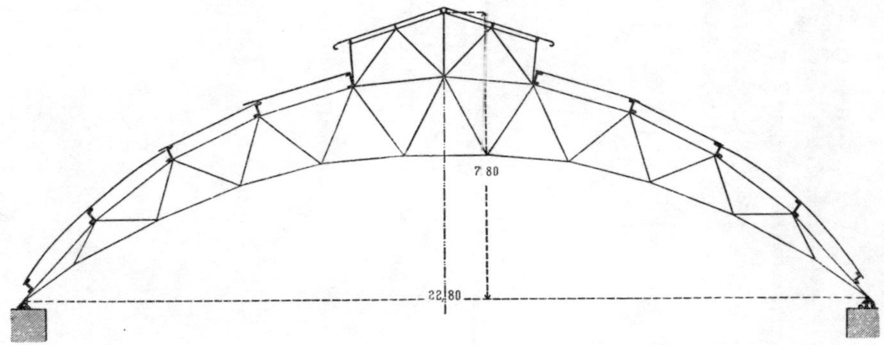


Vom Bahnfteigdach zu Elberfeld-Doeppersberg.

$^1/_{200}$ n. Gr.

Die obere Gurtung der Dachbinder wird meiſtens in die Dachfläche, bezw. möglichſt nahe der Dachfläche gelegt, ſowohl bei Balken-, wie bei Sprengwerks- und Auslegerdächern. Dieſe Anordnung iſt empfehlenswerth und im Allgemeinen der ſelteneren Binderform vorzuziehen, bei welcher der Binder als beſonderer Träger ausgebildet wird, auf welchen die Pfettenlaſt durch lothrechte oder geneigte Pfoſten

Fig. 420.

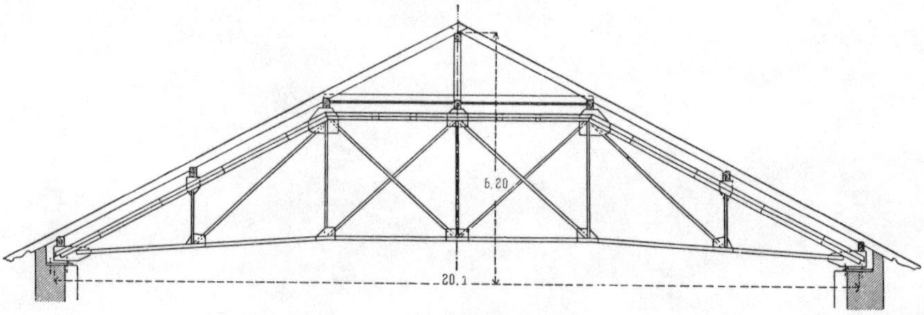


Vom Maſchinenhaus der dritten Dresdener Gasanſtalt[209]).

$^1/_{200}$ n. Gr.

Fig. 421.

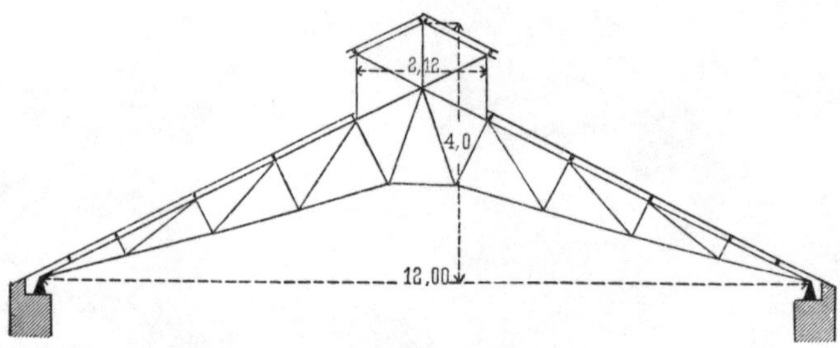


Vom Retortenhaus auf dem Bahnhof zu Hannover.

$^1/_{150}$ n. Gr.

Fig. 422.

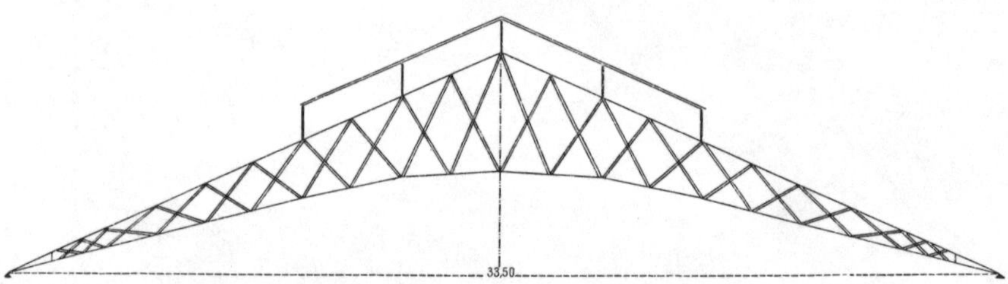


Vom Dach über einem Ausſtellungsgebäude[210]).

$^1/_{300}$ n. Gr.

übertragen wird. Erſtere (Fig. 416, 417, 419 u. a.) iſt deſshalb zweckmäſsiger, weil ſie eine gute Ausſteifung der gedrückten Gurtung durch die Pfetten und die in den Dachflächen liegende Windverſtrebung bietet; bei der anderen Anordnung fehlt dieſe Ausſteifung. Für Beanſpruchung auf Zerknicken können die Knotenpunkte der oberen Gurtung bei der erſten Conſtruction als feſte Punkte angeſehen werden; bei

208) Nach: HUMBER. *A complete treatiſe on caſt and wrought iron bridge conſtruction.* London 1866.

209) Nach: Zeitſchr. d. Arch.- u. Ing.-Ver. zu Hannover 1881, Bl. 859.

210) Nach: *Nouv. annales de la conſtr.* 1870, Bl. 23—24.

der anderen Conftruction find diefe Knotenpunkte wohl in der Binderebene feft, nicht aber gegen Ausbiegen aus diefer Ebene genügend gefichert.

Wenn die obere Gurtung in der Dachfläche liegt, fo ift diefelbe, entfprechend der Sattelform des Daches, ebenfalls meiftens fattelförmig (Fig. 416); aber auch bei mehreren, verfchieden geneigten Dachflächen kann man diefe Binderanordnung

Fig. 423.

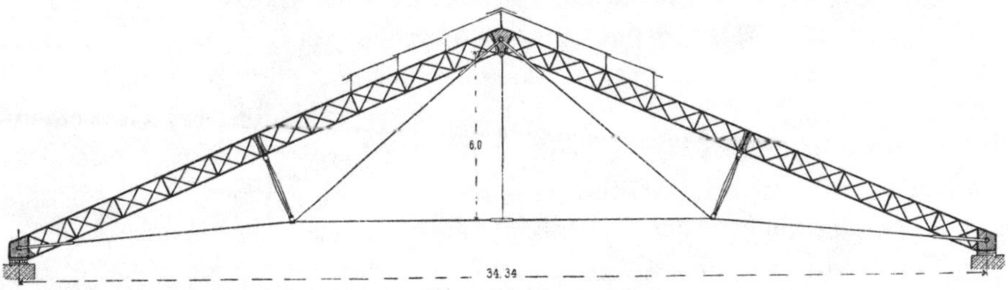


Von der Bahnhofshalle zu Neapel[211]).

$^1/_{300}$ n. Gr.

Fig. 424.

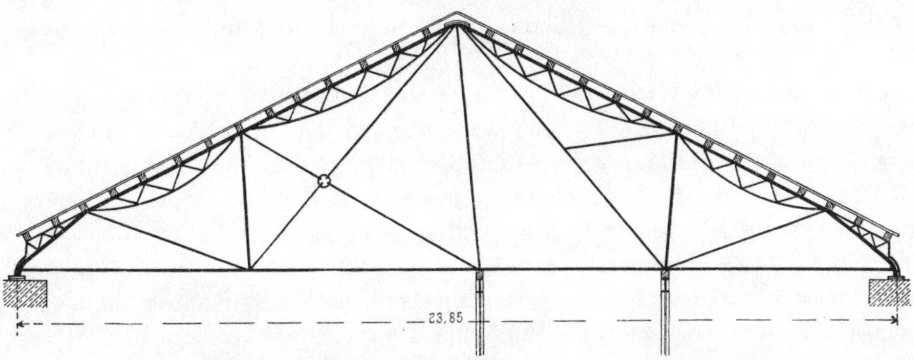


Vom Dach über dem Stadtverordneten-Saal im Rathhaus zu Berlin[212]).

$^1/_{200}$ n. Gr.

Fig. 425.

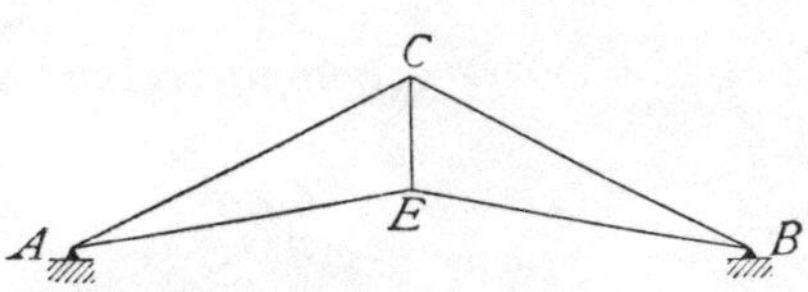


Fig. 426.

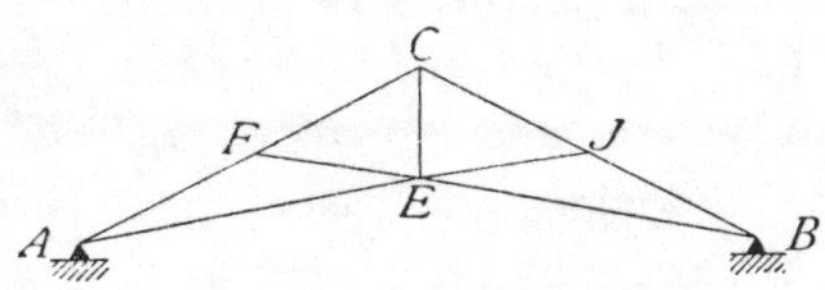


wählen. Ein Beifpiel für einen ausfpringenden Winkel zeigt Fig. 417 und für einen einfpringenden Winkel Fig. 418. Bei einer gröfseren Zahl verfchieden geneigter Dachflächen erhält man das fog. Sicheldach (Fig. 419); man kann auch den mittleren Theil des Dachbinders nach Fig. 420[209]) mit wagrechter oberer Gurtung conftruiren, wodurch der Binder eine Art Trapezträger wird.

211) Nach ebendaf. 1875, Bl. 47, 48.

212) Nach: Zeitfchr. f. Bauw. 1869, Bl. 56.

Die untere Gurtung iſt entweder geradlinig und wagrecht, oder ſie bildet eine gebrochene, meiſtens nach oben gekrümmte Linie (Fig. 419 u. 421); unter Umſtänden iſt ſie auch wohl nach unten gekrümmt.

Das Gitterwerk der Dachbinder wird zweckmäſsig aus zwei Scharen von Stäben gebildet; dieſe Scharen ſind entweder beide geneigt (Fig. 419), oder eine derſelben iſt lothrecht, oder eine Schar ſteht ſenkrecht zur Dachfläche (Fig. 421). Für die letztgenannte Anordnung ſpricht, daſs die gedrückten Gitterſtäbe verhältniſsmäſsig kurz werden, was wegen der Zerknickungsgefahr günſtig iſt. Es kommen auch wohl gekreuzte Stäbe zwiſchen den lothrecht oder ſenkrecht zur Dachfläche angeordneten Pfoſten vor, und zwar dann, wenn man ſtets nur gezogene Schrägſtäbe haben will. Dann wirken die gekreuzten Schrägſtäbe wie Gegendiagonalen, über welche das Erforderliche in Theil I, Band 1, zweite Hälfte (Statik der Hochbau-Conſtructionen) dieſes »Handbuches« geſagt iſt. Im Allgemeinen iſt man neuerdings von der Anordnung der Gegendiagonalen — auch im Brückenbau — abgekommen und zieht es vor, die Stäbe auf Zug und Druck zu beanſpruchen; die Rückſichtnahme auf die Zerknickungsgefahr iſt leicht, die Querſchnittsvergröſserung wegen derſelben bei den Dachbindern nicht ſehr bedeutend, ſo daſs man in der That beſſer nur zwei Scharen von Gitterſtäben anordnet und von den Gegendiagonalen abſieht. Auch Binder mit mehrfachem Gitterwerk kommen wohl vor, wenn auch ſelten (Fig. 422 [210]); dieſe Conſtruction iſt ſtatiſch unbeſtimmt und nicht empfehlenswerth.

Laſtpunkte zwiſchen den Knotenpunkten des Fachwerkes ſollen vermieden werden; durch die Laſten zwiſchen den Knotenpunkten werden in den Stäben der oberen Gurtung, welche dieſe Belaſtungen nach den Hauptknotenpunkten zu übertragen haben, Biegungsmomente erzeugt, und damit entſteht in der oberen Gurtung eine ungleichmäſsige und ungünſtige Spannungsvertheilung. Wenn ſich aus beſonderen Gründen Zwiſchenlaſtpunkte — alſo Pfetten — als zweckmäſsig ergeben, ſo ordne man für dieſelben beſondere Unterconſtructionen, Fachwerksträger zweiter Ordnung, an, die von einem Knotenpunkt zum anderen reichen. Beiſpiele hierfür geben Fig. 423 [211]) u. 424 [212]). Die kleinen Träger können mit gekrümmten unteren Gurtungen als Parabelträger oder auch als Parallelträger conſtruirt werden. Man erreicht hierdurch die Verwendung ſehr einfacher Hauptträger, welche ſich durch eine geringe Zahl von Knotenpunkten und groſse Klarheit auszeichnen. *Schwedler* hat mit Vorliebe dieſe Dachbinder verwendet.

146. Verſchiedenheit. In Folge der geſchichtlichen Entwickelung ſpielen einige Binderarten bei den Balkendächern eine beſonders wichtige Rolle:

Fig. 427.

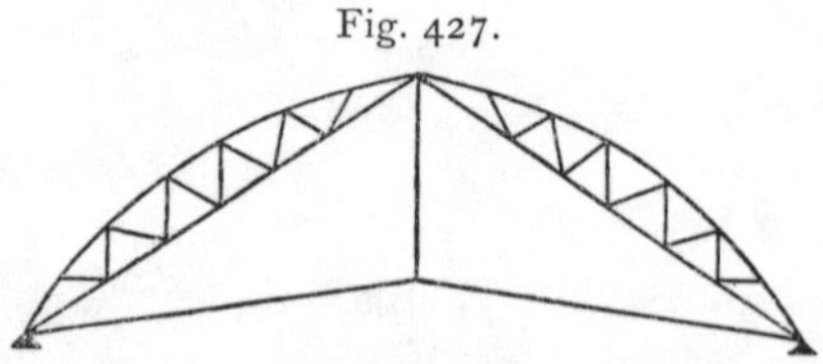

α) das einfache Dreieckdach (Fig. 425);

β) der deutſche Dachſtuhl (Fig. 426);

γ) der engliſche Dachbinder (Fig. 421);

δ) der *Polonceau*- oder *Wiegmann*-Dachbinder (Fig. 416), und

ε) der Sicheldachbinder (Fig. 419).

Die Anordnung dieſer Binder iſt in Theil I, Band 1, zweite Hälfte (Art. 424, S. 389 [213]) dieſes »Handbuches« vorgeführt, worauf hier Bezug genommen werden kann. Die Abbildungen ſind zum Theile der dortigen Beſprechung entnommen.

---

213) 2. Aufl.: Art. 213, S. 196 u. 197.

Fig. 428.

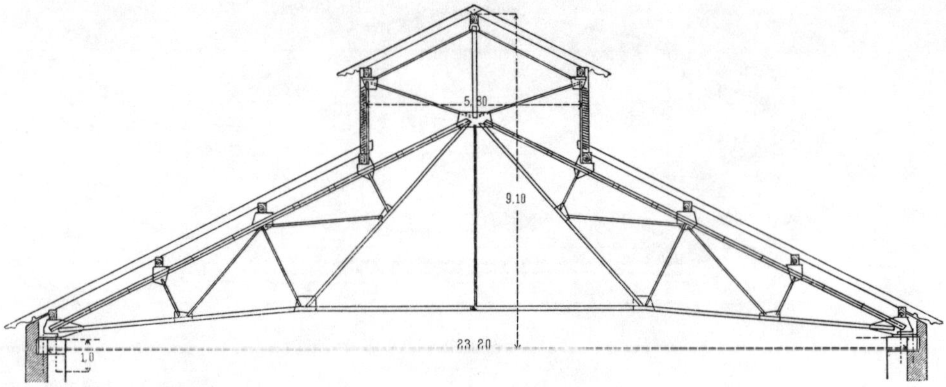


Vom Ofenhaus der dritten Dresdener Gasanftalt [214]).

$^1/_{200}$ n. Gr.

Fig. 429.

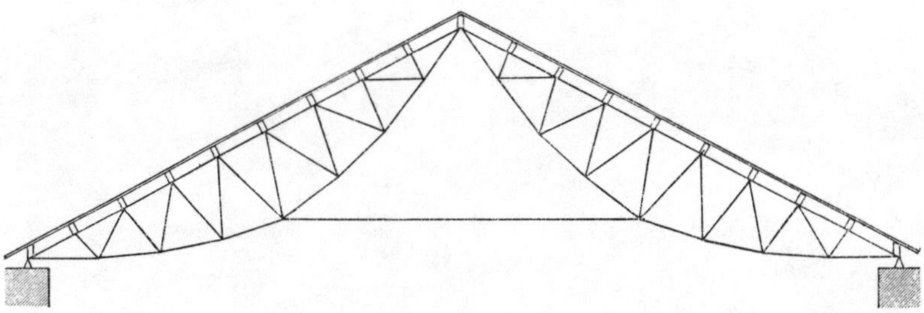

Dachbinder-Syftem *Arajol* [215]).

Fig. 430.

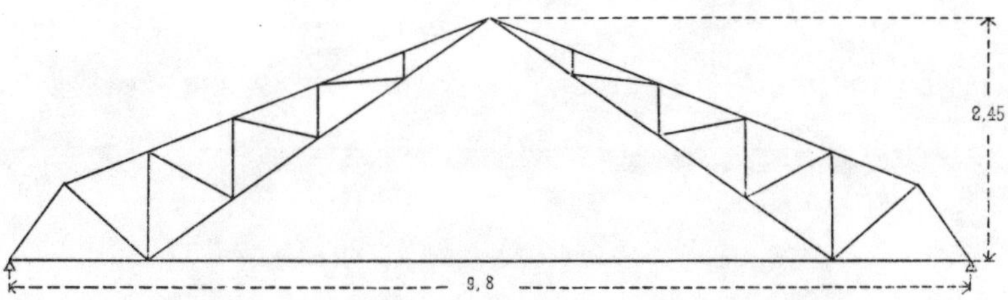


Vom Güterfchuppen auf dem Bahnhof zu Hannover.

$^1/_{100}$ n. Gr.

Fig. 431.

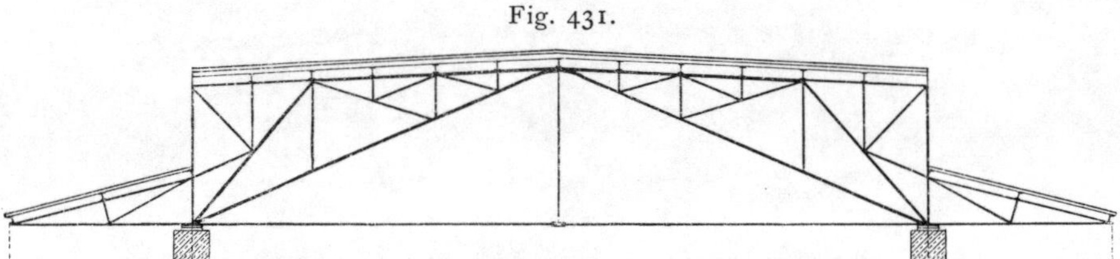


Vom neuen Packhof zu Berlin.

$^1/_{200}$ n. Gr.

214) Nach: Zeitfchr. d. Arch.- u. Ing.-Ver. zu Hannover 1881, Bl. 858.

215) Nach: *Nouv. annales de la conftr.* 1892, Bl. 46—47.

Fig. 432.

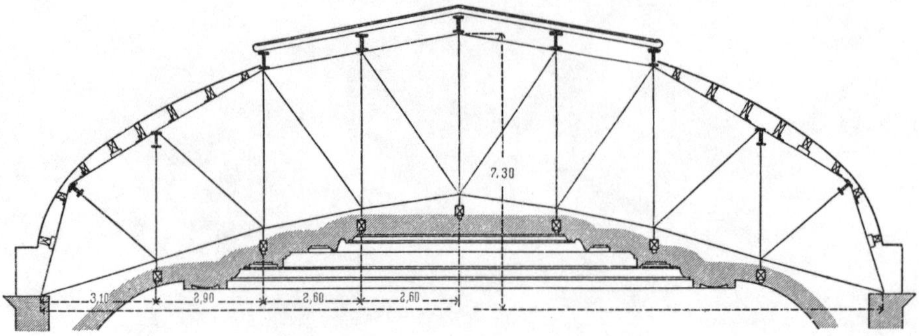


Vom grofsen Börfenfaal zu Zürich[216]).

1/200 n. Gr.

Fig. 433.

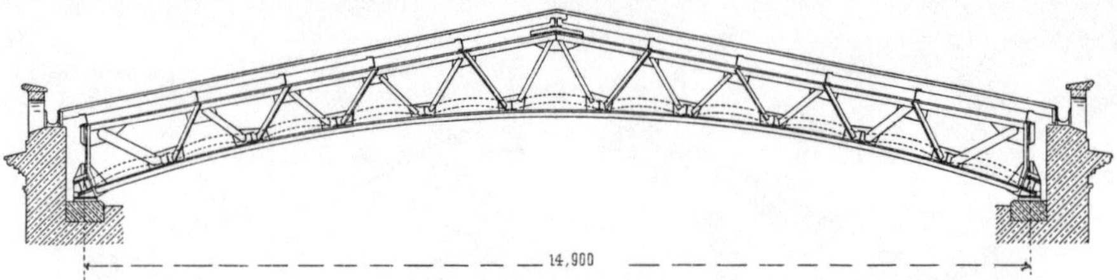


Vom Wartefaal III. und IV. Claffe auf dem Bahnhof zu Bremen[217]).

1/150 n. Gr.

Fig. 434.

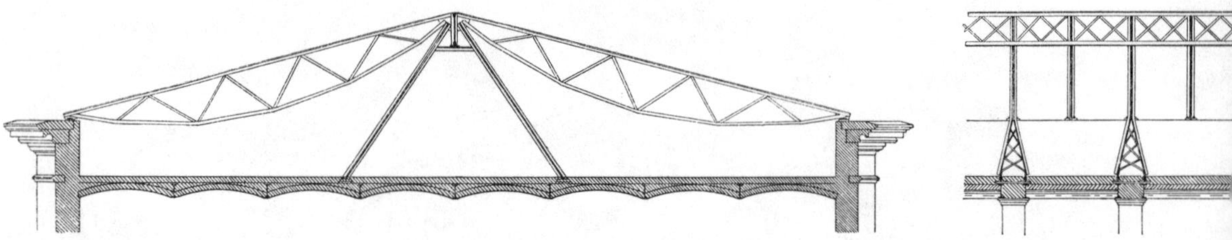

Von der Univerfitäts-Bibliothek zu Göttingen[218]).

1/200 n. Gr.

Fig. 435.

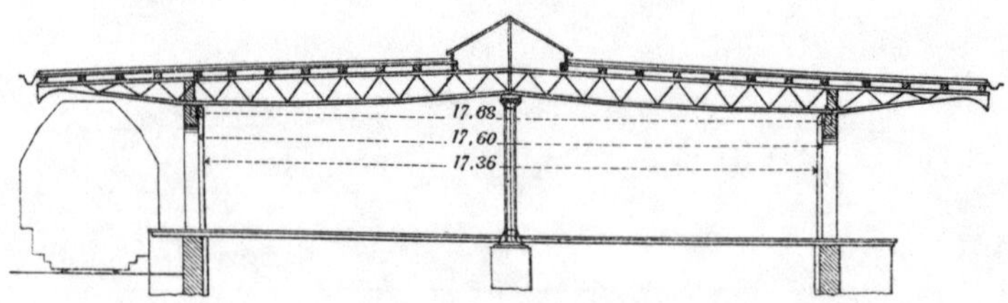


Vom Güterfchuppen auf dem Bahnhof zu Bremen[219]).

1/300 n. Gr.

216) Nach: Eifenbahn, Bd. 9, Beil. zu Nr. 8.

217) Nach: Zeitfchr. d. Arch.- u. Ing.-Ver. zu Hannover 1892, Bl. 17.

218) Nach ebendaf. 1887, Bl. 5.

219) Facf.-Repr nach ebendaf. 1892, Bl. 25.

Beim einfachen Dreieckdach und beim deutschen Dachstuhl hat man vielfach Unterconstructionen angewendet. Ordnet man die Träger zweiter Ordnung beim einfachen Dreieckdach nach Fig. 427 an, so addiren sich die vom Hauptsystem in der oberen Gurtung vorhandenen Druckspannungen zu den im Träger zweiter Ordnung an derselben Stelle erzeugten Zugspannungen. Unter Umständen kann dadurch die Anordnung in Fig. 427 sehr vortheilhaft sein.

Beim englischen Dachbinder ist die eine Schar der Gitterstäbe meistens lothrecht oder senkrecht zur Dachfläche.

Der *Polonceau-* oder *Wiegmann*-Dachstuhl hat die Eigenthümlichkeit, dass zwei genügend stark hergestellte Träger sich im First gegen einander legen; wollte man keinen Stab weiter hinzufügen, so würde dadurch ein Dreigelenkträger entstehen, welcher nur mit zwei festen Auflagern stabil wäre und der auf diese Auflager grosse wagrechte Kräfte übertragen würde. Diese Kräfte werden durch einen weiteren Stab, der beide Hälften des Trägers mit einander verbindet, aufgehoben; nunmehr muss aber eines der beiden Auflager beweglich gemacht werden, damit der Träger ein statisch bestimmter Balkenträger werde. Die gewöhnlichen Formen dieses Trägers sind in Fig. 416 u. 428[214]) dargestellt; nach der gegebenen Erklärung gehören aber auch die Dachbinder in Fig. 429[215]), 430 u. 431 hierher.

Die Knotenpunkte der Sicheldachbinder werden gewöhnlich auf Parabeln oder Kreisbogen angeordnet. Einen Sichelbinder zeigt Fig. 419.

Wenn es sich um die Ueberdeckung weiter Räume handelt, in welche man nicht gut Stützen setzen kann, so benutzt man zweckmässig die Dachbinder auch zum Tragen der Decken; man hängt die Decke an die Dachbinder. Alsdann richtet man sich wohl in der Form der Binder nach der Lage der Lastpunkte; Fig. 424, 432[216]) u. 433[217]) zeigen einige Dachbinder mit angehängten Decken. Unter Umständen kann man die untere Gurtung des Binders sofort zum Tragen der Decke verwenden; eine solche Anordnung ist in Fig. 433 dargestellt, wo die untere Gurtung der Dachbinder die eisernen Längsträger aufnimmt, zwischen welche die Deckengewölbe gespannt sind. 147. Dachbinder mit angehängter Decke.

Wenn eine mittlere Unterstützung des Binders möglich ist, so ordne man dieselbe an, setze also den Binder auf drei Stützpunkte; dabei vermeide man es aber, denselben als durchgehenden (continuirlichen) Träger herzustellen, sondern mache ihn statisch bestimmt. Man kann dies erreichen, wenn man jede Binderhälfte für sich frei auflagert. Eine solche Anordnung ist in Fig. 434[218]) dargestellt. Im First läuft ein durch besondere Stützen getragener Gitterträger durch, welcher den beiden Hälften des Dachbinders je ein Auflager bietet; die beiden anderen Auflager sind auf den Seitenmauern gelagert. Grundsätzlich ähnlich ist die Construction in Fig. 435[219]); der mittelste Stab der oberen Gurtung ist beweglich angeschlossen, so dass er für die Berechnung als nicht vorhanden angesehen werden kann; man erhält so zwei getrennte Träger. Auch auf andere Weise kann man statisch bestimmte Binder auf drei Stützen herstellen, z. B. durch Einfügen eines Gelenkes in die eine der beiden Hälften. 148. Balken-Dachbinder auf drei Stützpunkten.

Bei den Balken-Dachbindern auf vier Stützpunkten vermeide man ebenfalls, die Binder als continuirliche Träger auszuführen, stelle vielmehr über der mittleren Oeffnung ein statisch bestimmtes Satteldach her und versehe die beiden äusseren Oeffnungen mit statisch bestimmten Pultdachbindern. Ein Beispiel hierfür zeigt Fig. 223 (S. 80). Man kann so auch leicht eine basilicale Anlage mit hohem Seiten- 149. Balken-Dachbinder auf vier Stützpunkten.

Fig. 436.

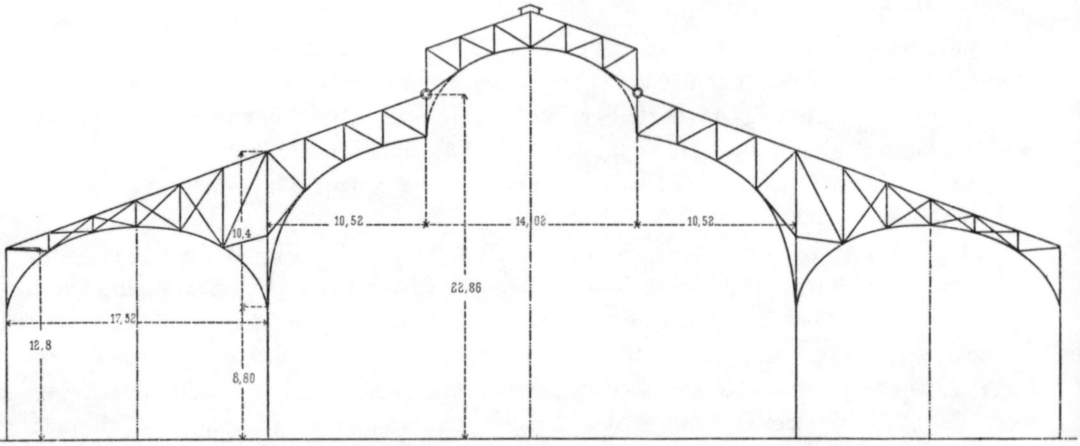


Vom Bergwerksgebäude der Weltausftellung zu Chicago 1893.

$^{1}/_{500}$ n. Gr.

licht erhalten, welche für Ausftellungshallen, Markthallen u. f. w. fehr geeignet ift (Fig. 224, S. 81).

Die ftatifche Beftimmtheit wird auch durch Einfügen zweier Gelenke in die Mittelöffnung erreicht, wodurch man zwei feitliche Auslegerträger und einen zwifchengehängten Mittelträger erhält. Ein fchönes Beifpiel zeigt Fig. 436; der eingehängte Träger mufs ein Auflager mit Längsbeweglichkeit bekommen, da fonft das Ganze ftatifch unbeftimmt wird; auch darf aus demfelben Grunde von jedem Seitenträger nur ein Auflager feft fein.

## 2) Sprengwerks- und Bogen-Dachbinder.

150. Sprengwerks-Dachbinder.

Sprengwerks-Dachbinder find folche, bei denen beide Auflager feft oder in ihrer gegenfeitigen Beweglichkeit befchränkt find (vergl. die Erläuterungen in Art. 98, S. 123). Diefe Binder übertragen auf ihre Stützpunkte fchiefe Kräfte, welche für die Seitenmauern des Gebäudes defto gefährlicher find, je höher die Stützpunkte liegen. Man ift defshalb bei den neueren, weit gefpannten Sprengwerksdächern dazu übergegangen, die Auflager ganz tief zu legen, fo dafs die Fufspunkte der Binder fich fofort auf die Fundamente fetzen. Solche Sprengwerksdächer mit tief liegenden Stützpunkten find für weite Hallen (Bahnhofshallen, Markt- und Reithallen, Ausftellungsgebäude) die naturgemäfsen Dach-Conftructionen und allen anderen vorzuziehen: fie halten von den Gebäudemauern die gefährlichften Kräfte, die auf Umfturz wirkenden wagrechten Kräfte, ganz fern. Sie find aus diefem Grunde auch den Balken-Dachbindern vorzuziehen, weil bei diefen wenigftens an der Seite des feften Auflagers die wagrechten Kräfte auf die Seitenmauern übertragen werden und bei der hohen Lage diefes Stützpunktes ungünftig wirken. Auch am beweglichen Auflager ift ftets Reibung vorhanden, und demnach kann ebenfalls eine wagrechte Kraft übertragen werden. Thatfächlich ift man feit verhältnifsmäfsig kurzer Zeit für die grofsen Hallen der Neuzeit von den Balken-Dachbindern (Sicheldächern, *Polonceau-* oder *Wiegmann-*Dächern) abgegangen und führt faft ausfchliefslich Sprengwerksdächer mit tief gelegten Stützpunkten aus.

Man kann die Sprengwerksbinder als ſtatiſch unbeſtimmte oder als ſtatiſch beſtimmte Conſtructionen herſtellen. Beide Stützpunkte ſind feſt, d. h. die Zahl der Auflager-Unbekannten beträgt $n = 2 . 2 = 4$. Da nur drei Gleichgewichtsbedingungen, alſo nur drei Gleichungen für die Berechnung dieſer vier Unbekannten verfügbar ſind, ſo iſt der Binder nur dann ſtatiſch beſtimmt, wenn ſeine Conſtruction eine weitere Bedingung vorſchreibt. Ordnet man z. B. in dem Binder ein Gelenk an, ſo bedeutet dies, daſs bei jeder beliebigen Belaſtung das Moment für dieſen Gelenkpunkt gleich Null ſein muſs. Damit iſt eine vierte Gleichung gegeben, der Binder demnach jetzt ſtatiſch beſtimmt. Fig. 437 u. 438[220]) zeigen einige neuere Beiſpiele ſolcher Dreigelenk-Dachbinder; das Gelenk wird in die Mitte gelegt, obgleich es theoretiſch auch an anderer Stelle liegen kann.

151. Bogen-Dachbinder mit Durchzügen.

Zu den Sprengwerks-Dachbindern können auch die Bogen-Dachbinder mit Durchzügen gerechnet werden, welche ebenfalls für weite Hallen vielfach Anwendung gefunden haben. Die Bogenbinder ſind Sprengwerke, welche Schub auf die Auf-

Fig. 437.

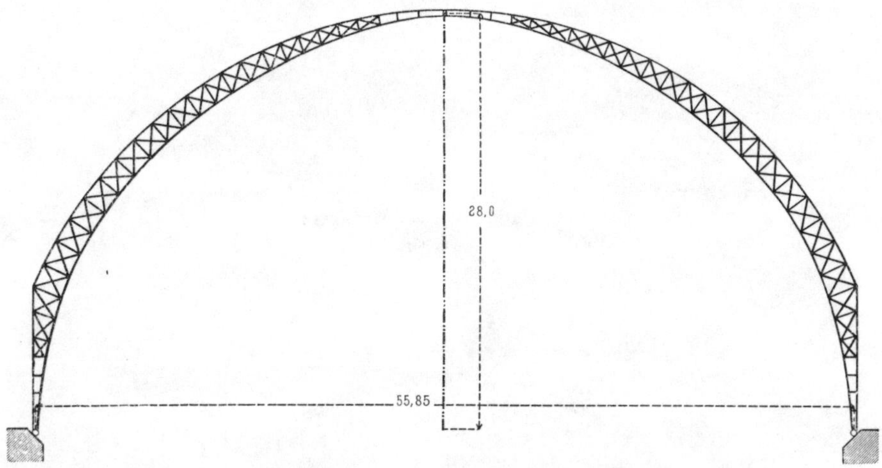


Von der groſsen Halle auf dem Hauptbahnhof zu Frankfurt a. M.
1/500 n. Gr.

lager ausüben; dieſer für das Mauerwerk gefährliche Schub wird durch den Durchzug aufgehoben, welcher in einfachſter Weiſe aus einem wagrechten Stabe beſtehen kann, der beide Auflager verbindet. Damit der wagrechte Stab nicht in Folge ſeines Eigengewichtes durchhängt, ordnet man Hängeeiſen an, welche den Stab an verſchiedenen Stellen halten. Man kann auch den Durchzug aus mehreren Stäben herſtellen, welche zuſammen eine gebrochene, von einem Auflager zum anderen verlaufende Linie bilden, die für das Auge angenehmer wirkt, als die gerade, wagrechte Linie (Fig. 440). Wenn bei ſolchem Binder ein Auflager beweglich angeordnet wird, ſo wirkt derſelbe auf die Stützpunkte als Balkenbinder. Für die Ermittelung der im Träger auftretenden Spannungen aber muſs derſelbe als Bogenträger aufgefaſst werden; denn die Entfernung der beiden Auflager von einander muſs ſtets gleich der wagrechten Projection des Durchzuges ſein; ſie vergröſsert bezw. verkleinert ſich mit der elaſtiſchen Vergröſserung, bezw. Verkleinerung derſelben, iſt alſo nicht frei veränderlich. Bei nicht unterbrochenem Bogen iſt dieſe

220) Nach ebendaſ. 1894, Bl. 11.

Conſtruction ſtatiſch unbeſtimmt, ein Bogenträger mit zwei Gelenken, deren Entfernung veränderlich iſt; ſie kann durch Anordnung eines Gelenkes (gewöhnlich im Scheitel) ſtatiſch beſtimmt gemacht werden. Für die vier Auflager-Unbekannten $A$, $B$, $H$ und $H'$ (Fig. 439), welche auch die Scheitel-Unbekannten beſtimmen, ſind die drei Gleichgewichtsbedingungen und die Gleichung verfügbar, welche beſagt, daſs für den Scheitel das reſultirende Moment aller an der einen Seite deſſelben wirkenden Kräfte gleich Null iſt. Man erhält alſo:

Fig. 438.

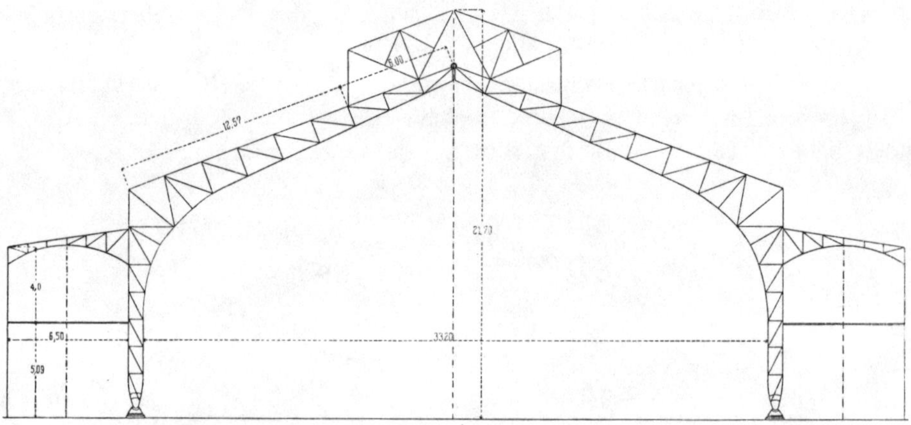


Von der Markthalle zu Hannover [220]).

$^1/_{400}$ n. Gr.

Fig. 439.

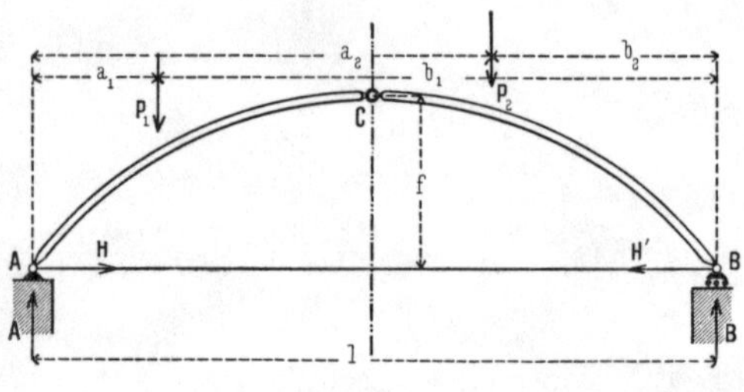


$$A = \frac{P_1 b_1 + P_2 b_2}{l}, \quad B = \frac{P_1 a_1 + P_2 a_2}{l} \quad \text{und}$$

$$0 = - Hf + A \frac{l}{2} - P_1 \left( \frac{l}{2} - a_1 \right),$$

woraus folgt:

$$H = \frac{P_1 a_1 + P_2 b_2}{2f},$$

$$H' = H = \frac{P_1 a_1 + P_2 b_2}{2f}.$$

Wenn der Durchzug aus einer Anzahl von Stäben beſteht, welche eine gebrochene Linie bilden, ſo kann man $A$, $B$, $H$ und $H'$ ähnlich ermitteln, wie ſoeben gezeigt iſt, und danach die Spannungen in den Stäben des Durchzuges aus der Bedingung finden, daſs die wagrechte Seitenkraft der Spannung jeden Stabes gleich $H$ iſt. Wenn man die Höhe des Sichelpfeiles (Fig. 440) mit $f_1$ bezeichnet, ſo erhält man

$$A = \frac{P_1 b_1 + P_2 b_2}{l}, \quad B = \frac{P_1 a_1 + P_2 a_2}{l}, \quad H = \frac{1}{f_1}\left[A\frac{l}{2} - P_1\left(\frac{l}{2} - a_1\right)\right],$$

woraus ſich mit dem Werthe für $A$ ergiebt:

$$H = \frac{P_1 a_1 + P_2 b_2}{2 f_1}.$$

Fig. 440.

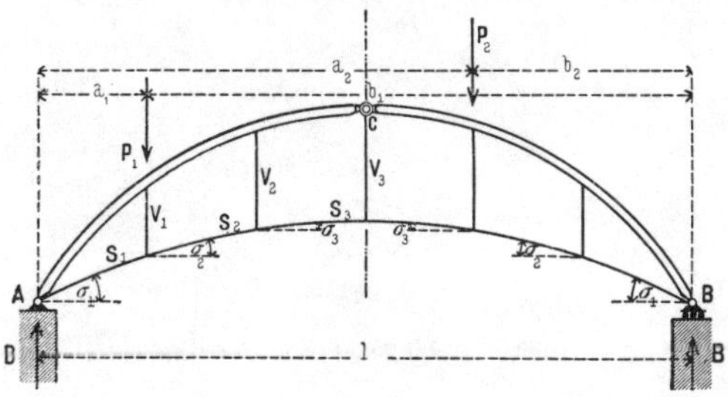


Die Spannungen im Durchzug ſind bezw.

$$S_1 = \frac{H}{\cos \sigma_1} \quad \text{und} \quad S_2 = \frac{H}{\cos \sigma_2}, \qquad 11.$$

diejenigen in den Hängeeiſen

$$\left.\begin{array}{l} V_1 = H(\operatorname{tg}\sigma_1 - \operatorname{tg}\sigma_2) \\ \text{und} \\ V_2 = H(\operatorname{tg}\sigma_2 - \operatorname{tg}\sigma_3) \end{array}\right\} \quad . \quad . \quad 12.$$

In ähnlicher Weiſe ergeben ſich auch die durch Windbelaſtungen erzeugten Auflagerdrücke und Spannungen der Zugſtange, ſo wie der Hängeeiſen.

Durch die Hängeeiſen werden auf die Bogenhälften Zugkräfte übertragen; um dieſe und die unmittelbaren Belaſtungen ertragen zu können, müſſen die Bogen ſteif hergeſtellt werden, d. h. ſo, daſs ſie Biegungsmomente aufnehmen können. Bei

Fig. 441.

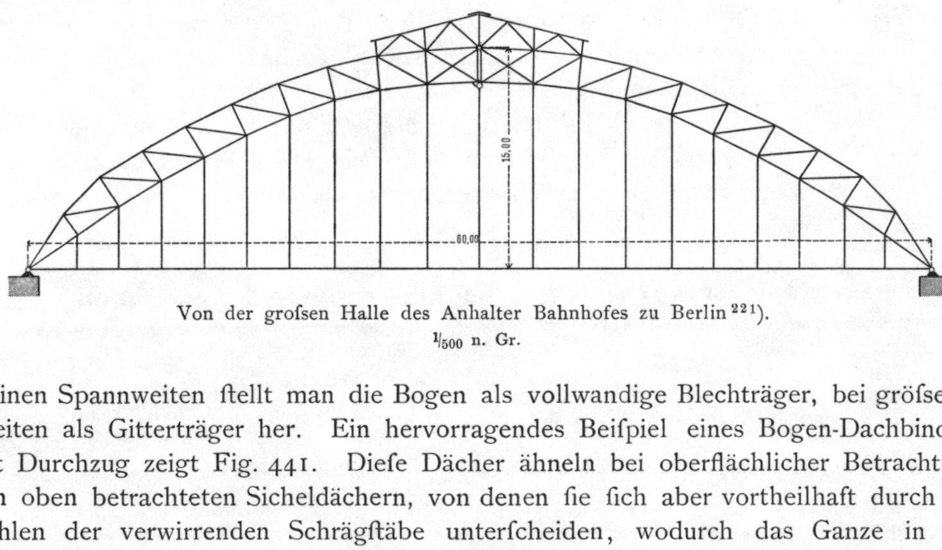


Von der groſsen Halle des Anhalter Bahnhofes zu Berlin[221]).
1/500 n. Gr.

kleinen Spannweiten ſtellt man die Bogen als vollwandige Blechträger, bei gröſseren Weiten als Gitterträger her. Ein hervorragendes Beiſpiel eines Bogen-Dachbinders mit Durchzug zeigt Fig. 441. Dieſe Dächer ähneln bei oberflächlicher Betrachtung den oben betrachteten Sicheldächern, von denen ſie ſich aber vortheilhaft durch das Fehlen der verwirrenden Schrägſtäbe unterſcheiden, wodurch das Ganze in der Wirkung viel ruhiger iſt, als bei jenen. Hierher gehört auch die in Fig. 442 dargeſtellte Form.

Fig. 442.

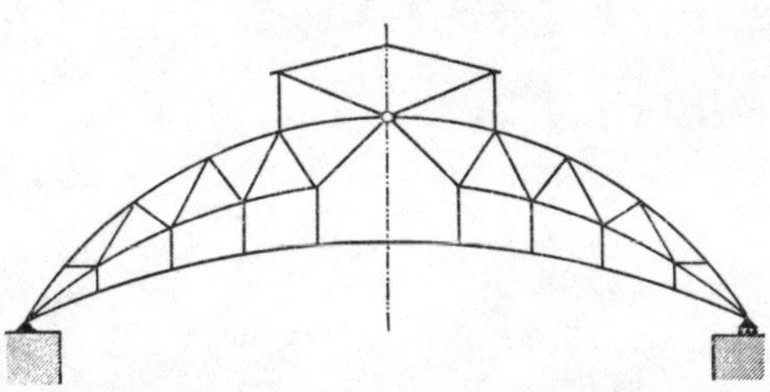

Die Berechnung der gelenkloſen Bogen mit Durchzug iſt etwas umſtändlich; bezüglich derſelben wird auf die Lehrbücher über ſtatiſch unbeſtimmte Conſtructionen, insbeſondere über Bogenträger verwieſen.

Sprengwerks- und Bogenbinder mit

221) Nach ebendaſ., Bl. 9.

Fig. 443.

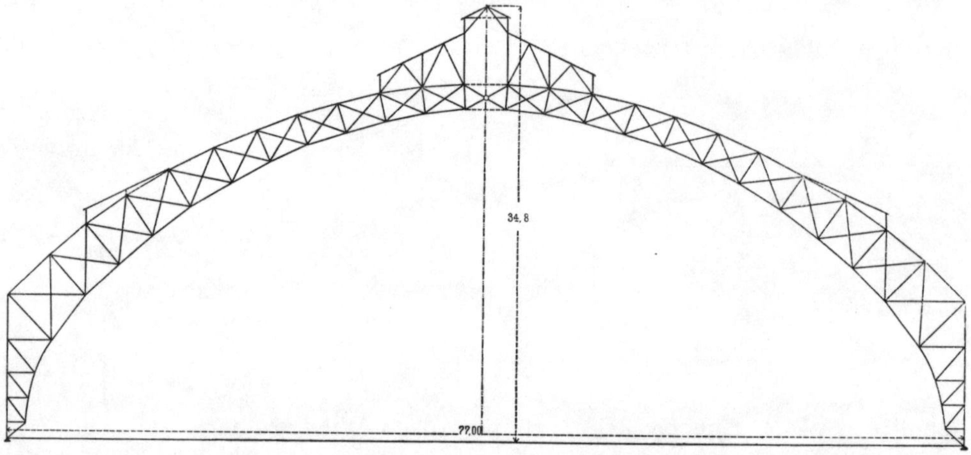


Von der grofsen Bahnhofshalle der Pennfylvania-Eifenbahn zu Jerfey City.

1/600 n. Gr.

Durchzügen werden für grofse Spannweiten zweckmäfsig und faft ausfchliefslich als Doppelbinder hergeftellt: zwei in geringem Abftande von einander angeordnete Binder werden durch wagrechte und fchräg gelegte Stäbe (Andreaskreuze) zu einem Ganzen vereinigt. Dadurch wird dem Binder die nothwendige Widerftandsfähigkeit gegen Ausknicken aus feiner Ebene gegeben; es wird ein gröfserer Binderabftand ermöglicht und auch äfthetifch ein guter Eindruck erzielt; die Träger, welche die grofse Weite überfpannen, erhalten fo die wünfchenswerthe Maffigkeit. In nachftehender Tabelle find von einer Reihe bedeutender Bauwerke die Stützweiten, Binderabftände und Entfernungen der Binderhälften von einander zufammengeftellt.

Hauptabmeffungen einiger neuerer grofser Bogendächer.

| Nr. | Bezeichnung des Bauwerkes | Binderart | Stützweite | Pfeilhöhe | Abftand der Theilbinder | Abftand der Hauptbinder von Axe zu A[illegible] |
|---|---|---|---|---|---|---|
| 1 | Anhalter Bahnhof zu Berlin . . | Dreigelenkbogen m. Zugband | 62,5 | 15 | 3,5 | 14,0 |
| 2 | Bahnhof Alexanderplatz zu Berlin | Dreigelenkbogen | 37,5 | 20 | 1,5 | 8,8 |
| 3 | Bahnhof Friedrichsftrafse zu Berlin | » | 36,0 | 20 | 1,972 bezw. 1,001 | 9,9 bezw. 9,[illegible] |
| 4 | Hauptbahnhof zu Frankfurt a. M. . | » | 56,0 | 28,6 | 1,1 | 9,3 |
| 5 | Centralbahnhof zu Mainz . . . | Dreigelenkbogen m. Zugband | 42,5 | — | nur je ein Binder | 8,8 bis 14,8 |
| 6 | Hauptbahnhof zu Bremen . . . | Zweigelenkbogen | 59,3 | 27,1 | 1,0 | 7,2 |
| 7 | Hauptbahnhof zu Cöln . . . . | » | 63,9 | 24,0 | 0,8 | 8,5 |
| 8 | *Manufacture building* auf der Weltausftellung zu Chicago 1893 . | Dreigelenkbogen | 112,16 | 62,28 | nur je ein Binder | 15,24 bezw. 2[illegible] |
| 9 | Mafchinenhalle zu Paris auf der Weltausftellung 1889 . . . . | » | 110,6 | 44,99 | — | 21,5 |
| 10 | Bahnhalle zu New-Jerfey (Fig. 443) | » mit Zugband | 77,0 | 27,3 | 4,42 | 17,68 |
| 11 | Markthalle zu Hannover . . . . | » (Einzelbind.) | 34,06 | 18,2 | nur je ein Binder | 6,44 |
| | | | Meter | | | |

### 3) Ausleger- oder Krag-Dachbinder.

152. Auslegerbinder.

Die Auslegerbinder find nur an einer Seite aufgelagert und übertragen unter Umftänden bedeutende Zugkräfte auf die Gebäudemauern (vergl. Theil I, Band 1,

Fig. 444.

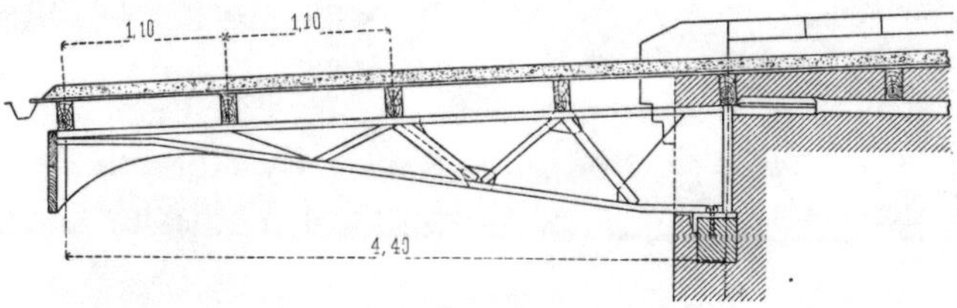


Vom Bahnhof zu Bremen.
$^1/_{75}$ n. Gr.

Fig. 445.

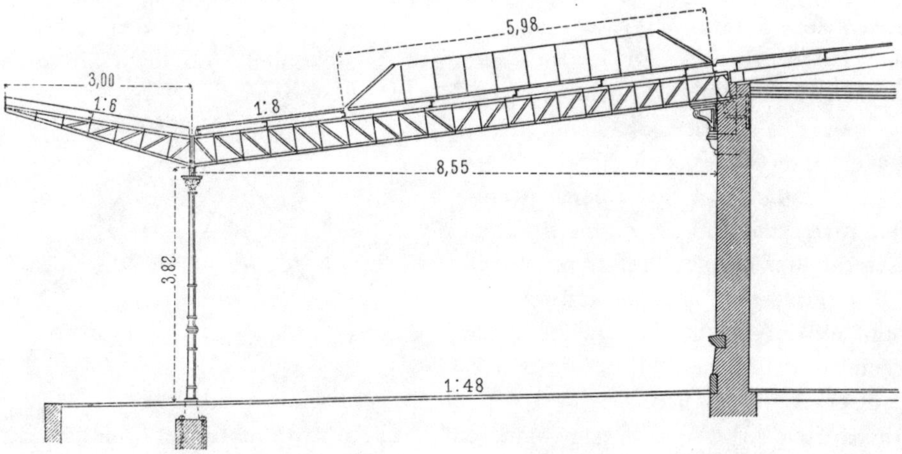


Vom Bahnhof zu Duisburg.
$^1/_{125}$ n. Gr.

Fig. 446.

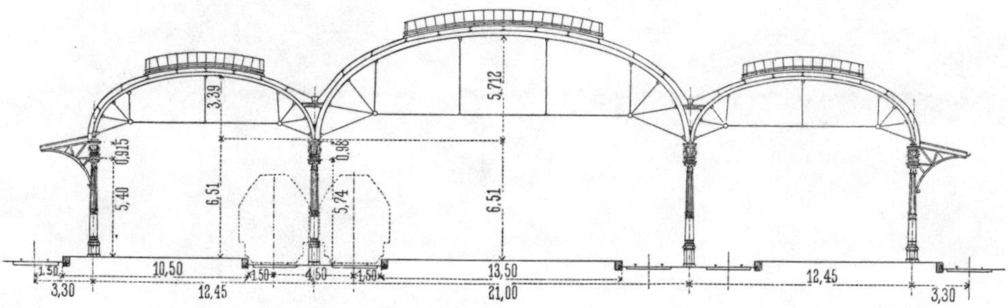


Von der Bahnhofshalle zu Münfter i. W.
$^1/_{450}$ n. Gr.

zweite Hälfte [Art. 447, S. 415 [222])] diefes »Handbuches«). Sie müffen kräftig verankert werden. Man verwendet fie vielfach für Bahnfteig-Ueberdeckungen von ge-

222) 2. Aufl.: Art. 236, S. 222.

ringer Breite, Vordächer bei Güterſchuppen u. dergl. Fig. 444 zeigt ein ſolches Beiſpiel; die Ausladung beträgt 4,40 m.

Wenn möglich, ſoll man die Zugkräfte vom Mauerwerk fern halten; Fig. 445 zeigt, wie dies erreicht werden kann. Der Bahnſteigbinder ruht auſser auf dem Seitenmauerwerk des Gebäudes noch auf einer Säule, über welche hinaus er verlängert iſt; dieſe Verlängerung bildet den Kragbinder. Der Träger muſs über der Säule genügend ſtark ſein, um das hier auftretende (negative) Moment des Kragträgers aufnehmen zu können.

Man kann auch den Zug vom Kragträger in den Dachbinder des Gebäudes führen, wie dies in Fig. 431 (S. 205) gezeigt iſt. Eine gleichfalls gute Anordnung zeigt Fig. 446 in den an die Hallen anſchlieſsenden Vordächern.

### 4) Laternen.

153. Laternen.

Nicht ſelten wird eine über das Dach erhöhte Laterne angeordnet; dieſelbe wird auf die obere Gurtung des Binders geſetzt. Man könnte auf die Breite der Laterne die obere Gurtung des Binders fortfallen laſſen und durch diejenige der Laterne erſetzen (Fig. 447), wodurch man im mittleren Theile des Trägers eine gröſsere Höhe erzielte. Dieſe Anordnung iſt nicht üblich, obgleich ſie nicht unzweckmäſsig erſcheint. Gewöhnlich conſtruirt man den Binder ohne beſondere Rückſicht auf die Laterne und ſetzt letztere dann nachträglich auf denſelben. Dabei beachte man, daſs nicht durch Zufügen der Laterne das ſtatiſch beſtimmte Fachwerk des Binders labil oder ſtatiſch unbeſtimmt werde; faſt in allen ausgeführten Laternen-Conſtructionen iſt dieſe Rückſicht auſser Acht gelaſſen.

Fig. 447.

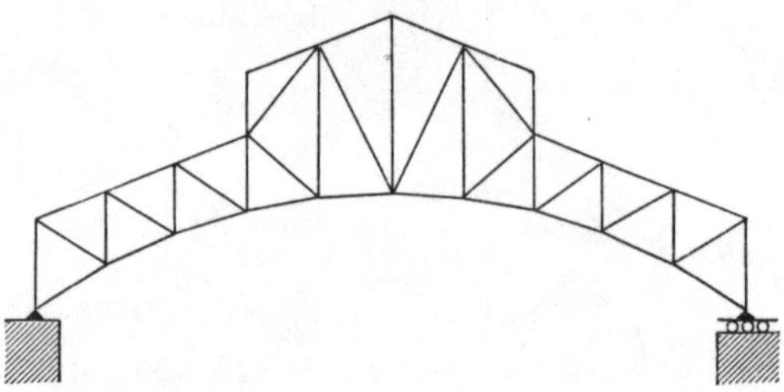

In einfachſter Weiſe ſetzte man auf die Knotenpunkte der oberen Gurtung Pfoſten, welche an ihren oberen Enden durch Stäbe verbunden wurden (Fig. 448).

Fig. 448.

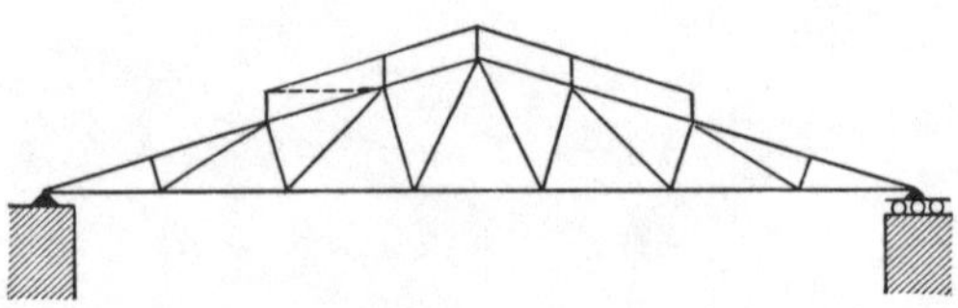

Fig. 449.

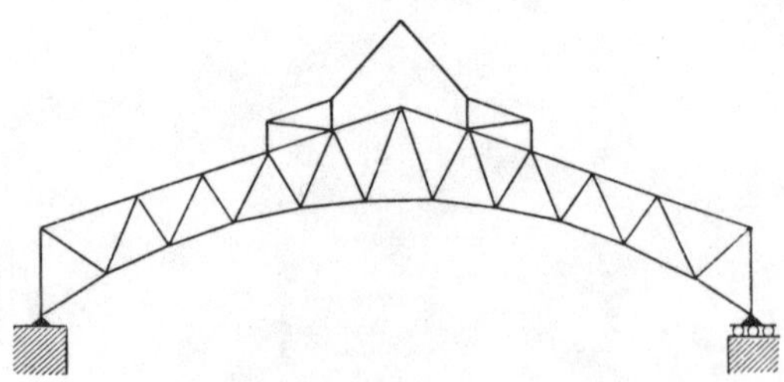

Fig. 450.

Fig. 451.

Es leuchtet ein, dafs das Fachwerk hierdurch labil wird; die im Beifpiel hinzugefügte Zahl der Knotenpunkte ift 5; die hinzugefügte Zahl der Stäbe mufs alfo (fiehe Art. 81, S. 103) gleich 10 fein; es find aber nur 9 Stäbe hinzugefügt. Man fieht leicht, dafs das Fachwerk durch Einfügen einer Diagonale ftatifch beftimmt gemacht werden kann. Die Diagonale kann in jedem der viereckigen Felder an-

Fig. 452.

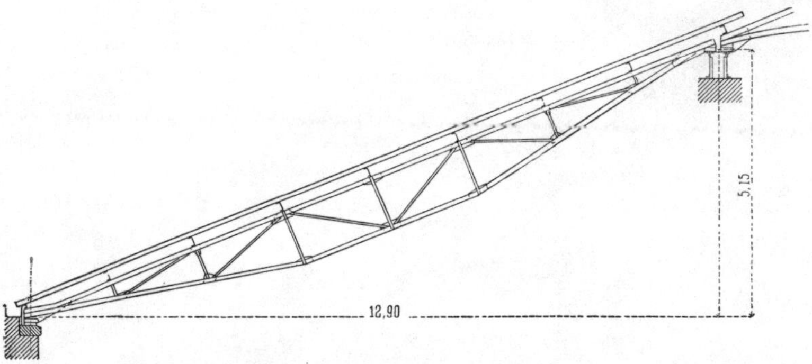


Von der Schmiedewerkftätte auf dem Bahnhof zu Hannover.

1/75 n. Gr.

Fig. 453.

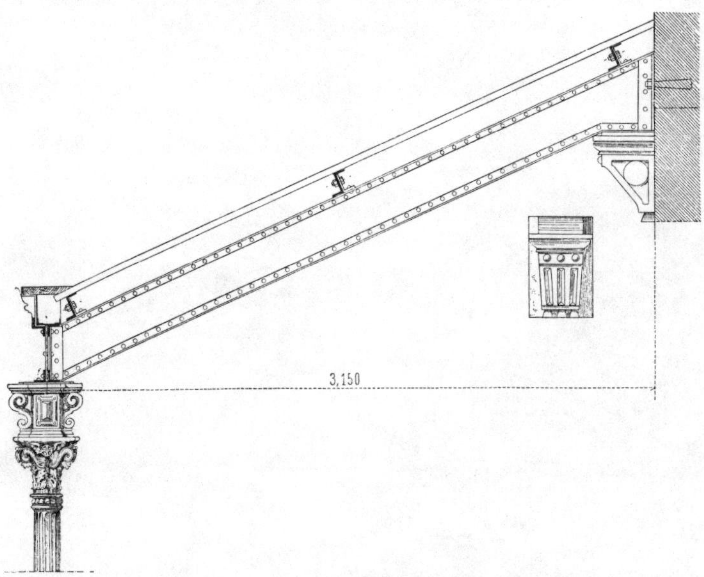


Von der Bahnfteighalle zu Ruhrort.

1/40 n. Gr.

geordnet werden, aber nur in einem derfelben (in Fig. 448) ift fie einpunktirt; ordnet man mehrere Diagonalen an, fo wird das Fachwerk ftatifch unbeftimmt.

Beachtet man, dafs der Binder ohne die Laterne ftatifch beftimmt war und dafs ein Fachwerk diefe Eigenfchaft behält, wenn man nach und nach ftets zwei neue Stäbe und einen neuen Knotenpunkt hinzufügt, fo erkennt man, dafs die in Fig. 449 u. 450 fchematifch gezeichneten Binder ftatifch beftimmt find. Bei Fig. 450

darf der mittlere Pfoften nicht angeordnet werden; derfelbe würde einen überzähligen Stab bilden. Bei flacher Dachneigung erzeugen die lothrechten Laften des Firftknotenpunktes in den am Firft zufammentreffenden Gurtftäben der Laterne grofse

Fig. 454.

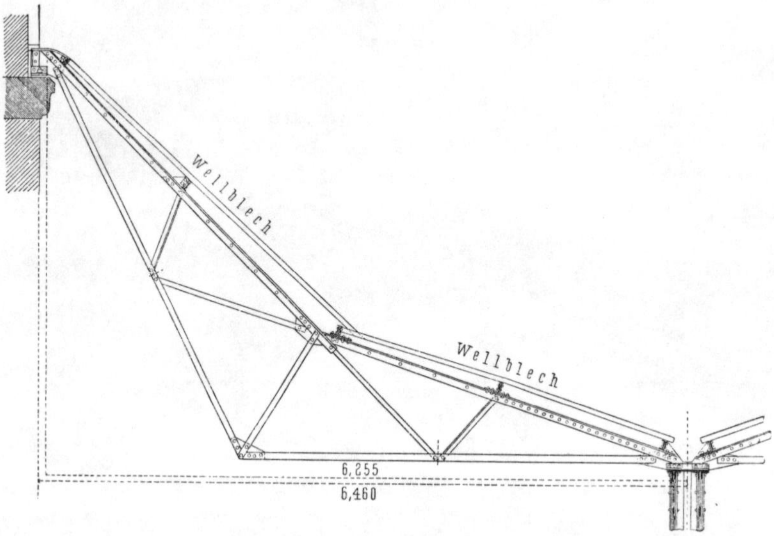


Von der Wagen-Reparaturwerkftätte auf dem Bahnhof zu Hannover.

1/75 n. Gr.

Fig. 455.

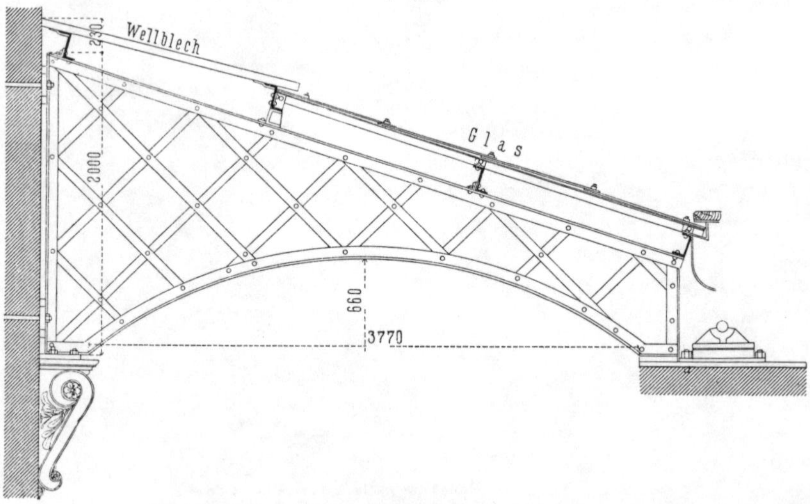


Vom Bahnfteigdach auf dem Bahnhof zu Hannover.

1/50 n. Gr.

Spannungen. Es fteht aber nichts im Wege, diefe beiden Stäbe fteiler zu ftellen und fo die Spannungen zu verringern (Fig. 449). Die in Fig. 419, 421 u. 428 veranfchaulichten Laternen-Conftructionen zeigen nach Vorftehendem je einen überzähligen Stab, den man beffer fortläfft. Die angegebene Regel gilt allgemein, alfo auch, wenn der Binder ein Dreigelenkbogen ift (Fig. 451).

Etwas anders, aber nach demfelben Grundgedanken, ift die Laterne der Markthalle zu Hannover (Fig. 438) gebildet; jede ftatifch beftimmte Hälfte des Dreigelenkbogens ift durch ein ftatifch beftimmtes Fachwerk vermehrt; beide aufgefetzte Laternenhälften find aber nicht mit einander verbunden; nur im Scheitelgelenk hängen die beiden Binderhälften mit einander zufammen; das ganze Fachwerk ift ftatifch beftimmt.

### 5) Pultdachbinder.

Bei den eifernen Dächern find die Binder der Pultdächer einfache Träger, wie diejenigen der Satteldächer, und werden zweckmäfsig als Balkenträger hergeftellt; man ordne defshalb ein Auflager feft, das andere in der wagrechten Ebene beweglich an. Die Auflager werden meiftens in verfchiedene Höhen gelegt; doch kommt auch gleiche Höhe beider Auflager vor. Die Binder können Blechbalken oder Fachwerkbalken fein. Einige Anordnungen folcher Binder find in Fig. 452 bis 455 gegeben; diefelben find ohne befondere Erläuterung verftändlich. 154. Pultdachbinder.

### 6) Einige Angaben über die Gewichte der wichtigften Balken-Dachbinder.

Bei der Entfcheidung über die zu wählende Binderart ift unter Anderem auch die Rückficht auf das Gewicht des Binders von Bedeutung; denn das Gewicht beftimmt in gewiffem Mafse auch die Koften. Allerdings kann ein leichtes, aber complicirtes Dach theuerer fein, als ein fchwereres einfaches. Jedenfalls aber ift es erwünfcht, auch ohne genauen Entwurf bereits das Gewicht des Daches ungefähr angeben zu können. Leider ift diefes Gebiet noch wenig bearbeitet. Einige für den Vergleich der Gewichte verfchiedener Balkendächer verwerthbare Unterfuchungen hat der Verfaffer an der unten angegebenen Stelle[223]) veröffentlicht; die Ergebniffe follen hier kurz angeführt werden. 155. Theoretifches Gewicht.

In der angegebenen Arbeit find nur die fog. theoretifchen Gewichte ermittelt, d. h. diejenigen Gewichte, welche fich ergeben würden, wenn es möglich wäre, jeden Stab an jeder Stelle genau fo ftark zu machen, wie die Kräftewirkung es verlangt. Zu diefen theoretifchen Gewichten kommen noch ziemlich bedeutende Zufchläge hinzu, welche durch verfchiedene Umftände bedingt find. Einmal ift es nicht möglich, die Querfchnitte dem theoretifchen Bedürfniffe genau entfprechend zu geftalten und fie ftetig veränderlich zu machen; nur ftufenweife kann man den Querfchnitt ändern; fodann mufs bei den gezogenen Stäben ein Zufchlag wegen der Nietverfchwächung und bei den gedrückten Stäben ein folcher wegen der Gefahr des Zerknickens gemacht werden. Einen weiteren Zufchlag bilden die zur Verbindung der einzelnen Theile und Stäbe erforderlichen Knotenbleche, Stofs- und Futterbleche, Nietköpfe, Gelenkbolzen u. f. w. Endlich erhält man, befonders bei kleinen Dächern, oft fo geringe theoretifche Querfchnittsflächen, dafs fchon die praktifche Herftellbarkeit bedeutende Vergröfserung bedingt.

Vergleicht man bei einer Reihe ausgeführter Dächer die wirklichen Gewichte mit den aus den Formeln erhaltenen theoretifchen Gewichten, fo kann man die fog. Ausführungsziffern (Conftructions-Coefficienten), d. h. die Zahlenwerthe finden, mit 156. Conftructions-Coefficient.

[223]) In: Landsberg, Th. Das Eigengewicht der eifernen Dachbinder. Zeitfchr. f. Bauw. 1885, S. 105. — Auch als Sonderabdruck erfchienen: Berlin 1885.

Tabelle der Werthe für *C*.

| $\frac{f}{l}=$ | 1/2 | | | | | 1/3 | | | | | 1/4 | | | | |
|---|---|---|---|---|---|---|---|---|---|---|---|---|---|---|---|
| | I | II | III | IV | V | I | II | III | IV | V | I | II | III | IV | V |
| $\frac{f_1}{l}=0$ | 1,525 | 1,649 | 1,8 | 1,778 | 1,248 | 1,774 | 1,867 | 1,967 | 1,986 | 1,325 | 2,088 | 2,227 | 2,175 | 2,278 | 1,489 |
| » = 1/20 | 1,654 | 1,767 | 1,911 | 1,889 | 1,30 | 2,03 | 2,151 | 2,159 | 2,218 | 1,458 | 2,52 | 2,706 | 2.49 | 2,698 | 1,743 |
| » = 1/15 | 1,707 | 1,824 | 1,952 | 1,942 | 1,323 | 2,135 | 2,26 | 2,24 | 2,323 | 1,522 | 2,724 | 2,939 | 2,63 | 2,891 | 1,871 |
| » = 1/10 | 1,825 | 1,950 | 2,05 | 2,053 | 1,384 | 2,40 | 2,60 | 2,445 | 2,581 | 1,681 | 3,262 | 3,631 | 3,01 | 3,428 | 2,221 |
| » = 1/8 | 1,931 | 1,949 | 2,134 | 2,151 | 1,439 | 2,46 | 2,896 | 2,62 | 2,832 | 1,847 | | | | | |
| » = 1/7 | 2,017 | 2,04 | 2,20 | 2,236 | | 2,89 | 3,033 | 2,782 | 3,061 | | | | | | |
| » = 1/6 | | 2,324 | 2,30 | 2,361 | 1,569 | | 3,641 | 3,05 | 3,444 | 2,258 | | | | | |
| » = 1/5 | | 2,595 | 2,47 | 2,578 | | | | | | | | | | | |
| » = 1/4 | | 3,154 | 2,775 | 3,028 | | | | | | | | | | | |

denen die theoretifchen Werthe multiplicirt werden müffen, um die wirklichen Gewichte zu ergeben. Die Ausführungsziffern find noch nicht ermittelt; fie find für die verfchiedenen Binderformen und für die verfchiedenen Stützweiten, ja fogar je nach dem Gefchick des Conftructeurs verfchieden und nehmen bei wachfender Stützweite ab. Für einen Vergleich der verfchiedenen Binderarten find übrigens die Ausführungsziffern nicht von fehr grofser Bedeutung; die für die theoretifchen Gewichte gefundenen Ergebniffe können defshalb für den Vergleich — allerdings mit Vorficht — verwerthet werden.

157. Bindergewicht. In der erwähnten Abhandlung wurden unterfucht: der englifche Dachftuhl, der *Wiegmann*- oder *Polonceau*-Dachftuhl, das Dreieckdach, das deutfche Dach, das Sicheldach. Beim Dreieck- und deutfchen Dach find auch die Anordnungen mit Unterconftructionen in Betracht gezogen. Bezeichnet man mit $l$ die Stützweite des Dachbinders, $e$ die Entfernung der Dachbinder von einander, $f$ die Firfthöhe und $f_1$ die Mittenhöhe der unteren Gurtung, beides über der wagrechten Verbindungslinie der Auflager gemeffen, $q$ die Gefammtbelaftung für das Quadr.-Meter der Grundfläche (Eigengewicht, Schnee und lothrechte Seitenkraft des Winddrucks), $K$ die als zuläffig erachtete Beanfpruchung des Eifens für 1 qm (in Tonnen), $C$ eine Zahl (der Werth von $C$ ift je nach der Dachform und Dachneigung verfchieden) und find alle Werthe auf Meter, bezw. Kilogramm bezogen, fo ergiebt fich als theoretifches Bindergewicht für das Quadr.-Meter überdeckter Fläche

$$g' = 0{,}0014\ C q l.$$

Aus der Formel für $g'$ erfieht man, dafs das Bindergewicht für das Quadr.-Meter Grundfläche von der erften Potenz der Stützweite abhängig, dagegen vom Binderabftand $e$ unabhängig ift. Die Werthe für $C$ find in den beiden oben ftehenden Tabellen zufammengeftellt; in derfelben gilt jedesmal

Spalte I für den englifchen Dachftuhl,

Spalte II für den *Wiegmann*- oder *Polonceau*-Dachftuhl mit 16 Feldern,

Spalte III für das Dreieckdach und

Spalte IV für das deutfche Dach;

bei den beiden letzteren find als Träger zweiter Ordnung Parabelträger mit dem Pfeilverhältnifs 1 : 6 angenommen; die obere, gedrückte Gurtung des Parabelträgers

Tabelle der Werthe für $C$.

| $\frac{f}{l}$ = | $^1/_5$ | | | | | $^1/_6$ | | | | | $^1/_8$ | | | | |
|---|---|---|---|---|---|---|---|---|---|---|---|---|---|---|---|
| | I | II | III | IV | V | I | II | III | IV | V | I | II | III | IV | V |
| $\frac{f_1}{l} = 0$ | 2,425 | 2,705 | 2,50 | 2,603 | 1,687 | 2,775 | 2,974 | 2,63 | 2,944 | 1,903 | 3,494 | 3,817 | 3,11 | 3,653 | 2,359 |
| » $= ^1/_{20}$ | 3,112 | 3,401 | 2,884 | 3,278 | 2,114 | 3,797 | 4,239 | 3,35 | 4,018 | 2,57 | | | | | |
| » $= ^1/_{15}$ | 3,47 | 3,815 | 3,10 | 3,62 | 2,345 | | | | | | | | | | |

ift mit der Druckgurtung des Fachwerkes zufammengelegt; es ift alfo nicht die denkbar günftigfte Anordnung gewählt, weil diefelbe doch wenig ausgeführt wird.

Spalte V gilt für das Sicheldach mit Gitterwerk aus lothrechten Pfoften und Schrägftäben.

Der Vergleich der Werthe für $C$ lehrt:

α) Das Sicheldach (V) ift bezüglich des Materialverbrauches von den betrachteten die befte Conftruction. Sieht man von dem für die Ausführung des Sicheldaches wenig geeigneten Pfeilverhältnifs $\frac{f}{l} = \frac{1}{2}$ ab, fo beträgt die Materialerfparnifs beim Sicheldach gegenüber dem englifchen Dachftuhl (I) 25 bis 32 Procent, gegenüber dem *Wiegmann*-Dachftuhl (II) 25 bis 39 Procent des zu diefen beiden Dachbindern bezw. verwendeten Materials. Das Sicheldach erfordert alfo nur 68 bis 75 Procent des zum englifchen, nur 61 bis 75 Procent des zum *Wiegmann*-Dachftuhl nöthigen Materials. Aehnlich ift die Erfparnifs gegenüber den hier zu Grunde gelegten Conftructionen des deutfchen (IV) und Dreieckdaches (III); diefelbe wird defto gröfser, je flacher das Dach und je kleiner die Pfeilverhältniffe $\frac{f}{l}$ und $\frac{f_1}{l}$ find. Das Sicheldach ift demnach fehr günftig, wobei noch bemerkt werde, dafs bei der Berechnung der Tabellenwerthe für daffelbe nicht die günftigfte Gitteranordnung angenommen ift und dafs es beim Sicheldache, wegen der wenig veränderlichen Gurtquerfchnitte, leichter ift, fich dem theoretifchen Materialaufwand zu nähern, als bei den anderen Conftructionen, dafs alfo hier die Conftructions-Coefficienten unter übrigens gleichen Verhältniffen kleiner find als dort.

β) Der englifche Dachftuhl (I) erfordert theoretifch weniger Material, als der *Wiegmann*-Dachftuhl (II); die Erfparnifs beträgt bei den in der Tabelle angegebenen Verhältniffen 4 bis 10 Procent der Stoffmenge des *Wiegmann*-Dachftuhls; doch gilt dies nur für Stützweiten, bei denen der letztere 8 bis 16 Felder hat. Beim *Wiegmann*-Dachftuhl mit 4 Feldern ift der Stoffverbrauch demjenigen beim englifchen Dachftuhl ziemlich gleich: bei den fteileren Dächern etwas kleiner und bei den flachen Dächern etwas gröfser. Der Unterfchied beträgt beiderfeits bis 6 Procent.

Für den theoretifchen Rauminhalt find ferner folgende Tabellen berechnet:

a) Theoretifcher Rauminhalt eines Dreieck-Dachbinders ohne Träger zweiter Ordnung, d. h. des einfachen Hauptfyftems nach Fig. 425 (S. 203).

| $\frac{f}{l}$ = | 1/2 | 1/3 | 1/4 | 1/5 | 1/6 | 1/8 | 1/10 |
|---|---|---|---|---|---|---|---|
| $\frac{f_1}{l}$ = 0 | 0,75 | 0,917 | 1,125 | 1,35 | 1,58 | 2,06 | 2,55 |
| » = 1/20 | 0,861 | 1,109 | 1,44 | 1,834 | 2,30 | — | — |
| » = 1/15 | 0,902 | 1,19 | 1,58 | 2,05 | — | — | — |
| » = 1/10 | 1,000 | 1,395 | 1,96 | — | — | — | — |
| » = 1/8 | 1,084 | 1,57 | — | — | — | — | — |
| » = 1/7 | 1,15 | 1,732 | — | — | — | — | — |
| » = 1/6 | 1,25 | 2,0 | — | — | — | — | — |
| » = 1/5 | 1,42 | — | — | — | — | — | — |
| » = 1/4 | 1,725 | — | — | — | — | — | — |

$\cdot \frac{q e l^2}{K} \cdot$

b) Theoretifcher Gefammt-Rauminhalt des Dreieck-Dachbinders, wenn die Träger zweiter Ordnung Parallelträger find.

Die obere Gurtung des Hauptfyftems und die untere Gurtung des Trägers zweiter Ordnung fallen zufammen; Pfeilverhältnifs der Träger zweiter Ordnung ift 1 : 10.

| $\frac{f}{l}$ = | 1/2 | 1/3 | 1/4 | 1/5 | 1/6 | 1/8 | 1/10 |
|---|---|---|---|---|---|---|---|
| $\frac{f_1}{l}$ = 0 | 1,225 | 1,364 | 1,562 | 1,793 | 2,016 | 2,490 | 2,979 |
| » = 1/20 | 1,336 | 1,556 | 1,877 | 2,263 | 2,731 | — | — |
| » = 1/15 | 1,378 | 1,635 | 2,015 | 2,506 | — | — | — |
| » = 1/10 | 1,475 | 1,842 | 2,397 | — | — | — | — |
| » = 1/8 | 1,558 | 2,016 | — | — | — | — | — |
| » = 1/7 | 1,624 | 2,178 | — | — | — | — | — |
| » = 1/6 | 1,725 | 2,447 | — | — | — | — | — |
| » = 1/5 | 1,842 | — | — | — | — | — | — |
| » = 1/4 | 2,225 | — | — | — | — | — | — |

$\cdot \frac{q e l^2}{K} \cdot$

c) Theoretifcher Gefammt-Rauminhalt des Dreieck-Dachbinders, wenn die Träger zweiter Ordnung Parabelträger find, deren untere (Zug-) Gurtung mit der Druckgurtung des Hauptfyftems zufammenfällt (nach Fig. 427, S. 204).

| $\frac{f}{l}$ = | 1/2 | 1/3 | 1/4 | 1/5 | 1/6 | 1/8 | 1/10 |
|---|---|---|---|---|---|---|---|
| $\frac{f_1}{l}$ = 0 | 1,05 | 1,217 | 1,425 | 1,75 | 1,88 | 2,36 | 2,85 |
| » = 1/20 | 1,161 | 1,409 | 1,74 | 2,134 | 2,60 | — | — |
| » = 1/15 | 1,202 | 1,49 | 1,88 | 2,35 | — | — | — |
| » = 1/10 | 1,30 | 1,695 | 2,26 | — | — | — | — |
| » = 1/8 | 1,384 | 1,87 | — | — | — | — | — |
| » = 1/7 | 1,45 | 2,032 | — | — | — | — | — |
| » = 1/6 | 1,55 | 2,3 | — | — | — | — | — |
| » = 1/5 | 1,72 | — | — | — | — | — | — |
| » = 1/4 | 2,025 | — | — | — | — | — | — |

$\cdot \frac{q e l^2}{K} \cdot$

d) Theoretifcher Rauminhalt eines deutfchen Dachbinders ohne Träger zweiter Ordnung, d. h. des einfachen Hauptfyftems (Fig. 426, S. 203).

| $\frac{f}{l}$ = | 1/2 | 1/3 | 1/4 | 1/5 | 1/6 | 1/8 | 1/10 |
|---|---|---|---|---|---|---|---|
| $\frac{f_1}{l}$ = 0 | 1,25 | 1,458 | 1,75 | 2,075 | 2,416 | 3,125 | 3,85 |
| » = 1/20 | 1,361 | 1,69 | 2,17 | 2,75 | 3,49 | — | — |
| » = 1/15 | 1,414 | 1,795 | 2,363 | 3,092 | — | — | — |
| » = 1/10 | 1,525 | 2,053 | 2,9 | — | — | — | — |
| » = 1/8 | 1,623 | 2,304 | — | — | — | — | — |
| » = 1/7 | 1,708 | 2,533 | — | — | — | — | — |
| » = 1/6 | 1,833 | 2,916 | — | — | — | — | — |
| » = 1/5 | 2,05 | — | — | — | — | — | — |
| » = 1/4 | 2,5 | — | — | — | — | — | — |

$\cdot \frac{q e l^2}{K} \cdot$

Falls die Druckgurtung der Träger zweiter Ordnung bei c mit der Druckgurtung des Hauptfyftems zufammenfällt, fo find die entfprechenden Werthe aus der grofsen Tabelle auf S. 218 u. 219 zu finden.

Aus den Tabellen a und d im Vergleich mit der grofsen Tabelle auf S. 218 u. 219 ergiebt fich, dafs Dreieckdach und deutfcher Dachftuhl für kleine Spannweiten fehr vortheilhaft find; aber auch für gröfsere Stützweiten find fie empfehlenswerth, befonders wenn es möglich ift, die gedrückte Gurtung des Hauptfyftems mit der gezogenen Gurtung des Nebenfyftems zufammenzulegen. Alsdann erhält man, wie der Vergleich der Tabellen b, c und e mit den entfprechenden Werthen der Tabelle

e) Theoretifcher Gefammt-Rauminhalt eines deutfchen Dachbinders, wenn die Träger zweiter Ordnung Parallelträger mit 1/10 Pfeilverhältnifs find, deren untere (Zug-) Gurtung mit der Druckgurtung des Hauptträgers zufammenfällt (ähnlich wie bei Fig. 423; nur ift dort das Hauptfyftem ein *Polonceau*-Binder).

| $\frac{f}{l}$ = | 1/2 | 1/3 | 1/4 | 1/5 | 1/6 | 1/8 | 1/10 |
|---|---|---|---|---|---|---|---|
| $\frac{f_1}{l}$ = 0 | 1,488 | 1,682 | 1,97 | 2,291 | 2,631 | 3,339 | 4,064 |
| » = 1/20 | 1,598 | 1,914 | 2,39 | 2,966 | 3,705 | — | — |
| » = 1/15 | 1,652 | 2,010 | 2,583 | 3,08 | — | — | — |
| » = 1/10 | 1,763 | 2,277 | 3,12 | — | — | — | — |
| » = 1/8 | 1,861 | 2,528 | — | — | — | — | — |
| » = 1/7 | 1,946 | 2,757 | — | — | — | — | — |
| » = 1/6 | 2,071 | 3,14 | — | — | — | — | — |
| » = 1/5 | 2,288 | — | — | — | — | — | — |
| » = 1/4 | 2,738 | — | — | — | — | — | — |
| | $\cdot \frac{q e l^2}{K} \cdot$ | | | | | | |

f) Theoretifcher Gefammt-Rauminhalt eines deutfchen Dachbinders, wenn die Träger zweiter Ordnung Parabelträger von 1/8 Pfeilverhältnifs find, deren obere Gurtung mit der Druckgurtung des Hauptträgers zufammenfällt.

| $\frac{f}{l}$ = | 1/2 | 1/3 | 1/4 | 1/5 | 1/6 | 1/8 | 1/10 |
|---|---|---|---|---|---|---|---|
| $\frac{f_1}{l}$ = 0 | 1,896 | 2,104 | 2,396 | 2,721 | 3,062 | 3,771 | 4,496 |
| » = 1/20 | 2,007 | 2,336 | 2,816 | 3,396 | 4,136 | — | — |
| » = 1/15 | 2,06 | 2,441 | 3,009 | 3,738 | — | — | — |
| » = 1/10 | 2,171 | 2,699 | 3,546 | — | — | — | — |
| » = 1/8 | 2,269 | 2,95 | — | — | — | — | — |
| » = 1/7 | 2,354 | 3,179 | — | — | — | — | — |
| » = 1/6 | 2,479 | 3,562 | — | — | — | — | — |
| » = 1/5 | 2,696 | — | — | — | — | — | — |
| » = 1/4 | 3,146 | — | — | — | — | — | — |
| | $\cdot \frac{q e l^2}{K} \cdot$ | | | | | | |

auf S. 218 u. 219 lehrt, wefentlich geringere Mengen, als beim englifchen und *Wiegmann*-Dach und nur wenig mehr, als beim Sicheldach. Bei den Annahmen, welche der Tabelle c zu Grunde liegen, erfpart man gegen das englifche Dach 20 bis 28 Procent, gegen das *Polonceau*-Dach 25 bis 35 Procent. Das Dreieckdach mit Parabelträgern zweiter Ordnung nach Fig. 427 gebraucht nahezu eben fo viel Material, wie das Sicheldach, ift demnach fehr empfehlenswerth.

Will man die vorftehenden Tabellen für überfchlägliche Ermittelung des Eigengewichtes verwerthen, fo find die Werthe noch mit Conftructions-Coefficienten zu multipliciren, die bei Weiten zwifchen 15 und 35 m nicht unter 1,5 liegen, je nach der gewählten Anordnung aber bis zu 3,5 und höher ausfallen können. Zu beachten ift auch, dafs in dem Werthe für *g* das noch unbekannte Bindergewicht enthalten ift; es empfiehlt fich, zunächft beim Einfetzen von *q* in die Formel das Bindergewicht zu fchätzen und darauf das ermittelte Gewicht multiplicirt mit einem Conftructions-Coefficienten zum früheren Werth von *g* hinzuzufügen; das mit diefem Werthe gefundene Bindergewicht wird für die Berechnung meiftens genügen.

### 7) *Foeppl*'fche Flechtwerkdächer.

Die neuerdings von *Foeppl* [224]) vorgefchlagenen fog. Flechtwerkdächer unterfcheiden fich grundfätzlich von den bisher betrachteten Dach-Conftructionen. *Foeppl* verlegt alle Conftructionstheile in die Dachflächen, ähnlich wie dies bei den *Schwedler*'fchen Kuppeldächern und den Zeltdächern fchon längere Zeit üblich ift. Während bei den gewöhnlichen Dächern jeder Binder für die in feiner Ebene wirkenden Laften eine ftabile Conftruction ift, welche die Pfetten trägt, ift hier das dem Binder entfprechende Fachwerk für fich allein nicht ftabil; es wird erft durch die Pfetten 158. Grundgedanken.

224) FOEPPL. Ein neues Syftem der Ueberdachung für weit gefpannte Räume. Deutfche Bauz. 1891, S. 112.
FOEPPL. Das Fachwerk im Raume. Leipzig 1892.
FOEPPL. Ueber die Konftruktion weitgefpannter Hallendächer. Civiling. 1894, S. 462.

und die in den Dachflächen liegenden Schrägſtäbe, welche nothwendige Stäbe des räumlichen Fachwerkes ſind, ſtabil. Das über rechteckiger Grundfläche conſtruirte Flechtwerk nennt *Foeppl* ein Tonnen-Flechtwerk.

Der Querſchnitt des Daches (Fig. 456) iſt ein Vieleck mit geringer Seitenzahl; mehr als 10 Seiten zu verwenden, empfiehlt ſich nicht; an beiden Giebelſeiten des zu überdeckenden Raumes ſind einzelne Eckpunkte der Vielecke gelagert; auſserdem ſtützen ſich die unterſten Stäbe jedes Vieleckes auf die Seitenmauern. Eine Reihe von Feldern des Fachwerkes wird mit Diagonalen verſehen.

159. Statiſche Verhältniſſe.

Um Klarheit über die Stabanordnung zu erhalten, ſoll unterſucht werden, wie irgend eine an beliebiger Stelle wirkende Kraft $P$ nach den Auflagern geführt wird. $P$ wirke im Knotenpunkte $3_1$ irgend eines mittleren Vieleckes (Fig. 457), zunächſt in der lothrechten Ebene dieſes Vieleckes, ſei im übrigen beliebig gerichtet. $P$ zerlegt

Fig. 456.

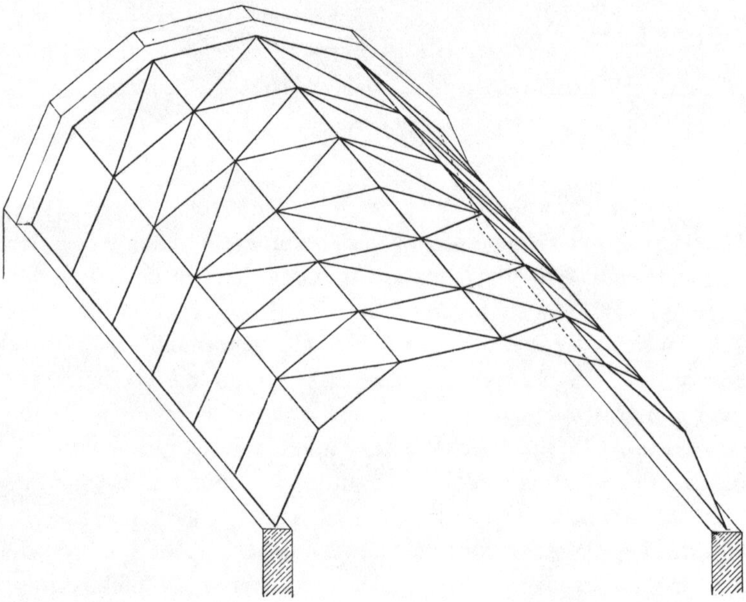

ſich nach den Richtungen der beiden im Punkte $3_1$ zuſammentreffenden Sparren in die Seitenkräfte $P_b$ und $P_c$. Die Kraft $P_b$ kann aber im Knotenpunkte $2_1$ nicht von dem Vielecksſtabe $1_1 2_1$ aufgenommen und weiter geführt werden, weil ſich im Punkte $2_1$ nur zwei in der lothrechten Ebene liegende Stäbe treffen, welche nicht in dieſelbe Linie fallen. Deſshalb wird die Kraft $P_b$ durch einen in der Ebene $b$ liegenden Fachwerkträger nach ſeinen in den Giebelwänden liegenden Auflagerpunkten $3$ und $3_0$ geleitet; die Rechteckfelder in der Ebene $b$ müſſen aus dieſem Grunde mit Diagonalen verſehen werden, wie aus der iſometriſchen Anſicht zu erſehen iſt.

In ähnlicher Weiſe belaſtet die Seitenkraft $P_c$ den in der Ebene $c$ angeordneten Träger und wird durch ſeine Stäbe nach den Endauflagern $4$ und $4_0$ geführt. Eben ſo, wie mit der Belaſtung eines Knotenpunktes $3_1$, iſt es mit denjenigen der Punkte $4_1$ und $5_1$. Nur bei den Knotenpunkten an denjenigen Pfetten, welche den Seitenauflagern $1_1$ und $7_1$ zunächſt liegen, verhält es ſich etwas anders. Eine in $2_1$

Fig. 457.

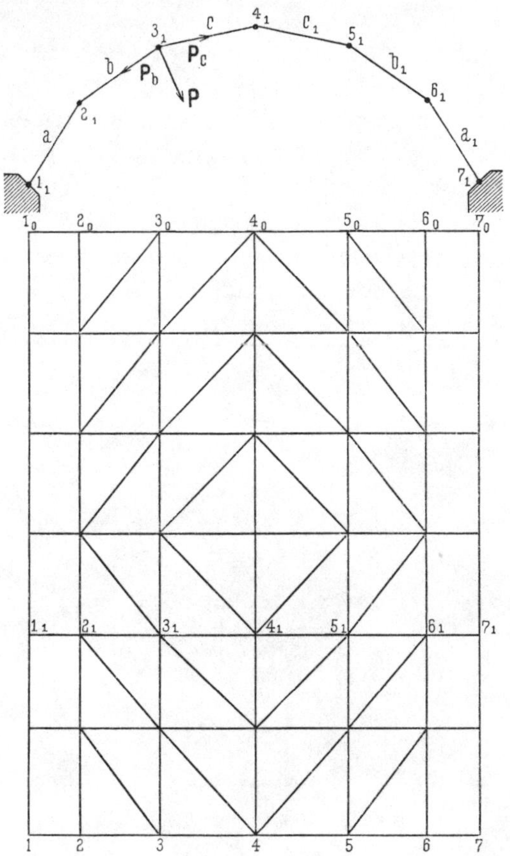


wirkende Laſt $P_c$ zerlegt ſich (Fig. 458) in die Seitenkräfte $P_b'$ und $P_a'$; $P_b'$ wird, wie oben gezeigt iſt, nach den Endauflagern des Trägers in der Ebene *b* geführt; $P_a'$ dagegen wird ohne Weiteres vom Auflager $1_1$ aufgenommen. In den Ebenen *a* und *f* brauchen alſo keine Diagonalen angeordnet zu werden. Allerdings erleiden dann die Seitenauflager *1* und *7* ſchiefe Drücke; will man dieſe von den Seitenmauern fern halten, ſo kann man die Stabe *1 2*, bezw. *6 7* lothrecht ſtellen oder auch in den Ebenen *a* und *f* Diagonalen anbringen, ſo daſs auch die Kräfte $P_a$, $P_{a1}$ nach den Endauflagern geleitet werden.

Bei richtiger Anordnung der Auflager und falls einfache Diagonalen in den Feldern der geneigt liegenden Felder angeordnet ſind, iſt das entſtehende Raumfachwerk ſtatiſch beſtimmt. Die Pfetten bilden auch die Gurtungen der geneigt liegenden Träger, wobei beſonders günſtig wirkt, daſs dieſelbe Pfette gleichzeitig Zuggurtung des einen und Druckgurtung des Nachbarträgers iſt. Durch Belaſtung der Knotenpunkte *2*, *3*, *4* . . . werden in dieſen Stäben Spannungen erzeugt, welche einander theilweiſe aufheben, ſo daſs die wirklichen Spannungen durch Eigengewicht, Schnee- und Windlaſt nur gering ausfallen. Am gefährlichſten ſind die Einzellaſten, die aber bei den Dächern bekanntlich keine groſse Bedeutung haben.

Fig. 458.

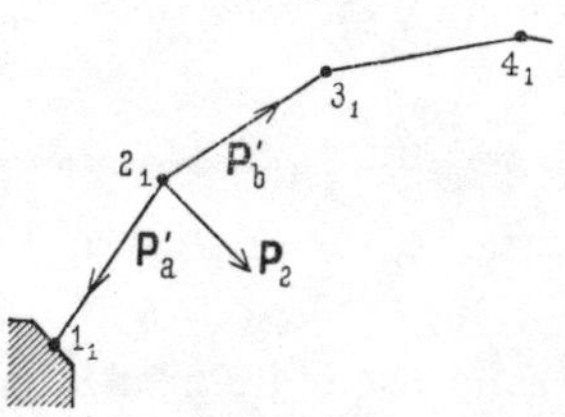


Ungünſtig für den Stoffverbrauch wird dieſe Anordnung, wenn die Länge des Daches, demnach auch die Stützweite der ſchräg liegenden Träger groſs iſt; man kann aber durch Untertheilung in kürzere Abtheilungen auch dann die Vortheile dieſer Dachart verwerthen, vielleicht unter Verwendung von Auslegerträgern in den ſchrägen Dachflächen.

Bislang war angenommen, daſs die Laſten *P* in der lothrechten Ebene eines der Vielecke *1*, *2*, *3*, *4*, *5*, *6*, *7* liegen. Bei beliebiger Richtung der Kraft *P* zerlege man ſie in eine Seitenkraft, welche in der lothrechten Vieleckebene liegt, und eine in die Ebene *c* fallende Seitenkraft. Erſtere behandelt man ganz, wie oben gezeigt iſt; letztere zerlegt man weiter in eine in die Längsaxe des Daches fallende und eine hierzu ſenkrechte Seitenkraft, welche alſo in die Richtung der Kraft $P_c$ fällt. Auch dieſe wird, wie oben gezeigt, nach den Endauflagern geführt, während für die in die Längsaxe des Daches, alſo in die Pfettenrichtung fallende Seitenkraft wenigſtens auf einer Seite ein feſtes Auflager vorhanden ſein muſs. Hiernach können auch ganz beliebig wirkende Kräfte durch das Flechtwerk klar und ſicher nach den Auflagern befördert werden.

160. Beiſpiel. An einem beſtimmten Beiſpiele ſoll gezeigt werden, wie die Auflager und Stäbe anzuordnen ſind.

In Fig. 459 iſt das in die Grundriſsebene abgewickelte Flechtwerk gezeichnet. Jedes der 8 Seitenauflager *D* bedingt 2 Auflager-Unbekannte; die Lager an der einen Stirnſeite ſollen eine Längsverſchiebung des Ganzen verhindern. Zu dieſem Zwecke iſt das Lager *A* ganz feſt gemacht, entſpricht alſo 3 Auflager-Unbekannten; die Lager *B* ſind parallel den Stabrichtungen $c$, bezw. $c_1$ verſchieblich, auſserdem auch längs verſchieblich. Etwaige in die Pfettenrichtung fallende Seitenkräfte, welche auf *B* kommen, werden nach Punkt *3*, bezw. *5* im Vieleck *II* und von da durch den

Fig. 459.

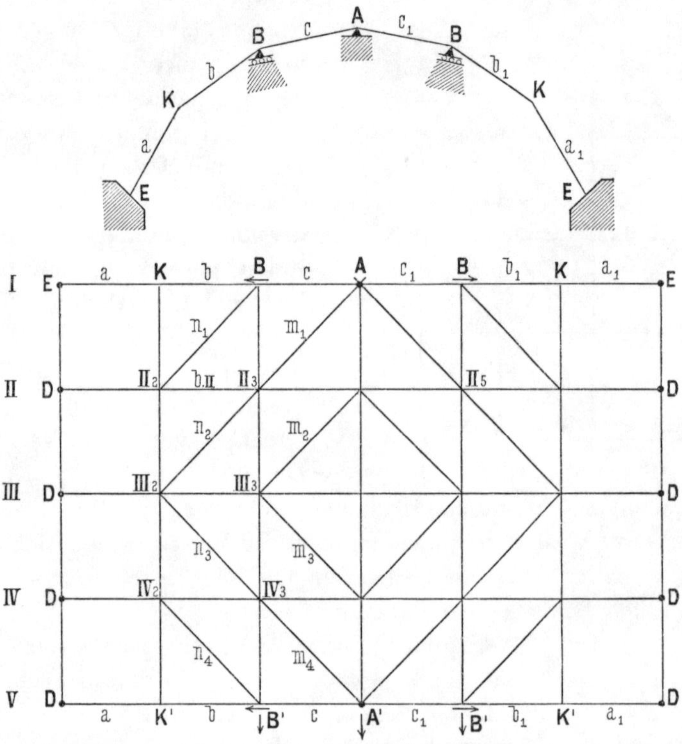


Träger in der Ebene $c$, bezw. $c_1$ nach dem Auflager *A* gebracht; Längsverſchieblichkeit bei *B* iſt alſo zuläſſig; jedes dieſer Auflager entſpricht demnach einer Auflager-Unbekannten.

Die beiden Lager *E* ſind wieder feſt zu machen, da in den Feldern der Ebenen *a* und *f* keine Diagonalen ſind, alſo alle in die Längsaxen der Pfetten *1* und *7* (vergl. Fig. 457) fallenden Kräfte durch die Lager *E* aufgenommen werden müſſen; jedes Lager *E* bedingt ſonach 3 Auflager-Unbekannte. Auf der anderen Stirnſeite bedingt *A'* zwei, *B'* und *B'* bedingen je eine Auflager-Unbekannte; alle drei müſſen längsverſchieblich ſein, *B'* und *B'* Verſchiebung auch in den Richtungen *43*, bezw. *45* (vergl. Fig. 457) geſtatten. Die Punkte *K* ſind ohne Auflager räumlich beſtimmt, da ſie durch je drei Stäbe mit drei nicht in einer Ebene liegenden Punkten verbunden ſind. Demnach ſind vorhanden:

| | | | |
|---|---|---|---|
| 8 Auflager $D$ mit je 2, d. h. 2 . 8 | . . . . . . | = 16 | Auflager-Unbekannten, |
| 3 Auflager $A$, $E$, $E$ mit je 3, d. h. 3 . 3 | . . . | = 9 | » |
| 1 Auflager $A'$ mit | . . . . . . . . . . | 2 | » |
| 4 Auflager $B$, $B$, $B'$, $B'$ mit je 1, d. h. 4 . 1 | . | = 4 | » |
| | zusammen | 31 | Auflager-Unbekannte. |

Die Stabzahl muss also bei $k$ Knotenpunkten $s = 3k - 31$ sein, und da $k = 35$ ist, so muss für statisch bestimmtes Raumfachwerk $s = 74$ sein. Thatsächlich sind 74 Stäbe vorhanden.

Die vorhandene Stabzahl ist also die für ein statisch bestimmtes Fachwerk richtige. Es wäre noch nachzuweisen, dass die Stäbe auch richtig angeordnet sind; diese Nachweisung führt man am einfachsten durch die Untersuchung, ob beliebige Belastung ganz bestimmte Stabspannung ergiebt, bezw. ob beliebige belastende Kräfte in unzweifelhafter Weise auf die Lager geführt werden können. Nach Obigem ist dies hier der Fall.

Nunmehr kann zur Bestimmung der Spannungen geschritten werden, welche eine Einzellast in einem beliebigen Knotenpunkt hervorbringt. Eine an beliebiger Stelle, etwa im Knotenpunkte *3* einer Vieleckebene (Fig. 457), wirkende Kraft zerlegt sich in $P_b$ und $P_c$; $P_b$ wird im schrägen Träger der Ebene $b$ und $P_c$ im schrägen Träger der Ebene $c$ nach den Giebelauflagern geführt. Nur die Stäbe der Träger $b$ und $c$ erleiden also durch diese Belastung Beanspruchung. Daraus folgt das Gesetz: 161. Spannungen durch eine Einzellast.

α) Jede Belastung erzeugt Spannungen nur in den beiden Trägern, welchen der belastete Knotenpunkt angehört; für alle diesen Trägern nicht angehörigen Stäbe ist sie ohne Einfluss; demnach:

Jeder Stab erhält Spannungen nur durch Belastung von Knotenpunkten eines Trägers, zu dem er gehört; dabei ist zu beachten, dass jeder Pfettenstab zwei Trägern angehört.

Damit sind die Belastungsgesetze auf diejenigen der Balkenträger zurückgeführt; für Gurtungen und Gitterstäbe der schräg liegenden Träger gelten nunmehr die bekannten Gesetze der Balken-Fachwerkträger. Man findet auf diese Weise:

β) Grösster Druck in einem Pfettenstabe findet statt, wenn alle Knotenpunkte der betreffenden Pfette und nur diese belastet sind; grösster Zug in einem Pfettenstabe tritt ein, wenn alle Knotenpunkte beider Nachbarpfetten und nur diese belastet sind (die Pfette selbst also auf ihre ganze Länge unbelastet ist).

γ) Die Schrägstäbe (Diagonalen) eines Sonderträgers erleiden Zug oder Druck, je nachdem die Last in einem Knotenpunkte liegt, nach welchem hin der Schrägstab fällt oder steigt. Die Belastung des Knotenpunktes *IV 3* (Fig. 459) erzeugt z. B. in den Schrägstäben $n_1$, $n_2$, $n_4$ und $m_3$ Zug, in den Schrägstäben $n_3$, $m_4$, $m_1$ und $m_2$ Druck. Die anderen Diagonalen bleiben bei dieser Last spannungslos. Grösster Zug, bezw. Druck tritt also in einer Diagonale auf, wenn von dem Träger, welchem sie angehört, alle diejenigen Knotenpunkte belastet sind, nach denen zu die Diagonale fällt, bezw. steigt. In $n_3$ findet grösster Zug, bezw. Druck statt, wenn die Knotenpunkte

*III 3*, *IV 2*, *II 3*,
bezw. *III 2*, *II 2*, *IV 3*

belastet sind.

Fig. 460.

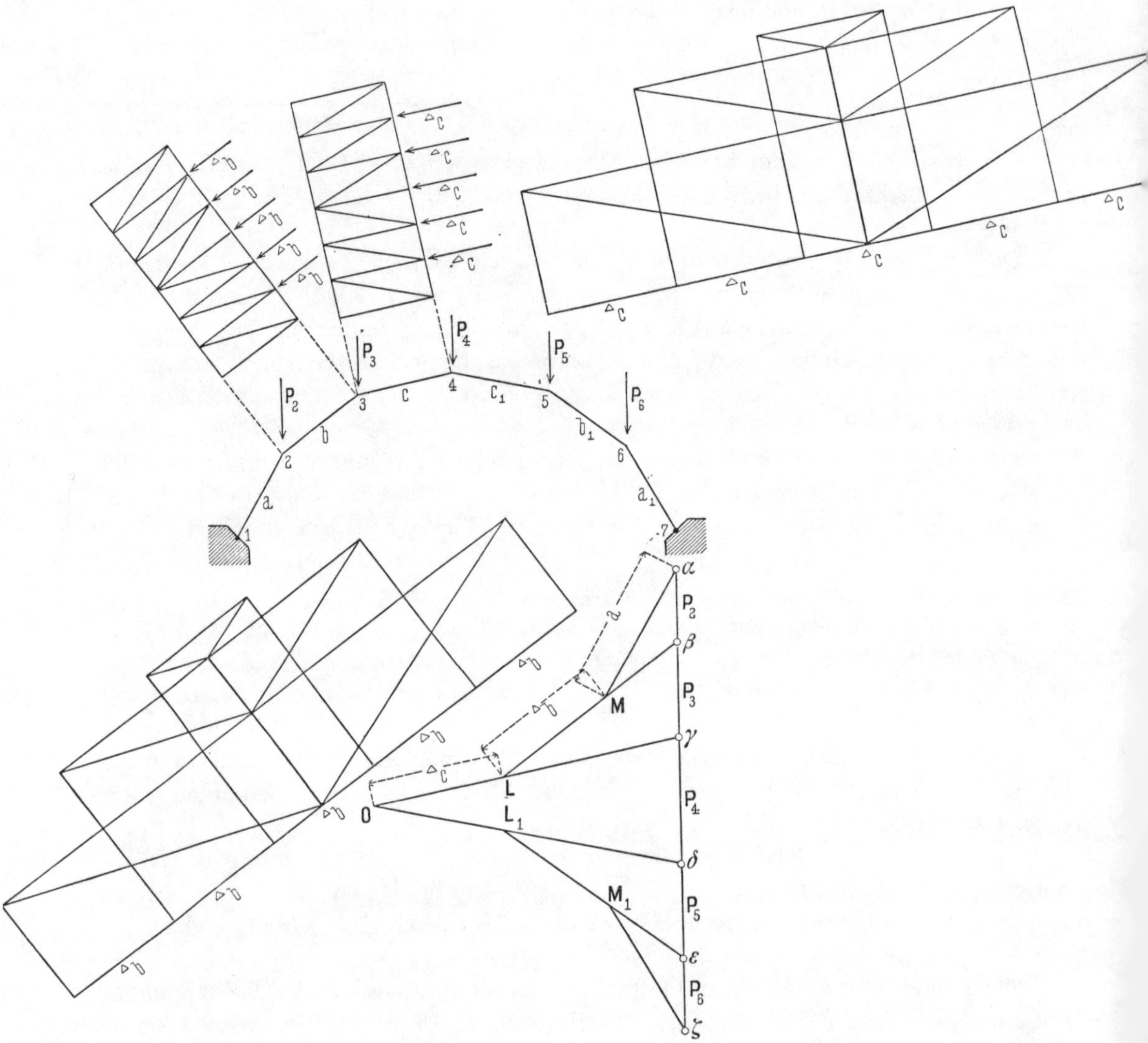

δ) Bei den Sparren ift zu beachten, dafs diefe auch zugleich Pfoften für die fchräg liegenden Träger find. Man denke fich den Sparren aus zwei Theilen beftehend, dem eigentlichen Sparren, der einen Theil des lothrechten Vieleckes bildet, und dem Pfoften des fchräg liegenden Trägers. Der eigentliche Sparren erleidet feinen gröfsten Druck bei voller Belaftung der beiden Vieleck-Knotenpunkte, welche ihn begrenzen. Bezüglich der ungünftigften Belaftung des Pfoftens ergiebt fich: gröfster Druck tritt ein, wenn die begrenzende Pfette fo belaftet ift, dafs der dem Pfoften zugeordnete Schrägftab gröfsten Zug erhält; als zugeordnet gilt derjenige Schrägftab, der mit dem Pfoften an der anderen Pfette znfammentrifft. So wird in $b_{II}$ (Fig. 459) die Belaftung derjenigen Knotenpunkte der Pfette *3* gröfsten Druck erzeugen, welche in $n_1$ gröfsten Zug erzeugt, und diejenige Belaftung der Pfette *2*, welche in $n_2$ gröfsten Zug erzeugt. Für den gröfsten Druck in $b_{II}$ müfste man alfo alle Knotenpunkte der Pfette *3* und Knotenpunkt *II 2* der Pfette *2* belaften.

Für die Berechnung des Daches braucht man diese unwahrscheinliche Belastung nur unter Umständen einzuführen; bedenkt man aber, dafs die Belastung aller Knotenpunkte der Pfetten *4*, *5*, *6*, *7* (Fig. 457) ohne Einflufs auf den betreffenden Sparren ist, so sieht man ein, dafs diese Belastungsart, bei der also das ganze Dach, mit Ausnahme der Knotenpunkte *III 2* und *IV 2*, belastet ist, nicht ausgeschlossen ist. Jedenfalls ist diese Untersuchung geeignet, Licht über die Beanspruchungen zu verbreiten.

Die in Fig. 459 dargestellten Pfosten des mittelsten Vieleckes, welches zur Ebene *III* gehört, folgen anderen Gesetzen; dieselben werden nur durch Belastung der Knotenpunkte dieses Vieleckes belastet; als Pfosten der schräg liegenden Träger erleiden sie weder Zug noch Druck.

162. Spannungen durch Eigengewicht.

In der Regel werden bei den Dächern hauptsächlich die Spannungen durch Eigengewicht, Schnee- und Winddruck in das Auge zu fassen sein; dieselben sind hier weniger ungünstig, als diejenigen durch Einzellasten.

In Fig. 460 sind die Lasten $P_2$, $P_3$, $P_4$, $P_5$, $P_6$ graphisch in die einzelnen Kräfte zerlegt, welche als Belastungen der schrägen Träger einzuführen sind. Im Punkte *4* zerlegt sich $P_4$ in $\gamma O$ und $O\delta$; im Punkte *3* zerlegt sich $P_3$ in $\beta L$ und $L\gamma$. Die beiden in die Ebene *c* fallenden Kräfte $\gamma O$ und $L\gamma$ heben einander zum Theile auf; als wirklich belastende Kraft des Trägers in der Ebene *c* bleibt nur die Differenz der beiden genannten Kräfte, d. h. $LO = \Delta c$. Eben so bleibt als belastende Kraft des Trägers in der Ebene *b* die Kraft $\Delta b$ und in der Ebene *a* die ganze Kraft $\alpha M$, die aber sofort durch das Seitenlager in das Seitenmauerwerk geführt wird. Jeder Knotenpunkt des Trägers *c* wird mit $\Delta c$ und jeder Knotenpunkt des Trägers *b* mit $\Delta b$ belastet; die Stabspannungen sind daraus nach bekannten Gesetzen leicht zu finden. Zu beachten ist, dafs die Spannungen in den Gurtstäben der Träger (d. h. in den Pfetten) sich algebraisch addiren, d. h. hier von einander subtrahiren; zu den Pfostenspannungen kommen noch die Sparrenspannungen hinzu, welche hier bezw. $\gamma L$, $\beta M$, $\alpha M$ sind.

Fig. 461.

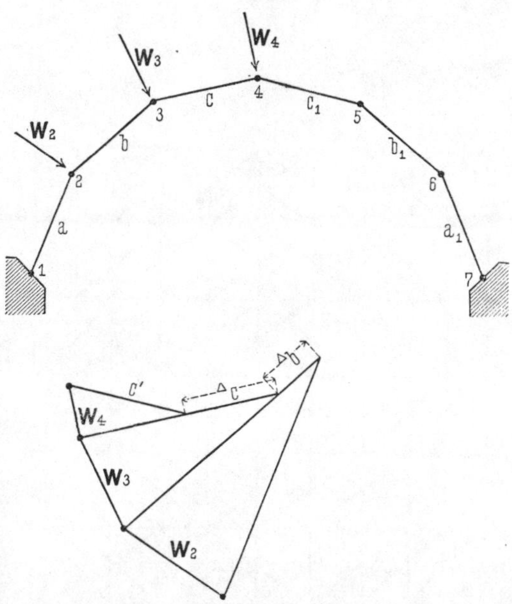


Nur die Theile $\Delta c$ und $\Delta b$ werden durch die schräg liegenden Träger zu ihren Endauflagern geleitet; man kann natürlich die Form des Vieleckes so wählen, dafs für bestimmte Lastengröfsen, z. B. für das Eigengewicht, diese Theile gleich Null werden. Alsdann sind bei dieser Belastung nur in den Sparren Spannungen.

163. Spannungen durch Schnee, Wind etc.

Bezüglich der Belastung durch Schnee ist zu ermitteln, ob bezw. für welche Stäbe volle und für welche Stäbe einseitige Schneebelastung ungünstiger ist. Man wird hier die übliche Annahme, nach welcher die einseitige Schneelast bis zum First reicht, als nicht der Wirklichkeit entsprechend verlassen und für die ungünstigste Schneelast die mittleren Pfettenpunkte *3*, *4*, *5* als belastet annehmen, da auf den steilen

Dachflächen $a$ und $a_1$ der Schnee nicht liegen bleibt; von der geringen Belaftung der Knotenpunkte *2* und *6* fieht man zweckmäfsig ab. Die Ermittelung der Spannungen ift eine einfache Arbeit (entfprechend Fig. 460). Wenn bei einfeitiger Belaftung die Pfette *5* nur eine geringere Laft hat, als in Fig. 460 angenommen war, fo wächst $\Delta c_1$ entfprechend.

Die auf die einzelnen Träger bei Windbelaftung entfallenden Knotenpunktslaften find aus dem Kräfteplan in Fig. 461 zu entnehmen.

Einzellaften, befonders die Gewichte der Arbeiter, welche Ausbefferungen vornehmen, find hier gefährlich; man forge defshalb durch die Art der Dachdeckung und etwaige befondere Vorkehrungen (Schalung, Wellblech u. f. w.) dafür, dafs diefe Laften fich auf mehrere Knotenpunkte vertheilen. Anderenfalls mufs man die Stäbe fo wählen, dafs aufser dem Eigengewicht wenigftens ein Arbeiter an beliebigem Knotenpunkte ohne Gefahr fich befinden kann.

164. Materialmenge.

Die für ein Dach nöthige Materialmenge ift hier aufser von der Spannweite auch von der Länge des Daches abhängig. Da noch keine Erfahrungen vorliegen, fo können auch die Angaben über den Materialaufwand nur fpärlich fein.

*Foeppl* hat einige Conftructionen berechnet und gefunden:

Bei 13,80 m Spannweite, 18,80 m Länge und 5,70 m Höhe ergab fich das Gewicht der Eifen-Conftruction mit 19 kg für 1 qm Grundfläche; dabei waren aufgemauerte Giebelwände angenommen; für Giebel in Eifen-Conftruction ftellt fich ihr Gewicht auf zufammen 2,6 t.

Bei 30 m Spannweite, 40 m Länge und 12 m Höhe ergab fich das Gewicht der Eifen-Conftruction zu 25 kg für 1 qm Grundfläche, ebenfalls ohne Giebelwände.

In beiden Fällen war der Winddruck mit 120 kg auf 1 qm fenkrecht getroffener Fläche, die bewegliche Laft mit 20 kg für 1 qm Grundfläche angenommen, das Eigengewicht der Eindeckung und Schneelaft für 1 qm Grundfläche im erften Beifpiel zu 100 kg, im zweiten Beifpiel zu 120 kg vorausgefetzt.

165. Schlufsbemerkungen.

Bei gröfserer Seitenzahl des Vieleckes zerlegt fich die Knotenlaft $P$ in fehr grofse, auf die fchrägen Träger wirkende Laften; es empfiehlt fich defshalb eine kleine Seitenzahl des Vieleckes, 6 bis 10, wie oben angegeben.

Fig. 462.

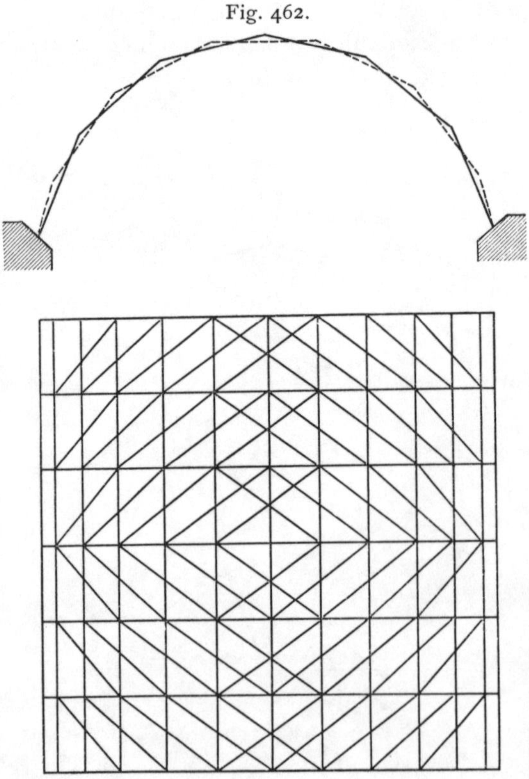

Bei fehr grofsen Spannweiten empfiehlt *Foeppl* das doppelte oder mehrfache Flechtwerk (Fig. 462). Bei diefem ordnet man zwei oder mehrere getrennte Flechtwerke mit abwechfelnd liegenden Knotenpunkten an, die fich gegenfeitig durchdringen.

Das Flechtwerk hat vorausfichtlich für die Dach-Conftructionen der Zukunft eine grofse Bedeutung; die Hauptvorzüge deffelben beftehen darin, dafs der ganze Dachraum frei von irgend welchen Einbauten ift und dafs bei zweckentfprechender Verwendung der Materialverbrauch gering ift.

Noch möge kurz bemerkt werden, dafs das Flechtwerk als ftabile Conftruction fich aus folgendem Satze ergiebt, der in diefer Form zuerft von *Foeppl* entdeckt ift: Man erhält ein unverfchiebliches Stabwerk im Raume, wenn man Dreiecke mit ihren Seiten derart an einander reiht, dafs das entftehende Dreiecknetz eine zufammenhängende Oberfläche (einen Mantel) bildet, der einen inneren Raum vollftändig umfchliefst; an keinem Knotenpunkte dürfen aber alle von ihm ausgehenden Stäbe in derfelben Ebene liegen. Erfetzt man nun einen Theil des Mantels durch die fefte Erde, fo bleibt das Stabwerk unverfchieblich, und man erhält das Flechtwerk. Beim Tonnen-Flechtwerk mufs dann auch jede Stirnfeite entweder ein obiger Bedingung entfprechendes Dreiecknetz bilden oder mit Mauern verfehen werden, welche als Theile der feften Erde anzufehen find. Unter Beachtung diefes wichtigen Satzes kann man für die verfchiedenften Aufgaben Flechtwerke conftruiren.

### b) Conftruction der Stäbe.

166. Gezogene und gedrückte Stäbe.

Die Fachwerke der Binder und der Flechtwerke fetzen fich aus einzelnen Stäben zufammen, welche auf Zug, bezw. Druck beanfprucht werden. Nach Ermittelung der in den Stäben ungünftigftenfalls auftretenden Kräfte können die Querfchnitte der Stäbe beftimmt werden. Dabei ift zu unterfcheiden, ob der Stab nur auf Zug, bezw. nur auf Druck oder fowohl auf Zug, wie auf Druck beanfprucht wird. Bei den nur gezogenen Stäben genügt es, wenn wenigftens die berechnete Querfchnittsfläche an der fchwächften Stelle vorhanden ift; die Form der Querfchnittsfläche ift nicht ganz gleichgiltig, hat aber bei diefen Stäben eine mehr untergeordnete Bedeutung. Bei den auf Druck beanfpruchten Stäben dagegen mufs die Querfchnittsform forgfältigft fo gewählt werden, dafs fie genügende Sicherheit gegen Ausbiegen und Zerknicken bietet; hier genügt der Nachweis der Gröfse der verlangten Querfchnittsfläche allein nicht. Defshalb foll im Folgenden zunächft die Gröfse der Querfchnittsfläche, fodann die Form des Querfchnittes befprochen werden.

#### 1) Gröfse und Form der Querfchnittsfläche.

167. Gröfse der Querfchnittsfläche.

Bezüglich der Ermittelung der Gröfse der Querfchnittsfläche der Stäbe kann auf die Entwickelungen in Theil I, Bd. 1, zweite Hälfte (Art. 281 bis 288, S. 247 bis 252 [225]) diefes »Handbuches« verwiefen werden; der bequemeren Verwendung wegen mögen die Formeln für die Querfchnittsberechnung hier kurz wiederholt werden.

Es bezeichne $P_0$ die durch das Eigengewicht im Stabe erzeugte Spannung; $P_1$ die gröfste durch Schnee- und Winddruck, fo wie fonftige zufällige Belaftung im Stabe erzeugte Spannung, welche gleichen Sinn mit $P_0$ hat, d. h. Druck, bezw. Zug ift, wenn $P_0$ Druck bezw. Zug ift, und $P_2$ die gröfste durch Schnee- und Winddruck, fo wie fonftige zufällige Belaftung im Stabe erzeugte Spannung, welche entgegengefetzten Sinn mit $P_0$ hat, d. h. Druck, bezw. Zug ift, wenn $P_0$ Zug bezw. Druck ift. Alle Werthe in nachftehenden Angaben find in abfoluten Zahlen, d. h. ohne Rückficht auf die Vorzeichen, einzufetzen.

1) Schmiedeeifenftäbe. Falls die Stäbe nur auf Zug oder nur auf Druck beanfprucht werden, fo ift $P_2$ gleich Null; alsdann ift die Querfchnittsfläche

$$F = \frac{P_0}{1050} + \frac{P_1}{700} \quad \text{oder} \quad F = \frac{P_0 + 1{,}5\, P_1}{1050} \quad . \quad . \quad . \quad . \quad . \quad 13.$$

225) 2. Aufl.: Art. 76 u. 77, S. 50 bis 53.

$P_0$ und $P_1$ ſind in Kilogr. einzuſetzen, und $F$ wird in Quadr.-Centim. erhalten. Die Formeln 13 gelten auch, ſo lange $P_2 < \frac{2}{3} P_0$ iſt.

Falls die Stäbe zeitweiſe auf Zug, zeitweiſe auf Druck beanſprucht werden können und $P_2 > \frac{2}{3} P_0$ iſt, ſo verwende man,

$$\text{wenn } P_2 - P_1 < \frac{4}{3} P_0 \text{ iſt: } F = \frac{P_0}{1575} + \frac{P_1}{700} + \frac{P_2}{2100}; \quad . \quad . \quad . \quad 14.$$

$$\text{wenn } P_2 - P_1 > \frac{4}{3} P_0 \text{ iſt: } F = -\frac{P_0}{1575} + \frac{P_1}{2100} + \frac{P_2}{700} \quad . \quad . \quad . \quad . \quad 15.$$

Auch in den Gleichungen 14 u. 15 ſind $P_0$, $P_1$, $P_2$ in Kilogr. einzuſetzen, und $F$ wird in Quadr.-Centim. erhalten.

2) Fluſseiſenſtäbe. Falls die Stäbe nur auf Zug oder nur auf Druck beanſprucht werden, überhaupt ſo lange $P_2 < \frac{2}{3} P_0$, iſt

$$F = \frac{P_0}{1350} + \frac{P_1}{900} \quad \text{oder} \quad F = \frac{P_0 + 1{,}5\, P_1}{1350} \quad . \quad . \quad . \quad . \quad . \quad 16.$$

Falls die Stäbe zeitweiſe auf Zug, zeitweiſe auf Druck beanſprucht werden können und $P_2 > \frac{2}{3} P_0$ iſt, ſo verwende man,

$$\text{wenn } P_2 - P_1 < \frac{4}{3} P_0 \text{ iſt: } F = \frac{P_0}{2000} + \frac{P_1}{900} + \frac{P_2}{2700}; \quad . \quad . \quad . \quad 17.$$

$$\text{wenn } P_2 - P_1 > \frac{4}{3} P_0 \text{ iſt: } F = -\frac{P_0}{2000} + \frac{P_1}{2700} + \frac{P_2}{700} \quad . \quad . \quad . \quad . \quad 18.$$

3) Guſseiſenſtäbe. Guſseiſen ſoll niemals bei Stäben verwendet werden, welche auf Zug beanſprucht werden; nur bei gedrückten Stäben darf man es allenfalls noch benutzen, wenn keine ſtoſsweiſe Belaſtung zu erwarten iſt. Man kann alsdann ſetzen:

$$F_0 = \frac{P_0 + P_1}{500} \quad . \quad . \quad . \quad . \quad . \quad . \quad . \quad . \quad . \quad . \quad . \quad 19.$$

4) Holz. Auch Holz darf man nur für gedrückte Stäbe verwenden; man kann alsdann ſetzen:

$$F = \frac{P_0 + P_1}{80} \quad . \quad . \quad . \quad . \quad . \quad . \quad . \quad . \quad . \quad . \quad . \quad 20.$$

168. Form der Querſchnittsfläche der Stäbe.

Bei den gezogenen Stäben empfiehlt es ſich, die einzelnen Theile des Querſchnittes möglichſt gleichmäſsig um den Schwerpunkt zu gruppiren; der kreisförmige und der kreuzförmige Querſchnitt iſt gut, auch der aus anderen praktiſchen Gründen empfehlenswerthe Rechteckquerſchnitt (Flacheiſen); man mache die Höhe des Rechteckes gegenüber ſeiner Dicke nicht zu groſs. Wegen guter Kraftübertragung in den Knotenpunkten lege man den Schwerpunkt des Querſchnittes in die Kraftebene; wo möglich ordne man letzteren ſo an, daſs er durch die Kraftebene in zwei ſymmetriſche Hälften getheilt wird.

Bei den gedrückten Stäben ſind zunächſt die vorſtehend für die gezogenen Stäbe angeführten Rückſichten gleichfalls zu nehmen; auſserdem iſt aber auf genügende Sicherheit gegen Zerknicken der allergröſste Werth zu legen. Nennt man die gröſstmögliche Druckkraft im Stabe $P$, die freie Stablänge $\lambda$, nimmt man in den Enden des freien Stabſtückes Gelenke an, ſo daſs alſo $\lambda$ von Gelenkmitte bis Gelenkmitte reicht, und bezeichnet man mit $\mathfrak{J}_{min}$ den kleinſten Werth aller auf Schwerpunktsaxen bezogenen Trägheitsmomente des Querſchnittes (alſo das kleinſte Schweraxen-Trägheitsmoment); ſo muſs nach Theil I, Band 1, zweite Hälfte (2. Aufl., Art. 137, S. 116) dieſes »Handbuches« ſein

$$\left.\begin{array}{ll} \text{für ſchmiede- und fluſseiſerne Stäbe:} & \mathfrak{J}_{min} = 2{,}5\ P\lambda_m{}^2 \\ \text{für Guſseiſenſtäbe:} & \mathfrak{J}_{min} = 8\ P\lambda_m{}^2 \\ \text{für Holzſtäbe:} & \mathfrak{J}_{min} = 83\ P\lambda_m{}^2 \end{array}\right\} \quad \ldots\ldots \quad 21.$$

Hierin ſoll $P$ in Tonnen und $\lambda$ in Metern eingeſetzt werden; $\mathfrak{J}_{min}$ wird auf Centim. bezogen erhalten. In dieſen Formeln iſt vorausgeſetzt, daſs die Stäbe nach allen Richtungen ausbiegen können.

Wenn die Stäbe an ihren Enden eingeſpannt ſind, ſo ergeben ſich für $\mathfrak{J}_{min}$ Werthe, welche nur den vierten Theil der oben angegebenen betragen (vergl. a. a. O.); die wirklichen Stäbe können aber in den meiſten Fällen weder als gelenkförmig angeſchloſſen, noch als eingeſpannt betrachtet werden; insbeſondere würde die letztere Annahme meiſtens zu günſtig ſein.

Beiderſeits vernietete Gitterſtäbe kann man nach der Formel ſo berechnen, als wären ſie beiderſeits mit drehbaren Enden verſehen; die Annahme iſt etwas zu ungünſtig; aber die Sicherheit wird durch dieſelbe vergröſsert.

169. Form der Querſchnittsfläche der Gurtungen.

Die Stäbe der Druckgurtung (oberen Gurtung) gehen gewöhnlich in den Knotenpunkten durch, könnten alſo in der Ebene des Binders als eingeſpannt angeſehen werden; es empfiehlt ſich aber nicht, dieſe beſonders günſtige Annahme zu machen, weil man eine vollkommene Einſpannung nicht mit Sicherheit annehmen kann. Deſshalb wird empfohlen, für dieſe Stäbe den im eben genannten Heft dieſes »Handbuches« (Art. 337, S. 300 [226]) durchgeführten Fall 4 zu Grunde zu legen, alſo nach folgenden Formeln zu rechnen:

$$\left.\begin{array}{ll} \text{für Schmiede- und Fluſseiſen:} & \mathfrak{J}_{min} = \frac{5}{4}\ P\lambda_m{}^2 \\ \text{für Guſseiſen:} & \mathfrak{J}_{min} = 4\ P\lambda_m{}^2 \\ \text{für Holz:} & \mathfrak{J}_{min} = 41\ P\lambda_m{}^2 \end{array}\right\} \quad \ldots\ldots \quad 22.$$

Auch hier iſt $P$ in Tonnen und $\lambda$ in Metern einzuführen, und man erhält $\mathfrak{J}_{min}$ auf Centim. bezogen.

Wenn die Knotenpunkte der oberen Gurtung durch die Pfetten eine ſo ausreichende Querverſteifung haben, daſs ſie nicht aus der Binderebene herausgebogen werden können, ſo kann man ſie als feſte Punkte anſehen und die Länge zwiſchen den Knotenpunkten als Knicklänge $\lambda$ einführen; wenn aber eine ſolche Querverſteifung nicht vorhanden iſt, ſo kann unter Umſtänden ein Ausbiegen aus der Binderebene eintreten; dann muſs man für die Zerknickungsgefahr in der betreffenden Ebene die Entfernung zwiſchen den beiden für dieſe Beanſpruchung als feſt anzuſehenden Punkten als $\lambda$ einführen. Gerade die Gefahr des Ausbiegens aus der Binderebene ſpricht gegen Binder, in deren Druckgurtung nicht die Pfetten angebracht ſind; man ſollte ſolche Anordnungen vermeiden.

226) 2. Aufl.: Art. 122 u. 137, S. 102 u. 117.

## 2) Praktiſche Querſchnittsformen für Schmiede- und Fluſseiſenſtäbe.

### α) Querſchnitte, welche ſowohl für gezogene, wie auch für gedrückte Gurtungsſtäbe geeignet ſind.

170. Zwei L-Eiſen.

Den hier zu betrachtenden Querſchnittsformen iſt die Widerſtandsfähigkeit gegen Zerknicken gemeinſam. Da es ſich um Querſchnitte für Gurtungen handelt, müſſen dieſelben eine bequeme Befeſtigung der Gitterſtäbe und (bei der oberen Gurtung) der Pfetten geſtatten.

a) Zwei Winkeleiſen (Fig. 463). Zwiſchen den beiden lothrechten Schenkeln iſt ein Zwiſchenraum zum Einlegen der Anſchluſsbleche für die Gitterſtäbe, der ſog. Knotenbleche, vorhanden. Die Winkeleiſen können gleichſchenkelig oder ungleichſchenkelig ſein; der gröſsere Schenkel kann in die lothrechte oder wagrechte Richtung gelegt werden. Kleinſte zu verwendende Winkeleiſen ſind etwa $45 \times 45 \times 7$ mm; gröſste Kaliber ziemlich beliebig, je nach Bedarf bis $150 \times 160 \times 14$ mm und mehr. Dieſer Querſchnitt wird vielfach ausgeführt; er iſt für obere Gurtungen ſehr empfehlenswerth, geſtattet bequemen Anſchluſs der Gitterſtäbe und der Windverkreuzung durch Knotenbleche, welche auf die wagrechten Schenkel kommen; die Pfetten finden auf dieſen Schenkeln ein bequemes Auflager.

Fig. 463.

Fig. 464.

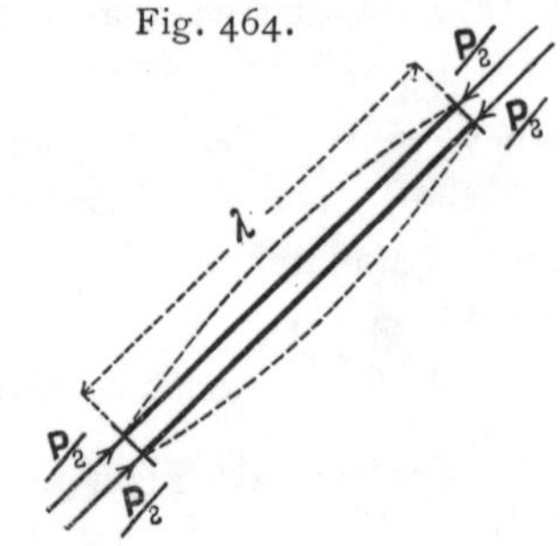


Damit für die Zerknickungsgefahr der Querſchnitt als Ganzes wirke, legt man in gewiſſen Abſtänden Blechſtücke ein und verbindet daſelbſt beide Theile durch einen Niet; die Abſtände dieſer Einlagen betragen gewöhnlich 35 bis 50 cm. Daſs man mit dieſem Maſse weiter gehen kann, zeigt nachſtehende Rechnung. Nennt man den geſuchten Abſtand $\lambda$ und verſteht unter $P$ und $\mathcal{J}_{min}$ dieſelben Begriffe, wie oben in Gleichung 21 u. 22, ſo kommt auf jede Hälfte des Querſchnittes die Kraft $\frac{P}{2}$ (Fig. 464). Legt man den zweiten Zerknickungsfall [227]) zu Grunde, was jedenfalls ungünſtiger iſt, als die Wirklichkeit, ſo muſs, damit kein Ausbiegen eintritt, $\mathcal{J}_{min} = 2{,}5\ P\lambda^2$ ſein. Die Querſchnittsfläche $f$ (in Quadr.-Centim.) kann hier allgemein, weil ſtets etwas zugegeben wird, geſetzt werden: $f = \frac{P}{500}$, wenn $f$ in Quadr.-Centim. und $P$ in Kilogr. eingeſetzt wird, oder $f = \frac{P \cdot 1000}{500} = 2\,P$, wenn $P$ in Tonnen ausgedrückt wird. Aus letzterer Beziehung folgt $P = \frac{f}{2}$. Dieſer Werth in die Gleichung für $\mathcal{J}_{min}$ eingeſetzt, ergiebt $\mathcal{J}_{min} = \frac{2{,}5\,f}{2}\,\lambda^2$, woraus

$$\lambda^2 = \frac{2\,\mathcal{J}_{min}}{2{,}5\,f} = \frac{0{,}8\,\mathcal{J}_{min}}{f} \quad . \quad . \quad . \quad . \quad 23.$$

Anſtatt $\mathcal{J}_{min}$ müſste hier eigentlich das Trägheitsmoment, bezogen auf die lothrechte Schwerpunktsaxe eines der beiden Winkeleiſen, eingeführt werden; ſetzt man aber ſelbſt den Werth des kleinſten Trägheitsmomentes eines Winkeleiſens ein, ſo erhält man noch ziemlich groſse Werthe für $\lambda$, d. h. für den Abſtand der Einlagen.

227) Siehe das mehrfach genannte Heft dieſes »Handbuches«, Art. 338, S. 301. (2. Aufl.: Art. 123, S. 103.)

Für das Winkeleiſen von $55 \times 55 \times 8$ mm Querſchnitt iſt $\mathcal{J}_{min} = 9{,}38$ (auf Centim. bezogen) und $f = 8{,}16$ qcm, ſonach

$$\lambda = 0{,}96 \text{ m};$$

für das Winkeleiſen von $60 \times 60 \times 8$ mm iſt $\mathcal{J}_{min} = 12{,}27$ (auf Centim. bezogen) und $f = 9$ qcm; mithin

$$\lambda = 1{,}04 \text{ m}.$$

Die Abſtände können alſo ziemlich groſs ſein.

Die Weite des Zwiſchenraumes der beiden lothrechten Winkeleiſenſchenkel wählt man wenigſtens gleich der Eiſenſtärke der Winkel; beſſer macht man dieſes Maſs gröſser, und zwar empfiehlt ſich eine Weite, welche gleich der Summe der Eiſenſtärken beider Winkel iſt. Dann erhält das einzulegende Knotenblech dieſe groſse Stärke; die Zahl der Anſchluſsniete der Gitterſtäbe, ſo wie die Gröſse des Knotenbleches kann kleiner ſein, als bei geringer Stärke, und beide Winkeleiſen können durch daſſelbe Knotenblech geſtoſsen werden. Das Trägheitsmoment des Querſchnittes für die lothrechte Symmetrieaxe kann durch Vergröſserung des Zwiſchenraumes vergröſsert werden; meiſtens allerdings wird dieſes Trägheitsmoment nicht

Fig. 465.

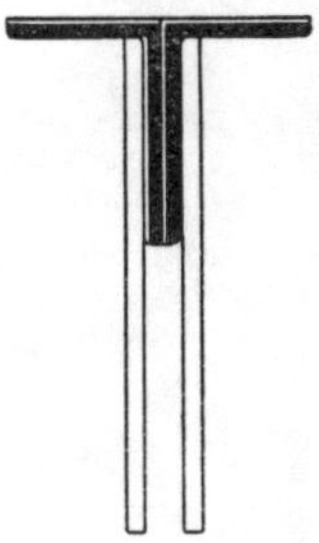

Fig. 466.

Fig. 467.

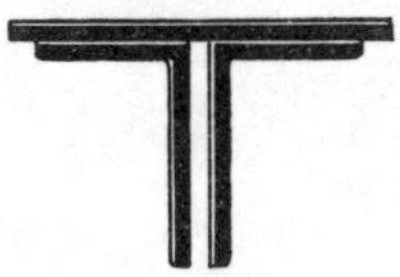

Fig. 468.

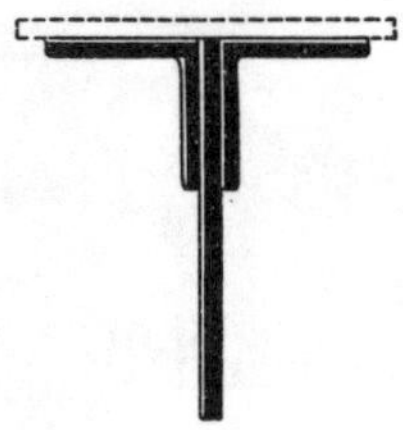

für die Querſchnittsbeſtimmung maſsgebend ſein, da es gewöhnlich das gröſsere der beiden Hauptträgheitsmomente iſt.

Zwiſchen die lothrechten Schenkel ſetzt ſich im Laufe der Zeit Staub, Schmutz u. ſ. w.; auch iſt bei geringer Stärke des Zwiſchenraumes die Beſeitigung etwa auftretenden Roſtes und die Erneuerung des Anſtriches ſchwierig. Man vermeidet dieſe Uebelſtände, indem man die Winkeleiſen ohne Zwiſchenraum an einander ſetzt; die dann erforderlichen beiden Knotenbleche werden auſsen aufgenietet (Fig. 465).

Die Lagerung der Pfetten und der Anſchluſs der Windknotenbleche iſt wie beim Querſchnitt in Fig. 463.

Eine Verſtärkung der beſprochenen Querſchnitte iſt durch Aufnieten einer oder auch mehrerer Platten möglich (Fig. 466, 467), ſo wie durch Anordnung eines durchlaufenden Stehbleches zwiſchen den Winkeleiſen (Fig. 468). Damit das Stehblech unter dem Drucke nicht ausbeule, wähle man ſeinen Ueberſtand über die Winkeleiſen nicht gröſser, als $10\,\delta$ bis $12\,\delta$, worin $\delta$ die Stärke des Stehbleches bedeutet. Die Gitterſtäbe können hier an das Stehblech genietet werden. Je nach Bedarf kann die Querſchnittsfläche durch Aufnieten von Blechplatten auf die wagrechten Winkeleiſenſchenkel weiter vergröſsert werden; die Verringerung der Querſchnittsfläche wird erreicht, indem man dem Stehblech geringere Breite giebt, bezw. daſſelbe ganz fortläſst. Eine gute Stoſsanordnung des Stehbleches iſt nicht einfach; doch kann man bei den Dächern oft ohne Stoſs des Stehbleches auskommen.

171.
I-förmiger Querſchnitt.

𝔟) **I-förmiger Querſchnitt.** Hier iſt zunächſt der in Fig. 469 angegebene Querſchnitt zu beſprechen; derſelbe beſteht aus einem Stehblech und je zwei Winkeleiſen längs jeder Kante des Stehbleches, erinnert alſo an den Blechträger. Dieſe Querſchnittsform hat den Nachtheil, daſs der Anſchluſs der Gitterſtäbe umſtändlich iſt. Gewöhnlich werden an jedem Knotenpunkte zwei Winkeleiſenſtücke untergenietet, welche das Knotenblech zwiſchen ſich nehmen (Fig. 469). Beſſer iſt die in Fig. 470 [228]) dargeſtellte Conſtruction. Das Knotenblech reicht hier zwiſchen die Winkeleiſen der Gurtung und tritt an die Stelle des Stehbleches; Stoſslaſchen verbinden das Knotenblech mit dem lothrechten Stehblech auf beiden Seiten. Statt des Stehbleches kann man für die lothrechte Wand auch Gitterwerk anordnen; dann treten an den Knotenpunkten an Stelle des Gitterwerkes die Knotenbleche. Dieſe Conſtruction iſt gut.

Fig. 469.

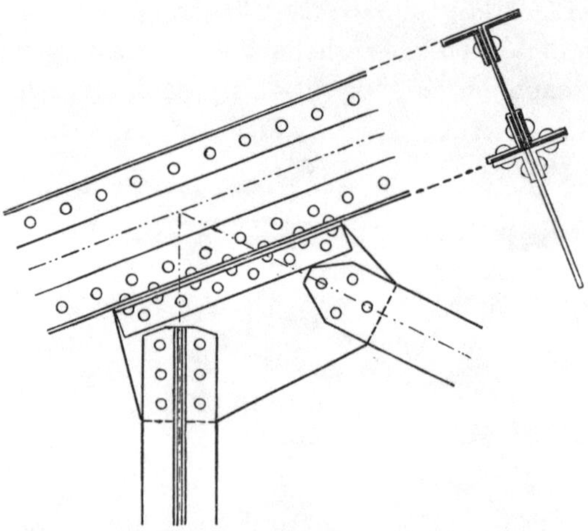

$^1/_{10}$ n. Gr.

Fig. 470.

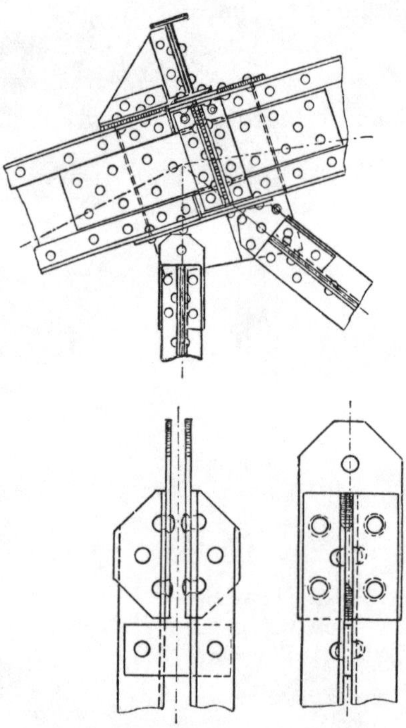

Von der Einſteigehalle auf dem Centralbahnhof zu München [228]).

$^1/_{25}$, bezw. $^1/_{12,5}$ n. Gr.

Der I-förmige Querſchnitt kann nicht nur Zug und Druck, ſondern auch Biegung ertragen; derſelbe empfiehlt ſich deſshalb in hohem Maſse für Bogendächer mit oder ohne Durchzug und iſt für dieſe auch vielfach gewählt. Eine Verſtärkung durch aufgenietete Blechplatten iſt leicht möglich. Bei dieſen Bogenbindern ſind die anzuſchlieſsenden Gitterſtäbe meiſtens ſchwach, ſo daſs die Knotenpunkte leicht nach Fig. 471 ausgeführt werden können. Eine gute Stoſsanordnung in einem Bogenträger zeigt Fig. 472.

Hierher gehört auch der aus zwei **[**-Eiſen nach Fig. 473 hergeſtellte Querſchnitt, welcher beſonders von *Schwedler* vielfach angewendet worden iſt. Den Zwiſchenraum zwiſchen den **[**-Eiſen wähle man wo möglich ſo groſs, wie die Summe der beiden Wandſtärken der **[**-Eiſen. In gewiſſen Abſtänden ſind Blecheinlagen anzuordnen, wie oben unter 𝔞. Der Abſtand derſelben kann wie oben berechnet werden aus: $\lambda^2 = 0{,}8 \, \frac{\mathfrak{J}_{min}}{f}$.

$\mathfrak{J}$ bedeutet hier das Trägheitsmoment eines **]** Eiſens für die lothrechte Schwerpunktsaxe. Man erhält für

228) Nach: Organ f. d. Fortſchr. d. Eiſenbahnw. 1887, Taf. XXXII.

Fig. 471.

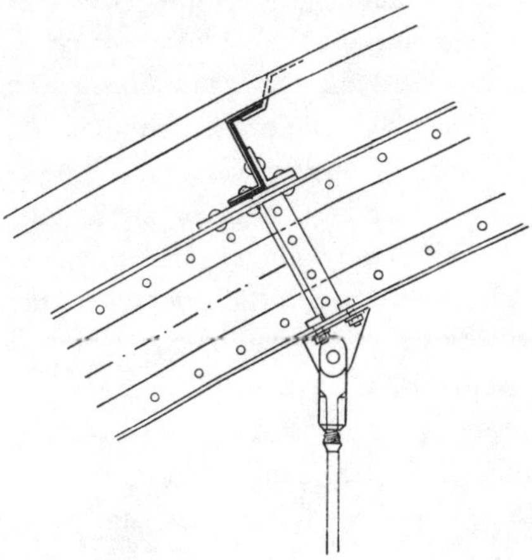

Fig. 472.

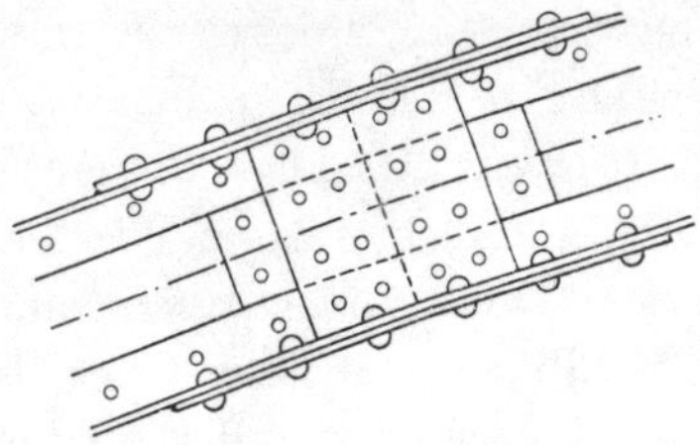

1/20 n. Gr.

Von der Bahnhofshalle zu Münfter.

| | $\mathfrak{J}$ | $f$ | | $\lambda^2$ | $\lambda$ | |
|---|---|---|---|---|---|---|
| Norm.-Profil Nr. 10 | 33,1 | 13,5 | Quadr.-Centim. | 1,96 | 1,4 | Met. |
| » » » 12 | 49,2 | 17 | » » | 2,315 | 1,5 | » |
| » » » 14 | 71,2 | 20,4 | » » | 2,79 | 1,67 | » |
| » » » 16 | 97,4 | 24 | » » | 3,25 | 1,80 | » |
| » » » 18 | 130 | 28 | » » | 3,71 | 1,92 | » |
| » » » 20 | 171 | 32,3 | » » | 4,24 | 2,06 | » |

Ein Nachtheil diefer Querfchnittsform ift, dafs das Biegen der **E**-Eifen, wie es an einzelnen Knotenpunkten nöthig wird, eine fchwierige Arbeit ift, dafs eine Verringerung der Querfchnittsfläche nicht gut möglich ift, dafs fich Staub und Schmutz zwifchen beide **E**-Eifen fetzen und Befeitigung des Roftes, fo wie Erneuerung des

Fig. 473.

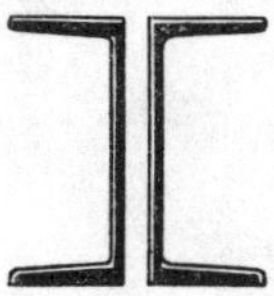

Fig. 475.

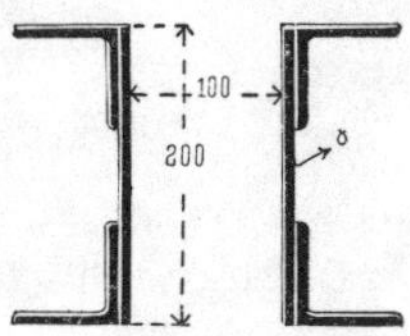


1/10 n. Gr.

Fig. 474.

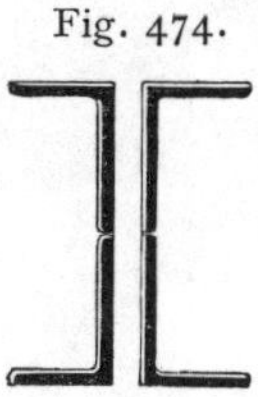

Fig. 476.

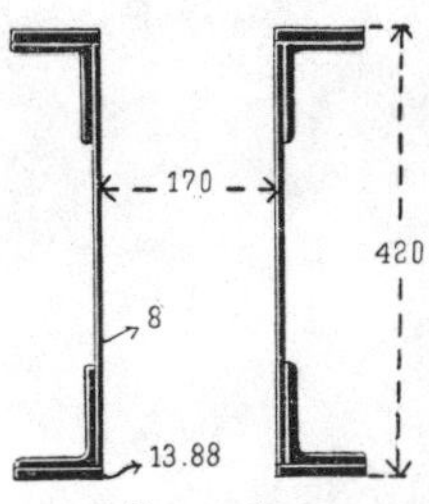


1/15 n. Gr.
Von der Bahnhofshalle zu Münfter.

Fig. 477.

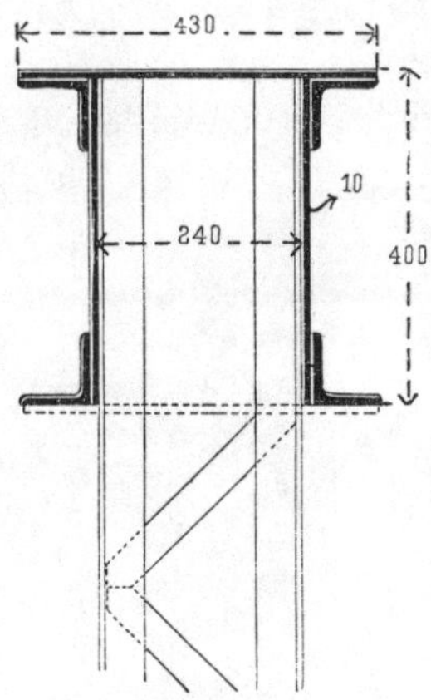


Von der Bahnhofshalle zu Hannover.
1/15 n. Gr.

Anſtriches zwiſchen beiden **[**-Eiſen umſtändlich ſind. Vergröſserung der Querſchnittsfläche auf kürzere Strecken iſt durch aufgenietete Blechlamellen erreichbar.

Anſtatt der **[**-Eiſen kann man je zwei, alſo im Ganzen vier Winkeleiſen verwenden (Fig. 474). Dies iſt ein empfehlenswerther Querſchnitt; die Veränderung der Querſchnittsfläche kann durch Veränderung der Winkeleiſenſorten erfolgen.

Erſetzt man die **[**-Eiſen durch je ein Stehblech mit zwei ſäumenden Winkeleiſen, ſo erhält man den Querſchnitt in Fig. 475, welcher ebenfalls als doppelt **I**-förmiger Querſchnitt aufgefaſſt werden kann. Wenn die beiden Theile ſo weit aus einander gerückt werden, daſs man die **I**-förmigen Pfoſten zwiſchen ihnen anbringen kann, ſo erhält man eine gegen ſeitliche, normal zur Binderebene wirkende Kräfte ſehr wirkungsvolle Anordnung. Dieſe Querſchnittsform wird für die am Ende längerer Hallen liegenden Endbinder, die ſog. Schürzenbinder, vortheilhaft verwendet. Die Verſtärkung kann durch aufgelegte Blechſtreifen oben und unten bewirkt werden (Fig. 476); auch oben durchgehendes Blech kommt vor und iſt praktiſch (Fig. 477). Die Veränderung der Querſchnittsfläche kann durch Anordnung verſchiedener Winkeleiſenſorten erfolgen; Befeſtigung der Gitterſtäbe und Unterhaltung im Anſtrich können gut durchgeführt werden.

172. **+**-förmiger Querſchnitt.

c) Kreuzförmiger Querſchnitt. Derſelbe iſt als zweckmäſsig zu bezeichnen; er iſt gegen Zerknicken ſehr wirkſam. Der Zwiſchenraum der lothrechten Winkeleiſenſchenkel nimmt die Knotenbleche auf, von denen das oben unter α Geſagte gilt; in den Zwiſchenraum der wagrechten Winkeleiſenſchenkel legt man die Windknotenbleche (Fig. 478). Dieſer Zwiſchenraum kann fehlen; dann werden die Windknotenbleche auf den Winkeleiſenſchenkeln befeſtigt. Die einzelnen Winkeleiſen können gleichſchenkelig oder ungleichſchenkelig ſein; Vergröſserung und Verringerung der Querſchnittsfläche iſt nach Bedarf durch Verwendung verſchiedener Winkeleiſenſorten möglich. Nachtheilig ſind die Zwiſchenräume (ſiehe unter α) und daſs die Pfetten nicht auf der Gurtung gelagert werden können; doch iſt eine gute Befeſtigung der Pfetten möglich, wenn man die lothrechten Knotenbleche nicht zu ſchwach (15 bis 20 mm ſtark) macht. Die Verſtärkung kann auch durch eingelegte lothrechte Blechlamellen (Fig. 478) geſchehen.

Fig. 478.

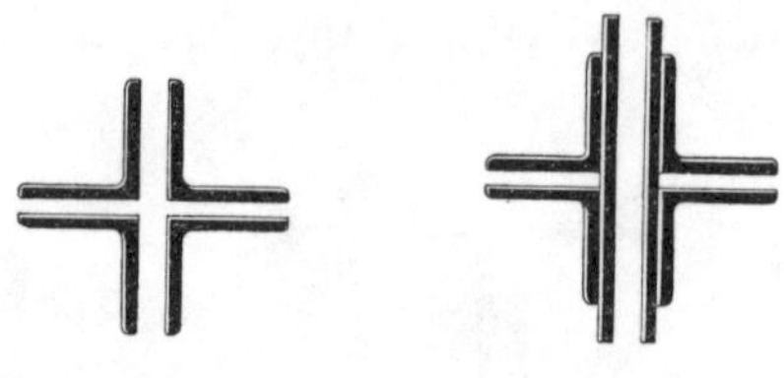

Auch bei dieſer Querſchnittsform ſind Blecheinlagen anzuordnen; der Abſtand derſelben berechnet ſich, wie oben angegeben. Für eine Anzahl deutſcher Normalprofile diene die folgende Tabelle.

| Winkeleiſen | | $J_{min}$ | $f$ | | $\lambda^2$ | $\lambda$ | |
|---|---|---|---|---|---|---|---|
| 5,5 × 5,5 × 0,8 | Centim. | 9,38 | 8,16 | Quadr.-Centim. | 0,919 | 0,96 | Met. |
| 6,0 × 6,0 × 0,8 | » | 12,40 | 8,96 | » » | 1,11 | 1,05 | » |
| 6,5 × 6,5 × 0,9 | » | 17,6 | 10,9 | » » | 1,29 | 1,13 | » |
| 7,5 × 7,5 × 1,0 | » | 30,3 | 14 | » » | 1,73 | 1,31 | » |
| 8,0 × 8,0 × 1,0 | » | 37,1 | 15 | » » | 1,98 | 1,40 | » |
| 10 × 10 × 1 | » | 75 | 19 | » » | 3,20 | 1,78 | » |

β) Querſchnitte für gedrückte Gitterſtäbe.

173. Ein **L**-Eiſen.

Dieſe Querſchnitte müſſen widerſtandsfähig gegen Zerknicken ſein und bequeme Befeſtigung an beiden Gurtungen geſtatten; da die in Betracht kommenden Kräfte hier klein ſind, ſo kommt man vielfach mit ſehr geringen Querſchnitten aus.

Fig. 479.

a) Ein Winkeleiſen, gleichſchenkelig oder ungleichſchenkelig. Daſſelbe hat den Vortheil bequemer Befeſtigung an den Knotenblechen, hingegen den Nachtheil, daſs die im Winkeleiſen wirkende Kraft auſserhalb der lothrechten Mittelebene des Binders auf das Knotenblech übertragen wird, alſo ein Drehmoment für letzteres zur Folge hat. Bei kleinen Kräften und ſtarkem Knotenblech iſt dies nicht bedenklich, zumal wenn der zweite, im gleichen Knotenpunkte anſchlieſsende Gitterſtab an der anderen Seite des Knotenbleches angenietet wird.

b) Ein **T**-Eiſen. Hier gilt daſſelbe, wie beim Winkeleiſen. Vorzugsweiſe ſind die ſog. breitfüſsigen **T**-Eiſen geeignet, von den hochſtegigen nur die ſchweren Nummern, weil die leichteren nicht genügende Fuſsbreite haben, um Niete aufnehmen zu können. 174. T-förmiger Querſchnitt.

Fig. 480.

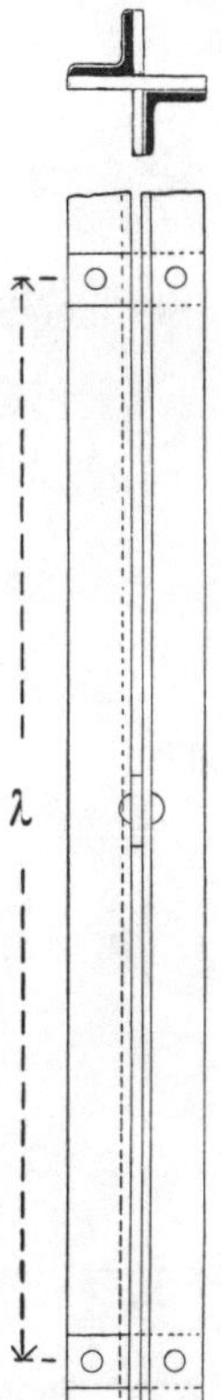


c) Zwei Winkeleiſen, welche zuſammen ein ⊥ oder ein **Z** bilden (Fig. 479).

d) Zwei über Ecke geſtellte Winkeleiſen (Fig. 480). Dieſe Querſchnittsform iſt ſehr empfehlenswerth; ſie bietet groſse Sicherheit gegen Zerknicken bei verhältniſsmäſsig geringem Stoffaufwand, ermöglicht guten Anſchluſs an die Gurtungen und die Kraftübertragung in der lothrechten Mittelebene des Binders. Die beiden Winkeleiſen müſſen ſtellenweiſe mit einander durch Bleche verbunden werden, damit nicht jedes für ſich ausbiegen kann. Der Abſtand der Bleche (von Mitte Niet bis Mitte Niet λ) ergiebt ſich nach Früherem wieder aus der Gleichung $\lambda^2 = \frac{0{,}8\, \mathcal{J}_{min}}{f}$, worin $f$ in Quadrat-Centim. einzuführen iſt. Für einige in Betracht kommende Winkeleiſen iſt nachſtehende Tabelle ausgerechnet:

| Winkeleiſen | | $\mathcal{J}_{min}$ | $f$ | | | $\lambda^2$ | $\lambda$ | |
|---|---|---|---|---|---|---|---|---|
| 50 × 50 × 7 | Millim. | 6,18 | 6,51 | Quadr.-Centim. | | 0,76 | 0,87 | Met. |
| 55 × 55 × 8 | » | 9,38 | 8,16 | » | » | 0,92 | 0,96 | » |
| 60 × 60 × 8 | » | 12,4 | 8,96 | » | » | 1,10 | 1,05 | » |
| 60 × 60 × 10 | » | 14,8 | 11,00 | » | » | 1,08 | 1,04 | » |
| 65 × 65 × 9 | » | 17,6 | 10,9 | » | » | 1,29 | 1,14 | » |
| 75 × 75 × 10 | » | 30,3 | 14,0 | » | » | 1,73 | 1,31 | » |

Man verſetzt die Verbindungsbleche in den ſenkrecht zu einander ſtehenden Ebenen um je $\frac{\lambda}{2}$, wodurch die Widerſtandsfähigkeit gegen Zerknicken noch erheblich vergröſsert wird. Die Breite der Bleche braucht nicht gröſser zu ſein, als daſs man ſie vernieten kann, alſo etwa 50 bis 60 mm. Wo der Stab an das Knotenblech anſchlieſst, ordnet man zweckmäſsig ein Verbindungsblech in der ſenkrecht zum Knotenblech ſtehenden Ebene an (Fig 470).

Fig. 481.

e) Zwei **T**-Eiſen, welche zuſammen ein Kreuz bilden (Fig. 481). Der Zwiſchenraum beider entſpricht dem Knotenblech. Dies iſt ein ſehr zweckmäſsiger Querſchnitt. — Statt der 2 **T**-Eiſen kann man auch 4 Winkeleiſen verwenden (ſiehe unter a); dieſelben genügen ſchon für ſehr ſchwere Dachbinder. 175. +-förmiger Querſchnitt.

## γ) Querſchnitte, welche nur für gezogene (Gurtungs- und Gitter-) Stäbe geeignet ſind.

176. Rechteck-Querſchnitt.

Bei den nur gezogenen Stäben fällt die Rückſicht auf das Zerknicken fort.

a) Rechteckquerſchnitt. Eiſen mit rechteckigem Querſchnitte nennt man Flacheiſen. Flacheiſen und aus mehreren Flacheiſen beſtehende Querſchnitte ſind für Zugſtäbe ſehr geeignet: die Verbindung an den Knotenpunkten iſt einfach und leicht herſtellbar; die Kräfte wirken in der lothrechten Mittelebene der Binder; man kann ſich dem theoretiſchen Bedarf ziemlich genau anſchlieſsen und dieſe Querſchnittsform für kleine und groſse Kräfte wählen. Man verwendet einfache und doppelte Flacheiſen, hochkantig oder flach gelegt, vermeidet aber gern die ſehr breiten Flacheiſen, weil dieſe der Conſtruction ein ſchweres Ausſehen geben. Flacheiſen kommen hier

Fig. 482.

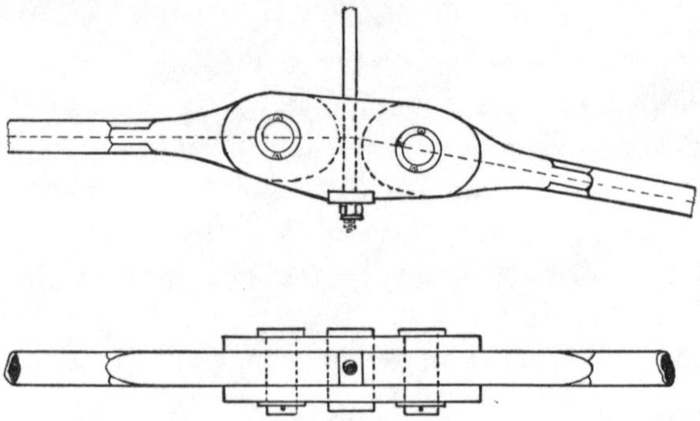

Von der Bahnhofshalle zu Oberhauſen.

$^1/_{15}$ n. Gr.

Fig. 483.

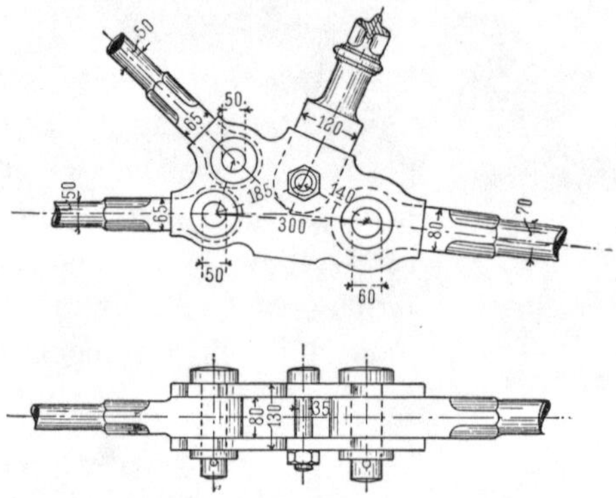


Von einem *Polonceau*-Dachſtuhl [229]).

$^1/_{20}$ n. Gr.

von 8 mm Stärke und 60 mm Breite bis zu etwa 15 mm Stärke und 350 mm Breite, ja in noch gröſseren Abmeſſungen vor. Einfache Flacheiſen ſchlieſse man nicht einſeitig an die Knotenbleche an (falls es ſich nicht um ſehr kleine Kräfte handelt), ſondern laſſe ſie ſtumpf vor das Knotenblech ſtoſsen und verbinde beide durch Doppellaſchen (Fig. 515, 518, 527). Doppelte Flacheiſen verbinde man in nicht zu groſsen Abſtänden (1 bis 2 m) mit einander durch zwiſchengelegte Futterbleche, damit beide möglichſt gleichmäſsig beanſprucht werden. Bei ſehr groſsen Dächern kommt man leicht zur Verwendung von vier Flacheiſen. Im Allgemeinen beachte man, daſs, je gröſser die Zahl der Theile iſt, aus denen ein Stab beſteht, deſto

Fig. 484.

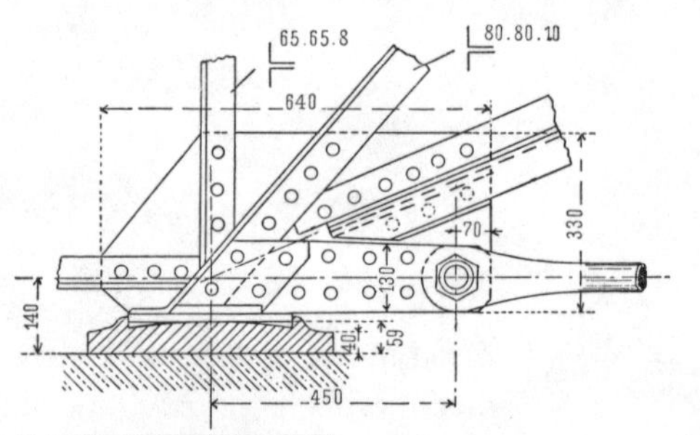


Vom neuen Packhof zu Berlin.

$^1/_{20}$ n. Gr.

229) Nach: *Nouv. annales de la conſtr.* 1876, Pl. 47—48.

Fig. 485.

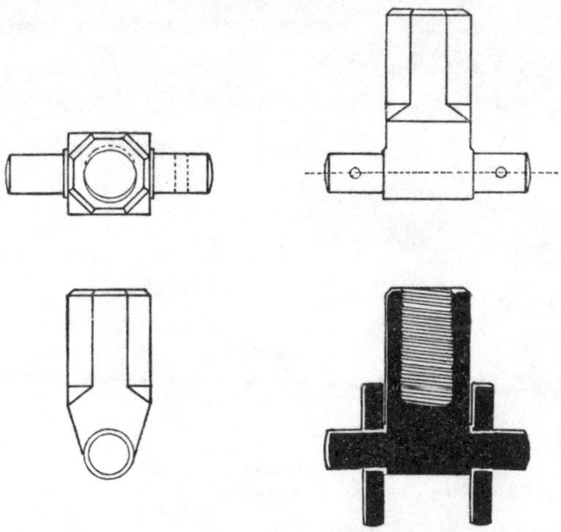

Fig. 486.

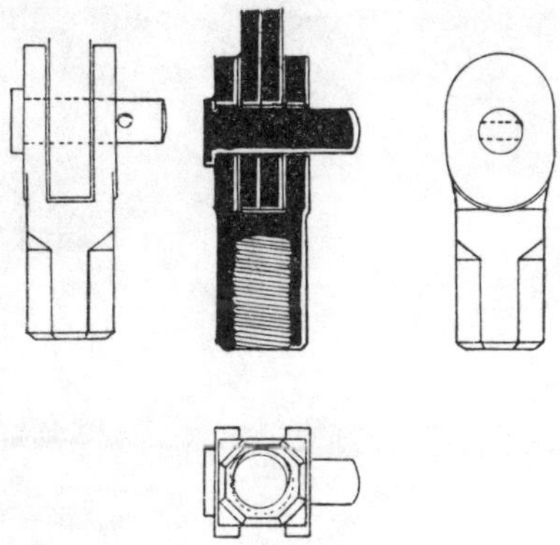

Von der Bahnhofshalle zu Münfter.

$^1/_5$ n. Gr.

Fig. 487.

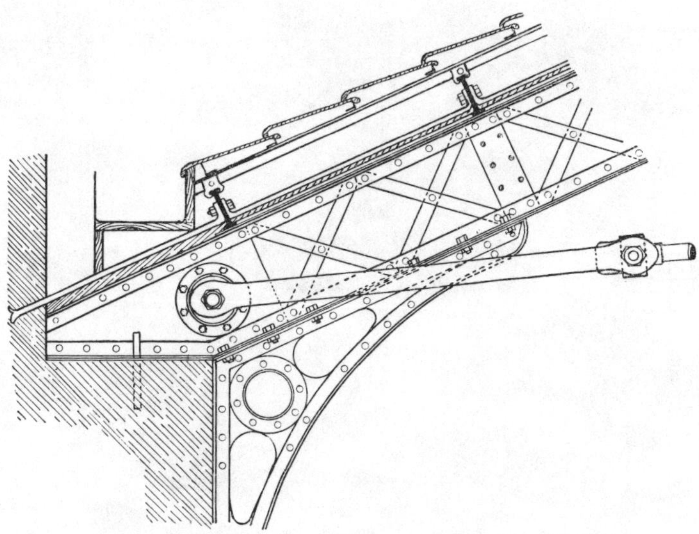

$^1/_{30}$ n. Gr.

Fig. 488.

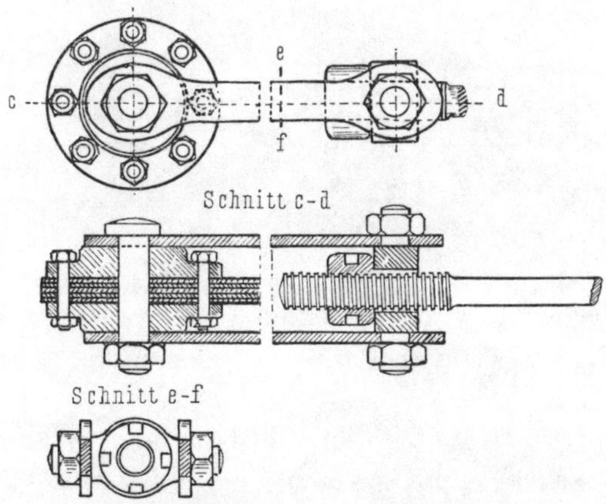


$^1/_{15}$ n. Gr.

Von einem *Polonceau*-Dachftuhl [230]).

weniger ficher auf gleichmäfsige Beanfpruchung aller Theile gerechnet werden kann. Vier Flacheifen mit drei Zwifchenräumen, d. h. mit je einem Zwifchenraum zwifchen zwei Lamellen, find defshalb nicht gut; zuläffig dagegen find vier Flacheifen, wenn man je zwei Flacheifen mit einander auf ihre ganze Länge vernietet; alsdann erhält

Fig. 489.

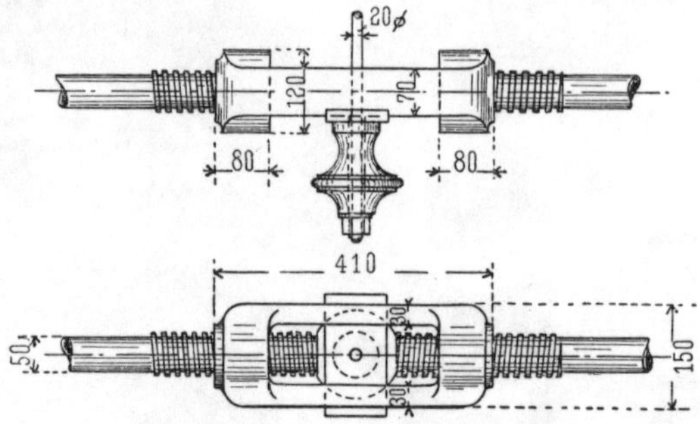


1/15 n. Gr.

Von einem *Polonceau*-Dachftuhl[230]).

Fig. 490.

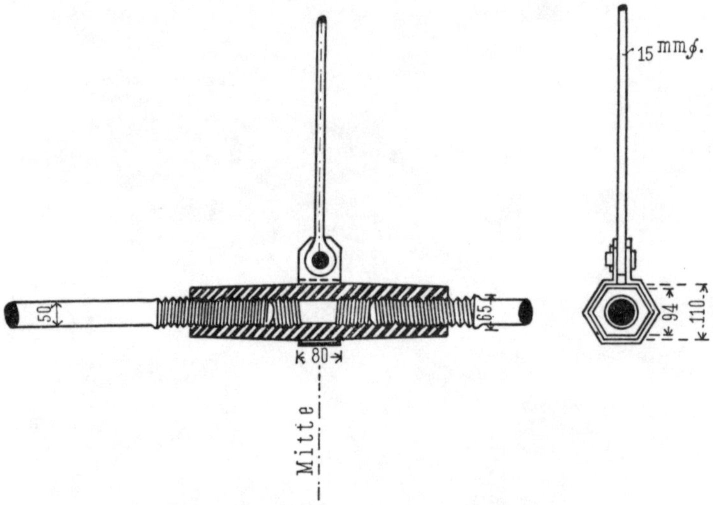


1/15 n. Gr.

Von der Bahnhofshalle zu Oberhaufen.

Fig. 491.

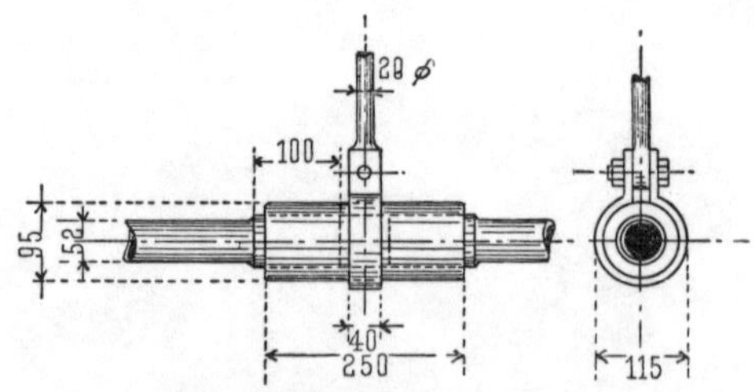


1/15 n. Gr.

Vom neuen Packhof zu Berlin.

man einen fchliefslich nur aus zwei Theilen beftehenden Stab. Beffer ift aber in einem folchen Falle die Verwendung eines kreuzförmigen, genügend ftarken Querfchnittes (nach Fig. 478).

177. Kreisquerfchnitt. b) Der Kreisquerfchnitt ift für Zugftäbe fehr zweckmäfsig: die einzelnen Theile der Querfchnittsfläche find gut um den Schwerpunkt gelagert; durch An-

230) Nach: *Nouv. annales de la conftr.* 1876, Pl. 47—48.

bringen von Spannvorkehrungen, ſog. Schlöſſern, kann man etwaige Ungenauigkeiten der Herſtellung und die bei der Aufſtellung gemachten Fehler wieder gut machen. Dagegen iſt der Anſchluſs an die Knotenpunkte, bezw. Knotenbleche nicht ſo einfach, wie beim Rechteckquerſchnitt. Gewöhnlich wird der Kopf des Rundeiſens im Gelenk ſo ausgeſchmiedet, daſs er den Bolzen aufnehmen kann; meiſtens iſt er eintheilig. Der kreisrunde Querſchnitt wird gewöhnlich zuerſt in einen achteckigen, dann in einen rechteckigen übergeleitet (Fig. 482 u. 483 [230]). Wenn die Knotenbleche doppelt ſind, ſo ſetzt man den Kopf des Rundeiſens zwiſchen beide Knotenbleche; bei einfachem Knotenbleche verbindet man den Rundeiſenſtab und das Knotenblech durch beiderſeits aufgelegte Laſchenbleche (Fig. 509, 524). Falls das Knotenblech geringere Stärke hat, als der Kopf des Stabes, ſo kann man die Doppellaſchen entſprechend aus einander biegen (Fig. 524). Etwas ſchwieriger iſt die Anordnung, wenn man das Ende des Stabes an ein gehörig verſtärktes Knotenblech zweiſeitig ohne beſondere Laſchen anſchlieſsen will. Dann kann man den Kopf nach Fig. 484 zweitheilig machen. Einen Anſchluſs der Rundeiſen an die Knotenbleche mit Hilfe beſonderer Hülſen veranſchaulichen Fig. 485 u. 486. In die Hülſen werden die Enden der Rundeiſenſtäbe eingeſchraubt. Fig. 485 zeigt eine Hülſe, welche ſich zwiſchen zwei Knotenbleche ſetzt und deſshalb jederſeits einen Zapfen hat, Fig. 486 eine ſolche für einfaches Knotenblech, welches durch die Hülſen umfaſſt wird. Endlich ſchaltet man auch wohl zwiſchen den Rundſtab und den Knotenpunkt Bügel aus zwei Flacheiſen ein, auf welche der Rundſtab ſeinen Zug mittels eines in den Bügeln gelagerten Zwiſchenſtückes überträgt (Fig. 487 u. 488).

Fig. 492.

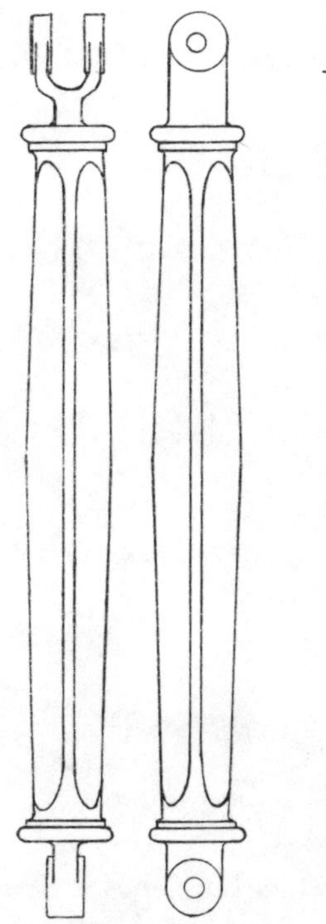

Von der Central-Markthalle zu Wien [231]).

1/9 n. Gr.

Fig. 493 [230]).

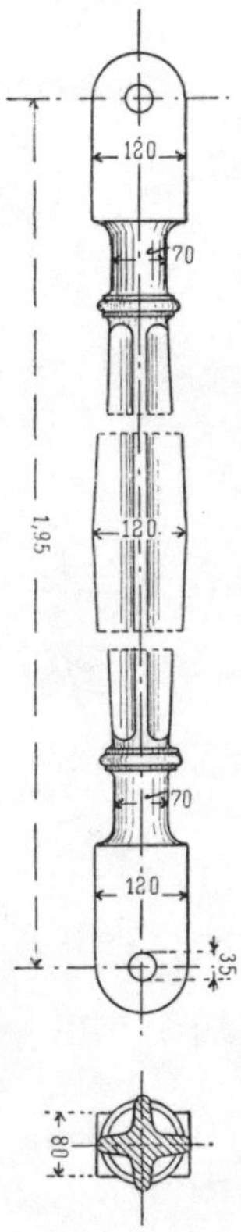


1/15 n. Gr.

Ein groſser Vorzug des Kreisquerſchnittes iſt, daſs die Stablänge mittels einfacher Vorkehrungen ein wenig verändert werden kann, ſo daſs es möglich iſt, kleine Ausführungsfehler leicht zu verbeſſern. Als ſolche Vorkehrungen dienen mit Rechts- und Linksgewinde verſehene Hülſen, in welche die beiden Theile des Stabes eingeſchraubt werden. Das Drehen der Hülſe verkürzt oder verlängert den Stab. — Wenn der betreffende Stab mittels eines weiteren Stabes aufgehängt iſt, ſo iſt bei der Verbindung Sorge zu tragen, daſs eine Drehung durch den Hängeſtab nicht verhindert wird. Fig. 489 zeigt eine guſseiſerne Hülſe [230]), bei welcher die Hängeſtange nur geringe Drehung geſtattet, beſſer iſt bei den Hülſen in Fig. 490 u. 491 vorgeſorgt; bei Fig. 490 iſt die Hülſe auſsen ſechskantig, wodurch das Drehen erleichtert wird.

[231]) Nach: Wist, J. Studien über ausgeführte Wiener Bau-Conſtructionen. Wien 1872. Bd. I, Taf. 34—35.

### 3) Gufseifenftäbe und Holzftäbe.

178. Anwendung.

Gezogene Stäbe follten überhaupt nicht, gedrückte Stäbe nur bei kleinen Dächern und wenn keine Biegungsbeanfpruchung in diefelben kommt, aus Gufseifen hergeftellt werden. Nur bei gedrückten Gitterftäben ift defshalb allenfalls noch die Verwendung von Gufseifen zuläffig. Als Querfchnittsform kommen hauptfächlich der Kreis, das Kreuz und der Kreis mit vier kreuzförmigen Anfätzen in Betracht. Die Art der Herftellung durch Gufs ermöglicht es, die mittleren Theile des Stabes mit gröfserem Querfchnitt zu bilden, als die Enden, welche Stabform der Zerknickungsgefahr wegen günftig ift. Die Ausbildung der Stabenden für die Aufnahme der Bolzen ift hier ohne Schwierigkeit. Fig. 492 [231]) u. 493 [230]) geben einige Beifpiele gufseiferner Druckftäbe.

Die Holzftäbe erhalten rechteckigen, bezw. quadratifchen Querfchnitt. Auf diefelben wird bei Befprechung der Holzeifendächer näher eingegangen werden. Bei den rein eifernen Dächern kommen fie nicht vor.

Fig. 494.

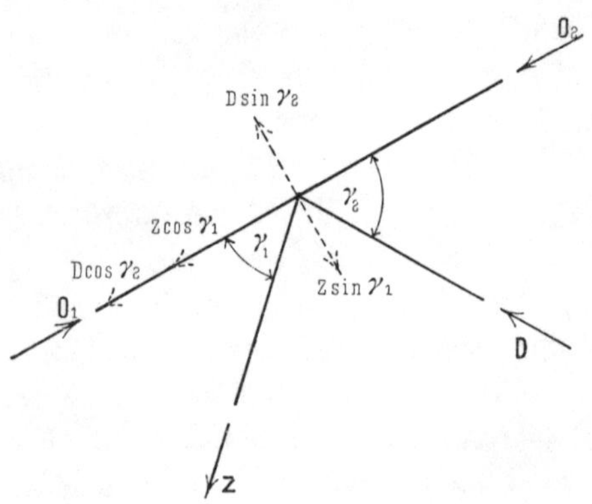


Fig. 495.

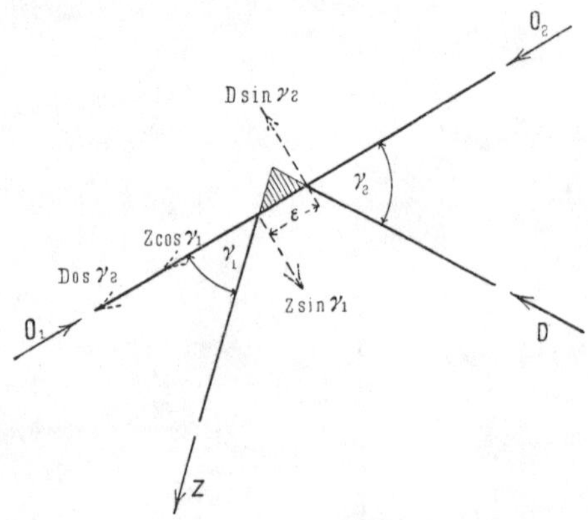


## c) Knotenpunkte.

### 1) Gelenk- und vernietete Knotenpunkte.

179. Gleichgewicht in den Knotenpunkten.

Die Stäbe follen in den Knotenpunkten fo mit einander verbunden werden, dafs fie die in ihnen wirkenden Kräfte ficher abgeben können, dafs alfo ein Ausgleich der Kräfte in jedem Knotenpunkte eintritt oder, wie man fagt, dafs die Kräfte einander im Knotenpunkte im Gleichgewicht halten. Je einfacher und klarer der Ausgleich der Kräfte vor fich geht, defto beffer ift im Allgemeinen die Anordnung. Als Hauptbedingung für die Bildung der Knotenpunkte follte man aufftellen, dafs die bei der Berechnung gemachten Annahmen auch erfüllt werden. Die Berechnung wird aber unter den Vorausfetzungen geführt, dafs an jedem Knoten die Stabaxen einander in einem Punkte fchneiden und dafs die Stabenden drehbar befeftigt feien. Die erftgenannte Annahme ift leicht erfüllbar; dafs die Vernachläffigung derfelben unter Umftänden grofse Zufatzfpannungen erzeugen kann, lehrt der Vergleich von Fig. 494 u. 495. In Fig. 494 treffen fich alle Stabaxen in einem Punkte; die Seitenkräfte $Z \sin\gamma_1$ und $D \sin\gamma_2$ der Gitterftabfpannungen heben einander auf; die Seitenkräfte $D \cos\gamma_2$ und $Z \cos\gamma_1$ addiren fich; Gleichgewicht ift vorhanden. In Fig. 495 fchneiden fich die Stabaxen in den drei Eckpunkten des fchraffirten Dreieckes; Gleichgewicht ift nicht möglich ohne Biegungsbeanfpruchung der geradlinigen Gurtung, die durch das Kräftepaar $D \sin\gamma_2 . \varepsilon = Z \sin\gamma_1 . \varepsilon$ erzeugt wird. Iſt das Trägheitsmoment des oberen Gurtungsquerſchnittes, bezogen auf die wagrechte Schwerpunktsaxe deſſelben, gleich $\mathfrak{J}$, der Abſtand der weiteſten Querſchnittspunkte von dieſer Axe gleich $a$, das in irgend einem Querſchnitt durch die beiden Kräfte $D \sin\gamma_2$ und $Z \sin\gamma_1$ erzeugte Moment $\mathfrak{M}$; ſo iſt die Beanſpruchung, welche zu der im Querſchnitt vorhandenen an der ungünſtigſten Stelle hinzukommt: $d\sigma = \mathfrak{M}\frac{a}{\mathfrak{J}}$. Dieſe Biegungsſpannungen ſind beſonders bei den Querſchnittsformen mit kleinem $\frac{\mathfrak{J}}{a}$ bedenklich, alſo beim **T**-förmigen und kreuzförmigen Querſchnitt der oberen Gurtung; weniger gefährlich ſind ſie bei Querſchnittsformen, deren $\frac{\mathfrak{J}}{a}$ groſs iſt, alſo beim **I**-förmigen Querſchnitt, mag er aus 4 Winkeleiſen nach Fig. 474 (S. 235) oder aus 2 **[**-Eiſen nach Fig. 473 (S. 235) oder aus Stehblech mit 4 Winkeleiſen und vielleicht auch Deckblechen beſtehen (Fig. 469, S. 234). Immerhin läſſt ſich die Anforderung, daſs alle Stabaxen einander in einem Punkte treffen, leicht erfüllen.

Anders iſt es mit der zweiten Vorausſetzung, daſs die Stäbe in den Knotenpunkten frei drehbar befeſtigt ſeien. Wenn dieſe Vorausſetzung erfüllt iſt, ſo ſind 180. Gelenk-Knotenpunkte.

Fig. 496.

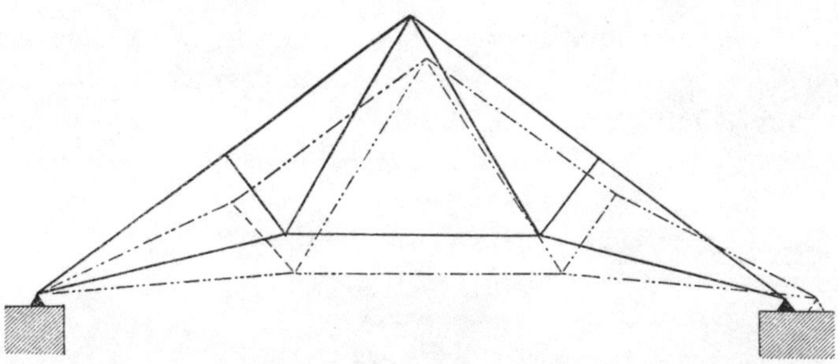

etwaige durch Formänderungen erzeugte Winkeländerungen der Stäbe ohne Weiteres möglich. Nimmt der Dachbinder in Fig. 496 in Folge der durch die Belaſtung hervorgerufenen Längenänderungen der Stäbe die punktirte (verzerrt gezeichnete) Lage ein, ſo ändern ſich die Winkel der Stäbe; die Winkeländerung wird bei der Berechnung als möglich angenommen. Die Möglichkeit iſt bis zu einem gewiſſen Grade vorhanden, wenn die Stäbe in den Knotenpunkten durch Gelenkbolzen mit einander vereinigt ſind. Denkt man ſich einen Bolzen, den ſog. Centralbolzen, im Schnittpunkte der Stabaxen ſo angeordnet, daſs jeder Stab auf demſelben drehbar befeſtigt iſt, ſo ſind die Winkeländerungen möglich. (Allerdings treten Reibungsmomente auf, welche der Drehung entgegen wirken.) Man nennt dieſe Knotenpunkte Gelenk-Knotenpunkte, rechnet hierher aber auch ſolche Knotenpunkte, bei denen verſchiedene Stäbe mit beſonderen Bolzen an einem gemeinſamen Conſtructionstheil angeſchloſſen ſind. In der Folge ſollen diejenigen Knotenpunkte als Gelenk-Knotenpunkte bezeichnet werden, bei denen die Stäbe ihre Winkel entſprechend etwaigen elaſtiſchen Formänderungen ebenfalls ändern können, falls von den Reibungsmomenten abgeſehen wird.

Eine zweite Art der Knotenpunktsbildung iſt diejenige vermittels der Vernietung. 181. Vernietete Knotenpunkte.
Bei den ſog. vernieteten Knotenpunkten werden die Stäbe durch Niete derart mit einander verbunden, daſs die Stabwinkel unverändert bleiben, auch wenn die Stäbe ſich elaſtiſch verlängern oder verkürzen. Dabei treten dann Verdrehungen der Stäbe und Momente auf, welche unter Umſtänden bedeutende Zuſatzſpannungen

hervorrufen können. Trotzdem iſt dieſe Knotenpunktsbildung bei uns die weitaus meiſt übliche und auch für die gedrückten Gurtungen wegen der gröſseren Sicherheit gegen ſeitliches Ausbiegen ſehr zweckmäſsig. Für die Knotenpunkte in der gezogenen Gurtung empfiehlt ſich aber die Bolzenverbindung mehr; an der gedrückten Gurtung kommt auch vielfach eine Vermiſchung beider Conſtructionsarten vor: man verbindet die beiden Nachbargurtungsſtäbe mit einander durch Vernietung (oder läſſt ſie einfach durchlaufen) und ſchlieſst die Gitterſtäbe mittels Gelenkbolzen an.

Es iſt bereits oben erwähnt, daſs die Kräfte im Knotenpunkt einander im Gleichgewicht halten ſollen; zu dieſem Zwecke iſt ein gemeinſamer Conſtructionstheil empfehlenswerth, in welchen alle Stäbe ihre Kräfte abgeben. Dieſer Conſtructionstheil iſt bei der Gelenkknotenverbindung der Centralbolzen; bei den vernieteten Knotenpunkten dient als gemeinſamer Conſtructionstheil ein genügend ſtarkes Blech, das Knotenblech, mit welchem alle Stäbe durch Vernietung verbunden werden. Man kann es ſich ſo vorſtellen, daſs am Knotenblech zunächſt die Gitterſtäbe befeſtigt werden und im Knotenblech die Gitterſtabkräfte ſich zu einer Mittelkraft vereinigen, die dann durch die zwiſchen Knotenblech und Gurtung angeordneten Niete in letztere übergeführt wird. Die Frage der richtigen Vernietung iſt bei dieſer Auffaſſung nicht ſchwierig zu löſen.

## 2) Bildung der vernieteten Knotenpunkte.

182. Allgemeines. Nach dem Vorſtehenden iſt es zweckmäſsig, die Stäbe der gedrückten Gurtung an den Knotenpunkten durchlaufen zu laſſen, an dieſelben die Knotenbleche und daran die Gitterſtäbe, ſo wie unter Umſtänden auch die Pfetten zu befeſtigen. Auch bei der gezogenen Gurtung kann eine ähnliche Anordnung empfehlenswerth ſein. Der Betrachtung ſoll der in Fig. 497 ſchematiſch dargeſtellte Knotenpunkt der oberen Gurtung zu Grunde gelegt werden. Die in das Knotenblech übertragenen Kräfte $G$, $P_3$ und $P_4$ müſſen mit der Differenz der Gurtungskräfte $P_1$ und $P_2$ im Gleichgewicht ſein. Das Kraftpolygon $\alpha\beta\gamma\delta\varepsilon$ giebt über die Gröſsen der Kräfte Aufſchluſs. Zeichnet man die Kräfte ſo,

Fig. 497.

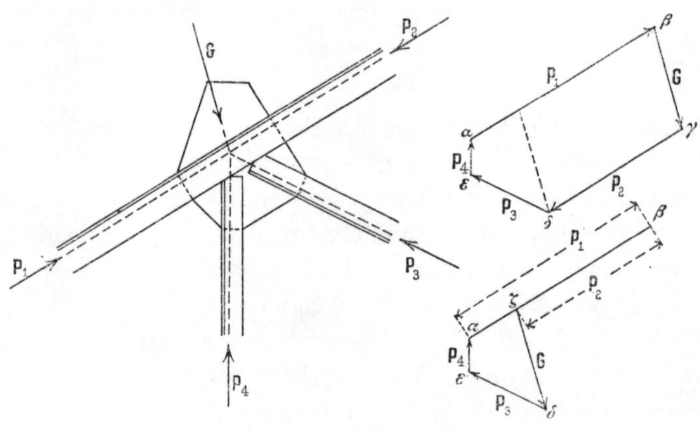


daſs $P_1$ und $P_2$ theilweiſe zuſammenfallen, ſo ſieht man ſofort, daſs nur die Reſultirende von $G$, $P_3$ und $P_4$, d. h. $\zeta\alpha = P_1 - P_2$ durch das Knotenblech in die Gurtung geführt wird; der Theil von $P_1$, welcher abſolut genommen gleich $P_2$ iſt, bleibt im durchlaufenden Gurtungsſtabe. Allerdings gilt dies ſtreng genommen nur, wenn die beiden Gurtungsſtäbe in eine gerade Linie fallen und gleichen Querſchnitt haben; auſserdem natürlich nicht, wenn die Gurtungsſtäbe im Knotenpunkte mittels des Knotenbleches geſtoſsen werden; in letzterem Falle wird auch die Kraft, welche in dem durch das Knotenblech geſtoſsenen Theile des Gurtungsſtabes wirkt, durch das Knotenblech geleitet.

Jeder Stab, der am Knotenblech endet, mufs feine Kraft ganz in daffelbe übertragen können; endet nur ein Theil des Stabes am Knotenblech, fo mufs er die in diefem Theile wirkende Kraft in das Knotenblech leiten können. Danach ift die Zahl der Niete zu beftimmen. Läuft alfo, wie in Fig. 497, die obere Gurtung ununterbrochen durch, fo ift zunächft jeder Gitterftab mit fo vielen Nieten anzufchliefsen, dafs die gröfste in ihm herrfchende Kraft übertragen werden kann; das Knotenblech feinerfeits ift mit den Gurtungsftäben durch fo viele Niete zu verbinden, dafs die gröfstmögliche Mittelkraft von $G$, $P_3$ und $P_4$ durch diefelben in die Gurtung geleitet werden kann; diefe ift gleich der gröfstmöglichen Differenz $P_1 - P_2$; danach kann man diefe Nietenzahl ermitteln. Enden aber auch die Gurtungsftäbe am Knotenblech und dient diefes etwa zum Stofsen der lothrechten Winkeleifenfchenkel, während die wagrechten Winkeleifenfchenkel durch befondere Deckplatten geftofsen werden, fo ermittele man die Nietenzahl, welche nöthig ift, um jede Stabkraft, einfchliefslich der in den lothrechten Winkeleifenfchenkeln wirkenden, in das Knotenblech zu bringen; diefe Kräfte heben einander im Knotenblech auf, welches natürlich in jeder Hinficht ftark genug für diefelben fein mufs. Die in den wagrechten Winkeleifenfchenkeln wirkende Kraft geht nicht durch das Knotenblech.

183. Nietenzahl.

Die Anzahl der zur Stabbefeftigung erforderlichen Niete ift fo zu beftimmen, dafs weder eine zu grofse Beanfpruchung der Niete auf Abfcheren eintritt, noch der Druck in der Lochlaibung der Niete die zuläffige Grenze überfchreitet. Man nimmt bei der Berechnung an, dafs fich alle Niete gleichmäfsig an der Kraftübertragung betheiligen. Diefe Annahme ift ficher nicht richtig. Angenähert dürfte fie zutreffen, fo lange die in Folge warmer Vernietung auftretende Reibung genügt, um die Kräfte zu übertragen. Diefe Reibung kann man zu 500 bis 700 kg für 1 qcm Nietquerfchnitt annehmen, falls die zu verbindenden Theile fich in einer einzigen Fläche berühren (bei einfchnittiger Vernietung), doppelt fo grofs, wenn fie fich in zwei Flächen berühren (bei zweifchnittiger Vernietung). In Deutfchland rechnet man meiftens nicht unter Rückfichtnahme auf Reibung.

Es bezeichne $f_{netto}$ den Nettoquerfchnitt des Stabes, bezw. des zu vernietenden Stabtheiles (in Quadr.-Centim.), $n$ die Anzahl der Nietquerfchnitte, $d$ den Nietdurchmeffer (in Centim.) und $\delta$ die Stärke des fchwächeren der beiden zu verbindenden Theile (in Centim.); alsdann mufs mit Rückficht auf Abfcheren

$$n \frac{d^2 \pi}{4} k \geqq f_{netto} k, \quad \text{d. h.} \quad n \geqq \frac{4 f_{netto}}{d^2 \pi} \quad . \quad . \quad . \quad . \quad . \quad . \quad 24.$$

fein. Der Lochlaibungsdruck darf für das Quadr.-Centim. der fenkrecht zur Kraftrichtung genommenen Projectionsfläche des Nietes nicht gröfser als 1,5 $k$ fein; auf einen Niet darf alfo 1,5 $k d \delta$ entfallen, da die Projectionsfläche des Nietes $d \delta$ ift. Mithin mufs

$$n \,.\, 1{,}5\, k d \delta \geqq P$$

fein, wenn $P$ die Stabkraft ift; da aber $\frac{P}{k} = f_{netto}$ ift, fo folgt:

$$n \geqq \frac{2 f_{netto}}{3 d \delta} \quad . \quad . \quad . \quad . \quad . \quad . \quad . \quad . \quad . \quad 25.$$

Für die Ausführung ift ftets der gröfsere der beiden für $n$ erhaltenen Werthe zu wählen; ergiebt fich für $n$ ein Bruch, fo ift nach oben auf eine ganze Zahl abzurunden. Die zweite Formel giebt gewöhnlich gröfsere Werthe für $n$, als die erfte. Beide Werthe für $n$ find gleich, wenn

$$\frac{4\, f_{netto}}{d^2\, \pi} = \frac{2\, f_{netto}}{3\, d\, \delta}, \quad \text{d. h. wenn} \quad d = \frac{6\, \delta}{\pi},$$

abgerundet, wenn ſtattfindet:

$$d = 2\,\delta \quad . \quad . \quad . \quad . \quad . \quad . \quad . \quad . \quad . \quad . \quad . \quad . \quad 26.$$

Wenn ein zweitheiliger Stab mit einem eintheiligen zu verbinden iſt, ſo kommt für $\delta$ entweder die Stärke des eintheiligen oder die Summe der beiden Stärken in Frage, welche ſich für den zweitheiligen Stab ergeben. In die Gleichung 25 für $n$ iſt der kleinere dieſer beiden Werthe einzuſetzen.

Einſeitige Befeſtigung eines Stabes (mittels einſchnittiger Niete) iſt nicht empfehlenswerth, weil die Niete und Stäbe dann nicht nur auf Abſcheren, ſondern auch auf Biegung beanſprucht werden. Befeſtigung mittels nur eines Nietes vermeide man; auch wenn die Rechnung $n = 1$ ergiebt, ordne man wenn möglich zwei Niete an.

184.
Stellung der Niete.

Bei vorſtehender Berechnung der erforderlichen Nietenzahlen war angenommen, daſs ſich alle Niete gleichmäſsig an der Kraftübertragung betheiligen. Dieſe Annahme wird um ſo weniger erfüllt ſein, je gröſser die Zahl der hinter einander befindlichen

Fig. 498.

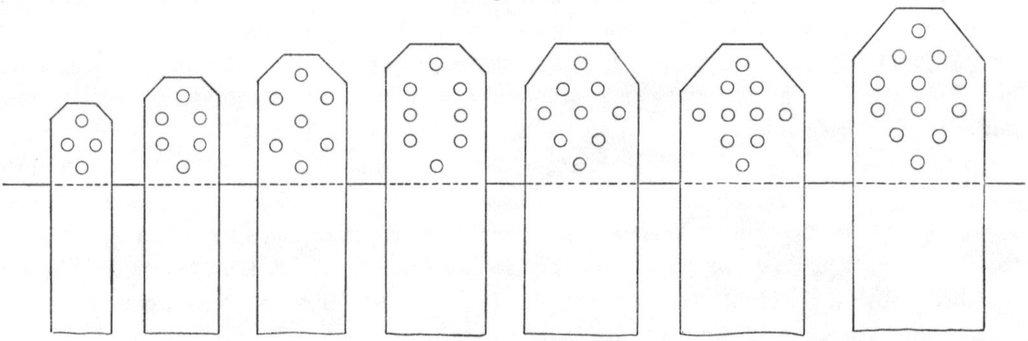

Nietreihen iſt. Man vermeide deſshalb die Anordnung ſehr vieler Nietreihen hinter einander. Bei einer vielfach ausgeführten Anordnung befindet ſich in der erſten Nietreihe jederſeits nur ein Niet, in der zweiten ſind zwei Niete, in die dritte könnte man vier Niete ſetzen. Dabei überlegt man folgendermaſsen. Durch jeden der Niete wird der $n^{te}$ Theil der im Stabe vorhandenen Kraft aus dem Stabe hinausbefördert; wenn etwa 9 Niete zur Verbindung erforderlich ſind, ſo wird durch den erſten Niet $1/9$ der Kraft $P$ fortgeſchafft; hinter der erſten Nietreihe bleibt alſo im Stabe nur noch die Kraft $\frac{8}{9}\, P$. Man könnte alſo hier den Querſchnitt des Stabes um $\frac{f}{9}$ verringern, ohne daſs die Feſtigkeit deſſelben kleiner würde, als bei vollem Querſchnitt vor dem erſten Niet. Entſpricht nun die Verſchwächung durch ein Nietloch gerade einem Neuntel (dem $n$-ten Theile) des ganzen Nettoquerſchnittes, ſo kann man hier ein Nietloch anordnen, ohne die Feſtigkeit zu verringern. Es iſt aber unnöthig, dieſelbe Feſtigkeit zu haben, wie im unverſchwächten Querſchnitt; man braucht nur eine ſolche, welche derjenigen des durch den erſten Niet verſchwächten Querſchnittes gleich iſt. Dieſe wird erhalten, wenn man in unſeren Querſchnitt noch einen zweiten Niet ſetzt. Gleiche Feſtigkeit würde man erhalten, wenn man in die folgende Nietreihe $3 + 1 = 4$ Niete ſetzte u. ſ. w. Dieſe Ueberlegung führt bei ſymmetriſcher

Anordnung zu den in Fig. 498 ſkizzirten Nietſtellungen, welche vielfach ausgeführt ſind. Sie ſind nicht einwandfrei, da die Vorausſetzung der gleichmäſsigen Kraftvertheilung auf alle Niete ſicher nicht ſtets erfüllt iſt. Man erhält bei dieſer Anordnung, bezw. der ihr zu Grunde liegenden Auffaſſung den Nettoquerſchnitt aus dem Bruttoquerſchnitt durch Abzug nur eines Nietloches, da als ſchwächſter Querſchnitt derjenige gilt, welcher durch den erſten Niet gelegt iſt.

Man ſetze die Niete ſo, daſs jederſeits der Stabaxe möglichſt die gleiche Nietzahl iſt und daſs die Niete ſymmetriſch zur Stabaxe ſtehen.

Die im Stabe herrſchende Kraft vertheilt ſich nach der allgemein üblichen Annahme gleichmäſsig über den Querſchnitt; an jeder Seite der Axe wirkt alſo die Kraft $\frac{P}{2}$; ordnet man nun an einer Seite derſelben etwa 2 und an der anderen Seite 5 Niete an (Fig. 499), ſo käme auf jeden Niet auf der erſteren Seite $\frac{P}{4}$ und auf jeden Niet der letzteren Seite $\frac{P}{10}$ (angenähert); berechnet ſind die Niete ſo, als ob

Fig. 499.

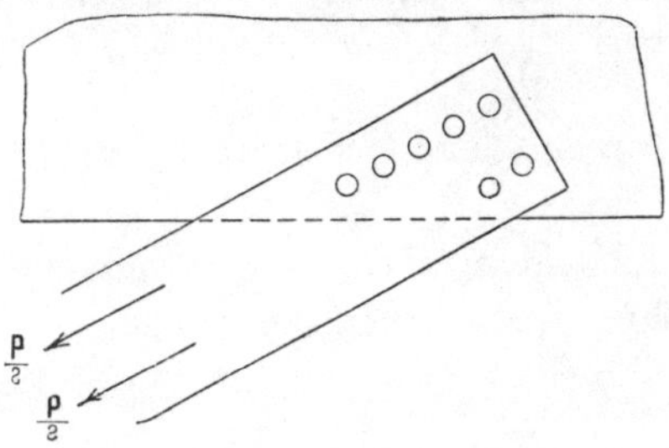


Fig. 500.

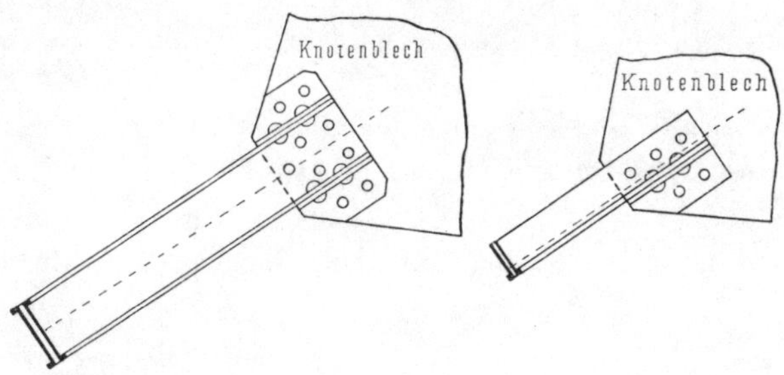


auf jeden derſelben $\frac{P}{7}$ käme. Die eine Seite wird alſo weit überanſprucht. Nimmt man dagegen an, daſs die 5 Niete der einen Seite wirklich $\frac{5}{7} P$ übertragen, ſo werden die Stabtheile auf dieſer Seite weſentlich höher beanſprucht, als bei der Berechnung angenommen war und als zuläſſig iſt. Fig. 499 giebt alſo eine zu vermeidende Anordnung.

Wenn der zu befeſtigende Stab aus mehreren Theilen beſteht (Winkeleiſen, **T**-Eiſen, Blechen etc.), ſo ordne man zur Verbindung jedes Theiles die für dieſen allein erforderliche Zahl von Nieten an.

Zur Befeſtigung von Winkeleiſen und **E**-Eiſen gebraucht man oft eine verhältniſsmäſsig groſse Zahl von Nieten, 5 bis 6 (oftmals noch mehr) und damit eine lange Reihe hinter einander ſtehender Niete. Man vermeidet dies durch Hinzufügen eines kurzen Winkeleiſenſtückes, welches die im ſenkrecht zur Knotenblechebene ſtehenden Schenkel wirkende Spannung aufnimmt und in das Knotenblech weiter leitet (Fig. 500).

Man wählt den Nietdurchmeſſer $d$ gewöhnlich und zweckmäſsig doppelt ſo 185. Nietdurchmeſſer, -Abſtand etc.
groſs, wie die Stärke des anzuſchlieſsenden Stabes, d. h. man macht $d = 2\delta$. Bei den Dachbindern dürfte als kleinſter regelmäſsiger Nietdurchmeſſer $d = 15^{mm}$ und

Fig. 501.

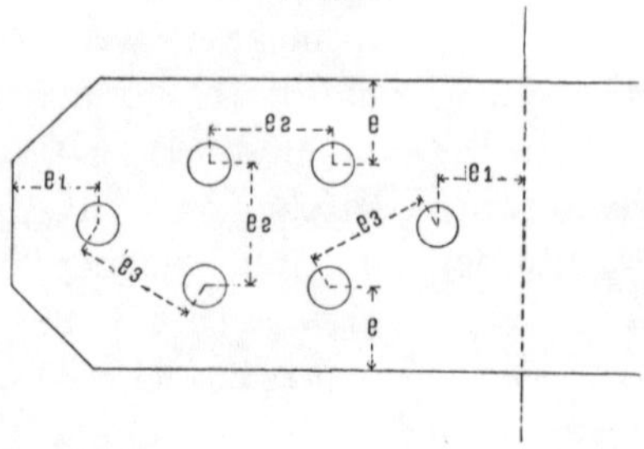


als gröfster $d = 23$ mm (ausnahmsweife 26 mm) zu wählen fein. Es empfiehlt fich aber wegen der einfachen Herftellung nicht, viele verfchiedene Nietforten zu verwenden, fich alfo an die Formel $d = 2\,\delta$ ängftlich zu halten. Man ordne nur wenige, zwei, höchftens drei, verfchiedene Nietforten an. Als Grundeinheit führt man den Nietdurchmeffer $d$ ein. Wir empfehlen folgende Abmeffungen (Fig. 501), an welche man fich aber nicht ängftlich zu halten braucht; die angegebenen Werthe find Mittelwerthe:

Abftand der Mitte des äufserften Nietes vom Rande des Stabes, gemeffen in der Richtung der Stabaxe:

$$e_1 = 2\,d \text{ bis } 2{,}5\,d;$$

Abftand der Mitte des äufserften Nietes vom Rande des Stabes, gemeffen in der Richtung fenkrecht zur Stabaxe:

$$e = 2\,d \text{ bis } 2{,}5\,d;$$

Abftand der Nietmitten von einander in der Richtung fenkrecht zur Stabaxe und in der Richtung der Stabaxe:

$$e_2 = 3\,a.$$

Wenn die Niete in den Reihen gegen einander verfetzt find, fo wähle man den in der Schräge gemeffenen Abftand der Nietmitten nicht kleiner als

$$e_3 = 3\,d.$$

186. Zufammenftellung.

Fafft man die im Vorftehenden vorgeführten Regeln für die Vernietung an den Knotenpunkten zufammen, fo ergiebt fich das Folgende.

Alle Stabaxen follen fich in einem Punkte fchneiden; die Zahl der zur Befeftigung eines Stabes am Knotenbleche erforderlichen Nietquerfchnitte mufs

$$n \geqq \frac{4\,f_{netto}}{d^2\,\pi}, \quad \text{bezw.} \quad n \geqq \frac{2\,f_{netto}}{3\,d\,\delta}$$

fein. Der gröfsere der beiden für $n$ erhaltenen Werthe ift zu einer ganzen Zahl aufzurunden. Befeftigung eines Stabes mittels eines einzigen Nietes ift nicht empfehlenswerth. Jederfeits der Stabaxe ordne man die gleiche Zahl von Nieten an; man fetze die Niete möglichft fymmetrifch zur Stabaxe. Man mache $d = 2\,\delta$, $e = 2\,d$ bis $2{,}5\,d$, $e_1 = 2\,d$ bis $2{,}5\,d$, $e_2 = 3\,d$ und $e_3 = 3\,d$. Das Knotenblech ift fehr ftark zu nehmen; annähernd fei feine Stärke gleich $d$; befeftigt man die Gitterftäbe an einem durchlaufenden Stehblech der Gurtung, fo mache man auch feine Stärke annähernd gleich $d$.

Man befeftige die Stäbe am Knotenblech, bezw. am Stehblech wenn möglich durch zweifchnittige Niete. Einzelne Winkeleifen fchliefse man mit Zuhilfenahme kleiner Winkeleifenftücke (nach Fig. 500) an.

### 3) Beifpiele für die Bildung vernieteter Knotenpunkte.

187. T-förmiger Gurtungs-Querfchnitt.

Fig. 502 bis 507 haben einen aus 2 Winkeleifen gebildeten Gurtungsquerfchnitt; zwifchen den lothrechten Schenkeln der Winkeleifen befindet fich ein Zwifchenraum zum Einlegen der Knotenbleche.

Fig. 502 [232]) hat gleichfchenkelige Winkeleifen; am Knotenblech find Zug- und Druckdiagonalen befeftigt; ähnlich ift der Knotenpunkt der unteren Gurtung (Fig. 503 [232]), bei welcher auf die wagrechten Winkeleifenfchenkel Verftärkungsbleche gelegt find. Die an die Knotenbleche angefchloffenen I-Träger tragen die gewölbte Decke des unter dem Dache befindlichen Raumes. Fig. 504 [232]) zeigt den Auflager-

Fig. 502.

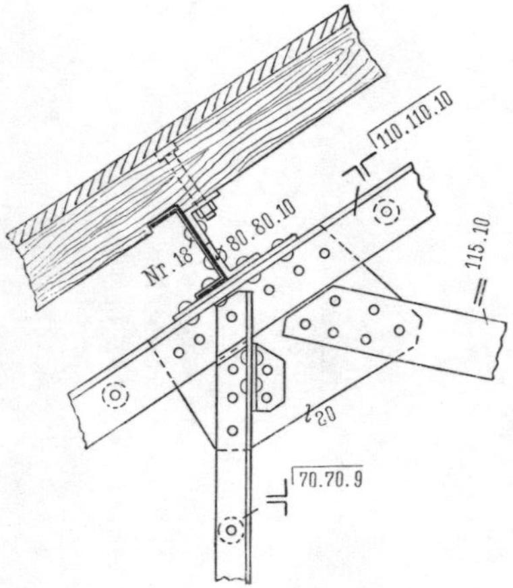


Fig. 503.

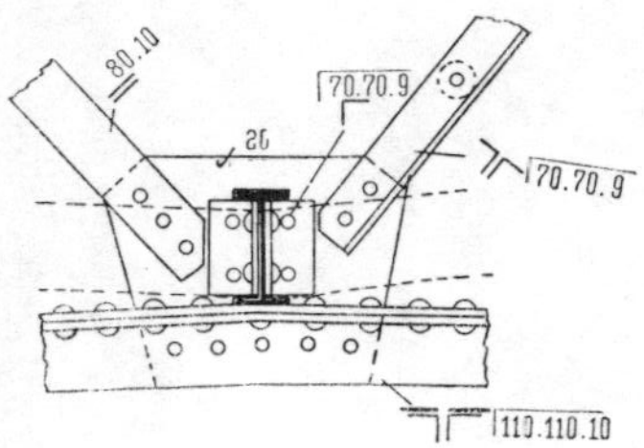


Fig. 504.

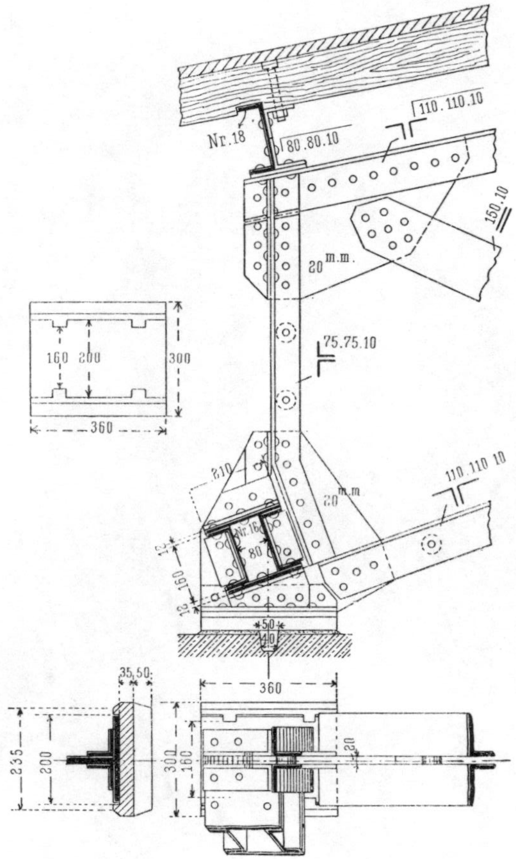


Vom Dache über den Warteſälen I. und II. Claſſe im Bahnhof zu Bremen [232]).

$^1/_{20}$ n. Gr.

Fig. 505.

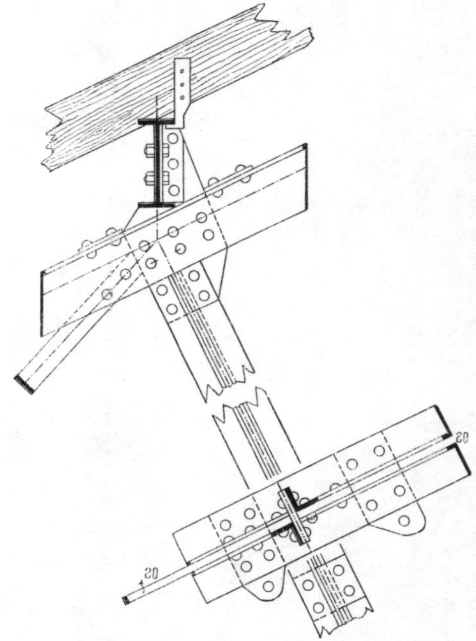


Von einem Locomotivſchuppen auf dem Bahnhof zu Avricourt.

$^1/_{20}$ n. Gr.

Knotenpunkt desselben Trägers und den in der Auflager-Lothrechten liegenden Knotenpunkt der oberen Gurtung.

Der in Fig. 505 dargestellte obere Gurtungs-Knotenpunkt hat ungleichschenkelige Winkeleisen; dieselben gestatten die Befestigung der Zugdiagonalen zwischen den lothrechten Schenkeln. Eigenartig

Fig. 506.

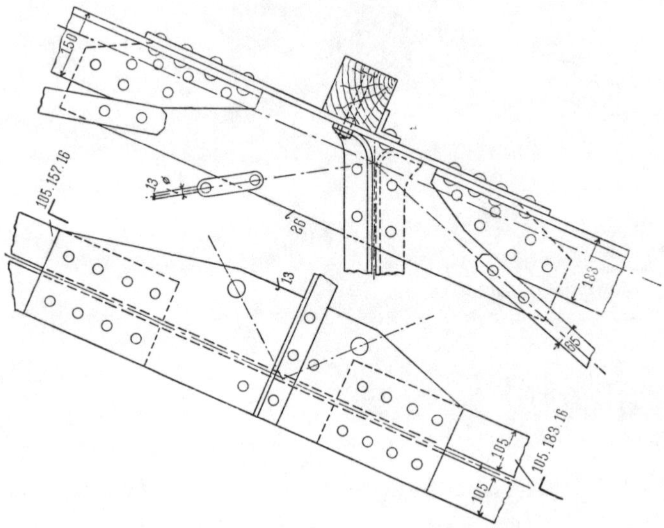


Vom Rathhaus zu Berlin[233]).

$^1/_{20}$ n. Gr.

Fig. 507.

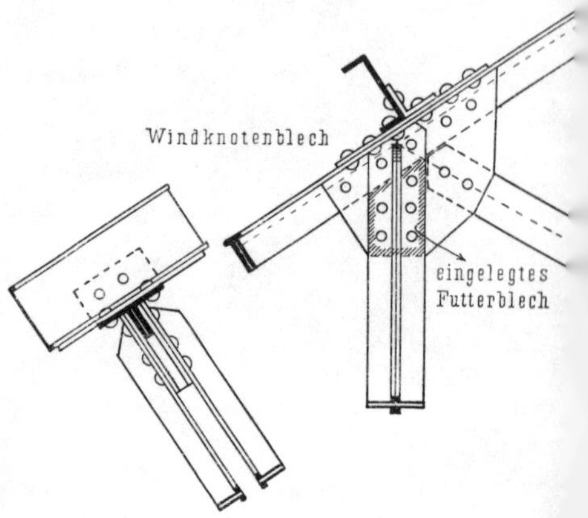


$^1/_{20}$ n. Gr.

Fig. 508.

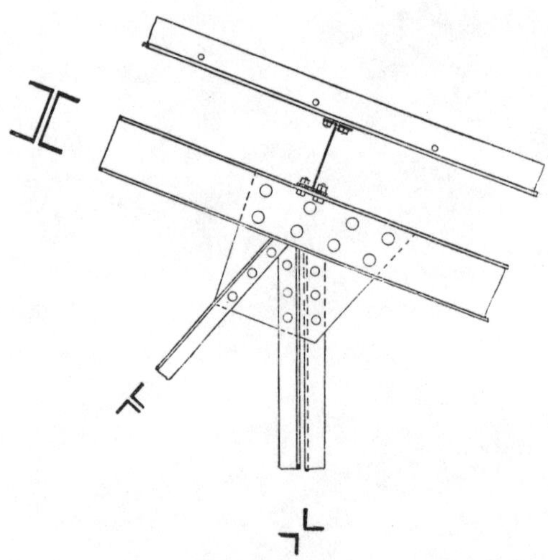

Von der Kunstgewerbeschule zu Karlsruhe[237]).

$^1/_{20}$ n. Gr.

Fig. 509.

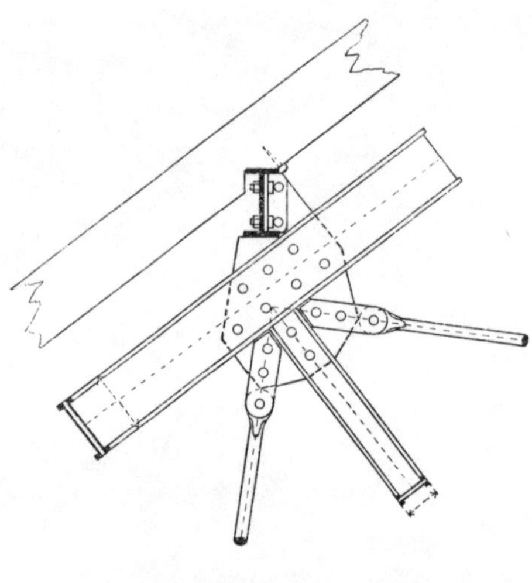

Vom Retortenhaus am Hellweg zu Berlin[234]).

$^1/_{20}$ n. Gr.

ist die Anordnung in Fig. 506[233]). Die Gurtungs-Winkeleisen sind am Knotenpunkte durch wagrechte und lothrechte Knotenbleche gestossen, an denen auch die Gitterstäbe angebracht sind. Wenn diese Stelle gegen Zerknicken genügend gesichert ist, so ist diese Construction zweckmäfsig. Gut ist auch die Anordnung in Fig. 507; dabei sind die Winkeleisen der Gurtung ohne Zwischenraum an einander gelegt und

232) Nach: Zeitschr. d. Arch.- u. Ing.-Ver. zu Hannover 1892, Bl. 17.

233) Nach: Zeitschr. f. Bauw. 1869, Bl. 56.

234) Nach: Zeitschr. f. Bauw. 1869, Bl. 24, 27.

Fig. 510.

$^1/_{20}$ n. Gr.

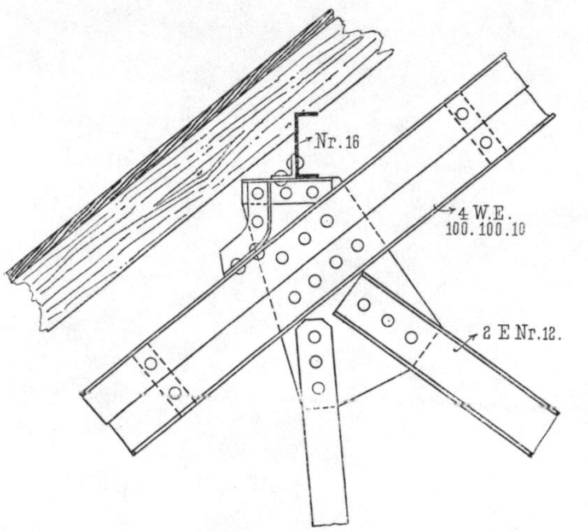


Vom Dache über der Eingangshalle des Bahnhofgebäudes zu Hildesheim.

Fig. 511.

$^1/_{20}$ n. Gr.

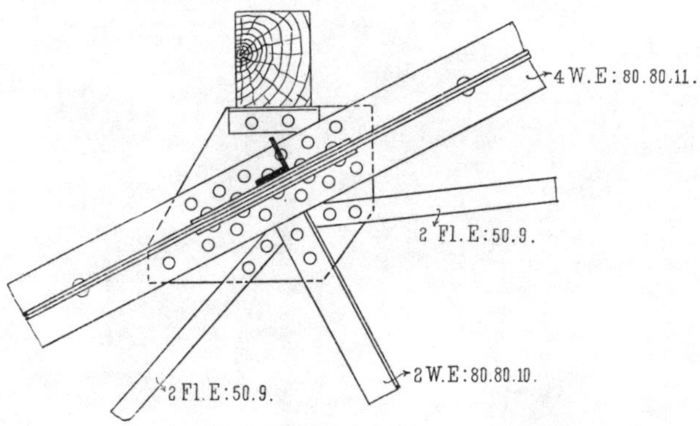


Von der dritten Gasanſtalt zu Dresden [235]).

Fig. 512.

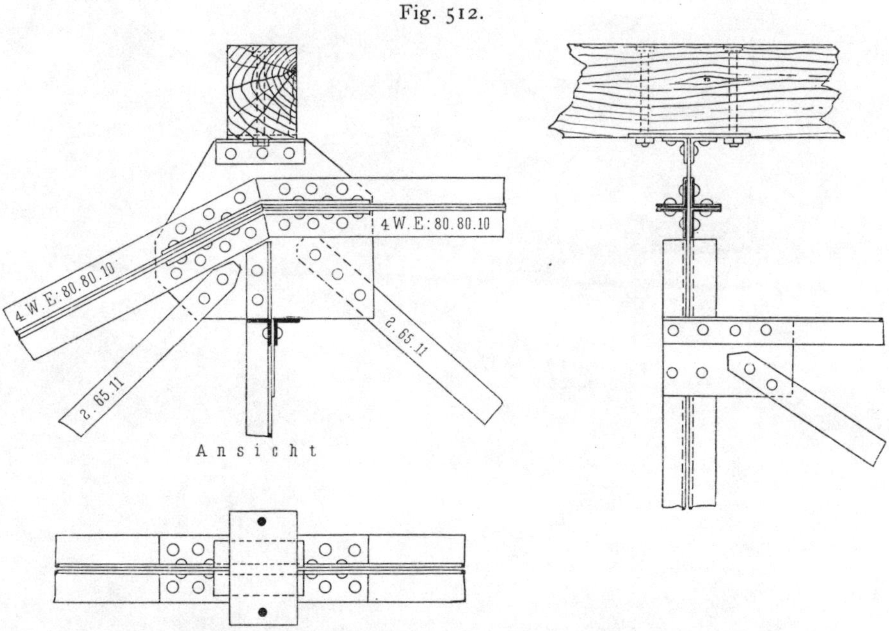


Von der dritten Gasanſtalt zu Dresden [235]). — $^1/_{20}$ n. Gr.

Fig. 513.

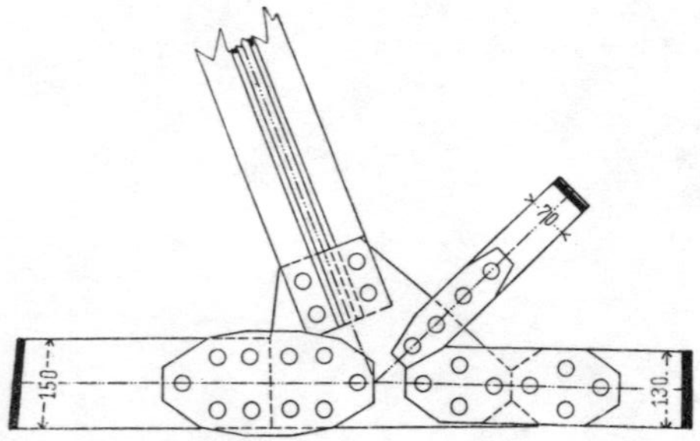


Von einem Locomotivschuppen auf dem Bahnhof zu Avricourt.

$^1/_{20}$ n. Gr.

Fig. 514.

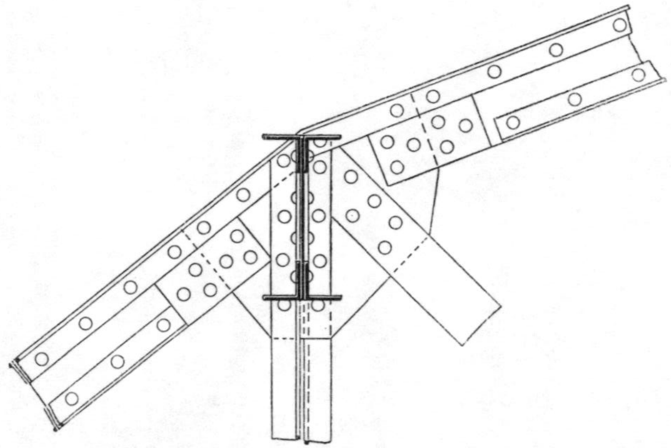

Vom Dach über dem grossen Börsensaal zu Zürich [236]).

$^1/_{20}$ n. Gr.

Fig. 515.

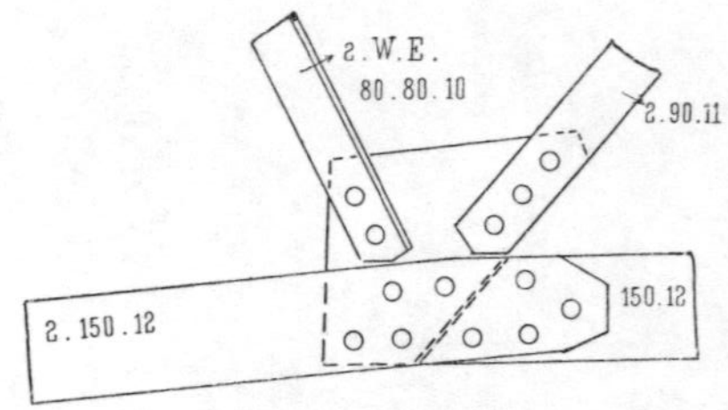


Von der dritten Gasanstalt zu Dresden [235]).

$^1/_{20}$ n. Gr.

Fig. 516.

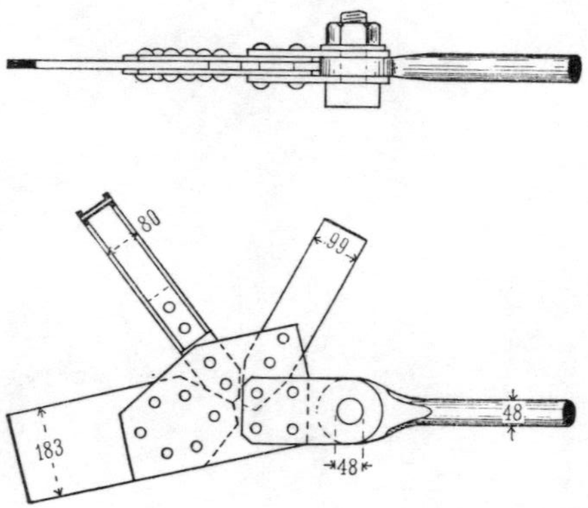


Fig. 517.

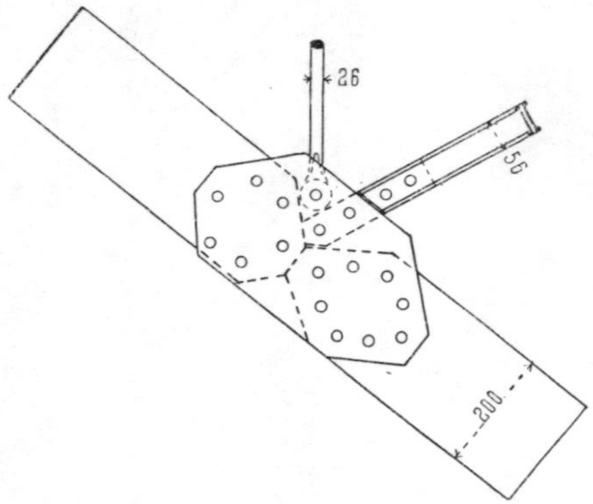


Von den Retortenhäusern am Hellweg zu Berlin [234]).

$^1/_{20}$ n. Gr.

Fig. 518.

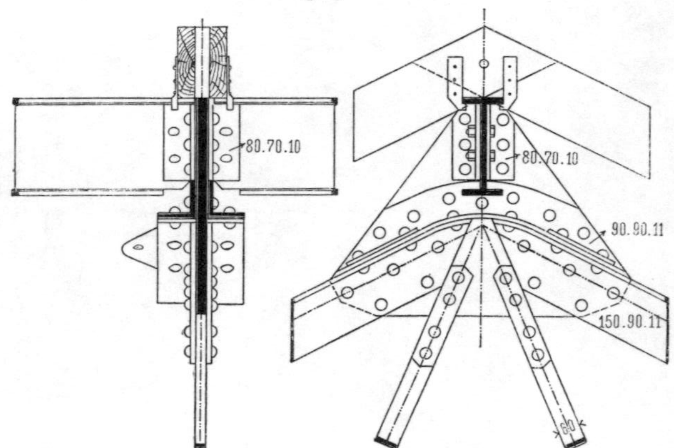


Vom Bahnhof zu Avricourt.

$^1/_{20}$ n. Gr.

doppelte auf die lothrechten Winkeleifenfchenkel gelegte Knotenbleche verwendet, zwifchen welche fich die Zugdiagonalen fetzen, während die Druckftäbe aufsen aufgenietet find.

Die zur Befeftigung der Wind-Diagonalen dienenden Knotenbleche, welche zweckmäfsig in die durch die oberen Gurtungen beftimmte Ebene gelegt werden, können hier leicht und bequem angebracht werden; man legt fie auf die wagrechten Winkeleifenfchenkel (Fig. 502, 505 u. 507) oder unter diefelben; in letzterem Falle find in jedem Knotenpunkte zwei folche fog. »Wind-Knotenbleche« erforderlich.

188. Zwei C-Eifen als Gurtung.

Fig. 508 [237]) u. 509 [234]) zeigen Mittelknotenpunkte für Gurtungen aus 2 C-Eifen. Bei Fig. 509 betragen die Abftände der C-Eifen 20 mm; in diefen Abftand ift das Knotenblech gelegt.

189. Vier L-Eifen als Druckgurtung.

Um die Schwierigkeiten beim etwa erforderlichen Biegen der C-Eifen zu vermeiden, kann man jedes C-Eifen durch zwei Winkeleifen erfetzen. Einen Knotenpunkt für diefen Gurtungsquerfchnitt zeigt Fig. 510. Für die Anordnung von vier zu einem Kreuz vereinigten Winkeleifen geben Fig. 511 u. 512 [235]) gute Beifpiele. Knotenblech und Wind-Knotenbleche können hier leicht zwifchen den Winkeleifen angebracht werden.

190. I-förmiger Gurtungsquerfchnitt.

Die Bildung der Knotenpunkte für diefe Querfchnittsform der Gurtungen ift in Art. 172 (S. 236) bereits befprochen, und in Fig. 469 u. 470 (S. 234) find Beifpiele vorgeführt. Eine etwas andere Löfung zeigt Fig. 514 [236]).

Als wirkfamer Druckquerfchnitt ift hier offenbar nur der aus Stehblech und beiden oberen Winkeleifen beftehende Theil angenommen, fo dafs man die unteren beiden Winkeleifen vor den Lafchen des Stehbleches aufhören laffen konnte. Das Knotenblech ift in die Ebene der Stehbleche gelegt, erfetzt diefelben, wo fie fehlen, und nimmt fowohl die Pfoften und Diagonalen, wie auch die Pfetten auf. Die im Stehbleche herrfchenden Kräfte werden durch Doppellafchen in das Knotenblech geleitet.

191. Knotenpunkte der Zuggurtung.

Wenn die untere (Zug-) Gurtung einen der vorbefprochenen Querfchnitte hat, fo ift die Knotenpunktsbildung, wie vorftehend angegeben. Etwas vereinfacht fich die Conftruction hier meiftens, weil hier keine Pfette anfetzt. Fig. 503 giebt einen unteren Gurtungs-Knotenpunkt, in welchem allerdings die Conftruction kaum einfacher ift, als an den Knotenpunkten der oberen Gurtung, da fich in Fig. 503 ein Deckenbalken gegen das Knotenblech fetzt. Sehr einfach wird die Anordnung meiftens, wenn der Querfchnitt der unteren Gurtung aus einem oder zwei Flacheifen befteht. Fig. 513, 515 bis 517 [234 u. 235]) geben gute, ohne befondere Erläuterung verftändliche Beifpiele.

192. Firft-Knotenpunkte.

In Fig. 518 bis 525 ift eine Reihe von Beifpielen für die Conftruction von Firft-Knotenpunkten vorgeführt; die Grundfätze, welche hierbei mafsgebend find, ftimmen mit den in Art. 182 (S. 244) entwickelten überein. Meiftens wird es fich empfehlen, am Firft die Gurtungsftäbe zu ftofsen und hierbei als Stofsblech das Knotenblech zu verwenden. In Fig. 518 dient das Knotenblech zum Stofsen der lothrechten Schenkel beider Winkeleifen, während für den Stofs der wagrechten Schenkel befondere Winkeleifen aufgelegt find. Eine verwandte Anordnung zeigen Fig. 519 [232]) u. 520 [233]). In dem zu Fig. 521 gehörigen Querfchnitt find die zum Stofs verwendeten Theile fchwarz gehalten, die eigentlichen Querfchnittstheile weifs geblieben; das wagrechte auf die Winkeleifen gelegte Knotenblech nimmt auch die Winddiagonalen auf. In Fig. 522 [235]) nimmt das Knotenblech die fämmtlichen Stabkräfte auf; gegen Ausbeulen ift es durch fenkrecht zu den Binderebenen angeordnete Gitterträger gefichert, welche die Binder mit einander verbinden.

---

235) Nach: Zeitfchr. d. Arch.- u. Ing.-Ver. zu Hannover 1881, Bl. 858, 859.

236) Nach: Eifenbahn, Bd. 9, Beil. zu Nr. 8.

237) Nach freundlicher Mittheilung des Herrn Oberbaudirector Profeffor Dr. *Durm* in Karlsruhe.

Fig. 519.

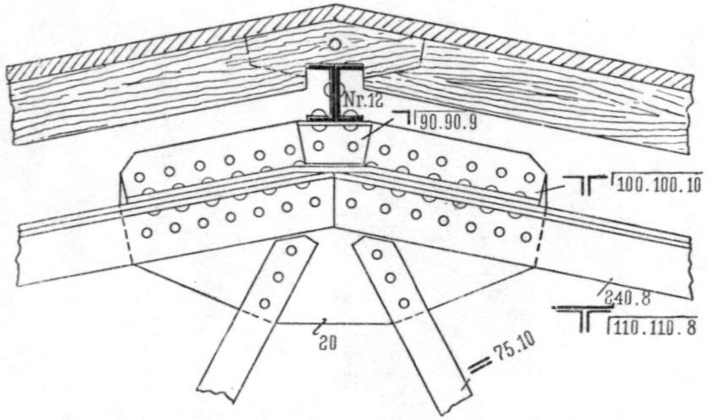


Vom Dach über dem Wartefaal III. und IV. Claffe im Bahnhof zu Bremen [232]).

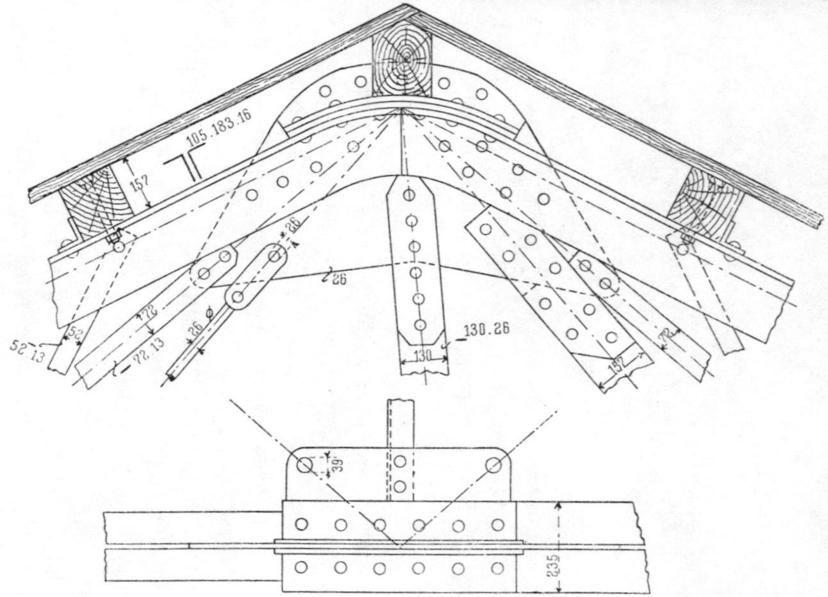


Vom Rathhaus zu Berlin [233]).

Fig. 521.

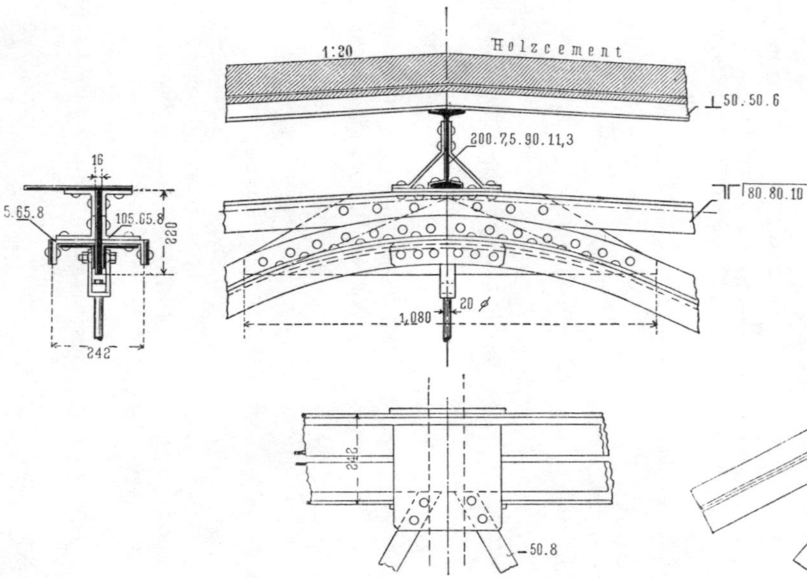


Vom neuen Packhof zu Berlin.

1/20 n. Gr.

Fig. 522.

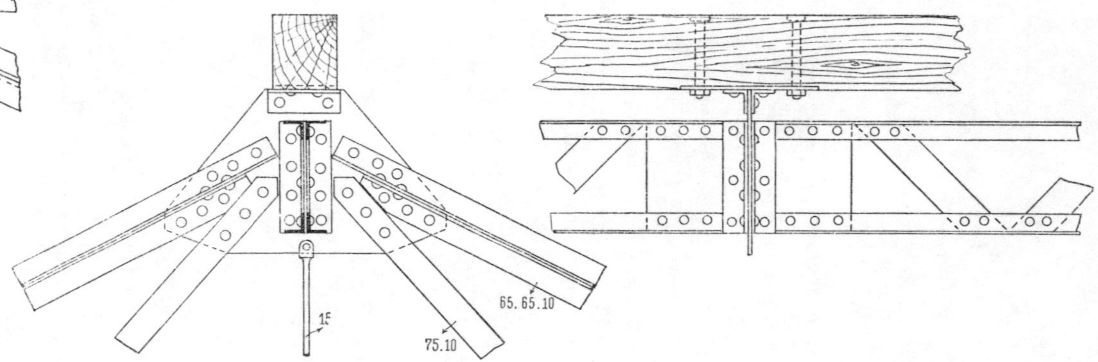


Von der dritten Gasanftalt zu Dresden [235]).

Fig. 523.

$^1/_{20}$ n. Gr.

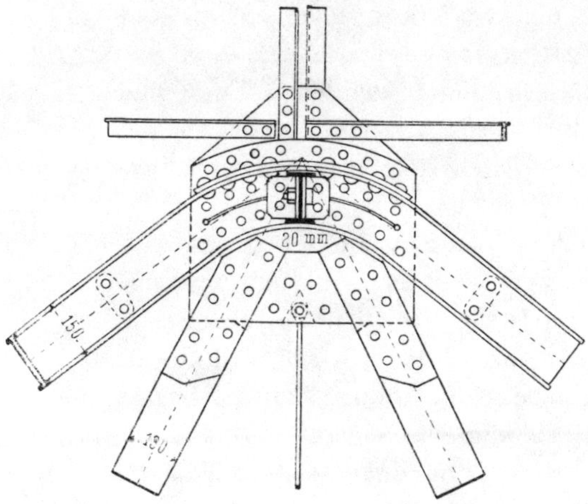


Von den Retortenhäufern am Hellweg zu Berlin [234]).

Fig. 524.

$^1/_{20}$ n. Gr.

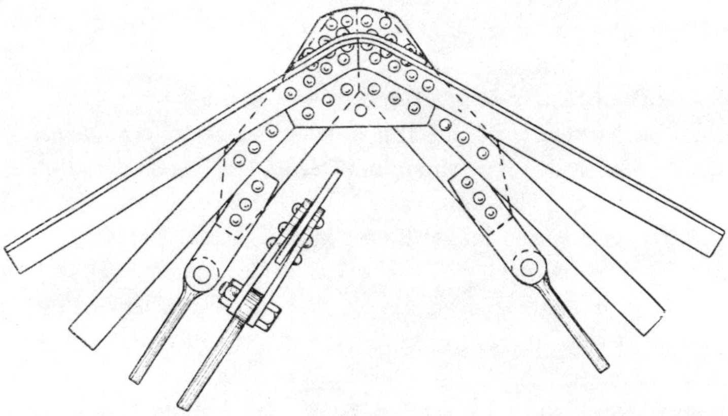

Von den Retorten-häufern am Hellweg zu Berlin [234]).

Fig. 525.

$^1/_{20}$ n. Gr.

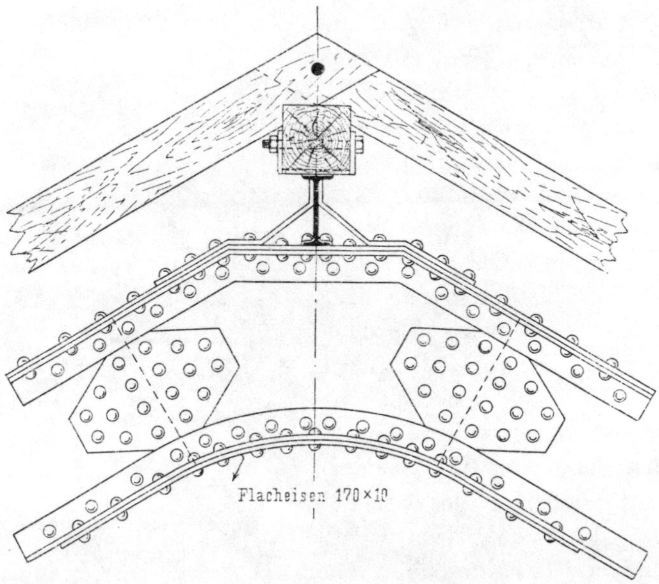


Vom Wafchhaus des Kaiferin Augufta-Bades zu Baden-Baden [237]).

Fig. 523 [234]) iſt ein von *Schwedler* entworfener Knotenpunkt am Firſt eines *Polonceau*-(*Wiegmann*-) Daches; die beiden die Gurtung bildenden **[**-Eiſen ſind gebogen; ob ſie am Firſt geſtoſsen ſind, geht aus der Zeichnung nicht hervor; doch iſt dies anzunehmen, wäre auch empfehlenswerth.

Fig. 526.

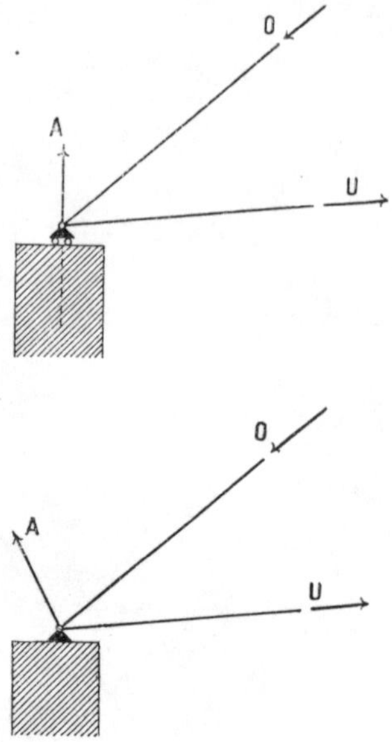


Eine gute Ausſteifung des Firſtpunktes gegen Ausbiegen aus der lothrechten Kraftebene iſt ſehr wichtig; wo dieſe Ausſteifung durch die Firſtpfette nicht erreichbar iſt, ſei es, weil ſie aus Holz iſt oder weil ſie zu hoch über dem eigentlichen Knotenpunkte liegt, bringe man eine beſondere Verbindung an.

Fig. 524 [234]) u. 525 [237]) ſind ohne weitere Erläuterung verſtändlich.

193.
Auflager-Knotenpunkte bei Balken-Dachbindern.

Die Spannungen der im Auflager-Knotenpunkte zuſammentreffenden Gurtungsſtäbe müſſen mit dem Auflagerdruck im Gleichgewicht ſein; die drei Kräfte *O*, *U* und *A* (Fig. 526) müſſen ſich demnach in einem Punkte ſchneiden. Bei den beweglichen Auflagern wirkt der Auflagerdruck ſenkrecht zur Auflagerbahn, zweckmäſsig in der Mitte des Auflagers; der Schnittpunkt der Axen der hier zuſammentreffenden Gurtungsſtäbe ſoll alſo auf der ſenkrecht zur Auflagerbahn in der Mitte des Auflagers errichteten Linie liegen. Bei den feſten Auflagern kann bekanntlich der Auflagerdruck Richtungen annehmen, welche von der Senkrechten zur Auflagerbahn abweichen. Hier ſehe man den Schnittpunkt der beiden Endſtabaxen als theoretiſchen Auflagerpunkt an und lege das Auflager ſo, daſs der ungünſtigſtenfalls auftretende Auflagerdruck weder Auflager, noch Mauerwerk gefährdet.

Es wird empfohlen, beim Entwerfen zuerſt die beiden Stabaxen und die lothrechte Mittellinie des Auflagers zu zeichnen und danach den Knotenpunkt zu conſtruiren.

Der Ausgleich der Kräfte erfolgt auch hier zweckmäſsig vermittels eines (15 bis 20 mm) ſtarken Knotenbleches, in welches die Gurtungsſtäbe ihre Spannungen durch eine genügend groſse Zahl von Nieten übertragen; der Auflagerdruck wird durch eine Auflagerplatte und zwei das Knotenblech ſäumende Winkeleiſen in letzteres geleitet (Fig. 527 u. 528 [235]). Die Befeſtigung des Wind-Knotenbleches wird wie bei den anderen Knotenpunkten der oberen Gurtung vorgenommen. Damit das Knotenblech nicht ausbeule, wähle man die freie Höhe deſſelben von den ſäumenden Winkeleiſen an bis zu den Winkeleiſen der oberen Gurtung möglichſt klein. Man hat wohl am mauerſeitigen Ende des Knotenbleches

Fig. 527.

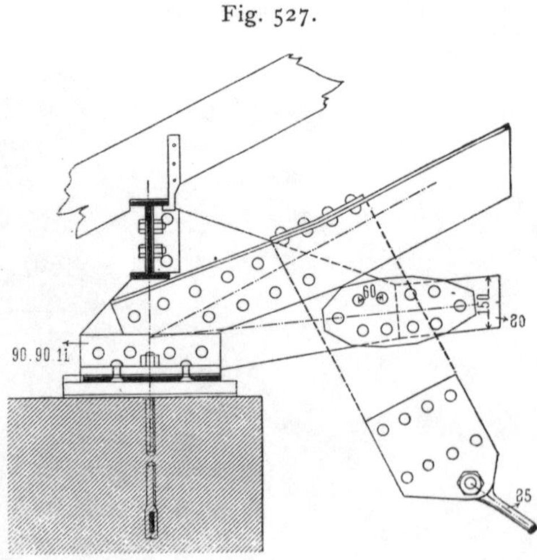


Von einem Locomotivſchuppen auf dem Bahnhof zu Avricourt.

$^1/_{25}$ n. Gr.

Fig. 528.

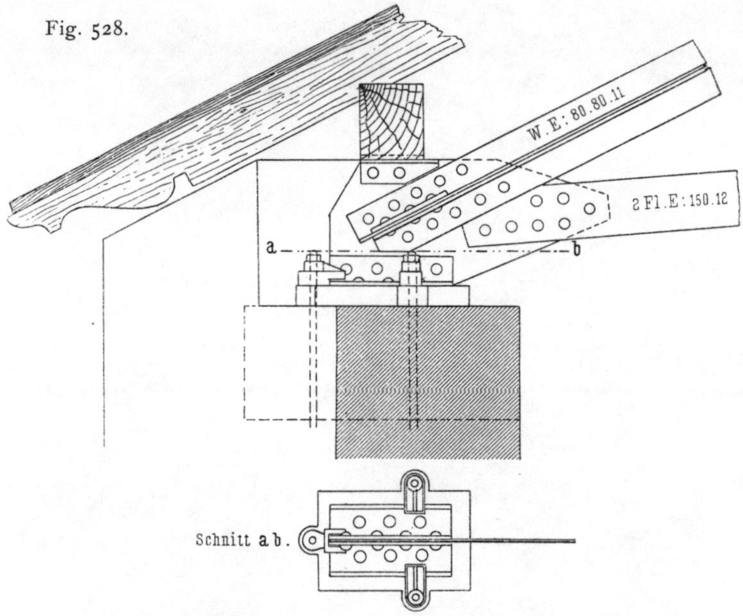


Von der dritten Gasanstalt zu Dresden [235]). — $^1/_{20}$ n. Gr.

Fig. 529.

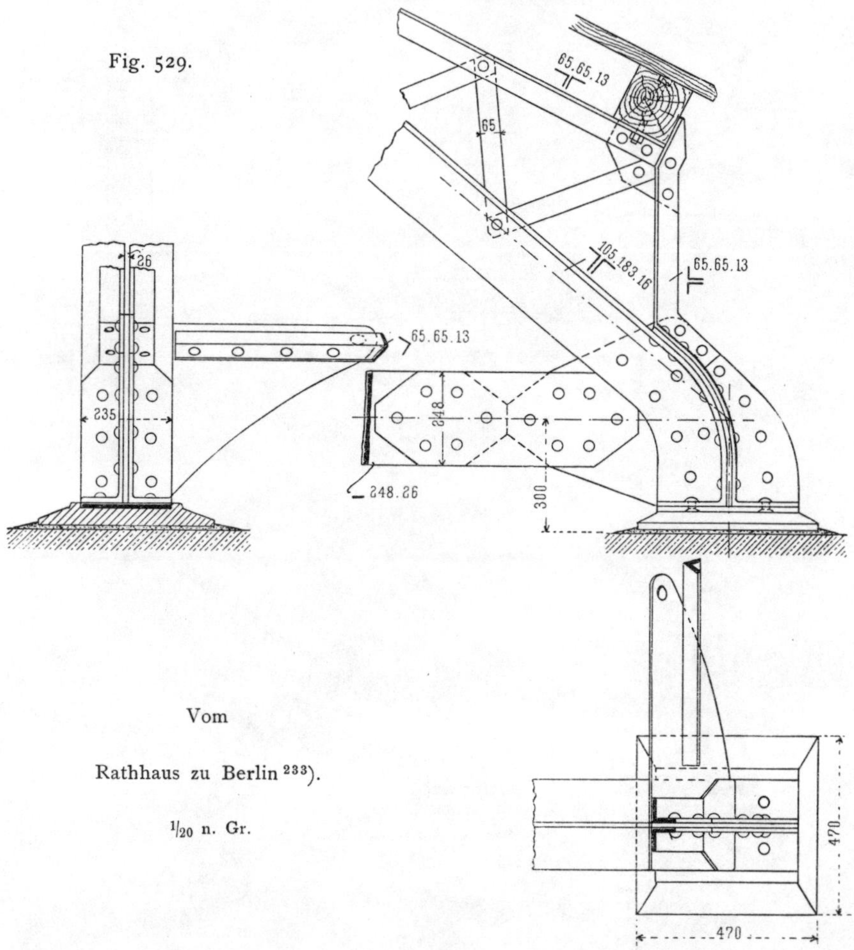


Vom

Rathhaus zu Berlin [233]).

$^1/_{20}$ n. Gr.

Fig. 530.

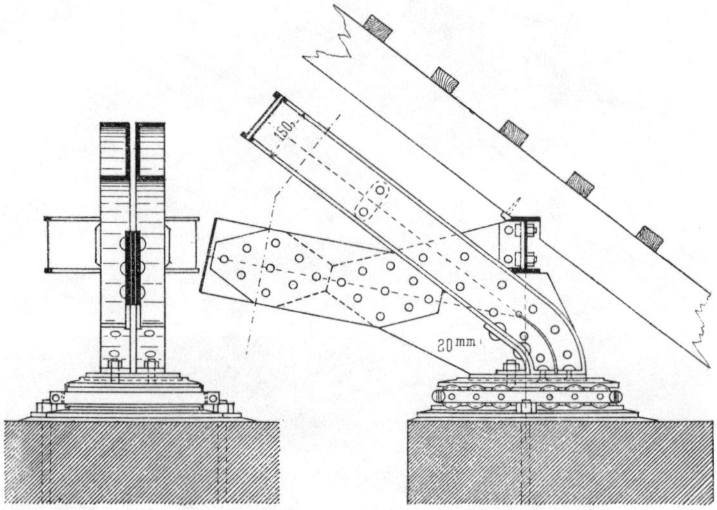


Fig. 531.

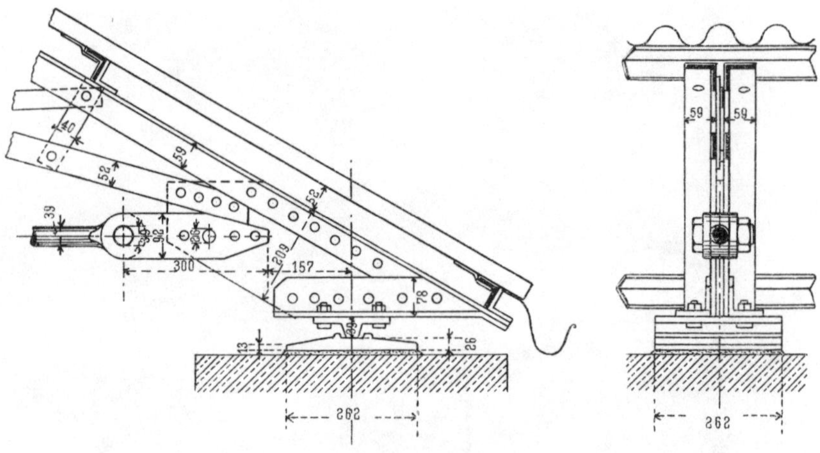


Fig. 532.

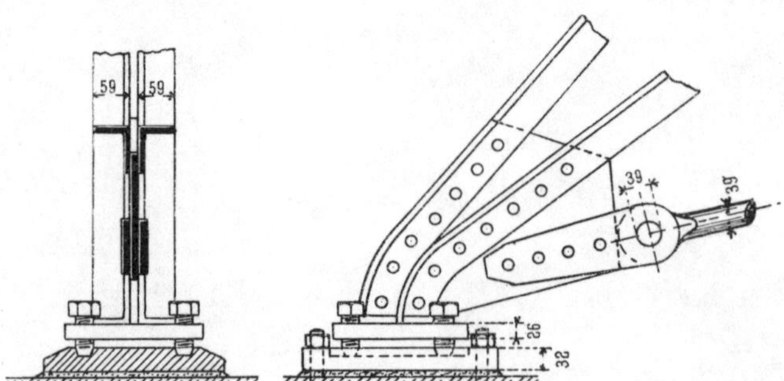


Von den Retortenhäufern am Hellweg zu Berlin[234]).

$^{1}/_{20}$ n. Gr.

Fig. 533.

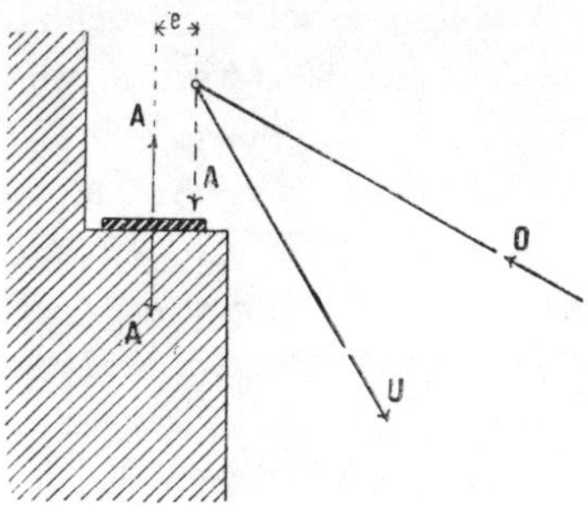


zur Ausſteifung lothrechte Winkeleiſen angeordnet (Fig. 534). Beſſer ſetzt man dieſe über die Auflagermitte. Auch hat man die Enden der Winkeleiſen, bezw. **[**-Eiſen, welche den Querſchnitt der oberen Gurtung bilden, gebogen, ſo daſs ſie an ihren Enden eine lothrechte Tangente haben (Fig. 529 u. 530[234 u. 235]), auſserdem den einen Schenkel in die wagrechte Ebene umgelegt, wodurch bequeme Verbindung mit der Auflagerplatte möglich wird. Gute Beiſpiele von Auflager-Knotenpunkten für die verſchiedenen Gurtungsquerſchnitte zeigen Fig. 527 bis 532. Auflager-Knotenpunkte von Gelenkdächern mit und ohne Durchzug werden weiter unten vorgeführt werden.

Bei den Pultdächern iſt es am oberen Auflager oft ſchwierig, den Schnittpunkt der beiden Stabaxen *O* und *U* (Fig. 533) in die Lothrechte der Auflagermitte zu legen. Ein Beiſpiel der nicht empfehlenswerthen Anordnung, bei welcher der Schnittpunkt der Stabaxen ſeitwärts von der Auflagermitte liegt, iſt in Fig. 534 194. Obere Auflager-Knotenpunkte bei Pultdächern.

Fig. 534.

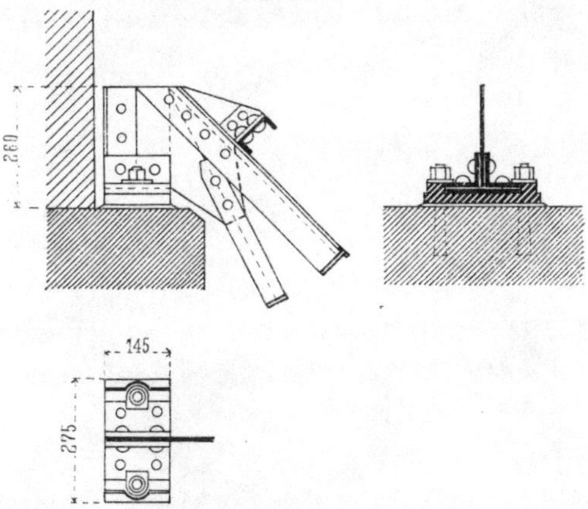


Vom Bahnhof zu Hainholz.

Fig. 535.

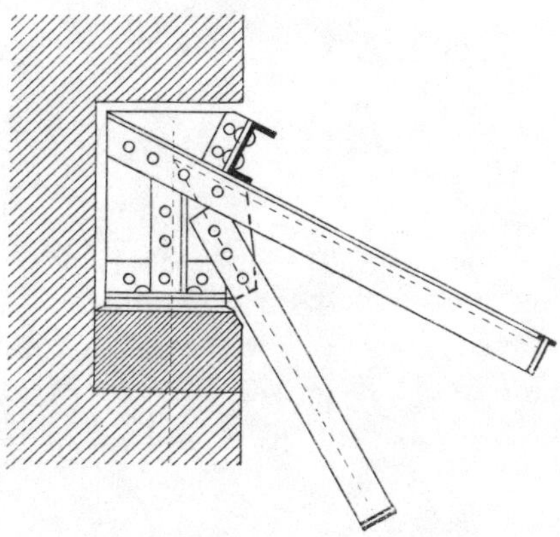

Entwurf.

1/20 n. Gr.

dargeſtellt. Für die Druckvertheilung an der Unterfläche des Auflagers iſt auſser dem Auflagerdruck *A* auch das Moment *A e* (Fig. 533) maſsgebend. Es leuchtet ein, daſs hier das Mauerwerk ſehr ungünſtig, auch das Knotenblech ſtark auf Abſcheren in Anſpruch genommen wird. Eine beſſere Conſtruction iſt in Fig. 535 gegeben.

### 4) Gelenk-Knotenpunkte.

Im Nachſtehenden ſollen unterſchieden werden:

1) Vollkommene Gelenk-Knotenpunkte, d. h. ſolche, bei denen alle im Knotenpunkte zuſammentreffenden Stäbe durch einen oder mehrere Bolzen mit einander verbunden ſind. 195. Allgemeines.

2) Unvollkommene Gelenk-Knotenpunkte, d. h. ſolche, bei denen ein Theil der im Knotenpunkte zuſammentreffenden Stäbe durch Vernietung mit einander verbunden iſt, während die anderen Stäbe mit Gelenkbolzen angeſchloſſen ſind.

Die vollkommene Gelenk-Knotenpunktverbindung kommt hauptſächlich in der gezogenen Gurtung zur Anwendung, die unvollkommene dagegen in der gedrückten (oberen) Gurtung vor. Die benachbarten Gurtungsſtäbe werden bei letzterer mit einander vernietet, bezw. laufen einfach durch und die Gitterſtäbe ſchlieſsen ſich mit je einem oder mit einem gemeinſamen Bolzen an dieſe Verbindung. Der Anſchluſsbolzen eines Stabes muſs die gröſste im Stabe herrſchende Kraft aufnehmen und an die Ausgleichſtelle der Kräfte leiten können; die Ausgleichung findet bei Verwendung eines Centralbolzens in dieſem, wenn mehrere Einzelbolzen und ein Knotenblech verwendet werden, im Knotenblech ſtatt.

196. Bolzenabmeſſungen. Es darf weder ein Abſcheren des Bolzens, noch ein zu groſser Druck in der Lochlaibung oder am Umfange des Gelenkbolzens auftreten. Wenn die Anzahl der auf Abſcheren beanſpruchten Querſchnitte gleich $n$ iſt, der Bolzendurchmeſſer $d$, die zuläſſige Beanſpruchung des Stabes für das Quadr.-Centim. gleich $K$, diejenige des Bolzens auf Abſcheren $K' = \frac{4}{5} K$ iſt und die im Stabe wirkende Gröſstkraft $P$ genannt wird, ſo muſs

$$\frac{4}{5} K \frac{d^2 \pi}{4} \geqq \frac{P}{n}$$

ſein, falls man annehmen kann, daſs nur Beanſpruchung auf Abſcheren eintritt und die geſammte Stabkraft ſich gleichmäſsig über die abzuſcherenden Querſchnitte vertheilt. Es folgt mit $f = \frac{P}{K}$, worin $f$ die erforderliche Nettoquerſchnittsfläche des Stabes iſt,

$$\frac{d^2 \pi}{5} \geqq \frac{f}{n} \quad \text{und} \quad d \geqq 1{,}26 \sqrt{\frac{f}{n}} \quad \ldots \ldots \quad 27.$$

Einſeitiger Anſchluſs erhöht die Beanſpruchung des Bolzens bedeutend durch die hinzukommenden Biegungsſpannungen; man vermeide deſshalb einſeitigen Anſchluſs, falls es ſich nicht um ſehr kleine Kräfte handelt. Gewöhnlich ordnet man den Anſchluſs ſo an, daſs zwei Querſchnitte des Bolzens auf Abſcheren beanſprucht werden; alsdann iſt $n = 2$ und man erhält

$$d \geqq 0{,}89 \sqrt{f} \quad \ldots \ldots \quad 28.$$

Damit der Druck am Umfange des Bolzens, bezw. in der Lochlaibung nicht zu groſs werde, muſs, wenn $\delta$ (in Centim.) die geſammte Stabdicke auf dem Bolzen iſt,

$$1{,}5 \, K d \delta \geqq P \text{ ſein, woraus } d \geqq \frac{P}{1{,}5 \, K \delta}$$

folgt, und mit $\frac{P}{K} = f$

$$d \geqq \frac{2}{3} \frac{f}{\delta} \quad \ldots \ldots \quad 29.$$

Wenn der Stab in mehreren Stücken auf dem Bolzen ſitzt, ſo iſt als $\delta$ die Summe der einzelnen Dicken einzuführen. Von den beiden Werthen, welche ſich für $d$ aus den Gleichungen 27 u. 29 ergeben, iſt der gröſsere für die Ausführung zu wählen; erhält man aus der letzteren Gleichung ſehr groſse Werthe, ſo kann man dieſelben durch Vergröſsern von $\delta$, d. h. durch Verdickung der Stabenden verkleinern. Beiſpiele hierfür ſind in Fig. 483 u. 537 vorgeführt. Die Vergröſserung der Dicke kann durch Ausſchmieden im Geſenk (bei den ſog. Augenſtäben) oder durch Aufnieten von Platten, letzteres ſowohl beim Stabe ſelbſt, wie beim Knotenblech, erreicht werden.

Fig. 536.

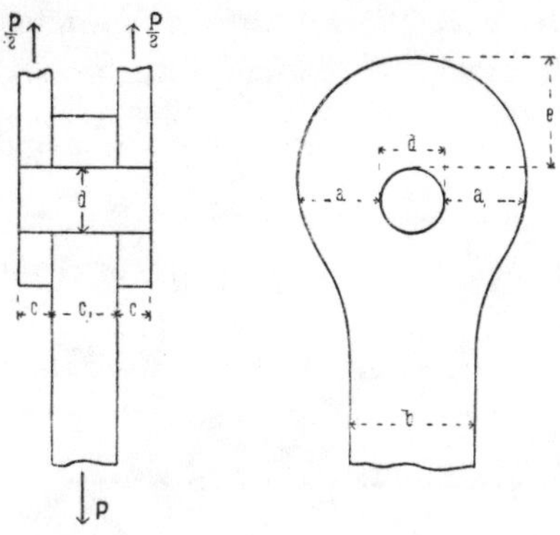


Die Bolzen werden in Wirklichkeit nicht nur auf Abſcheren beanſprucht, ſondern ſie erleiden eine zuſammengeſetzte Beanſpruchung auf Biegung und Abſcheren. Bei den einfachen, hier hauptſächlich vorkommenden Fällen, in denen ein zweitheiliger Stab mit einem Bolzen an einem Knotenbleche oder ein eintheiliger Stab zwiſchen einem doppelten Knotenbleche befeſtigt wird (Fig. 536), braucht auf dieſe vereinte Beanſpruchung keine Rückſicht genommen zu werden. Es genügt, die Berechnung, auſser mit Rückſichtnahme auf Abſcheren, auch unter Zugrundelegung der Biegungsbeanſpruchung vorzunehmen; die Stärke des Bolzens ergiebt ſich für den Fall von Fig. 536 unter letzterer Rückſicht wie folgt. Nimmt man an, daſs die Kraft $P$ ſich auf die Länge $c_1$ des Bolzens gleichmäſsig vertheilt, ſo iſt die Belaſtung deſſelben auf die Längeneinheit $p = \frac{P}{c_1}$ und in einem Querſchnitt, der um $x$ von der Berührungsfläche des Knotenbleches und Stabes nach innen liegt, iſt das Biegungsmoment

$$M_x = \frac{P}{2}\left(\frac{c}{2} + x\right) - \frac{P}{c_1}\,\frac{x^2}{2}$$

und mit $c_1 = 2c$

$$M_x = \frac{P}{4}\left(c + 2x - \frac{x^2}{c}\right).$$

Das Moment erreicht ſeinen Gröſstwerth für $x = c$, d. h. es iſt $M_{max} = \frac{Pc}{2}$, und die gröſste Biegungsbeanſpruchung in dieſem Querſchnitt

$$\sigma_{max} = \frac{M_{max}\,d}{2\,\mathcal{J}} = \frac{M_{max}\,32}{d^3\,\pi}.$$

Soll $\sigma_{max}$ die zuläſſige Beanſpruchung $K$ nicht überſchreiten, ſo muſs $d^3 = \frac{M_{max}\,32}{K\,\pi} = \frac{32\,Pc}{2\,K\pi}$ ſein, und mit $\frac{P}{K} = f$ wird $d^3 = \frac{16\,f\,c}{\pi}$ oder

$$d = 1{,}72\,\sqrt[3]{f\,c} \qquad \text{. . . . . . . . . . .} \qquad 30.$$

Beiſpiel. Es ſei $P_{max} = 22000$ kg, $K = 800$ kg für 1 qcm, alſo $f = \frac{P}{K} = 27{,}5$ qcm; ferner ſei $c = 3$ cm und $c_1 = 6$ cm. Alsdann müſſte ſein:

nach Formel 28: $d \geqq 0{,}89\,\sqrt{f}$ oder $d \geqq 4{,}67$ cm,

nach Formel 29: $d \geqq \frac{2}{3}\,\frac{f}{c_1}$ oder $d \geqq 3{,}05$ cm,

nach Formel 30: $d = 1{,}72\,\sqrt[3]{f\,c}$ oder $d = 7{,}5$ cm.

Man wird $d = 7{,}5$ cm wählen; es genügt alſo nicht, nur nach den Formeln 28 u. 29 zu rechnen.

Groſse Durchmeſſer der Bolzen ſind nicht wünſchenswerth; der bei dieſer Gelenk-Conſtruction erſtrebten Drehbarkeit der Stäbe um die theoretiſchen Knotenpunkte wirkt das Moment des Reibungswiderſtandes am Umfange der Bolzen, d. h. mit dem Hebelsarme $\frac{d}{2}$, entgegen. Daſſelbe hat, wenn der Reibungs-Coefficient zu 0,15 angenommen wird, den Werth $0{,}15\,\frac{P\,d}{2} = 0{,}075\,P\,d$. Schon bei verhältniſsmäſsig nicht groſsen Werthen von $d$ iſt dieſes Moment genügend, um jede Drehung zu verhindern, ſo daſs ſich der Stab dann ſo verhält, als wäre er vernietet. Man hält deſshalb die Bolzendurchmeſſer möglichſt klein; zu dieſem Zwecke vermindert man die Momente $\frac{Pc}{2}$ (ſiehe oben) möglichſt durch Verringerung von $c$ und geſtattet ziemlich groſse Werthe für den Einheitsdruck an der Hinterſeite des Bolzens. Dieſer Werth kann bei Schmiedeeiſen und Fluſseiſen auf 1500 bis 1800 kg für 1 qcm angenommen werden.

197. Form der Stabenden. Die Enden der Stäbe müſſen ſo geformt werden, daſs ein Ab- und Aufreiſsen derſelben nicht eintreten kann. In Amerika, wo dieſe Knotenpunktverbindung ſehr verbreitet iſt, wählte man früher eine längliche Form, falls der Stab ein Flacheiſen von der Breite $b$ war und am Bolzen dieſelbe Stärke $\delta$ hatte, wie an den anderen Stellen; man nahm (vergl. Fig. 536) $a = \frac{b}{2} + \frac{d}{3}$ und $e = \frac{b}{2} + \frac{2}{3} d$. Neuerdings iſt man dort aber dazu übergegangen, die Oeſen in ihrem äuſseren Umfange concentriſch mit den Bolzenlöchern zu conſtruiren. Der Kopf wird ſo breit gemacht, daſs ſeine Querſchnittsfläche an der ſchwächſten Stelle diejenige des Stabes um 33 bis 40 Procent übertrifft.

Fig. 537.

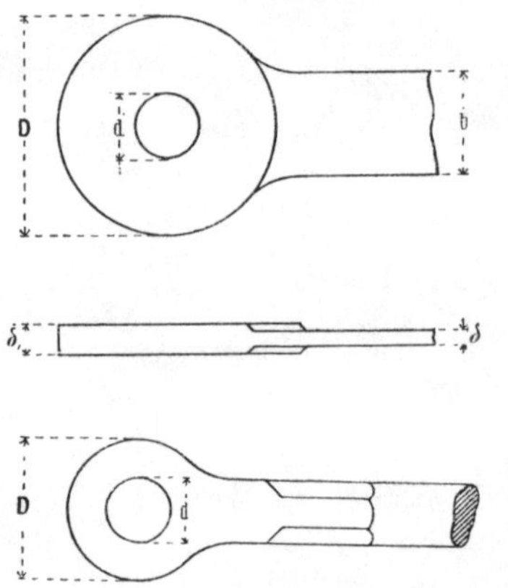


Bei dem nicht verdickten Stabende iſt dann

$\delta (D - d) = 1{,}40\, b \delta$, d. h. $D = d + 1{,}40\, b$

und bei einem auf $\delta_1$ verdickten Kopfe

$$\delta_1 (D - d) = 1{,}40\, b \delta, \text{ d. h. } D = d + 1{,}40\, b \frac{\delta}{\delta_1}.$$

Wenn der Zugſtab ſtatt eines rechteckigen einen anderen Querſchnitt hat, ſo kann man ſtatt $b\delta$ in die obigen Formeln die wirkliche Querſchnittsfläche $f$ einführen. Beim kreisförmigen Querſchnitt (Fig. 537) erhielte man

$$\delta_1 (D - d) = 1{,}40\, f \text{ und } D = d + 1{,}40 \frac{f}{\delta_1}.$$

Die Werthe, welche ſich hieraus für $D$ ergeben, ſind etwas klein; es empfiehlt ſich, $D$ gröſser zu wählen.

Beiſpiel. Im vorhergehenden Beiſpiel war $P_{max} = 22000$ kg, $f = 27{,}5$ qcm und $d = 7{,}5$ cm; es genügte alſo ein Rundeiſen von 6 cm Durchmeſſer. Man erhält aus obigen Formeln $D = d + 1{,}4 \frac{27{,}5}{\delta_1}$; iſt $\delta_1 = 6{,}0$ cm, ſo wird $D = 7{,}5 + 1{,}4 \frac{27{,}5}{6{,}0} = 13{,}94$ cm $= \infty$ 14 cm.

In Deutſchland macht man die Enden der Stäbe ſowohl länglich (Fig. 482, 547 u. 548), wie auch concentriſch (Fig. 561). In Frankreich ſcheint die letztere Form mehr üblich zu ſein (Fig. 543).

Es wird empfohlen, an dieſer Stelle nicht mit dem Material zu ſparen; die Sicherheit des Ganzen hängt von dieſer Stelle ab, und gerade hier ſpielt die mögliche Erſparniſs nur eine ſehr untergeordnete Rolle.

Bei einer Querſchnittsform des Stabes, welche nicht ohne Weiteres das Anbringen eines Bolzenloches geſtattet — wie z. B. bei den kreuzförmigen, **[**- und **I**-förmigen Querſchnitten — verwandelt man zunächſt den Querſchnitt in einen rechteckigen durch Einlegen oder Aufnieten von Blechen. Beiſpiele ſind in Fig. 470, 539, 540 u. 541 vorgeführt.

Fig. 538.

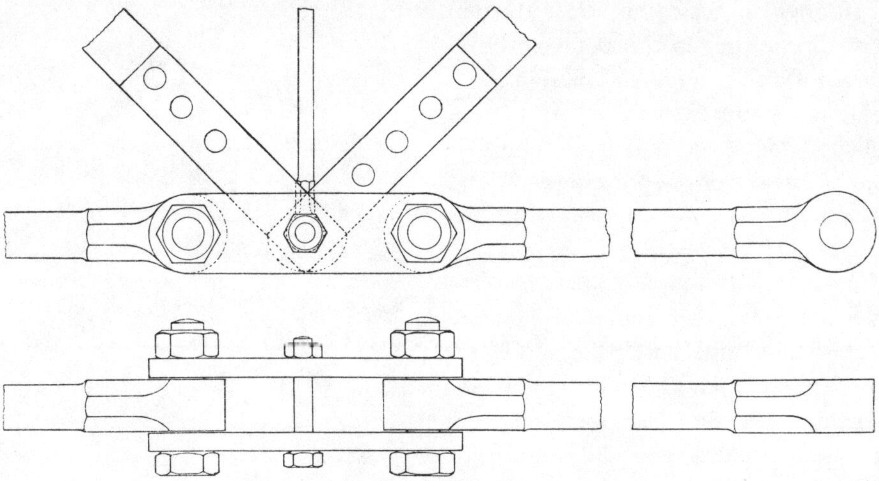

Von den Central-Markthallen zu Wien[238]).

$^{1}/_{10}$ n. Gr.

Fig. 539.

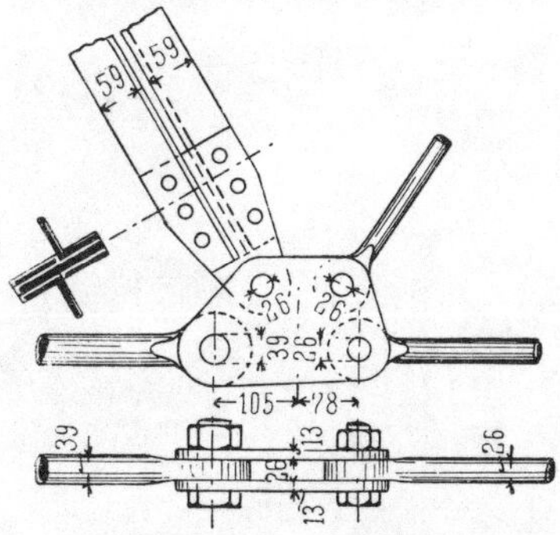


Vom Retortenhaus
am Hellweg zu Berlin[234]).

$^{1}/_{15}$ n. Gr.

Fig. 540.

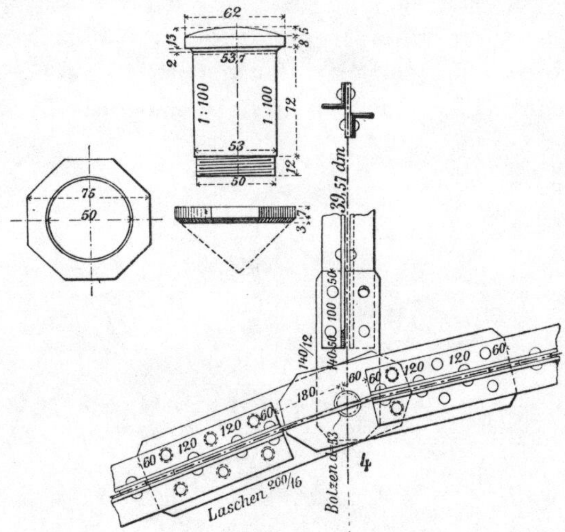


Von der Einsteigehalle auf dem Centralbahnhof
zu München[239]).

$^{1}/_{20}$ n. Gr.

Fig. 541.

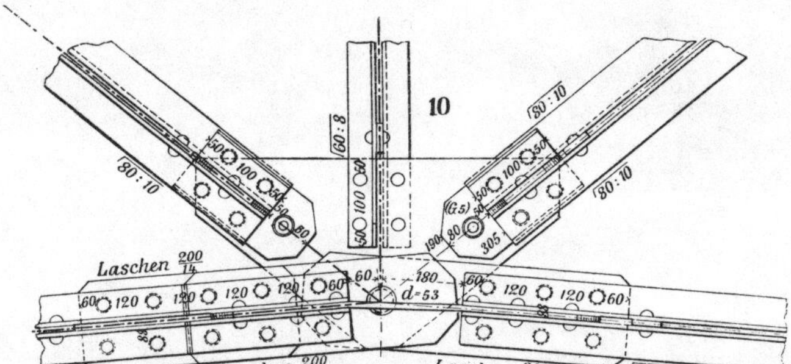


$^{1}/_{20}$ n. Gr.

Von der Einsteigehalle auf dem Centralbahnhof zu München[239]).

Bei den auf Druck beanſpruchten Stäben iſt hier zu beachten, daſs die eingelegten Bleche gegen Ausbeulen, bezw. Ausknicken ſtark genug ſein müſſen.

Schraubenmutter und Kopf können die üblichen Maſse erhalten (Durchmeſſer des dem ſechseckigen Kopfe eingeſchriebenen Kreiſes $D = 1{,}4\, d + 0{,}5$ cm, Höhe der Mutter $h = d$, Höhe des Kopfes $h_1 = 0{,}7\, d$); die Muttern und Köpfe können aber auch viel weniger hoch gemacht, ja ſogar ganz fortgelaſſen und durch einen kleinen Splint erſetzt werden (Fig. 482), da eine Beanſpruchung in der Längsrichtung des Bolzens nicht eintritt und die durch die Stabſpannungen am Bolzenumfange erzeugte Reibung weitaus genügt, um Verſchiebung zu verhüten.

Fig. 542.

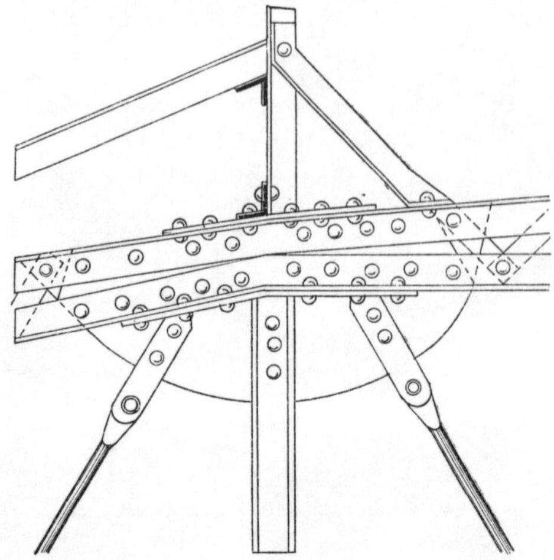

Vom früheren Empfangsgebäude der Nieder-ſchleſiſch-Märkiſchen Eiſenbahn zu Berlin [240]).

1/20 n. Gr.

Fig. 538 [238]), 539 [234]) u. 541 [239]) zeigen vollkommene Bolzenverbindungen, bei denen die Stäbe je mit beſonderen Bolzen angeſchloſſen ſind. Die Conſtruction mit einem einzigen Bolzen für alle Stäbe iſt in Fig. 540 [239]) vorgeführt; bei derſelben kommt man häufig zu groſsen Bolzenlängen; die Momente, welche im Bolzen Biegungs-

Fig. 543.

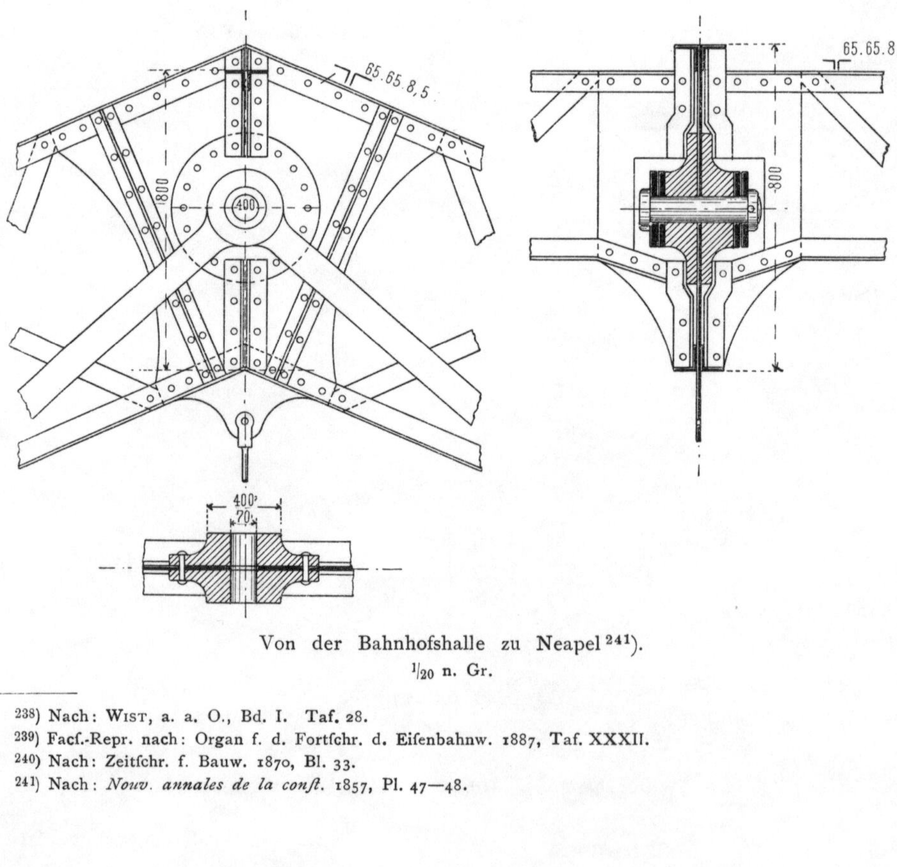


Von der Bahnhofshalle zu Neapel [241]).

1/20 n. Gr.

[238]) Nach: Wist, a. a. O., Bd. I. Taf. 28.

[239]) Facſ.-Repr. nach: Organ f. d. Fortſchr. d. Eiſenbahnw. 1887, Taf. XXXII.

[240]) Nach: Zeitſchr. f. Bauw. 1870, Bl. 33.

[241]) Nach: *Nouv. annales de la conſt.* 1857, Pl. 47—48.

ſpannungen erzeugen, werden dann groſs und damit auch der erforderliche Bolzendurchmeſſer. Um nicht zu groſse Bolzendurchmeſſer zu erhalten, empfiehlt es ſich deſshalb, wenn eine gröſsere Zahl von Stäben ſich im Knotenpunkte trifft, für jeden Stab einen beſonderen Bolzen zu wählen; jeder derſelben kann kurz und ſchwach ſein.

Beſonders wird auf die ſeitliche Verſteifung der von *Gerber* conſtruirten, in Fig. 540 u. 541 dargeſtellten Knotenpunkte hingewieſen. Für Momente, welche ſenkrecht zur Binderebene wirken, iſt bei Fig. 538 u. 539 keine Vorkehrung getroffen; *Gerber* hat für dieſe ein beſonders geformtes Blech zwiſchen den Stäben der Gurtung angeordnet, welches ſenkrecht zur Binderebene liegt, daher der Drehung der Stäbe in der lothrechten Ebene ſehr geringen Widerſtand entgegenſetzt, aber eine Biegung der Stäbe aus der Binderebene heraus ſehr wirkſam verhindert. Für die Muttern und Köpfe der Bolzen iſt das Blech ausgeſchnitten; an demſelben können auch Querverbindungsſtäbe und Winddiagonalen befeſtigt werden.

Fig. 542 [240]) u. 543 [241]) zeigen die unvollkommene Bolzenverbindung mit Knotenblechen, an welche die Zugſtäbe mit Doppellaſchen anſchlieſsen. Die Knotenbleche können einfach oder doppelt ſein, auch an der Stelle, wo der Bolzen durchgeht, durch aufgenietete oder aufgeſchraubte Platten verſtärkt werden.

Die Kämpfer- und Scheitelgelenke der Gelenkdächer werden bei der Beſprechung der Auflager mit behandelt werden.

## 5) Auflager.

Zwiſchen die Binderfüſse und die Auflagerſteine werden bei den eiſernen Dächern beſondere Conſtructionstheile eingeſchaltet, die ſog. Auflager. Dieſelben haben die Aufgaben: 198. Aufgaben.

1) die Berührungsfläche zwiſchen dem Eiſen und dem Mauerwerk ſo zu vergröſsern, daſs der ungünſtigſtenfalls auf die Flächeneinheit des Mauerwerkes (bezw. des Auflagerſteines) entfallende Druck nicht zu groſs wird;

2) die Stelle, an welcher der Auflagerdruck wirkt, möglichſt genau feſt zu legen;

3) eine Bewegung des Binders gegen das Mauerwerk in gewiſſem Grade zu ermöglichen.

Die Wichtigkeit der zuerſt angegebenen Aufgabe iſt ohne Weiteres einleuchtend. Selbſt wenn man ſehr harten Stein als Auflagerſtein wählt, kann man nicht denſelben Druck zwiſchen dieſem und dem Eiſen zulaſſen, wie zwiſchen Eiſen und Eiſen. Gewöhnlich wird der Binderfuſs auf eine guſseiſerne Platte geſetzt, deren untere Fläche auf dem Lagerſtein ruht; dieſe Fläche muſs ſo groſs bemeſſen werden, daſs die zuläſſige Beanſpruchung des Steines nicht überſchritten wird. Man kann als zuläſſige Druckbeanſpruchung für das Quadr.-Centimeter einführen [242]): 199. Gröſster Druck auf das Mauerwerk.

10 kg Druck für Ziegelmauerwerk in Cementmörtel;

15 kg Druck für Klinkermauerwerk in Cementmörtel und Quader aus Sandſtein mittlerer Güte;

25 kg Druck für Quader aus Kalkſtein und Sandſtein beſter Güte;

50 kg Druck für Quader aus Granit;

75 kg Druck für Quader aus Baſalt.

Die unter 2 angeführte Aufgabe der Lager iſt gleichfalls ſehr zu beachten. Man berechnet die Binder unter der Annahme einer ganz beſtimmten Lage der 200. Lage des Angriffspunktes.

---

242) Nach: SCHARROWSKY, C. Muſterbuch für Eiſen-Conſtructionen. Theil I. Leipzig u. Berlin 1888. S. 48.

Auflagerdrücke, mufs dann aber Sorge tragen, dafs diefe Annahme durch die Conftruction erfüllt wird. Auch auf die Beanfpruchung der Gebäudemauern hat die Lage diefer Kräfte grofsen Einflufs. Unrichtige Conftruction der Auflager kann zur Folge haben, dafs die Auflagerkraft nahe an die Vorderkante der Mauer fällt, wodurch das Mauerwerk fehr ungünftig beanfprucht wird. Die heutige Conftructionskunft legt mit Recht grofsen Werth darauf, dafs, wie auch die Belaftung fich ändere, nur die Gröfse und Richtung des Stützendruckes fich ändere, nicht aber die Lage des Angriffspunktes diefer Kraft.

201. Bewegliche und fefte Auflager.

Was endlich die unter 3 erwähnte Beweglichkeit des Binders gegen das Mauerwerk anlangt, fo ift auf die Nothwendigkeit einer folchen für die Balken-Dachbinder bereits in Theil I, Band 1, erfte Hälfte (Art. 216, S. 380 [243]) diefes »Handbuches« hingewiefen. Bei Wärmeänderungen dehnt fich das Eifen aus, bezw. verkürzt fich feine Länge; diefe Verlängerungen und Verkürzungen müffen möglich fein; anderenfalls entftehen bedeutende wagrechte Kräfte, welche von den Bindern auf das Mauerwerk übertragen werden, die Seitenmauern gefährden und die Auflagerfteine lockern. Es genügt, wenn von den beiden Auflagern das eine beweglich gemacht wird; das andere mufs feft mit dem Binder und dem Mauerwerk verbunden werden, damit die wagrechten Seitenkräfte der Winddrücke in die Seitenmauern übertragen werden können. Hinzu kommt, dafs die Berechnung der Balkenbinder bei zwei feften Auflagern ungenauer und fchwieriger wird, als bei einem feften und einem beweglichen Auflager.

Bei den Sprengwerkdächern dagegen müffen beide Auflager fefte fein, da an jedem derfelben der Auflagerdruck, welcher hier Kämpferdruck genannt wird, eine wagrechte Seitenkraft hat; hier befeitigt man die Temperaturfpannungen der Stäbe durch Anordnung eines Zwifchengelenkes, das meiftens in den Scheitel gelegt wird.

Nach Vorftehendem unterfcheiden wir demnach fefte und bewegliche Auflager; bei den erfteren ift eine Bewegung des Binders gegen das Mauerwerk nicht möglich; bei den letzteren wird diefelbe thunlichft erleichtert. Bewegung ift aber nur in dem Mafse möglich, wie die Stäbe des Fachwerkes elaftifch oder durch Temperaturerhöhungen, bezw. Erniedrigungen ihre Längen ändern. Um die Bewegung möglichft leicht zu machen, verwendet man bei gröfseren Dachbindern Rolllager, d. h. Lager, bei welchen zwifchen Binder und Mauerwerk ein Rollenwagen eingefchaltet ift; hier kommt alfo rollende Reibung in Frage. Für kleinere Dächer genügen fog. Gleitlager; bei der Bewegung der einzelnen Theile der Gleitlager tritt gleitende Reibung auf.

202. Auf bewegliche Lager wirkende Kräfte.

Die Ermittelung der lothrechten Stützendrücke, welche auf ein wagrecht bewegliches Lager wirken, ift im eben angeführten Halbband diefes »Handbuches« (Art. 417 u. 418, S. 381 u. 382 [244]) gezeigt; aber auch wagrechte Kräfte können am beweglichen Auflager auftreten. So lange diefelben kleiner find, als der zwifchen den beiden Berührungsflächen wirkende Reibungswiderftand, findet keine Bewegung ftatt; fo lange wirkt das Auflager genau wie ein feftes. Nennt man den Reibungs-Coefficienten für Eifen auf Eifen $\mu$, den lothrechten Stützendruck an diefem Lager $A$, fo ift der Reibungswiderftand hier

$$H \leq \mu A .$$

---

[243]) 2. Aufl.: Art. 205, S. 187.

[244]) 2. Aufl.: Art. 206 u. 207, S. 188.

Für $A$ ift der denkbar gröfste Werth einzuführen, d. h. derjenige Werth, welcher fich bei gleichzeitiger Belaftung durch Eigengewicht, Schnee und Winddruck ergiebt. Man erhält leicht beim Satteldach für einen Binderabftand $e$, für eine Sparrenlänge $\lambda$ und für den Winddruck $w$ auf 1 qm fchräger Dachfläche, falls die Firfthöhe des Binders mit $h$, die Stützweite mit $l$ bezeichnet wird und $\Sigma\ (N)$ die vom Winde auf eine Dachfeite übertragene Kraft bedeutet,

$$A_{max} = (g + s)\ \frac{l e}{2} + \Sigma\ (N)\ \frac{\cos\ \alpha}{4}\ (3 - \operatorname{tg}^2 \alpha)\ .$$

Nun ift $\Sigma\ (N) = \lambda\, w\, e$ und $\operatorname{tg}\ \alpha = \frac{2\,h}{l}$, alfo

$$A_{max} = (g + s)\ \frac{l e}{2} + \lambda\, w\, e\ \cos\ \alpha\ \left(\frac{3}{4} - \frac{h^2}{l^2}\right).$$

Fig. 544.

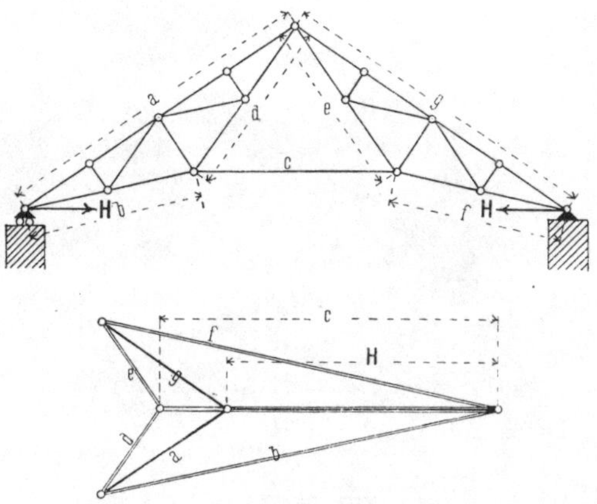


Der Reibungs-Coefficient $\mu$ für Eifen auf Eifen ift etwa 0,15 bis 0,2; doch wird man ficherer (wegen der Verunreinigungen der Lager durch Staub u. f. w.) $\mu = 0{,}25$ annehmen, womit jedoch noch nicht der ungünftigfte Werth eingeführt ift.

Beifpiel. Es fei $l = 16$ m, $g = 40$ kg, $s = 75$ kg, $e = 4{,}3$ m, $\alpha = 26^{0}40'$ und $w = 72$ kg; alsdann wird

$$A_{max} = 5666^{\text{kg}}$$

und

$$H \leqq 0{,}25\ .\ 5666 = \backsim 1420^{\text{kg}}.$$

Diefe Gröfse kann die auf die Gebäudemauern übertragene wagrechte Kraft $H$ an jedem Binder annehmen, durch diefelbe werden hauptfächlich die Seitenmauern gefährdet; aber auch die inneren Spannungen im Fachwerk werden durch die Kraft $H$ vergröfsert. Diefe Zufatzkräfte find für den in Fig. 544 angegebenen Binder neben ftehend graphifch ermittelt.

Bei weit gefpannten Dachbindern kann $W$ recht grofs werden. Eine Verminderung ift durch Verkleinerung des Reibungs-Coefficienten möglich, und zwar durch Einführung der rollenden Reibung an Stelle der gleitenden. Wenn $d$ der Rollendurchmeffer (in Met.) ift, fo kann man den Reibungs-Coefficienten für die zwifchen zwei Platten laufenden Rollen $\mu_1 = \frac{0{,}002}{d}$ fetzen [245]), d. h. für

| | | | | | |
|---|---|---|---|---|---|
| $d =$ | 0,04 | 0,05 | 0,08 | 0,1 | 0,15 m |
| $\mu_1 =$ | 0,05 | 0,04 | 0,025 | 0,02 | 0,013. |

In Wirklichkeit wird auch hier $\mu_1$ gröfser fein, als obige Tabelle angiebt, weil man Staub und Schmutz nicht fern halten kann. Immerhin ift aber der Reibungs-Coefficient hier wefentlich kleiner, als bei den Gleitlagern.

Gleitlager genügen erfahrungsgemäfs bis zu Stützweiten der Binder von 20 bis 25 m; bei fchweren Dächern und weiten Binderabftänden wird die untere Grenze, bei leichtem Deckmaterial und kleinen Binderabftänden die obere Grenze in Frage kommen. Bei gröfseren Weiten ift es üblich und zweckmäfsig, Rollenlager zu wählen. 203. Gleitlager.

Die Auflager haben zwei Haupttheile: den Obertheil, welcher in fefter Verbindung mit dem Binder ift, und den Untertheil, welcher mit dem Mauerwerk feft 204. Conftruction der Auflager.

245) Vergl. des Verfaffers Abhandlung in: Handbuch der Ingenieur-Wiffenfchaften. Brückenbau, II. Abth. 2. Aufl. S. 33.

verbunden wird. Je nachdem fich der obere Theil gegen den unteren bewegen kann oder nicht, hat man ein bewegliches oder ein feftes Auflager; beide unterfcheiden fich hierdurch allein. Man kann ein bewegliches Lager durch Anordnung einer Nafe, einer Schraube und dergl. leicht zu einem feften machen, eben fo umgekehrt durch Befeitigung des Hemmmittels ein feftes Auflager zu einem beweglichen. Wir werden defshalb beide Arten der Auflager gemeinfam befprechen können; nur die Rollenlager werden befonders behandelt.

Ueber dem Obertheil, unter dem Binderende, ift meiftens noch eine Blechplatte angeordnet; eben fo foll man ftets zwifchen dem Untertheil und dem Auflagerftein eine Zwifchenlage, aus Blei oder Cement, anordnen; die Bleiplatte macht man 3 bis 4 mm und die Cementfchicht 10 bis 15 mm ftark. Diefe Zwifchenlage foll für eine möglichft gleichmäfsige Uebertragung des Druckes auf die ganze Fläche des

Fig. 545.

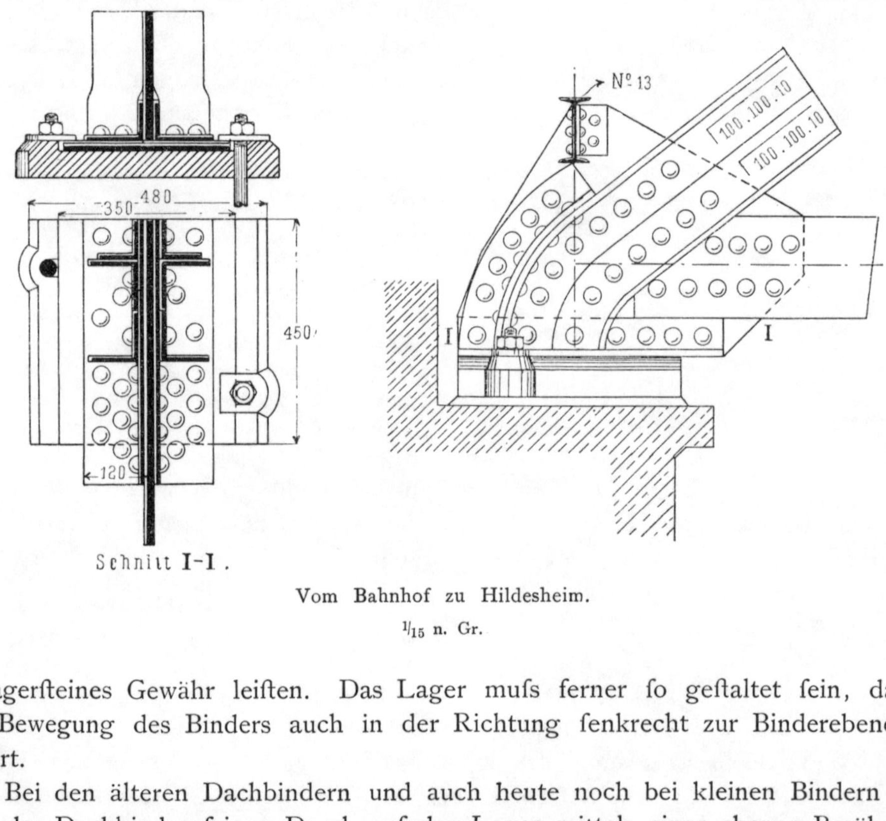


Vom Bahnhof zu Hildesheim.

$^1/_{15}$ n. Gr.

Auflagerfteines Gewähr leiften. Das Lager mufs ferner fo geftaltet fein, dafs es eine Bewegung des Binders auch in der Richtung fenkrecht zur Binderebene verhindert.

205. Flächenlager. Bei den älteren Dachbindern und auch heute noch bei kleinen Bindern überträgt der Dachbinder feinen Druck auf das Lager mittels einer ebenen Berührungsfläche. Die nicht ganz glücklich gewählte Bezeichnung diefer Lager ift Flächenlager. Sie haben den Nachtheil, dafs bei einer Durchbiegung des Binders die der Innenkante nahe liegenden Theile der Auflagerfläche viel ftärker beanfprucht werden, als die nahe der Aufsenkante liegenden Theile; die letzteren erhalten unter Umftänden gar keinen Druck. So verlegt fich die Mittelkraft aller Drücke, d. h. der Auflagerdruck, weit nach vorn, nach der Innenkante zu, und hierdurch wird das Seitenmauerwerk ungünftig beanfprucht. Solche Auflager zeigen Fig. 504, 528, 529, 534, 535 u. 545.

206. Zapfen-Kipplager.

Die Kipplager ſind weſentlich beſſer; ſie geſtatten das Kippen des oberen Auflagertheiles gegen den unteren und damit zugleich das Durchbiegen des Binders, ohne daſs die Lage des Auflagerdruckes ſich merklich verſchiebt. Man unterſcheidet Zapfen-Kipplager und Tangential-Kipplager.

Bei den Zapfen-Kipplagern findet die Berührung in einem Zapfen ſtatt, welcher gewöhnlich am Untertheile ſitzt (Fig. 546); der Obertheil des Auflagers enthält die zugehörige Pfanne. Meiſtens haben Zapfen und Pfanne gleichen Durchmeſſer; doch kann man auch die Pfanne mit einem gröſseren Durchmeſſer herſtellen, als den Zapfen. Wenn der Zapfen im Querſchnitt einen Halbkreis bildet, an welchen ſich

Fig. 546.

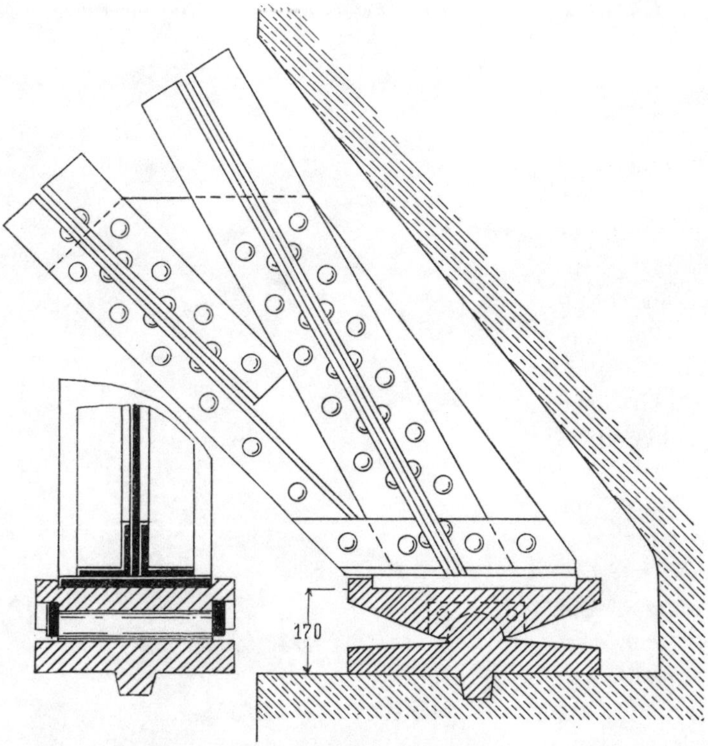


Vom Erbgroſsherzoglichen Palais zu Karlsruhe[237]).

$^1/_{15}$ n. Gr.

der Untertheil berührend anſchlieſst, ſo darf man die Pfanne nicht mit einem vollen Halbkreis von gleichem Durchmeſſer conſtruiren, weil ſich dann bei einer Drehung beide Theile in einander »freſſen«.

Bei den bisher beſprochenen Zapfen-Kipplagern war der Zapfen aus Guſseiſen; man verwendet vielfach auch Zapfen aus Schweiſseiſen, Fluſseiſen oder Stahl und bildet dann ſowohl Obertheil, als auch Untertheil des Lagers als Pfanne aus. Ein Beiſpiel zeigt Fig. 547; die Auflager-Knotenbleche ſind durch aufgelegte Bleche und aufgeſchraubte Guſsſtücke verſtärkt; ſie übertragen ihren Druck auf den im guſseiſernen Untertheil gelagerten Stahlbolzen von 80 mm Durchmeſſer. Wenn der Untertheil des Kipplagers wie in Fig. 547 feſt mit dem Mauerwerk verbunden iſt, ſo hat man ein feſtes Auflager; ſoll das Auflager ein bewegliches ſein, ſo ſetzt man den Untertheil auf einen Rollenwagen. Dann bildet gewiſſermaſsen das ganze oberhalb des Rollenwagens befindliche Lager den Obertheil und nur die unter dem Rollenwagen anzuordnende Platte ftellt den Untertheil vor (Fig. 548).

Fig. 547.

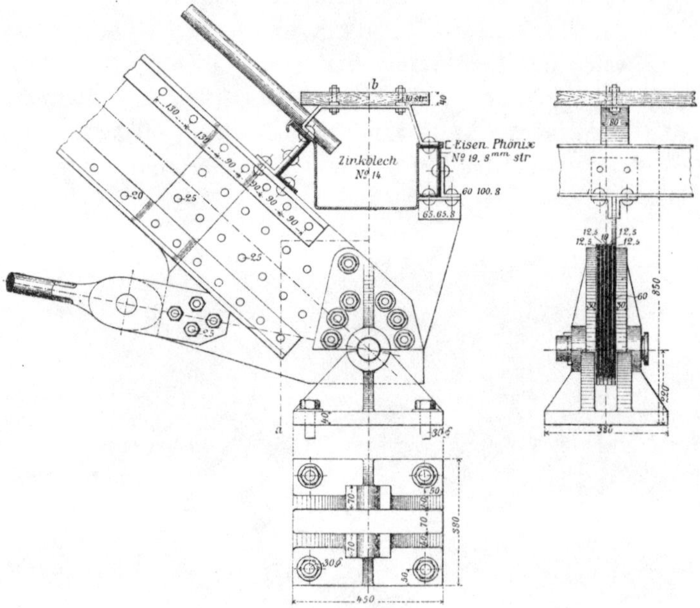

Nennt man den gröfsten möglichen Auflagerdruck $A_{max}$ (in Tonnen), den Zapfendurchmeffer $d$ (in Centim.) und die Zapfenlänge (fenkrecht zur Bildfläche gemeffen) $b$ (in Centim.), fo kann man, falls eine gufseiferne Pfanne verwendet wird,

$$d = \frac{5\ A_{max}}{b} \qquad 31.$$

fetzen. Man mache $d$ nicht kleiner als 50 mm, felbft wenn Gleichung 31 kleinere Werthe ergiebt.

207. Tangential-Kipplager.

Bei den Tangential- oder Berührungsebenen-Kipplagern ift der Untertheil oben durch eine Cylinderfläche begrenzt; unter dem Binderende ift eine ebene Platte aus Gufseifen oder Blech befeftigt; feitliche Verfchiebung des Binders gegen das Auflager fenkrecht zur Binderebene wird durch feitliche Vorfprünge am Untertheil (oder befondere Vorrichtungen am Obertheil) verhindert. Der grofse Vorzug diefer Lager gegenüber den Zapfen-Kipplagern befteht darin, dafs hier bei der Durchbiegung des Binders der eine Theil am anderen abrollt, alfo viel geringere Reibungswiderftände auftreten, als bei jenen. Um das Lager zu einem feften zu machen, ordnet man einen Dorn an, deffen aus dem Untertheil hervorftehender oberer Theil kegelförmig ift und in ein paffendes, aber

Fig. 548.

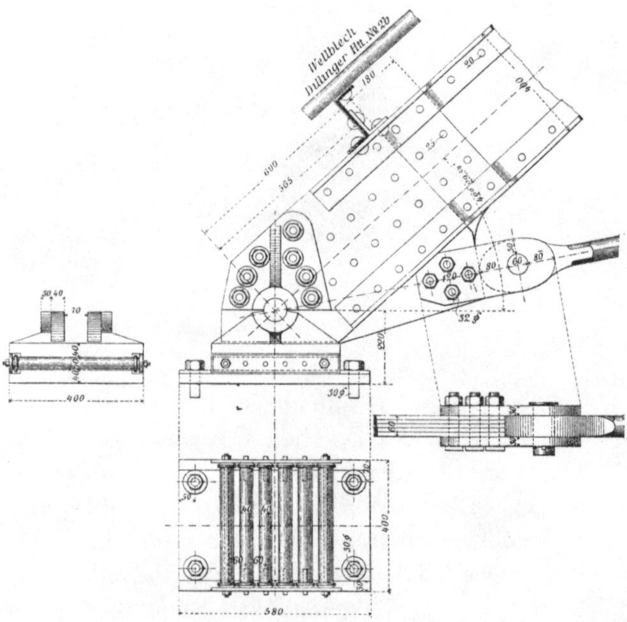

Von der Bahnhofshalle zu Hannover [246]).

$^1/_{22,5}$ n. Gr.

[246]) Facf.-Repr. nach: Zeitfchr. d. Arch. u. Ing.-Ver. zu Hannover 1886, Bl. 16.

cylindrifches Loch des Obertheiles reicht. Verfchiebung des Trägers gegen das Auflager wird hierdurch verhindert; Durchbiegung des Trägers ift aber möglich, da genügender Spielraum zwifchen dem abgeftumpften Kegel und dem cylindrifchen Loch vorhanden ift. Fig. 549 zeigt ein folches Lager.

Fig. 549.

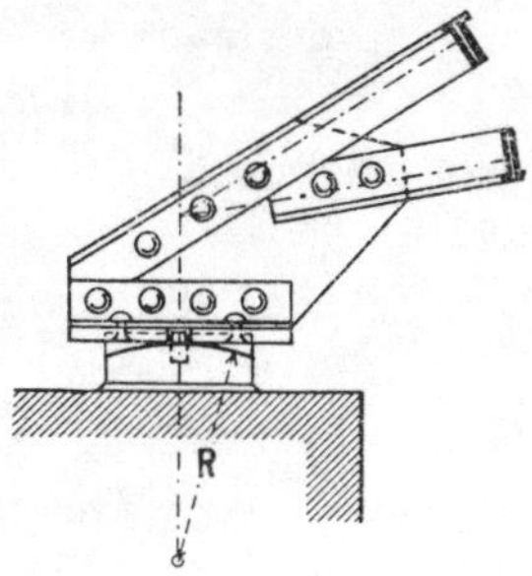


$^1/_{20}$ n. Gr.

Befonders möge noch auf das in Fig. 531 dargeftellte Auflager hingewiefen werden, welches von *Schwedler* conftruirt ift und zu den Tangential-Kipplagern gerechnet werden kann. Es empfiehlt fich jedoch, den am Binderende angefchraubten Obertheil des Lagers unten durch eine Cylinderfläche (ftatt durch eine Ebene) zu begrenzen, um allzu grofsen Druck auf die Flächeneinheit an der Innenkante der Druckfläche zu verhüten.

Nennt man den Halbmeffer der Cylinderfläche $R$ (in Centim.) und die Breite derfelben fenkrecht zur Binderebene $b$ (in Centim.), fo kann man

$$R = \frac{90\,(A_{max})^2}{b^2} \quad . \quad . \quad . \quad . \quad . \quad . \quad . \quad . \quad . \quad . \quad . \quad . \quad 32.$$

wählen, wobei $A_{max}$ wieder in Tonnen einzuführen ift.

Zu den Tangential-Kipplagern gehören auch diejenigen Anordnungen, bei denen Zapfen und Hohlcylinder verfchiedene Halbmeffer haben; der Hohlcylinder hat den gröfseren Halbmeffer, und auch hier findet Abrollen ftatt. Der Fall in Fig. 549 ift nur ein Sonderfall diefer Conftruction, wobei der Halbmeffer des Hohlcylinders unendlich grofs ift.

Fig. 550.

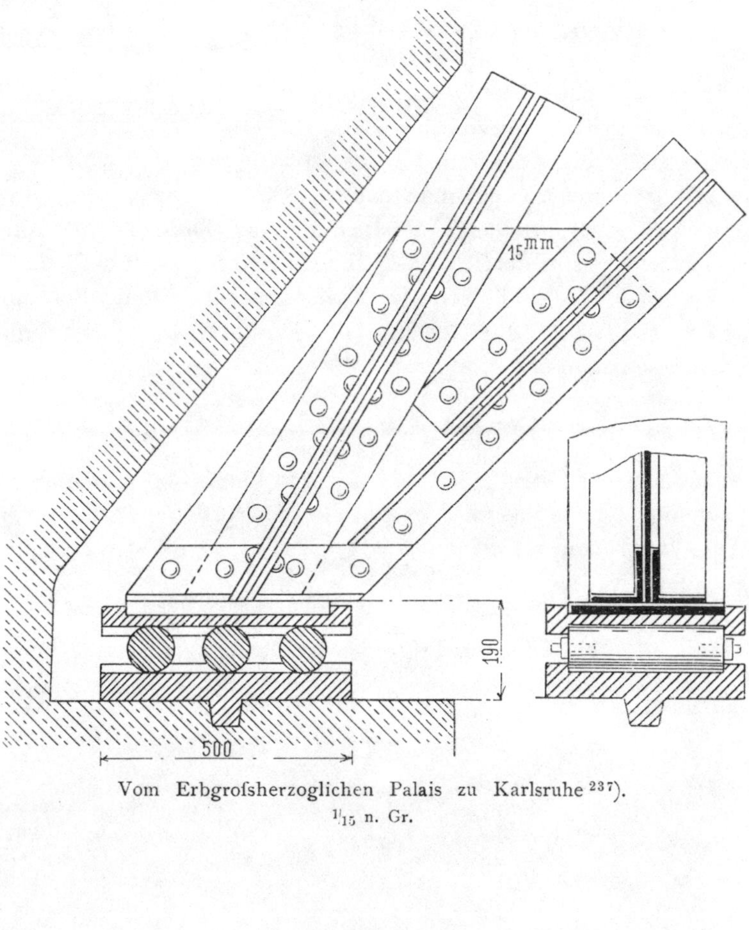


Vom Erbgrofsherzoglichen Palais zu Karlsruhe [237]).

$^1/_{15}$ n. Gr.

208. Rollenlager. Bei den Rollenlagern befindet ſich zwiſchen Ober- und Untertheil ein ſog. Rollenwagen; demnach ſind hier drei Theile vorhanden (Fig. 550):

1) Der Untertheil, gewöhnlich eine gufseiſerne, über einem Cementbette auf dem Lagerſtein befeſtigte Platte; die Befeſtigung geſchieht mittels Steinſchrauben, welche 25 mm ſtark und 12,5 bis 15 cm lang zu wählen ſind.

2) Der Rollenwagen.

3) Der Obertheil, entweder ebenfalls eine einfache, am Binderfuſs befeſtigte Gufseiſenplatte oder ein Kipplager. Eine einfache Gufsplatte zeigt Fig. 530. Dieſelbe hat oben einen ringsum laufenden Vorſprung, welcher eine Verſchiebung des Binderendes gegen die Platte verhindert; Schrauben, deren untere Köpfe in ausgeſparten Löchern Platz finden, verbinden Platte und Binderfuſs. Ein Rollenlager mit Kipplager als Obertheil zeigt Fig. 548 [246]).

209. Rollenwagen. Die Rollen werden durch einen einfachen Rahmen zu einem Ganzen zuſammengefaſst; im Rahmen ſind die Rollen durch Zapfen an jedem Ende gelagert. Bei den Dachbindern ſind die Rollen gewöhnlich aus Gufseiſen und haben 40, 50, 60 bis 80 mm Durchmeſſer. Die Zahl der Rollen beträgt 3 bis 8, ausnahmsweiſe auch wohl nur 2. An ihren Enden erhalten die Rollen Vorſprünge, welche die ſeitliche Verſchiebung derſelben gegen den Obertheil, bezw. den Untertheil verhindern ſollen. Die Länge der Rollen richtet ſich nach der Breite des Obertheiles des Auflagers. Beſteht dieſer aus einer Gufsplatte nach Fig. 530, ſo nutzt es wenig, wenn man dieſe Platte viel breiter macht, als den Binder: man kann nicht annehmen, daſs der Druck ſich gleichmäſsig über eine Platte vertheilt, die ſehr viel breiter iſt, als die Platte, welche den Druck vom Binder aus auf die erſtere überträgt. Man wähle die Plattenbreite etwa als das 1,3- bis 1,5-fache der Binderbreite. Kann man nach der Conſtruction eine gleichmäſsige Vertheilung des Druckes auf die Rollen annehmen, nennt man die Zahl der Rollen $n$, ihre Länge $b$ (in Centim.) und ihren Halbmeſſer $r$ (in Centim.), ſo läſst ſich für Gufseiſenrollen und -Platten nach *Weyrauch* [247]) $n\,b\,r = 45\,A$ bis $20\,A$ ſetzen. Iſt $A = 20^{t}$, $b = 30^{cm}$ und $r = 3^{cm}$, ſo ergiebt ſich die Anzahl der Rollen im Mittel zu

Fig. 551.

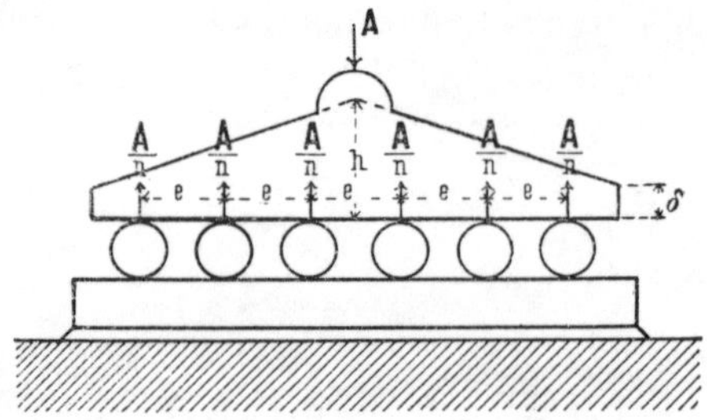


$$n = \frac{30\,A}{b\,r} = \frac{30\,.\,20}{30\,.\,3} = 7.$$

Die Berechnung des Obertheiles und der den Untertheil bildenden Platte erfolgt unter der Annahme gleichmäſsiger Vertheilung des gröſsten Auflagerdruckes $A_{max}$ auf alle Rollen, bezw. auf die ganze Auflagerfläche an der Unterfläche des Untertheiles. Jede der $n$ Rollen (Fig. 551) übt einen Gegendruck $\frac{A}{n}$ aus; im Mittenquerſchnitt des Obertheiles iſt, falls der Abſtand der Rollenaxen mit $e$ bezeichnet wird,

$$M_{mitte} = \frac{A}{2}\;\frac{n\,e}{4} = \frac{A\,n\,e}{8}, \text{ wenn } n \text{ eine gerade Zahl iſt;}$$

247) Siehe: WEYRAUCH. Ueber die Berechnung der Brücken-Auflager. Zeitſchr. d. Arch.- u. Ing.-Ver. zu Hannover 1894, S. 142.

$$M_{mitte} = \frac{Ae}{8}\left(\frac{n^2-1}{n}\right), \text{ wenn } n \text{ eine ungerade Zahl ift.}$$

Man erhält für

$$n = 2 \quad 3 \quad 4 \quad 5 \quad 6 \quad 7 \quad 8$$

$$M_{mitte} = \underbrace{\frac{1}{4} \quad \frac{1}{3} \quad \frac{1}{2} \quad \frac{3}{5} \quad \frac{3}{4} \quad \frac{6}{7} \quad 1}_{.\,Ae}$$

Bei vollem Rechteckquerfchnitt von der Breite $b$ und Höhe $h$ mufs

$$\frac{b\,h^2}{6} = \frac{M_{mitte}}{k}$$

fein. Für Gufseifen ift $k$ mit 250 kg oder 0,25 t für 1 qcm einzufetzen, alfo, wenn $M$ in Tonnen-Centim. eingeführt wird:

$$\frac{bh^2}{6} = 4\,M_{mitte} \quad \text{und} \quad h^2 = \frac{24\,M}{b};$$

hierin ift $b$ in Centim. einzufetzen und man erhält $h$ in Centim.

Beifpiel. Es fei $A_{max} = 20^{\,t}$, $b = 30^{\,cm}$, die Zahl der Rollen $n = 7$ und $e = 6{,}5^{\,cm}$; alsdann ift $M_{mitte} = 20 \cdot 6{,}5 \cdot \frac{6}{7} = 112$ Tonnen Centim., und es ergiebt fich $h^2 = \frac{24 \cdot 112}{30} = 89{,}6$, woraus $h = 9{,}5^{\,cm}$. Dafür ift abgerundet $h = 10^{\,cm}$ zu fetzen.

Man kann leicht auch für jede Stelle des Obertheiles das Moment berechnen und daraus die erforderliche Stärke beftimmen. Nimmt man an, dafs im Grenzfall die Laft einen gleichmäfsig über die Unterfläche vertheilten Gegendruck erzeuge, der auf die Längeneinheit die Gröfse $p = \frac{A}{2\,l}$ habe (wenn $2\,l$ die Länge des Obertheiles ift), fo ift an beliebiger Stelle im Abftande $x$ von der Mitte das Moment $M_x = \frac{p\,(l-x)^2}{2}$, und die erforderliche Stärke $z$ ergiebt fich aus der Gleichung

$$\frac{b\,z^2}{6} = \frac{p\,(l-x)^2}{2\,k} = \frac{A\,(l-x)^2}{4\,lk}.$$

Für $k = 0{,}25^{\,t}$ ift, wenn $A$ in Tonnen eingeführt wird,

$$\frac{b\,z^2}{6} = \frac{A\,(l-x)^2}{l} \quad \text{und} \quad z = (l-x)\sqrt{\frac{6\,A}{l\,b}},$$

d. h. die Endpunkte von $z$ liegen auf einer Geraden. Für $x = 0$ ift

$$z_{mitte} = l\sqrt{\frac{6\,A}{b\,l}} = h;$$

für $x = l$ wird $z = 0$. Wegen der in der Rechnung nicht berückfichtigten Querkräfte und aus Herftellungsrückfichten kann man die Stärke nicht in Null auslaufen laffen. Man macht die Stärke der Platte am Ende $\delta = 25$ bis $30^{\,mm}$ und verbindet den Endpunkt von $\delta$ mit demjenigen von $h$ durch eine Gerade.

Die Unterplatte mache man 25 bis 50 mm ftark.

Braucht man für beide Theile eine gröfsere Höhe, fo ordnet man Rippen an (Fig. 548, S. 270), welche 20 bis 40 mm ftark gemacht werden. Bei der Berechnung ift der fich dann ergebende Querfchnitt zu Grunde zu legen.

Die Rollen werden faft ftets aus Gufseifen hergeftellt; die beiderfeitigen Zapfen (20 mm ftark) aus Schweifseifen werden eingefetzt; fie können auch eingefchraubt werden. Alle Rollenzapfen finden jederfeits ihr Lager in einem hochkantig geftellten Flacheifen (8 bis 10 mm ftark); die beiden Flacheifen werden durch zwei

Rundeifen (Fig. 552) von 13 bis 15 mm Durchmeffer oder auf andere Weife mit einander verbunden. Man hat auch wohl die beiden äufserften Rollen mit durchgehenden Rundeifen verfehen, welche in diefer Weife gleichzeitig als Zapfen der betreffenden Rollen dienen (Fig. 548, S. 270).

Fig. 552.

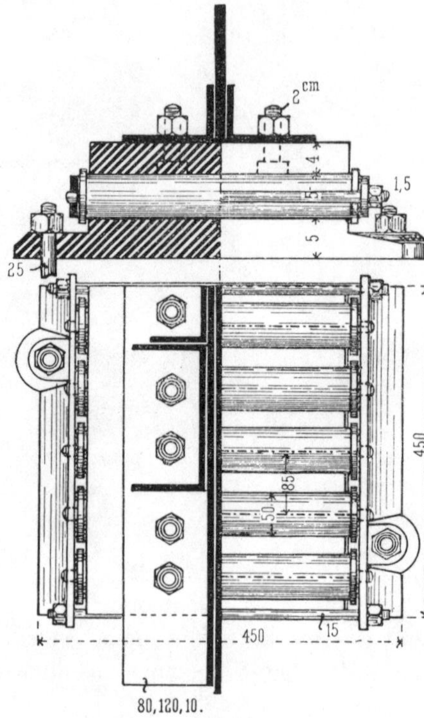


Vom Bahnhof zu Hildesheim.
1/10 n. Gr.

Der Rollenweg hängt vom möglichen Unterfchied der höchften, bezw. kleinften Temperatur gegenüber der mittleren, bezw. Aufftellungstemperatur ab. Wird die Wärmeausdehnungsziffer des Eifens $\alpha$ genannt, die Stützweite $l$ und die Anzahl Grade C., um welche fich die höchfte, bezw. niedrigfte Temperatur von der mittleren unterfcheidet $\pm t$, fo ift der Weg nach jeder Seite $\Delta = \alpha t l$. Es ift $\alpha = 0{,}0000118$ und $t = 30$ Grad C., alfo $\Delta = 0{,}00035\, l$; der mögliche Weg ift alfo $0{,}0007\, l$; ftatt deffen läfft man zweckmäfsig einen etwas gröfseren Spielraum und wählt

$$s = 0{,}001\, l, \quad . \quad . \quad . \quad . \quad 33.$$

d. h. für jedes Meter der Stützweite rechnet man 1 mm Weg.

### 6) Kämpfer- und Scheitelpunkte der Gelenkdächer.

210. Kämpfergelenke. Die Kämpfer der Gelenkdächer find eine befondere Form der Auflager; fie follen fefte Punkte darftellen, alfo weder lothrecht, noch wagrecht verfchieblich fein. Allerdings kommen auch Kämpfer mit geringer, in fehr engen Grenzen möglicher Verfchieblichkeit vor, und zwar bei den Sprengwerkdächern mit Durchzügen. Die an den Kämpferpunkten auf das ftützende Mauerwerk übertragenen Kräfte können in der Kraftebene — alfo in der Binderebene — beliebige Richtung haben: fie können fowohl Druckkräfte, wie unter Umftänden auch Zugkräfte fein, fo dafs oft eine ausgiebige Verankerung der Binderfüfse vorgenommen werden mufs (Fig. 555). Meiftens treffen im Kämpferpunkte zwei Gurtungsftäbe zufammen; die Spannungen diefer müffen mit der Kämpferkraft im Gleichgewicht fein, alfo fich mit diefer in einem Punkte fchneiden. Da die Kraft aber die verfchiedenften Richtungen annehmen kann und nur an die Bedingung gebunden ift, ftets durch den Kämpferpunkt zu gehen, fo folgt: Die Axen der beiden am Kämpfer zufammentreffenden Stäbe müffen fich im theoretifchen Kämpferpunkte fchneiden.

Soll ferner das Gelenk als folches wirkfam fein, fo mufs die Drehung der betreffenden Binderhälfte um den Kämpfer möglich fein; fie darf nicht durch das am Kämpfer auftretende Reibungsmoment verhindert werden. Demnach ift der etwa anzuordnende Kämpferzapfen mit möglichft kleinem Durchmeffer zu conftruiren, da das Reibungsmoment mit dem Zapfendurchmeffer in geradem Verhältnifs wächst, wobei allerdings die zuläffigen Druckbeanfpruchungen am Zapfenumfang nicht überfchritten werden dürfen. Am beften find diejenigen Conftructionen, bei welchen

Fig. 553.

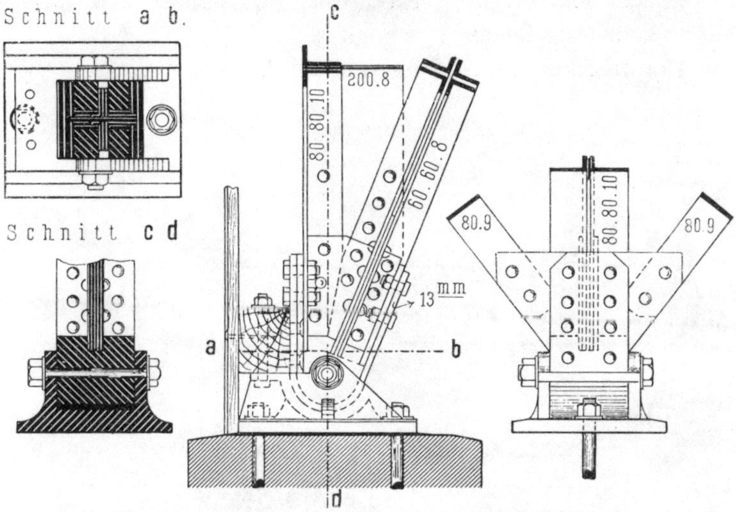


Vom Schuppen für den Bochumer Hammer[248]).

$^1/_{15}$ n. Gr.

Fig. 554.

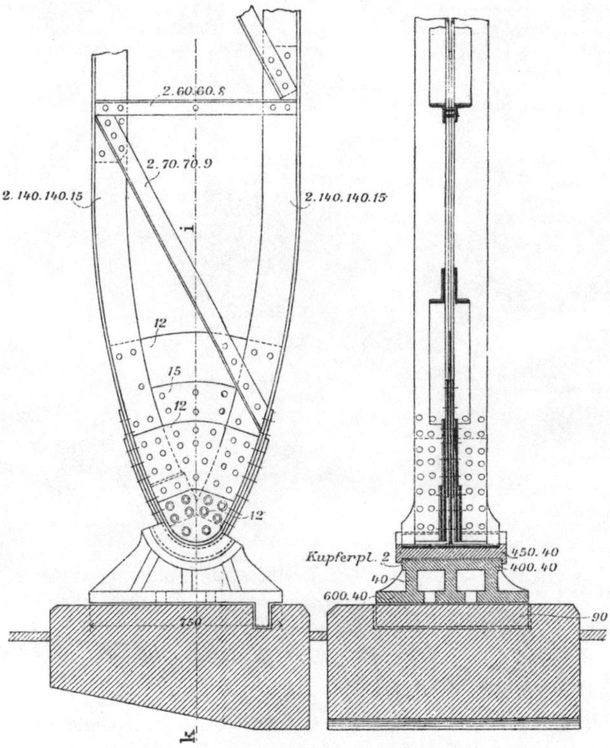


Von der Markthalle zu Hannover[249]).

$^1/_{30}$ n. Gr.

248) Nach: Zeitfchr. f. Bauw. 1869, Bl. 62.

249) Facf.-Repr. nach: Zeitfchr. d. Arch.- u. Ing.-Ver. zu Hannover 1894, Bl. 11.

der eine Theil auf dem anderen nicht gleitet, fondern rollt, wenn Drehung um den Zapfen eintritt. Das Gelenk ift derart auszubilden, dafs eine Verfchiebung fenkrecht zur Mittelebene des Binders verhindert wird.

Für die Conftruction der Kämpferpunkte ift die Anordnung des Endknoten-

Fig. 555.

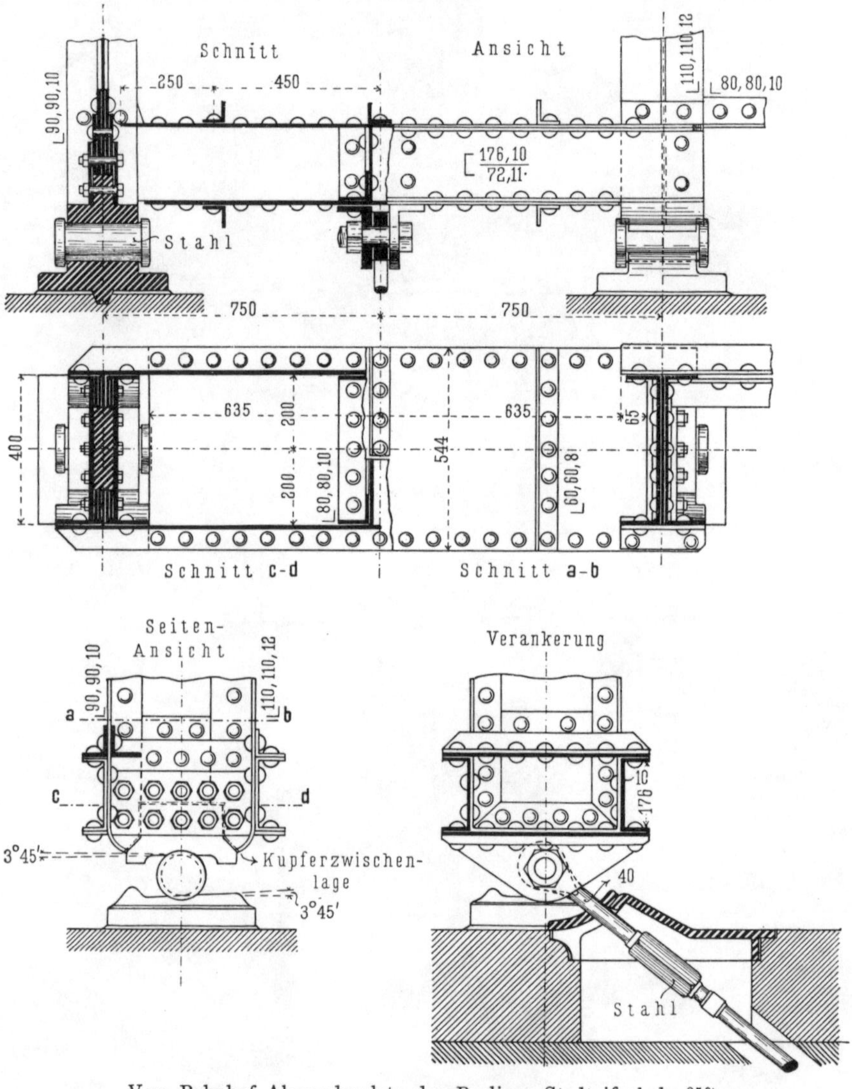


Vom Bahnhof Alexanderplatz der Berliner Stadteifenbahn [250]).
1/20 n. Gr.

punktes einerfeits und die Art der Auflagerung andererfeits von Wichtigkeit. Beide Rückfichten follen gefondert in das Auge gefafft werden.

211. Ausbildung des Endknotenpunktes.

Bei der Ausbildung des Endkotenpunktes find verfchiedene Löfungen möglich, um die hier zufammentreffenden Stabkräfte zu vereinen:

1) Man führt die Endftäbe der beiden Gurtungen geradlinig zufammen und conftruirt den Endknotenpunkt, wie die anderen Knotenpunkte (Fig. 553 [248]).

[250]) Nach: Zeitfchr. f. Bauw. 1885, Bl. 16.

2) Man ordnet die Endſtäbe der Gurtungen als gekrümmte Stäbe an (Fig. 554 [249]).

3) Man bildet das Kämpferende des Binders vollwandig aus, etwa mit dem Querſchnitte eines Blechträgers. Dieſe Anordnung wird beſonders dann gern gewählt, wenn aus anderen Gründen die beiden Gurtungen ſchon in gröſserem Abſtande vom Kämpfer nahe an einander liegen (Fig. 555 [250]).

Fig. 556.

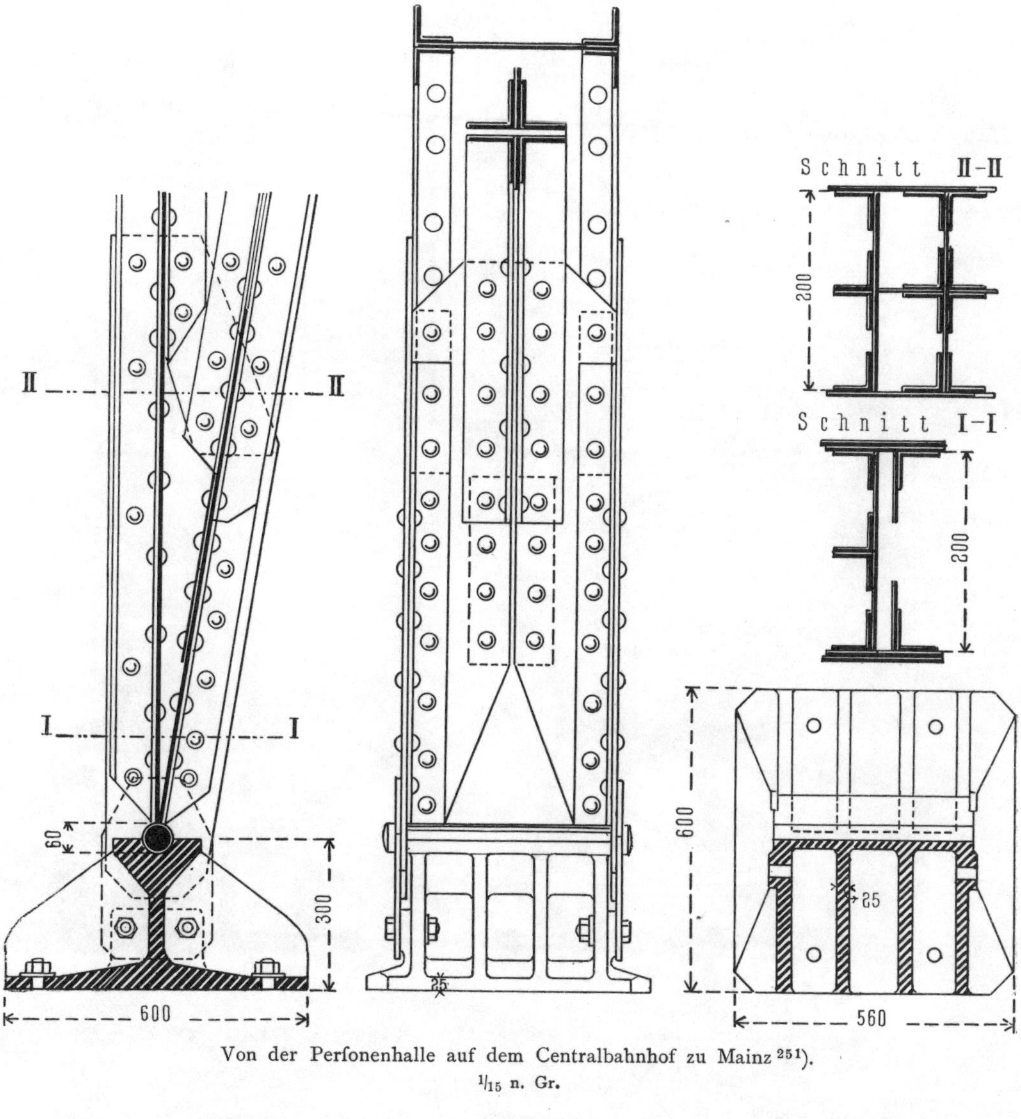


Von der Perſonenhalle auf dem Centralbahnhof zu Mainz [251]).
1/15 n. Gr.

Bei den Anordnungem 1 und 2 verwendet man zweckmäſsig am Knotenpunkte ein kräftiges, gemeinſames Knotenblech; dieſes muſs bei der gekrümmten Form der Endſtäbe (2) die radial wirkenden Kräfte aufnehmen können.

Fig. 553 giebt ein Beiſpiel für die Anordnung unter 1 und Fig. 554 ein ſolches für die Anordnung unter 2. Wenn die dritte Conſtructionsweiſe gewählt wird, ſo iſt

[251]) Nach freundlicher Mittheilung des Herrn General-Director *Rieppel* zu Nürnberg.

auf genügende Verfteifung der Blechwand zu achten, damit diefelbe den grofsen örtlichen Druck ohne Beulen aufnehmen kann. Ein Beifpiel zeigt Fig. 555.

212. Auflagerung des Kämpfergelenkes.

Auch bei der Auflagerung des Kämpfergelenkes kann man drei verfchiedene Löfungen der Aufgabe unterfcheiden.

Bei der erften ift ein Gufseifenftück am Kämpfer-Knotenpunkt des Binders

Fig. 557.

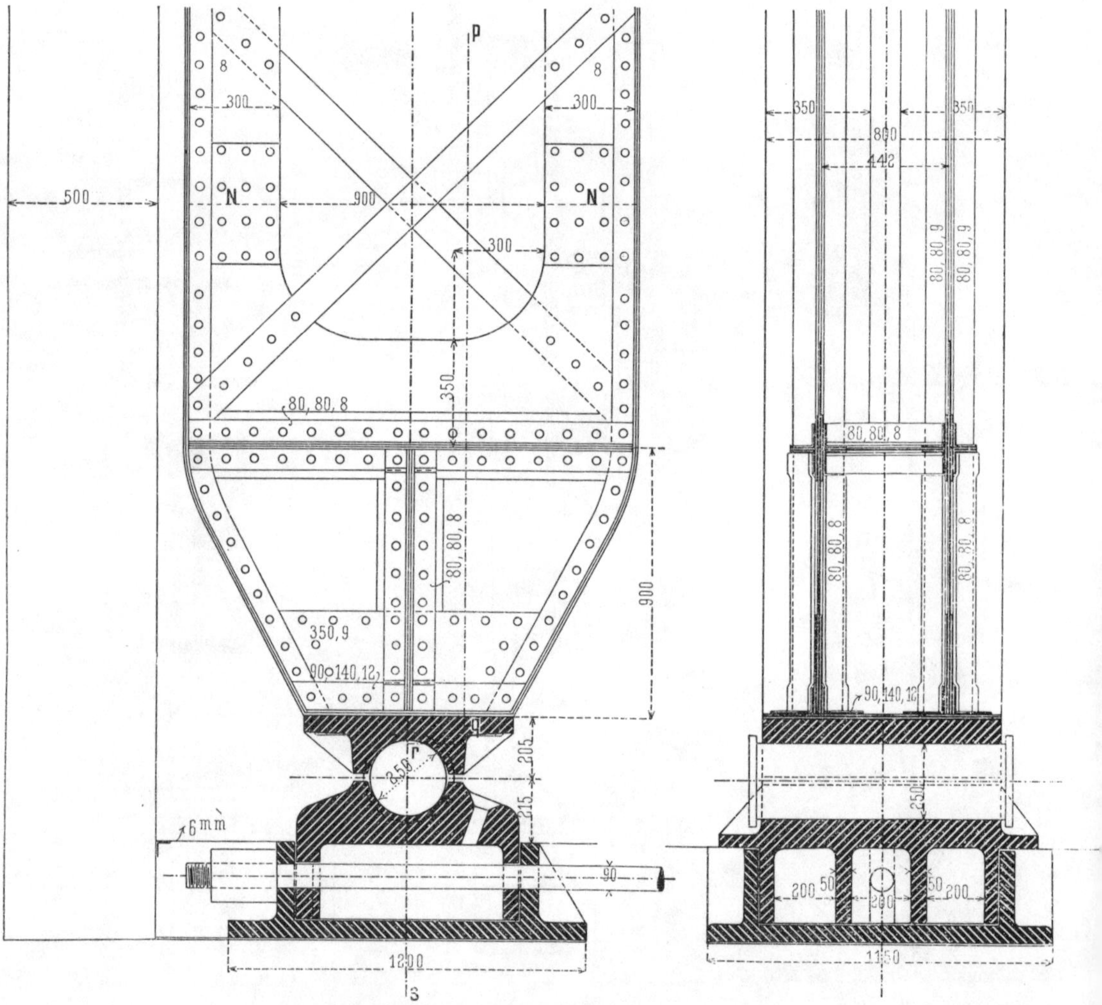

Vom Gebäude der fchönen Künfte auf der Weltausftellung zu Paris 1889 [252]).

$^1/_{25}$ n. Gr.

befeftigt und in einer mit dem Mauerwerk verankerten Gufseifenpfanne drehbar geftützt. Diefe Anordnung zeigt Fig. 553. Dies ift eine ältere, von *Schwedler* erfonnene Conftruction bei einer der erften Anwendungen der Gelenkdächer. Gute Verbindung der Binderftäbe mit dem Gufsftück wird durch ein 13 mm ftarkes, fchmiedeeifernes Blech hergeftellt, welches um den Gufsklotz greift. Der 26 mm ftarke Bolzen zur Verbindung von Binderfufs und Lagerfchale nimmt nicht den Kämpfer-

252) Nach: *Nouv. annales de la conft.* 1889, Pl. 31, 32, 33, 42—43.

druck auf; derſelbe wird vielmehr durch das abgerundete Ende des Binderfuſses auf die Lagerſchale übertragen.

Eine ähnliche Anordnung zeigt Fig. 554 [248]). Die abgerundeten, mit auſsen aufgelegten Blechlamellen verſehenen Binderenden ruhen in kräftigen, auf Granitunterlagen geſtellten, guſseiſernen Lagerkörpern, in welche guſseiſerne Lagerſchalen eingelegt ſind. Der guten Druckübertragung wegen iſt zwiſchen Lagerſchale und Binderfuſs 2 mm ſtarkes Kupferblech gelegt.

Fig. 558.

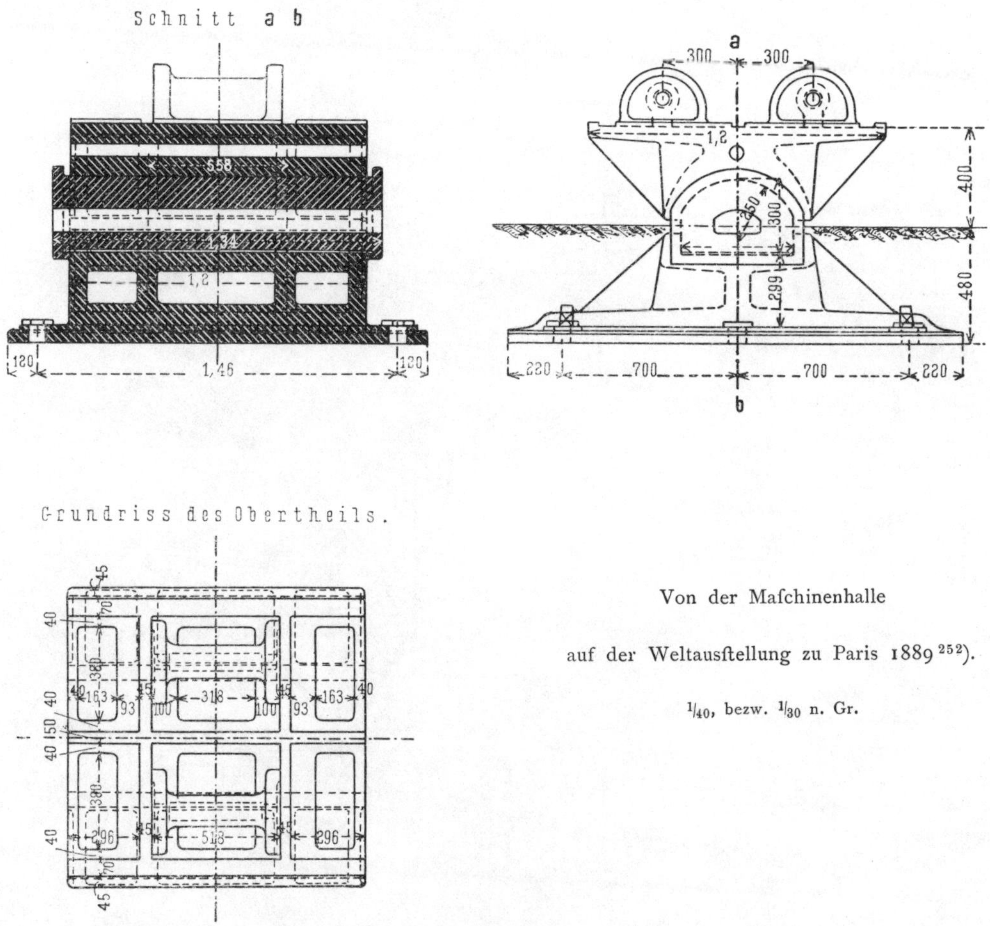


Von der Maſchinenhalle

auf der Weltausſtellung zu Paris 1889 [252]).

$^1/_{40}$, bezw. $^1/_{30}$ n. Gr.

Man kann auch die Abſcherungsfeſtigkeit eines Bolzens für die Kraftübertragung am Kämpfer in Anſpruch nehmen, insbeſondere für etwaige Zugkräfte, welche das Abheben des Binders vom Kämpfer erſtreben. Ein Beiſpiel ſolcher Kämpferauflagerung zeigt Fig. 556 [251]). Der Druck wird von den Endſtäben unmittelbar auf den 60 mm ſtarken Bolzen übertragen; auſserdem umfaſſen denſelben die beiden 10 mm ſtarken Knotenbleche, welchen zwei am Guſseiſenfuſs angeſchraubte, gleich ſtarke Bleche entſprechen.

Ganz freie Auflagerung auf einem Zapfen, bei welcher Reibungsmomente vermieden ſind, weiſt das Hallendach auf dem Bahnhof Alexanderplatz der Stadtbahn zu Berlin (Fig. 555 [250]) auf. Das Binderende rollt auf dem Zapfen ab, wenn die Binderhälfte ſich dreht. Da aber der Kämpferpunkt ein feſter Punkt ſein muſs und unter Umſtänden auch Zugkräfte vom Binder auf das Mauerwerk übertragen werden müſſen, ſo iſt noch eine beſondere Verankerung erforderlich.

In Fig. 555 iſt zunächſt die am Binderende angeordnete Blechwand gehörig ausgeſteift. Dieſe Ausſteifung iſt dadurch erreicht, daſs jederſeits auf die Blechwand zuerſt zwiſchen die Winkeleiſenſchenkel ein Verſtärkungsblech gelegt iſt, darauf über dieſes und die Winkeleiſenſchenkel jederſeits ein zweites; am Ende ſind dann 5 Bleche über einander vorhanden. Der ſo ausgeſteifte Binderfuſs iſt auf ein Guſsſtück geſetzt und mit demſelben durch beiderſeits aufgelegte Blechplatten verſchraubt. Zwiſchenlagen aus Kupfer ſichern gute Druckübertragung auf das Guſsſtück. Dieſes ruht nunmehr auf einer Stahlwalze von 100 mm Durchmeſſer und 196 mm Länge. Bislang iſt dieſes Auflager noch ein bewegliches Auflager, alſo noch nicht geeignet, als Kämpferlager zu dienen; deſshalb iſt die in Fig. 555 dargeſtellte Verankerung angeordnet. Jeder Binder beſteht aus zwei Einzelbindern, welche um 1,5 m von einander abſtehen; in der Mitte zwiſchen den beiden Einzelbindern befindet ſich ein 40 mm ſtarker Anker aus Stahl (Rundeiſen), welcher an einem kräftigen Kaſtenträger angreift.

Fig. 559.

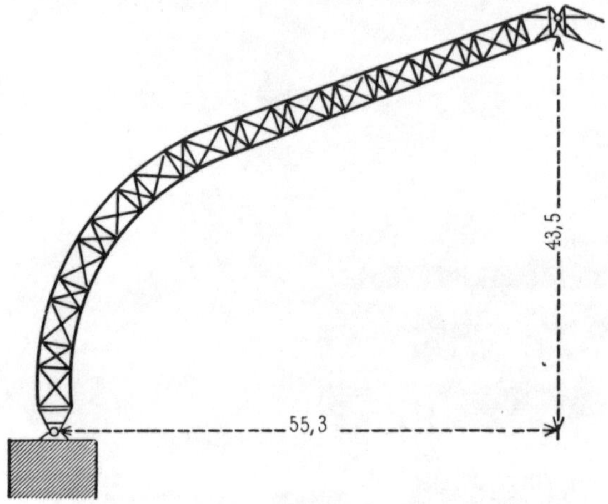


$^1/_{800}$ n. Gr.

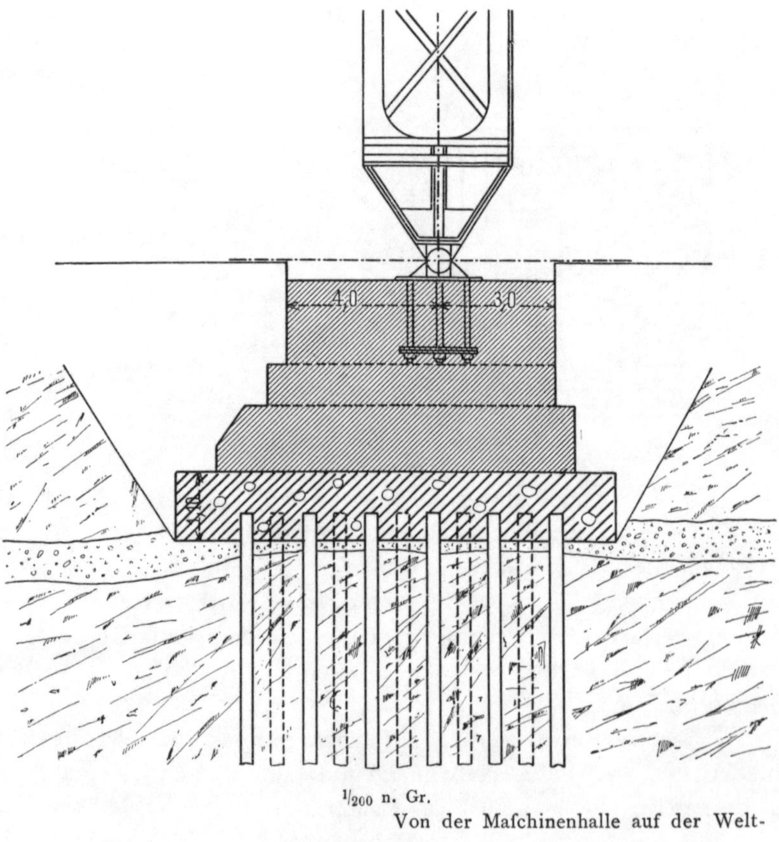


$^1/_{200}$ n. Gr.

Von der Maſchinenhalle auf der Welt-

Genaues Einſtellen des Ankers iſt durch ein Schloſs mit Rechts- und Linksgewinde möglich. Der Anker iſt durch den ganzen Viaductpfeiler geführt und mit dieſem verankert; die ganze Bahnhalle ſteht auf einem Viaduct. Zur Aufnahme der möglichen, nach innen wirkenden Horizontalkraft hätte eine zweite, nach auſsen gerichtete Ankerſtange angebracht werden müſſen; da ſich dies hier durch die örtlichen Verhältniſſe verbot, hat man die obere Fläche der Lagerplatte für den Zapfen nach der Halle zu ſteigend angeordnet. Die Neigung beſtimmte man ſo, daſs die Lagerfläche ſenkrecht zu der ungünſtigſten Reſultante des Kämpferdruckes gerichtet iſt; gleiche Neigung hat auch die Unterfläche des Guſsſtückes am Binderfuſs erhalten. Der Winkel gegen die Wagrechte beträgt $3^0 45'$. Seitliche Verſchiebung des Binderfuſses gegen die Walze, bezw. letzterer gegen die Lagerplatte wird durch Vorſprünge an den Kopfenden der Walze verhindert.

Fig. 560.

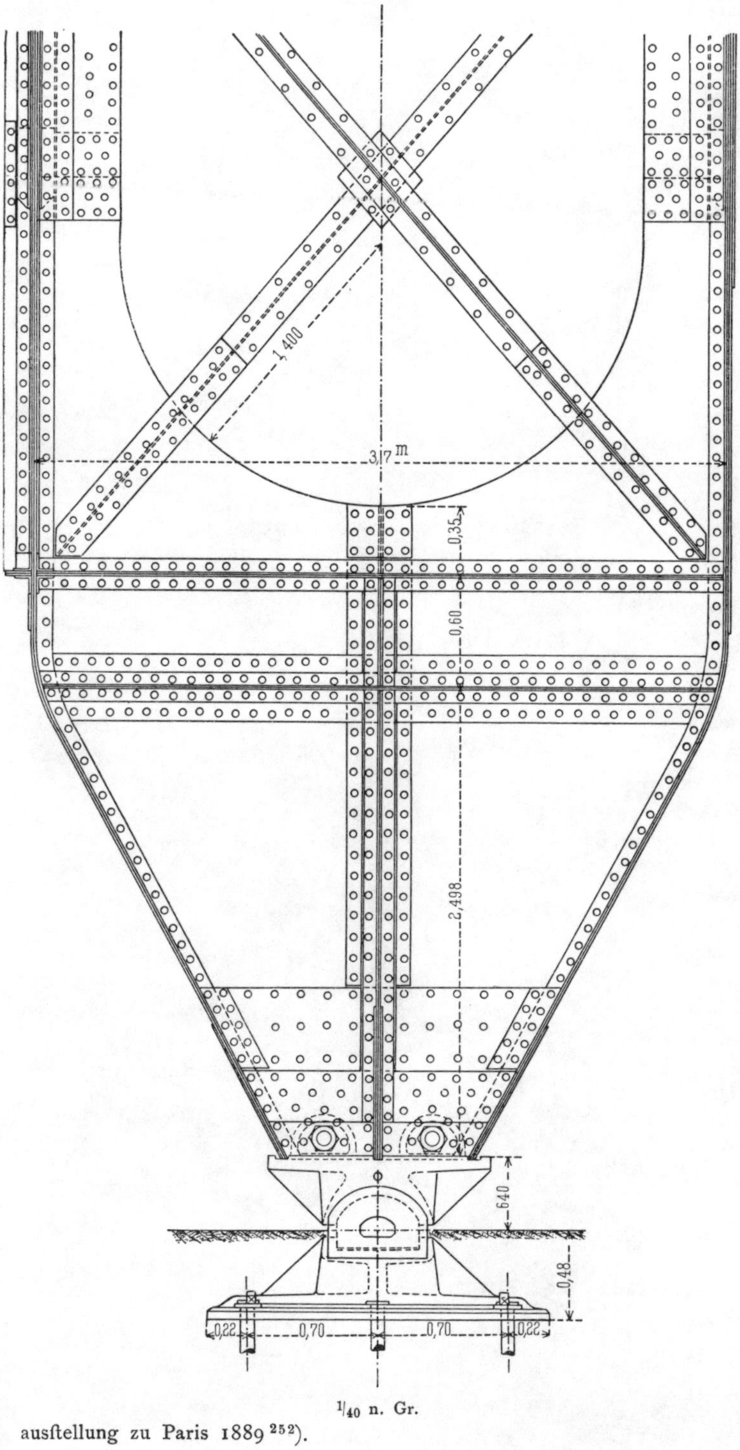


$^1/_{40}$ n. Gr.

ausſtellung zu Paris 1889 [252]).

Fig. 557 [252]) zeigt den Fuſspunkt der Gelenk-Dachbinder vom Gebäude der ſchönen Künſte bei der Pariſer Weltausſtellung 1889.

Die Stützweite der Binder betrug 51,8 m, und der Binderabſtand 18,1 m; der Höhenunterſchied zwiſchen Kämpfer- und Scheitelgelenken war 28,2 m. Ein Zugband (Rundeiſen) von 90 mm Durchmeſſer (mit 3 Schlöſſern verſehen) verband unter dem Fuſsboden die beiden Kämpfergelenke; die Gelenkwalze aus Stahl hat 800 mm Länge und 250 mm Durchmeſſer; die Pfannen ſind aus Guſseiſen; dieſelben haben einen etwas gröſseren Durchmeſſer erhalten, als die Walze.

Nach den gleichen Grundſätzen, aber in weſentlich gröſseren

Abmeſſungen, iſt der Binderfuſs der groſsen Maſchinenhalle von der Pariſer Weltausſtellung 1889 conſtruirt; derſelbe iſt in Fig. 558 bis 560 [252]) dargeſtellt.

Die Halle hat 110,6 m Stützweite, zwiſchen den Gelenkaxen gemeſſen, 44,9 m Höhenunterſchied zwiſchen Kämpfer- und Scheitelgelenken und 21,8 m Binderabſtand (Fig. 559 u. 560). Dieſes Kämpfergelenk beſteht aus folgenden Theilen, welche der Reihe nach vom Fundamente aus auf einander folgen (vergl. Fig. 558):

1) Einer Unterlagsplatte, 70 mm ſtark, 1,85 m lang, 1,71 m breit, welche durch 6 Bolzen von je 60 mm Durchmeſſer mit dem Fundament-Mauerwerk verankert iſt.

2) Einem Guſsſtück zur Aufnahme des eigentlichen Gelenkes. Dieſes mit der Unterlagsplatte durch Stahlklammern verbundene Guſsſtück iſt 1,2 m lang, unten 1,3 m und oben 0,59 m breit, mit 50 mm, bezw. 80 mm ſtarken Rippen verſehen.

3) Dem Gelenk aus Guſseiſen, welches unten eine ebene und oben eine cylindriſche Begrenzung hat. Daſſelbe iſt 1,34 m lang, hat beiderſeits vor Kopf 40 mm ſtarke Vorſprünge, welche die Guſsſtücke (das untere und das obere, vergl. unter 4) umfaſſen und eine Verſchiebung ſenkrecht zur Binderebene verhüten. Die Cylinderfläche hat 250 mm Halbmeſſer; auf ſeine ganze Länge iſt das Gelenk mit einer 180 mm breiten und 90 mm hohen Höhlung verſehen.

4) Dem Obertheil, welcher auf dem Gelenke (drehbar) ruht und mit dem Binderfuſs in ſichere Verbindung gebracht iſt. Auch dieſer Theil iſt 1,2 m lang; der Hohlcylinder hat gleichen Halbmeſſer (250 mm), wie das Gelenk; die Berührung findet in einem Bogen von (rund) 130 Grad ſtatt, ſo daſs die wirkſame Druckübertragungsfläche etwa 0,68 Quadr.-Met. ausmacht. Das obere Ende dieſes Guſsſtückes dient zur Aufnahme des Binders, bildet ein Quadrat von 1,2 m Seitenlänge und hat drei über

Fig. 561.

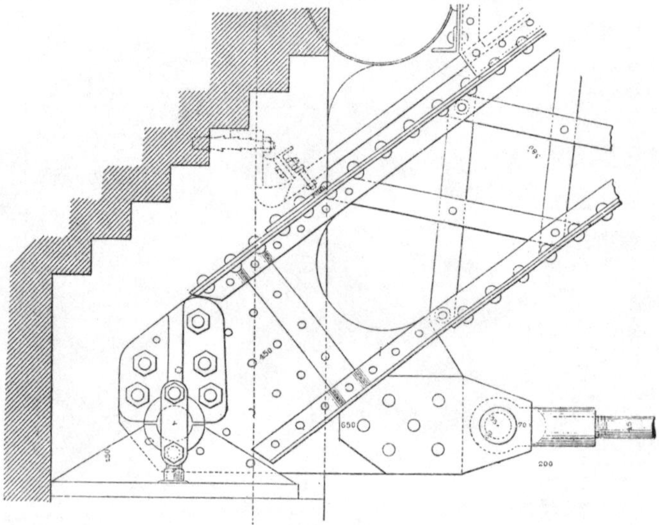

Von der Bahnhofshalle zu Magdeburg [253]).
1/15 n. Gr.

Fig. 562.

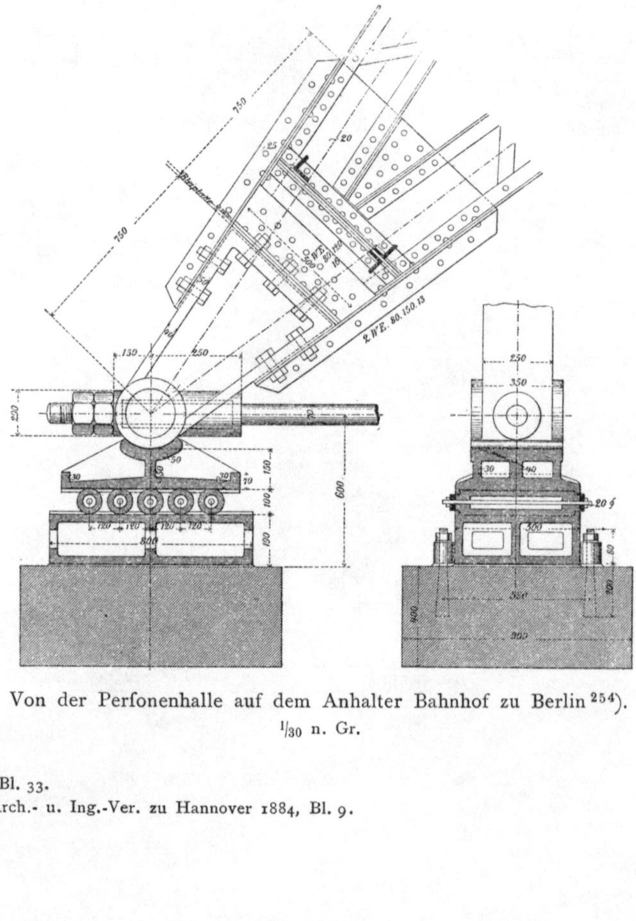

Von der Perſonenhalle auf dem Anhalter Bahnhof zu Berlin [254]).
1/30 n. Gr.

[253]) Siehe: Zeitſchr. f. Bauw. 1879, Bl. 33.

[254]) Facſ.-Repr. nach: Zeitſchr. d. Arch.- u. Ing.-Ver. zu Hannover 1884, Bl. 9.

die ganze Länge laufende Rillen von 70, 50 und 70 mm Breite, in welche Bleiplatten gelegt ſind. Endlich hat man zwei ſtarke, halbcylindriſche Vorſprünge von 520 mm Länge angeordnet, welche genau zwiſchen die Blechwände der Einzelbinder paſſen, in ihrer ganzen Länge durchbohrt ſind und 60 mm ſtarke Bolzen aufnehmen; dieſe Vorſprünge ſollen die erforderliche gute Verbindung des Binderfuſses mit dem Obertheil ſichern.

Fig. 563.

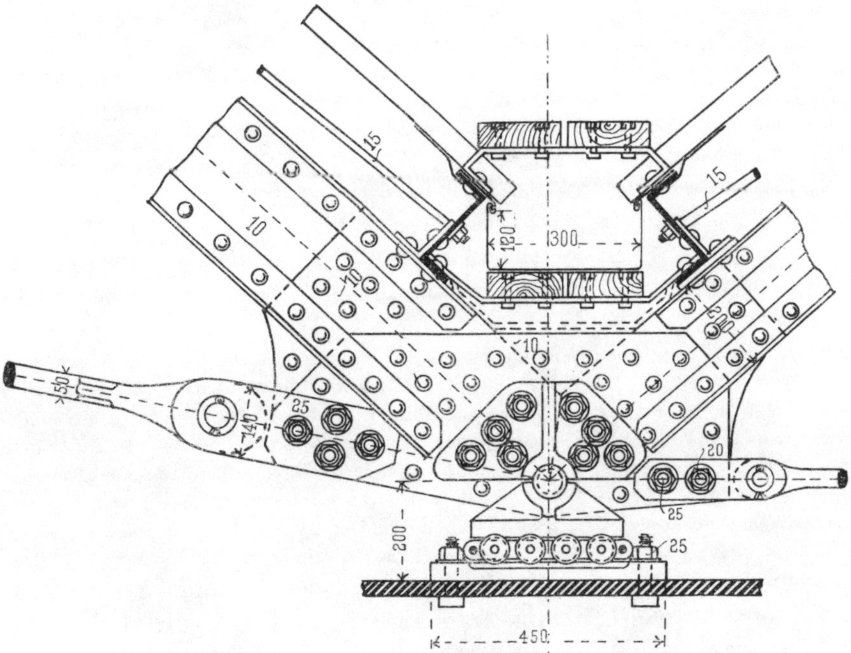


Fig. 564.

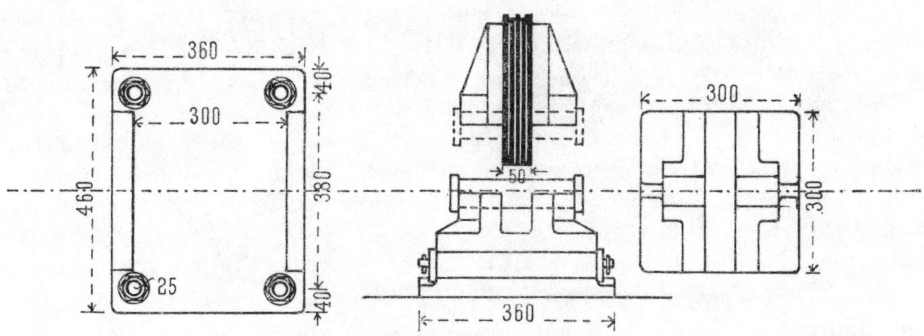


Von der Bahnhofshalle zu Oberhauſen.

$^1/_{15}$ n. Gr.

Endlich möge noch auf die Conſtructionen der Bahnhofshalle zu Frankfurt a. M. hingewieſen werden, worüber die unten angeführte Zeitſchrift[255]) Aufſchluſs giebt.

Ueber die Bogen-Dachbinder mit Durchzügen iſt in Art. 151 (S. 209) das Erforderliche geſagt; die Durchzüge ſchlieſsen wagrecht (Fig. 561) oder ſteigend an die Kämpfer-Knotenpunkte an. Für die ſtützenden Seitenmauern ſind die Auflager, wie diejenigen eines Balken-Dachbinders zu behandeln, d. h. ein Auflager iſt feſt, 213. Kämpfergelenke für Bogendächer mit Durchzügen.

255) Zeitſchr. f. Bauw. 1891, Bl. 29—30.

das andere beweglich anzuordnen (meift auf Rollenwagen); dabei mufs aber auch die Drehung um das Gelenk möglich fein.

Ein gutes, älteres Beifpiel ift in Fig. 561 [253]) vorgeführt.

Zwifchen die Winkeleifen des Gitterbogens ift am Auflager ein 20 mm ftarkes Knotenblech gelegt, an welches der 45 mm im Durchmeffer ftarke, wagrechte Durchzug aus Stahl mittels beiderfeits aufgelegter, 10 mm ftarker Lafchen und einer Muffe mit Oefe befeftigt ift. Die Verftärkung des Knotenbleches ift durch jederfeits aufgelegte Bleche von 8, bezw. 10 mm Stärke und aufgefchraubte Gufsftücke erreicht. Die Gefammtblechftärke zwifchen den Gufsftücken beträgt 56 mm. In die 5 Blechlagen ift für den 70 mm ftarken Gelenkbolzen das erforderliche Loch dort gebohrt, wo Mittellinie des Bogens und Zugankeraxe einander fchneiden. Der Bolzen aus Stahl ift in einem paffend geformten Gufsftück gelagert, welches mit der Seitenmauer des Gebäudes verankert ift. Abheben durch Winddruck wird durch feitlich angebrachte Flacheifen verhindert, welche Bogenfufs und Grundplatte verbinden.

Eine verwandte Conftruction zeigt das Auflager der Bahnhofshalle zu Hannover, mit fteigendem Durchzug (Fig. 547 u. 548, S. 270).

In Fig. 562 [254]) ift das Gelenkauflager der grofsen Halle vom Anhalter Bahnhof zu Berlin dargeftellt; die Gefammtanordnung der 62,5 m weiten Binder zeigt Fig. 441 (S. 211).

Die beiden Gurtungen des Bogens übertragen ihre Spannungen am Auflager in ein trapezförmiges Knotenblech von 20 mm Stärke und 750 mm Länge; an feinem Fufspunkte wird daffelbe durch 2 Winkeleifen von $80 \times 120 \times 16$ mm gefäumt. So fetzt fich der Binderfufs mit 180 mm Breite auf den gufseifernen Lagerklotz und wird mit diefem hier durch 6 Schraubbolzen verbunden; zwifchen Binderfufs und Lagerklotz ift eine 2 mm ftarke Bleiplatte. Fernere Verbindung zwifchen Binderfufs und Lagerklotz ftellen 4 Winkeleifen ($80 \times 150 \times 13$ mm) her, 2 oben und 2 unten, welche einerfeits mit dem Knotenblech vernietet, andererfeits mit dem Gufsklotz verfchraubt find. Der Gufsklotz ift durchbohrt, nimmt die 70 mm ftarke, ftählerne Zugftange auf und ift auf der einen Seite auf ein Rollenlager gefetzt.

Ein gemeinfames Gelenkauflager zweier benachbarter Binder von bezw. 18,8 m und 11,4 m Stützweite bei 8,5 m Binderabftand zeigen Fig. 563 u. 564.

Die Binder find Zweigelenkbogen mit Durchzügen. Bei der Berechnung wurde die Annahme gemacht, dafs jeder Binder am Auflager für fich drehbar fei; diefe Annahme ift nicht erfüllt, da die beiderfeits aufgelegten gemeinfamen Knotenbleche die Bewegungen beider Binder von einander abhängig machen.

Endlich ift in Fig. 565 [257]) das Gelenkauflager von der Halle des Schlefifchen Bahnhofes der Berliner Stadteifenbahn dargeftellt. Diefe Gelenk-Conftruction ift fehr klar.

Zwei gleiche Gufsftücke find mit den Stäben des Bogenfufses, bezw. der Pendelftütze, auf welche fich der Bogen ftützt, verfchraubt und umfaffen einen 84 mm ftarken Stahlbolzen, den Gelenkbolzen. Zwifchen die Gufsftücke und die Schmiedeeifentheile find 2,5 mm ftarke Lagen von Kupferblech gelegt. Jederfeits greift am Bolzen ein Flacheifen an, unter dem Kopf, bezw. der Mutter des Bolzens, wie aus Schnitt $b_1 b_2$ der Abbildung zu erfehen ift; in der Anficht find diefe Flacheifen, der gröfseren Deutlichkeit halber, fortgelaffen.

Auch das in Fig. 557 (S. 278) dargeftellte Fufsauflager vom Ausftellungsgebäude der fchönen Künfte in Paris 1889 kann hierher gerechnet werden.

214. Scheitelgelenke.

Die Bildung des Scheitel-Knotenpunktes an jeder Seite des Gelenkes ftimmt mit derjenigen des Kämpfer-Knotenpunktes überein. Bezüglich der Gelenkbildung ift befonders zu berückfichtigen, dafs die von der einen Binderhälfte auf die andere hier zu übertragende Kraft im Allgemeinen fowohl eine wagrechte, wie eine lothrechte Seitenkraft hat. Beide müffen ficher übertragen werden können; aufserdem foll auch Gelenkwirkung, alfo Drehung möglich fein.

Folgende Anordnungen kommen vor:

1) Beide Bogenhälften ftützen fich im Scheitel gegen einen Zapfen, den jede nahezu halb umfafft (Fig. 566 u. 567 [248 u. 257]);

---

256) Facf.-Repr. nach: Zeitfchr. d. Arch.- u. Ing.-Ver. zu Hannover 1886, Bl. 16.

257) Nach: Die Bauwerke der Berliner Stadteifenbahn. Berlin 1886. Bl. 20 u. S. 83.

Fig. 565.

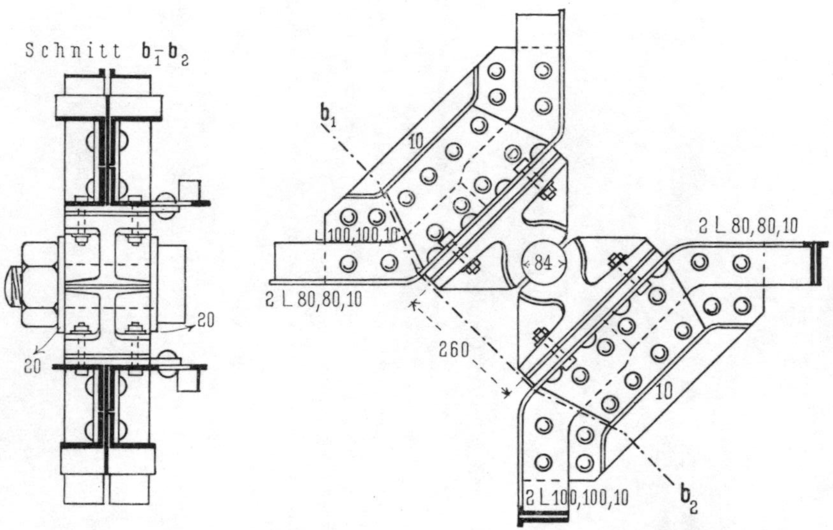


Von der Halle des Schlefifchen Bahnhofes der Berliner Stadteifenbahn[257]).

1/15 n. Gr.

Fig. 566.

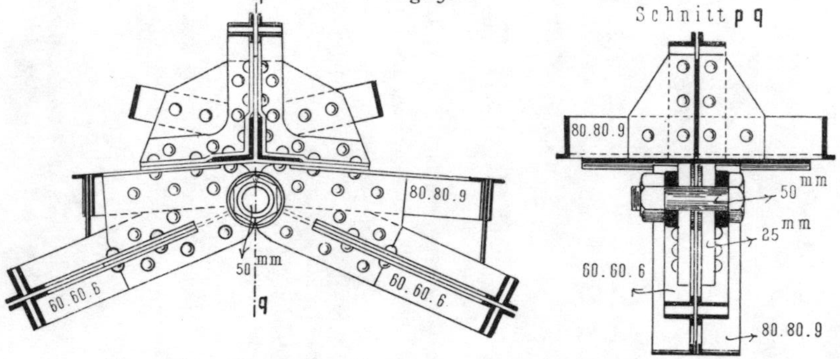


Vom Schuppen für den Hammer zu Bochum[248]). — 1/15 n. Gr.

Fig. 567.

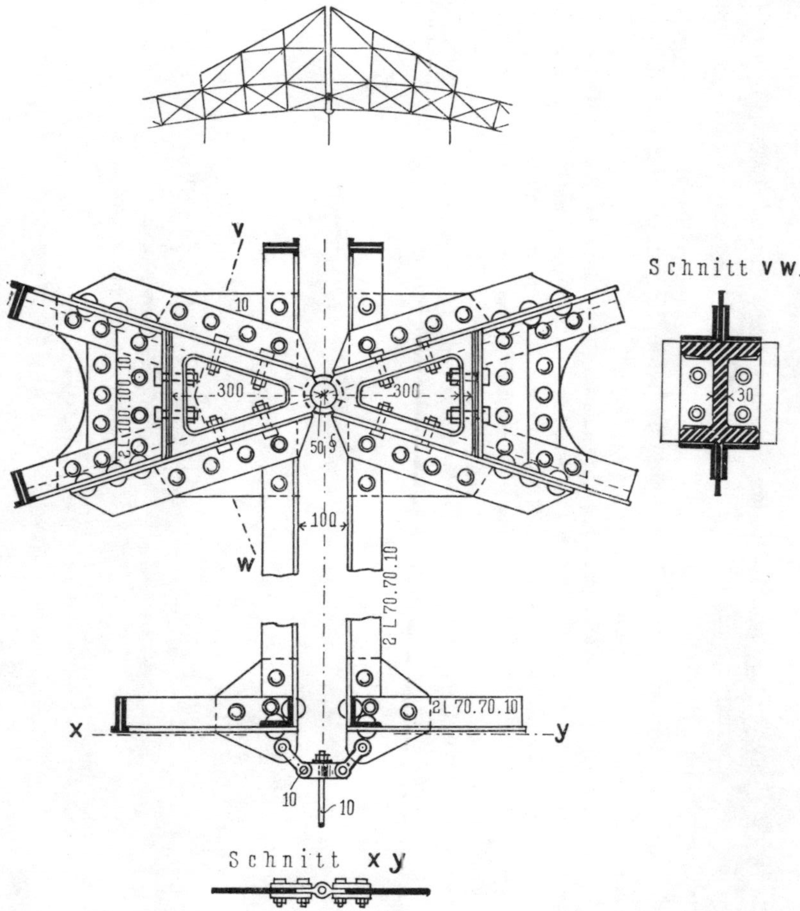


Von der Halle des Schlefifchen Bahnhofes der Berliner Stadteifenbahn[257]).

1/15 n. Gr.

2) beide Bogenhälften umfaſſen den Scheitelbolzen ganz (Fig. 570 u. 571);

3) für die wagrechte und für die lothrechte Seitenkraft wird je ein beſonderes Conſtructionsglied angebracht (Fig. 573).

Bei der Conſtruction nach 1 werden an beide Bogenenden gewöhnlich Guſsſtücke angeſchraubt. Ein Beiſpiel giebt Fig. 567.

Zwiſchen die Gurtungs-Winkeleiſen iſt ein Knotenblech (10 mm) eingelegt, durch aufgelegte Bleche verſtärkt, und dann ſind vor Kopf 2 Winkeleiſen (100 × 100 × 10 mm) angebracht, welche mit einem Guſsſtück verſchraubt ſind; zwiſchen beide Theile kommt eine Lage von Kupferblech. Zur weiteren Verbindung des Guſsſtückes mit dem Binderende dienen je 2 Winkeleiſen oben und unten, die, mit dem Binder vernietet, mit dem Guſsſtück verſchraubt ſind. Die beiden Guſsſtücke umfaſſen einen Stahlbolzen von 50 mm Durchmeſſer und 160 mm Länge, je zu etwa ein Drittel. In der Abbildung iſt auch dargeſtellt, wie die in der Lothrechten des Scheitelgelenkes angebrachte Hängeſtange befeſtigt iſt, ohne daſs die Beweglichkeit leidet.

Fig. 568.

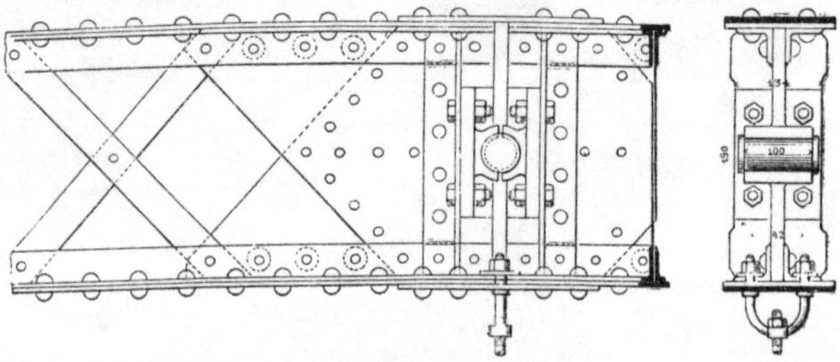

1/15 n. Gr.

Von der Perſonenhalle auf dem Centralbahnhof zu Magdeburg[258]).

Fig. 569.

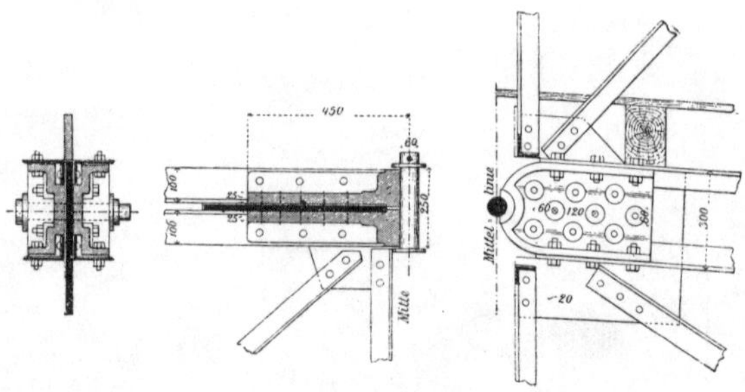

1/30 n. Gr.

Von der Perſonenhalle auf dem Anhalter Bahnhof zu Berlin[259]).

Aehnlich iſt die in Fig. 568[258]) dargeſtellte Conſtruction vom Bahnhof zu Magdeburg.

Der Bogenbinder — ein Gitterbogen — iſt 380 mm hoch; Knotenbleche, Winkeleiſen, Guſsſtücke ſind dem Früheren entſprechend; der Scheitelbolzen iſt aus Stahl, hat 45 mm Durchmeſſer und 100 mm Länge. Nach Beendigung der Aufſtellung des Bogens verband man beide Bogenhälften durch zwei Laſchen aus 8 mm ſtarkem Blech, je eine auf der oberen, bezw. unteren Gurtung; dabei wurden die Laſchen-Nietlöcher genau denjenigen des Binders entſprechend gebohrt. Für die nachher auftretenden Belaſtungen (Wind, Schnee u. ſ. w.) wirkt der Bogen alſo eigentlich wie ein Zweigelenkbogen; nur die dem Eigengewicht entſprechenden Spannungen beſtimmen ſich aus dem Dreigelenkbogen. Auch hier hat man das Hängeeiſen ſo befeſtigt, daſs es eine Bewegung der Bogenhälften gegen einander nicht behindert.

Beim Scheitelgelenk des Anhalter Bahnhofes zu Berlin (Fig. 569[259]) ſind beiderſeits an das Knotenblech des Scheitels Guſsſtücke geſchraubt, welche ſich gegen den Gelenkbolzen lehnen.

---

[258]) Facſ.-Repr. nach: Zeitſchr. f. Bauw. 1879, Bl. 33.

[259]) Facſ.-Repr. nach: Zeitſchr. d. Arch.- u. Ing.-Ver. zu Hannover 1884, Bl. 9.

Wenn die Scheitelkraft wenig von der Wagrechten abweicht, fo wirkt die Conftruction 1 gut; je mehr aber die Scheitelkraft fich der Lothrechten nähern kann, defto weniger empfehlenswerth ift diefe Conftruction: die wirkfame Druckfläche am Umfange des Gelenkbolzens ift für fteile Scheitelkraft gering.

Die Conftruction 2 hilft diefem Uebelftande ab: die Scheitelkraft kann bei beliebiger Richtung ficher übertagen werden. Ein Beifpiel zeigt Fig. 570[257]).

Das Scheitelende der linken Hälfte ift gegabelt; dasjenige der rechten Hälfte bleibt in der lothrechten Mittelebene des Binders und ift in diefer genügend verftärkt; es pafft genau zwifchen das gegabelte Ende der linken Hälfte und ift mit diefem durch einen 60 mm ftarken Stahlbolzen verbunden. Auf der rechten Hälfte ift die Blechwand durch 4 aufgenietete Bleche bis auf eine gefammte Dicke von 73 mm verftärkt; die vordere Begrenzung ift nach einem Kreisbogen von 120 mm Halbmeffer gebildet; diefer

Fig. 570.

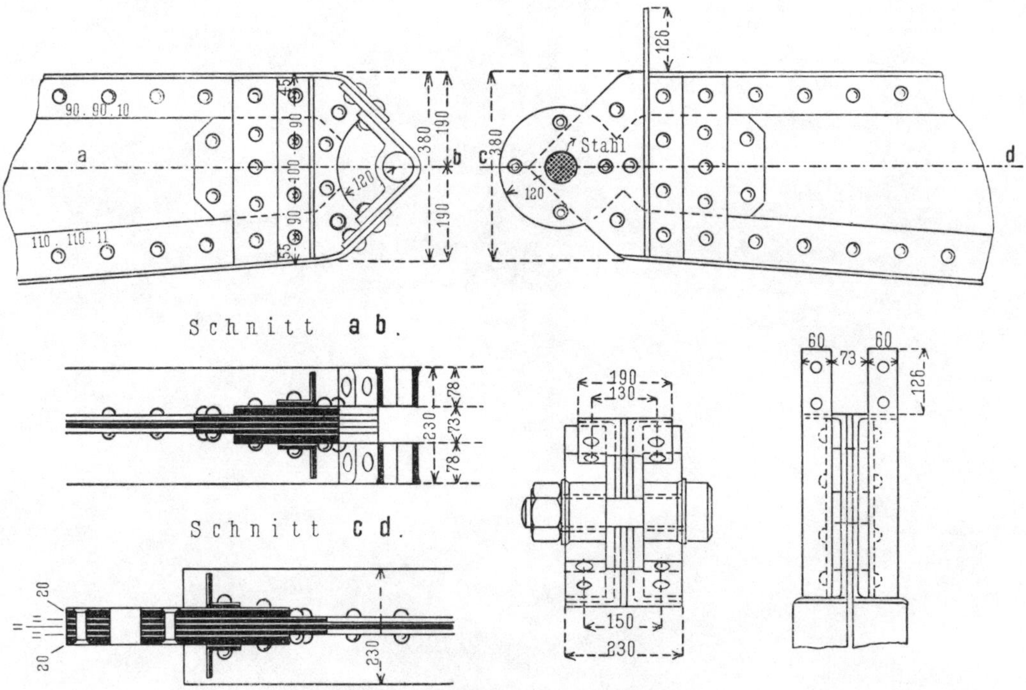


Vom Bahnhof Alexanderplatz der Berliner Stadteifenbahn[257]).
1/15 n. Gr.

Theil pafft genau in einen Hohlraum auf der linken Hälfte, der nach gleichem Halbmeffer ausgefchnitten ift. Es fcheint, dafs auf eine Uebertragung des Scheiteldruckes am Umfange diefer Cylinderfläche gerechnet ift, aufserdem wohl auch auf eine folche durch den Bolzen. Auf der linken Seite find Bänder aus Flacheifen auf die Gurtungs-Winkeleifen genietet, und diefe Bänder umfaffen den Bolzen aufsen und innen. Man kann hier mit Sicherheit darauf rechnen, dafs jede Scheitelkraft, fie mag beliebige Richtung haben, übertragen werden kann.

Eine fehr klare Anordnung des Scheitelgelenkes nach 2 zeigt Fig. 571[251]).

In der lothrechten Mittelebene des Bogenträgers liegt zunächft ein Knotenblech zum Anfchlufs des Pfoftens; darüber greift ein doppeltes Knotenblech, an welchem der von rechts kommende Gurtungsftab befeftigt ift. Diefe 3 über einander liegenden Bleche nehmen den Gelenkbolzen auf, auf welchen fich der von links kommende Gurtungsftab mittels zweier aufserhalb liegender Knotenbleche fetzt. Für den Windverband find zwifchen die wagrechten Schenkel der kreuzförmig angeordneten Gurtungs-Winkeleifen 10 mm ftarke Bleche eingelegt, wegen deren auf die Erläuterungen zu Fig. 540 u. 541 (S. 265) verwiefen wird. Die unteren Gurtungsftäbe find an den Pfoften mittels länglicher Löcher und Schraubenbolzen beweglich angefchloffen.

Fig. 571.

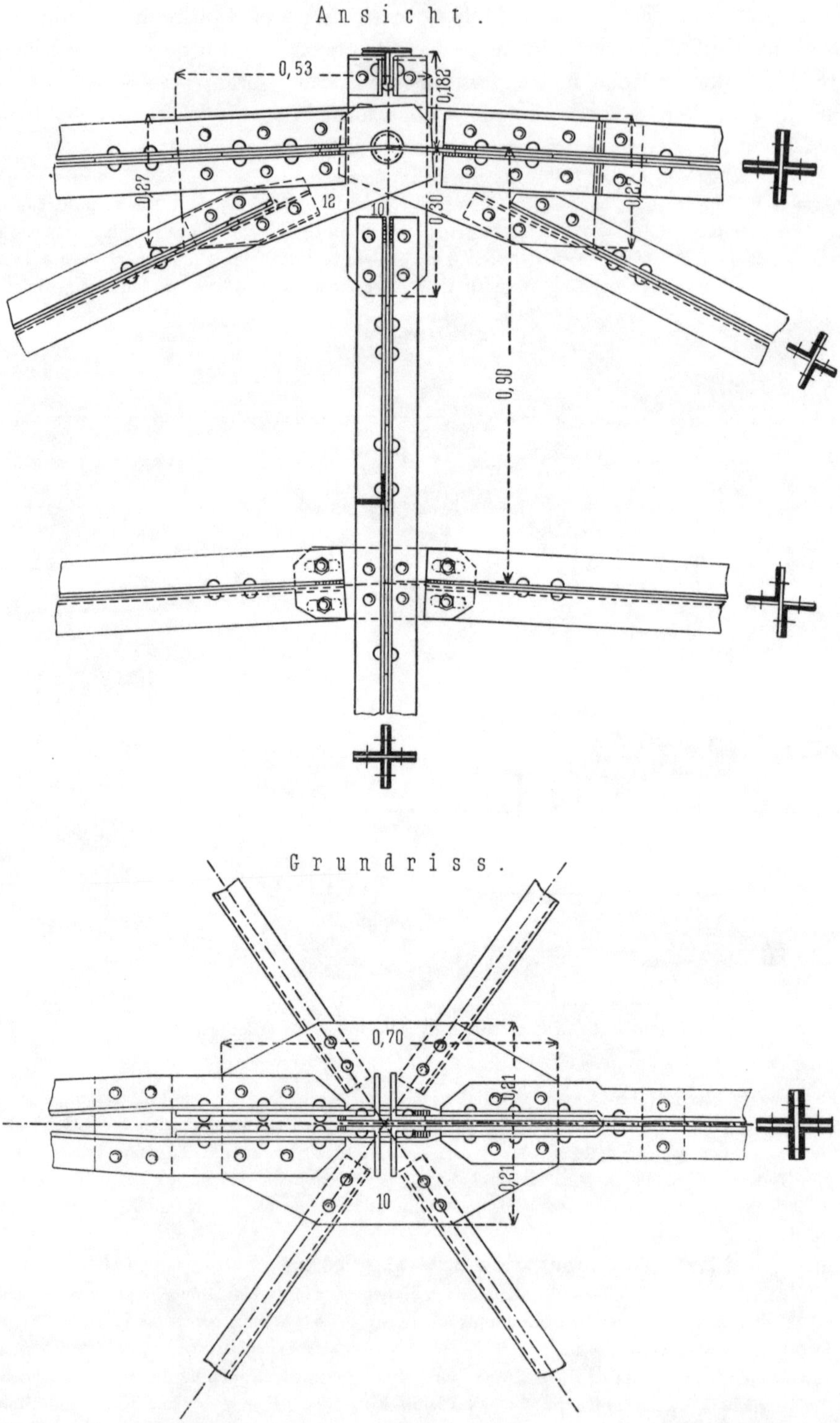


Von der Perfonenhalle auf dem Centralbahnhof zu Mainz [251]).

$^1/_{15}$ n. Gr.

Fig. 572.

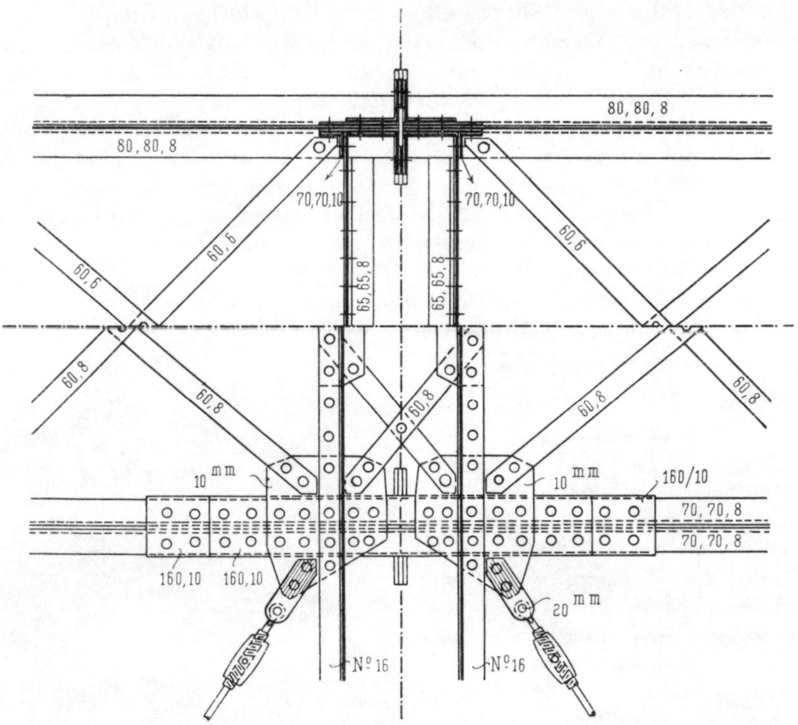


$^1/_{20}$ n. Gr.

Fig. 573.

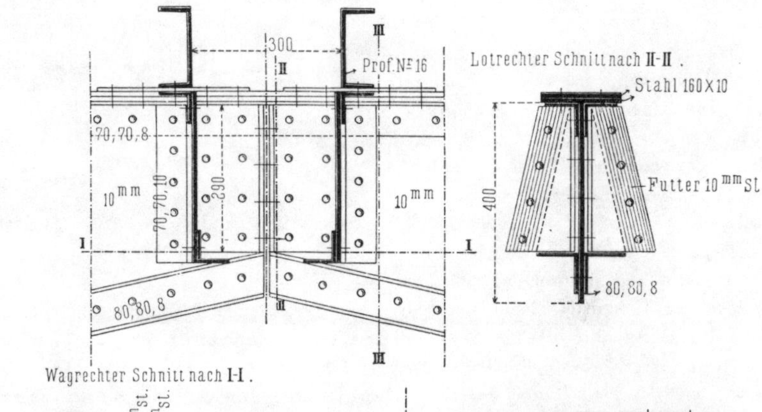


$^1/_{15}$ n. Gr.

Scheitelgelenk der Perſonenhallen auf dem Hauptbahnhof zu Frankfurt a. M.[260]).

Für die Conſtruction 3 bieten Fig. 572 u. 573 [260]) ein Beiſpiel, das Scheitelgelenk von der Halle des Hauptbahnhofes zu Frankfurt a. M.

Die wagrechten und lothrechten Seitenkräfte der Scheitelkraft werden geſondert übertragen. Für die wagrechte Seitenkraft ſind auf die obere Gurtung zwei biegſame Stahlplatten von je 160 × 10 mm genietet, welche mit 2500 kg für 1 qcm meiſtbeanſprucht werden; damit dieſe die für einen Bogenträger mit drei Gelenken erforderliche Winkeländerung geſtatten, durften ſie auf eine Länge von 11,5 cm nicht mit den Gurtungen vernietet werden. Für die Uebertragung der lothrechten Seitenkraft hat man winkelförmig geſtaltete Stahlbleche verwendet (vergl. den Grundriſs in Fig. 572); die abſtehenden Schenkel dieſer Stahlbleche (8 mm ſtark) ſind unter Einlage von Futterſtücken mit einander vernietet, ſo daſs durch die Niete die lothrechte Seitenkraft von einer Hälfte auf die andere übertragen werden kann. Die abſtehenden Enden ſind trapezförmig geſtaltet, ſo daſs die Stahlwinkel das Oeffnen und Schlieſsen der Scheitelfuge, alſo die erforderlichen Winkeländerungen geſtatten. (Siehe auch Fig. 573.)

Bei der Markthalle zu Hannover (Fig. 574 [261]) werden ebenfalls lothrechte und wagrechte Seitenkräfte durch beſondere Conſtructionstheile übertragen.

Ein Stahlbolzen von 65 mm Durchmeſſer wird in der Binderbreite von guſseiſernen Lagerſtücken umfaſst, welche an die Binderenden geſchraubt ſind. Ueber die vorſtehenden Bolzenenden ſind jederſeits zwei Flacheiſen mit runden Augen geſchoben, von denen jedes mit einer Binderhälfte vernietet iſt. Lothrechte Verſchiebungen ſollen durch guſseiſerne Einſatzſtücke verhindert werden, welche zwiſchen die lothrechten Binderflächen im Scheitel geſchoben ſind.

Fig. 574.

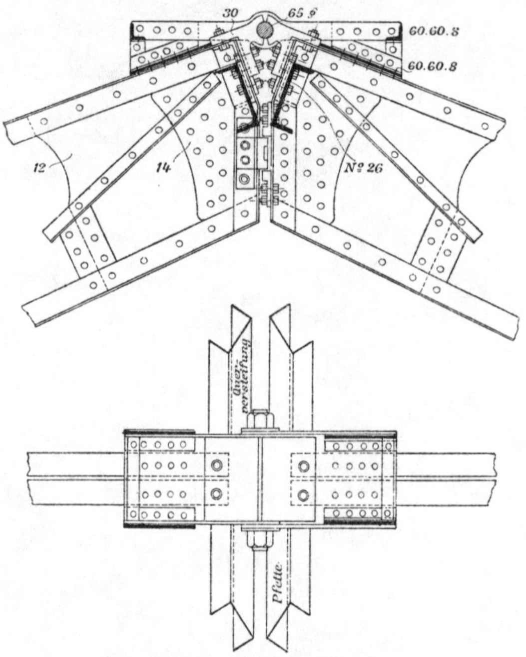


Scheitelgelenk der Markthalle zu Hannover [261]).
1/30 n. Gr.

Beſondere Schwierigkeiten bot die Conſtruction der Scheitelgelenke beim Bahnhof Friedrichſtraſse der Berliner Stadtbahn (Fig. 575 [262]).

Dieſer Bahnhof liegt in einer ſcharfen Krümmung; das Hallendach wird von 16 Binderpaaren getragen, von denen jedes aus zwei Einzelbindern beſteht. Man war beſtrebt, für die gleichwerthigen Theile der einzelnen Binder, Pfetten u. ſ. w. gleiche Abmeſſungen zu erhalten, um die Herſtellungskoſten zu vermindern. Die Axen der zu einem Binderpaare gehörigen Bogenhälften liegen nicht in derſelben lothrechten Ebene, ſondern ſie bilden im Grundriſs einen von 180 Grad verſchiedenen Winkel mit einander (Fig. 575). Die Entfernung der Fuſspunkte iſt bei ſämmtlichen Binderpaaren auf jeder Kämpferſeite gleich groſs, aber auf der einen (Nord-) Seite kleiner, als auf der anderen (Süd-) Seite. Die bezüglichen Abſtände ſind 1,001 und 1,972 m. Die Felder zwiſchen je zwei Binderpaaren haben überall die gleiche Breite, was für die Herſtellung der Pfetten und Zwiſchenconſtructionen wichtig war; die ganze Unregelmäſsigkeit iſt zwiſchen die Einzelbinder gelegt. Die Einzelbinder ſtoſsen in Folge dieſer Anordnung im Scheitel nicht genau auf einander, wenn auch die Abweichung im ungünſtigſten Falle nur 27 mm beträgt. Man gab deſshalb nicht jedem Einzelbinder ein beſonderes, ſondern ordnete für jedes Binderpaar ein gemeinſchaftliches Scheitelgelenk an. Daſſelbe liegt im Schnittpunkt der Axen beider Binderpaarhälften und iſt als Kugelgelenk ausgebildet, weil die Axen der beiden Binderfuſsgelenke nicht genau gleich liegen (Fig. 575). Wegen ausführlicher Beſchreibung und beſonderer Einzelnheiten dieſer ſehr bemerkenswerthen Conſtruction wird auf die unten angegebenen Quellen [262]) verwieſen.

---

260) Nach: Zeitſchr. f. Bauw. 1891, S. 332.

261) Facſ.-Repr. nach: Zeitſchr. d. Arch.- u. Ing.-Ver. zu Hannover 1894, S. 120.

262) Nach: Die Bauwerke der Berliner Stadteiſenbahn. Berlin 1886. — Zeitſchr. f. Bauw. 1885, S. 499 u. ff.

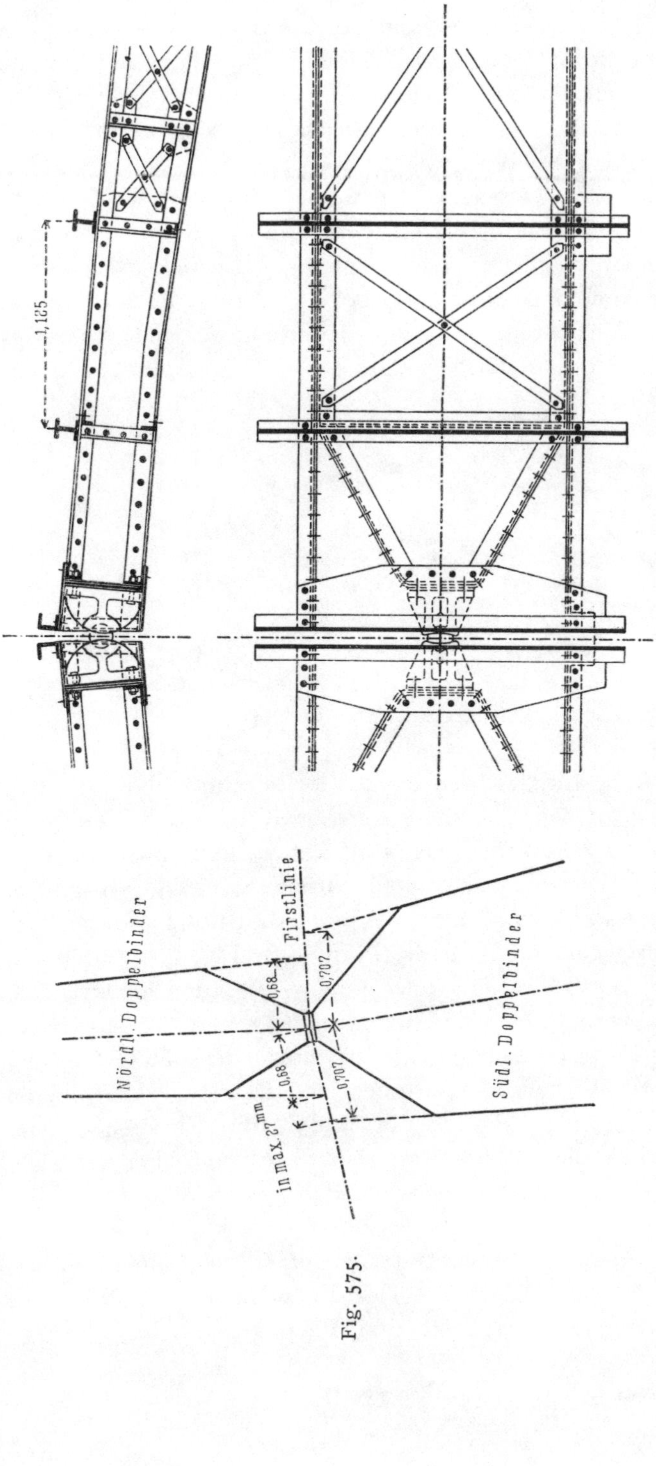


Fig. 575.

Scheitelgelenk des Bahnhofes Friedrichſtraſse der Berliner Stadteiſenbahn [262]).

1/40 n. Gr.

### d) Dachbinder aus Holz und Eiſen.

Als Dachbinder aus Holz und Eiſen ſollen ſolche Dachbinder bezeichnet werden, bei denen die für die Conſtruction erforderlichen Stücke zum Theile aus Holz, zum Theile aus Eiſen hergeſtellt ſind. Dieſe Dachbinder wurden zuerſt etwa um die Mitte unſeres Jahrhundertes gebaut; ſie ergaben ſich aus dem Bedürfniſs, weite Räume ohne mittlere Unterſtützungen zu überdachen. Die vorher übliche alleinige Verwendung von Holz ergab ſehr ſchwere Dächer; auch ſtieg der Preis des Holzes immer mehr, während derjenige des Eiſens mit der Verbeſſerung der Herſtellungsweiſe ſank. Die Holz-Eiſen-Dächer bilden den Uebergang vom reinen Holzdache zum reinen Eiſendache. Sie haben an der Hand der vervollkommneten Theorie eine ſolche Ausbildung gewonnen, daſs ſie trotz der vorwiegenden Verwendung rein eiſerner Dächer und neben denſelben auch heute noch mit Nutzen ausgeführt werden und unter Umſtänden vor ganz eiſernen Dächern den Vorzug verdienen.

215. Ueberſicht.

Bei dieſen Dachbindern iſt hauptſächlich in der Zuggurtung und in den auf Zug beanſpruchten Gitterſtäben das Holz durch Eiſen erſetzt, da das Holz für Zugſtäbe wenig geeignet iſt; aber auch die gedrückten Gitterſtäbe werden vielfach aus Eiſen, meiſtens aus Guſseiſen, gebildet; das Holz wird hauptſächlich für die oberen Gurtungsſtäbe verwendet.

216. Gefammt-anordnung der Binder.

Die Herſtellung der oberen Gurtung aus Holz bedingt eine möglichſt einfache Form. Deſshalb iſt zweckmäſsiger Weiſe und nahezu ausſchlieſslich die Form des Daches mit zwei ebenen Dachflächen gewählt worden. Im Uebrigen gilt hier alles in Art. 80 u. 81 (S. 100 u. 101) über die Anordnung von Balken-Dachbindern Geſagte: ſie müſſen geometriſch und ſollten auch ſtatiſch beſtimmt ſein. Belaſtungen zwiſchen den Knotenpunkten ſind zu vermeiden; die Stabaxen ſollen ſich jeweils in einem Punkte ſchneiden. Nicht unbeachtet ſollte man auch das verſchiedene elaſtiſche Verhalten des Eiſens und des Holzes laſſen. *Marloh* macht in einer ſehr beachtenswerthen Abhandlung[263]) darauf aufmerkſam, daſs die aus Holz hergeſtellten oberen Gurtungen durch die angeſchloſſenen Spannwerksglieder keine einſeitigen Spannungszunahmen erfahren ſollten. Abgeſehen davon, daſs die Kräfte bei der geringen Abſcherungsfeſtigkeit des Holzes in der Faſerrichtung in die Holzgurtung ſchlecht überführt werden, würden auch durch die ſtärkeren Längenänderungen einzelner Theile der

Fig. 576.

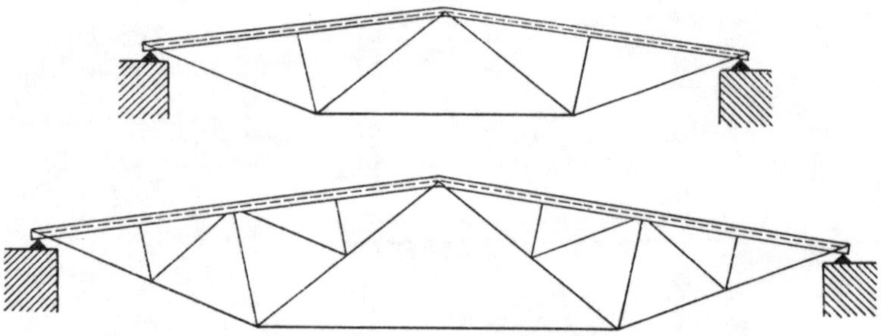

Holzgurtung verſchiedene Eiſenſtäbe entlaſtet, andere zu ſtark beanſprucht. Deſshalb ſolle das eiſerne Spannwerk nur an den Enden der oberen Gurtungsſtäbe (am Kopf und am Firſt) eine in ihre Richtung fallende Seitenkraft haben, ſonſt aber nur ſenkrecht zu ihrer Richtung wirken. Dieſen Bedingungen entſpreche der ſog. engliſche Dachſtuhl nicht, wohl aber der *Polonceau-* oder *Wiegmann*-Dachſtuhl, ſowohl der einfache, wie der doppelte, für welche *Marloh* die Formen in Fig. 576 vorſchlägt. Auſser dieſen letzteren ſchlägt *Marloh* einen Dreieckbinder vor, der ähnlich, wie der *Polonceau*-Binder, aus zwei verſtärkten Trägern zuſammengeſetzt iſt; die obere Gurtung jedes dieſer Einzelträger iſt geradlinig und aus Holz, die untere Gurtung paraboliſch und aus Eiſen; einfache Pfoſten übertragen den Druck aus den oberen Knotenpunkten in die untere Gurtung (Fig. 577 u. 578). Für Einzellaſten und ſchwere (Laternen-) Aufbauten iſt dieſe Binderform nicht geeignet; bei ungleichmäſsiger Belaſtung iſt man wegen der fehlenden Schrägſtäbe auf die Steifigkeit der oberen Gurtung angewieſen.

*Marloh* ſtellt an der angegebenen Stelle Unterſuchungen an, unter welchen Bedingungen die rein eiſernen Dächer, bezw. die Holz-Eiſen-Dächer mit Rückſicht auf die Koſten vorzuziehen ſeien. Die Ergebniſſe ſind die folgenden:

---

263) Siehe: Zeitſchr. f. Bauw. 1892, S. 565.

1) Bei flachen Dächern und kleinen Weiten (bei einer Dachneigung $tg\,\alpha = \frac{1}{5}$ bis zu Weiten von etwa 15 m) find rein eiferne Dächer vortheilhafter, als Holz-Eifen-Dächer, und zwar fowohl der einfache eiferne deutfche Dachftuhl, als der eiferne englifche Dachftuhl und der eiferne *Polonceau*-Dachftuhl.

2) Bei gröfseren Weiten ift der einfache *Polonceau*- (oder *Wiegmann*-) Dachbinder mit Holzgurtung und eifernem Spannwerk der billigfte Binder, an deffen Stelle jedoch der doppelte *Polonceau*-Dachftuhl treten mufs, wenn für eine gröfsere Zahl von Pfetten Stützpunkte zu fchaffen find.

3) Bei fteilen Dächern mit $tg\,\alpha \gtreqless 1$ ift der Dreieckbinder mit oberer Holzgurtung und eifernem parabolifchem Spannwerk (Fig. 577 u. 578) am vortheil-

Fig. 577.

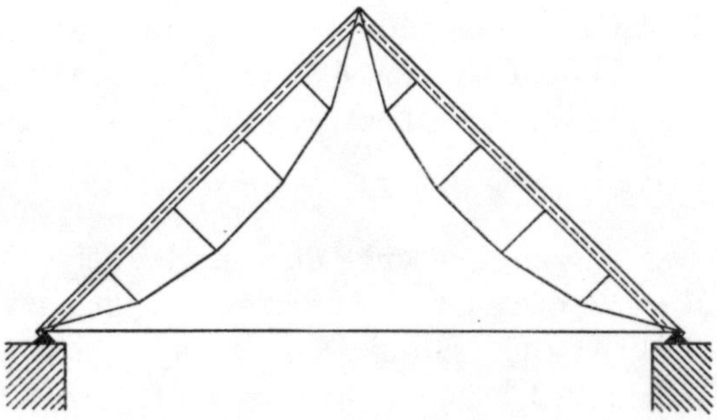

Fig. 578.

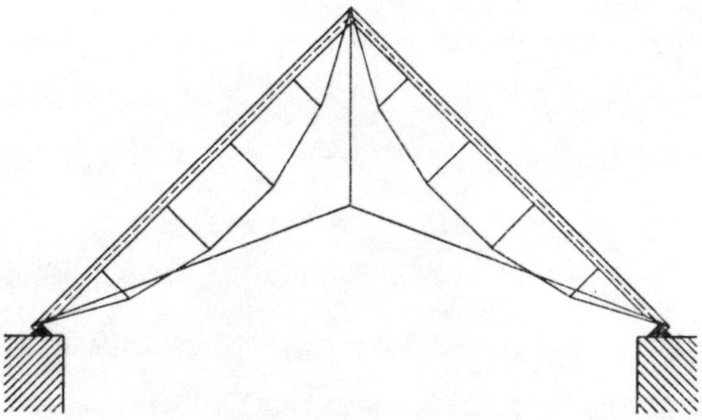

hafteften, wenn keine fchweren Aufbauten auf das Dach zu fetzen oder fonftige Einzellaften am Dache aufzuhängen find; anderenfalls ift der einfache oder doppelte *Polonceau*-Dachftuhl mit Holzgurtung zu wählen.

4) *Polonceau*-Dachbinder find ftets mit möglichft grofsem Gurtungswinkel herzuftellen, da mit kleiner werdendem Winkel die Gefammtkoften des Binders erheblich fteigen. Bei den Dreieckbindern mit parabolifchem Spannwerk ändern fich die Koften mit der Aenderung des Pfeilverhältniffes der Parabel, fo lange daffelbe zwifchen $^1/_3$ bis $^1/_{10}$ bleibt, nicht erheblich.

Gegenüber den früher befprochenen, rein eifernen Dächern treten Befonderheiten hier nur an denjenigen Stellen auf, an denen Holz verwendet ift und an 217. Conftruction.

denen Holztheile und Eifentheile mit einander zu verbinden find, alfo nur an der gedrückten Gurtung, an den gedrückten Gitterftäben und an den betreffenden Knotenpunkten.

### 1) Obere oder Strebengurtung.

218. Pfetten nur in den Knotenpunkten.

Wenn die Pfetten nur in den Knotenpunkten der oberen Gurtung angeordnet find, was ftets empfehlenswerth ift, fo werden die Stäbe der letzeren nur auf Druck in der Richtung ihrer Axe beanfprucht.

Die Querfchnittsform ift rechteckig, zweckmäfsig quadratifch; je nach Bedarf ordnet man einen oder zwei neben einander liegende, gehörig in Verbindung gebrachte Balken an (Fig. 584). Die Querfchnittsgröfse ift derart zu beftimmen, dafs der Stab genügende Sicherheit fowohl gegen einfachen Druck, wie gegen Zerknicken bietet. Nennt man die gröfste, ungünftigftenfalls im Stabe auftretende Kraft $P$ (in Tonnen), die Querfchnittsfläche $F$, die Stablänge, welche für Zerknicken in Frage kommt, $\lambda$, und die zuläffige Druckbeanfpruchung für das Quadr.-Centim. $K$, fo mufs nach Theil I, Bd. 1, zweite Hälfte (Art. 341, S. 304[264]) diefes »Handbuches« der Querfchnitt fo beftimmt werden, dafs ftattfindet:

$$F \geqq \frac{P}{K} \quad \text{und} \quad \mathcal{J}_{min} \geqq 83\, P \lambda_m{}^2 \quad . \quad . \quad . \quad . \quad . \quad . \quad . \quad . \quad . \quad 33.$$

Mit Rückficht auf Zerknicken ift die quadratifche Querfchnittsform am günftigften, wenn Ausbiegen nach allen Richtungen möglich ift. Man beftimmt nun am beften zunächft die Querfchnittsgröfse $F$ nach der erften Gleichung, wählt die Abmeffungen des Querfchnittes $b$ und $h$ nach praktifchen Rückfichten und unterfucht, ob der gewählte Querfchnitt ein genügend grofses Trägheitsmoment $\mathcal{J}_{min}$ hat, fo dafs die zweite Gleichung erfüllt ift. Wenn dies nicht der Fall ift, fo verftärkt man den Querfchnitt entfprechend.

Beifpiel. Es fei $P = 18000$ kg, $K = 80$ kg für 1 qcm und $\lambda = 2{,}2$ m; alsdann mufs

$$F \geqq \frac{18000}{80}, \quad F \geqq 225 \text{ qcm} \quad \text{und} \quad \mathcal{J}_{min} \geqq 83 . 18 . 2{,}2^2, \; \mathcal{J}_{min} \geqq 7231$$

fein. Würde man einen quadratifchen Querfchnitt wählen, alfo $b = h$, fo müffte nach der erften Beziehung wenigftens

$$b^2 = 225 \text{ cm}^2 \quad \text{und} \quad b = 15 \text{ cm}$$

fein; alsdann wäre $\mathcal{J}_{min} = \frac{b^4}{12} = 4219$; dies genügt nach der zweiten Bedingung nicht; nach diefer mufs $\mathcal{J}_{min} = \frac{b^4}{12} = 7231$ fein, woraus $b = 17{,}2$ cm folgt. Der Querfchnitt müffte alfo wenigftens ein Quadrat von $\backsim$ 18 cm Seitenlänge fein; alsdann wäre $F = b^2 = 324$ qcm.

Wollte man einen rechteckigen Querfchnitt mit $b = 16$ cm wählen, fo wäre die Bedingungsgleichung, weil $\mathcal{J}_{min} = \frac{h b^3}{12}$ ift,

$$\frac{h b^3}{12} = 7231,$$

woraus mit $b = 16$ cm

$$h = \frac{12 . 7231}{16^3} = 21{,}2 \text{ cm} = \backsim 22 \text{ cm}$$

folgt; alsdann würde

$$b h = 16 . 22 = 352 \text{ qcm}.$$

Wie aus diefem Beifpiel erfichtlich ift, ift die Rückficht auf Zerknicken für die Querfchnittsbeftimmung von grofser Wichtigkeit. Schwierig ift die Entfcheidung

264) 2. Aufl.: Art. 137, S. 116.

der Frage, welche Länge λ als Berechnungslänge eingeführt werden foll. Die Formel

$$\mathcal{J}_{min} = 83\, P\lambda^2,$$

worin $P$ in Tonnen und λ in Met. einzuführen ift, fetzt für die Länge λ frei drehbare Enden in den Knotenpunkten voraus, eine Vorausfetzung, welche hier nicht erfüllt ift. Eher fcheint die im eben genannten Heft (Art. 336, S. 299[265]) diefes »Handbuches« ebenfalls behandelte beiderfeitige Einfpannung des Stabes zu ftimmen; die Vorausfetzung diefer Einfpannung würde dazu führen, dafs man dem Stabe eine 4-mal fo grofse Kraft $P$ zumuthen dürfte, als nach obiger Formel; der Querfchnitt brauchte dann nur ein $\mathcal{J}_{min}$ zu haben, das ein Viertel des früheren beträgt. Diefe Annahme aber ift zu günftig, insbefondere mit Rückficht darauf, dafs die Knotenpunkte nicht als fefte Punkte angefehen werden können; die Pfetten verhindern ein Ausbiegen aus der Ebene des Binders nicht unter allen Umftänden. Es empfiehlt fich defshalb, die oben angeführte Formel 33 anzuwenden. Diefe Berechnungsweife kann auch gewählt werden, wenn es fich um Holz-Diagonalen handelt, deren Enden in gufseifernen Schuhen fitzen.

219. Pfetten auch zwifchen den Knotenpunkten.

Wenn Pfetten, alfo Laftpunkte, auch zwifchen den Knotenpunkten der oberen Gurtung angeordnet find, fo mufs der betreffende obere Gurtungsftab zugleich als Balken wirken, um die Laften diefer Zwifchenpfetten auf die Knotenpunkte zu übertragen; er erleidet durch diefe Laften Biegungsbeanfpruchungen, welche zu denjenigen hinzukommen, die er als Fachwerkftab erleidet. Die gröfste, ungünftigftenfalls im Querfchnitt ftattfindende Spannung darf die zuläffige Beanfpruchung nicht überfchreiten. Nennt man das gröfste durch die Laften der Zwifchenpfetten erzeugte Moment $M$ und die gröfste Axialkraft $P$, fo ift

$$N_{min} = -\frac{P}{F} - \frac{6\,M}{b\,h^2} \text{ (gröfster Druck im Querfchnitt)},$$

$$N_{max} = -\frac{P}{F} + \frac{6\,M}{b\,h^2} \text{ (gröfster Zug im Querfchnitt)}.$$

Da der Gurtungsftab durchweg gleichen Querfchnitt erhält, fo ift derjenige Querfchnitt zu Grunde zu legen, für welchen $M$ feinen Gröfstwerth hat. Man kann bei diefer Rechnung von der Continuität über dem Fachwerkknoten abfehen und die einzelnen Stäbe als frei aufliegende Balken anfehen. Wenn $-K$ die zuläffige Druckbeanfpruchung ift, fo lautet nunmehr die Bedingungsgleichung für den Querfchnitt:

$$K = \frac{P}{F} + \frac{6\,M}{h\,F}.$$

Man nehme zunächft $F\,(= b\,h)$ an, ermittele aus der eben vorgeführten Gleichung $h$ und prüfe, ob die für $b$ und $h$ fich ergebenden Werthe angemeffene find; anderenfalls verbeffere man durch Annahme eines neuen Werthes für $F$.

Beifpiel. In einem Stabe der oberen Gurtung eines Dachbinders herrfcht in Folge feiner Zugehörigkeit zum Fachwerk ein gröfster Druck $P' = 14\,500$ kg. In der Mitte feiner Länge, die (in der Dachfchräge gemeffen) 4,5 m beträgt, befindet fich eine Pfette, auf welche ungünftigftenfalls ein Winddruck $W = 700$ kg, fo wie eine lothrechte Laft von Schnee und Eigengewicht $G_1 + S = 1000$ kg wirken; die Abmeffungen des oberen Gurtungsftabes find zu beftimmen. Es ift $\cos\alpha = 0{,}895$ und $\sin\alpha = 0{,}447$.

Die Kraft $G_1 + S$ zerlegt fich zunächft in eine Seitenkraft fenkrecht zur Dachfchräge gleich $(G_1 + S)\cos\alpha = 895$ kg und eine in die Axe fallende gleich $(G_1 + S)\sin\alpha = 447$ kg. Auf den Balken

265) 2. Aufl.: Art. 121, S. 101.

wirkt alſo ſenkrecht zu ſeiner Axe und in ſeiner Mitte ungünſtigſtenfalls die Kraft $700 + 895 = 1595$ kg, wofür abgerundet 1600 kg geſetzt wird. Das gröſste hierdurch erzeugte Moment iſt $M = 800 . 225 = 180000$ Kilogr.-Centim.

Die gröſste Axialkraft beträgt $14500 + 447 = 14947$ kg, wofür abgerundet $P = 15000$ kg geſetzt wird. Nun ſei die zuläſſige Beanſpruchung $K = 100$ kg für 1 qcm; alsdann lautet die Bedingungsgleichung für den Querſchnitt:

$$100 = \frac{15000}{F} + \frac{180000 . 6}{F h} .$$

Nimmt man verſuchsweiſe $F = 300$ qcm an, ſo ergiebt ſich $h = 72$ cm, ein unbrauchbarer Werth. Wählt man $F = 400$ qcm, ſo wird $h = 43$ cm, ebenfalls nicht brauchbar. Wählt man $F = 500$ qcm, ſo wird $h = 31$ cm, und da $b h = 500$ ſein ſoll, $b = \frac{500}{31} = \backsim 17$ cm. Sonach würde ein Querſchnitt von $17 \times 31$ cm genügen.

220. Genauere Berechnung.

Die vorſtehende Berechnung iſt eine Annäherungsrechnung, welche allerdings in den meiſten Fällen genügen dürfte. Immerhin iſt zu beachten, daſs durch die normale Laſt $G$ eine elaſtiſche Durchbiegung auftritt, welche das Moment $M$ vergröſsert und wegen der Axialkraft $P$ auch auf die Sicherheit gegen Zerknicken nicht ohne Einfluſs iſt. Die genauere Unterſuchung ſoll für den Fall geführt werden, daſs der Balken in der Mitte mit einer Laſt $G$ belaſtet iſt und auſserdem die Axialkraft $P$ zu ertragen hat; dabei ſollen die Abmeſſungen des Balkens ermittelt werden. Der bequemeren Behandlung wegen iſt in Fig. 579 die Balkenaxe wagrecht gezeichnet.

Fig. 579.

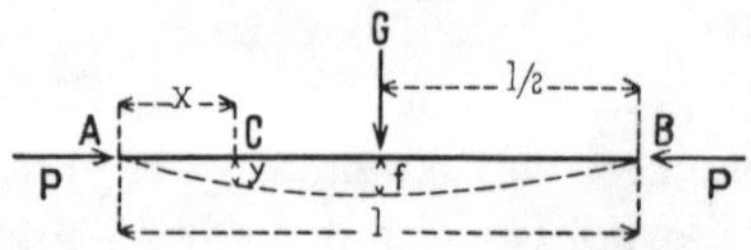


Der Anfangspunkt der Coordinaten liege in $A$ und die Durchbiegung im Punkte $C$ mit der Abſciſſe $x$ ſei $y$; alsdann iſt in $C$

$$M_x = -\frac{G}{2} x - P y = -P \left( y + \frac{G}{2P} x \right) .$$

Die Gleichung der elaſtiſchen Linie [266]) lautet:

$$\frac{d^2 y}{d x^2} = -\frac{P}{E \mathfrak{J}} \left( y + \frac{G}{2P} x \right) ,$$

und, wenn abkürzungsweiſe $\frac{P}{E \mathfrak{J}} = a^2$ geſetzt wird,

$$\frac{d^2 y}{d x^2} = - a^2 \left( y + \frac{G}{2P} x \right) .$$

Setzt man $\frac{G}{2P} = \beta$, ſo iſt

$$\frac{d^2 y}{d x^2} = - a^2 (y + \beta x).$$

Es ſei $\frac{d^2 y}{d x^2} = z$; alsdann lautet die letzte Gleichung:

$$z = - a^2 (y + \beta x), \quad \text{alſo} \quad \frac{dz}{dx} = - a^2 \left( \frac{dy}{dx} + \beta \right)$$

und

$$\frac{d^2 z}{d x^2} = - a^2 \left( \frac{d^2 y}{d x^2} \right) = - a^2 z ,$$

266) Dieſe Gleichung gilt zunächſt nur bis zur Balkenmitte. Da aber die Curve ſymmetriſch zur Mitte verläuft, ſo genügt die Unterſuchung bis zur Mitte.

woraus folgt:

$$z = A \sin a x + B \cos a x\,,$$
$$-a^2 (y + \beta x) = A \sin a x + B \cos a x\,,$$

und

$$-a^2 \left(\frac{dy}{dx} + \beta\right) = A a \cos a x - B a \sin a x\,.$$

Für $x = 0$ ift $y = 0$, alfo $B = 0$; für $x = \frac{l}{2}$ ift $\frac{dy}{dx} = 0$; mithin

$$-a^2 \beta = A a \cos\left(\frac{a l}{2}\right), \quad \text{woraus} \quad A = -\frac{a \beta}{\cos\left(\frac{a l}{2}\right)} \text{ folgt.}$$

Die Gleichung der elaftifchen Linie heifst hiernach

$$+ a^2 (y + \beta x) = + \frac{a \beta}{\cos\left(\frac{a l}{2}\right)} \sin a x.$$

Für $x = \frac{l}{2}$ ift $y = f$, d. h.

$$+ a^2 \left(f + \beta \frac{l}{2}\right) = + a \beta \operatorname{tg}\left(\frac{a l}{2}\right) \quad \text{oder} \quad a\left(f + \beta \frac{l}{2}\right) = \beta \operatorname{tg}\left(\frac{a l}{2}\right);$$

fomit

$$f = \beta \left(\frac{1}{a} \operatorname{tg} \frac{a l}{2} - \frac{l}{2}\right) \quad \dots\dots\dots \quad 34$$

Das gröfste Moment findet in der Balkenmitte ftatt und hat (ohne Rückficht auf das Vorzeichen) den Werth

$$M_{mitte} = P f + \frac{G}{2} \frac{l}{2} = P\left(f + \frac{G}{2 P} \frac{l}{2}\right) = P\left(f + \beta \frac{l}{2}\right).$$

Mit dem foeben gefundenen Werthe für $f$ erhält man

$$M_{mitte} = P \beta \left(\frac{1}{a} \operatorname{tg} \frac{a l}{2} - \frac{l}{2} + \frac{l}{2}\right) = \frac{P \beta}{a} \operatorname{tg} \frac{a l}{2} = \frac{P}{2 a} \frac{G}{P} \operatorname{tg}\left(\frac{a l}{2}\right),$$

$$M_{mitte} = \frac{G}{2 a} \operatorname{tg}\left(\frac{a l}{2}\right) \quad \dots\dots\dots \quad 35.$$

Die gröfste im meift gefährdeten Querfchnitt ftattfindende Beanfpruchung ift demnach

$$N_{max} = \frac{P}{F} + \frac{6 M}{b h^2} = \frac{P}{F} + \frac{6 G}{2 a b h^2} \operatorname{tg}\left(\frac{a l}{2}\right).$$

Die Bedingungsgleichung für den Querfchnitt ift fomit

$$\left.\begin{aligned} K &= \frac{P}{b h} + \frac{6}{b h^2} \frac{G}{2 a} \operatorname{tg}\left(\frac{a l}{2}\right) \\ K &= \frac{P}{F} + \frac{6}{F h} \frac{G}{2 a} \operatorname{tg}\left(\frac{a l}{2}\right) \end{aligned}\right\} \quad \dots\dots\dots \quad 36.$$

Man wird zweckmäfsig zuerft $M_{mitte}$ beftimmen und dann $F = b h$ annehmen, aus der Gleichung 36 die Querfchnittsabmeffung $h$ (wie oben) ermitteln und fehen, ob die Werthe für $b$ und $h$ angemeffen find; anderenfalls verbeffere man durch Annahme eines neuen Werthes für $F$.

Beifpiel. Es fei $P = 15000$ kg, $G = 1600$ kg und $l = 450$ cm, demnach mit den vorftehend gebrauchten Bezeichnungen $a^2 = \frac{P}{E \mathcal{J}} = \frac{15000}{120000 \mathcal{J}} = \frac{1}{8 \mathcal{J}}$.

Um $a$ beſtimmen zu können, muſs $\mathfrak{J}$, alſo auch der Querſchnitt, vorläufig angenommen werden. Mit $b = 24$ cm und $h = 30$ cm iſt

$$\mathfrak{J} = \frac{b h^3}{12} = 54000, \quad a^2 = \frac{1}{432\,000}, \quad a = \frac{1}{658}, \quad a l = \frac{450}{658} = 0{,}6839 \quad \text{und} \quad \frac{a l}{2} = 0{,}34195.$$

Der zugehörige Winkel $\alpha$ beträgt $19^0 37'$, alſo $\text{tg}\, \frac{a l}{2} = 0{,}356$ und

$$M_{mitte} = \frac{G}{2 a} \,\text{tg} \left(\frac{a l}{2}\right) = \frac{1600}{2} \, 658 \,.\, 0{,}356 = 187\,200 \text{ kgcm}.$$

Ferner iſt $\beta = \frac{G}{2 P} = \frac{800}{15\,000} = 0{,}053$ und

$$f = \beta \left(\frac{1}{a} \,\text{tg}\, \frac{a l}{2} - \frac{l}{2}\right) = 0{,}053\,(658 \,.\, 0{,}356 - 225) = 0{,}477 \text{ cm} = \infty\, 0{,}5 \text{ cm} = 5 \text{ mm}.$$

Nunmehr lautet die Bedingungsgleichung für die Querſchnittsbildung

$$K = \frac{15\,000}{F} + \frac{6}{F h} \left[\frac{G}{2 a} \,\text{tg} \left(\frac{a l}{2}\right)\right] = \frac{15\,000}{F} + \frac{6}{F h}\, 187\,200.$$

Mit $h = 30$ cm und $K = 100$ kg wird

$$F = \frac{15\,000}{100} + \frac{6}{100 \,.\, 30}\, 187200 = 150 + 374 = 524 \text{ qcm}$$

und

$$b = \frac{F}{h} = \frac{524}{30} = 17{,}5 = \infty\, 18 \text{ cm}.$$

Der Querſchnitt $18 \times 30$ cm kann nicht ſofort gewählt werden, weil er unter der Annahme eines Querſchnittes von $24 \times 30$ cm zur Ermittelung von $a$ gefunden iſt; man ſieht aber, daſs der zuerſt angenommene Querſchnitt verringert werden kann. Nimmt man ein zweites Mal $b = 20$ cm und $h = 30$ cm an, ſo wird

$$\mathfrak{J} = 45000, \quad a^2 = \frac{1}{360000}, \quad a = \frac{1}{600}, \quad a l = 0{,}75 \quad \text{und} \quad \frac{a l}{2} = 0{,}375,$$

$$\alpha = 21^0 30' \quad \text{und} \quad \text{tg}\, \frac{a l}{2} = 0{,}394; \quad \text{ſonach}$$

$$M_{mitte} = \frac{1600 \,.\, 600}{2}\, 0{,}394 = 189\,120 \text{ kgcm}, \ \beta = 0{,}053 \text{ und } f = 0{,}053\,(600 \,.\, 0{,}394 - 225) = 0{,}6 \text{ cm} = 6 \text{ mm};$$

$$F = \frac{15\,000}{100} + \frac{6}{100 \,.\, 30}\, 189\,120 = 150 + 378 = 528 \text{ qcm} \quad \text{und} \quad b = \frac{528}{30} = \infty\, 18 \text{ cm}.$$

Der Querſchnitt $20 \times 30$ cm genügt alſo jedenfalls.

## 2) Auf Druck beanſpruchte Gitterſtäbe; Knotenpunkte.

221. Druckſtäbe. Die auf Druck beanſpruchten Gitterſtäbe werden aus Holz, Guſseiſen oder Schweiſseiſen hergeſtellt. Holz erhält rechteckigen (bezw. quadratiſchen) Querſchnitt und Guſseiſen kreis- oder kreuzförmigen Querſchnitt (Fig. 580); auch ſetzt man wohl an den Kreisquerſchnitt Kreuzarme. Bei den aus Guſseiſen hergeſtellten Stäben kann man den Querſchnitt auch leicht nach der Stabmitte hin vergröſsern, wodurch man gröſsere Sicherheit gegen Zerknicken erhält. Von den ſchweiſseiſernen Gitterſtäben gilt das in Art. 173 bis 175 (S. 237) Geſagte. Bei der Berechnung des Querſchnittes iſt Rückſicht auf Zerknicken zu nehmen; die Stabenden können dabei als drehbar angenommen werden. Wenn der Querſchnitt zwei rechtwinkelig zu einander ſtehende Symmetrieaxen mit gleich groſsen Trägheitsmomenten hat, ſo ſind alle Trägheitsmomente gleich groſs und die Querſchnittsform am günſtigſten.

222. Knotenpunkte. Die allgemeine, in Art. 179 (S. 242) angegebene Regel für die Bildung der Knotenpunkte iſt auch hier zu beachten, d. h. die Axen der an einem Knotenpunkte zuſammentreffenden Stäbe ſollen einander möglichſt in einem Punkte ſchneiden.

Fig. 580.

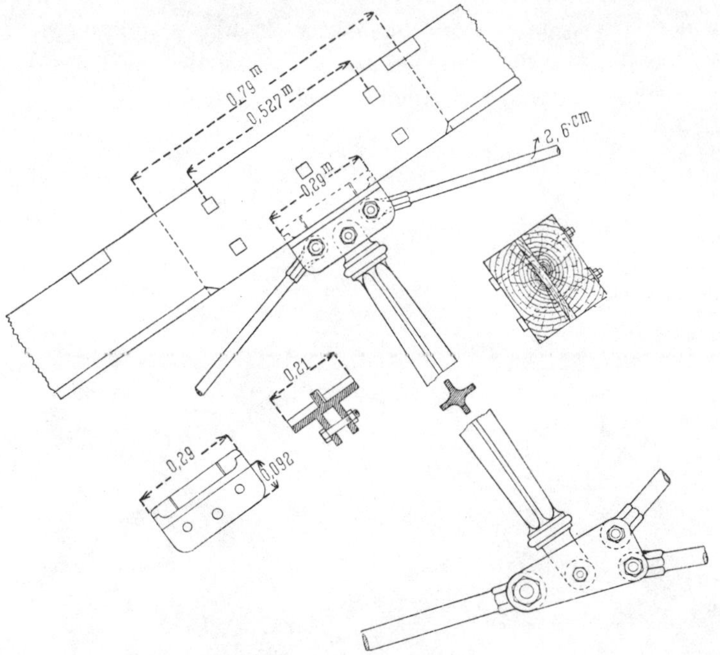


1/20 n. Gr.

Von der Central-Markthalle zu Wien[267]).

Fig. 581[268]).

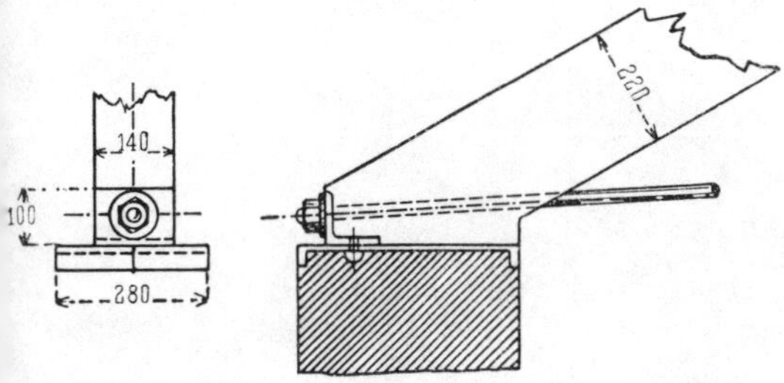


1/20 n. Gr.

Fig. 582[268]).

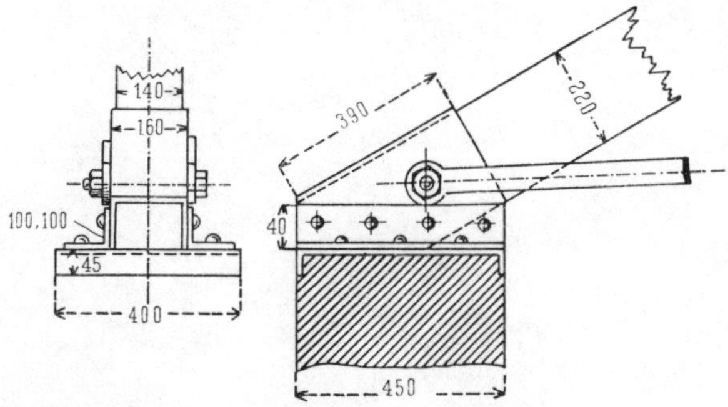


1/20 n. Gr.

Fig. 583[268]).

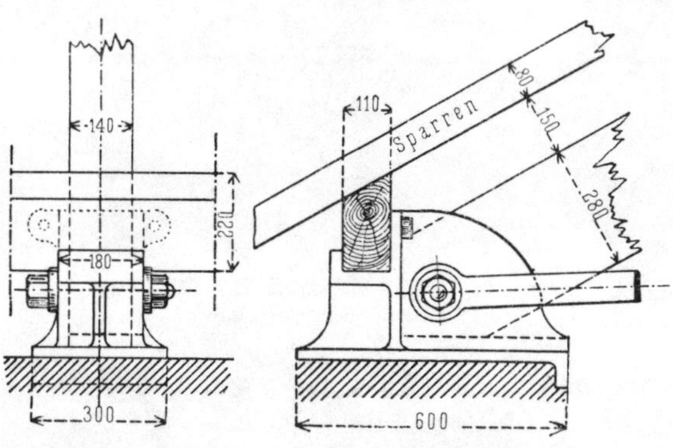


1/20 n. Gr.

[267]) Nach: Wist, a. a. O., Band I., Bl. 24, 25.

[268]) Nach: *Nouv. annales de la conftr.* 1884, Pl. 38, 39.

Die Verbindung von Holz und Eifen wird faft ausfchliefslich mit Hilfe gufseiferner oder aus Blech zufammen genieteter Schuhe vorgenommen; dabei ift zu beachten, dafs nicht etwa die anfchliefsenden Zugbänder einzelne Theile der Gufseifenfchuhe auf Abbrechen in Anfpruch nehmen dürfen.

Fig. 584.

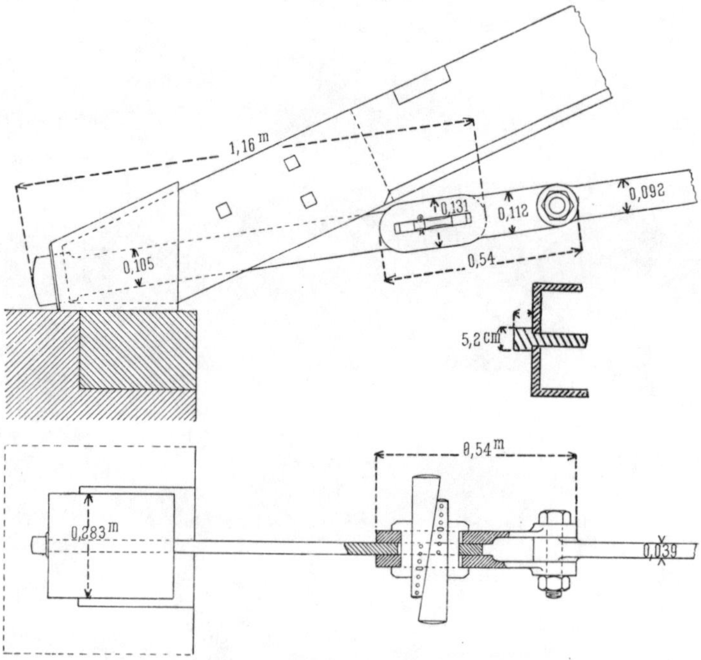


Fig. 585.

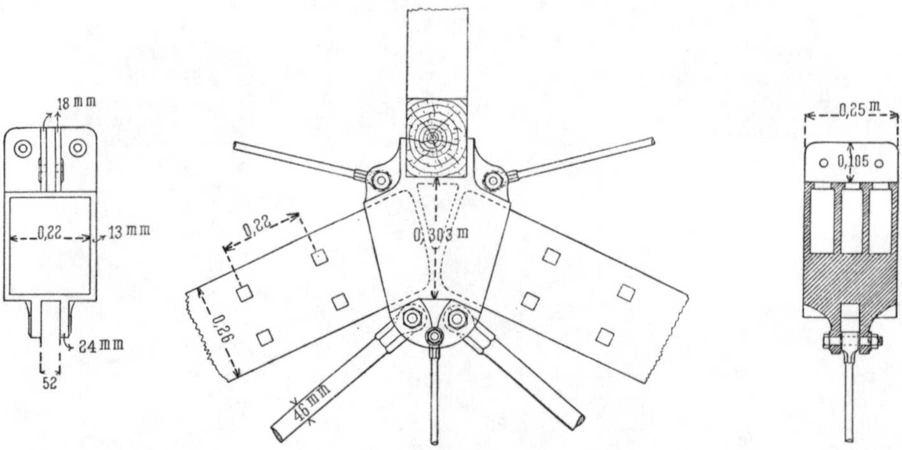


Von der Central-Markthalle zu Wien[267]).
$^1/_{20}$ n. Gr.

Fig. 580 bis 588 führen eine Anzahl gut conftruirter Knotenpunkte vor.

Fig. 580[267]) zeigt einen Zwifchenknotenpunkt, bei welchem fich allerdings die Axen der Zugbänder nicht auf der Axe des oberen Gurtungsftabes fchneiden. Fig. 581 bis 584[267]) geben Auflager-Knotenpunkte. Bei Fig. 581 ift ein Schuh überhaupt nicht verwendet; der untere als Rundeifen conftruirte Gurtungsftab ift durch das Ende des oberen Holz-Gurtungsftabes gefteckt. Fig. 582 zeigt einen aus

Fig. 586 [269]).

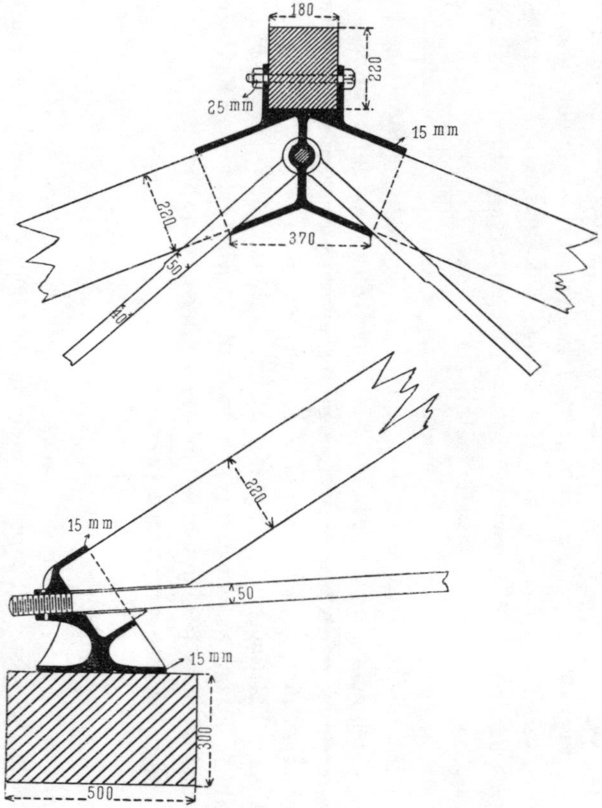


$^1/_{20}$ n. Gr.

Fig. 587 [268])

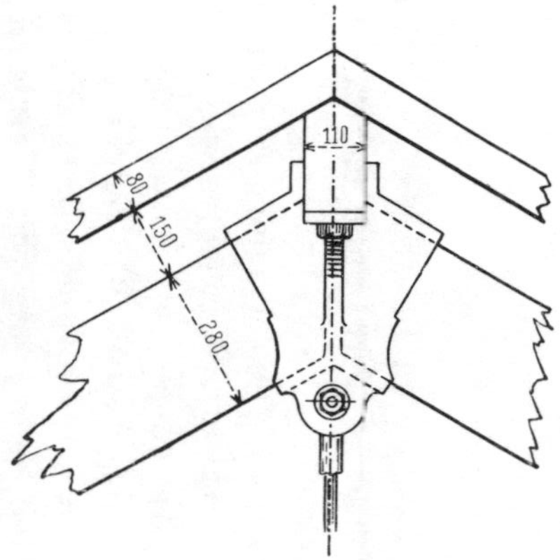


$^1/_{20}$ n. Gr.

Fig. 588.

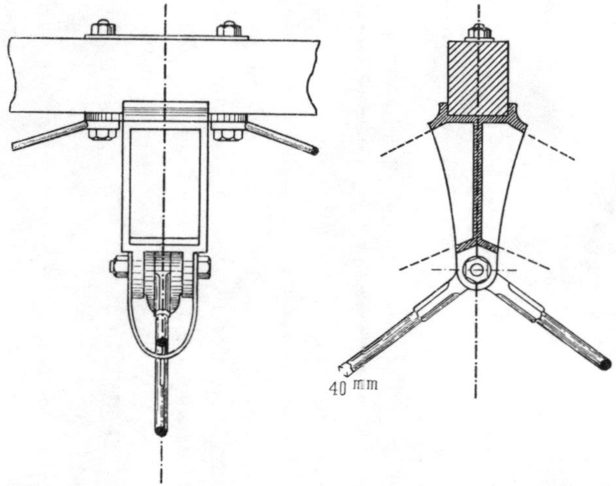


$^1/_{20}$ n. Gr.

Von einem Locomotivſchuppen der Berlin-Hamburger Eiſenbahn [270]).

Schweifseifenblech zufammengenieteten Schuh. In Fig. 583, 584 u. 586 (unterer Theil [269]) find gufseiferne Schuhe verwendet. In Fig. 585 bis 588 find endlich eine Anzahl von Firft-Knotenpunkten dargeftellt, welche nach dem Vorftehenden ohne weitere Erläuterung verftändlich fein dürften.

Einige weitere Knotenpunkte für Holz-Eifen-Dächer folgen im nächften Kapitel.

## Eiferne Thurmdächer.

223. Allgemeines. Die Gefammtanordnung der eifernen Thurmdächer ift bereits in Kap. 28 behandelt; insbefondere find an jener Stelle die ftatifchen Verhältniffe und die theoretifchen Grundlagen für die Conftruction befprochen.

Eiferne Thurmdächer haben vor den maffiven, aus Haufteinen oder aus Ziegeln hergeftellten Thurmfpitzen den Vortheil geringeren Gewichtes; fie belaften alfo das Mauerwerk und den Baugrund wefentlich weniger, als jene. Gegenüber den Holzthürmen haben fie folgende Vortheile: der Aufbau ift leichter und für die Werkleute weniger gefährlich; man kann die einzelnen Theile kürzer und handlicher bemeffen, als die entfprechenden Holzftücke, weil die Verbindungsfähigkeit durch Vernietung eine vorzügliche ift; die Verbindungen felbft find beffer, als beim Holzbau; die Feuersgefahr ift geringer, als bei den Holzthürmen. Endlich kann man den oberen Theil des Helmes, etwa das obere Drittel, im Inneren des unteren Thurmtheiles zufammenbauen und darauf im Ganzen heben; dadurch wird das Einrüften der Spitze vermieden und der fonft überaus gefährliche Aufbau der Spitze zu einer verhältnifsmäfsig gefahrlofen Arbeit gemacht.

Die eifernen Thurmhelme werden mit dem Thurmmauerwerk verankert.

224. Theile eiferner Thurmhelme. Das Fachwerk des eifernen Thurmhelms befteht aus folgenden Theilen:

1) Den Gratfparren, welche von den Auflagern oder von befonderen Giebelfpitzen aus (Fig. 356 u. 379, S. 153 u. 178) bis zur Spitze laufen und an diefer mittels einer verhältnifsmäfsig kurzen Helmftange mit einander vereinigt werden.

2) Den Ringen, welche, zwifchen den einzelnen Stockwerken wagrecht herumlaufend die Gratfparren mit einander verbinden.

3) Den in den geneigten Seitenfeldern angeordneten Diagonalen; es genügt, wenn in jedem durch Gratfparren und Ringe gebildeten trapezförmigen Felde eine Diagonale angebracht wird; alsdann wird fie auf Zug und auf Druck beanfprucht. Oder es werden in jedem Felde zwei fich kreuzende Diagonalen angebracht, welche wie Gegendiagonalen wirken und nur Zug aufnehmen.

4) Einem Fufsring, welcher die Auflager verbindet. Wenn alle Auflager feft find, fo ift der Fufsring nicht nöthig. Ift von den Auflagern, deren Zahl eine gerade ift, abwechfelnd eines feft und eines in der Auflagerebene beweglich, fo mufs der Auflager- oder Fufsring angeordnet werden.

Die unter 1 bis 4 angegebenen Theile genügen für die Stabilität des Thurmfachwerkes. Aus praktifchen Gründen ordnet man ferner noch fog.

5) Böden in den durch die Lage der Ringe beftimmten Höhen an. Diefe Böden zerlegen die ganze Thurmpyramide in einzelne Stockwerke; fie find erforder-

269) Nach: Deutfches Bauhandbuch, Bd. II, Halbbd. 1. Berlin 1880. S. 170.

270) Nach: Zeitfchr. f. Bauw. 1862, Bl. 65.

lich, um den Thurm besteigen zu können, und zum Anbringen der Treppen. Für die Stabilität des Fachwerkes sind sie nach Früherem nicht erforderlich, wenn alle Gratsparren bis zu den Auflagern hinabgehen. Bezüglich des Bodens in der Höhe der als Auflager dienenden Giebelspitzen wird auf Art. 122 (S. 153) u. 130 (S. 172) verwiesen.

Für die Dachdeckung sind Pfetten oder Sparren anzuordnen. Erstere können in kleineren lothrechten Abständen herumlaufend die Dachdeckung sofort aufnehmen; Fig. 589 u. 599 zeigen Beispiele dieser Anordnung, bei welcher auf jedes Stockwerk 3 bis 5 Pfetten kommen; die Pfetten in Fig. 589 sind 0,925 m von einander entfernt und nehmen die Kupferwellblechdeckung auf. Dachschalung auf den Grat- und Zwischensparren zeigt Fig. 613.

Die eisernen Thurmhelme sind meistens achtseitige Pyramiden; das die Grundfläche bildende Achteck kann ein gleichseitiges oder ein solches mit kürzeren Schrägseiten sein. Die Grate gehen entweder bis zur gemeinsamen Auflagerebene hinab; alsdann sind 8 Auflager vorhanden. Oder es gehen nur 4 Grate bis zur Auflagerebene hinab, während die zwischenliegenden Grate sich auf Giebelspitzen (nach Fig. 356) setzen. Es kommen auch Thürme vor, bei welchen alle Gratsparren sich auf Giebel setzen (siehe Fig. 379, S. 173).

Die Stockwerkshöhen, in welche die Pyramide durch die Böden zerlegt wird, nehmen von den Auflagern nach der Spitze zu ab. Die untersten Stockwerke haben, je nach der unteren Breite, eine Höhe von 3,5 bis 4,0 m, bei grofsen Abmessungen der Grundfläche bis zu 5,0 m; nach oben zu nimmt die Höhe bis auf 2,5 m ab. 225. Böden.

Beim Thurmhelm der katholischen Pfarrkirche zu Harsum mit einer unteren Helmbreite von 7,5 m und einer theoretischen Gesammthöhe von 22,0 m betragen die einzelnen Stockwerkshöhen von unten nach oben bezw. 3,4, 3,0, 3,0, 2,5, 2,5, 2,0, 2,0 und 3,6 m; die letztere Höhe entspricht dem obersten, nicht mehr mit Diagonalen in den Seitenfeldern versehenen Theile.

Beim Thurmhelm der St. Petri-Kirche zu Hamburg mit 11,5 m unterer Breite und 58 m Höhe nehmen die Stockwerkshöhen von 4,0 bis auf 2,5 m ab.

Da das Thurm-Fachwerk ohne die Böden stabil ist, so kann man dieselben so construiren, wie es dem praktischen Bedürfnisse am besten entspricht. Vielfach werden sie — wohl nach dem Vorbild der *Moller*'schen Holzthürme (siehe Art. 123, S. 158) — aus je zwei einander unter rechten Winkeln schneidenden parallelen Balken gebildet; die vier Balken laufen nach den Eckpunkten des Achteckes (siehe Fig. 363 *b*, S. 159).

Wenn der obere Theil des Thurmes innerhalb des unteren zusammengebaut und nachher im Ganzen gehoben werden soll, so mufs die Form der Böden so gewählt werden, dafs Aufbau und Hebung möglich sind: es mufs also in allen Böden des unteren Theiles ein innerer Raum, ein »freies Profil«, für den Durchgang des oberen Theiles frei gehalten werden, welcher etwas gröfser ist, als der unterste Boden des zu hebenden Theiles. Der Boden, auf welchem der Zusammenbau der Spitze erfolgt, mufs sehr stark sein, genügend kräftig, um das ganze Gewicht der Spitze nebst den beim Zusammenbau erforderlichen weiteren Belastungen zu tragen.

Beim Thurm der St. Katharinen-Kirche zu Osnabrück hat man diesen Boden durch zwei Paare von sich im Grundrifs unter rechtem Winkel kreuzenden Parabelträgern hergestellt. In Fig. 595 [271]) sind dieselben mit *H*, bezw. *J* bezeichnet; die beiden Trägerpaare überkreuzen sich in den Punkten *IV* und *IV*,

[271]) Facf.-Repr. nach: Zeitfchr. d. Arch.- u. Ing.-Ver. zu Hannover 1882, Bl. 865 bis 868.

Fig. 589.

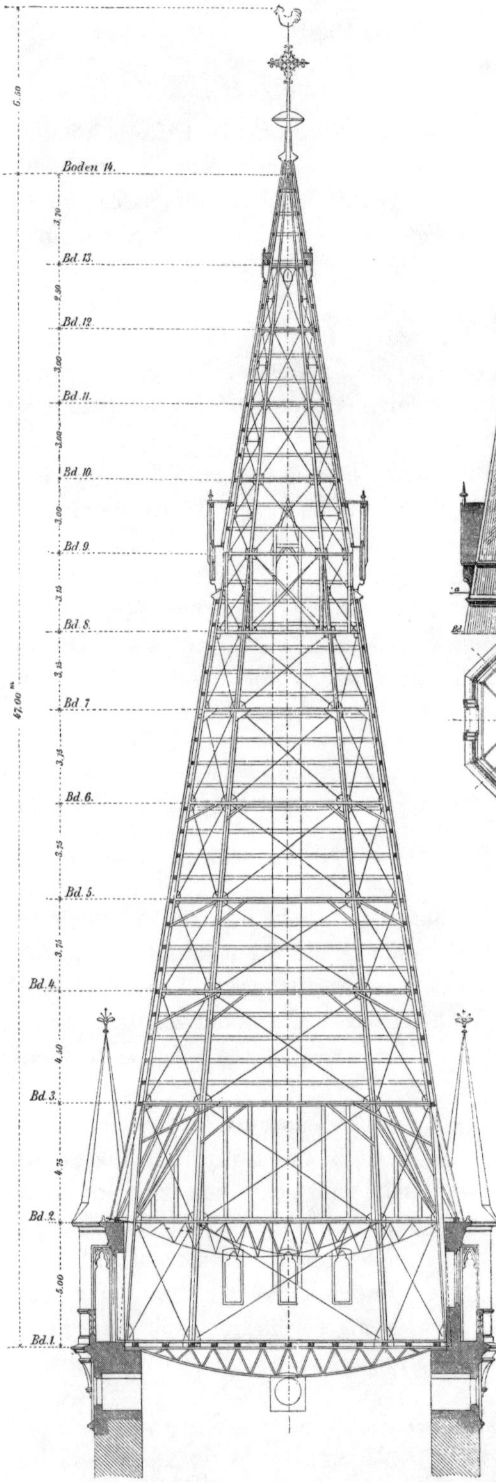


Fig. 590.

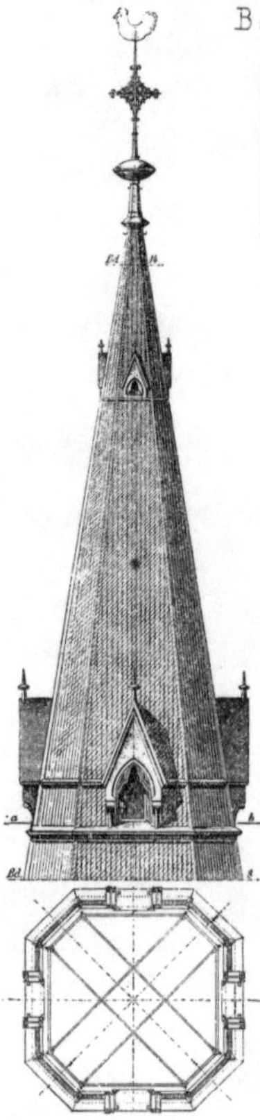

$^{1}/_{300}$ n. Gr.

Fig. 591.

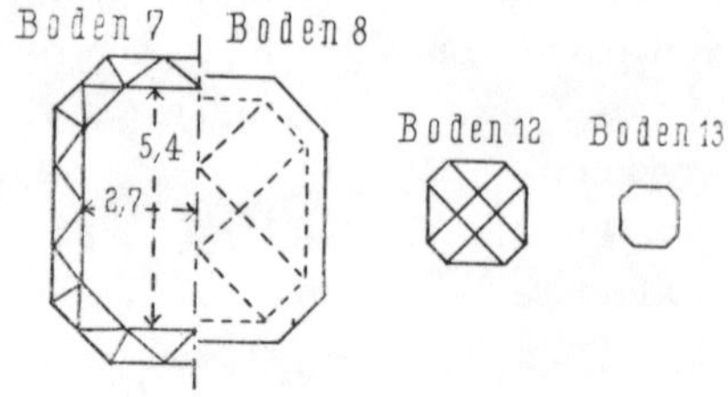


Fig. 592.

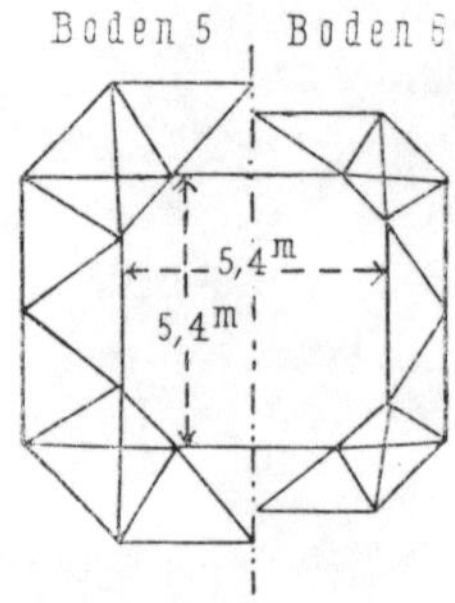


Fig. 593.

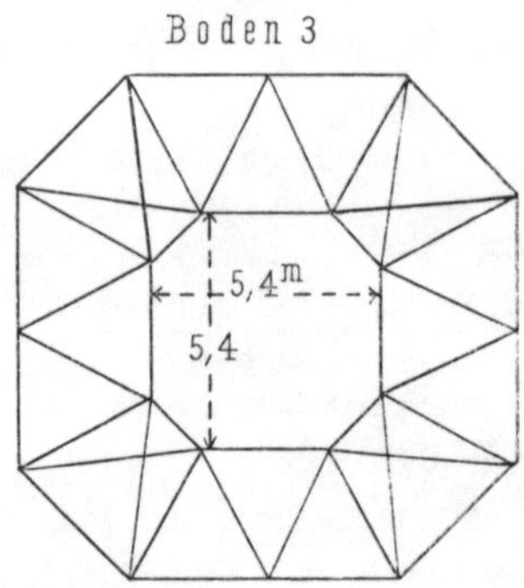


Fig. 594.

Vom Thurmhelm der St. Katharinen-Kirche zu Osnabrück [271]).

wie dies auch in Fig. 589 erſichtlich iſt. Die weiter oben folgenden Böden ſind mit Rückſicht auf das eben erwähnte Heben der Spitze mit einem inneren, frei bleibenden Achteck conſtruirt; eine Anzahl derſelben iſt in Fig. 591 bis 593 dargeſtellt.

Fig. 595.

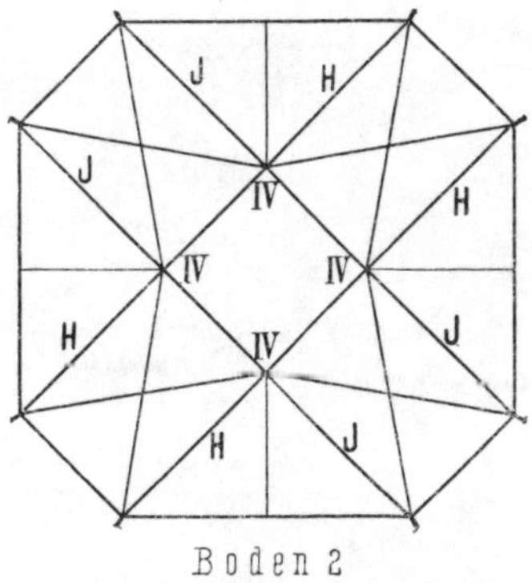


Von der St. Katharinen-Kirche zu Osnabrück[271]).

1/300 n. Gr.

Fig. 596.

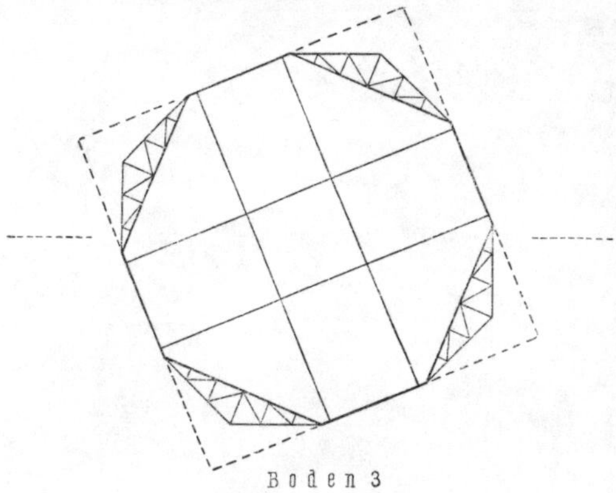


Fig. 597.

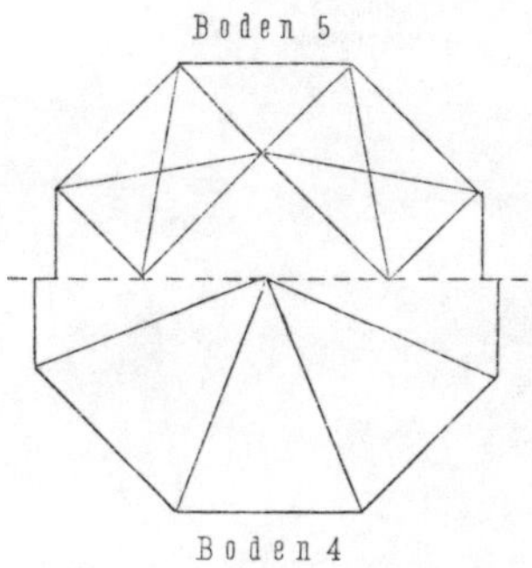


Vom Thurmbau St. Petri zu Hamburg[272]).

1/300 n. Gr.

Der untere Theil reicht bis einſchlieſslich Boden *8*; die Gratſparren deſſelben ſind zunächſt mit einigen Theilen ihres Querſchnittes (einem Winkeleiſen und dem Stehblech) bis zu Boden *9* weitergeführt; dann iſt die Hebevorrichtung in der Höhe des Bodens *8* befeſtigt. Die Spitze beſtand aus dem oberhalb des Bodens *9* liegenden pyramidalen Theile des Thurmes und einem prismatiſchen Stücke zwiſchen Boden *9* und Boden *8*; die 8 Pfoſten dieſes letzteren Stückes waren einfache Winkeleiſen (6,5 × 6,5 × 0,8 cm), dieſelben, welche am pyramidalen Stück zwiſchen den Böden *8* und *9* noch fortgelaſſen waren. Nach Hebung der Spitze wurden beide Theile in der Höhe des Bodens *9* durch Verlaſchen der Gratſparren mit einander verbunden und darauf die Schrägſtäbe in den Seitenfeldern des Stockwerkes zwiſchen den Böden *8* und *9* eingezogen. Die Hebung erfolgte mittels 8 Hebeladen; das Geſammtgewicht der zu hebenden Spitze betrug etwa 4500 kg.

Aehnlich ſind die Böden beim St. Petri-Thurm in Hamburg hergeſtellt (Fig. 596 bis 603[272]). Im unteren Theile des Thurmes, bis einſchlieſslich Boden *9*, beſtehen ſie aus zwei ſich rechtwinkelig kreuzenden Trägerpaaren, von denen das eine Paar Hauptträger, das andere Paar Träger zweiter Ordnung iſt, und die in den verſchiedenen Stockwerken ihre Richtung wechſeln (Fig. 599); das mittlere Quadrat dient zur Durchführung der Treppenanlage; in den anderen Rechtecken ſind Diagonalkreuze zur Ausſteifung angebracht (Fig. 597). Boden *4* iſt mit 8 radialen Balken (Fig. 597) conſtruirt. Im oberen Theile des Thurmes, von Boden *10* bis *16*, beſtehen die Böden aus einem inneren, achteckigen Ringe von Blechträger-Querſchnitt, der durch 8 radiale Stichbalken mit dem äuſseren Ringe und den Gratſparren verbunden iſt; die trapezförmigen Felder der Böden ſind durch Diagonalkreuze verſteift. In den inneren, frei bleibenden achteckigen Raum iſt die Wendeltreppe eingebaut; über Boden *16* hören die Treppenanlage und der Aufbau in Stockwerken auf. In dem für die Wendeltreppe offen gelaſſenen Raume wurde die Spitze der Thurmpyramide (11,5 m zwiſchen Boden *18* bis zur theoretiſchen Spitze hoch) mit einem prismatiſchen, 5,0 m hohen Theile zuſammengebaut und nachher im Ganzen gehoben (vergl. die kleine Anſicht des ganzen Thurmes in Fig. 599).

Bei kleinen und niedrigen Thürmen vereinfacht ſich die Anordnung weſentlich. Beiſpiele für ſolche kleine Thürme ſind in Fig. 604 u. 608 vorgeführt und ohne Weiteres verſtändlich; die Einzelheiten der Conſtruction an der Spitze, an den Auf-

272) Facſ.-Repr. nach: Zeitſchr. f. Bauw. 1883, Bl. 37, 38, 39.

Fig. 598.

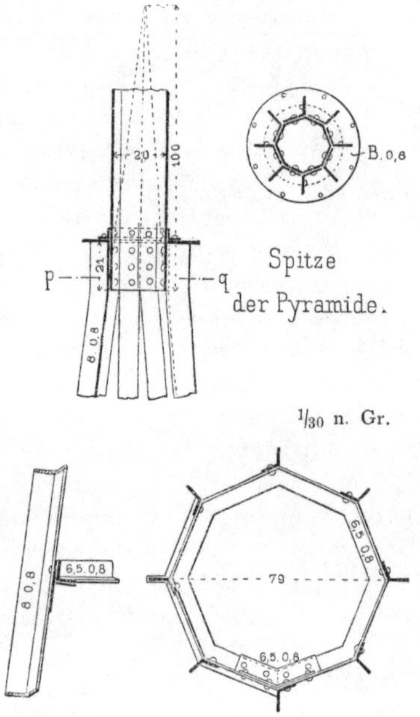


4^ter Polygon (von oben) in der Spitze.

Fig. 599.

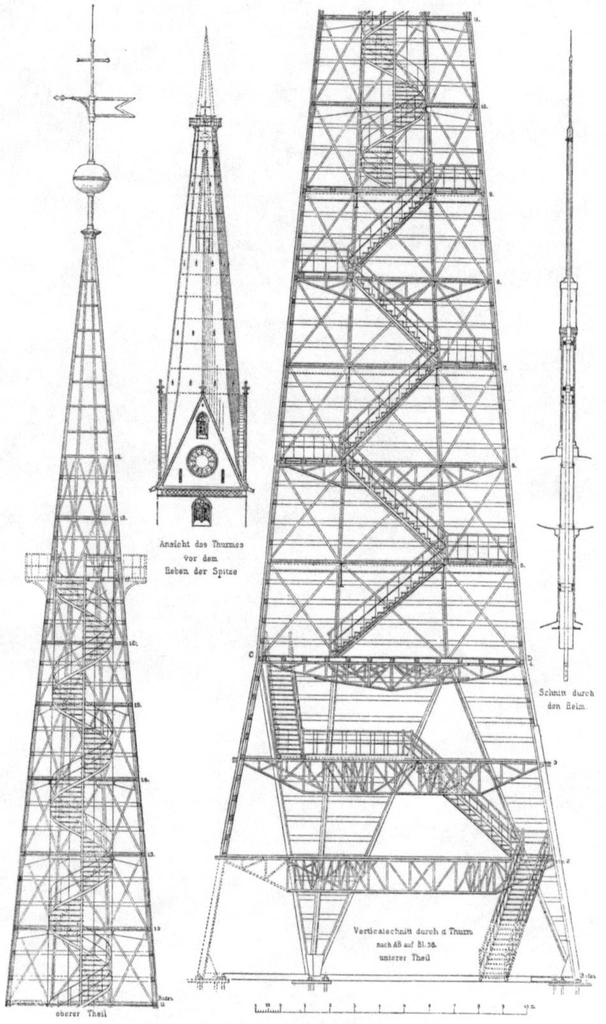


1/300 n. Gr.

Fig. 600.

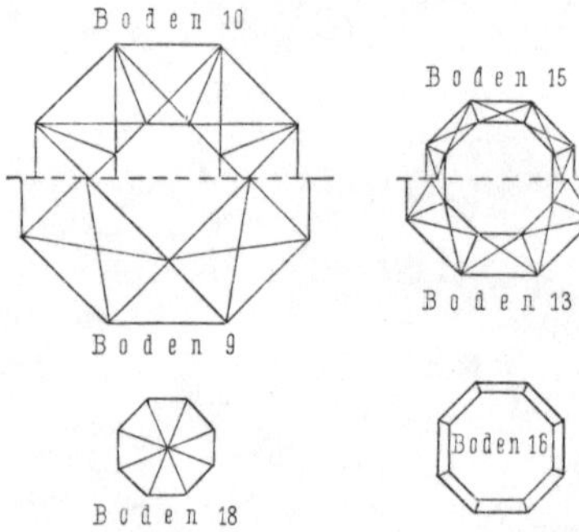


Fig. 601.

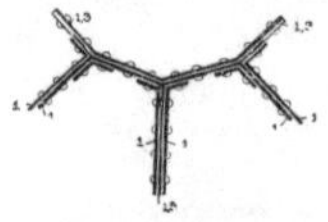

Schnitt nach *no*.

Fig. 602.

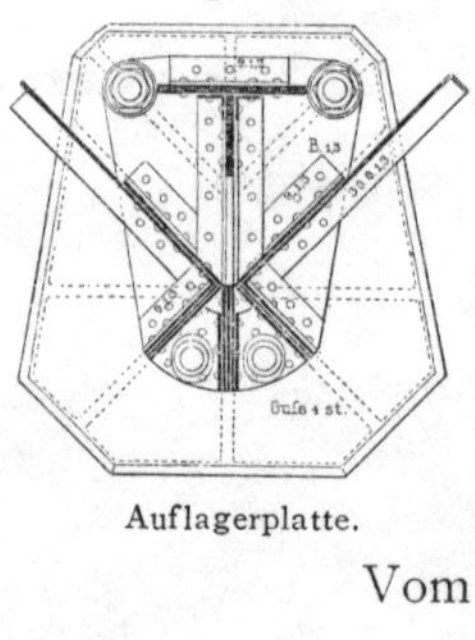


Auflagerplatte.

1/50 n. Gr.

Fig. 603.

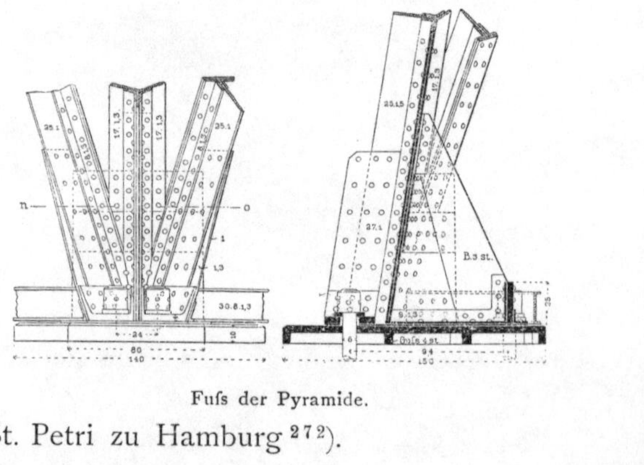


Fufs der Pyramide.

Vom Thurmbau St. Petri zu Hamburg [272]).

Fig. 604. 1/40 n. Gr.

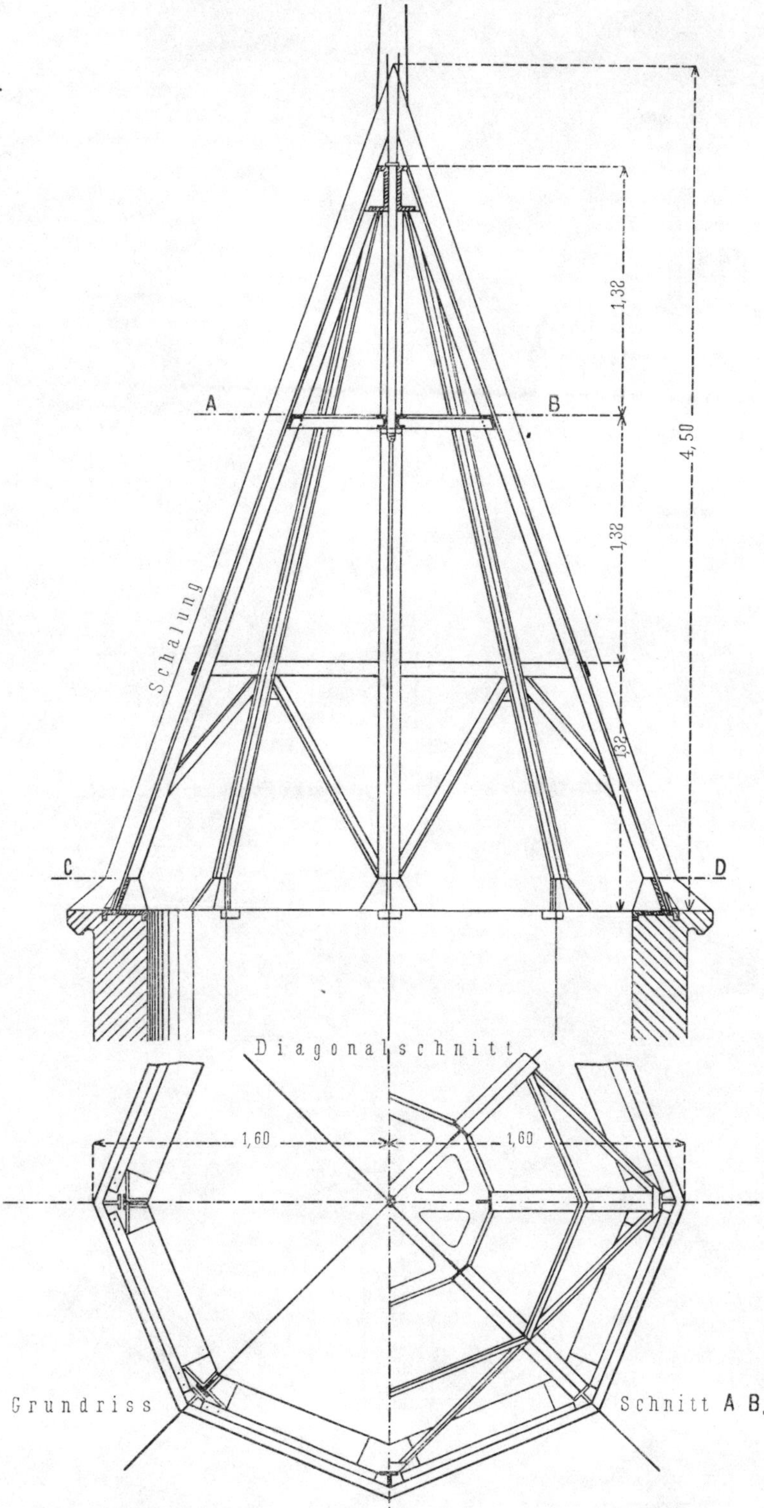


Vom Treppenthurm der Kirche zu Sachſenhauſen.

Fig. 605.

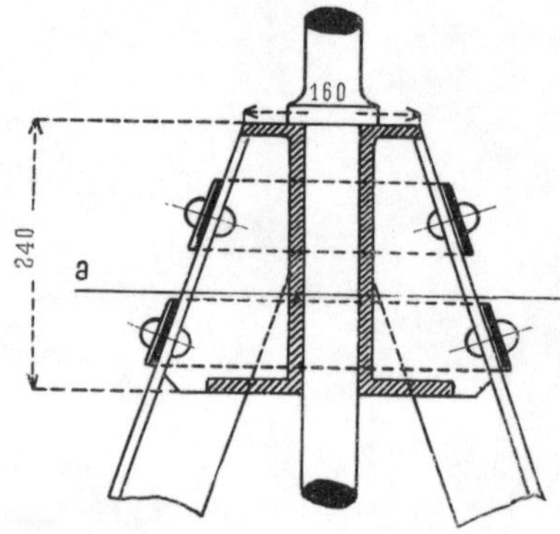


Fig. 606.

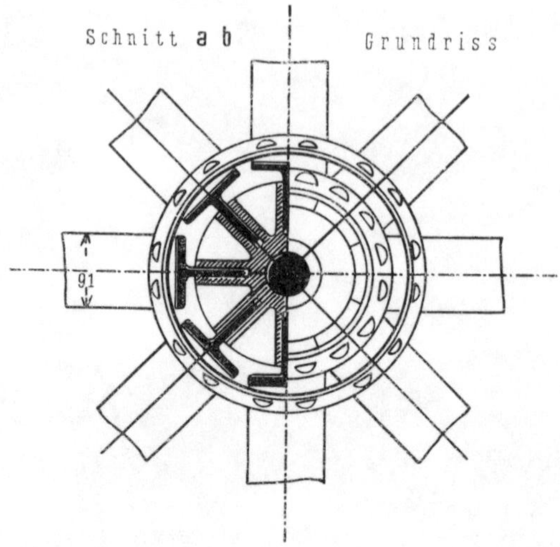


Fig. 607.

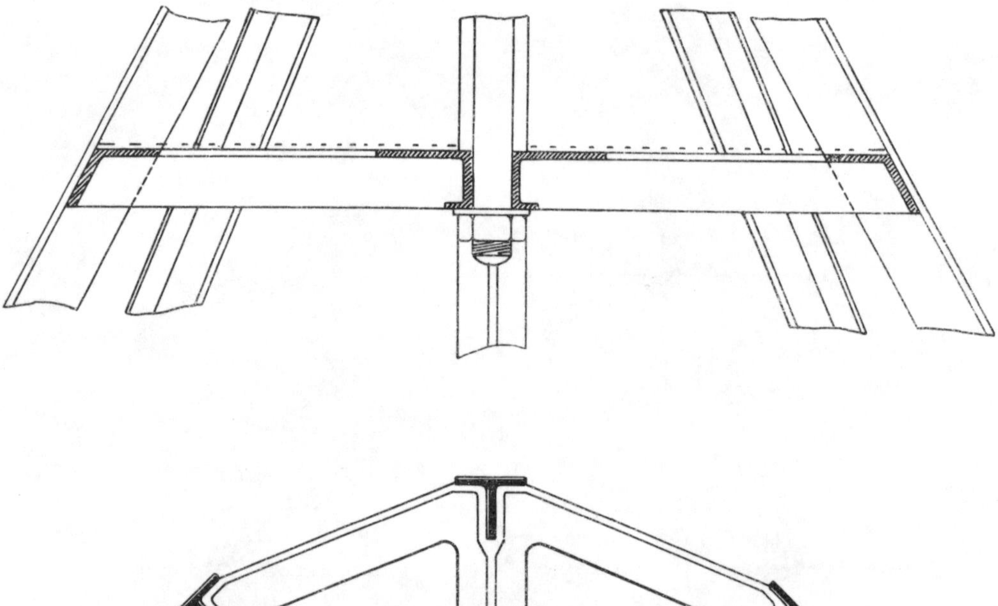

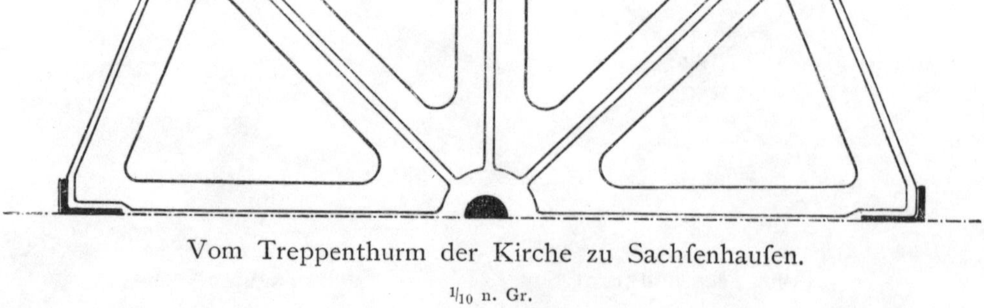


Vom Treppenthurm der Kirche zu Sachſenhauſen.

$^1/_{10}$ n. Gr.

Fig. 608.

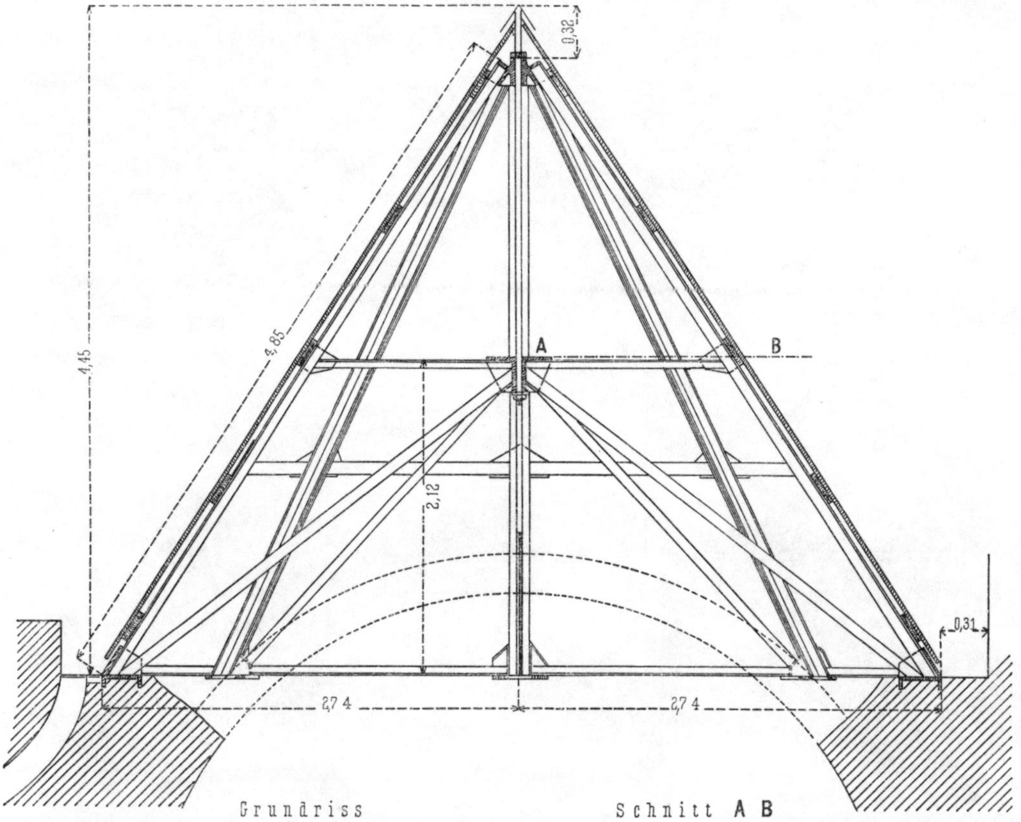


Vom Thurm der Kirche zu Sachſenhauſen.

$^1/_{50}$ n. Gr.

Fig. 609.

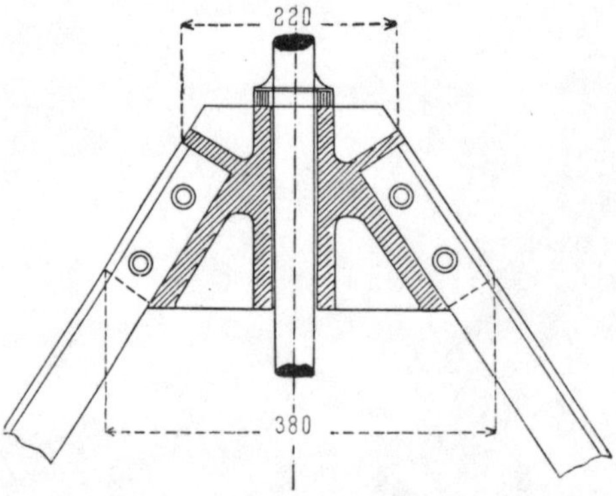


Fig. 610.

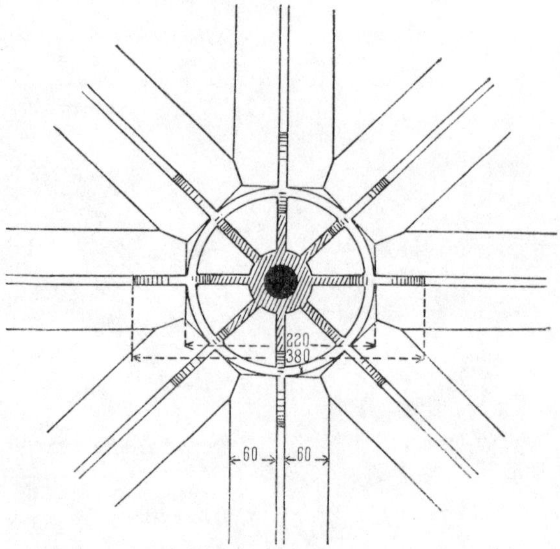


Fig. 611.

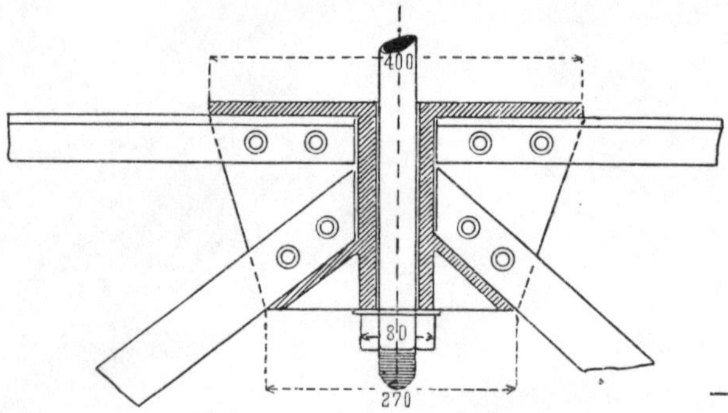


Fig. 612.

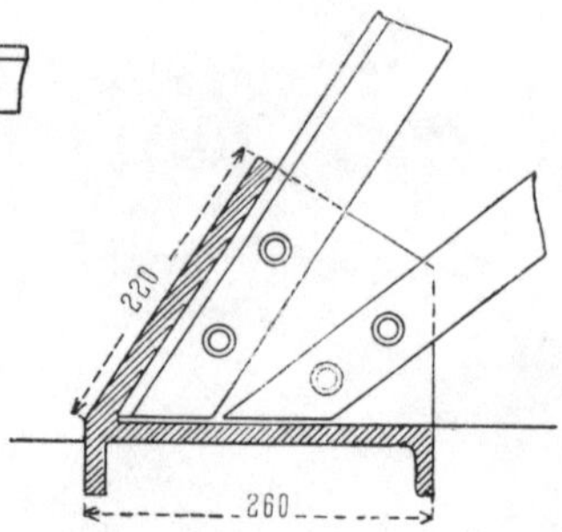


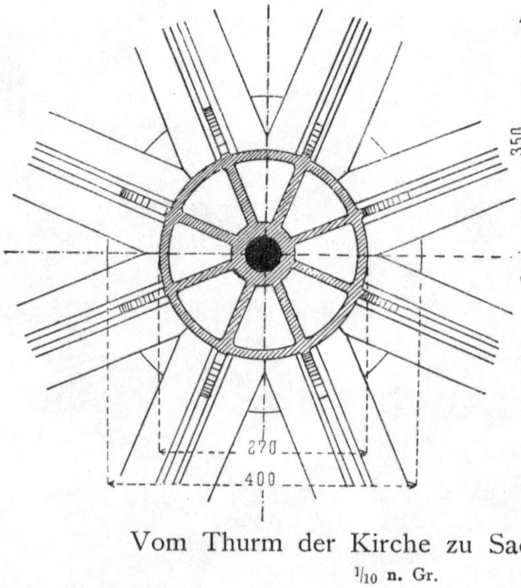


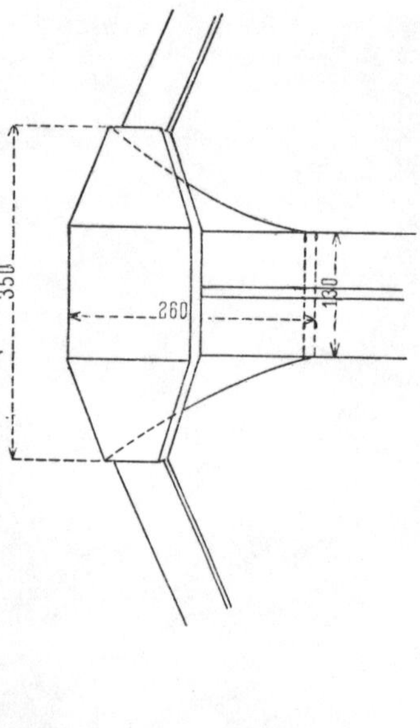


Vom Thurm der Kirche zu Sachſenhauſen.

$^1/_{10}$ n. Gr.

lagern und am unteren Ende der Helmſtange zeigen Fig. 605, 606, 607, 609, 610, 611 u. 612.

226. Gratſparren. Die Gratſparren haben Zug und Druck aufzunehmen. Um die Schrägſtäbe in den Seitenfeldern und erforderlichenfalls die Schalung leicht anbringen zu können, ſtellt man den Querſchnitt zweckmäſsig ſo her, daſs ſeine äuſseren Begrenzungslinien in die beiden anſchlieſsenden Seitenebenen fallen; bei einer achtſeitigen Pyramide werden dann ſchiefe Winkeleiſen erforderlich (Fig. 614). Im Uebrigen werden die Querſchnitte wo möglich ſymmetriſch zur lothrechten, durch die Thurmaxe und den betreffenden Grat gehenden Ebene gebildet.

Bei kleinen Thürmen verwendet man wohl T-Eiſen (Fig. 606 u. 607). Zweckmäſsig ſind zwei Winkeleiſen mit einem genügend weiten Zwiſchenraum zum Einlegen zweier Knotenbleche (Fig. 613[273]); dieſe Knotenbleche können dann in die beiden angrenzenden Seitenebenen gebogen werden, wodurch die Verwendung rechtwinkeliger Winkeleiſen auch bei achtſeitigen Thurmpyramiden möglich wird.

Bei den gröſseren Thürmen läſſt man den Querſchnitt der Gratſparren vom Auflager nach der Spitze zu abnehmen; in den unteren Stockwerken wird er vielfach aus zwei ſchiefwinkeligen Winkeleiſen mit zwiſchengenietetem Stehblech, welches nach auſsen überſteht, zuſammengeſetzt (Fig. 618[271]); die Winkel der Winkeleiſen entſprechen dem halben äuſseren Kantenwinkel der achtſeitigen Pyramide. Die weitere Verſtärkung kann durch ein innen aufgenietetes Blech erzielt werden, die Verringerung des Querſchnittes durch Veränderung der Winkeleiſenſtärke, durch Veränderung der Stehblechmaſse, durch Fortlaſſen des Stehbleches, bezw. eines der beiden Winkeleiſen.

So nehmen beim Kirchthurm von St. Petri in Hamburg die Winkeleiſenſtärken von oben nach unten von $0{,}8$ cm bis zu $1{,}3$ cm zu; ganz oben beſtehen die Sparren nur aus einem Winkeleiſen, dann aus zweien; weiter unten tritt ein Stehblech ($16 \times 1$ cm) hinzu, welches allmählich bis auf $25 \times 1{,}5$ cm vergröſsert wird; endlich kommen im unteren Theile noch innere Deckplatten hinzu, welche zur Vermeidung des Biegens aus zwei Stücken gebildet ſind und $17 \times 1{,}3$ cm Querſchnitt haben. Die Knotenbleche zum Anſchluſs der Schrägſtäbe ſind nach den Achteckwinkeln gebogen und an den inneren Deckplatten, bezw. den Winkeleiſenſchenkeln befeſtigt. Die Stöſse der Sparrenwinkel liegen bei den Knotenblechen, diejenigen der Rippen etwas höher. Die Stöſse ſind ſo gelegt, daſs ſtets zwiſchen die oberen Enden der bereits eingebauten Sparren die vollſtändige Zwiſchendecke eingenietet werden konnte; alsdann wurden die zum Aufbau des folgenden Geſchoſſes erforderlichen acht Rüſtſtangen gehoben.

Die architektoniſche Hervorhebung der Grate iſt beim Thurmbau zu Osnabrück in der durch Fig. 614 angegebenen Weiſe erreicht. Die Stehbleche des Grates werden durch je zwei Balken umfaſſt, welche auf den Pfetten aufliegen und mit dem Eiſen-Fachwerk verbolzt ſind; nach auſsen ſind ſie abgerundet und mit glattem Kupferblech überdeckt. Breite und Ausladung dieſer Hölzer nehmen von unten nach oben ſtetig ab.

Das Anbringen der Schalung auf den Gratſparren und Zwiſchenſparren zeigt Fig. 613. Einfache Winkeleiſen als Gratſparren des Dachreiters von derſelben Kirche zeigt Fig. 615. Die Winkeleiſen ſind rechtwinkelig, und in ſehr geſchickter Weiſe iſt es möglich gemacht, dieſelben zu verwenden und an der Spitze zuſammenzuführen, obgleich die Pyramide achtſeitig iſt. Der Dachreiter iſt gleichfalls in Fig. 615 dargeſtellt und ohne beſondere Erläuterung verſtändlich.

227. Ringe. Als Ringe verwendet man einfache und doppelte Winkeleiſen, ſo wie ⊏-Eiſen, einfach oder doppelt. Nach Bedarf ſetzt man die Ringe auch aus Winkeleiſen und Blechen zuſammen. Den einen Schenkel der Winkeleiſen legt man parallel der Dachfläche. Auch die Stege oder die Flanſche der ⊏-Eiſen ordnet man parallel der Dachfläche an; dadurch wird es möglich, die Ringe an den Knotenblechen bequem zu befeſtigen. Die zum Anbringen der Conſtructionstheile des Bodens etwa erforderlichen Knotenbleche müſſen dann in die wagrechte Ebene gebogen werden

[273]) Facſ.-Repr. nach: Zeitſchr. d. Arch.- u. Ing.-Ver. zu Hannover 1888, Bl. 15.

(Fig. 616[271]). Verfchiedene Ringquerfchnitte zeigen Fig. 598, 604, 616 u. 620. Die Winkeleifen werden etwa in den Profilen 6,5 × 6,5 × 0,8 bis 8 × 8 × 1,0 cm, die ⊏-Eifen in den Profilen Nr. 8 bis 14 gewählt.

228. Diagonalen in den Seitenflächen.

Faft ftets werden gekreuzte Diagonalen verwendet, fo dafs diefelben nur Zug aufzunehmen haben. Dem entfprechend verwendet man Flacheifen (von 4 × 0,8 cm

Fig. 613.

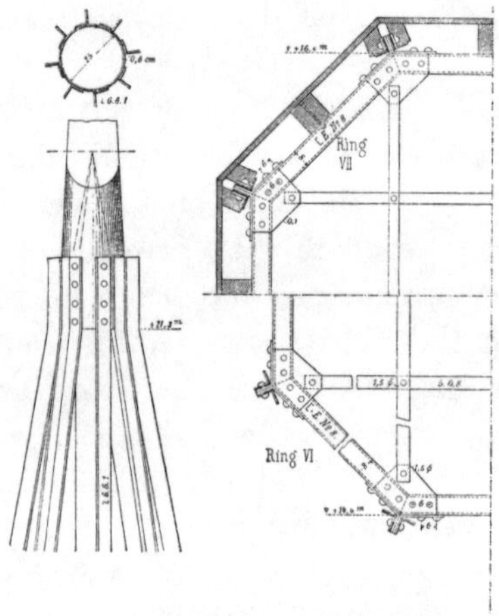


Von der katholifchen Pfarrkirche zu Harfum[273]). — 1/60 n. Gr.

Fig. 614.

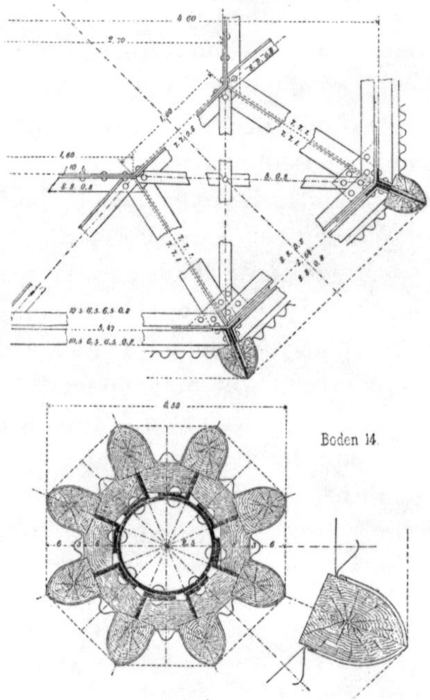


1/100, bezw. 1/20 n. Gr.

Fig. 615.

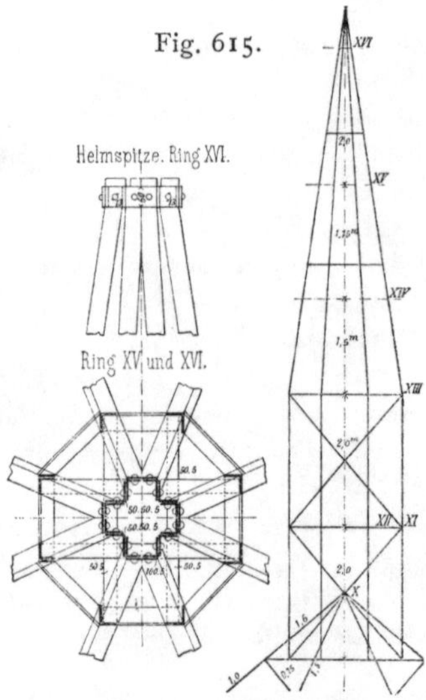


Dachreiter von der katholifchen Pfarrkirche zu Harfum[273]).
1/30, bezw. 1/50 n. Gr.

Fig. 616.

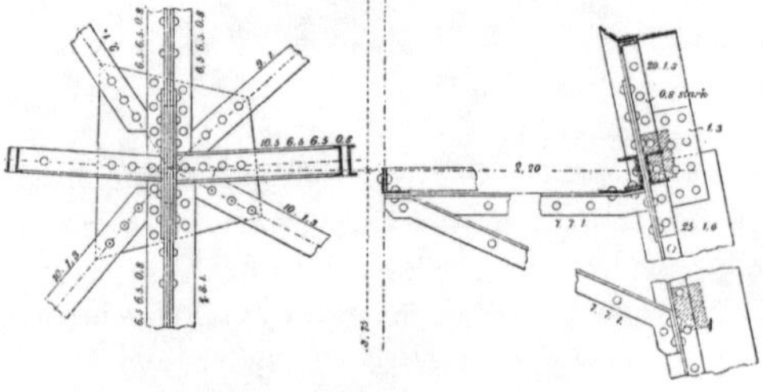

1/40 n. Gr.

Von der St. Katharinen-Kirche zu Osnabrück[271]).

an bis zu 10 × 1,3 cm) oder Rundeifen (von 13 bis 20 mm Durchmeffer und mehr), letztere zweckmäfsig mit Schlöffern.

229. Knotenpunkte.

Die Bildung der Knotenpunkte erfolgt nach den Grundfätzen, welche in Kap. 29 für die ebenen Knotenpunkte entwickelt find. Die Schwierigkeit liegt hier nur darin, dafs die einzelnen Stäbe nicht in denfelben Ebenen liegen. Diefe Schwierigkeit wird durch Knotenbleche, welche in die verfchiedenen Ebenen gebogen werden (Fig. 613), gehoben. Für den Anfchlufs der Diagonalen und Ringe werden andere Knotenbleche verwendet, als für den Anfchlufs der Stäbe in den Böden. Beifpiele geben Fig. 613, 614 u. 616.

230. Auflager-Knotenpunkte und Lager.

Bei den Auflager-Knotenpunkten ift aufser dem Zufammenfchlufs der Stäbe noch die gute Lagerung zu erzielen. Unter Hinweis auf die in Kap. 29 entwickelten Grundfätze für die Conftruction der Auflager-Knotenpunkte und Auflager dürfte es

Fig. 617.

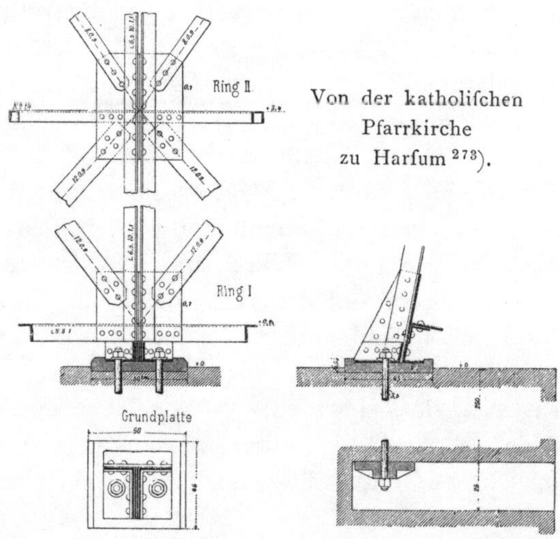


Von der katholifchen Pfarrkirche zu Harfum [273]).

1/40 n. Gr.

Fig. 618.

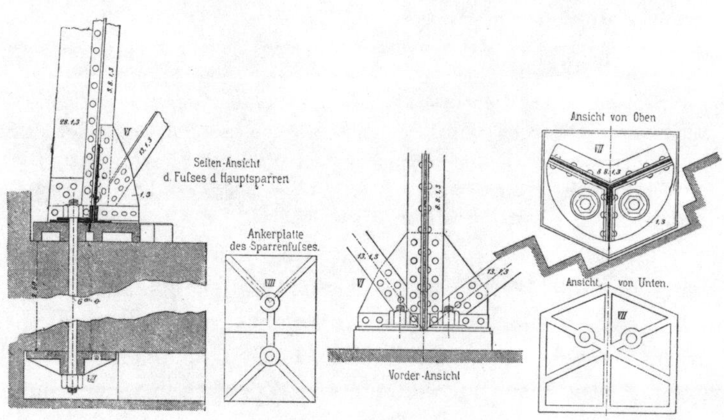


1/40 n. Gr.

Von der St. Katharinen-Kirche zu Osnabrück [271]).

genügen, die Löfungen in Fig. 617 u. 618 vorzuführen. Die Auflager find fämmtlich als fefte conftruirt.

Einen befonders fchwierig herzuftellenden Auflager-Knotenpunkt, vom Thurmhelm der St. Petri-Kirche zu Hamburg herrührend, ftellt Fig. 601 bis 603 (S. 306) dar; es ift derjenige Punkt, in welchem fich der Fufs des Gratfparren mit den Füfsen zweier Giebelfparren vereinigt. Vier Gratfparren fetzen fich bei diefem Thurm auf je zwei Giebelfparren; die vier anderen Gratfparren laufen bis zur Auflagerfläche hinab (Fig. 599, S. 306). Am unteren Ende des Gratfparrens ift ein in den erforderlichen Biegungen ausgefchmiedetes Knotenblech eingelegt, an welches die Giebelfparren mit ihren Winkeleifen und der Deckplatte angefchloffen find. Die Stehbleche und radialen Schenkel der Winkeleifen find mit befonderen, ftarken Unterlagsplatten für die Muttern der äufseren Ankerbolzen vernietet.

231. Verankerung.

Alle Auflagerpunkte werden in der Regel verankert; die Maſse der Ankerbolzen und die Tiefe der Verankerung hängt von der Berechnung ab; in dieſer Beziehung ſei auf Art. 117 (S. 144) verwieſen. Die Anker ſind gewöhnlich Rundeiſen, bis 80 mm im Durchmeſſer ſtark. Man ſoll die am unteren Ende der Anker befindliche Ankerplatte zugänglich erhalten (Fig. 617 u. 618).

232. Spitze.

Am Knotenpunkt der Spitze treffen alle Gratſparren zuſammen und ſind hier mit einander zu verbinden. Nach dem Vorbilde der Holzthürme ordnet man vielfach eine Helmſtange an, welche jedoch hier aus Eiſen, gewöhnlich als Eiſenrohr, conſtruirt wird. Selbſt bei hohen Thürmen beſteht jeder Gratſparren hier nur noch aus einem **T**- oder Winkeleiſen, ſo daſs die Befeſtigung derſelben an einem 20 bis 30 cm im Durchmeſſer haltenden, 6 bis 10 mm ſtarken Rohr vorgenommen werden kann. Derartige Verbindungen zeigen Fig. 598, 613, 614 u. 619. Die Helmſtange läuft coniſch zu und iſt im oberen Theile maſſiv.

Bei kleinen Thürmen ſtellt man die Helmſtange wohl aus einem Rundeiſen her, welche durch einen Guſseiſenſchuh geht, in den ſich die Sparren ſetzen (Fig. 604 u. 608); die Helmſtange wird einige Meter weit hinabgeführt und an ihrem unteren Ende noch einmal gefaſst. Einzelheiten dieſer Conſtruction ſind in Fig. 605, 606, 607, 609, 610 u. 611 vorgeführt.

Fig. 619.

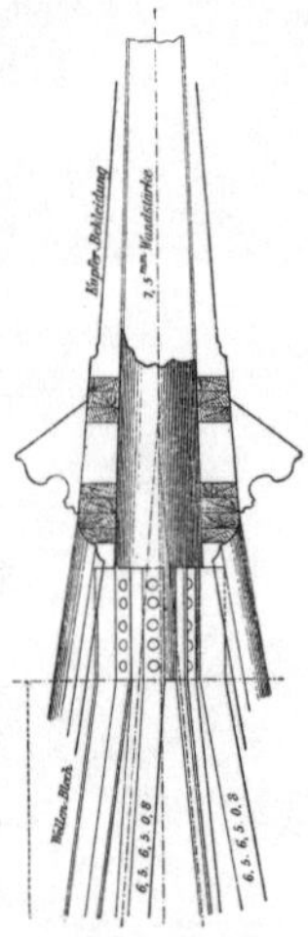

Von der St. Katharinen-Kirche zu Osnabrück [271]).

1/40 n. Gr.

233. Gewichte eiſerner Thurmhelme.

Ueber das Verhältniſs des Gewichtes eiſerner Thurmhelme zu ihren Hauptabmeſſungen iſt in der Literatur leider wenig zu finden. Sicher iſt, daſs das Gewicht mit der Höhe und der Grundflächenbreite wächst.

Bei den beiden groſsen Thurmbauten, denjenigen der Katharinen-Kirche zu Osnabrück und der St. Petri-Kirche zu Hamburg, welche bezw. 47 m und 71 m hoch ſind, ergab ſich ſowohl für das Cub.-Meter umbauten Raumes, wie für das ſteigende Meter der Höhe ein nur geringer Unterſchied. Beim letzteren (Fig. 599) beträgt das Eiſengewicht für das ſteigende Meter 1282 kg und dasjenige für das Cub.-Meter umbauten Raumes 26,8 kg; bei erſterem (Fig. 589) ergab ſich das Eiſengewicht für das ſteigende Meter zu 1257 kg, dasjenige für das Cub.-Meter umbauten Raumes zu 24,2 kg.

Beim Thurm der Pfarrkirche zu Harſum mit 22 m Höhe und 7,6 m breiter Grundfläche waren die entſprechenden Gewichte 516 kg, bezw. 32,4 kg.

Zu Schluſsfolgerungen über die Gröſse des Eiſengewichtes genügen dieſe wenigen Zahlenwerthe noch nicht; es ſcheint aber, als ob das Gewicht für 1 cbm umbauten Raumes nicht ſtark veränderlich iſt und etwa 25 bis 33 kg beträgt. Bei kleinen Höhen ſcheinen die gröſseren Werthe maſsgebend zu ſein, weil man bei dieſen mehr Zugaben machen muſs und letztere ſich auf eine viel geringere Zahl von Raummetern vertheilen.

234. Zwei weitere beachtenswerthe Conſtructionen.

Am Schluſs des vorliegenden Kapitels ſeien noch zwei der neueſten Zeit entſtammende Conſtructionen, diejenigen des Domes zu Halberſtadt und der Reformations-Kirche zu Wiesbaden, vorgeführt. Die Conſtruction der Thürme am Dom zu Halberſtadt iſt in Fig. 620 u. 621 [274]) dargeſtellt.

Die achtſeitige Thurmpyramide von 25,050 m Höhe ſetzt ſich auf einen 8,988 m hohen Unterbau in ähnlicher Weiſe, wie beim Thurmbau von St. Petri in Hamburg: vier Gratſparren gehen bis zum Fuſs des Unterbaues; die anderen vier finden ihre Stützpunkte auf vier Giebelſpitzen. Die Pyramide ſelbſt hat vier untere Stockwerke von je 3,465 m Höhe; über dem oberſten dieſer vier Stockwerke liegt der Boden 7.

---

[274]) Nach freundlichen Mittheilungen des Herrn Commerzienraths *Behrens* vom Berliner »Cyclop«, welcher dieſe Thürme ausgeführt hat; der Entwurf dazu rührt von Herrn Ingenieur *Cramer* in Berlin her.

Nun folgt ein Stockwerk von 2,52 m Höhe, dann Boden *8*, ein weiteres 2,520 m hohes Stockwerk und darauf Boden *9*. Der Theil des Thurmes über Boden *8* iſt in Fig. 620 dargeſtellt. In allen Seitenfeldern der Thurmpyramide ſind gekreuzte Schrägſtäbe aus Flacheiſen (85 × 10 bis 65 × 8 mm ſtark). Während das Eiſen-Fachwerk unter dem Boden *9* als achtſeitige Pyramide conſtruirt iſt, zeigt ſich der oben befindliche Theil, die Spitze, als vierſeitige Pyramide; in die äuſsere Erſcheinung tritt aber letztere nicht;

Fig. 620.

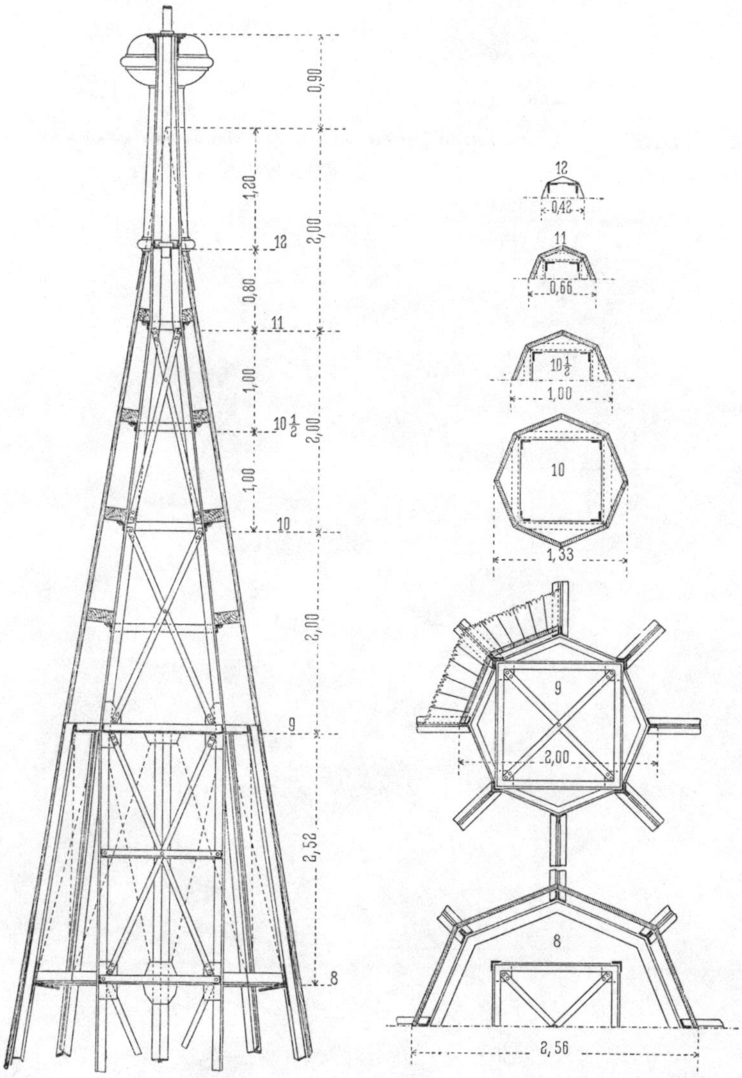


1/75 n. Gr.

Fig. 621.

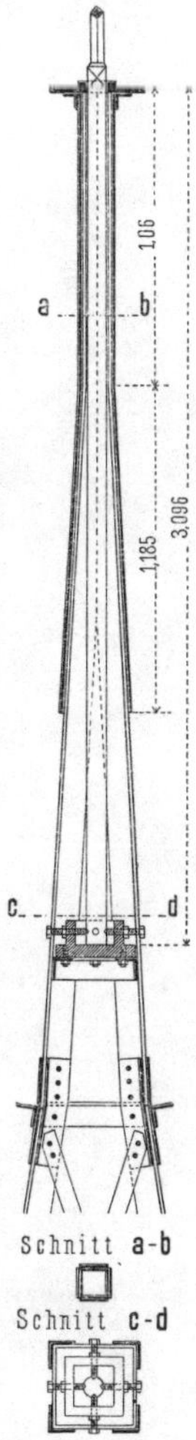


1/40 n. Gr.

Vom Thurm zu Halberſtadt [274]).

vielmehr hat man auf den vierſeitig pyramidalen Kern entſprechend geformte Hölzer ſo aufgefüttert, daſs durch die aufgenagelte Dachſchalung die achtſeitige Pyramide erhalten wird. Fig. 620 zeigt in den Böden *10*, *10½*, *11* und *12* dieſe Hölzer und die Dachſchalung. Die vierſeitige Spitze wurde im Inneren des Thurmes zuſammengenietet und im Ganzen gehoben; um eine ſichere Führung beim Heben zu haben, verlängerte man die Spitze um zwei Stockwerkshöhen vom Boden *9* aus nach unten; nach der Hebung reicht alſo das Führungsgerüſt bis zum Boden *7* hinab.

Fig. 622.

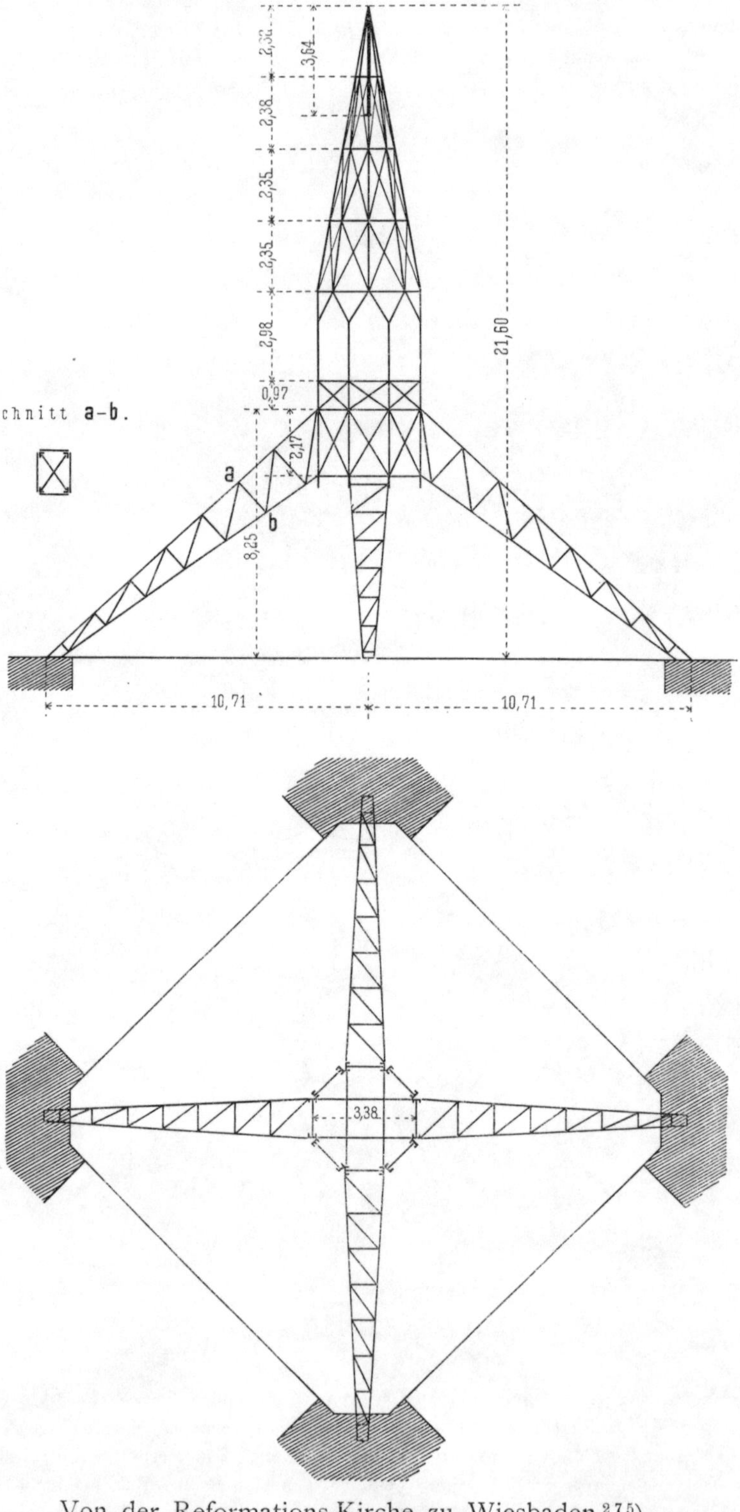


Von der Reformations-Kirche zu Wiesbaden [275]).

$^1/_{250}$ n. Gr.

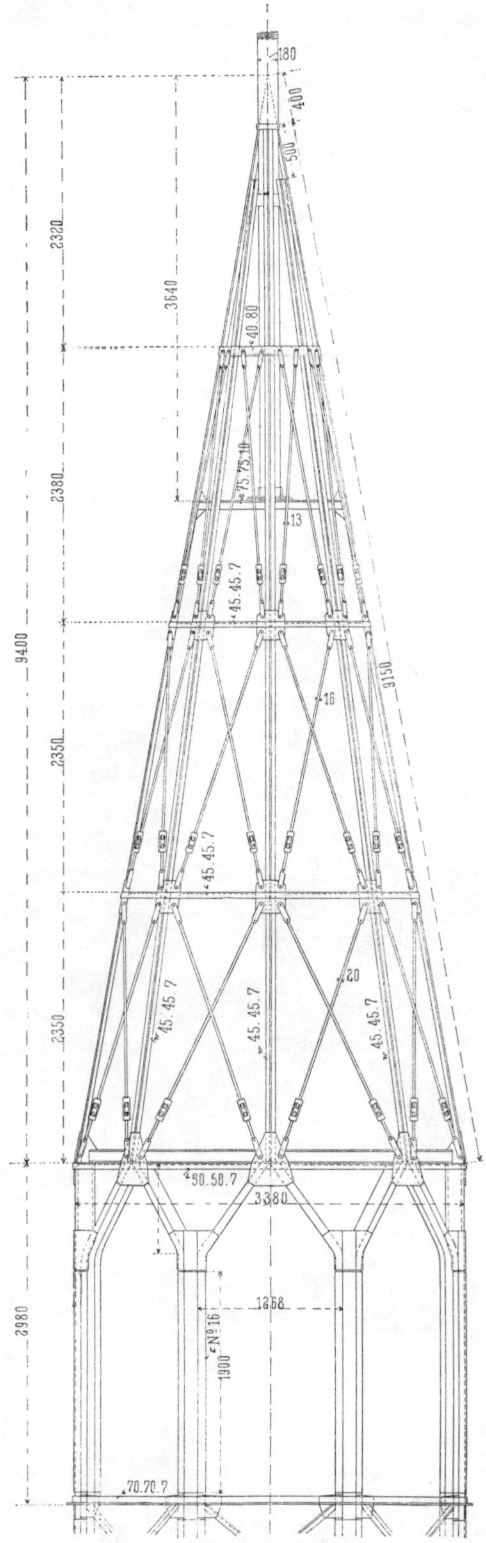


Fig. 623.

Von der Reformations-Kirche zu Wiesbaden [275]).

$^3/_{200}$ n. Gr.

Die vier Gratſparren der Spitze und ihre Verlängerungen nach unten ſind einfache, rechtwinkelige Winkeleiſen, welche bei Boden *9* genau in die entſprechenden Gratſparren des unteren, achtſeitigen Theiles hineinpaſſen und leicht mit letzteren vernietet werden können. Dieſe Conſtruction iſt in Fig. 620 dargeſtellt. Durch Aufſetzen der vierſeitigen Spitze wird das ganze Fachwerk einfach ſtatiſch unbeſtimmt, iſt alſo viel leichter zu berechnen, als wenn die achtſeitige Pyramide ganz durchgeführt wird; vor Allem aber wird hierdurch die Conſtruction einfach und leicht herſtellbar.

Die Spitze ſelbſt und die Befeſtigung des Thurmkreuzes an ſeinem unteren Ende in einer guſseiſernen Platte, die Art, wie die vier Winkeleiſen oben zuſammengeführt und durch aufgenietete Bleche mit einander verbunden werden, iſt in Fig. 621 dargeſtellt.

## Den Thurm der Reformations-Kirche zu Wiesbaden veranſchaulichen Fig. 622 u. 623 [275]).

Derſelbe wird, wie Fig. 622 im Grundriſs und Aufriſs darſtellt, durch einen vierfüſsigen eiſernen Bock getragen, der die Laſt des Thurmes auf die vier Eck-Mauerpfeiler überträgt. Jeder Fuſs des Bockes iſt ein räumliches Fachwerk (vergl. den Schnitt in Fig. 622) und dient auch als Kehlbinder. Der Thurm iſt achtſeitig; die acht Gratſparren ſetzen ſich auf acht Giebelſpitzen. Alle Seitenfelder ſind mit gekreuzten Zugdiagonalen verſehen. Die Pfoſten des prismatiſchen unteren Thurmtheiles beſtehen aus je zwei **[**-Eiſen Nr. 16; die Stege derſelben ſind winkelrecht zu den begrenzenden Seitenflächen geſtellt, ſo daſs die beiden zu demſelben Pfoſten gehörigen Stege einen Winkel von 45 Grad mit einander einſchlieſsen (ſiehe den Grundriſs in Fig. 622). Auf die Flanſche der **[**-Eiſen gelegte, entſprechend gebogene Knotenbleche verbinden beide **[**-Eiſen mit einander und ermöglichen den Anſchluſs der Ringe und Schrägſtäbe. Die oberen Enden der **[**-Eiſen ſind ſo gebogen, daſs die 8 Giebel entſtehen, auf deren Spitzen ſich die Gratſparren ſetzen.

275) Nach freundlicher Mittheilung des Erbauers, Herrn Geh. Regierungsrath Profeſſor *Otzen* in Berlin.

## Eiſerne Kuppeldächer.

235. Conſtruction. Die in der Neuzeit meiſt übliche Conſtruction des Kuppeldaches iſt die von *Schwedler* angegebene, bei welcher alle tragenden Theile in die Dachfläche verlegt ſind. Man kann aber auch ebene Hauptträger anordnen, welche den zu überdeckenden Raum in der einen Richtung überſpannen und zuſammen mit Bindern zweiter, auch wohl noch dritter Ordnung das Kuppeldach tragen. Ein Beiſpiel für eine ſolche Conſtruction iſt in Art. 248 beſprochen.

Die *Schwedler*'ſche Kuppel-Conſtruction iſt für runde Grundriſsformen und ſehr groſse Weiten mit gutem Erfolge ausgeführt; ſie läſſt den ganzen Innenraum frei und wirkt dadurch auch architektoniſch ſehr günſtig; ſie iſt einfach und leicht und geſtattet ein bequemes Aufſtellen, da jeder innerhalb eines vollen Ringes liegende Kuppeltheil ein feſtes Syſtem bildet, welches für ſich gehoben werden kann. Fig. 220 (S. 77) zeigt im mittleren Theile ein ſolches Kuppeldach. Wie der Aufbau vorzunehmen iſt, damit das Fachwerk geometriſch und ſtatiſch beſtimmt wird, iſt in Art. 138 (S. 186 u. 187) vorgeführt.

### a) *Schwedler*'ſche Kuppeln.

236. Theile. Die nothwendigen Theile des *Schwedler*'ſchen Kuppel-Fachwerkes ſind:

1) Die Gratſparren, welche vom Auflager bis zu einem ſog. Laternenringe laufen und meiſtens gebrochene Linien bilden (ſiehe Fig. 397, S. 187); unter jedem Grat iſt ein Gratſparren anzuordnen.

2) Die Ringe, welche in verſchiedenen Höhen ringsherum laufend die Gratſparren mit einander verbinden; beſonders wichtig ſind der in der Höhe der Auflager anzubringende unterſte Ring, der ſog. Fuſsring oder Mauerring, und der oberſte Ring, der ſog. Laternenring. Der Fuſsring erleidet ſtets Zug und der Laternenring ſtets Druck.

3) Die Schrägſtäbe in den trapezförmigen Seitenfeldern, welche durch die Gratſparren und die Ringe gebildet werden. Man verwendet meiſtens in jedem Felde

Fig. 624.

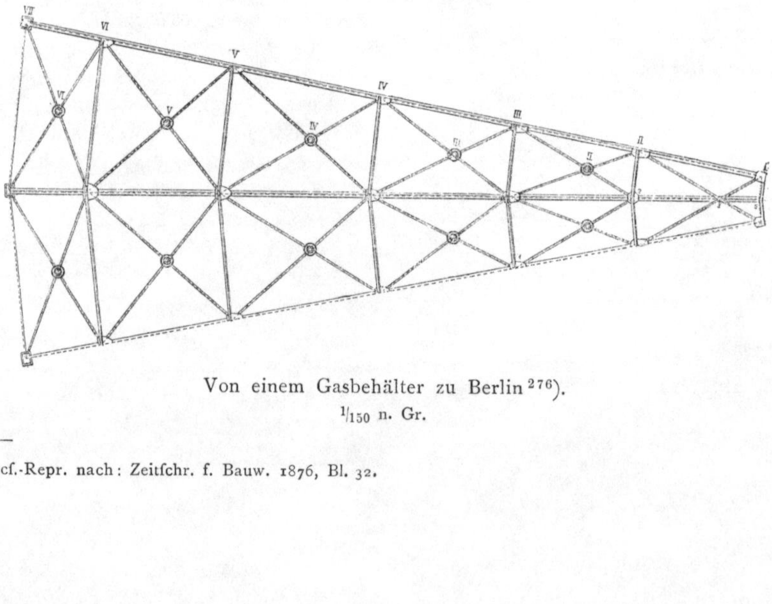

Von einem Gasbehälter zu Berlin[276]).

$^1/_{150}$ n. Gr.

276) Facſ.-Repr. nach: Zeitſchr. f. Bauw. 1876, Bl. 32.

Fig. 625.

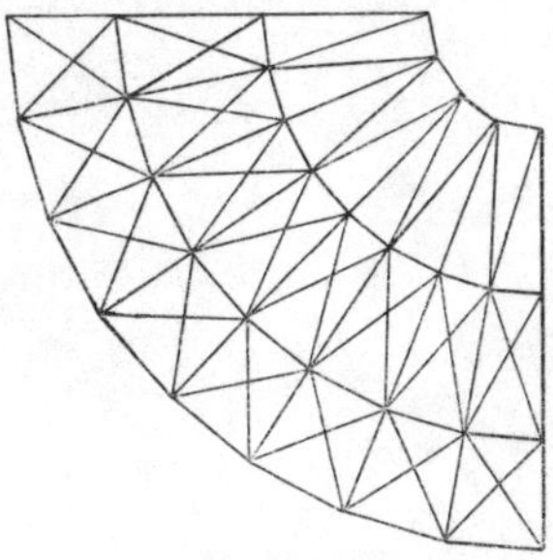

zwei einander kreuzende Schrägſtäbe, welche wie Gegendiagonalen wirken und nur auf Zug beanſprucht werden. Wenn in den oberſten Seitenfeldern, welche nur geringe Breite erhalten, die Schrägſtäbe mit den Gratſparren ſehr kleine Winkel einſchlieſsen würden, ſo läſſt man daſelbſt wohl die Schrägſtäbe nach Fig. 624 [276]) über zwei Felder laufen. Eine andere Löſung dieſer Schwierigkeit zeigt Fig. 625. Abwechſelnd iſt immer ein Sparren bis zum Laternenring durchgeführt, während jeweilig der andere Sparren am nächſt unteren Ringe in zwei Sparren zerſpalten iſt, welche nach den Eckpunkten des Laternenringes laufen; letzterer hat dann nur halb ſo viele Seiten, als die anderen Ringe. Dieſe Anordnung iſt weniger einfach, als die in Fig. 624 vorgeführte. welche deſshalb vorzuziehen iſt.

Die unter 1 bis 3 angegebenen Theile ſind für die Standfähigkeit der Kuppel ausreichend. Die Gratſparren tragen noch die Pfetten, welche meiſtens als Holzpfetten conſtruirt werden, rings um die Kuppel laufen und die Holzſchalung aufnehmen. Die Schalung ſpielt hier eine groſse Rolle, um einſeitige Belaſtungen unſchädlich zu machen. Auf den Laternenring ſetzt ſich faſt ſtets eine Laterne.

237. Kuppelcurve.

Die erzeugende Curve der Kuppel iſt gewöhnlich eine Parabel oder eine cubiſche Parabel. Wählt man die letztere Curve, ſo herrſcht bei gleichmäſsig vertheilter Belaſtung in den Zwiſchenringen die Spannung Null. Näheres darüber iſt in Theil I, Band 1, zweite Hälfte (Art. 454, S. 424 [277]) dieſes »Handbuches« zu finden; eben daſelbſt iſt auch ein Zahlenbeiſpiel durchgerechnet.

238. Eigengewicht der Kuppel.

Auf Grund der von *Scharowsky* [278]) durchgeführten Berechnungen der Gewichte *Schwedler*'ſcher Kuppeln mit Durchmeſſern von 10 bis zu 60 m hat der Verfaſſer ermittelt, daſs man das Eiſengewicht $g'$ für das Quadr.-Meter überdeckter Grundfläche nach der Formel

$$g' = 0{,}25\, D + 19{,}5 \qquad 37.$$

ermitteln kann. In dieſer Formel bedeutet $D$ den Durchmeſſer der Kuppel (in Met.); $g'$ wird in Kilogr. erhalten, und zwar einſchlieſslich des Gewichtes der Laterne. Will man das geſammte Eigengewicht der Kuppel haben, ſo rechne man für Pfetten, Schalung und Deckung mit Pappe ein Gewicht

$$g'' = 35{,}5 \text{ Kilogr.}$$

hinzu. Das geſammte Eigengewicht für das Quadr.-Meter überdeckter Grundfläche wird demnach

$$g = 0{,}25\, D + 55 \text{ Kilogr.} \qquad 38.$$

239. Gratſparren.

Die Gratſparren, auch kurz Sparren genannt, werden als Stäbe des Kuppel-Fachwerkes auf Druck und durch die Pfetten auſserdem noch auf Biegung beanſprucht; ſie ſind für dieſe zuſammengeſetzte Beanſpruchung zu berechnen, und die Querſchnittsform iſt mit Rückſicht auf dieſelbe zu wählen; auch muſs gute Befeſtigung der Knotenbleche für die Schrägſtäbe, der ſog. Wind-Knotenbleche, möglich ſein.

Fig. 626.

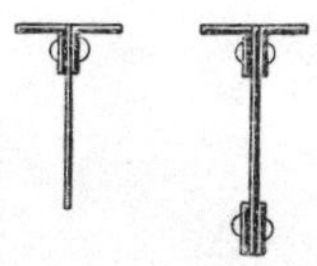

Nach dem Vorgange *Schwedler*'s conſtruirt man die Sparren meiſtens aus zwei Winkeleiſen mit dazwiſchen befindlichem Steh-

277) 2. Aufl.: Art. 243, S. 231.

278) In: Muſterbuch für Eiſen-Conſtructionen. Leipzig 1895. Theil I, S. 136, 137.

Fig. 627.

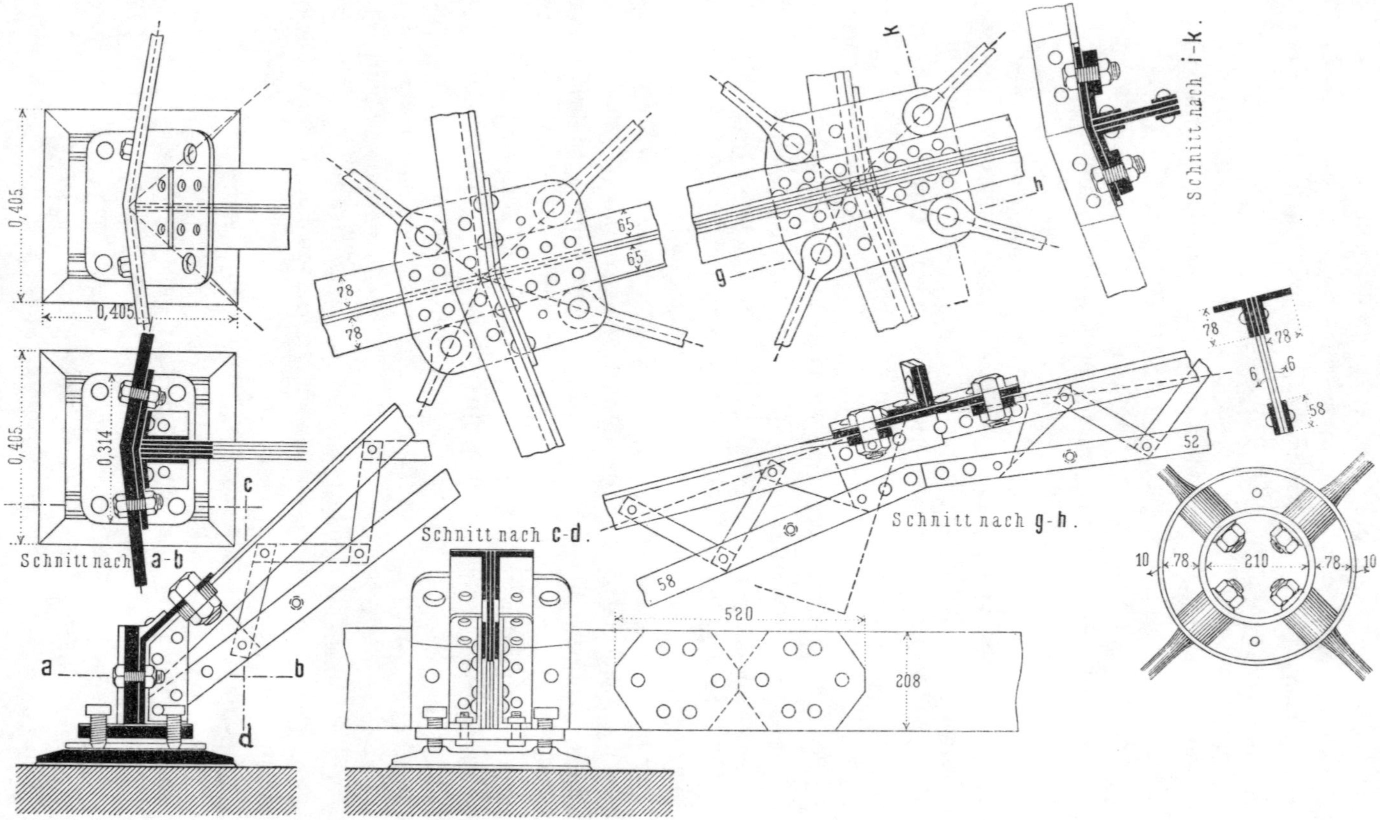


Vom Gasbehälter am Hellweg zu Berlin [279]).

1/16 n. Gr.

blech, welches nach Bedarf noch durch zwei weitere aufgenietete lothrechte Flacheiſen verſtärkt wird (Fig. 626). Die Winkeleiſen ſind etwa 40 × 40 × 6 bis 75 × 75 × 10 mm ſtark und die Stehbleche 120 × 8 bis 320 × 10 mm. Die aufgenieteten Verſtärkungsflacheiſen haben etwa 40 × 6 bis 50 × 8 mm Querſchnitt.

Die obere Begrenzung der Sparren iſt krummlinig, der erzeugenden Kuppelcurve entſprechend; die untere Begrenzung des Stehbleches von Knotenpunkt zu Knotenpunkt iſt eine Gerade. Die Stöſse des Stehbleches werden in die Knotenpunkte verlegt, alſo an diejenigen Stellen, an welchen Sparren und Ringe zuſammentreffen. Auf die nicht lothrechten Winkeleiſenſchenkel kommen die Wind-Knotenbleche und auf letztere die Ringe (Fig. 628 u. 629 [281]).

Die Sparren werden wohl auch aus Gitterwerk hergeſtellt, beſtehend aus zwei Winkeleiſen als oberer und zwei Flacheiſen als unterer Gurtung, ſo wie dazwiſchen liegendem Flacheiſen-Gitterwerk (Fig. 627 [279]). An den Knotenpunkten und in der

Fig. 628.

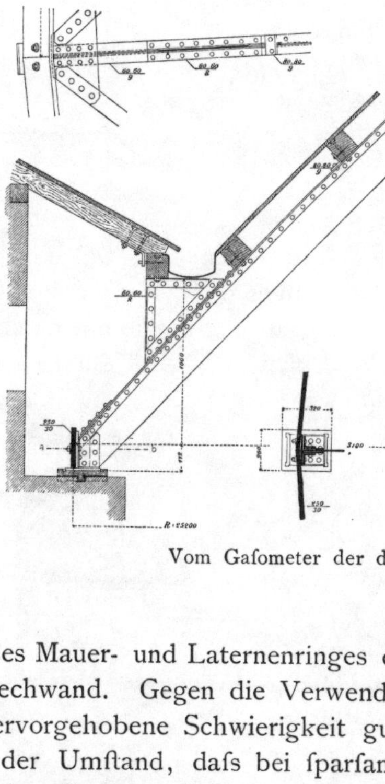

Fig. 629.

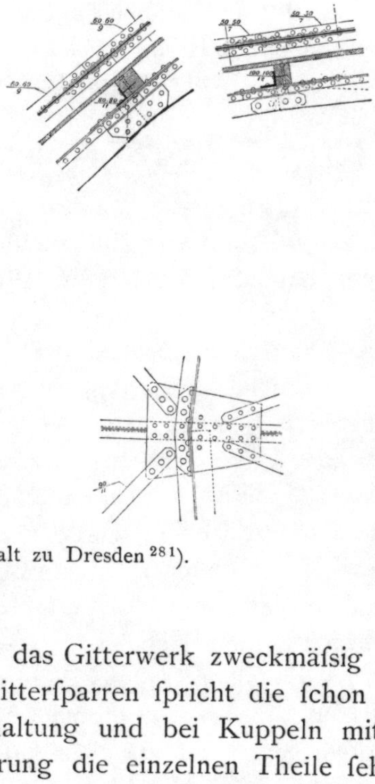

Vom Gaſometer der dritten Gasanſtalt zu Dresden [281]).

1/50 n. Gr.

Nähe des Mauer- und Laternenringes erſetzt man das Gitterwerk zweckmäſsig durch eine Blechwand. Gegen die Verwendung von Gitterſparren ſpricht die ſchon mehrfach hervorgehobene Schwierigkeit guter Unterhaltung und bei Kuppeln mittlerer Gröſse der Umſtand, daſs bei ſparſamer Ausführung die einzelnen Theile ſehr geringe Abmeſſungen erhalten, was zu Unzuträglichkeiten führt. Wenn es ſich um ſehr groſse Kuppeln handelt, ſo wird man allerdings dennoch zu Gitterſparren greifen.

Ein Beiſpiel iſt die Kuppel vom Blumen-Ausſtellungsdom in der Weltausſtellung zu Chicago. Dieſelbe hatte 57 m Durchmeſſer und als Erzeugende einen Viertelkreis von 28,5 m Halbmeſſer, bildete alſo eine volle Halbkugel. Jeder der 20 Hauptſparren war im Querſchnitt 0,914 m hoch, beſtand in der oberen und unteren Gurtung aus je zwei Winkeleiſen von 100 × 76 × 10 mm und doppelter Netzwerkvergitterung zwiſchen den Gurtungen (Flacheiſen 90 × 10 mm [280]).

279) Facſ.-Repr. nach: Zeitſchr. f. Bauw. 1866, Bl. 11.

280) Siehe: Allg. Bauz. 1893, S. 13 u. Bl. 1, 2, 3, 4, 5. — Centralbl. d. Bauverw. 1893, S. 457.

281) Facſ.-Repr. nach: Zeitſchr. d. Arch.- u. Ing.-Ver. zu Hannover 1881, Bl. 860.

240. Zwifchenringe.

Die Zwifchenringe können fchwach fein, wenn fie nur als Theile des Kuppel-Fachwerkes zu wirken haben. Sie beftehen meiftens nur aus einem Winkeleifen, etwa 50 × 50 × 7 bis 120 × 120 × 13 mm ftark. Der Stofs wird an denjenigen Stellen vorgenommen, wo Sparren und Ringe einander treffen; für den einen Schenkel dient das Wind-Knotenblech als Stofsblech, und für den anderen Schenkel wird ein befonderes Stofsblech aufgelegt. Damit diefe einfachen Winkeleifen bei dem auftretenden Drucke nicht zerknickt werden oder ausbiegen, hat *Schwedler* fie mit den angrenzenden Holzpfetten durch 8 bis 10 mm ftarke Schraubenbolzen verbunden.

Beim Blumen-Ausftellungsdom in Chicago find die Ringe zugleich Pfetten und defshalb mit Blechträger-Querfchnitt conftruirt.

Fig. 630.

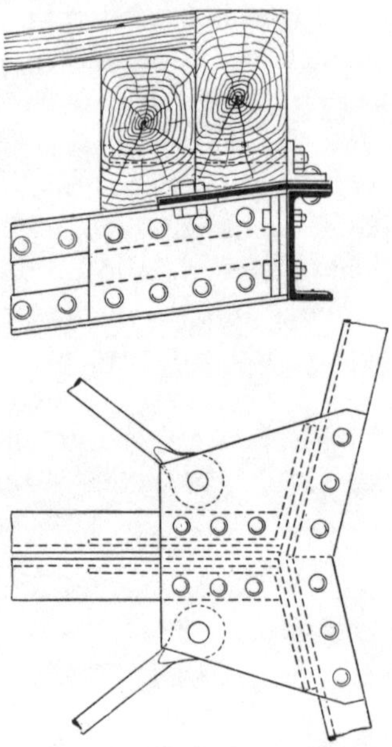

Vom Locomotivfchuppen auf dem Bahnhof zu Bremen.

1/15 n. Gr.

241. Laternenring.

Der Laternenring mufs widerftandsfähig gegen Druck fein. Er wird aus zwei Winkeleifen (Fig. 631 [282]), aus lothrechtem Blech mit oben fäumenden Winkeleifen, auch wohl aus einem **[**-Eifen gebildet (Fig. 630).

In Fig. 631 befteht der wirkfame Laternenring nur aus den beiden Winkeleifen; dargeftellt ift die Stofsftelle: das zwifchen die lothrechten Schenkel der Winkeleifen gelegte Blech ftöfst diefe; das aufgelegte wagrechte Blech ftöfst die wagrechten Winkeleifenfchenkel.

242. Fufsring.

Der Fufsring oder Mauerring hat nur Zug zu ertragen. Man conftruirt ihn meiftens als lothrechtes Flacheifen, welches, da die im Ringe herrfchenden Kräfte fehr grofs werden können, grofse Querfchnittsfläche erhält. Fig. 627 zeigt ein Flacheifen von 208 × 20 mm; es kommen aber viel gröfsere Querfchnittsflächen vor. Der Stofs des Fufsringes wird durch beiderfeits aufgelegte Lafchen (Fig. 627) vorgenommen, und zwar an beliebiger, bequem liegender Stelle.

243. Schrägftäbe.

*Schwedler* verwendete zu den Schrägftäben Rundeifen von 25 bis 30 mm Durchmeffer; wo die beiden Schrägftäbe fich treffen, wurde ein Schlofs (Fig. 627) angebracht, mit deffen Hilfe etwaige Ungenauigkeiten befeitigt werden können. Um Durchbiegung in Folge des Gewichtes der Schlöffer zu vermeiden, hängte *Schwedler* diefelben mittels Schleifen an den Holzpfetten auf. *Scharowsky* zieht für die Schrägftäbe Flacheifen vor, weil die Rundeifen theuerer feien, durch die grofse Zahl von Spannfchlöffern leicht ungleichmäfsige Spannung in die Diagonalen komme, die Spannfchlöffer durch ihr Gewicht die Schrägftäbe durchbiegen und der nur durch Bolzen zu bewirkende Anfchlufs der Rundeifen-Diagonalen ftarke Knotenbleche erfordere.

Fig. 631.

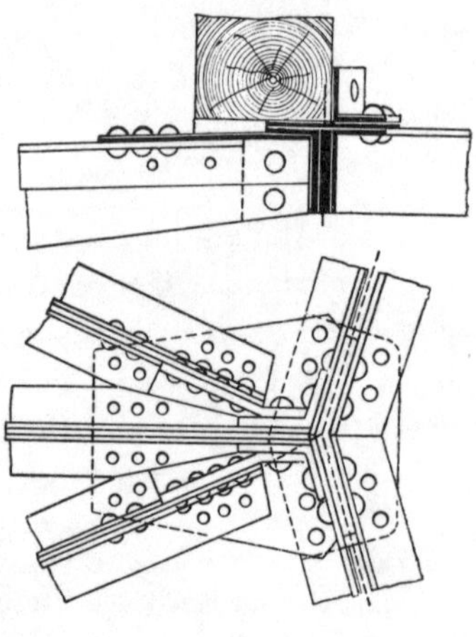

Vom Gasbehälter in der Holzmarktftrafse zu Berlin [282]).

1/16 n. Gr.

244. Knotenpunkte.

Die Conftruction der Knotenpunkte an den Zwifchenringen bietet keine Schwierigkeit; der An-

282) Facf.-Repr. nach: Zeitfchr. f. Bauw. 1866, Bl. 10.

fchlufs der Schrägftäbe und Ringe erfolgt mittels des Knotenbleches, welches in die anfchliefsenden Seitenebenen gebogen wird und den Stofs der wagrechten Winkeleifenfchenkel fowohl bei den Sparren, wie bei den Ringen vermittelt; die lothrechten Winkeleifenfchenkel werden durch Bleche, die Stehbleche der Sparren durch beiderfeitige Lafchen (Fig. 629) geftofsen. Die etwa auf das Stehblech gelegten Verftärkungs-Flacheifen dürfen in der Regel, da fie nur wegen der Biegungsbeanfpruchung aufgefetzt find, diefe aber nahe an den Knotenpunkten fehr klein ift, ftumpf vor die Stofslafchen laufen.

Fig. 632.

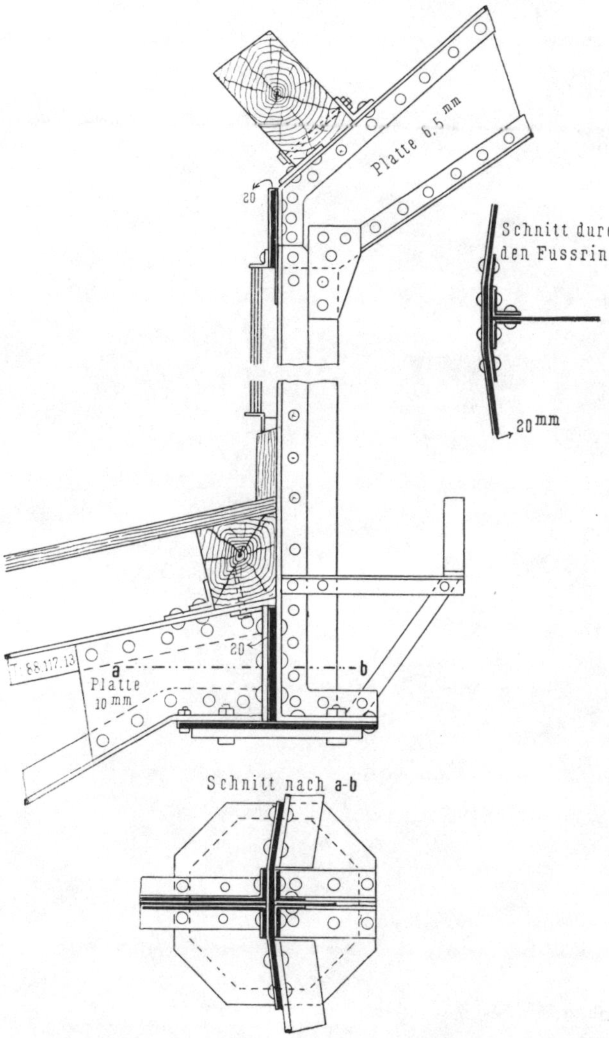


Von einem Locomotivfchuppen der Preufsifchen Oftbahn.
1/20 n. Gr.

Die Verbindung der Sparren mit dem Laternenring wird mittels lothrechter Winkeleifen oder winkelförmig gebogener Bleche und entfprechend geformter Knotenbleche vorgenommen. Ein Beifpiel zeigt Fig. 630. Verwickelter ift die Conftruction, wenn nach Fig. 625 (S. 319) drei Gratfparren an einem Punkte des Laternenringes zufammentreffen. Einen folchen Knotenpunkt veranfchaulicht Fig. 631 [282]); für den Anfchlufs der beiden fchräg anlaufenden Sparren find befondere lothrechte Knotenbleche auf die Schenkel der beiden Winkel gelegt, welche den mittelften Sparren mit dem Laternenring verbinden; aufserdem find die drei Sparren auch mit dem Wind-Knotenblech vernietet.

Die Auflager-Knotenpunkte find zugleich diejenigen Knotenpunkte, in denen die Gratfparren mit dem Fufsring zufammentreffen. Das untere Ende des Gratfparrens wird mit dem Fufsring durch lothrechte Winkeleifen verbunden; zwifchen beide kommt das Wind-Knotenblech zum Anfchlufs der Schrägftäbe, welches in die Ebenen der anfchliefsenden Seitenflächen gebogen wird (Fig. 627). Mit dem Ganzen wird eine wagrechte fchmiedeeiferne Platte verbunden, durch welche vier Stellfchrauben gehen; diefelben übertragen den Auflagerdruck auf die Auflagerplatte. Die Lager find, fo weit es der Fufsring geftattet, beweglich, und zwar in der Linie in der Richtung des Halbmeffers

245.
Auflager-Knotenpunkte.

der Grundfläche; defshalb find die gufseifernen Auflagerplatten in Fig. 627 mit gehobelten Bahnen hergeftellt, in welche die vier Stellfchrauben paffen.

Wenn der Fufsring am oberen Ende eines lothrechten, cylindrifchen Aufbaues liegt, wie beim Locomotivfchuppen in Fig. 220 (S. 77), fo ändert fich die Conftruction etwas; ein folcher Knotenpunkt ift in Fig. 632 dargeftellt.

Fig. 633.

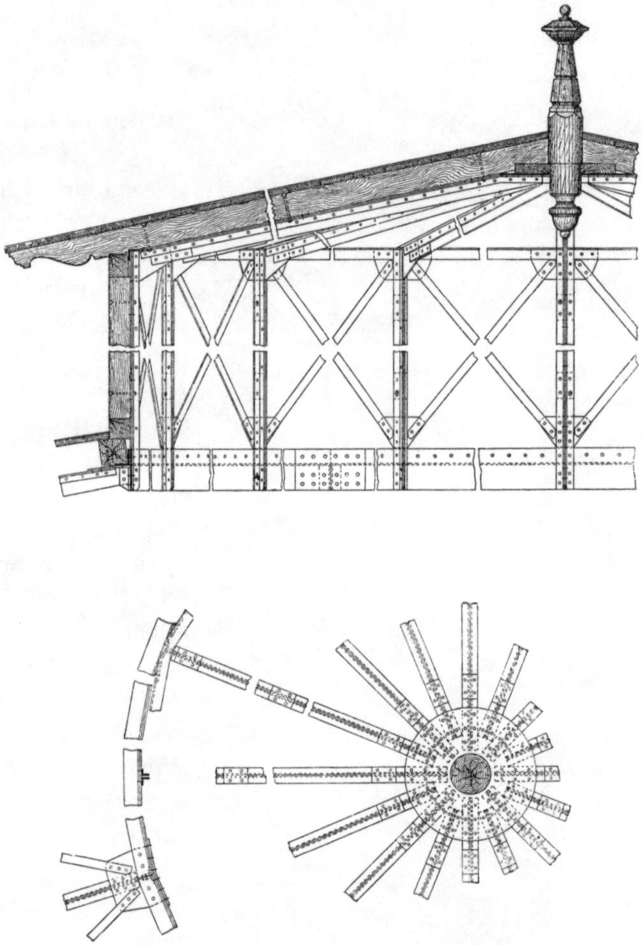

Laterne[283]). — $^1/_{50}$ n. Gr.

246. Laterne. Die Laterne foll des Zufammenhanges wegen an diefer Stelle fofort mit befprochen werden. Nennt man den Durchmeffer des Grundrifskreifes der Kuppel $D$, den Durchmeffer der Laterne $D_2$, die Höhe des lothrechten Unterbaues der Laterne $h_1$ und die Dachhöhe der Laterne $h_2$, fo kann man

$$D_2 = 0{,}2\ D, \quad h_1 = 0{,}05\ D \quad \text{und} \quad h_2 = 0{,}02\ D$$

einführen[283]). Die Anzahl der Seiten für die Laterne und demnach die Zahl der

283) Nach: SCHAROWSKY, a. a. O., Theil I, S. 131, 134, 135.

Sparren für dieſelbe wählt man zweckmäſsig kleiner, als die Zahl der Kuppelſparren, etwa halb, unter Umſtänden nur ein Viertel ſo groſs, wie letztere. Es empfiehlt ſich, die lothrechten Laternenpfoſten an den Laternenring nicht in den Knotenpunkten, in welchen die Gratſparren der Kuppel anſchlieſsen, ſondern daneben oder je in der Mitte zwiſchen zwei Knotenpunkten anzuordnen; die Anſchlüſſe werden alsdann einfacher [283]). Die hierdurch im Laternenring erzeugten Biegungsſpannungen ſind bei der Querſchnittsbemeſſung natürlich als Zuſatzſpannungen zu berückſichtigen.

Die Pfoſten der Laterne werden aus zwei Winkeleiſen mit Zwiſchenraum und die Laternenſparren eben ſo conſtruirt; die Verbindung durch in die Zwiſchenräume

Fig. 634.

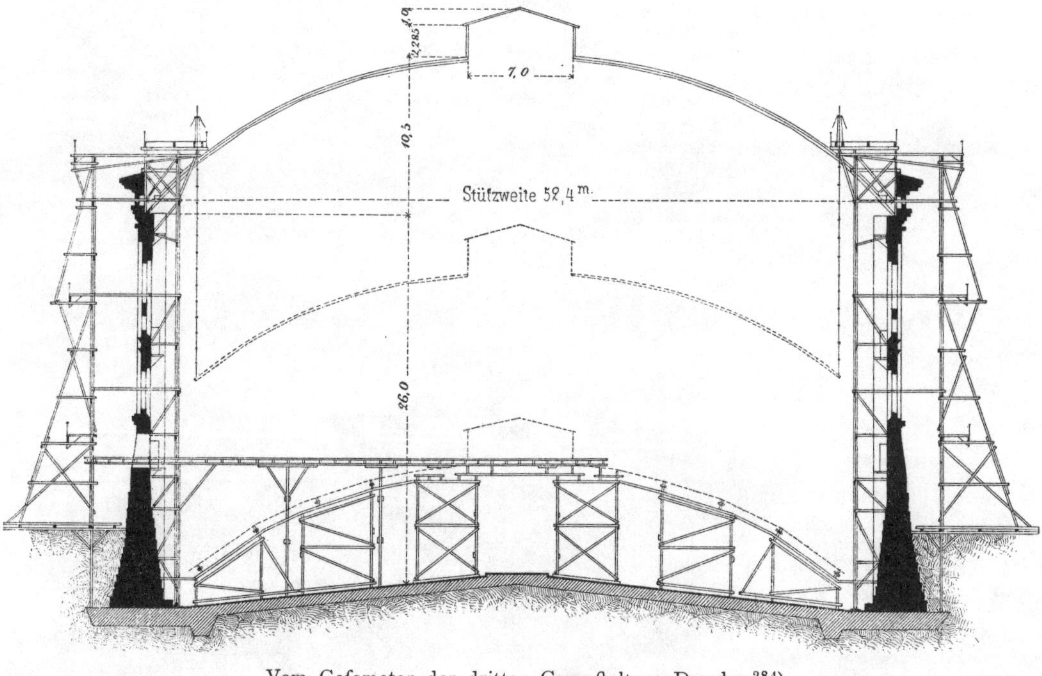


Vom Gaſometer der dritten Gasanſtalt zu Dresden [284]).
1/500 n. Gr.

eingelegte Bleche iſt leicht herzuſtellen. Am oberen Ende der Pfoſten muſs, wegen der durch die Laternenſparren ausgeübten Kräfte, ein Zugring angebracht werden; die lothrechten Seitenflächen der Laterne ſind durch Schrägſtäbe (Flach- oder Rundeiſen) auszuſteifen. Fig. 633 [283]) giebt eine ſolche Laterne.

Da jeder innerhalb eines vollen Ringes liegende Theil der Kuppel ein feſtes Syſtem bildet und als ſolches gehoben werden kann, ſo baut man die ganze Kuppel mit Ausnahme der äuſserſten Ringzone unten zuſammen und hebt nunmehr die ganze Conſtruction von einem feſten zur Ausführung der Umfangsmauer errichteten Ringgerüſt aus (Fig. 634 [284]) oder von fliegenden Gerüſten aus in die erforderliche Höhe. 247. Aufſtellung des Kuppeldaches.

[284]) Facſ.-Repr. nach: Zeitſchr. d. Arch.- u. Ing.-Ver. zu Hannover 1881, Bl. 858.

Das Heben erfolgt mit Hilfe von Hebeladen; die auswärts liegenden Theile, d. h. den Mauerring, die Auflager und die äuſserſten Sparrentheile, baut man auf dem Gerüſt zuſammen und verbindet ſie mit der in den Hebeladen hängenden Dach-Conſtruction durch Vernietung. Dieſe Aufſtellung des Kuppeldaches iſt von *Schwedler* angegeben und vielfach ausgeführt; die Hebung erfordert gewöhnlich nur 8 bis 10 Stunden, iſt alſo in einem Tage bequem ausführbar. Fig. 634 zeigt die Art des Vorganges.

Fig. 635.

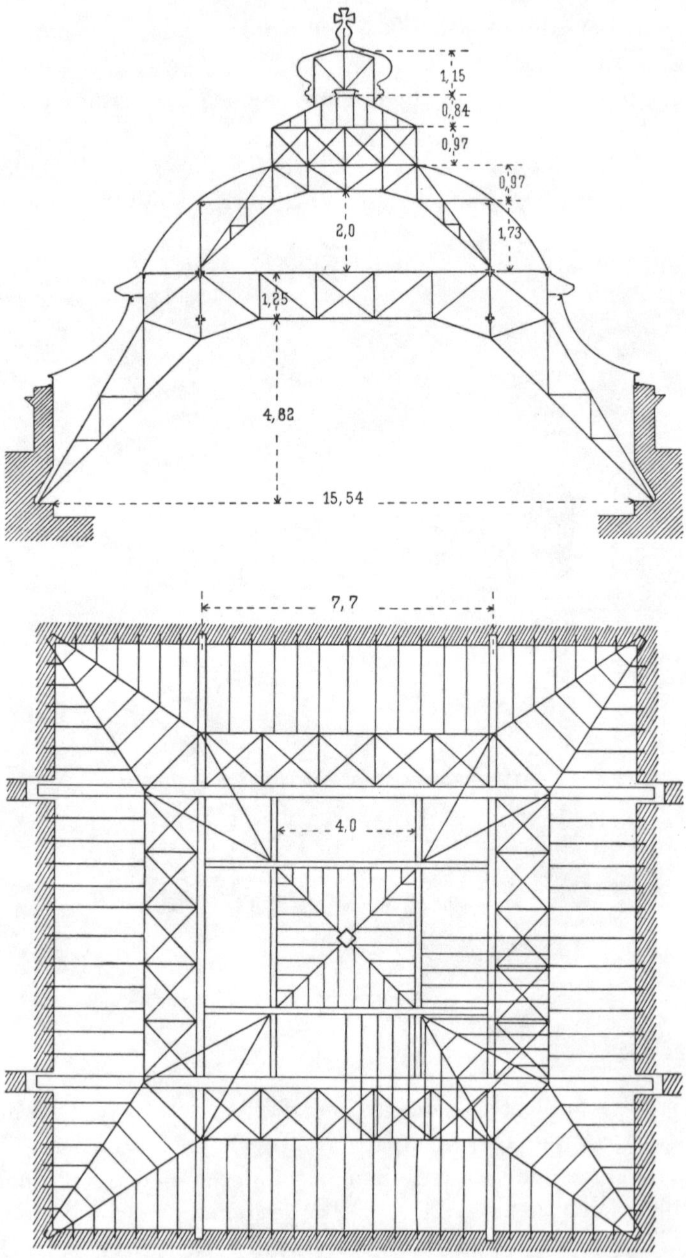


Vom Erbgroſsherzoglichen Palais zu Karlsruhe[285]).
$^1/_{200}$ n. Gr.

### b) Kuppeln mit ebenen Trägern.

248. Beiſpiel. Wenn die Eiſen-Conſtruction im Inneren nicht ſichtbar zu ſein braucht, kann es vortheilhaft ſein, die Kuppel aus verſchiedenen ebenen Trägern (Hauptträgern, Trägern zweiter und dritter Ordnung), zuſammenzubauen. Fig. 635 [285]) giebt ein beachtenswerthes Beiſpiel einer ſolchen Kuppel.

Es handelte ſich um die Ueberdeckung eines quadratiſchen, im Lichten $15{,}54$ m weiten Raumes. Zwei Hauptträger, welche $16{,}04$ m Stützweite und $7{,}7$ m Abſtand von einander haben, überſpannen den Raum; die Träger ſind Fachwerkträger von der eigenartigen, aus Fig. 635 erſichtlichen Geſtalt. Gegen dieſe Hauptträger ſetzen ſich unter einem Winkel von 90 Grad im Grundriſs zwei Nebenhauptträger derart, daſs im Grundriſs ein quadratiſcher Raum von $7{,}70$ m Seitenlänge entſteht. Der ſo gebildete untere Kuppeltheil nimmt nunmehr den oberen Kuppeltheil auf, deſſen Hauptträger wiederum zwei, den unteren ähnlich gebildete Träger ſind. Auch hier ſind Nebenträger, wie unten, angeordnet. Die Fuſspunkte dieſer Träger

[285]) Nach freundlicher Mittheilung des Herrn Oberbaudirectors Profeſſor Dr. *Durm* zu Karlsruhe.

Fig. 636[285]).

liegen aber nicht in den Eckpunkten des Quadrates von $7{,}70^m$ Seitenlänge, fondern weiter nach innen, fo dafs man im Grundrifs ein inneres Quadrat von $4{,}00^m$ Seitenlänge erhält. Auf die wagrechten Theile der oberen Gurtungen diefer Träger fetzt fich jederfeits eine $0{,}97^m$ hohe, lothrechte, verglaste Wand, welche das ebenfalls verglaste vierfeitige Zeltdach aufnimmt. In der Höhe der oberen Gurtung der zuerft erwähnten Träger find noch die im Grundrifs dargeftellten wagrechten Träger (Fachwerkträger mit gekreuzten Diagonalen) angebracht, welche zufammen mit den dreieckigen, an die Eckpunkte des grofsen Quadrates anfchliefsenden Feldern das Viereck zu einer unverfchieblichen Scheibe machen. Die innere Gurtung der wagrechten Träger ift zugleich die obere Gurtung der Hauptträger und Nebenhauptträger. Von der oberen Gurtung der Träger des oberen Kuppeltheiles nach der äufseren Gurtung der wagrechten Träger laufen gekrümmte, verglaste, im Grundrifs trapezförmige Flächen; zwifchen je zwei diefer Flächen ift über Ecke eine folche mit dreieckigem Grundrifs eingefchaltet; die Grate, fo wie die Anordnung der Dachflächen find in Fig. 636[285]) angegeben.

## Flache Zelt- und Walmdächer aus Eifen und aus Holz und Eifen.

### a) Flache Zeltdächer aus Eifen und aus Holz und Eifen.

Wie bei den Kuppeldächern wird auch bei den flachen Zeltdächern die Conftruction entweder aus ebenen Bindern zufammengefetzt, oder es werden nach Art der *Schwedler*'fchen Kuppeln alle tragenden Theile in die Dachfläche verlegt. Bei Zeltdächern mit einer gröfseren Seitenzahl der Grundfigur ift die letztere Conftructionsweife üblich und zweckmäfsig; hierüber ift in Theil I, Band 1, zweite Hälfte (Art. 456, S. 427[286]) diefes »Handbuches« das Erforderliche gefagt; die Conftruction im Einzelnen ift derjenigen bei den Kuppeln ganz ähnlich, nur einfacher, weil die Sparren geradlinig verlaufen. Defshalb braucht auf diefe Conftructionsweife hier nicht näher eingegangen zu werden. Wenn aber das flache Zeltdach über quadratifcher Grundfläche zu erbauen ift, fo greift man vielfach zur Conftruction aus ebenen Bindern. 249. Allgemeines.

Naturgemäfs ergiebt fich die folgende Anordnung. Man legt in die Richtung der einen Diagonale des Grundquadrats einen Binder, welcher als Hauptträger des Ganzen wirkt und als Balkenbinder hergeftellt wird, fei es als englifcher Dachftuhl, fei es als *Polonceau*- (*Wiegmann*-)Dachftuhl. Gegen diefen Träger lehnen fich unter rechtem Winkel im Grundrifs zwei Halbbinder, welche der zweiten Diagonale des Grundquadrats entfprechen. Diefe beiden fich im Grundrifs durchfchneidenden Binder nehmen die Pfetten auf; wird die Länge der Pfetten zu grofs, fo ordnet man Zwifchenbinder, fog. Schiftbinder, an. 250. Eifernes Zeltdach über quadratifcher Grundfläche.

Was die Auflagerung anlangt, fo ift ein Auflager des Hauptbinders feft, das andere in der Richtung der Axe beweglich zu machen; damit der Firftpunkt des Hauptbinders im Raume feft gelegt werde, mufs auch eines der Auflager der beiden Halbbinder als feftes hergeftellt werden, während das andere in der Richtung der betreffenden Diagonale des Grundquadrats beweglich zu machen ift.

[286]) 2. Aufl.: Art. 245, S. 234.

Fig. 637. $^1/_{100}$ n. Gr.

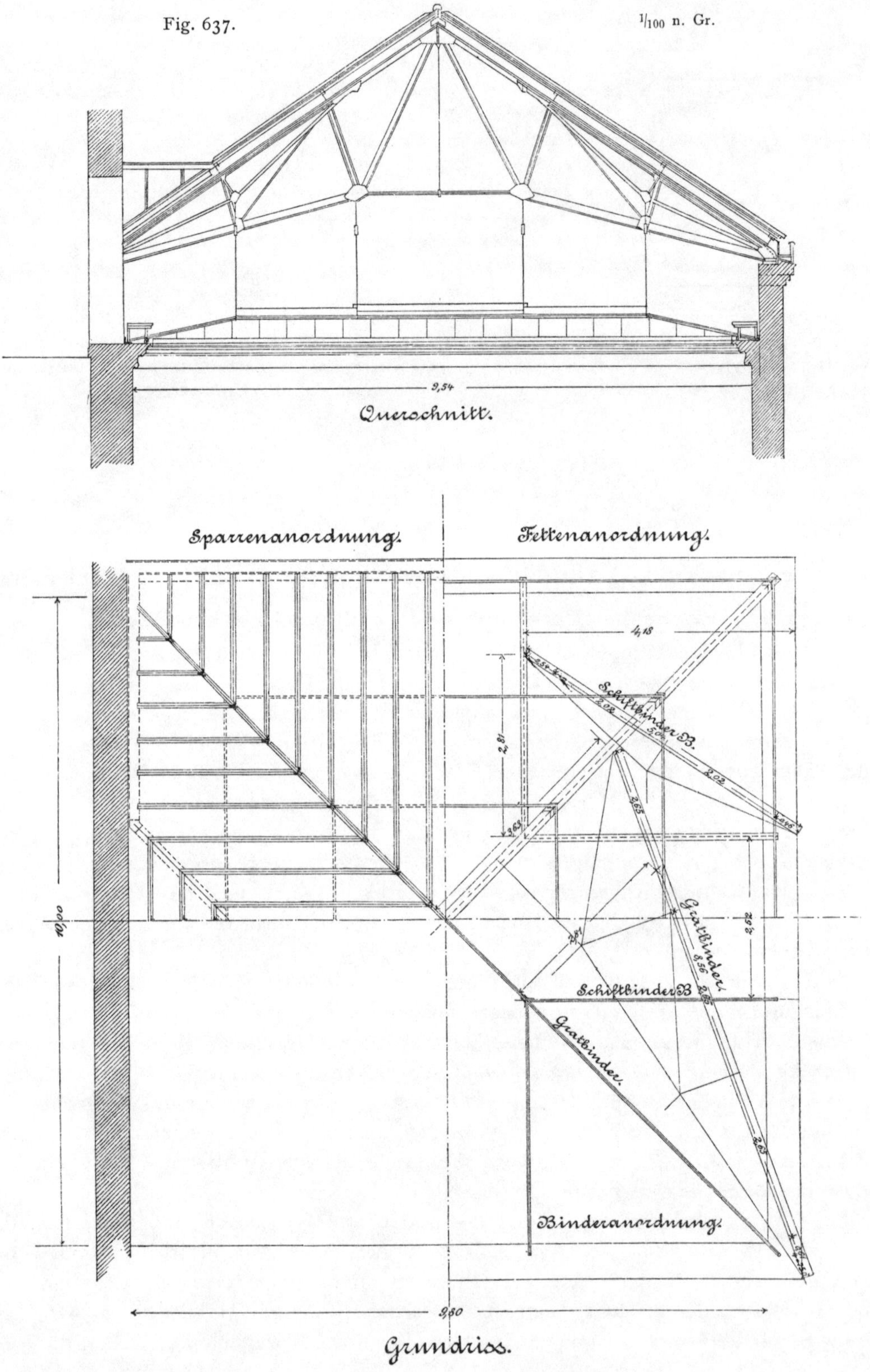


Vom Amtsgerichtshaus zu Breslau [287]).

Fig. 638.

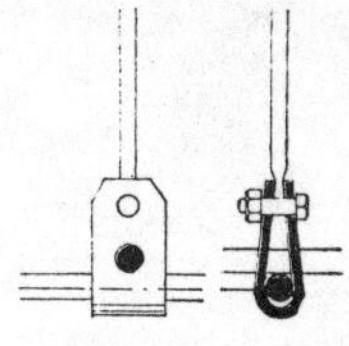

1/20 n. Gr.

Fig. 637 [287]) ſtellt ein ſolches Zeltdach über nahezu quadratiſchem Lichthofe dar; an der Dach-Conſtruction iſt das innere Deckenlicht aufgehängt.

Der Hauptbinder iſt ein engliſcher Dachbinder (er iſt zur Hälfte im Grundriſs dargeſtellt und als »Gratbinder« bezeichnet). Ganz entſprechend ſind die beiden Halbbinder ausgebildet. Dabei ſind die zwei aus Rundeiſen hergeſtellten Mittelſtäbe der unteren Gurtungen der ſich kreuzenden Träger in etwas verſchiedene Höhe gelegt (Fig. 638). Gegen die Diagonal- oder Gratbinder ſetzen ſich die Schiftbinder *B* (ſiehe den Grundriſs). Fig. 637 veranſchaulicht im Grundriſs im erſten Viertel die Binderanordnung, im zweiten Viertel den Verlauf der Pfetten und im dritten Viertel die Sparrenanordnung. Schwierigkeit machen die Conſtruction der Spitze und der Anſchluſs der Schiftbinder an die Diagonalbinder. Fig. 639 zeigt die Spitze: die obere Gurtung der Binder iſt aus einem **T**-Eiſen (200 × 100 × 16 mm) gebildet; am Firſt-Knotenpunkte ſind doppelte Knotenbleche über die lothrechten Schenkel der **T**-Eiſen gelegt, zwiſchen welche ſich die Schrägſtäbe des Hauptbinders ſetzen. Vor die Knotenbleche ſtoſsen rechtwinkelig die **T**-Eiſen der oberen Gurtungen der Halbbinder und werden mit dem Hauptbinder durch doppelte Knotenbleche und lothrechte Winkeleiſen verbunden.

Fig. 639.

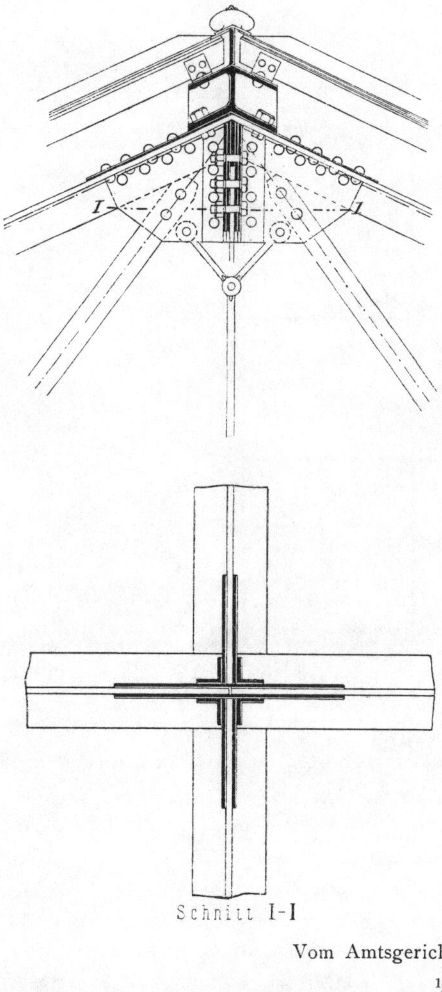


Fig. 640.

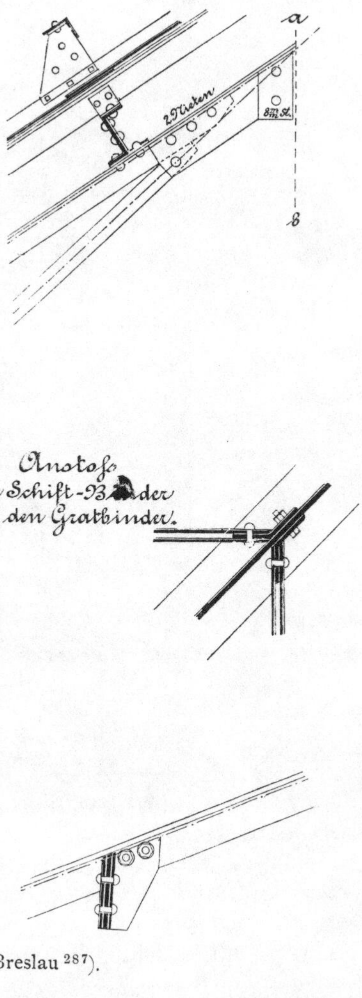


Vom Amtsgerichtshaus zu Breslau [287]).

1/20 n. Gr.

287) Facſ.-Repr. nach der betr. Ausführungszeichnung.

Der Anſchluſs der Schiftbinder erfolgt mit Hilfe von entſprechend zugeſchnittenen Winkelblechen, deren Winkel 45 Grad iſt (Fig. 640). Doppelte Knotenbleche verbinden dieſe Winkelbleche mit den **T**-Eiſen (160 × 80 × 13 mm), welche die obere Gurtung der Schiftbinder bilden.

251. Zeltdach über quadratiſcher Grundfläche als Holz-Eiſen-Dach.

Auch als Holz-Eiſen-Dach kann das flache Zeltdach conſtruirt werden; da hierbei die Bildung der Knotenpunkte mittels guſseiſerner Schuhe leicht möglich iſt, ſo empfiehlt ſich dieſe Conſtructionsweiſe unter Umſtänden. Fig. 641[288]) zeigt ein ſolches Dach. Die Hauptträger ſind bei dieſem Beiſpiele aber nicht in die Richtungen der Diagonale des Grundquadrats gelegt; vielmehr laufen je zwei Haupt-

Fig. 641.

Querſchnitt nach der Hauptaxe.

Grundriſs.

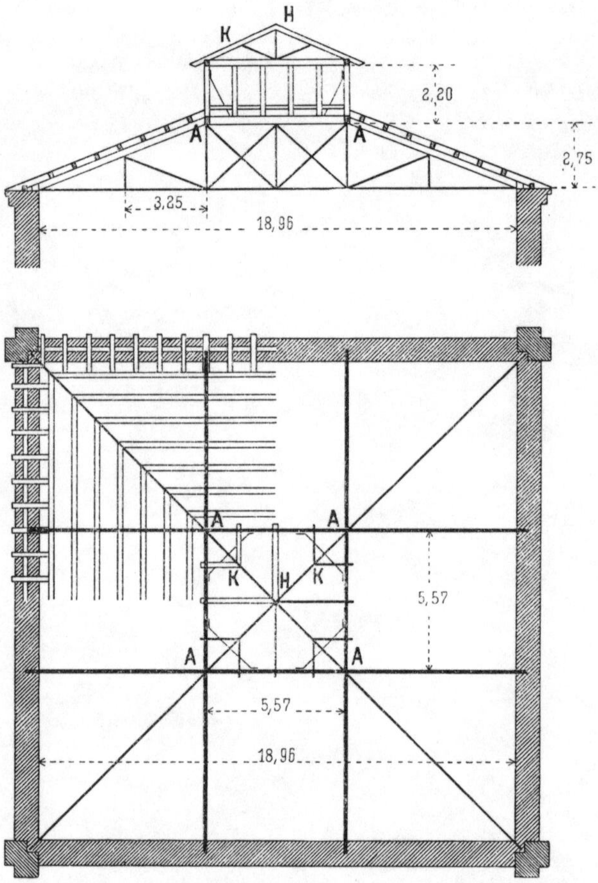


1/300 n. Gr.

Von der Central-Markthalle zu Wien[288]).

binder parallel zu den Seitenrichtungen des Quadrats; die Hauptbinder durchſchneiden einander unter rechten Winkeln und bilden ſo ein inneres Quadrat für den Laternen-Aufbau.

Fig. 641 führt die Geſammtanordnung im Grundriſs und Schnitt vor; Fig. 642 bis 644 geben die ohne Weiteres verſtändlichen Einzelheiten der Knotenpunkte *A* und *H*, ſo wie des Knotenpunktes *K*, in welchem die Schiftſparren ſich mit den Gratſparren durch guſseiſerne Schuhe vereinigen.

252. Weitere Beiſpiele.

Es möge noch darauf hingewieſen werden, daſs auch in Fig. 635 (S. 326) der oberſte Abſchluſs des Kuppeldaches durch ein Zeltdach über quadratiſchem Raume

288) Nach: WIST, a. a. O., Bd. I, Bl. 26, 29 30.

von 4 m Seitenlänge gebildet iſt. Die Binder ſind unter die Grate gelegt und durch rechtwinkelige Winkeleiſen mit einander verbunden.

Endlich iſt in Fig. 645 u. 646 ein eiſernes Zeltdach über einem kleinen, acht-

Fig. 642.

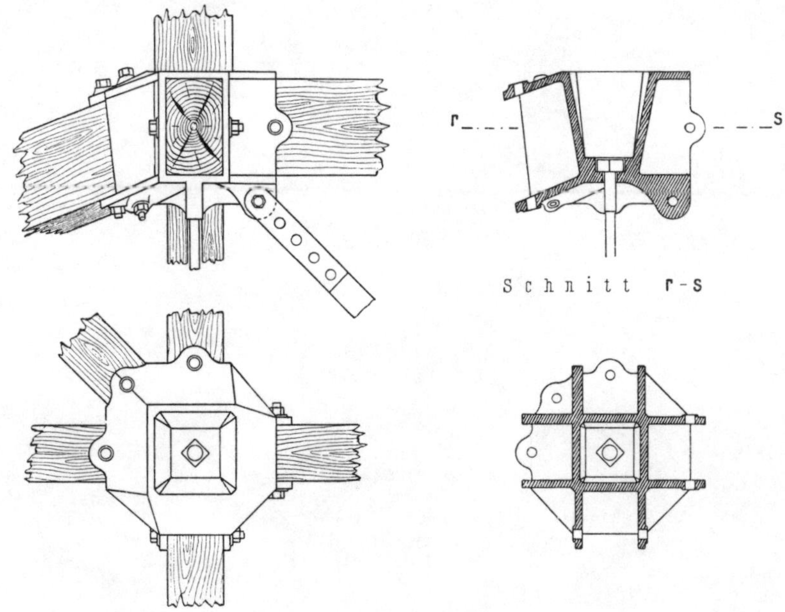


Knotenpunkt *A*.

Fig. 643.

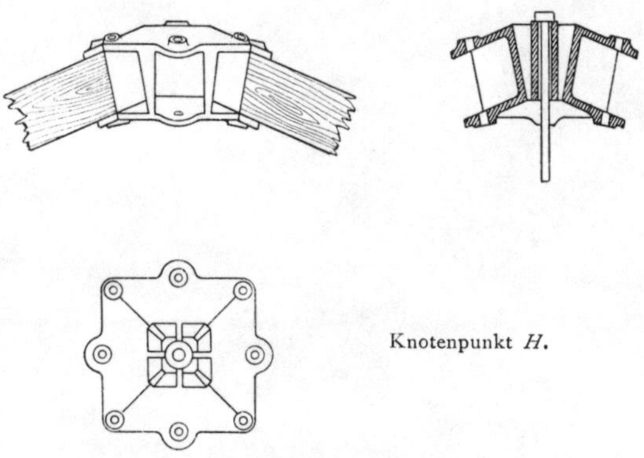

Knotenpunkt *H*.

Fig. 644.

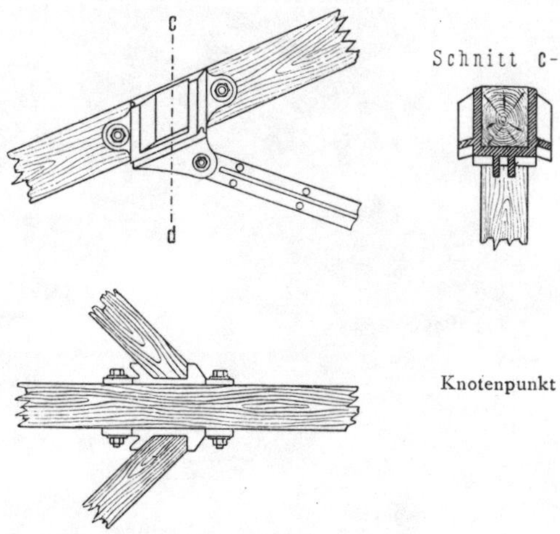


Knotenpunkt *K*.

Einzelheiten zu Fig. 641 [288]).

ſeitigen Muſik-Pavillon im Grundriſs und den Einzelheiten der Spitze vorgeführt. Der Zuſammenſchluſs der 8 Gratſparren an der Spitze erfolgt mit Hilfe eines achtſeitigen, guſseiſernen Prismas, an welches ſich die Sparren mit Winkelblechen ſetzen.

289) Facſ.-Repr. nach: *Nouv. annales de la conſtr.* 1890, Pl. 9—10.

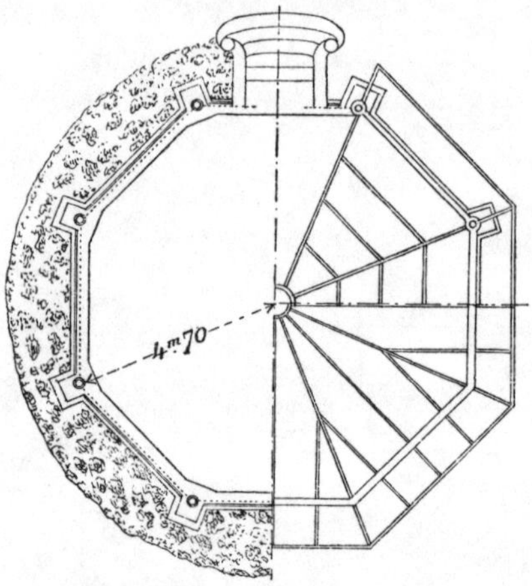


Fig. 645.

Grundrifs.

1/200 n. Gr.

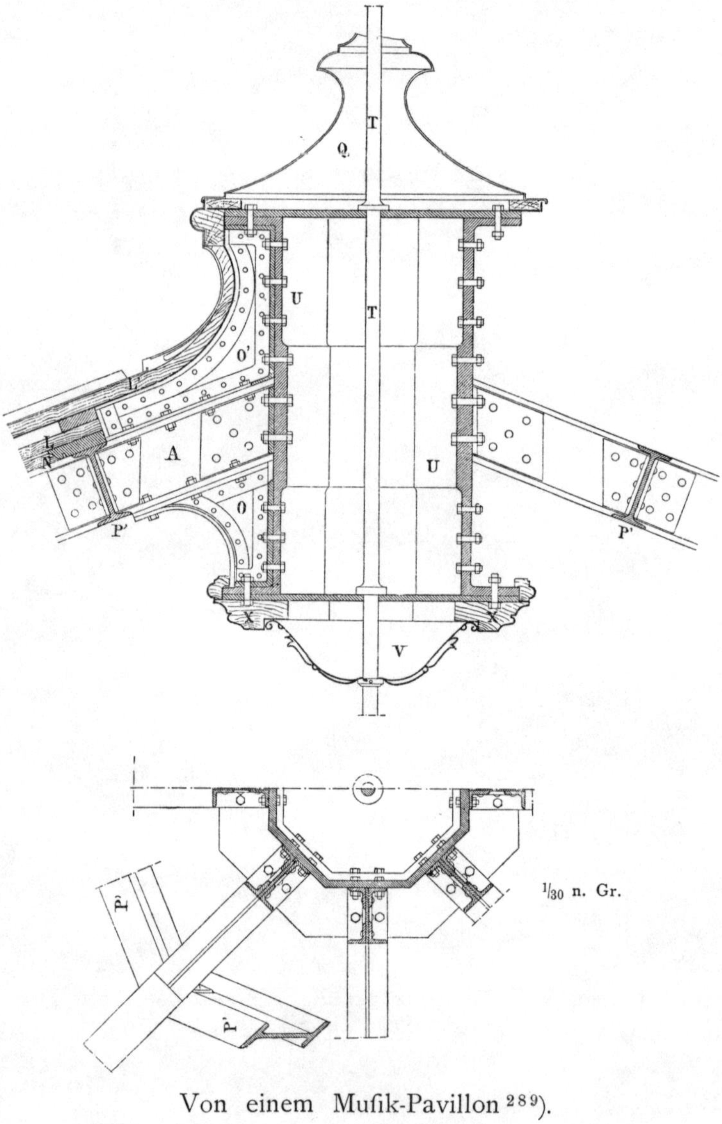


Fig. 646.

Dachfpitze.

1/30 n. Gr.

Von einem Mufik-Pavillon [289]).

## b) Eiſerne Walmdächer.

Die allgemeine Anordnung der abgewalmten Dächer iſt in Art. 63 (S. 74) angegeben, für die eiſernen Dächer beſonders auf S. 76 u. 77; als Beiſpiele ſind Fig. 218 u. 219 (S. 75 u. 76) vorgeführt, worauf hier verwieſen wird. Für die Beſprechung der hier in Erwägung zu ziehenden Punkte möge ein beiderſeits abgewalmtes Dach über rechteckigem Raume (Fig. 647) betrachtet werden. Der 253. Allgemeines.

Fig. 647.

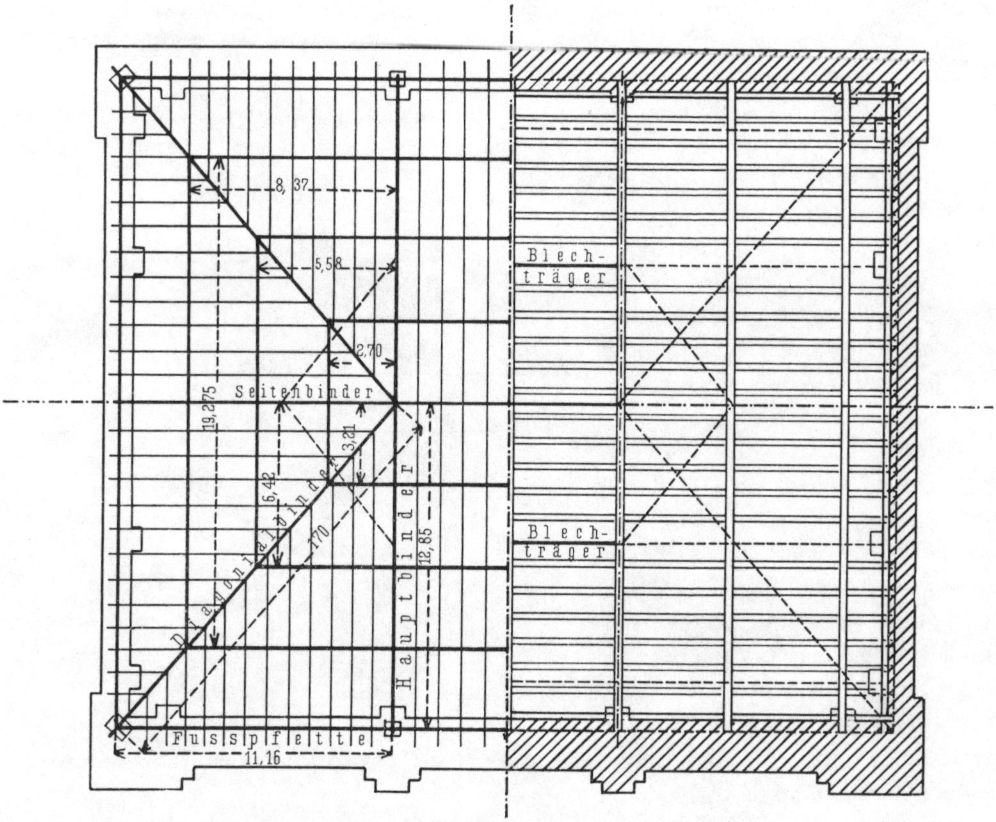


Dachbinder und Pfetten. Balkenlage.

Von der Eingangshalle auf dem Bahnhof zu Hannover.

$^1/_{300}$ n. Gr.

mittlere Theil des Daches wird als gewöhnliches Satteldach conſtruirt; an jeder Seite werden unter die Grate die Gratbinder gelegt, welche gemeinſam mit den Satteldachbindern die wagrecht herumlaufenden Pfetten tragen. Das eine Auflager des Gratbinders liegt auf der Umfangsmauer, das zweite an der Verbindungsſtelle mit dem äuſserſten Satteldachbinder, am ſog. Anfallsbinder, und zwar im Anfallspunkte. Es wäre denkbar, daſs dieſer zweite Auflagerpunkt der Gratbinder durch Auslegerträger, welche über die letzten Satteldachbinder hinausreichen, unterſtützt würde.

In Fig. 647 iſt nur auf der linken Hälfte die Dach-Conſtruction dargeſtellt; die rechte Hälfte giebt die Conſtruction der von dem Dache getragenen Balkendecke.

Jeder Gratbinder kann als ein Pultdachbinder angefehen werden. Wenn fich die Pfetten nicht von einem Gratbinder zum anderen frei tragen können, fo werden auf der Walmfeite noch Zwifchenbinder (auch halbe Binder genannt) angeordnet (fiehe Fig. 218, S. 75); auch diefe find eine Art Pultdachbinder. Unter Umftänden können noch weitere Zwifchenbinder erforderlich fein; diefelben fchiften fich an die Gratbinder und werden Schiftbinder genannt.

254. Auflagerung. Wichtig ift die Frage, wie die Binder für die Walmdächer aufgelagert werden müffen; die Unterfuchung foll im Zufammenhange mit derjenigen über die Anordnung der Stäbe des entftehenden Raumfachwerkes geführt werden. Stäbe und Auflager find fo anzuordnen, dafs alle Belaftungen, mögen fie irgend welche Richtung haben, ficher und eindeutig nach den Auflagern geleitet und an diefen in das Mauerwerk übertragen werden können.

Dafs hierbei verfchiedene Conftructionsweifen möglich find, leuchtet ein. In Folgendem foll nachgewiefen werden, dafs es zuläffig ift, von jedem Satteldachbinder ein Auflager als feftes zu conftruiren, dagegen alle anderen Auflager, einfchliefslich derjenigen der Seiten- und Gratbinder, als bewegliche, fog. Linienlager auszubilden. Der Unterfuchung wird Fig. 648 zu Grunde gelegt und an Folgendes erinnert:

Fig. 648.

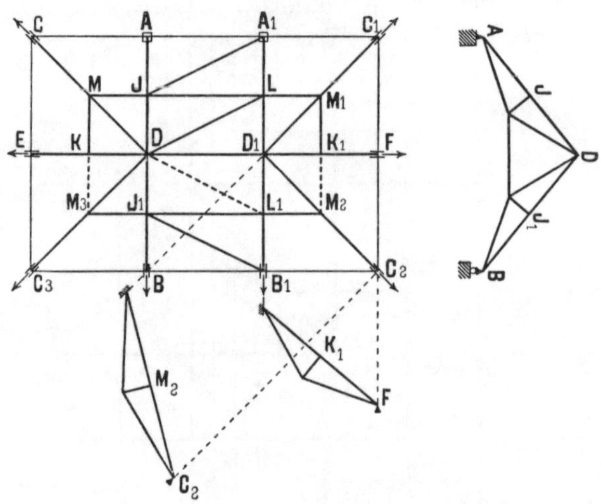


Jeder Punkt wird räumlich dadurch feft gelegt, dafs er durch Stäbe mit drei Punkten verbunden wird, welche mit ihm nicht in derfelben Ebene liegen. Wenn aber ein Knotenpunkt in der Binderebene bereits durch das ebene Binder-Fachwerk beftimmt ift, fo genügt es für das Feftlegen im Raume, dafs man ihn mit einem aufserhalb der betreffenden Binderebene gelegenen feften Punkte verbindet.

Das zu unterfuchende Dach foll als Satteldachbinder fog. *Polonceau-* (*Wiegmann-*)Binder haben; Seiten- und Gratbinder haben entfprechende Fachwerke, welche in Fig. 648 feitlich herausgezeichnet find. Die in Fig. 648 eingetragenen Pfeile geben die Bewegungsrichtungen der beweglichen Auflager an. Zu bemerken ift, dafs der Sinn der Pfeile auch negativ werden kann. $A$ und $A_1$ find fefte Punkte; $B$ und $B_1$ find räumlich gleichfalls beftimmt: in den Binderebenen durch das Binder-Fachwerk, im Raume durch die hinzukommende Seitenkraft des Auflagerdruckes, welche das Heraustreten aus der betreffenden Binderebene verhütet; Punkt $J$ im Binder $AB$ wird durch Stab $JA_1$ räumlich beftimmt, Punkt $L$ im Binder $A_1B_1$ durch Stab $JL$ und Punkt $D$ durch Stab $DL$; eben fo Punkt $J_1$ durch Stab $J_1B_1$, Punkt $L_1$ durch Stab $J_1L_1$ und Punkt $D_1$ durch Stab $D_1D$. Die Auflagerpunkte $E$, $F$, $C$, $C_1$, $C_2$, $C_3$ werden durch die Fachwerke ihrer bez. Binder und die Auflagerbedingungen zu räumlich beftimmten Punkten. Nunmehr wird weiter räumlich feft gelegt: $M$ durch Stab $JM$, $K$ durch Stab $MK$, $M_3$ durch Stab $J_1M_3$, $M_1$

durch Stab $LM_1$, Punkt $K_1$ durch Stab $M_1K_1$ und Punkt $M_2$ durch Stab $M_2L_1$. Hiermit ſind alle Punkte beſtimmt; weitere Stäbe ſind nicht erforderlich. Man wird in der Regel die punktirten Stäbe $DL_1$, $KM_3$ und $K_1M_2$ ebenfalls anordnen; ſie machen das Fachwerk ſtatiſch unbeſtimmt. Man ſieht, daſs auch keine Verbindungsſtäbe der Auflager nöthig ſind.

Die Zahl der Auflager-Unbekannten iſt, weil 2 feſte (Punkt-)Lager und 8 bewegliche (Linien-)Lager vorhanden ſind: $n = 2 \,.\, 3 + 8 \,.\, 2 = 22$. Das Fachwerk enthält 22 räumliche Knotenpunkte und (an den unteren Gurtungen der Binder) 10 ebene Knotenpunkte; es iſt alſo $K_R = 22$ und $K_E = 10$. Die Zahl der verfügbaren Gleichungen iſt dem gemäſs $3\, K_R + 2\, K_E = 86$, die Zahl der Stäbe des ſtatiſch und räumlich beſtimmten Fachwerkes beträgt $s = 3\, K_R + 2\, K_E - n$; alſo muſs

$$s = 86 - 22 = 64$$

ſein. Dieſe Stabzahl iſt wirklich vorhanden, und, wie vorſtehend nachgewieſen iſt, ſind die Stäbe richtig geſtellt.

Falls bei gröſserer Länge das Daches drei Satteldachbinder erforderlich ſind, ſo kommt man zur Anordnung in Fig. 649, bei welcher wieder die Satteldachbinder je ein feſtes und ein bewegliches Lager haben; alle anderen Lager ſind gleichfalls (wie vor) Linienlager. Es iſt (mit den früheren Bezeichnungen):

Fig. 649.

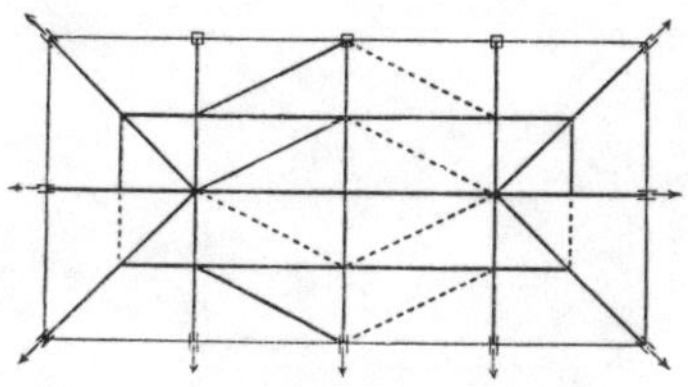

Fig. 650.

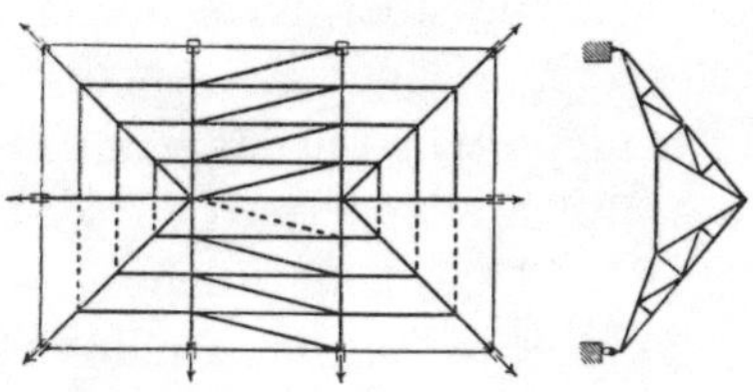

$$n = 3 \,.\, 3 + 2 \,.\, 9 = 27, \quad K_R = 27 \text{ und } K_E = 12;$$

ſonach

$$s = 3 \,.\, 27 + 2 \,.\, 12 - 27 = 78.$$

Dieſe Stabzahl iſt vorhanden. Man wird auch hier die punktirten Stäbe in der Regel ausführen.

In Fig. 650 iſt noch der Fall vorgeführt, daſs eine gröſsere Zahl von Pfetten (drei) jederſeits zwiſchen Firſt- und Fuſspfette liegt. Es iſt

$$n = 3 \,.\, 2 + 2 \,.\, 8 = 22, \quad K_R = 42 \quad \text{und} \quad K_E = 30,$$

ſonach

$$s = 3 \,.\, 42 + 2 \,.\, 30 - 22 = 164.$$

Dieſe Stabzahl iſt wirklich vorhanden.

Fig. 651.

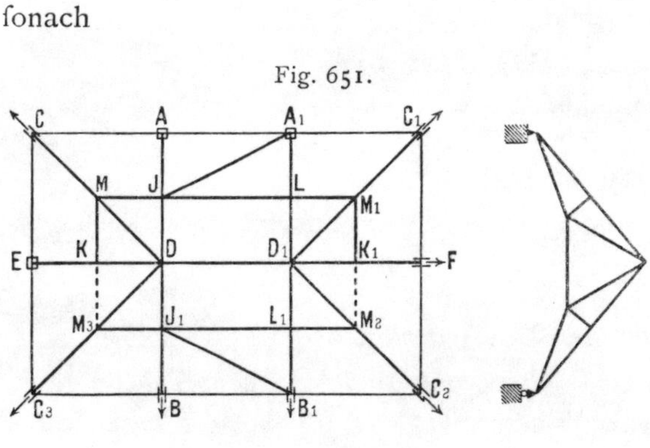


Nach vorſtehenden Angaben kann man gleichfalls die Anordnung der Kehlbinder vornehmen.

Man erhält auch ein räumlich und ſtatiſch beſtimmtes Fachwerk, wenn man auſser einem Lager je eines Satteldachbinders noch ein Lager eines Seitenbinders feſt macht und alle anderen Lager als Linienlager conſtruirt. Dieſe Anordnung zeigt Fig. 651.

Wiederum ſind $A$ und $A_1$, auſserdem noch $E$ feſte Punkte, $B$ und $B_1$ durch die Binder-Fachwerke und die Auflagerbedingung feſt gelegt. $\mathcal{J}$ wird räumlich durch Stab $A_1 \mathcal{J}_1$, Punkt $L$ durch Stab $L \mathcal{J}$, Punkt $\mathcal{J}_1$ durch $\mathcal{J}_1 B_1$ und Punkt $L_1$ durch $L_1 \mathcal{J}_1$ beſtimmt; eben ſo Punkt $D$ durch Stab $ED$ und Punkt $D_1$ durch $D_1 D$; weiter der Auflagerpunkt $F$ durch $FD_1$, Punkt $C$ durch $CD$, Punkt $C_1$ durch $C_1 D_1$, $C_2$ durch $C_2 D_1$ und Punkt $C_3$ durch $C_3 D$. Jeder dieſer Auflagerpunkte braucht nur mit einem feſten Punkte verbunden zu werden, weil die Linienauflagerung die anderen beiden Stäbe erſetzt, welche weiter noch zum räumlichen Feſtlegen nöthig ſind. $M$ wird durch Stab $M \mathcal{J}$ beſtimmt, Punkt $M_1$ durch Stab $M_1 L$, Punkt $K$ durch $KM$, Punkt $K_1$ durch $K_1 M_1$, Punkt $M_3$ durch Stab $M_3 \mathcal{J}_1$ und Punkt $M_2$ durch Stab $M_2 L_1$. Die punktirten Stäbe ſind nicht erforderlich, werden aber wohl meiſtens ausgeführt. Man hat 3 feſte und 7 Linienlager, alſo $n = 3 \,.\, 3 + 2 \,.\, 7 = 23$ Auflager-Unbekannte.

Zahl der räumlichen Knotenpunkte $K_R = 22$;

Zahl der ebenen Knotenpunkte $K_E = 10$;

Zahl der verfügbaren Gleichungen: $3 \,.\, 22 + 2 \,.\, 10 = 86$;

Zahl der erforderlichen Stäbe: $s = 86 - 23 = 63$.

Dieſe Zahl iſt wirklich vorhanden.

Fig. 652.

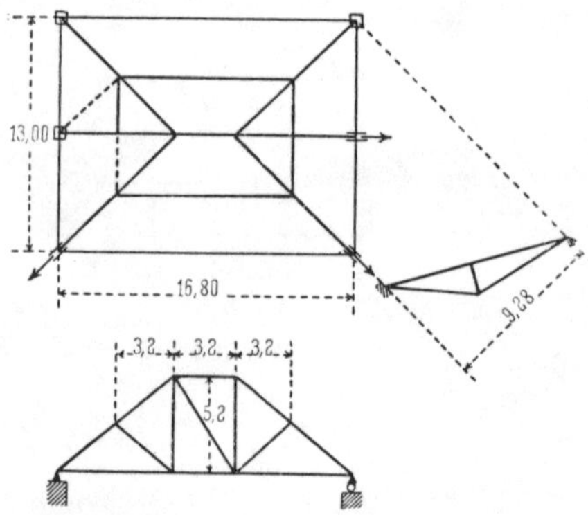


Eigenartig iſt die in Fig. 652 dargeſtellte Dach-Conſtruction über der Eingangshalle des Bahnhofes Hildesheim: der Anfallsbinder für die Gratbinder iſt in die längere Halbirungslinie des Rechteckes gelegt, welches die Grundfigur bildet; dieſer Binder als Hauptträger nimmt jederſeits im Anfallspunkte die beiden Gratbinder auf. Die Pfetten auf den beiden langen Seiten ergeben ſich als ſehr lang und ſind deſshalb als Fachwerkträger (mit gekrümmter unterer Gurtung) conſtruirt. Ein Auflager des Hauptträgers iſt feſt; das zweite iſt als bewegliches ausgebildet; die Diagonalbinder auf der einen Seite müſſen Punktlager erhalten; auf der anderen Seite müſſen die Lager bewegliche (Linien-)Lager ſein. Man findet leicht, daſs für geometriſche und ſtatiſche Beſtimmtheit ein in der Walmfläche liegender Schrägſtab anzuordnen iſt (in Fig. 652 iſt dieſer Stab punktirt). Es ſind 3 feſte und 3 bewegliche (Linien-)Auflager vorhanden; alſo iſt $n = 3 \,.\, 3 + 3 \,.\, 2 = 15$.

Zahl der räumlichen Knotenpunkte $K_R = 14$;

Zahl der ebenen Knotenpunkte $K_E = 6$;

demnach muſs die Stabzahl

$$s = 3 \,.\, 14 + 2 \,.\, 6 - 15 = 39$$

ſein; dieſe Zahl iſt mit dem in der Walmfläche liegenden Schrägſtab wirklich vorhanden.

### c) Einzelheiten der Conſtruction.

255. Conſtructions-Einzelheiten.

Hier ſind nur die Gratbinder zu beſprechen, nur dieſe machen Schwierigkeit. Die Neigung der oberen Gurtung beim Gratbinder iſt geringer, als beim zugehörigen

Fig. 653.

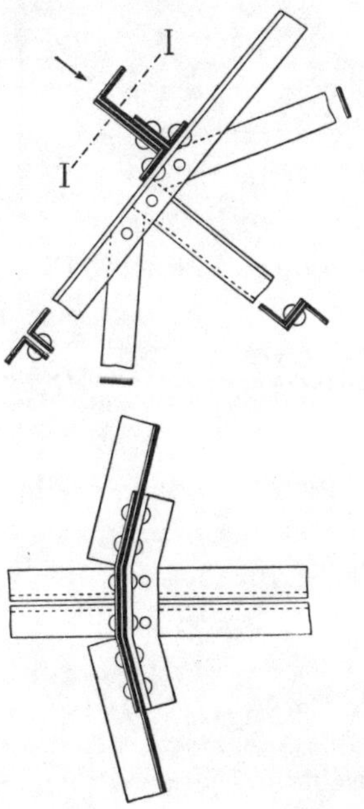


Von der katholischen Kirche
zu Harsum [127]).

$^1/_{15}$ n. Gr.

Fig. 654.

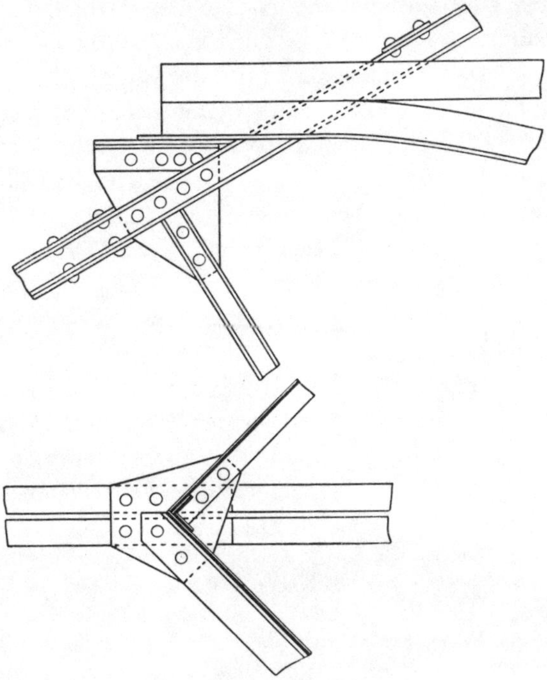

Von der Bahnhofshalle zu Hildesheim.

$^1/_{10}$ n. Gr.

Fig. 655.

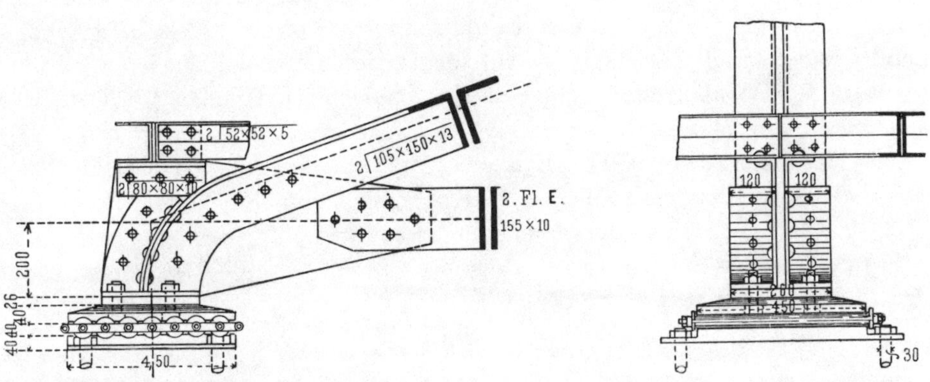


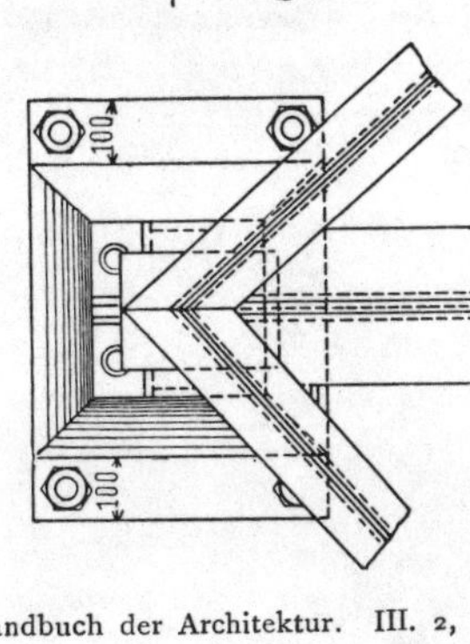


Von

der Bahnhofshalle zu

Hildesheim.

$^1/_{20}$ n. Gr.

Satteldachbinder. Hauptfchwierigkeit bietet die Verbindung der Pfetten mit den Gratbindern; die Art diefer Verbindung wird durch die Querfchnittsbildung der oberen Gurtung der Gratbinder bedingt.

Fig. 656.

Das Nächftliegende ift, die oberen Begrenzungen der oberen Gurtungsftäbe in die beiden an den Gratbinder anfchliefsenden Dachebenen zu legen, bezw. diefen Ebenen parallel zu machen. Eine folche Querfchnittsform zeigt Fig. 656; der obere Winkeleifenfchenkel auf einer Seite fällt in die Walmfläche, auf der anderen in die Satteldachfläche. Die Pfetten (**I**-, **C**- oder **Z**-Eifen) können dann mit ihren Stegen normal zur Neigung der oberen Gurtung des Satteldaches angeordnet und mit ihren unteren Flanfchen ohne Weiteres auf die oberen Gurtungen gelagert werden. Die Winkeleifen der oberen Gratbindergurtung find fchiefwinkelig.

Eine andere Conftruction ergiebt fich, wenn man durchweg normale Winkeleifen auch für die Gratbinder verwenden will; man mufs dann die Auflagerung der Pfetten von der Neigung der oberen Gurtungsfläche unabhängig machen. Fig. 653 bis 655, 657 u. 658 zeigen drei verfchiedene Löfungen diefer Aufgabe.

Bei Fig. 653 find die Pfetten **Z**-Eifen, deren Stege normal zur Dachfläche des Satteldaches geftellt find. Man hat am Gratbinder die unteren Gurtungsflanfche fo weit ausgefchnitten, wie fie mit der oberen Gurtung des Gratbinders collidiren würden; in die Ecke ift ein ungleichfchenkeliges Winkeleifen gelegt, deffen einer Schenkel mit der oberen Gurtung des Gratbinders vernietet und deffen anderer Schenkel in die beiden Ebenen der anfchliefsenden Pfettenftege gebogen ift. Mit diefen ift letzterer vernietet; aufserdem ift auf die Pfettenftege noch ein Stofsblech gelegt.

Bequemer ift es, die Pfettenftege lothrecht zu ftellen; alsdann ift die Ebene der unteren Flanfche wagrecht. Nunmehr lege man die Pfette fo hoch über die Binder, dafs zwifchen beiden ein genügend grofser Zwifchenraum verbleibt, um die Pfette ohne Anftofs über alle Binder hinwegzuführen. Die Auflagerung der Pfette kann dann nach Fig. 657 mit Hilfe von gebogenen Winkeleifen oder mittels zwifchen Binder und Pfette gebrachter gufseiferner Zwifchenftücke (Fig. 658) oder endlich — am meiften organifch — auf dem nach oben verlängerten, beiderfeits durch wagrechte Winkeleifen gefäumten Knotenbleche ftattfinden (Fig. 654 u. 655). Diefe letzte Conftruction ift einfach, klar und fehr empfehlenswerth.

256. Anfallspunkt.

Am Anfallspunkt verbindet man den Anfallsbinder mit den hier eintreffenden Seiten- und Gratbindern mit Hilfe von Knotenblechen. Ein gutes Beifpiel ift in Fig. 659 u. 660 vorgeführt: der Anfallspunkt aus Fig. 647 (S. 333).

In Fig. 660 ift der Anfallsknotenpunkt, von der Seite des Satteldaches aus gefehen, dargeftellt; man fieht, dafs die oberen Gurtungsftäbe hier mittels eines ftarken Knotenbleches geftofsen find. Fig. 659 führt die Anficht deffelben Knotenpunktes, von der Walmfeite aus gefehen, vor, ferner den Grundrifs und Schnitt deffelben. Der Seitenbinder ift zunächft durch Knotenblech und lothrechte Winkeleifen mit dem Anfallsbinder verbunden; alsdann find die Gratbinder mittels befonders ausgefchnittener und gebogener Bleche an Seitenbinder und Anfallsbinder angefchloffen. In Fig. 659 ift links der Gratbinder in der Anficht veranfchaulicht; auf der rechten Seite ift der Gratbinder der gröfseren Deutlichkeit halber fortgelaffen.

Eine einfachere, aber verwandte Conftruction zeigt Fig. 661 [290]): den Anfallspunkt eines franzöfifchen Daches. — In Fig. 662 u. 663 ift der Anfalls-Knotenpunkt des in Fig. 652 fchematifch dargeftellten Daches in feinen Einzelheiten vorgeführt.

Der Hauptbinder ift hier in die längere Halbirungslinie des Grundrechteckes gelegt. An das diefem Binder zugehörige Knotenblech des betreffenden Knotenpunktes find die Gratbinder durch eigenartig ausgefchnittene und entfprechend gebogene Knotenbleche und weitere zweimal gebogene Bleche angefchloffen.

---

290) Facf.-Repr. nach: *Nouv. annales de la conftr.* 1883, Pl. 1—2.

Ein ſteifer Ring endlich iſt zur Conſtruction des Anfallspunktes verwendet, welcher in Fig. 664 bis 666 dargeſtellt iſt; den Grundriſs des in Frage kommenden Dachtheiles zeigt Fig. 665 [291]).

Die Gratbinder *II* (4 an der Zahl) ſetzen ſich gegen einen im Querſchnitt ⊏-förmigen Ring, welcher mit dem Anfallsbinder vernietet und gegen denſelben verſteift iſt. Fig. 666 ſtellt den Schnitt nach *lm* in Fig. 664 mit der Anſicht des Gratbinders dar.

Fig. 657.

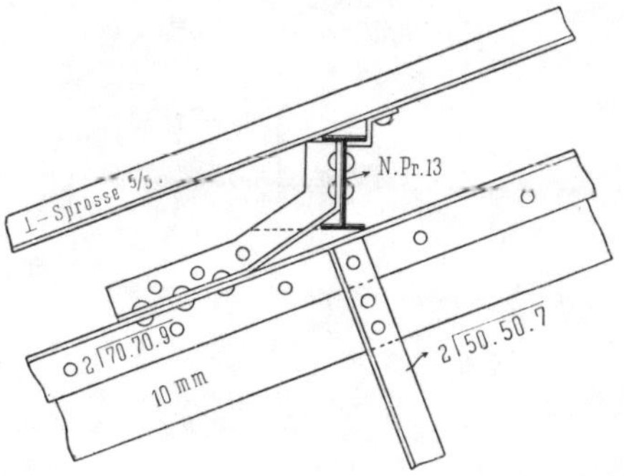


1/15 n. Gr.

Von der Kuppel des Kaiſerin Auguſta-Bades zu Baden-Baden [236]).

Fig. 658.

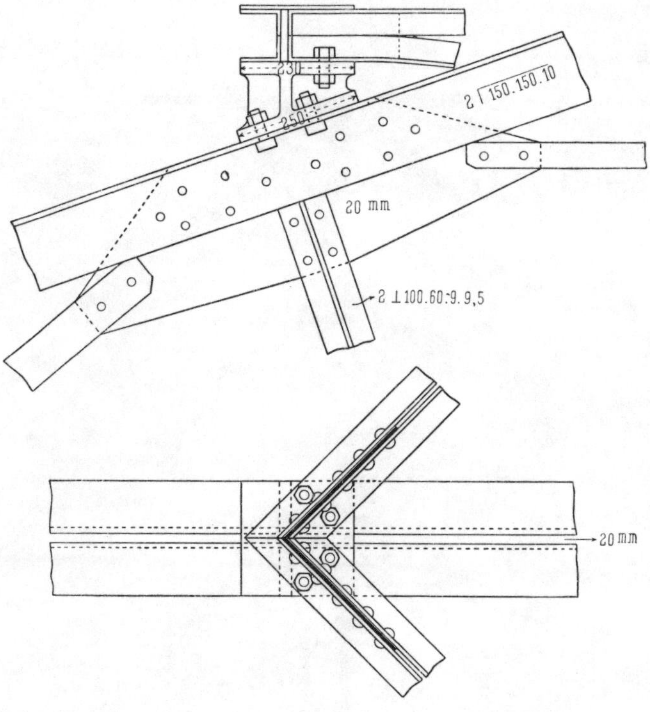


1/15 n Gr.

Vom Dach über der Eingangshalle im Bahnhof zu Hannover.

Die Ausbildung des Anfallspunktes über einer Apſis, in welchem eine gröſsere Zahl von Bindern zuſammenläuft, veranſchaulicht Fig. 667 in Grundriſs und Schnitt.

Dies iſt derjenige Punkt, der in Fig. 219 (S. 76) mit *S* bezeichnet iſt. Die Vereinigung iſt mittels eines ebenen, kreisförmigen Knotenbleches bewirkt, gegen welches ſich 9 (Halb-) Binder ſetzen.

---

291) Nach: Zeitſchr. d. Arch.- u. Ing.-Ver. zu Hannover 1892, Bl. 31.

Fig. 659.

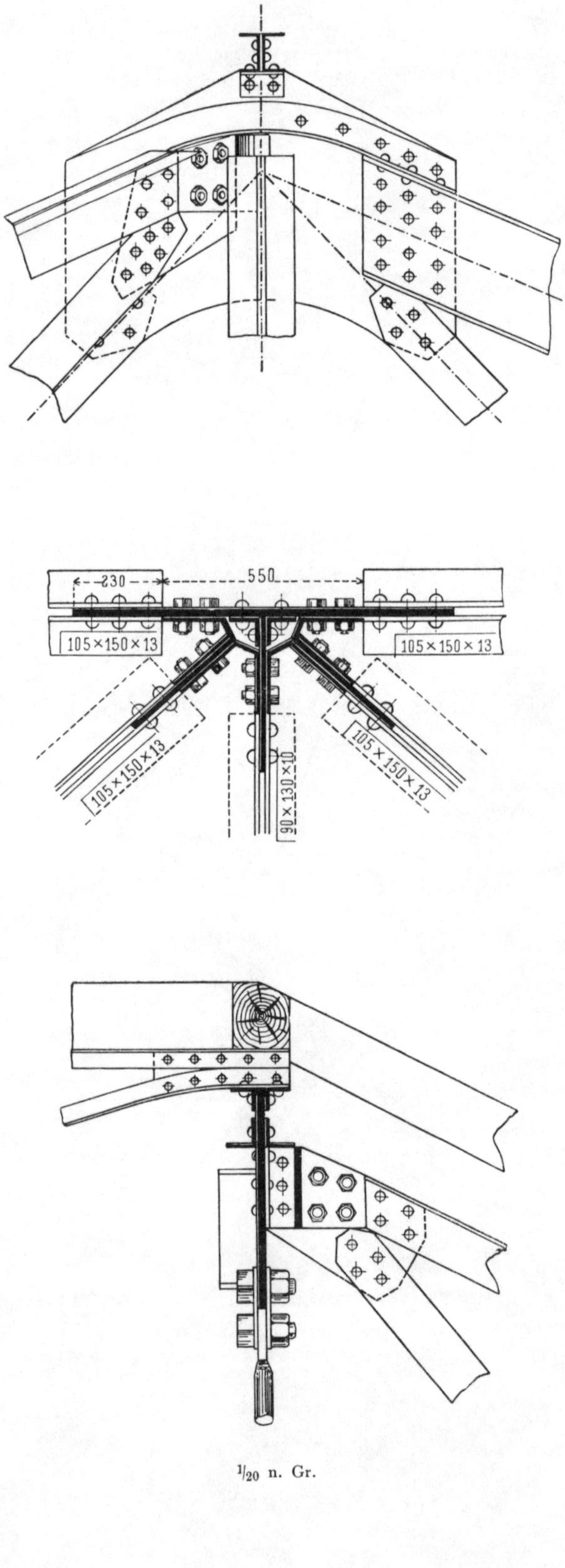


$^1/_{20}$ n. Gr.

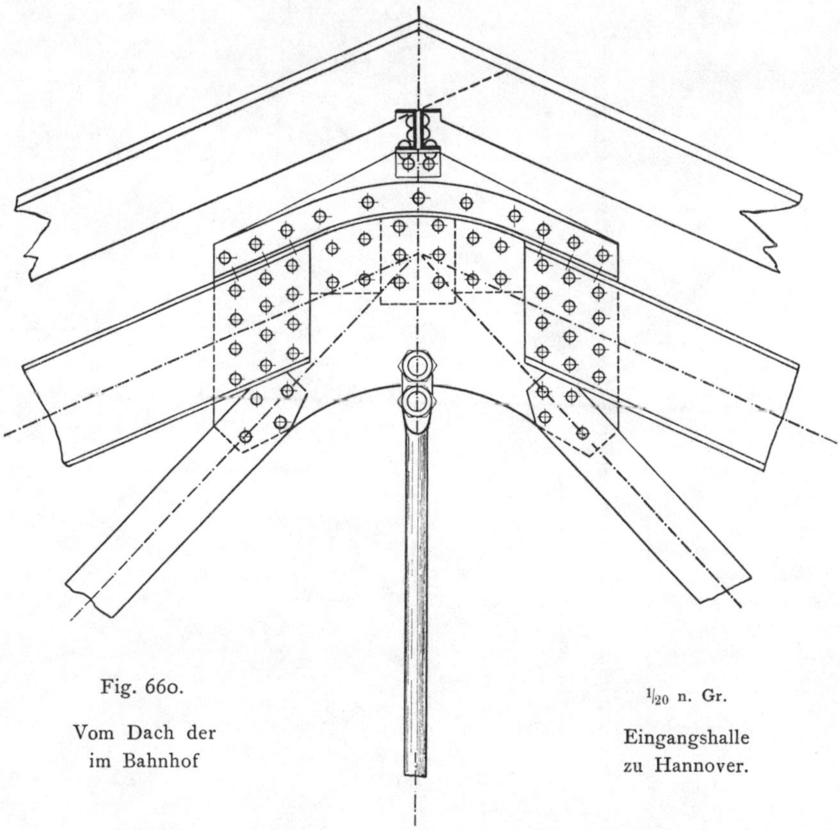

Fig. 660.

$^1/_{20}$ n. Gr.

Vom Dach der Eingangshalle im Bahnhof zu Hannover.

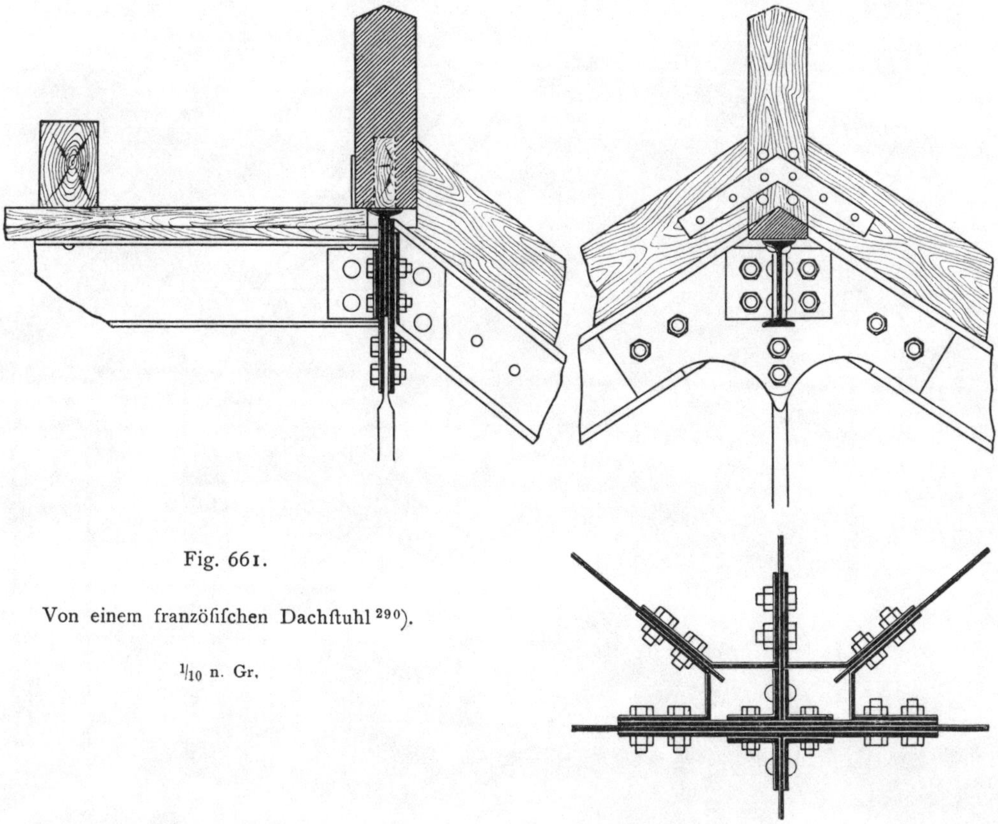

Fig. 661.

Von einem franzöfifchen Dachftuhl [290]).

$^1/_{10}$ n. Gr.

Fig. 662.

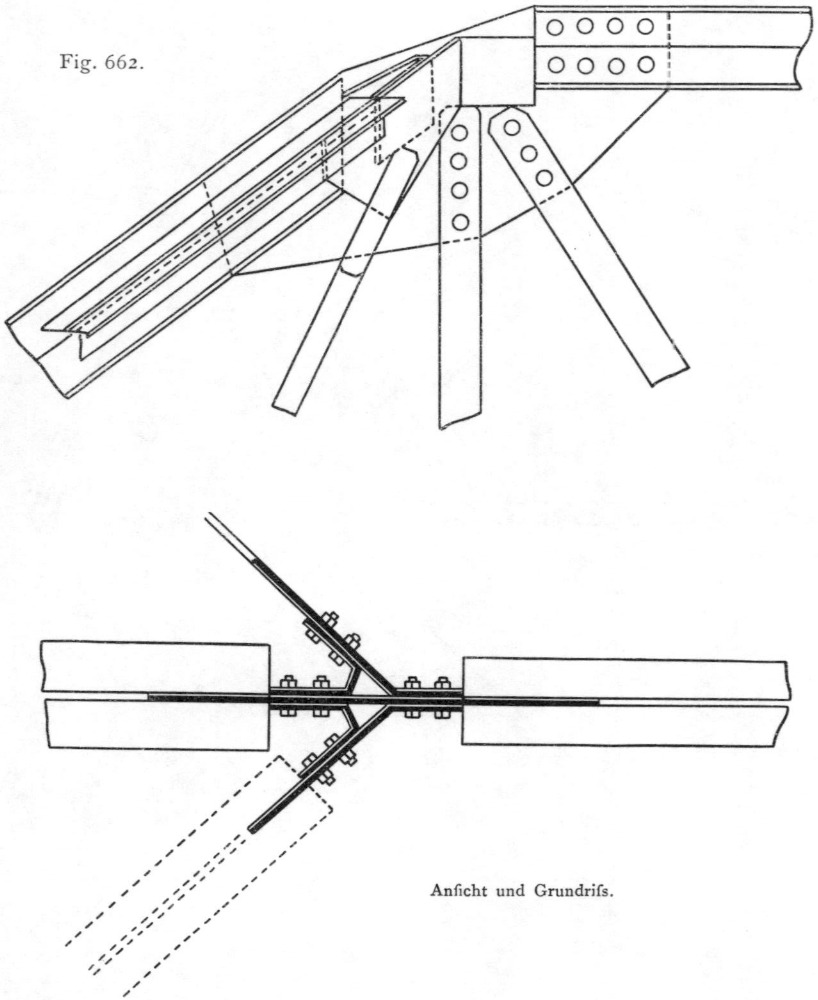

Anficht und Grundrifs.

Fig. 663.

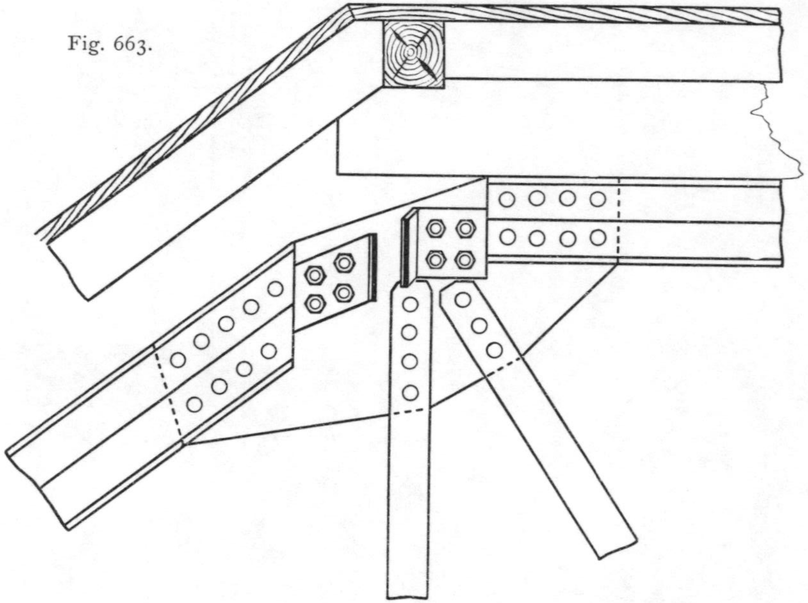

Schnitt durch die Anfchlufsbleche des Gratbinders.

Von der

Eingangshalle auf dem Bahnhof

zu Hildesheim.

$^{1}/_{15}$ n. Gr.

Fig. 664.

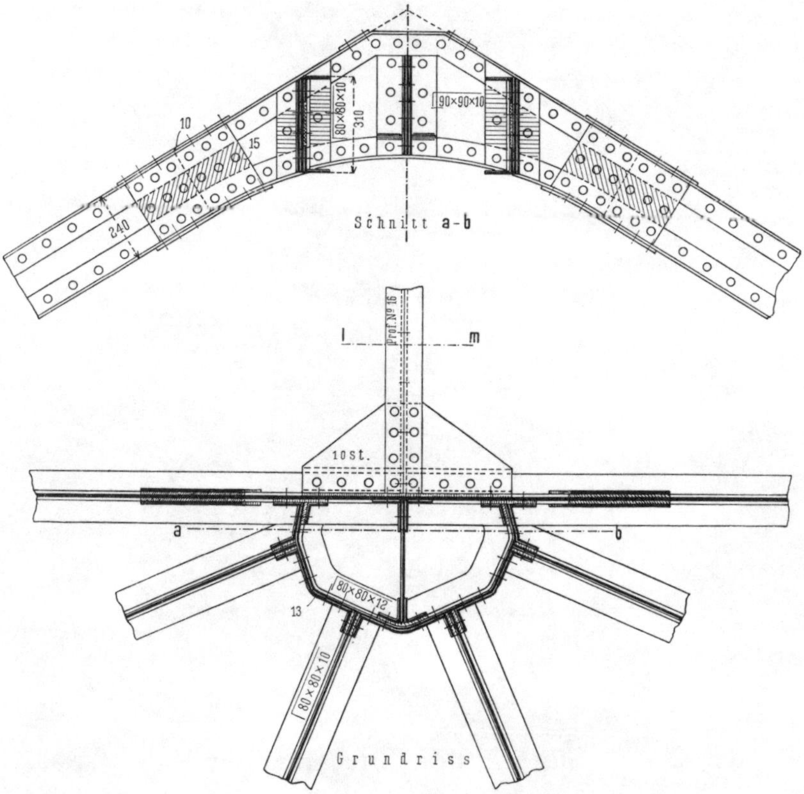


$^1/_{25}$ n. Gr.

Fig. 665.

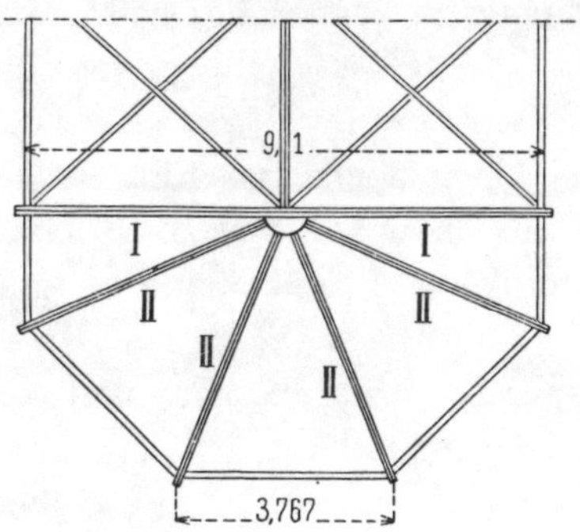


$^1/_{200}$ n. Gr.

Fig. 666.

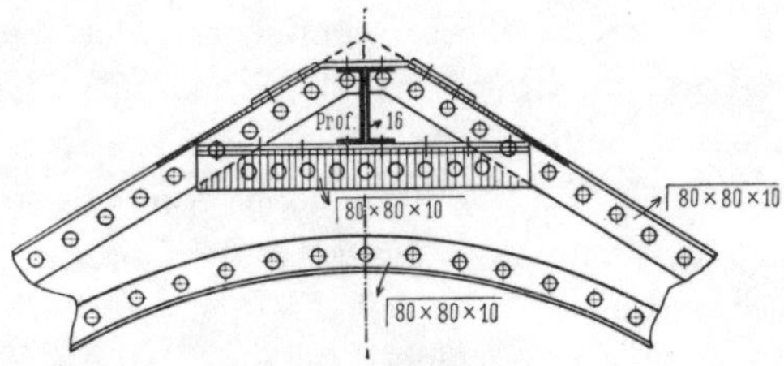


Schnitt nach *l m* in Fig. 664.

$^1/_{15}$ n. Gr.

Vom Wafferthurm auf dem Bahnhof zu Bremen [291]).

Fig. 667.

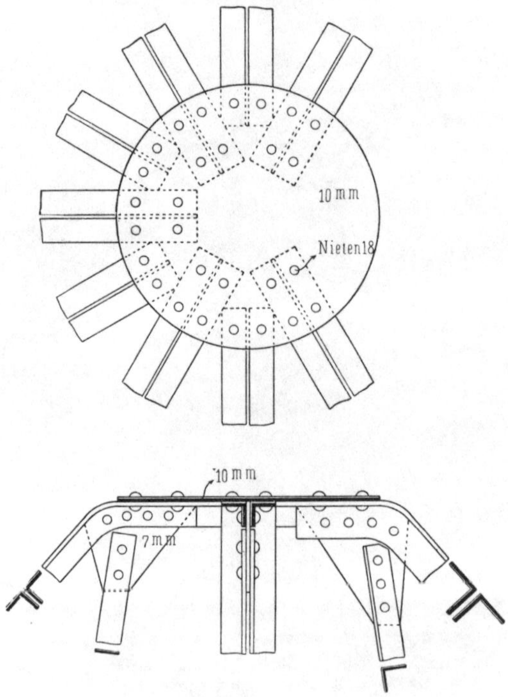


Von der katholifchen Kirche zu Harfum [127]).

$^{1}/_{15}$ n. Gr.

33. Kapitel.

## Säge- oder Shed-Dächer.

257.
Allgemeines.

Das Sägedach wird, wie fchon in Art. 27 (S. 28) gefagt worden ift, durch Nebeneinanderftellen einer Anzahl von Satteldächern erhalten, welche in ihren beiden Seitenflächen ungleiche Neigung aufweifen; die fteilere Dachfeite wird mit Glas, die weniger fteile Dachfläche mit nicht durchfichtigem Material (Dachpappe, Ziegel, Schiefer etc.) gedeckt. Der Neigungswinkel der fteilen Seite gegen die Wagrechte ift 60 bis 70 Grad, unter Umftänden auch wohl 90 Grad, derjenige der flachen Seite ift 20 bis 30 Grad. Der Winkel beider Dachflächen am Firft ift gewöhnlich ein Rechter; doch kommen auch kleinere Firftwinkel vor, bis zu 70 Grad hinab, und zwar hauptfächlich dann, wenn die verglaste Fläche nahezu lothrecht fteht.

Die Sägedächer ftützen fich auf die Umfangswände des Gebäudes und auf Reihen von Säulen, welche im Inneren des Gebäudes angeordnet werden. Zur Ueberdachung grofser Werkftättenräume, Fabriken, Ateliers u. dergl., in welchen einzelne Säulen nicht hindern, find diefe Dächer fehr geeignet; durch Wahl angemeffener Stützweiten für die Dachbinder und eben folcher Binderabftände kann man fich dem Bedürfniffe fehr gut anfchliefsen; man kann ferner fehr grofse Räume ohne übermäfsige Koften überdecken, da die Binderweiten nicht grofs zu fein brauchen; vor Allem aber kann man eine ausgezeichnete Erhellung durch das Tageslicht erzielen, indem man die verglasten Dachflächen nach Norden oder, wo dies nicht erreichbar iſt, nach Nordoſt oder Nordweſt ſtellt. Dadurch erhält man ein ſehr ruhiges, von unmittelbaren Sonnenſtrahlen freies Licht, das auch durch die vielen Dachflächen angenehm zerſtreut iſt. Nicht gering iſt endlich der Vortheil, daſs die verglasten Dachflächen ſtark geneigt ſind, ſo daſs ſie leicht dicht erhalten werden können, und auf ihnen der Schnee nicht und der Staub weniger liegen bleibt, als auf wenig geneigten Glasflächen.

Zwiſchen den einzelnen Dächern angeordnete Rinnen leiten das Regenwaſſer ab, vielfach durch Abfallrohre, welche in den eiſernen Mittelſäulen angeordnet ſind.

Die Stützweiten der Binder und die Binderabſtände ſind ſehr verſchieden groſs ausgeführt; für dieſe Maſse iſt vor Allem die Beſtimmung der zu überdachenden Räume entſcheidend. Die Binderweiten kommen von 3 bis 15 m und mehr vor, die Stützweiten von 5 bis 10 m und mehr. Man braucht, wie in Art. 69 (S. 83) allgemein angegeben iſt, nicht für jede Binderreihe eine Reihe Säulen anzuordnen, kann vielmehr eine Binderreihe um die andere durch beſondere von einer Säule zur anderen gehende Träger aufnehmen. Die Zahl der neben einander geſtellten Einzelbinder iſt vielfach ſehr groſs gewählt.

Die Gröſse der verglasten Dachfläche im Verhältniſs zur Grundfläche iſt in jedem beſonderen Falle nach den geſtellten Anforderungen zu beſtimmen.

Fig. 668.

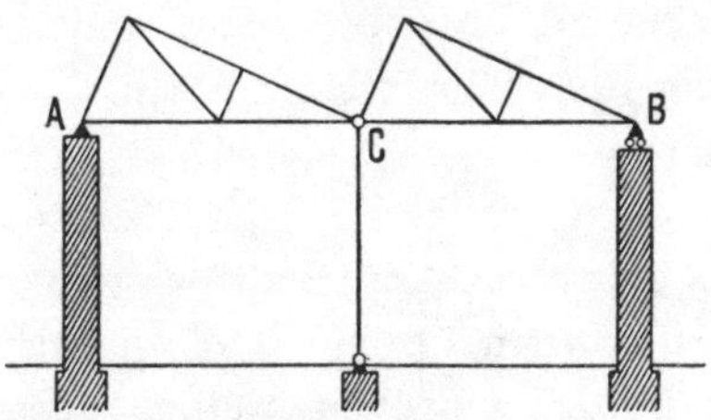


Fig. 669.

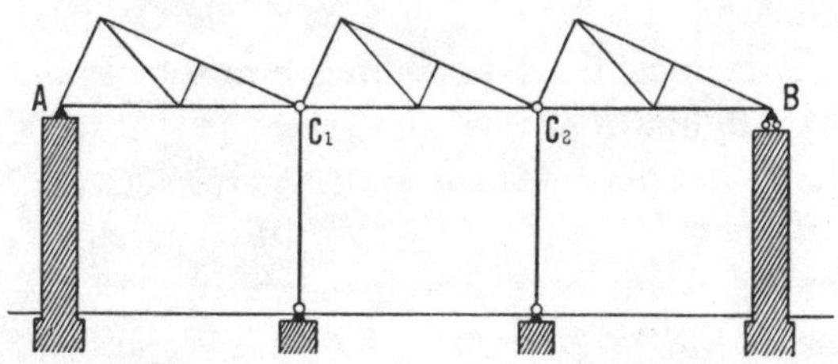


258. Allgemeine ſtatiſche Verhältniſſe.

Die auf die Dachbinder wirkenden lothrechten Laſten ſind ungefährlich; dagegen können die wagrechten Belaſtungen leicht den Einſturz des Gebäudes zur Folge haben, wenn die Conſtruction nicht ſorgfältig überlegt iſt.

Die wagrechten Seitenkräfte der ſchief wirkenden Kräfte (der Winddrücke) können nicht durch die Säulen, d. h. die Mittelauflager der Binder, in die Fundamente übergeführt werden, es ſei denn, daſs man die Säulen und Dachbinder feſt mit einander verbinden und erſtere mit den Fundamenten verankern wollte, ſo daſs ſie als lothrecht eingeſpannt gelten könnten. Die Fundamente würden dann durch Biegungsmomente beanſprucht, was beſſer vermieden wird. Man kommt demnach dazu, die wagrechten Kräfte nur durch die Endauflager der *Shed*-Dachbinder in die Seitenmauern zu überführen, das eine Endauflager, etwa bei $A$ (Fig. 668), als feſtes, das zweite Endauflager, etwa bei $B$, als bewegliches auszubilden, das mittlere Lager bei $C$ (Fig. 668) oder die mittleren Lager bei $C_1$ und $C_2$ (Fig. 669) auf Pendelſäulen zu ſtellen, wobei die gemeinſamen Knotenpunkte bei $C$, bezw. $C_1$ und $C_2$ als Gelenke ausgebildet werden.

Dieſe Anordnungen ſind ſtatiſch beſtimmt: Fig. 668 hat zwei Scheiben, alſo 6 Gleichgewichtsbedingungen und 6 Unbekannte, nämlich in Folge eines feſten und zweier beweglicher Auflager $2 + 1 + 1 = 4$ Auflager-Unbekannte und wegen des Gelenkes bei $C$ zwei Gelenk-Unbekannte. Aehnlich ergiebt ſich bei Fig. 669 die

Zahl der Gleichungen, wegen der drei Scheiben, zu 3 . 3 = 9, die Zahl der Unbekannten, wegen des feften Auflagers, dreier beweglicher Auflager und zweier Gelenke zu 2 + 1 + 1 + 1 + 2 . 2 = 9. Bei den Conftructionen in Fig. 668 u. 699 kommt die gefammte wagrechte Seitenkraft der äufseren Kräfte (höchftens nach Abzug des Reibungswiderftandes am beweglichen Endauflager) auf das fefte Endauflager bei *A*. Wenn die Seitenmauer hier genügend ftark gemacht werden kann, ift die Conftruction gut.

Wenn die Zahl der neben einander angeordneten Abtheilungen aber nicht fehr klein ift, fo wird die Mauer durch die angegebenen wagrechten Kräfte fehr ungünftig beanfprucht, befonders, wenn fie einigermafsen hoch ift. Hierzu kommt, dafs der auf die Seitenmauer felbft ausgeübte Winddruck die Gefahr des Umfturzes noch erhöht; man kann allerdings durch Vorlegen von Pfeilern unter den Auflagern der Binder die Stabilität vergröfsern; aber auch hierbei gelangt man bald zu fehr grofsen Mauermaffen, befonders wenn das Gebäude eine gröfsere Zahl von neben einander angeordneten Sägedächern hat. Bei nicht fehr grofser Länge des Gebäudes ift die Gefahr geringer, weil dann die Giebelmauern einen gröfseren Theil der auf feitlichen Umfturz wirkenden Kräfte aufnehmen; wie grofs diefer Theil ift, dürfte fehr fchwierig zu ermitteln fein.

Man kann nun die wagrechte Seitenkraft der Belaftungen auf beide Endauflager *A* und *B* (Fig. 668 u. 669) vertheilen, indem man diefe beiden als fefte Auflager herftellt. Dann wird die Conftruction einfach ftatifch unbeftimmt, und die Vertheilung der wagrechten Kraft beftimmt fich nach den Elafticitätsgefetzen. Die Ermittelung diefer Kraftvertheilung ift hier fehr einfach.

Bezeichnet man die überzählige wagrechte Seitenkraft der Auflager-Reaction im Endauflager *B* mit *X*, die durch die Windlaften erzeugten Stabfpannungen mit *S*, diejenigen Stabfpannungen, welche auftreten würden, wenn *B* ein bewegliches Lager wäre (alfo für $X = 0$) mit $S_0$ und die in den einzelnen Stäben durch $X = 1$ erzeugten Spannungen mit $S_1$, fo ift bekanntlich $S = S_0 + S_1 X$. Nach dem Arbeitsprincip mufs $\Sigma (S_1 \Delta s) = 0$ fein; fonach wird mit

$$\Delta s = \frac{S s}{E F} \text{ (} s = \text{Stablänge, } F = \text{Stabquerfchnitt, } E = \text{Elafticitätsziffer)}$$

$$\Sigma \left( \frac{S_1 S s}{E F} \right) = \Sigma \left[ \frac{S_1 (S_0 + S_1 X) s}{E F} \right] = 0,$$

woraus folgt:

$$X = - \frac{\Sigma \left( \frac{S_1 S_0 s}{E F} \right)}{\Sigma \left( \frac{S_1^2 s}{E F} \right)} \quad . \; . \; . \; . \; . \; . \; . \; . \; . \; . \quad 39.$$

Wenn alle Stäbe aus gleichem Material hergeftellt find, fo ift *E* conftant und

$$X = - \frac{\Sigma \left( \frac{S_1 S_0 s}{F} \right)}{\Sigma \left( \frac{S_1^2 s}{F} \right)} \quad . \; . \; . \; . \; . \; . \; . \; . \; . \; . \quad 40.$$

Wenn die untere Gurtung der *Shed*-Dachbinder, wie gewöhnlich, in die gerade Verbindungslinie der Auflager fällt, fo ift für die Stäbe der unteren Gurtung $S_1 = -1$; für alle anderen Stäbe ift $S_1$ = Null. Alsdann wird der Nenner in Gleichung 40: $\Sigma \left( \frac{S_1^2 s}{F} \right) = \frac{n l}{F_u}$. Hierin ift *l* die Binderftützweite, *n* die Anzahl der neben einander liegenden Sägedächer und $F_u$ die als conſtant angenommene Querſchnittsfläche der unteren Gurtungsſtäbe. Auch im Zähler der Gleichung 40 fallen alle Glieder fort, mit Ausnahme derjenigen, welche ſich auf die unteren Gurtungsſtäbe beziehen; für letztere iſt $S_1 = -1$, alſo

$$\Sigma\left(\frac{S_1 S_0 s}{F}\right) = -\Sigma\left(\frac{S_0 s}{F}\right) = -\frac{1}{F_u}\Sigma(S_0 s).$$

Es wird demnach

$$X = \frac{\Sigma(S_0 s)}{n l} \quad \ldots \ldots \ldots \ldots \quad 41.$$

Die Summirung iſt nur auf die Stäbe der unteren Gurtung auszudehnen. — Die Berechnung eines Zahlenbeiſpieles folgt in Art. 261.

Auch dieſe Anordnung befriedigt nicht. Einmal iſt eine ſtatiſch unbeſtimmte Conſtruction nicht empfehlenswerth, wenn eine eben ſo gute ſtatiſch beſtimmte möglich iſt; zweitens aber iſt es grundſätzlich verfehlt, groſse wagrechte Kräfte auf die oberen Enden hoher Mauern wirken zu laſſen, falls dies irgend wie vermieden werden kann. Der nachſtehend gemachte Vorſchlag will nun die wagrechten, haupt- 259. Vorſchlag zur Verbeſſerung der Sägedächer.

Fig. 670.

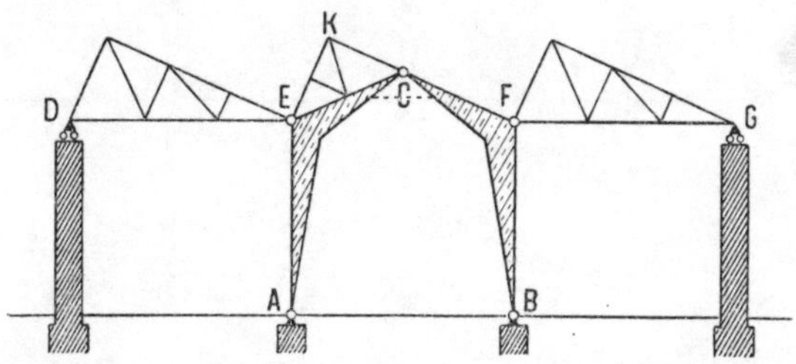


ſächlich gefährlichen Kräfte in die Fundamente leiten, ohne daſs ſie durch die Seitenmauern gehen.

Man überdache eine genügend groſse Zahl von Abtheilungen durch Binder, welche als ſteife Rahmen conſtruirt und auf die Fundamente geſtellt ſind; die Binder der anderen Abtheilungen verbinde man derart mit den ſteifen Rahmen, daſs ſie ihre Kräfte, ſowohl lothrechte, wie wagrechte, ſicher in die ſteifen Rahmen abgeben können. Die ſteifen Rahmen können ſowohl als Dreigelenkträger oder Zweigelenkträger mit Fuſsgelenken auf den Fundamenten, wie als gelenkloſe, mit den Fundamenten feſt verbundene Sprengwerksträger hergeſtellt werden; die beiden erſteren Anordnungen ſind die beſſeren.

Die Anordnung für drei neben einander liegende Abtheilungen zeigt Fig. 670. Die mittlere Abtheilung iſt durch einen Dreigelenkträger *ACB* überſpannt, welcher alle auf ihn übertragenen lothrechten und ſchiefen Kräfte klar und ſicher in die Fundamente *A* und *B* leitet. Die Abtheilungen links und rechts ſind durch die Balkenbinder *DE*, bezw. *FG* überdacht. Die Lager bei *D* und *G* ſind bewegliche Rollenlager; ſie können auch durch Pendelſtützen gebildet werden. Die Mauern ſind hier von den wagrechten Kräften vollſtändig frei — abgeſehen von den Reibungswiderſtänden an den Auflagern — und können ſchwach ſein.

Daſs dieſe Anordnung ſtatiſch und geometriſch beſtimmt iſt, ſieht man leicht. Es ſind zwei feſte Auflager ($A$ und $B$) und zwei bewegliche Auflager ($D$ und $G$) vorhanden, ferner 3 Gelenke ($E, C, F$); mithin iſt die Zahl der Unbekannten, da jedes Gelenk zwei Unbekannte bedeutet, $2 . 2 + 2 . 1 + 2 . 3 = 12$. Die Conſtruction weist 4 Scheiben auf: die beiden Dachbinder der Seitenabtheilungen und die beiden Hälften des Gelenkdachbinders; ſonach ſind $4 . 3 = 12$ Gleichungen verfügbar. — Das Gelenk $C$ braucht nicht in die Mitte der betreffenden Abtheilung gelegt zu werden; man kann es auch in $K$ anordnen.

Es macht grundſätzlich keinen Unterſchied, wenn man das Scheitelgelenk bei $C$ ganz fortläſſt und als mittleren Binder einen Zweigelenkbogen (etwa mit dem einpunktirten Stabe) oder auch einen bei $A$ und $B$ eingeſpannten Binder verwendet.

Für ſechs neben einander liegende Abtheilungen iſt eine gute Anordnung in Fig. 671 dargeſtellt. Je drei Abtheilungen ſind in einer Gruppe nach Art von Fig. 670

Fig. 671.

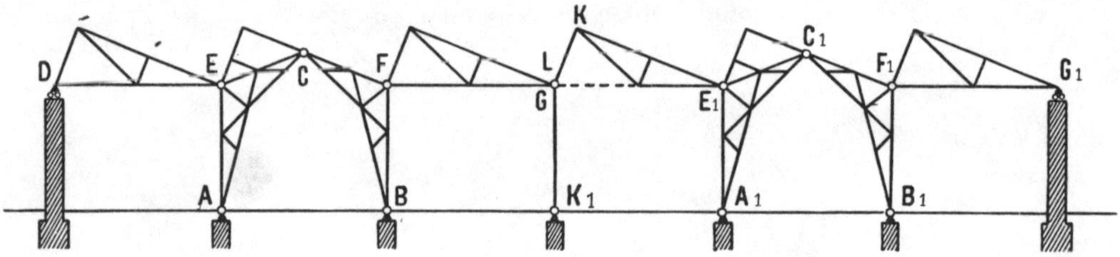


Fig. 672.

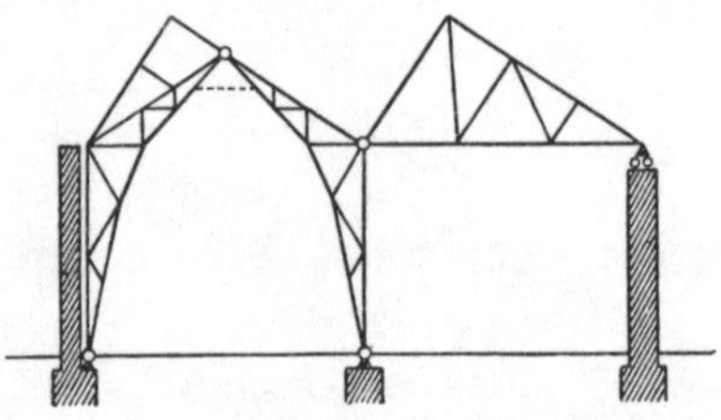

Fig. 673.

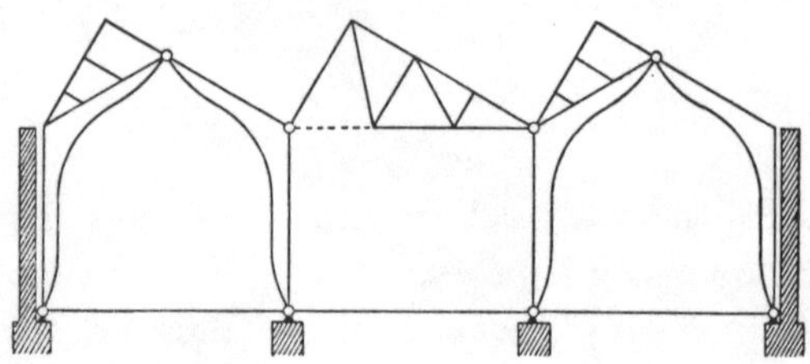

vereinigt. Der in der vierten Abtheilung punktirte Stab würde die Conſtruction ſtatiſch unbeſtimmt machen; ſie bleibt auch mit dieſem Stabe ſtatiſch beſtimmt, wenn man ſeine Enden mit länglichen Schraubenlöchern anſchlieſst. Fig. 671 weist 9 Scheiben auf, da auch Stab $L$ als Scheibe zu rechnen iſt, 4 feſte Auflager ($A$, $B$, $A_1$, $B_1$), 3 bewegliche Auflager ($D$, $G$, $G_1$) und 8 Gelenke ($C$, $C_1$, $E$, $F$, $E_1$, $F_1$, $G$, $K$); demnach ſind $3 . 9 = 27$ Gleichungen verfügbar und $4 . 2 + 3 . 1 + 8 . 2 = 27$ Unbekannte vorhanden.

Die Löſung der vorliegenden Aufgabe kann, unter Beibehaltung des Grundgedankens, der Schaffung einzelner ſtandfähiger Rahmen, auch durch andere Zuſammenſtellungen erfolgen. Fig. 672 u. 673 geben ſolche Löſungen für zwei, bezw. drei neben einander liegende Abtheilungen; überall ſind die wagrechten Kräfte von den Seitenmauern der Bauwerke fern gehalten und geradenwegs in die Fundamente befördert. Die Seitenmauern können demnach ſehr ſchwach ſein; ja man kann die lothrechten Theile der Binder als Pfoſten für Eiſen-Fachwerkwände verwerthen.

Wenn der Wind (ungünftigenfalls) von der Seite der verglasten Dachflächen kommt, fo ift der Druck für das Quadr.-Met. der Dachfläche 260. Schiefe Belaftungen.

$$w = p \,.\, \sin(\alpha + 10^0).$$

Hierin kann $p$ zu 120 kg für 1 qm angenommen werden; $\sin(\alpha + 10^0)$ liegt ftets fo nahe bei 1, dafs

$$w = 120 \text{ kg für } 1 \text{ qm}$$

gefetzt werden kann. Ift die Breite der verglasten Fläche in der Dachfchräge gemeffen gleich $a$ und der Binderabftand gleich $b$, fo ift der auf die äufserfte Dachfläche kommende Winddruck

$$W_1 = 120\, a\, b \qquad 42.$$

Die anderen Dachflächen der fteilen Seiten werden hauptfächlich in denjenigen Theilen vom Winde getroffen, welche nicht durch die davor liegenden Flächen verdeckt werden; ift die Breite einer folchen Fläche in der Schräge gemeffen gleich $e$, fo ift (Fig. 674):

Fig. 674.

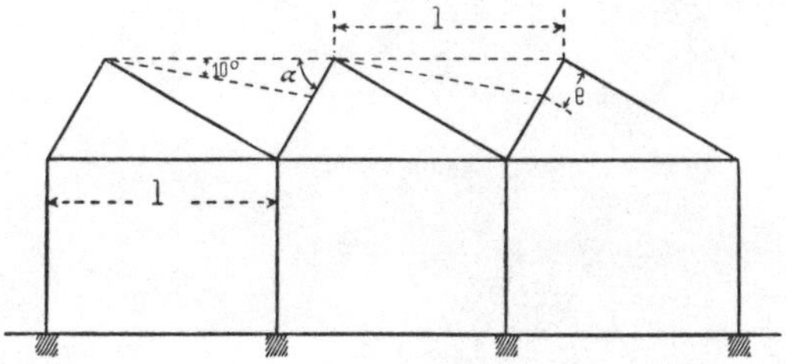


$$e = \frac{l \,.\, \sin 10^0}{\sin(\alpha + 10^0)}, \text{ und da } l = \frac{a}{\cos\alpha}$$

ift,

$$e = \frac{a \,.\, \sin 10^0}{\cos\alpha \,.\, \sin(\alpha + 10^0)} \qquad 43.$$

Für $\alpha =$ 60 70 75 Grad wird genügend genau

$$e = 0{,}37\, a \quad 0{,}50\, a \quad 0{,}67\, a,$$

wozu bemerkt wird, dafs diefe Werthe nur giltig find, wenn der Winkel am Firft ein Rechter ift. Es dürfte fich empfehlen, die Werthe für $e$ etwas gröfser anzunehmen, als die Formel 43 ergiebt.

Der gefammte Winddruck gegen die Sägedach-Anlage auf die Bindertiefe $b$ ift, wenn $n$ Abtheilungen von der Stützweite $l$ neben einander liegen,

$$\Sigma(W) = 120 \,.\, b\,[a + (n - 1)\, e] \qquad 44.$$

Beifpiel: Es fei $l = 6$ m, $\alpha = 70$ Grad, alfo $a = l \,.\, \cos a = 2{,}052$ m $= \infty\; 2{,}1$ m, $b = 5$ m, $n = 3$, die Höhe von Fundament-Oberkante bis zum Binderauflager $h = 5$ m und der Firftwinkel gleich 90 Grad; dann wirkt auf die erfte verglaste Fläche eine Windbelaftung: 261. Beifpiel.

$$W_1 = 120 \,.\, 5 \,.\, 2{,}1 = 1260 \text{ kg}.$$

Ferner ift

$$\Sigma(W) = 120 \,.\, 5\,[a + (n - 1)\, 0{,}50\, a] = 120 \,.\, 5 \,.\, 2{,}1\,(1 + 2 \,.\, 0{,}5),$$

$$\Sigma(W) = 1260 + 1260 = 2520 \text{ kg};$$

dafür wird

$$\Sigma(W) = 3000 \text{ kg}$$

eingeführt.

Wenn nach Fig. 669 u. 675 nur ein Auflager, dasjenige bei $A$, feft ift, fo mufs daffelbe die wagrechte Seitenkraft von $\Sigma(W)$, abzüglich des Reibungswiderftandes am beweglichen Lager bei $B$, aufnehmen. Durch die Windbelaftung $W_1$ wird in $A$ eine lothrechte Seitenkraft des Auflagerdruckes erzeugt:

Fig. 675.

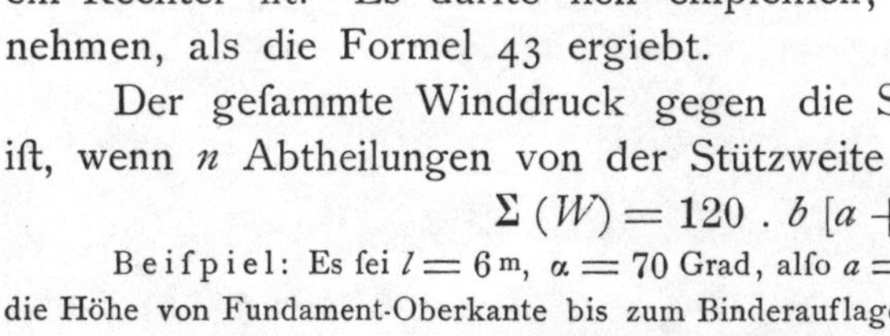


$$A_w = \frac{W_1\, a}{2\, l} = \frac{1260 \,.\, 2{,}1}{2 \,.\, 6} = 220 \text{ kg}.$$

Eben fo wird durch $W_3$ in $B$ ein lothrechter Auflagerdruck $B_w$ hervorgerufen. Wird

$$W_2 = W_3 = \frac{3000 - 1260}{2} = 870 \text{ kg}$$

gefetzt, fo ergiebt fich

$$B_w = \frac{W_3\, 3a}{4l} = \frac{870 \,.\, 3 \,.\, 2{,}1}{4 \,.\, 6} = 228^{\text{kg}} = \backsim 230^{\text{kg}}.$$

Fig. 676.

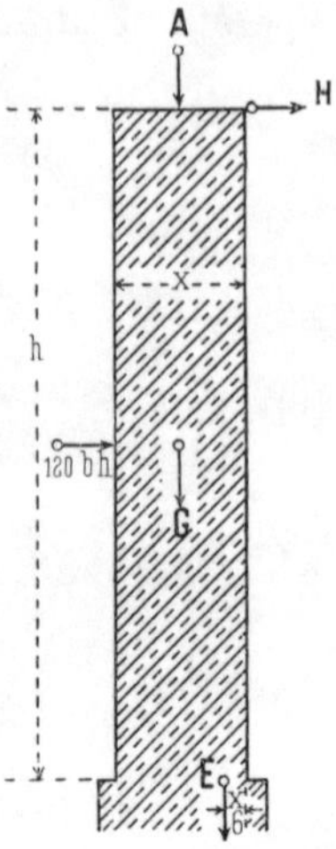


Das Eigengewicht jedes Binders iſt für jede Abtheilung zu $\backsim$ 2400 kg geſchätzt; demnach iſt die hierdurch in $A$ und $C_1$ erzeugte Auflagerkraft $A_g = 1200^{\text{kg}} = C_{1g}$. Der Reibungswiderſtand des beweglichen Auflagers bei $B$ iſt mit dem Reibungscoefficienten $\mu = 0{,}2$

$$H_1 = 0{,}2 \,.\, (230 + 1200) = \backsim 290^{\text{kg}}.$$

Auf das feſte Auflager bei $A$ kommt demnach eine wagrechte Seitenkraft des Auflagerdruckes

$$H = \Sigma(W) \,.\, \sin\alpha - H_1 = 3000 \,.\, 0{,}9397 - 290 = \backsim 2530^{\text{kg}}.$$

Auf das zu einer Binderweite gehörige Mauerſtück wirkt nunmehr am feſten Auflager (Fig. 676):

die wagrechte Seitenkraft $H = 2530^{\text{kg}}$,

die lothrechte Seitenkraft $A_w + A_g = 220 + 1200 = 1420^{\text{kg}}$;

ferner die auf die Mauer von der Höhe $h$ entfallende Windkraft, deren Mittelkraft gleich 120 $h\,b$ in halber Höhe angreift. Das Mauergewicht iſt $G = \gamma\, h\, b\, x = 1600\, h\, b\, x$, wenn $x$ die geſuchte Mauerſtärke iſt. Geſtattet man für dieſe ſehr ungünſtigen Belaſtungsannahmen, daſs die Stützlinie der Mauerkante ſich bis auf $\frac{x}{6}$ nähere (alſo aus dem Kerne herausfalle), ſo ergiebt ſich die Bedingungsgleichung:

$$1600\, h\, b\, x\, \frac{x}{3} + 1420\, \frac{x}{3} = 2530\, h \mid 120\, \frac{h^2\, b}{2}$$

und mit obigen Werthen

$$x = \backsim 1{,}20^{\text{m}}.$$

Wie zu erſehen iſt, ergeben ſich ſehr groſse Mauerſtärken; allerdings wurde der ungünſtigſte Fall ſehr groſsen Winddruckes angenommen und auf die günſtig wirkenden Giebelwände nicht gerechnet, die immerhin einen nicht geringen Theil der wagrechten Belaſtungen in die Fundamente leiten. Andererſeits iſt aber auch die ganze Seitenmauer als voll angenommen. Wenn, wie meiſtens, Fenſter in den Seitenmauern angebracht ſind, ſo iſt das Gewicht $G$ kleiner und die Stabilität geringer, als oben angenommen iſt. Jedenfalls bleibt die Nothwendigkeit groſser Mauerſtärken beſtehen. Zweckmäſsig wird es ſein, die Mauerſtärke von oben nach unten zunehmen zu laſſen und unter den Dachbindern Pfeilervorlagen anzulegen.

Nunmehr ſoll unterſucht werden, ob die Anordnung weſentlich günſtiger wird, wenn beide Endauflager feſt ſind.

Wenn man zwei feſte Auflager anordnet, ſo vertheilt ſich die wagrechte Kraft auf beide. Auf das Auflager bei $B$ kommt jetzt nach Gleichung 41 (S. 347) eine wagrechte Kraft $X = \Sigma\left(\frac{S_o\, s}{n\, l}\right)$; auf $A$ wirkt $H = \Sigma(W) \,.\, \sin\alpha - X$.

Für obiges Beiſpiel ergiebt ſich dann wieder $W_2 = W_3 = 870^{\text{kg}}$; ferner werde wie oben angenommen, daſs dieſe beiden Kräfte in der Höhe $\frac{a}{4}$ unter dem Firſt wirken. Dann wird für Oeffnung $I$

$$A_w = \frac{1260\, a}{2l} = \frac{1260 \,.\, 2{,}1}{2 \,.\, 6} = 220^{\text{kg}}, \quad \text{und} \quad C_w = 220^{\text{kg}};$$

für Oeffnung $II$:

$$C'_w = \frac{870\, a}{4l} = \frac{870 \,.\, 2{,}1}{4 \,.\, 6} = 76^{\text{kg}}, \quad \text{und} \quad D_w = \frac{870 \,.\, 3 \,.\, 2{,}1}{4 \,.\, 6} = 228^{\text{kg}};$$

für Oeffnung $III$:

$$D'_w = \frac{870 \,.\, a}{4l} = 76^{\text{kg}}, \quad \text{und} \quad B_w = \frac{870 \,.\, 3 \,.\, 2{,}1}{4 \,.\, 6} = 228^{\text{kg}}.$$

Auſser dieſen lothrechten Seitenkräften der Auflagerdrücke wirkt in $D$ noch eine wagrechte Seitenkraft ($H_{III}$) des Auflagerdruckes, welche durch die unteren Gurtungsſtäbe der Oeffnungen $II$ u. $I$ nach dem feſten Auflager befördert wird; eben ſo wird durch $W_2$ im Punkte $C$ eine entſprechende wagrechte Seitenkraft ($H_{II}$) erzeugt, welche durch die unteren Gurtungsſtäbe der Oeffnung $I$ nach dem feſten Auflager geleitet wird. In $CD$ wirkt demnach auſser der durch die lothrechten Auflagerkräfte $C'_w$ und $D_w$ erzeugten Spannung noch $H_{III}$ und in der unteren Gurtung der Oeffnung $I$ auſser der durch die lothrechten Auflagerkräfte erzeugten Spannung noch $H_{III} + H_{II}$. Es iſt $H_{III} = H_{II} = 870 \,.\, \sin\alpha = 818^{\text{kg}}$.

Die Werthe für $S_0$ ergeben fich nunmehr wie folgt:
in Oeffnung *III* ift in der unteren Gurtung

$$S_0 = \frac{B_w}{\operatorname{tg}\beta} = \frac{228}{\operatorname{tg} 20^0} = \backsim 630^{\text{kg}};$$

in Oeffnung *II* ift in der unteren Gurtung

$$S_0 = \frac{D_w}{\operatorname{tg}\beta} + H_{III} = \frac{228}{\operatorname{tg} 20^0} + 818 = 1448^{\text{kg}};$$

in Oeffnung *I* ift in der unteren Gurtung

$$S_0 = \frac{C_w}{\operatorname{tg}\beta} + H_{III} + H_{II} = \frac{220}{\operatorname{tg} 20^0} + 818 \cdot 2 = 2236^{\text{kg}}.$$

Auf das Lager bei *B* (das äufserfte rechts gelegene) kommt demnach als wagrechte Seitenkraft des Auflagerdruckes:

$$X = \Sigma \left(\frac{S_0\, s}{n\, l}\right) = \frac{630 \cdot 6 + 1448 \cdot 6 + 2236 \cdot 6}{3 \cdot 6} = 1438^{\text{kg}};$$

auf das Lager bei *A* (das äufserfte links gelegene) kommt:

$$H = \Sigma\,(W \sin\alpha) - X = 3000 \cdot 0{,}9397 - 1438 = 1382^{\text{kg}},$$

während bei einem feften und einem beweglichen Lager $H = 2530^{\text{kg}}$ gefunden war. Die Vertheilung auf die beiden feften Auflager ift alfo nahezu gleichmäfsig, diefe Conftruction demnach günftiger, als die erftere. Wird die Berechnung der erforderlichen Mauerftärke wie oben durchgeführt, fo ergiebt fich $x = \backsim 1{,}03^{\text{m}}$, immer noch recht grofs.

Es foll jedoch hier noch einmal ausdrücklich darauf hingewiefen werden, dafs bei einer geringen Anzahl neben einander befindlicher Binder die Annahme gemacht werden kann, dafs ein Theil der wagrechten Laften durch die Pfetten in die Giebelmauern übertragen werde. Will man fich auf den Biegungswiderftand der Pfetten nicht verlaffen, fo kann man auch wagrechte Diagonalen anordnen und durch diefe die gefährlichen Kräfte in die Giebelmauern führen.

Jedenfalls wird die in Art. 259 (S. 347) vorgefchlagene Anordnung, welche die Seitenmauern von den wagrechten Kräften vollftändig befreit, den vorbefprochenen Conftructionen weitaus vorzuziehen fein.

Die meift übliche Anordnung der Sägedächer weist Binder auf, welche Pfetten tragen, auf denen fowohl die Dachdeckung des undurchfichtigen Theiles, als auch die Verglafung ruht. Eine zweite, feltenere Conftruction, welche bei lothrechter Stellung der verglasten Flächen mehrfach ausgeführt ift, hat eiferne, der Länge des Gebäudes nach verlaufende Fachwerk- oder Gitterträger, welche die Sparren und die Verglafung tragen. 262. Conftruction.

Bei der erften Anordnung werden die Binder entweder als Satteldachbinder mit ungleichen Dachneigungen nach Fig. 677 u. 681 oder als folche mit gleichen Dachneigungen nach Fig. 678 u. 679 conftruirt. Bei der zweiten Conftruction wird dann die fteilere Neigung der verglasten Dachfeite durch ein befonderes, aufgefetztes Dreieck erhalten. Auf der verglasten Dachfeite find ftets rechteckige Rahmen herzuftellen, welche die Verglafung aufnehmen. Diefe Rahmen beftehen aus den Pfoften oder Stielen der fteilen Dachfeite und zwei wagrechten Längsbalken aus Holz oder Eifen, welche am oberen und unteren Ende zwifchen die Pfoften gefetzt und von diefen getragen werden. Fig. 677 bis 681 geben einige Sägedächer diefer Anordnung.

In Fig. 677 [292]) find nur zwei Abtheilungen von je $7{,}0^{\text{m}}$ Stützweite neben einander angeordnet; der Binderabftand beträgt $5{,}0^{\text{m}}$. Der Binder ift aus Holz und mit ungleichen Dachneigungen conftruirt. Die untere Gurtung befteht aus zwei, je $12 \times 25^{\text{cm}}$ ftarken Balken mit $12^{\text{cm}}$ breitem Zwifchenraum, in welchen fich die oberen Gurtungsftäbe an den Auflager-Knotenpunkten und die Druckftreben fetzen. Am Firft ift eine $25 \times 25^{\text{cm}}$ ftarke, zwifchen den Bindern verlaufende Pfette *N*, welche mit diefen durch gufseiferne Confolen verbunden ift. Die Pfette *N*, fo wie die Fufspfette *V* nehmen die $0{,}416^{\text{m}}$ von einander entfernten Leerfparren auf; Pfette *N*, die untere Pfette *f* und die Pfoften *O* bilden die Rahmen zur Aufnahme der Verglafung. Beide unteren Gurtungen der Nachbarabtheilungen find gut mit einander verbunden. Die weniger geneigte Seite ift mit Zink Nr. 13 auf Schalung gedeckt.

---

292) Facf.-Repr. nach: *Nouv. annales de la conftr.* 1877, Pl. 12, 17—18.

Fig. 677 [292]).

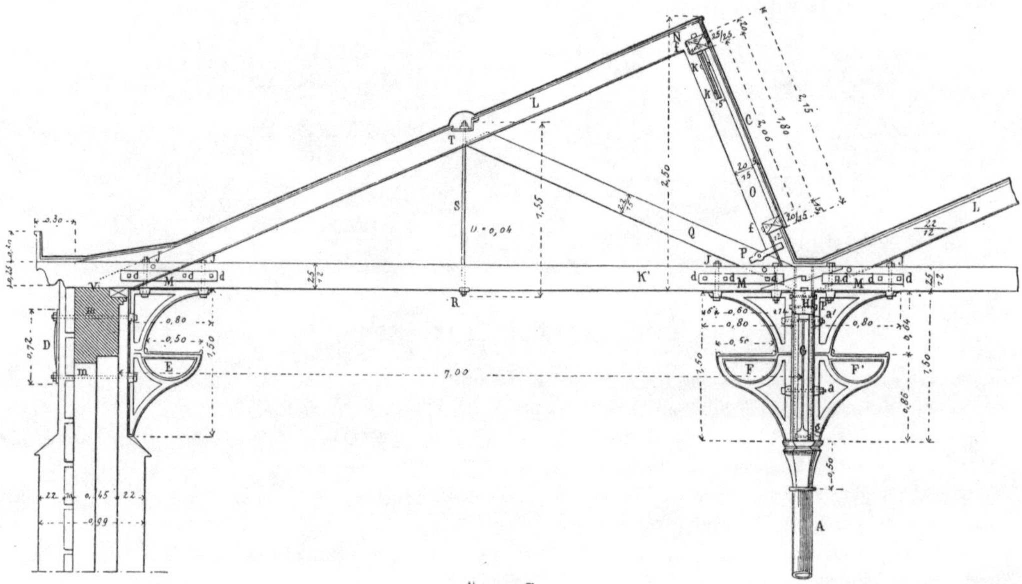

1/75 n. Gr.

Fig. 678 [292]).

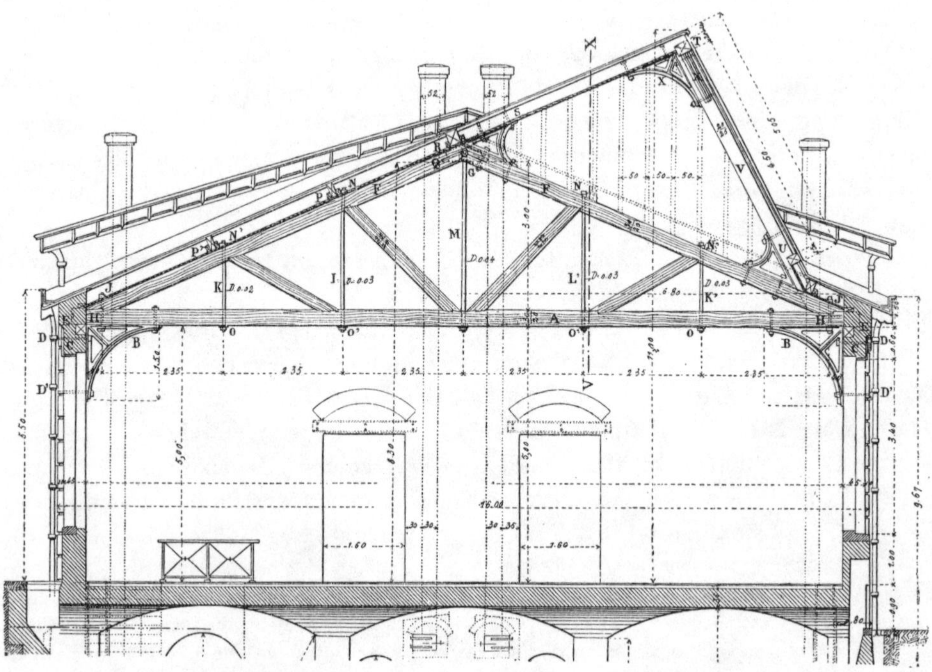

1/150 n. Gr.

Das in Fig. 678 [292]) vorgeführte, nur über eine Abtheilung reichende Dach hat einen Binder mit gleich geneigten oberen Gurtungen, auf den ein Dreieck für die verglaste Fläche aufgefetzt ift. Die Binder tragen die Pfetten *P* und *P'* und im Firft des Satteldachbinders die Pfette *R*. Das aufgefetzte Dreieck ift durch Stab *S* und Pfoften *V* gebildet, der Rahmen für die Verglafung durch die Pfoften *V*

Fig. 679.

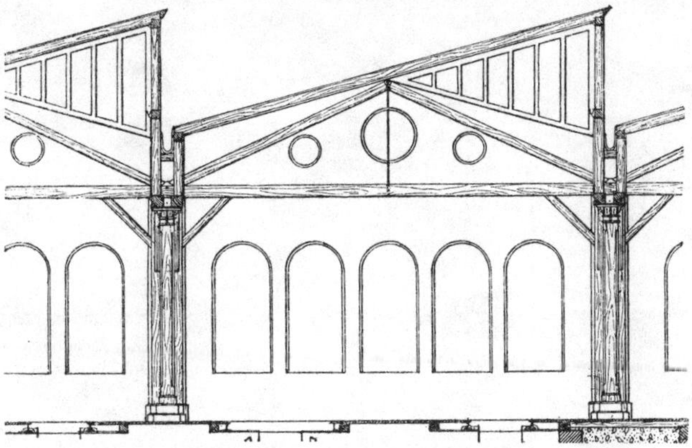

Querfchnitt. — 1/200 n. Gr.

Fig. 680.

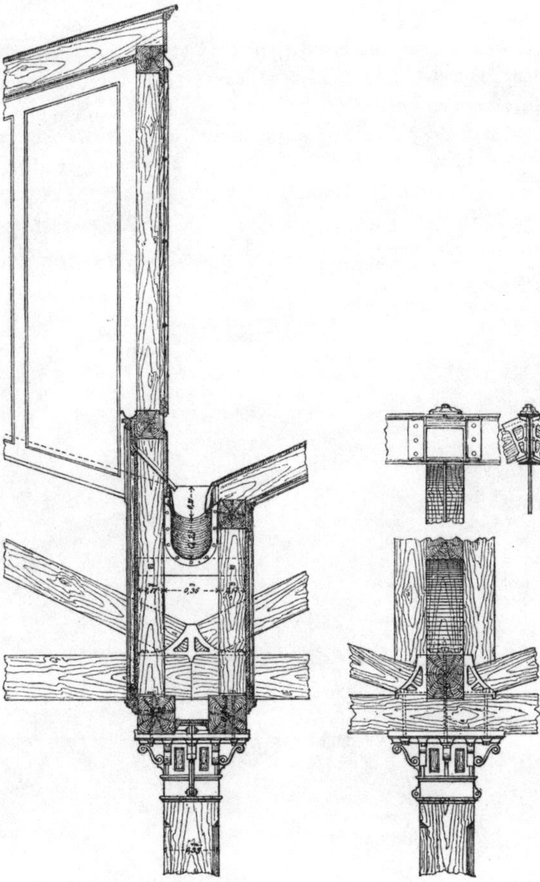

Einzelheiten. — 1/50 n. Gr.

Von der Locomotiv-Montirungs-Werkftätte zu München [293]).

und die Hölzer *T* und *U*. Der Balken *T* ift wieder mit Hilfe von eifernen Confolen mit den Pfoften verbunden; derfelbe trägt auch die Leerfparren des oberen Theiles der weniger geneigten Dachfläche, welche

[293]) Facf.-Repr. nach: Zeitfchr. des Bayer. Arch.- u. Ing.-Ver. 1874, Bl. XII u. XVIII.

Fig. 681.

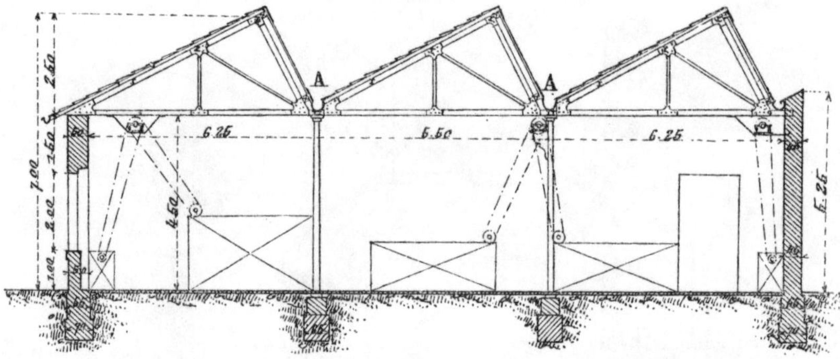


Von einer Fabrikanlage zu Courneuve [294]).

1/200 n. Gr.

fich an ihren unteren Enden gegen die Pfette *R* fetzen. Der Binder ift an beiden Auflagern durch Confolen feft mit dem Mauerwerk verbunden. Ueberhaupt ift von gufseifernen Verbindungsftücken hier ein weit gehender Gebrauch gemacht.

Auch in Fig. 679 [293]) find die Binder mit gleich geneigten oberen Gurtungen hergeftellt. In der Spitze des Dreieckes ift eine Firftpfette aus I-Eifen angeordnet, welche mittels gufseiferner Schuhe von den Streben der oberen Gurtung getragen wird. Die Sparren ruhen aufser auf der Mittelpfette noch auf zwei weiteren Pfetten aus Holz, welche von Stielen getragen werden. Die obere Pfette bildet mit den Stielen und einem wagrechten, unteren Balken den Rahmen für die Verglafung. Fig. 680 [293]) zeigt die Einzelheiten. Die hier gewählte Rinnen-Conftruction ift nicht empfehlenswerth.

Rein eiferne Sägedächer können auf Grund der Angaben über die Conftruction der eifernen Binder in Kap. 29 ohne Schwierigkeit entworfen werden. Ein Beifpiel

Fig. 682.

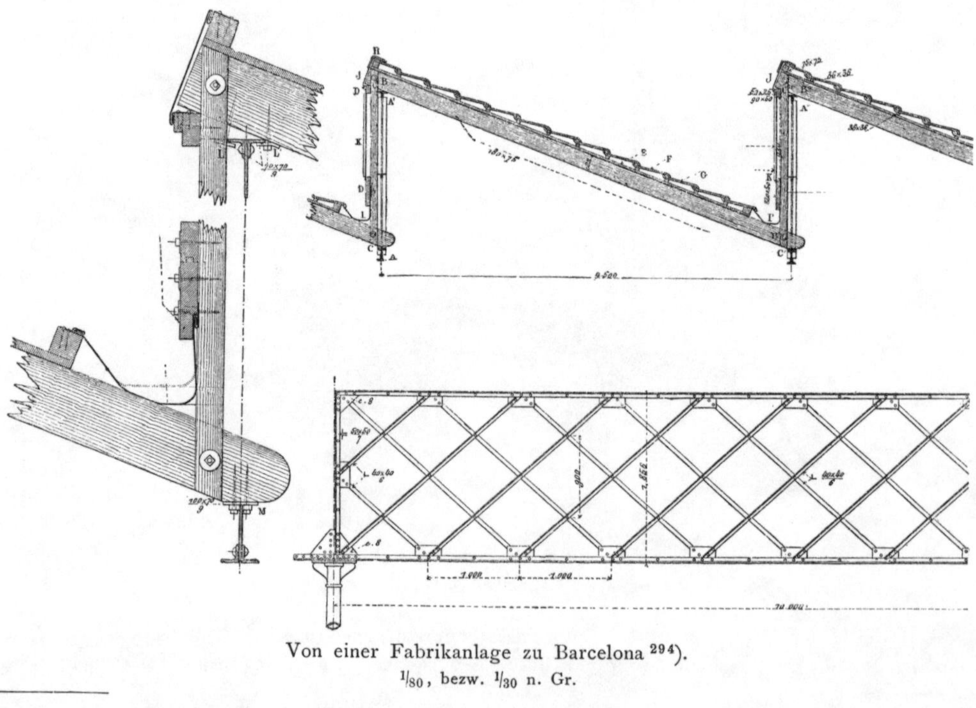

Von einer Fabrikanlage zu Barcelona [294]).

1/80, bezw. 1/30 n. Gr.

294) Facf.-Repr. nach: *Nouv. annales de la conftr.* 1892, Pl. 12—13, 46—47.

ift in Fig. 681 [294]) dargeftellt. Auch die in Art. 259 (S. 347) empfohlenen fteifen Rahmen find als Drei- oder Zweigelenkdächer leicht herftellbar. Von der Vorführung von Einzelheiten ift abgefehen worden, da diefelben noch nicht ausgeführt worden find.

Fig. 683.

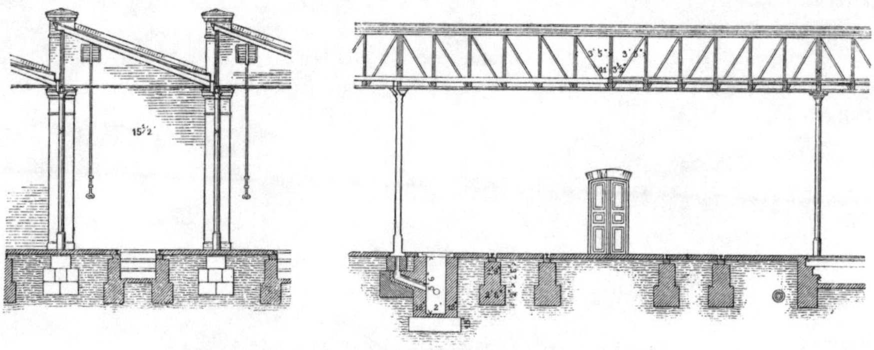

Längenfchnitt. Querfchnitt.

$^{1}/_{250}$ n. Gr.

Fig. 684.

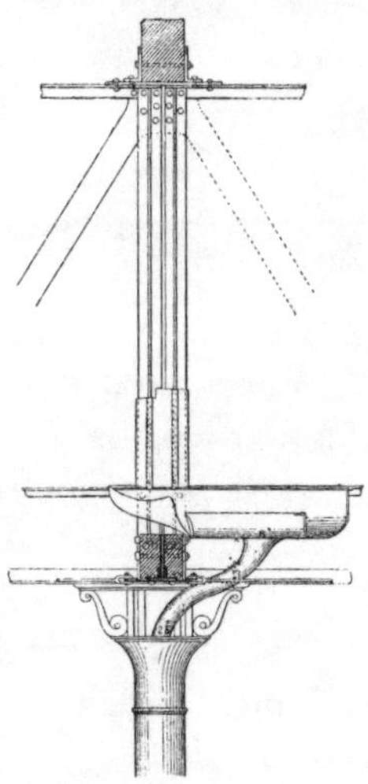

$^{1}/_{40}$ n. Gr.

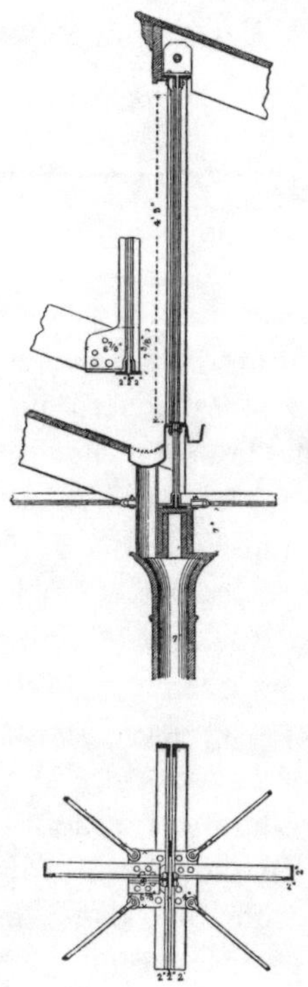

Von der Reparatur-Werkftätte
auf dem Bahnhof zu Potsdam [295]).

Für die zweite Conftruction mit eifernen, der Länge des Gebäudes nach verlaufenden Trägern ift ein Beifpiel in Fig. 682 [294]) vorgeführt.

Hinter die lothrechte verglaste Fläche ift ein eiferner Gitterträger gefetzt, welcher in feinen beiden Gurtungen fowohl den oberen, wie den unteren Endpunkten der Sparren Auflager bietet. Bei diefer Anordnung find weite Säulenftellungen möglich. Bedenklich erfcheint es, dafs die Träger auch wagrechte

[295]) Facf.-Repr. nach: Zeitfchr. f. Bauw. 1871, Bl. 23.

Seitenkräfte zu ertragen haben, denen fie nicht gewachfen find. Diefe Conftruction ift in Barcelona von *Arajol* ausgeführt.

Eine ganz ähnliche Anordnung ift bereits vor vielen Jahren in Berlin zur Anwendung gekommen (Fig. 683 u. 684 [295]).

Die lothrechten Theile der Sägedächer find dabei durchweg verglaste eiferne Fachwerksträger, deren lothrechte, aus zwei **T**-Eifen gebildete Pfoften die Rahmen für die Glastafeln bilden. Die $1{,}07$ m von einander entfernten Sparren ruhen mit ihren oberen Enden auf der oberen Gurtung des Trägers, wo fie zwifchen zwei aufgenieteten Blechen befeftigt find; mit ihren Füfsen ruhen die Sparren in Schuhen, die an der unteren Gurtung des Nachbarträgers vernietet find. An diefen Schuhen find auch die wagrechten Winddiagonalen angebracht.

---

## 34. Kapitel.

# Pfetten.

### a) Querfchnitt, Stellung und Berechnung.

263. Allgemeines. Die Pfetten find auf den Bindern ruhende Träger, welche die Gewichte der Sparren und der Dachdeckung, fo wie die durch Schnee- und Winddruck hervorgerufenen Belaftungen auf die Binder zu übertragen haben. Die Pfetten werden ausfchliefslich als Balkenträger conftruirt. Entweder laufen fie nur je von einem

Fig. 685.

zum anderen Binder als auf zwei Stützpunkten ruhende Balken oder über mehreren Bindern (als continuirliche Träger) durch, oder fie werden als Auslegerträger hergeftellt. Bei den Holzdächern ift die Anordnung der durchlaufenden Pfetten üblich und zweckmäfsig; bei den neueren Eifendächern werden fie als Auslegerträger in der durch Fig. 685 fchematifch angedeuteten Weife conftruirt. Jede Pfette ift auf zwei Bindern *H* und *J*, bezw. *M* und *N* gelagert, ift aber über die auf den Bindern liegenden Auflager jederfeits noch um ein gewiffes Stück verlängert, fo dafs fie an ihren Enden zwei Ausleger (Confolen) hat; die Confolenenden *G*, *K*, *L*, *O* dienen als die Auflager für eingehängte Pfettenftücke (*KL* in Fig. 679). Diefe Anordnung ift ftatifch beftimmt; man kann durch zweckmäfsige Wahl der Längen für die Ausleger und die Zwifchenftücke eine Materialerfparnifs erzielen; endlich ermöglicht diefe Conftruction die durch Temperaturänderungen hervorgerufenen Längenänderungen der Pfetten ohne fchädliche Beanfpruchungen der Pfetten und Binder: man braucht nur die Bolzenlöcher für das Auflager des eingehängten Pfettenftückes bei dem einen der beiden Auflager länglich zu machen.

Je zwei Binder, welche die Ausleger tragen, werden durch in der Dachfläche angeordnete Schrägftäbe (Winddiagonalen) und die Pfetten zu einem (auch gegen winkelrecht zu den Binderebenen wirkende Kräfte) ftabilen Körper vereinigt; die Pfetten wirken für diefes Raumfachwerk als Pfoften. In den Feldern aber, welche die eingehängten Pfettenträger enthalten, ordnet man keine Winddiagonalen an; diefelben find dort der Stabilität wegen nicht erforderlich und bei Temperaturänderungen fchädlich.

Fig. 686.

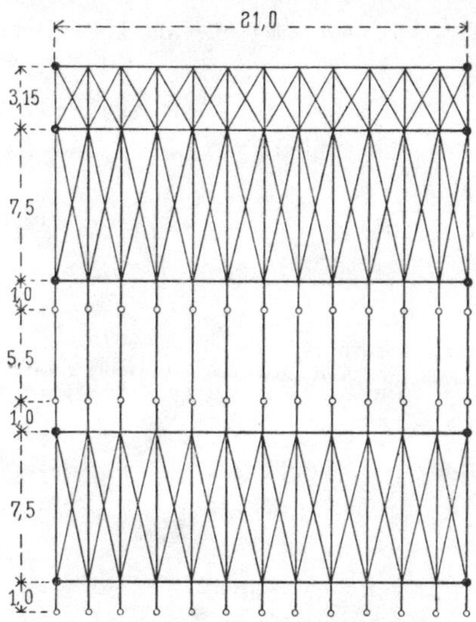


Von der mittleren Halle auf dem Bahnhof zu Münſter.

1/450 n. Gr.

Als Beiſpiel dieſer Anordnung iſt in Fig. 686 der Grundriſs der Mittelhalle vom Bahnhof Münſter vorgeführt; die Anſicht dieſer Halle iſt in Fig. 446 (S. 213) dargeſtellt.

Je zwei 7,5 m von einander entfernte Binder ſind durch die Pfetten und die Diagonalen in der Cylinderfläche des Daches mit einander verbunden; die Conſolen ſind 1,0 m und die eingehängten Pfettenſtücke 5,5 m lang. Am äuſserſten Ende der Halle iſt ein weiteres, verkreuztes Feld wegen der gegen den Endbinder wirkenden Winddrücke gebildet.

Die Pfetten ſind Balkenträger von meiſt geringerer Stützweite (3,5 bis 6,0 m); doch kommen auch ſehr groſse Stützweiten — bis über 20 m — vor (ſiehe Art. 151, S. 212). Die Querſchnitte ſind demnach die gleichen, wie diejenigen der Balkenträger; gewöhnlich ſind ſie auf die ganze Länge der Pfette conſtant. Beſonders bei den nicht ganz groſsen Pfetten-Stützweiten iſt es Regel, den Querſchnitt conſtant und dann natürlich ſo ſtark zu machen, wie er an der am ſtärkſten beanſpruchten Stelle ſein muſs. Bei groſsen Pfettenweiten verwendet man vielfach Fachwerkträger. 264. Querſchnitt.

$\alpha$) Holzpfetten erhalten den für dieſen Bauſtoff naturgemäſsen, rechteckigen Querſchnitt mit gröſserer Höhe als Breite.

$\beta$) Eiſenpfetten. Für ganz kleine Laſten und Binderabſtände hat man einfache Winkeleiſen verwendet, deren einer Schenkel winkelrecht zur Dachneigung gerichtet iſt (ſiehe Fig. 531, S. 258). Zweckmäſsige Verwendung finden andere Formeiſen, alſo **E**-Eiſen, **I**-Eiſen, **Z**-Eiſen. Auch Blechträger, aus Blech und Winkeleiſen zuſammengeſetzt, ſind empfehlenswerth, eben ſo 2 **E**-Eiſen nach Fig. 473 (S. 235). Eigenartig iſt die in Fig. 694 (S. 364) im Querſchnitt und in Fig. 712 vorgeführte Pfette, welche ein räumliches Fachwerk bildet: die obere Gurtung iſt ein Winkeleiſen; als untere Gurtung dienen zwei in verſchiedenen Ebenen liegende Flacheiſen; Gitterwerk aus Flacheiſenſtäben verbindet die drei Theile mit einander. Ebene Fachwerksträger kommen gleichfalls als Pfetten vor, ſowohl als Träger mit zwei parallelen Gurtungen, wie als ſolche mit einer geradlinigen und einer gekrümmten Gurtung.

Die Pfetten werden entweder ſo geſtellt, daſs der Steg (bezw. bei Holzpfetten die gröſsere Symmetrieaxe) lothrecht ſteht oder winkelrecht zur Dachneigung gerichtet iſt oder endlich irgend eine andere Richtung hat. Im Folgenden ſoll die erſte Stellung kurz als lothrechte und die zweite Stellung als normale Pfettenſtellung bezeichnet werden. 265. Stellung.

Die Entſcheidung über die zweckmäſsigſte Lage des Pfettenquerſchnittes iſt ſowohl nach rein praktiſchen Geſichtspunkten, wie unter Berückſichtigung der wirkenden Kräfte zu treffen. Bei den Dächern mit Holzbindern und Holzpfetten kommen beide erſtgenannten Anordnungen vor. Fig. 260, 262 bis 266, 271, 276, 286, 287, 289, 290 zeigen lothrecht geſtellte, Fig. 261, 285, 286 (zum Theile), 288 (zum Theile), 330, 331, 334 ſtellen winkelrecht zur Dachneigung angeordnete Holzpfetten dar. Auch, falls die Binder aus Eiſen, die Pfetten aus Holz hergeſtellt werden, kommen beide Anordnungen vor; diejenige der normalen Pfette ift einfacher und mehr naturgemäfs (Fig. 417, 424, 432); lothrecht geftellte Pfetten aus Holz find aus Fig. 420, 428, 511, 512 u. 528 zu erfehen.

Bei Verwendung von Eifenpfetten erfcheint es von vornherein als am zweckmäfsigften, den Steg des Formeifens winkelrecht zur Dachfläche anzuordnen; die Conftruction wird hierdurch fehr einfach. Beifpiele find in Fig. 416, 419, 421, 433, 452, 453, 454, 455, 470, 471, 502, 504, 534, 535 und in Fig. 531 mit einer Winkeleifen-Pfette vorgeführt. Bei den Walzbalken kann der Flanfch dann bequem mit der oberen Gurtung vernietet werden.

Weniger einfach, aber durchaus nicht fchwierig, wird die Conftruction, wenn der Pfettenfteg lothrecht geftellt ift; man verbindet dann Pfette und Dachbinder mit Hilfe eines Knotenbleches. Beifpiele geben Fig. 505, 509, 510, 514, 518, 519, 521, 523, 527 u. 530. Welche der beiden Stellungen hinfichtlich des Materialaufwandes die günftigere ift und ob eine andere Stellung günftiger ift, als beide, darüber giebt die Berechnung Auskunft.

266. Berechnung.

In dem am häufigften vorkommenden Falle conftanten Querfchnittes, welcher bei den Walzbalken-Profilen vorliegt, ift für die Querfchnittsermittelung das abfolut gröfste Moment mafsgebend. Falls die Pfette als Träger auf zwei Stützen aufgefafft werden kann, fo findet das Gröfstmoment in der Mitte des Trägers ftatt; bei einem Binderabftand $l$ und einer Belaftung $p$ für das lauf. Met. hat es die Gröfse $M_{mitte} = \frac{p l^2}{8}$. (Es wird empfohlen, $l$ in Centim. und $p$ in Kilogr. für das lauf. Centim. einzufetzen). Falls die Pfetten aber als Auslegerträger hergeftellt find, fo finden die gröfsten Momente (ohne Rückficht auf die Vorzeichen) in der Mitte des eingehängten Trägerftückes, bezw. über den Auflagern des Auslegerträgers oder in der Mitte zwifchen beiden Auflagern des Auslegerträgers ftatt. Man beftimmt zweckmäfsig die Längen der einzelnen Theile fo, dafs die Gröfstmomente, abfolut genommen, einander gleich werden. Nennt man den Binderabftand $l$, die Länge des Auslegers $a$ und die Länge des eingehängten Trägerftückes $b$, fo ergiebt fich für

$$b = 0{,}707\, l \quad \text{und} \quad a = 0{,}1465\, l$$

die Gröfse der Momente in der Mitte des eingehängten Trägerftückes, über dem Auflager des Auslegerträgers und in der Mitte zwifchen den beiden Auflagern des Auslegerträgers, alfo an den drei am meiften gefährdeten Stellen, gleich grofs, und zwar, ohne Rückficht auf Vorzeichen, zu

$$M = \frac{p l^2}{16}.$$

Eine entfprechende Berechnung, nach welcher man fich erforderlichenfalls richten kann, ift in Theil I, Bd. 1, zweite Hälfte (Art. 371, S. 335 [296]) diefes »Handbuches« durchgeführt.

Die Hauptfchwierigkeit bei der Berechnung der Pfetten ift, dafs die Belaftungen in verfchiedenen Ebenen wirken und es defshalb nicht erreicht werden kann, dafs die Querfchnitte durch die Kraftebenen ftets in Hauptaxen gefchnitten werden. Die Belaftung durch Eigengewicht und Schnee wirkt in der lothrechten, durch die Querfchnittsfchwerpunkte gelegten Ebene; die Windlaften dagegen wirken in einer winkelrecht zur Dachfläche gerichteten, gleichfalls durch die Schwerpunkte der Querfchnitte verlaufenden Ebene.

296) 2. Aufl.: Art. 163, S. 144.

Wie man demnach die Symmetrieaxe, bezw. die erfte Hauptaxe des Querfchnittes auch legen möge, ftets ergiebt fich eine zufammengefetzte Beanfpruchung. Stellt man die erwähnte Axe lothrecht, fo fchneidet wohl die Ebene der lothrechten Laften (Eigengewicht und Schnee) den Querfchnitt in einer Hauptaxe, nicht aber die Ebene des Moments der Windlaften; ordnet man den Querfchnitt mit einer winkelrecht zur Dachneigung liegenden Hauptaxe an, fo fchneidet denfelben die Ebene des letzteren Moments in einer Hauptaxe, nicht aber diejenige der lothrechten Laften. Eine zufammengefetzte Beanfpruchung ergiebt fich auch bei einer von den beiden vorgeführten Lagen abweichenden Lage der Hauptaxe.

Für die Berechnung zerlegt man die Momente in Seitenmomente, die in den Ebenen der beiden Hauptaxen wirken. Es follen bezeichnen (Fig. 687): 267. Pfettenquerfchnitt mit Symmetrieaxe.

$M_1$ das gefammte in die Ebene der zweiten Hauptaxen fallende Moment;

$M_2$ das gefammte in die Ebene der erften Hauptaxen fallende Moment;

$u$ und $v$ die Coordinaten eines beliebigen Querfchnittspunktes;

$A$ und $B$ die beiden Hauptträgheitsmomente;

$u_1$ und $v_1$ die Coordinaten des am meiften beanfpruchten Querfchnittspunktes; endlich

$N$ die Spannung des Punktes mit den Coordinaten $u$ und $v$.

Fig. 687.

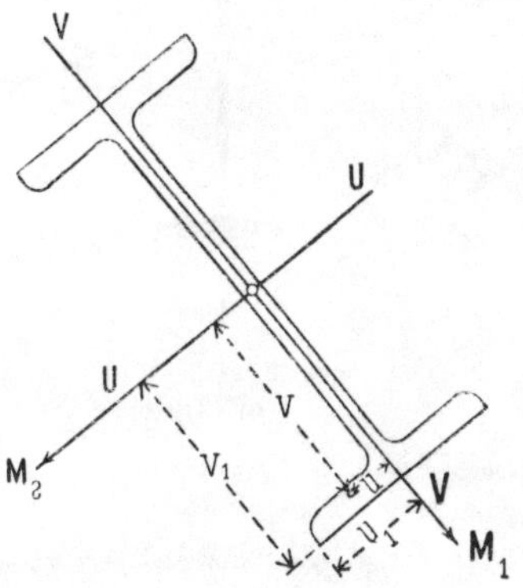


Der Urfprung der Coordinatenaxen liege im Schwerpunkt des Querfchnittes. Alsdann ift

$$N = \frac{M_1 v}{A} + \frac{M_2 u}{B} \quad \text{und}$$

$$N_{max} = \frac{M_1 v_1}{A} + \frac{M_2 u_1}{B}, \quad \ldots \quad 45.$$

$$N_{max} = \frac{M_1}{\frac{A}{v_1}} + \frac{M_2}{\frac{B}{u_1}}.$$

Nun bezeichne $W_1 = \frac{A}{v_1}$ das Widerftandsmoment für die $U$-Axe (erfte Hauptaxe) und $W_2 = \frac{B}{u_1}$ das Widerftandsmoment für die $V$-Axe (zweite Hauptaxe); alsdann wird

$$N_{max} = \frac{M_1}{W_1} + \frac{M_2}{W_2}.$$

Stellt man für die Querfchnittsbeftimmung die Bedingung $N_{max} = K$ (zuläffige Beanfpruchung des Eifens), fo erhält man die Gleichung

$$K = \frac{M_1}{W_1} + \frac{M_2}{W_2} = \frac{1}{W_1}\left(M_1 + M_2 \frac{W_1}{W_2}\right).$$

Ift $c = \frac{W_1}{W_2}$, fo wird

$$W_1 = \frac{(M_1 + c M_2)}{K} \text{ [297]} \quad \ldots \ldots \ldots \quad 46.$$

Diefe Formel ift für rechteckige, **I**- und **[**-förmige Querfchnitte genau richtig, überhaupt für folche Querfchnitte, bei denen diefelben Querfchnittspunkte gleich-

[297]) Siehe: LAND, R., Profilbeftimmung von I- und [-Trägern bei fchiefer Belaftung. Zeitfchr. d. Ver. deutfch. Ing. 1895, S. 293.

zeitig von beiden Hauptaxen am weiteſten ab liegen. Anders iſt es mit dem **Z**-förmigen Querſchnitt, weil $W_1$ und $W_2$ ſich bei dieſen Profilen nicht immer auf die gleichen Punkte beziehen.

Für die Verwendung der Gleichung 46 erſcheint es unbequem zu ſein, daſs man beim Beginne der Berechnung das zu verwendende Profil noch nicht kennt, alſo auch nicht weiſs, welcher Werth für $c$ einzuſetzen iſt. Für die Deutſchen Normalprofile (**I**- und **⊏**-Eiſen) ſind indeſs die Werthe von $c$ wenig veränderlich; für **I**-Eiſen ſchwankt $c$ zwiſchen 5,6 (Normalprofil Nr. 8) und 8,9 (Normalprofil Nr. 50); für **⊏**-Eiſen ſchwankt $c$ von 1,5 (Normalprofil Nr. 3) bis 6,67 (Normalprofil Nr. 30). Als vorläufige Mittelwerthe kann man

für **I**-Eiſen $c = 7$ und für **⊏**-Eiſen $c = 5$

einführen. Man beſtimmt nun aus Gleichung 46 das erforderliche $W_1$ und dann aus der Tabelle das zu wählende Profil; hat dieſes einen anderen Werth $c$, als den angenommenen Mittelwerth, ſo führe man eine zweite genauere Rechnung aus.

268. Beiſpiele. Beiſpiel 1. Es ſei der Dachneigungswinkel $\alpha = 33^0 41'$, der Binderabſtand $e = 4^{\text{m}} = 400^{\text{cm}}$, das Eigengewicht für $1^{\text{qm}}$ der Grundfläche $g = 54^{\text{kg}}$, der Schneedruck $s = 75^{\text{kg}}$ und $w = 83^{\text{kg}}$ = Winddruck für $1^{\text{qm}}$ ſchräger Dachfläche; der Abſtand der Pfetten betrage in der Dachſchräge gemeſſen $3{,}0^{\text{m}}$ und in der wagrechten Projection $2{,}5^{\text{m}}$. Alsdann iſt das Moment in der lothrechten Ebene

$$M_v = \frac{(54+75) \cdot 2{,}5}{100} \cdot \frac{400^2}{8} = \frac{3{,}2 \cdot 400^2}{8} = 64\,000^{\text{kgcm}};$$

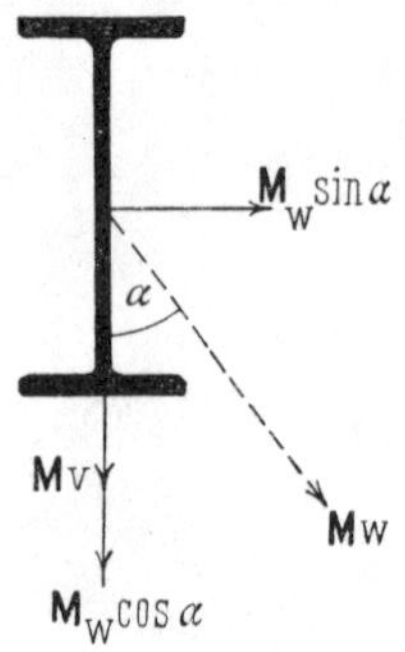

Fig. 688.

Das Moment in der Ebene winkelrecht zur Dachfläche iſt

$$M_w = \frac{83 \cdot 3{,}0}{100} \cdot \frac{400^2}{8} = \frac{2{,}5 \cdot 400^2}{8} = 50\,000^{\text{kgcm}}.$$

Nunmehr ſoll die erforderliche Querſchnittsgröſse ſowohl für den Fall ermittelt werden, daſs der Steg lothrecht, als daſs er winkelrecht zur Dachfläche geſtellt iſt.

α) Lothrechter Steg (Fig. 688). Es iſt

$$M_1 = M_v + M_w \cos\alpha = 64\,000 + 50\,000 \cos\alpha = 105\,600^{\text{kgcm}};$$
$$M_2 = M_w \sin\alpha = 50\,000 \cdot 0{,}555 = 27\,750^{\text{kgcm}}.$$

Wird ein **⊏**-Eiſen verwendet mit $c = 5$, ſo muſs

$$W_1 = \frac{105\,600 + 5 \cdot 27\,750}{K}$$

ſein. Die zuläſſige Beanſpruchung $K$ betrage $1000^{\text{kg}}$ für $1^{\text{qcm}}$; alsdann wird

$$W_1 = 105{,}6 + 138{,}75 = 244 \text{ (auf Centim. bezogen).}$$

Beim Normalprofil Nr. 22 iſt $W_1 = \backsim 247$; daſſelbe würde alſo genügen; doch iſt noch zu unterſuchen, welchen Werth hier $c$ hat. Für Normalprofil Nr. 22 iſt

$$c = \backsim 6{,}2; \text{ demnach muſs } W_1 = 105{,}6 + 6{,}2 \cdot 27{,}75 = 277{,}65$$

ſein. Profil Nr. 22 genügt demnach nicht, und es muſs das nächſt folgende Profil Nr. 26 gewählt werden mit (abgerundet) $W_1 = 374$ und $c = 6{,}57$. Für dieſes Profil ergiebt Gleichung 46 als erforderlich:

$$W_1 = 105{,}6 + 6{,}57 \cdot 27{,}75 = 288 \text{ (auf Centim. bezogen);}$$

Nr. 26 (Gewicht für das lauf. Met. $37{,}8^{\text{kg}}$) iſt alſo weitaus genügend.

β) Steg winkelrecht zur Dachfläche (Fig. 689). Es iſt

$$M_1 = M_w + M_v \cos\alpha = 50\,000 + 64\,000 \cdot 0{,}832 = \backsim 103\,300^{\text{kgcm}};$$
$$M_2 = M_v \sin\alpha = 64\,000 \cdot 0{,}555 = \backsim 36\,000^{\text{kgcm}}.$$

Mit $c = 6{,}2$ wird

$$W_1 = \frac{103\,300 + 6{,}2 \cdot 36\,000}{1000} = 103{,}3 + 223{,}2 = 326{,}5 \text{ (auf Centim. bezogen).}$$

Hier genügt demnach Normalprofil Nr. 22 gleichfalls nicht; auch hier iſt Profil Nr. 26 zu wählen. Für dieſes muſs

$$W_1 = 103{,}3 + 6{,}57 \cdot 36 = 103{,}3 + 236{,}5 = \backsim 340$$

ſein, und Profil Nr. 26 mit $W_1 = 374$ (auf Centim. bezogen) genügt. Man ſieht aber, daſs hier die normale Stegſtellung weſentlich ungünſtiger, als die lothrechte iſt.

Beiſpiel 2. Für dieſelben Momente ſoll die Pfette mit einem **I**-förmigen Querſchnitt hergeſtellt werden. Alsdann iſt

Fig. 689.

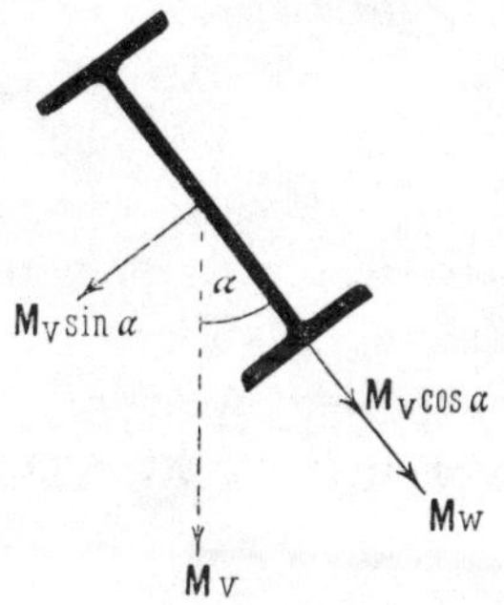


$M_v = 64000$ kgcm und $M_w = 50000$ kgcm.

α) Lothrechter Steg. Es ift nach Obigem

$$M_1 = 105600 \text{ kgcm} \quad \text{und} \quad M_2 = 27750 \text{ kgcm}.$$

Mit $c = 7$ mufs

$$W_1 = 105{,}6 + 7 \cdot 27{,}75 = \backsim 300 \text{ (auf Centim. bezogen)}$$

fein. Das Normalprofil Nr. 23 hat $W_1 = \backsim 317$ und $c = 7{,}22$; als genauerer Werth für $W_1$ ergiebt fich demnach $W_1 = 105{,}6 + 7{,}22 \cdot 27{,}75 = 306$, und es genügt fomit Normalprofil Nr. 23 (Gewicht für das lauf. Met. 33,5 kg).

β) Steg winkelrecht zur Dachfläche. Es ift

$$M_1 = 103300 \text{ kgcm}, \quad M_2 = 36000 \text{ kgcm} \quad \text{und} \quad c = 7{,}2;$$

fonach mufs

$$W_1 = 103{,}3 + 7{,}2 \cdot 36 = 362{,}5 \text{ (auf Centim. bezogen)}$$

fein. Das Normalprofil Nr. 24 hat $W_1 = 357$ und $c = 7{,}25$, würde alfo knapp genügen. (Das Gewicht für das lauf. Met. beträgt hier 36,2 kg.)

Auch hier ift alfo die lothrechte Stellung die günftigere und im vorliegenden Falle das **I**-Eifen dem **[**-Eifen vorzuziehen.

Die Werthe von $c$ für die **I**- und **[**-Eifen der Deutfchen Normalprofile find nachftehend angeführt.

| Werthe von $c = \frac{W_1}{W_2}$ für die **I**-Eifen bis einfchl. Nr. 40: | | | | | Werthe von $c = \frac{W_1}{W_2}$ für die **[**-Eifen von Nr. 8 an: | | | | |
|---|---|---|---|---|---|---|---|---|---|
| Nr. des Profils | $W_1$ | $W_2$ | $c$ | Gewicht für 1 m | Nr. des Profils | $W_1$ | $W_2$ | $c$ | Gewicht für 1 m |
| 8 | 19,6 | 3,5 | 5,6 | 6,0 | 8 | 26,7 | 7,5 | 3,56 | 8,6 |
| 9 | 26,2 | 4,5 | 5,82 | 7,1 | 10 | 41,4 | 10 | 4,14 | 10,5 |
| 10 | 34,4 | 5,7 | 6,04 | 8,3 | 12 | 61,3 | 13,1 | 4,68 | 13,3 |
| 11 | 43,8 | 7,0 | 6,26 | 9,6 | 14 | 87 | 17,4 | 5,00 | 15,9 |
| 12 | 55,1 | 8,7 | 6,33 | 11,1 | 16 | 117 | 21,6 | 5,42 | 18,8 |
| 13 | 67,8 | 10,4 | 6,52 | 12,6 | 18 | 152 | 26,6 | 5,72 | 21,9 |
| 14 | 82,7 | 12,5 | 6,62 | 14,3 | 20 | 193 | 32,3 | 5,97 | 25,2 |
| 15 | 99,0 | 14,8 | 6,69 | 16,0 | 22 | 247 | 39,7 | 6,22 | 29,3 |
| 16 | 118,1 | 17,4 | 6,79 | 17,9 | 26 | 374 | 57,0 | 6,57 | 37,8 |
| 17 | 139 | 20,2 | 6,88 | 19,8 | 30 | 538 | 80,6 | 6,67 | 45,9 |
| 18 | 162 | 23,4 | 6,93 | 21,9 | | | | | Kilogr. |
| 19 | 187 | 26,8 | 6,98 | 24,0 | | | | | |
| 20 | 216 | 30,7 | 7,04 | 26,2 | | | | | |
| 21 | 246 | 34,7 | 7,09 | 28,5 | | | | | |
| 22 | 281 | 39,2 | 7,17 | 31,0 | | | | | |
| 23 | 317 | 43,9 | 7,22 | 33,5 | | | | | |
| 24 | 357 | 49,3 | 7,24 | 36,2 | | | | | |
| 26 | 446 | 60,3 | 7,40 | 41,9 | | | | | |
| 28 | 547 | 72,2 | 7,58 | 47,9 | | | | | |
| 30 | 659 | 84,8 | 7,77 | 54,1 | | | | | |
| 32 | 789 | 99,5 | 7,93 | 61,0 | | | | | |
| 34 | 931 | 115 | 8,10 | 68,0 | | | | | |
| 36 | 1098 | 134 | 8,19 | 76,1 | | | | | |
| 38 | 1274 | 153 | 8,33 | 83,9 | | | | | |
| 40 | 1472 | 174 | 8,46 | 92,3 | | | | | |
| | | | | Kilogr. | | | | | |

Aus der Gleichung $W_1 = \frac{M_1 + c M_2}{K}$ erfieht man, dafs $M_2$ den gröfsten Einflufs auf die Gröfse des zu wählenden Querfchnittes hat, da es mit dem Coefficienten $c$ (5 bis 8) multiplicirt werden mufs; man hat alfo ein Intereffe daran, $M_2$ möglichft klein zu halten. Bei lothrechter Stellung des Pfettenfteges ift $M_2 = M_w \sin \alpha$, und bei normaler Stellung ift $M_2 = M_v \sin \alpha$; ift alfo $M_w < M_v$, fo ift die lothrechte Stellung die günftigere; ift $M_v < M_w$, fo ift die normale Stellung günftiger. Ift $M_w = M_v$, fo ift es gleichgiltig, welche von beiden Stellungen gewählt wird.

Für den rechteckigen Querfchnitt mit der Höhe $h$ und der Breite $b$ ift

$$c = \frac{b h^2}{h b^2} = \frac{h}{b}, \quad \text{alfo} \quad W_1 = \frac{b h^2}{6} = \frac{M_1 + \frac{h}{b} M_2}{K}.$$

Man nehme für $\frac{h}{b}$ ein Verhältnifs von etwa $\frac{3}{2}$ oder $\frac{5}{4}$ an.

269. Pfettenquerfchnitte ohne Symmetrieaxe.

Die Berechnung der Pfetten mit Querfchnitten ohne Symmetrieaxe kann nicht nach der Gleichung 46 erfolgen. Es handelt fich hier hauptfächlich um **Z**-Eifen-Pfetten und folche aus ungleichfchenkeligen Winkeleifen. Die gröfste Spannung finde im Punkte $C$ (Fig. 690) ftatt mit den Coordinaten $u'$ und $v'$; alsdann ift unter Benutzung der früheren Bezeichnungen

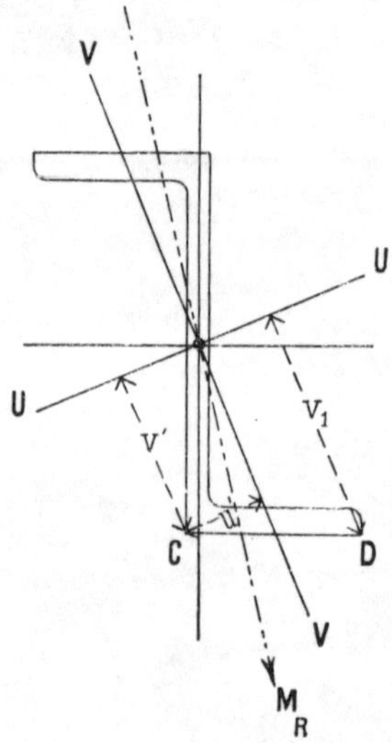


Fig. 690.

$$N_c = M_1 \frac{v'}{A} + M_2 \frac{u'}{B} = \frac{M_1}{\frac{A}{v'}} + \frac{M_2}{\frac{B}{u'}}.$$

Von allen Querfchnittspunkten hat Punkt $C$ den gröfsten Abftand von der Axe $VV$, nicht aber von der Axe $UU$; Punkt $D$ ift weiter von $UU$ entfernt, als $C$. Mithin ift wohl $\frac{B}{u'} = W_2$, aber $\frac{A}{v'}$ ift nicht gleich $W_1$; die Formel 46 ift alfo nicht verwendbar.

Eine weitere Schwierigkeit ergiebt fich hier aus dem Umftande, dafs man von vornherein nicht weifs, welcher Punkt des Querfchnittes bei irgend einer Belaftung am meiften beanfprucht ift und bei welcher der verfchiedenen möglichen Belaftungsarten die Beanfpruchung des jeweils am ftärkften beanfpruchten Punktes die abfolut gröfste ift. Diefe Umftände führen in der Praxis bei Verwendung der im Uebrigen fehr zweckmäfsigen **Z**-Eifen zu umftändlichen und weitläufigen, meiftens zu wiederholten Rechnungen. Um diefe zu vermeiden, hat *Meyerhof* eine Arbeit veröffentlicht [298]), auf welche hier wegen der ausführlichen Berechnung verwiefen wird.

*Meyerhof* führte als $Y$-Axe die Stegaxe des **Z**-Eifens und als $X$-Axe die hierzu fenkrechte Schwerpunktsaxe ein, nannte $\tau$ den Winkel, welchen die Schnittlinie $RR$ (Fig. 691) der Kraftebene und des Querfchnittes (die fog. Kraftlinie) mit der pofitiven $X$-Axe einfchliefst, $M$ das refultirende Moment der äufseren Kräfte und verftand unter $W_\tau$ den Ausdruck, welchen man erhält, wenn man die allgemeine hier giltige Spannungsformel auf die bequeme Form $N_{max} = \frac{M}{W_\tau}$ bringt. $W_\tau$ kann man als

298) Meyerhof, A. Die Biegungsfpannungen der **Z**-Eifen. Zeitfchr. d. Ver. deutfch. Ing. 1891, S. 696.

Fig. 691.

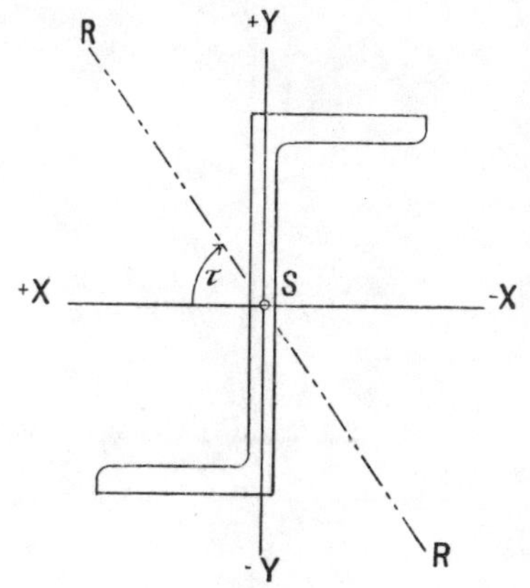


das Widerftandsmoment des **Z**-Eifens für den Winkel $\tau$ und den jeweils mafsgebenden Querfchnittspunkt bezeichnen. $W_\tau$ ändert fich mit dem Winkel $\tau$ und mit dem in Betracht kommenden am meiften beanfpruchten Punkte. Als Bedingungsgleichung für den Querfchnitt ergiebt fich nun:

$$K = \frac{M}{W_\tau}, \quad \text{d. h.} \quad \text{es mufs } W_\tau = \frac{M}{K}$$

fein, und wenn man $K$ zu 1000 kg für 1 qcm annimmt,

$$W_\tau = \frac{M}{1000} \quad . \quad . \quad . \quad . \quad . \quad 47.$$

Für fämmtliche **Z**-Profile und alle möglichen Winkel $\tau$ find im angeführten Auffatz die Werthe $W_\tau$ berechnet und in einer Tabelle zufammengeftellt, mit deren Hilfe leicht die erforderlichen Querfchnitte beftimmt werden können.

Beifpiel. Der Neigungswinkel des Daches fei $\alpha = 33^0 41'$, ferner $M_v = 28\,100$ kgcm (Moment durch Eigengewicht und Schneelaft) und $M_w = 23\,600$ kgcm (Moment durch Windbelaftung). 270. Beifpiel.

$\alpha$) Der Steg ftehe lothrecht (Fig. 691). Wirkt nur $M_v$, fo ift $\tau = 90^0$, $M = 28\,100$ kgcm, und es mufs $W_\tau = 28{,}1$ (auf Centim. bezogen) fein. Für $\tau = 90^0$ ift nach der Tabelle bei Profil Nr. 12: $W_\tau = 25{,}7$ und bei Profil Nr. 14: $W_\tau = 38{,}2$.

Wirken $M_v$ und $M_w$, fo fällt in die Ebene der $Y$-Axen

$$M_y = 28\,100 + 23\,600 \,.\, \cos 33^0 41' = \backsim 47\,800 \text{ kgcm};$$

in die Ebene der $X$-Axen fällt

$$M_x = 23\,600 \,.\, \sin 33^0\, 41' = \backsim 13\,100 \text{ kgcm}.$$

Das refultirende Moment ift $M = \sqrt{M_x^2 + M_y^2} = 49\,500$ kgcm. Der Winkel $\gamma$ des refultirenden Moments mit der Ebene der $YY$ ergiebt fich aus $\operatorname{tg}\gamma = \frac{13\,100}{47\,800}$ zu $\gamma = 15^0 21'$. Alfo wird

$$\tau = 90^0 - 15^0 21' = 74^0 39'.$$

Es mufs aber nach Gleichung 47: $W_\tau = \frac{M}{1000} = 49{,}5$ (auf Centim. bezogen) fein. Für $74^0 30'$ hat das Normalprofil Nr. 16: $W_\tau = 36{,}4$ und das Normalprofil Nr. 18: $W_\tau = 48{,}9$.

Bei lothrechter Stellung würde fomit das Profil Nr. 18 nahezu genügen.

$\beta$) Der Steg ftehe winkelrecht zur Dachfläche (Fig. 692). Wirkt nur $M_v$, fo ift $\tau = 90^0 + 33^0 41' = 180^0 - 56^0\, 19'$. Nun mufs $W_\tau = 28{,}1$ (auf Centim. bezogen) fein. Für $\tau = 180^0 - 56^0 19'$ hat das Normalprofil Nr. 10: $W_\tau = 26$ und das Normalprofil Nr. 12: $W_\tau = 33{,}6$.

Fig. 692.

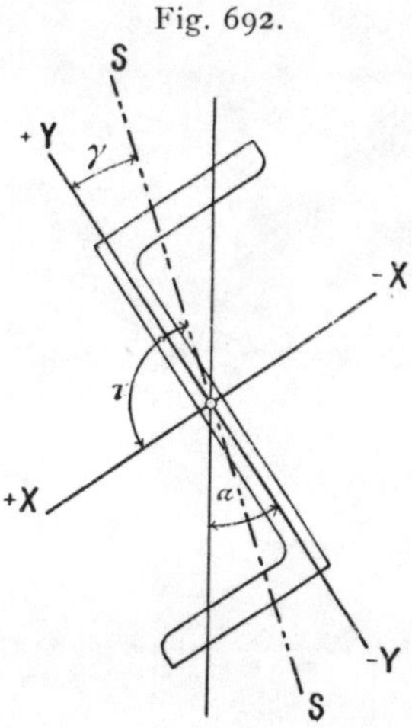


Letzteres würde fonach genügen.

Wirken $M_v$ und $M_w$, fo ift

$$M_y = M_w + M_v \cos\alpha = 23\,600 + 28\,100 \,.\, \cos 33^0 41' = \backsim 47\,000 \text{ kgcm};$$

$$M_x = M_v \sin\alpha = 28\,100 \,.\, \sin 33^0 41' = \backsim 12\,600 \text{ kgcm}.$$

Das refultirende Moment ift $M = \sqrt{M_x^2 + M_y^2} = 48\,600$ kgcm.

Der Winkel $\gamma$ der Ebene des refultirenden Moments mit der Ebene der $YY$ ergiebt fich aus $\operatorname{tg}\gamma = \frac{12\,600}{47\,000}$ zu $\gamma = 15^0$. Sonach ift $\tau = 90^0 + 15^0 = 180^0 - 75^0$, und es mufs $W_\tau = 48{,}6$ (auf Centim. bezogen) fein. Für $\tau = 180^0 - 75^0$ hat das Normalprofil Nr. 12: $W_\tau = 46{,}3$ und das Normalprofil Nr. 14: $W_\tau = 73{,}0$. Bei diefer Stellung genügt alfo erft Profil Nr. 14.

Wenn für die einzelnen Profile die Kerne conftruirt find, fo kann man leicht die gröfste auftretende Beanfpruchung bei gegebener Gröfse und Ebene des refultirenden Moments finden. Ift die Linie, in welcher die Ebene 271. Querfchnittsbeftimmung mit Hilfe des Kernes.

des refultirenden Moments $M_R$ die Querfchnittsebene fchneidet (die fog. Kraftlinie) $RR$ (Fig. 693), die zugehörige Nulllinie $NN$, find die am meiften beanfpruchten Querfchnittspunkte $A_1$, bezw. $A_2$, und bezeichnet man mit $F$ die Gröfse der Querfchnittsfläche, mit $e_1$ den Kernradius, d. h. den Abftand $SE$, fo ift die Spannung in $A_1$, bezw. $A_2$ (abfolut genommen):

$$N_A = \frac{M_R}{F e_1} \quad . \quad . \quad . \quad . \quad . \quad . \quad 48.$$

Fig. 693.

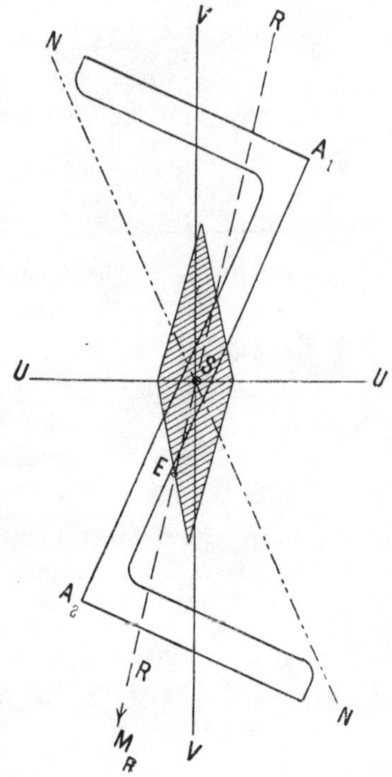


Wenn $M_R$, $F$, $e_1$ bekannt find, fo kann man leicht dasjenige Profil ermitteln, für welches $N_A$ die zuläffige Beanfpruchung nicht überfchreitet [299]). Leider find zur Zeit in den meiften Profilheften die Kerne noch nicht verzeichnet; man mufs fich defshalb für die in Betracht kommenden Profile die Kerne conftruiren.

Bei dem in Fig. 694 gezeichneten Querfchnitt der aus Winkeleifen und Flacheifen conftruirten Pfetten einiger Bahnhöfe der Berliner Stadteifenbahn kann die Berechnung ebenfalls mit Hilfe des Kernes geführt werden. Eine einfachere, angenäherte, ohne Weiteres verftändliche Berechnung ift an unten angegebener Stelle [300]) vorgefchlagen. Man ermittele die Seitenmomente für die Ebenen der Axen $XX$ und $YY$; nennt man diefelben $M_x$ und $M_y$ und die Querfchnitte der beiden Flacheifen der unteren Gurtung bezw. $f_1$ und $f_2$, fo mache man:

$$f_1 = \frac{M_x}{h_1} \quad \text{und} \quad f_2 = \frac{M_y}{h_2}$$

und den Winkeleifenquerfchnitt

$$f = f_1 + f_2 \, .$$

Bei den erwähnten Ausführungen der Berliner Stadteifenbahn find nur die Querfchnitte in der Pfettenmitte berechnet.

272.
Günftigfte
Stellung
der Pfetten.

Aus den vorftehenden Berechnungen ift fchon zu erfehen, dafs die Stellung der Pfette von grofsem Einflufs auf die Beanfpruchung, mithin auf den Eifenverbrauch ift. Vielfach ift defshalb die Frage unterfucht worden, welche Stellung der Pfette bei gegebenen Momenten die günftigfte ift. Bei diefen Unterfuchungen

Fig. 694.

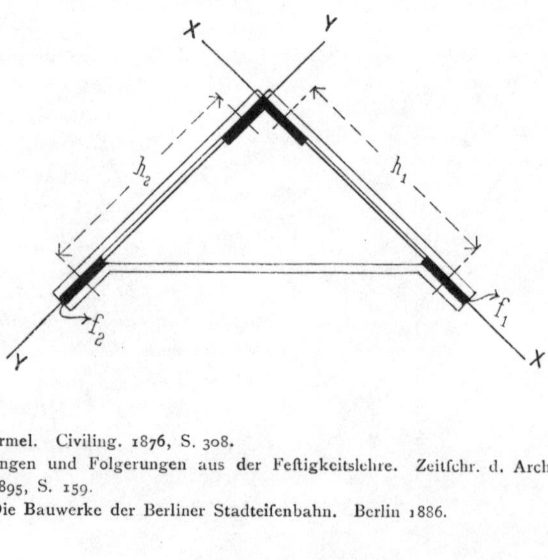


299) Siehe: Ritter, W. Eine neue Feftigkeitsformel. Civiling. 1876, S. 308.
Lang. Einige anfchauliche Vorzeigungen und Folgerungen aus der Feftigkeitslehre. Zeitfchr. d. Arch.- u. Ing.-Ver. zu Hannover 1895, S. 159.

300) Siehe: Zeitfchr. f. Bauw. 1885, S. 492. — Die Bauwerke der Berliner Stadteifenbahn. Berlin 1886.

konnte ſelbſtverſtändlich nur die Frage des Materialverbrauches in das Auge gefaſst werden; bei der endgiltigen Entſcheidung über die zu wählende Stellung wird man auch die anderen, rein praktiſchen Rückſichten beachten müſſen. Immerhin iſt die Unterſuchung über die theoretiſch günſtigſte Pfettenlage nicht überflüſſig, und es wird in dieſer Richtung auf die unten angegebenen Quellen verwieſen [301]).

Die günſtigſte Pfettenlage iſt diejenige, bei welcher die den verſchiedenen ungünſtigſten Belaſtungen entſprechenden Meiſtbeanſpruchungen gleiche Gröſse haben.

Eine ſolche ungünſtigſte Belaſtungsart iſt diejenige durch Eigengewicht und Schneelaſt; eine zweite iſt diejenige, welche durch gleichzeitige Wirkung von gröſstem Winddruck, Eigengewicht und Schnee erzeugt wird. Die Annahme gleichzeitigen Auftretens voller Schneelaſt und gröſsten Winddrucks iſt ſehr ungünſtig; beide können nicht gleichzeitig eintreten. Für ſteile Dächer ($\alpha > 45^0$) kann man die Belaſtung durch Schnee überhaupt fortlaſſen, da bei ſolchen Dächern der Schnee nicht liegen bleibt, zumal nicht bei ſtarkem Winde.

Fig. 695.

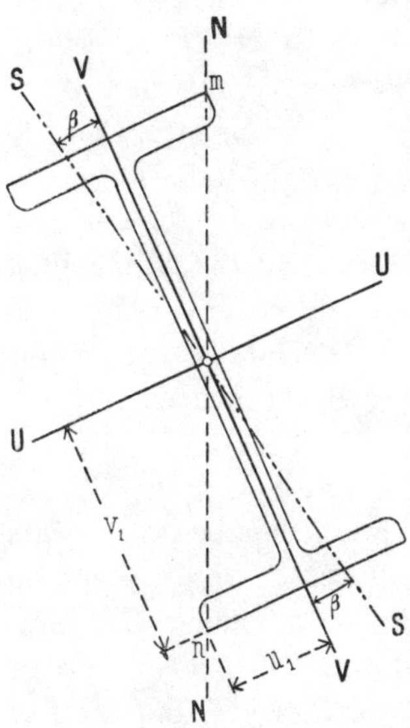


Sollen nun die Beanſpruchungen bei den beiden oben angegebenen ungünſtigſten Belaſtungsarten in den am meiſten beanſpruchten Querſchnittspunkten gleich groſs ſein, ſo muſs die durch $M_v$ allein erzeugte Spannung gleich derjenigen ſein, welche durch $M_v$ und $M_w$ erzeugt wird; d. h. das Moment $M_w$ allein muſs in den betreffenden Querſchnittspunkten die Spannung Null erzeugen. Der Querſchnitt muſs alſo ſo liegen, daſs die am meiſten beanſpruchten Punkte auf derjenigen Nulllinie liegen, die zur Kraftlinie $SS$ gehört, in welcher die Ebene der $M_w$ den Querſchnitt ſchneidet. Sind etwa die Punkte $m$ und $n$ (Fig. 695) die am meiſten beanſpruchten, ſo ziehe man die Linie $mn$ und conſtruire für dieſe Linie als Nulllinie die Kraftlinie $SS$, ſei es mit Hilfe der Trägheitsellipſe oder des Trägheitskreiſes. Da dieſe Linie in die Ebene von $M_w$ fallen muſs, dieſe Ebene aber winkelrecht zur Dachfläche liegt, ſo drehe man nun die Pfette ſo, daſs $SS$ winkelrecht zur Dachfläche liegt.

Man findet auch leicht als Spannung in den Punkten $m$ und $n$ durch $M_w$:

$$N' = M_w \cos\beta \frac{v_1}{A} - M_w \sin\beta \frac{u_1}{B},$$

und da $N'$ gleich Null ſein ſoll, die Gröſse des Winkels $\beta$ aus

$$\operatorname{tg}\beta = \frac{\dfrac{B}{u_1}}{\dfrac{A}{v_1}} = \frac{W_2}{W_1} = \frac{1}{c}.$$

Die vorſtehenden Entwickelungen gelten aber nur, wenn dieſelben Querſchnittspunkte bei beiden Belaſtungsweiſen am meiſten beanſprucht ſind. Bei den **I**- und

[301]) Habelt. Ueber die Richtung der Hauptachſe des Pfettenquerſchnittes bei eiſernen Dächern. Centralbl. d. Bauverw. 1893, S. 45.

Land, R. Die günſtigſte Lage des Pfettenquerſchnitts bei eiſernen Dächern. Centralbl. d. Bauverw. 1893, S. 242, 543.

Engesser, F. Die günſtigſte Lage des Pfettenquerſchnitts bei eiſernen Dächern. Centralbl. d. Bauverw. 1893, S. 336.

**[**-Eiſen-Querſchnitten trifft dies zu, wenn bei beiden Belaſtungsweiſen die Kraftlinien $SS$ (Schnittlinien der Kraftebene mit dem betreffenden Querſchnitt) den Querſchnitt in gleichem Quadranten ſchneiden. Man findet, daſs dieſe Vorausſetzungen erfüllt ſind:

1) bei lothrechter Stellung des Steges,

2) bei normaler Stellung des Steges (winkelrecht zur Dachfläche),

3) wenn der Steg in die Ebene des reſultirenden Momentes aus $M_v$ und $M_w$ fällt,

4) wenn der Steg irgend eine Stellung zwiſchen den Stellungen 2 und 3 hat.

Nicht erfüllt ſind die Vorausſetzungen, wenn der Steg eine Stellung zwiſchen 1 und 3 hat; dann werden bei den beſprochenen Belaſtungen verſchiedene Punkte am meiſten beanſprucht.

### b) Conſtruction.

273. Holzpfetten auf hölzernen Dachbindern.

Holzpfetten auf hölzernen Dachbindern werden ſowohl mit lothrechter, als mit winkelrecht zur Dachfläche angeordneter Querſchnittsaxe verwendet; bei letzterer Anordnung verhindert man das ſeitliche Kippen der Pfetten durch Knaggen (ſiehe Fig. 288, S. 114) oder durch Zangen (ſiehe Fig. 285, S. 112). Pfetten und Binder werden verkämmt; bei gröſseren Binderweiten unterſtützt man die Pfetten durch Kopfbänder, was immer zu empfehlen iſt (ſiehe Fig. 286 u. 287 auf S. 113, Fig. 288 u. 289 auf S. 114).

274. Holzpfetten auf eiſernen Dachbindern.

Handelt es ſich um Dachbinder aus Eiſen, ſo verhindert man bei den winkelrecht zur Dachfläche verlegten Holzpfetten ſeitliches Kanten durch Winkeleiſenſtücke, welche auf die obere Bindergurtung genietet werden und mit denen die Pfetten verſchraubt werden können; auſserdem dienen zur Verbindung von Binder und Pfette Schraubenbolzen (20 bis 25 mm ſtark; ſiehe Fig. 506 auf S. 250, Fig. 520 auf S. 254, Fig. 529 auf S. 257).

Pfetten mit lothrechter Querſchnittsaxe werden auf den mit ſäumenden Winkeleiſen verſehenen Knotenblechen gelagert und mit den Winkeleiſen verbolzt (ſiehe Fig. 511 u. 512 auf S. 251, Fig. 522 auf S. 254, Fig. 528 auf S. 257). Eine beachtenswerthe Conſtruction zeigt Fig. 696[135]): die Auflagerung der zwiſchen die Binder verſenkten Holzpfette; an die Pfoſten des Dachbinders ſind zunächſt groſse Knotenbleche und an dieſe wagrechte Winkeleiſen genietet, welche für die Pfetten als Auflager dienen; Pfette und Knotenblech ſind ausgiebig mit einander verſchraubt.

Als Firſtpfette verwendet man entweder einen einzigen Holzbalken, deſſen Axe mit der Firſtlinie in dieſelbe Ebene fällt, oder zwei Holzbalken, deren Querſchnittsſeiten winkelrecht zur Dachfläche gerichtet ſind und welche je in geringem Abſtande von der Firſtlinie verlaufen (Fig. 697).

Anordnungen von Fuſspfetten ſind in Fig. 528 u. 529 (S. 257) vorgeführt. Die Grenzpfetten zwiſchen einem mit ſteilem Dachlicht verſehenen Dachtheile und dem flacheren mit Dachpappe, bezw. Holzcement gedeckten Dach zeigen Fig. 698 u. 699. Die Glasdeckung iſt in beiden Beiſpielen mit Hilfe von Rinnenſproſſen vorgenommen.

275. Eiſenpfetten.

Die Eiſenpfetten müſſen ſo auf den Bindern gelagert werden, daſs ein ſeitliches Kanten ſicher verhindert wird; es genügt deſshalb nicht, wenn die Unterſtützung am Auflager nur im Flanſch der **[**-, **Z**- und **I**-Eiſen ſtattfindet; vielmehr muſs auch der Steg dieſer Eiſen beſonders geſtützt ſein, mit anderen Worten: die Lagerung muſs in zwei Ebenen vorgenommen werden. Dies iſt ſowohl nöthig,

Fig. 696.

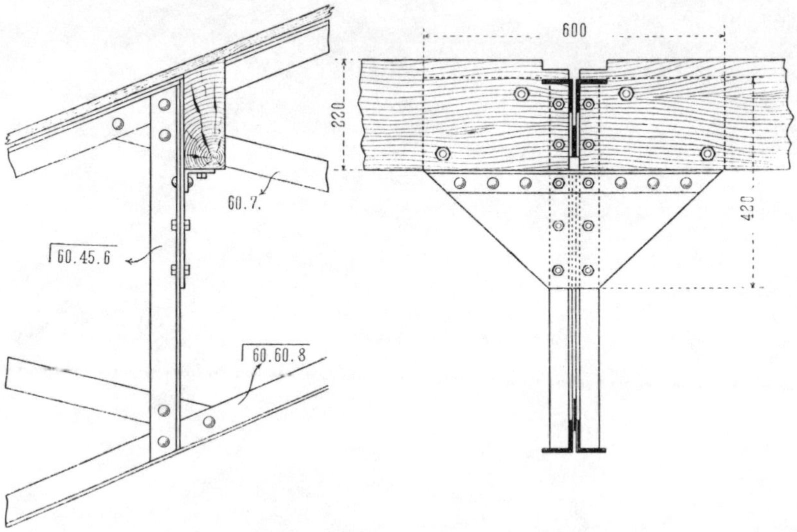


1/75 n. Gr.

Von der Weltausſtellung zu Paris 1878 [135]).

Fig. 697.

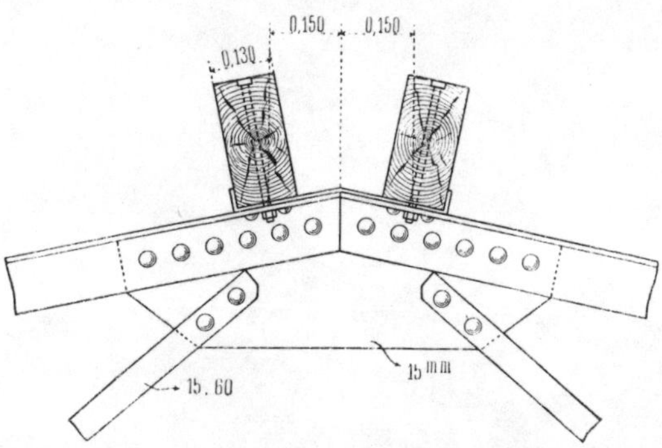


Von einem Locomotivſchuppen auf dem Bahnhof zu Hannover.

1/20 n. Gr.

Fig. 698.

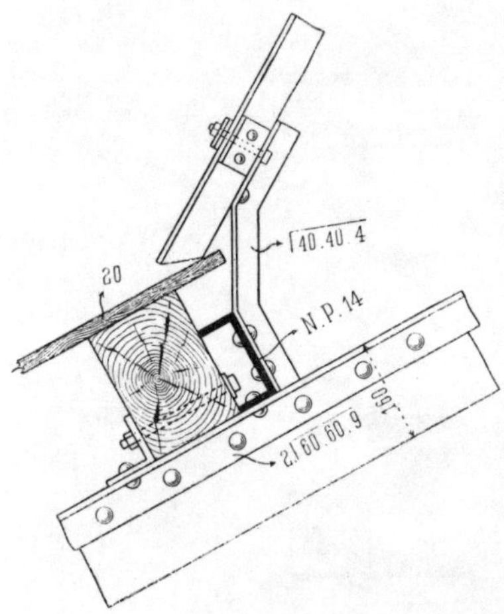


Von einem Güterſchuppen auf dem Bahnhof zu Hannover.

1/15 n. Gr.

Fig. 699.

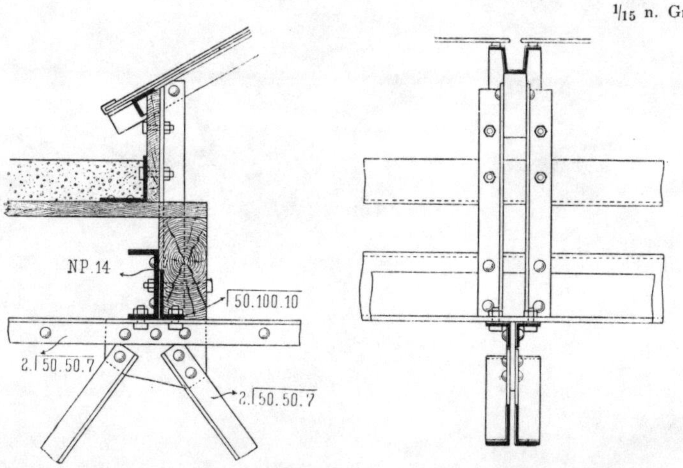


1/15 n. Gr.

Von einem Güterſchuppen auf dem Bahnhof zu Bremen.

Fig. 700.

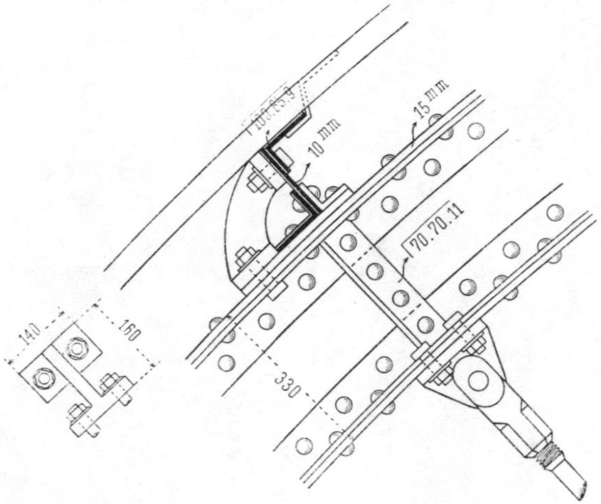


Von der Bahnhofshalle zu Münfter.

1/15 n. Gr.

Fig. 701.

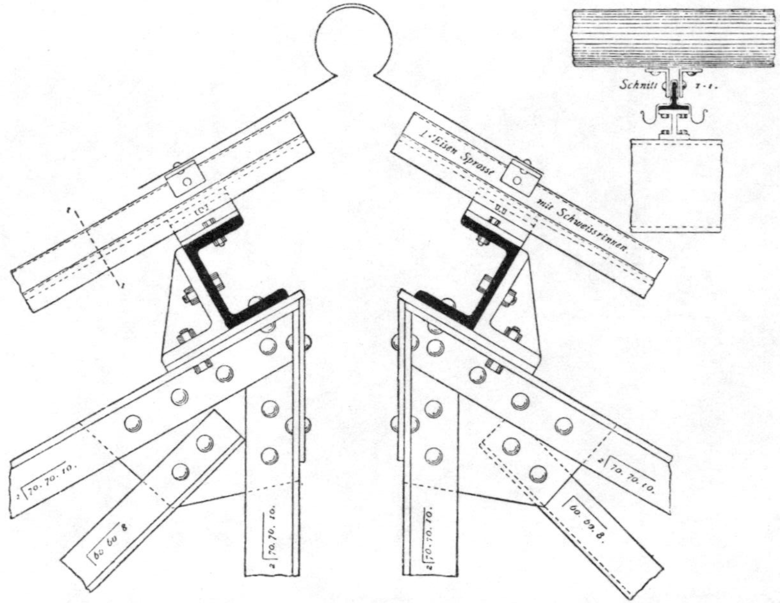


Von der Perfonenhalle auf dem Schlefifchen Bahnhof zu Berlin.

1/10 n. Gr.

Fig. 702.

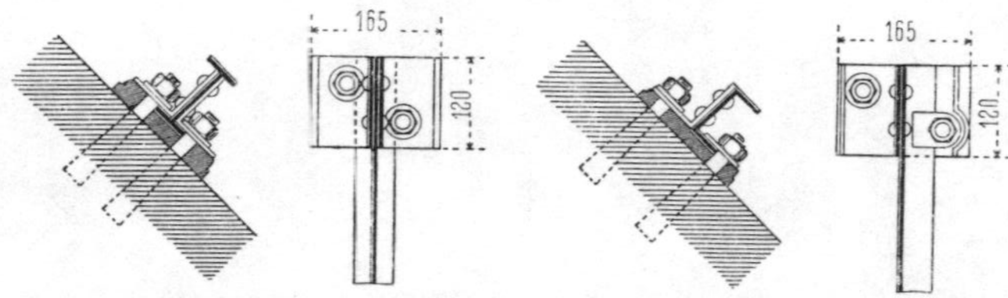


1/15 n. Gr.

Von der Wagen-Reparatur-Werkftätte auf dem Bahnhof Hainholz.

wenn der Steg winkelrecht zur Dachfläche gerichtet ift, als auch wenn er lothrecht fteht.

Die vorftehende Forderung wird erfüllt, indem man nicht nur den unteren Pfettenflanfch mit der oberen Gurtung des Binders vernietet, fondern auch noch den Steg der Pfette durch ein Winkeleifenftück mit dem Binder verbindet (fiehe Fig. 502 u. 504 auf S. 249, Fig. 507 auf S. 250). Es empfiehlt fich bei den hier verwendeten Winkeleifen, jeden Schenkel mit zwei Reihen von Nieten zu verfehen. Bei fteiler Dachneigung verhindert man das Kanten der Pfetten wirkfam durch lothrechte Knotenbleche und Winkeleifen, welche die Verbindung zwifchen Binder und Pfette vermitteln (fiehe Fig. 470 auf S. 234, Fig. 534 u. 535 auf S. 259), oder durch gufseiferne Schuhe (Fig. 700 u. 701).

Auch bei den Endauflagern der Pfetten, auf den Giebelmauern der Gebäude, ift auf die Verhinderung des Kantens Bedacht zu nehmen. Beifpiele einer folchen Endauflagerung zeigt Fig. 702.

Um die Durchbiegung der Pfetten in der Dachfläche zu verhindern, hat man vielfach die Pfetten zwifchen den Bindern ein- oder mehrere Male durch Spannftangen aus Rundeifen mit einander verbunden (fiehe Fig. 563 auf S. 283); durch diefe Spannftangen werden die Kräfte fchliefslich auf Firft- und Fufspfetten übertragen, welche man entfprechend ftark conftruiren mufs.

Man verwendet entweder nur eine einzige Firftpfette mit lothrecht geftelltem Steg oder zwei Firftpfetten, welche in gewiffen geringen Abftänden von der Mitte liegen. In beiden Fällen mufs man gegen feitliches Kanten Vorforge treffen; Fig. 518 (S. 252), Fig. 521 (S. 254) u. Fig. 703 geben Beifpiele der Verwendung einer lothrecht geftellten Firftpfette; Fig. 704 bis 706 ftellen die Anordnung zweier Firftpfetten dar, welche man zweckmäfsiger Weife gut mit einander verbindet.

Beifpiele von Fufspfetten find in Fig. 527 (S. 256), Fig. 530 (S. 258), Fig. 545 (S. 268), Fig. 547 u. 548 (S. 270) u. Fig. 563 (S. 283) vorgeführt; aus diefen Beifpielen ift auch erfichtlich, wie die Fufspfetten zugleich als Rinnenträger dienen können [302]).

In Art. 266 (S. 358) ift fchon darauf hingewiefen, dafs man die Pfetten zweckmäfsig als Auslegerträger conftruirt. Diefe Conftruction ift fowohl bei Holz-, wie bei Eifenpfetten ausgeführt worden. 276. Pfetten als Auslegerträger.

Fig. 707 [303]) zeigt diefe Anordnung für Holzpfetten; die Binder find fog. Doppelbinder.

Der Abftand der beiden Einzelbinder, welche durch Gitterwerk zum Doppelbinder vereinigt find, beträgt $1{,}25^{m}$; der Abftand von Axe Doppelbinder bis Axe Doppelbinder ift $7{,}532^{m}$; die Länge jedes Auslegers beträgt $0{,}9^{m}$ und diejenige jedes eingehängten Zwifchenftückes $4{,}482^{m}$. Mit dem Ende des Auslegers ift ein $490^{mm}$ langer Schmiedeeifenbügel verbolzt, welcher das Auflager des Zwifchenftückes bildet. In die Fuge zwifchen Ausleger und Zwifchenftück ift ein $2{,}5^{mm}$ ftarkes Bleiblech gelegt.

Bei der Auflagerung der Zwifchenftücke der Eifenpfetten ift nicht immer genügende Rückficht auf die Nothwendigkeit genommen, die Lagerung in zwei Ebenen vorzunehmen. Die in Fig. 708 dargeftellte Auflagerung einer **Z**-Pfette (nach Angabe von *Meyerhof* [304]) ift zweckmäfsig.

Für den Steg ift ein Winkeleifen angebracht und unter den Flanfch ein **[**-Eifen gelegt. Das

---

[302]) Weitere Beifpiele für Pfetten-Conftructionen find zu finden in: LANDSBERG, TH. Die Glas- und Wellblechdeckung der eifernen Dächer. Darmftadt 1887.

[303]) Facf.-Repr. nach: Zeitfchr. f. Bauw. 1885, Bl. 5.

[304]) Siehe: Zeitfchr. d. Ver. deutfch. Ing. 1891, S. 696.

Fig. 703.

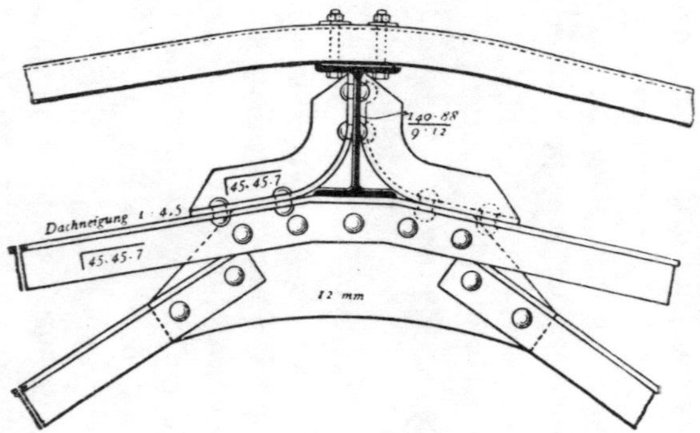


Von der Umladehalle auf dem Hauptbahnhof
zu Frankfurt a. M.

1/10 n. Gr.

Fig. 704.

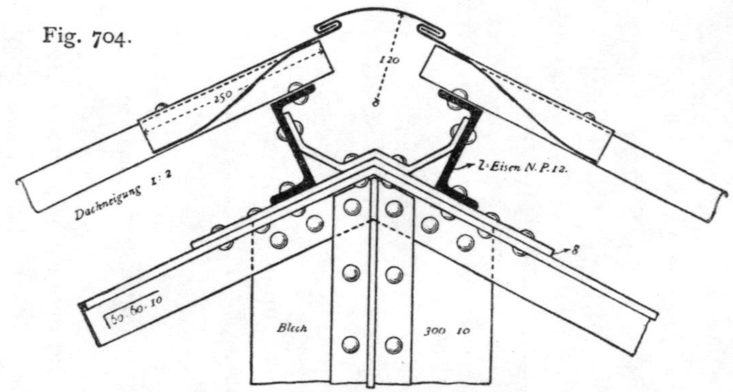


Von der Bahnhofshalle zu Hildesheim.

Fig. 705.

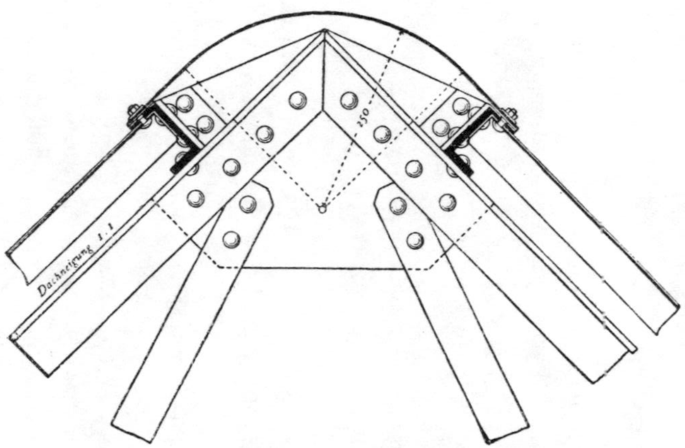


Vom Werkstätten-Bahnhof zu Hannover.

1/10 n. Gr.

Fig. 706.

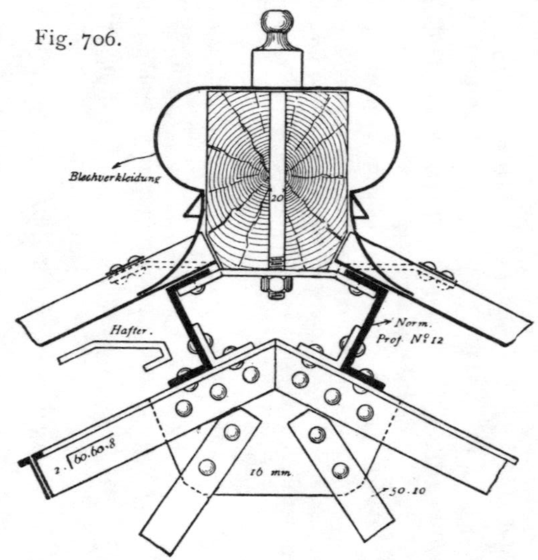


Vom Empfangsgebäude auf dem Hauptbahnhof
zu Frankfurt a. M.

Fig. 707.

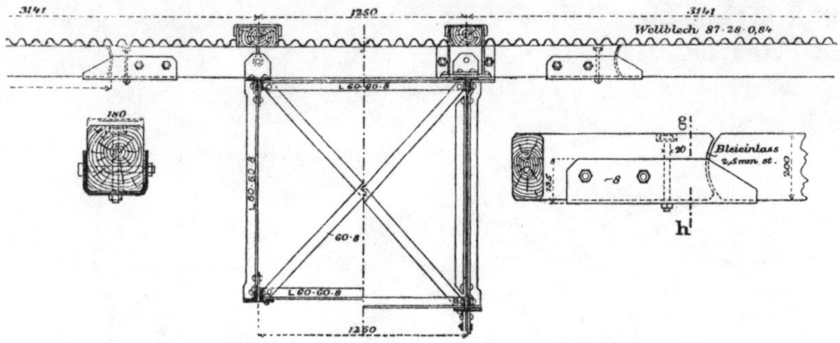


$^{1}/_{50}$ n. Gr.

Von der Perſonenhalle auf dem Schleſiſchen Bahnhof zu Berlin[303]).

Fig. 708.

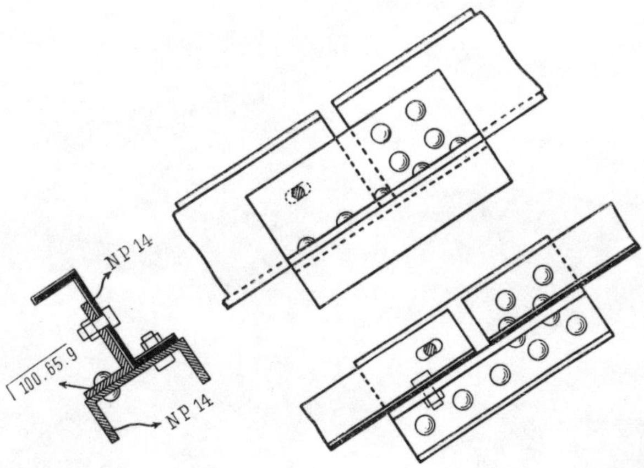


$^{1}/_{10}$ n. Gr.

Fig. 709.

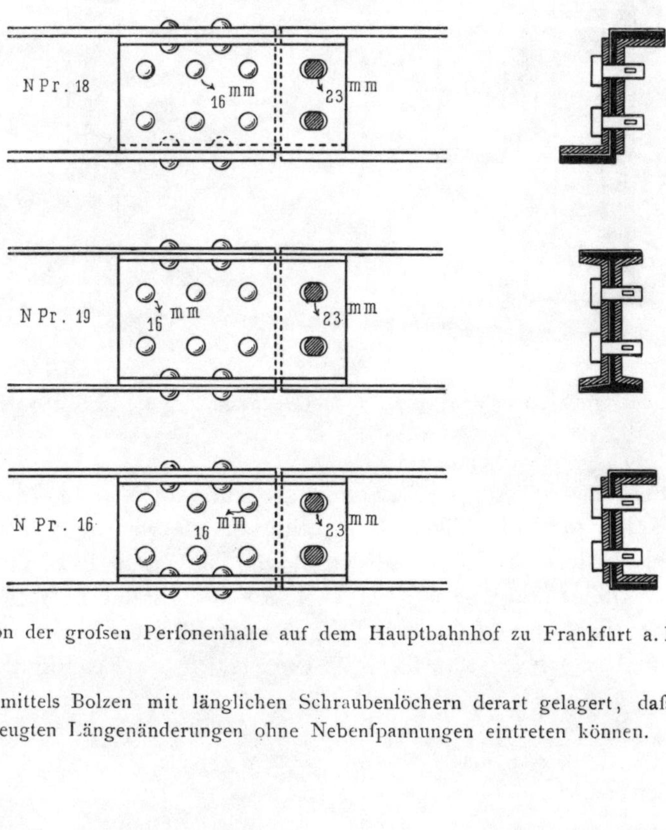


$^{1}/_{10}$ n. Gr.

Von der groſsen Perſonenhalle auf dem Hauptbahnhof zu Frankfurt a. M.

Zwiſchenſtück iſt mittels Bolzen mit länglichen Schraubenlöchern derart gelagert, daſs die durch Temperaturwechſel erzeugten Längenänderungen ohne Nebenſpannungen eintreten können.

Nicht ſchlecht ſind die in Fig. 709 dargeſtellten Auflager-Conſtructionen von der groſsen Halle des Hauptbahnhofes zu Frankfurt a. M.

Hierbei ſind die Abmeſſungen (mit den Bezeichnungen in Art. 266, S. 358): $l = 9{,}3$ m, $a = 2{,}02$ m und $b = 5{,}26$ m.

Fig. 710.

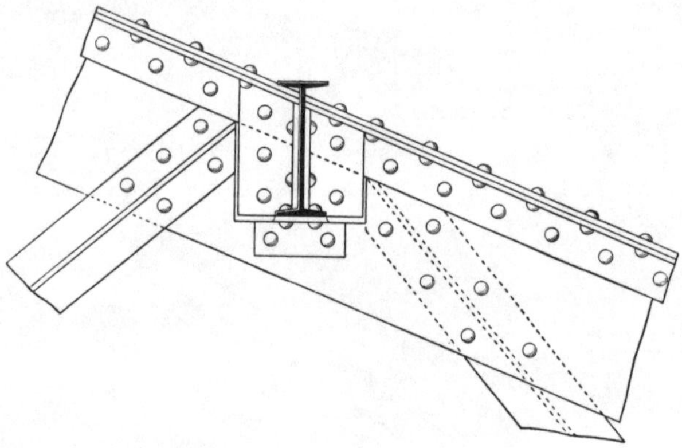

$^{1}/_{15}$ n. Gr.

Von einem Ausſtellungsgebäude [305]).

Fig. 711.

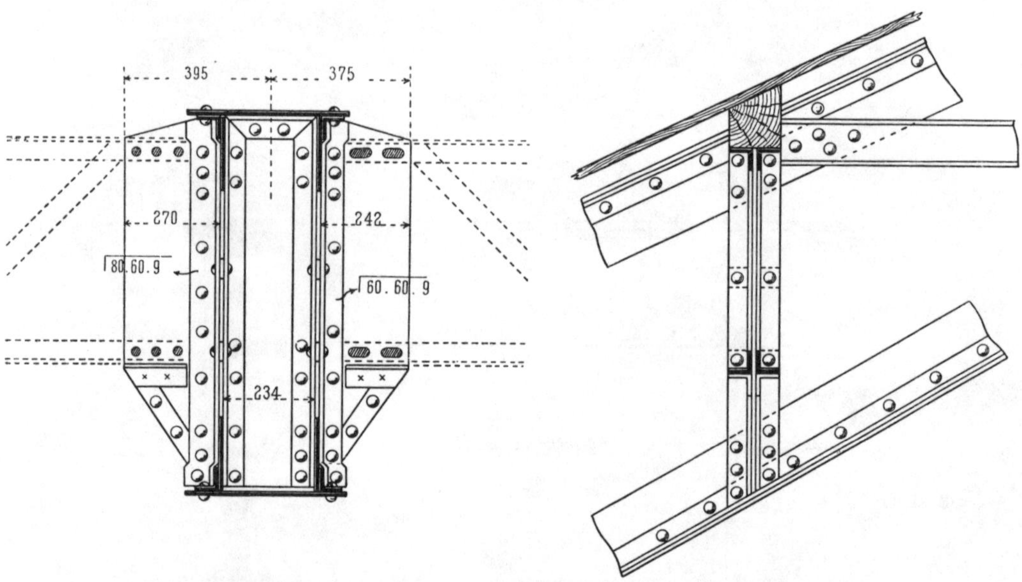


Von der groſsen Maſchinenhalle auf der Weltausſtellung zu Paris 1878 [305]).

$^{1}/_{20}$ n. Gr.

Wo die Pfetten die Aufgabe haben, als querverſteifende Conſtructionstheile zu wirken, empfiehlt ſich die Verwendung eiſerner Pfetten mehr, als diejenige der Holzpfetten, weil erſtere in innigere Verbindung mit den Eiſenbindern gebracht werden können. Dieſer Aufgabe werden zwiſchen die Binder gelegte Pfetten beſſer gerecht, als über der oberen Gurtung angeordnete Pfetten. Erſtere, empfehlenswerthe Conſtruction zeigen Fig. 514 (S. 252), Fig. 523 (S. 255) u. Fig. 710 [305]). Liegen

305) Nach: *Nouv. annales de la conſtr.* 1870, Pl. 23—24; 1878, Pl. 13—14.

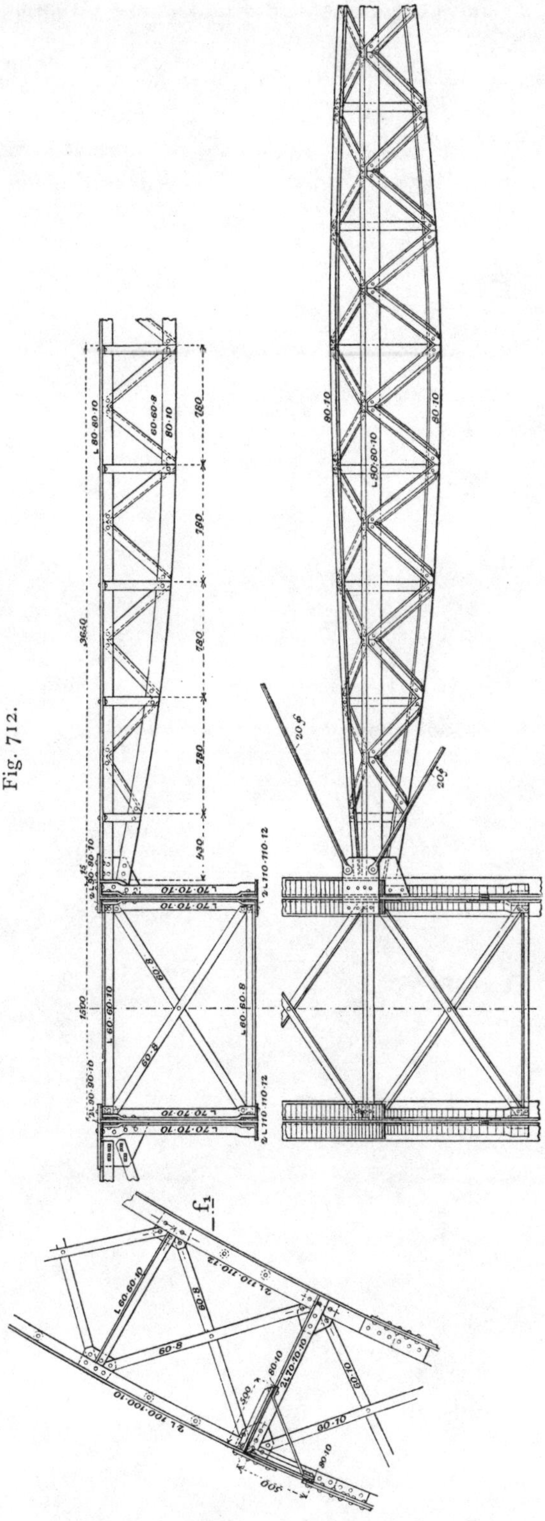


Fig. 712.

Vom Bahnhof Alexanderplatz der Berliner Stadteiſenbahn [306]).

1/50 n. Gr.

die Pfetten ſo nahe an einander, daſs ſie die Dachſchalung tragen können, ſo wird für dieſe ein im Querſchnitt trapezförmiger Balken auf die Pfette geſchraubt, auf welchen die Dachſchalung bequem genagelt werden kann. Dieſe Conſtruction iſt vielfach bei franzöſiſchen Dächern zu finden (ähnlich auch in Fig. 711).

277. Ebene Fachwerkpfetten.

Bei groſsen Binderabſtänden werden die Pfetten aus Fachwerk conſtruirt. Fig. 711 [305]) zeigt den Anſchluſs einer Fachwerkpfette an den Binder.

Die Pfette hat eine obere und eine untere, aus je zwei Winkeleiſen gebildete Gurtung und Gitterwerk aus Pfoſten und Schrägſtäben. Der Anſchluſs an die lothrechten Pfoſten der Binder erfolgt mit Hilfe von lothrechten Knotenblechen. An dem einen Auflager iſt die Verbindung eine feſte durch Vernietung; am zweiten Auflager iſt ſie beweglich mittels Bolzen und länglicher Schraubenlöcher.

278. Pfetten aus Raumfachwerk.

Mehrfach ſind Pfetten aus Raumfachwerk wegen der in verſchiedenen Ebenen wirkenden Belaſtungen ausgeführt worden (ſiehe Fig. 694 auf Seite 364 u. Fig. 712 [306]). Die obere Gurtung iſt ein Winkeleiſen; die unteren Gurtungen ſind Flacheiſen, deren je eines in der Ebene eines Schenkels des Winkeleiſens der oberen Gurtung liegt. In jeder der drei Seitenebenen ſind Verbindungsſtäbe aus Flach-, bezw. Winkeleiſen angebracht. Die obere Gurtung iſt geradlinig; die beiden unteren Gurtungen ſind gekrümmt; an den Auflagern hat man alle drei Gurtungen zuſammengezogen und

306) Facſ.-Repr. nach: Zeitſchr. f. Bauw. 1885, Bl. 16.

durch Knotenbleche in zwei zu einander fenkrecht ftehenden Ebenen mit einander verbunden.

Die Verbindung mit den Bindern ift an den Auflagern ebenfalls durch je zwei Knotenbleche, von denen das eine in der durch die Dachfläche vorgefchriebenen Ebene, das andere in der zu diefer fenkrechten Ebene liegt. Auch hier ift das eine Auflager ein feftes (vernietet), das andere durch Bolzen und längliche Bolzenlöcher zu einem beweglichen gemacht.

## Berichtigungen.

S. 47, Zeile 2 v. o. foll lauten: ». . . auslaufen; folche Dächer werden wohl auch Rhombendächer oder Rhombenhaubendächer genannt.«

S. 214, in Fig. 451, ift im äufserften Felde rechts irrthümlich der Schrägftab weggelaffen; diefer Stab mufs eben fo angeordnet werden, wie in der darüber ftehenden Fig. 449.